机 械 设 计 手 册

第 6 版

单 行 本

疲劳强度设计
机械可靠性设计

主　编　闻邦椿
副主编　鄂中凯　张义民　陈良玉　孙志礼
　　　　宋锦春　柳洪义　巩亚东　宋桂秋

机械工业出版社

《机械设计手册》第 6 版 单行本共 26 分册，内容涵盖机械常规设计、机电一体化设计与机电控制、现代设计方法及其应用等内容，具有系统全面、信息量大、内容现代、突显创新、实用可靠、简明便查、便于携带和翻阅等特色。各分册分别为：《常用设计资料和数据》《机械制图与机械零部件精度设计》《机械零部件结构设计》《连接与紧固》《带传动和链传动 摩擦轮传动与螺旋传动》《齿轮传动》《减速器和变速器》《机构设计》《轴 弹簧》《滚动轴承》《联轴器、离合器与制动器》《起重运输机械零部件和操作件》《机架、箱体与导轨》《润滑 密封》《气压传动与控制》《机电一体化技术及设计》《机电系统控制》《机器人与机器人装备》《数控技术》《微机电系统及设计》《机械系统概念设计》《机械系统的振动设计及噪声控制》《疲劳强度设计 机械可靠性设计》《数字化设计》《工业设计与人机工程》《智能设计 仿生机械设计》。

本单行本为《疲劳强度设计 机械可靠性设计》，"疲劳强度设计"主要介绍疲劳强度设计概念、疲劳载荷、金属材料的疲劳极限和 *S-N* 曲线、影响疲劳强度的因素、常规疲劳强度设计、现代疲劳强度设计、环境疲劳强度、冲击与接触疲劳强度、提高零构件疲劳强度的措施、疲劳试验与数据处理等内容；"机械可靠性设计"主要介绍可靠性设计的基础知识、可靠性试验数据的统计处理方法、机械零件的可靠性设计、机械系统的可靠性分析、机构运动可靠性分析、可靠性灵敏度设计等内容。

本书供从事机械设计、制造、维修及有关工程技术人员作为工具书使用，也可供大专院校的有关专业师生使用和参考。

图书在版编目（CIP）数据

机械设计手册. 疲劳强度设计 机械可靠性设计/闻邦椿主编. —6
版. —北京：机械工业出版社，2020.1（2022.10 重印）
ISBN 978-7-111-64740-9

Ⅰ. ①机… Ⅱ. ①闻… Ⅲ. ①机械设计-技术手册②疲劳强度-机械设计-技术手册③机械设计-可靠性设计-技术手册 Ⅳ. ① TH122-62 ②TH114-62

中国版本图书馆 CIP 数据核字（2020）第 024610 号

机械工业出版社（北京市百万庄大街 22 号 邮政编码 100037）
策划编辑：曲彩云 责任编辑：曲彩云 高依楠
责任校对：徐 强 封面设计：马精明
责任印制：郜 敏
北京富资园科技发展有限公司印刷
2022 年 10 月第 6 版第 2 次印刷
184mm×260mm · 18.75 印张 · 459 千字
标准书号：ISBN 978-7-111-64740-9
定价：39.00 元

电话服务 网络服务
客服电话：010-88361066 机 工 官 网：www.cmpbook.com
010-88379833 机 工 官 博：weibo.com/cmp1952
010-68326294 金 书 网：www.golden-book.com
封底无防伪标均为盗版 机工教育服务网：www.cmpedu.com

出 版 说 明

《机械设计手册》自出版以来，已经进行了5次修订，2018年第6版出版发行。截至2019年，《机械设计手册》累计发行39万套。作为国家级重点科技图书，《机械设计手册》深受广大读者的欢迎和好评，在全国具有很大的影响力。该书曾获得中国出版政府奖提名奖、中国机械工业科学技术奖一等奖、全国优秀科技图书奖二等奖、中国机械工业部科技进步奖二等奖，并多次获得全国优秀畅销书奖等奖项。《机械设计手册》已成为机械设计领域的品牌产品，是机械工程领域最具权威和影响力的大型工具书之一。

《机械设计手册》第6版共7卷55篇，是在前5版的基础上吸收并总结了国内外机械工程设计领域中的新标准、新材料、新工艺、新结构、新技术、新产品、新的设计理论与方法，并配合我国创新驱动战略的需求编写而成的。与前5版相比，第6版无论是从体系还是内容，都在传承的基础上进行了创新。重点充实了机电一体化系统设计、机电控制与信息技术、现代机械设计理论与方法等现代机械设计的最新内容，将常规设计方法与现代设计方法相融合，光、机、电设计融为一体，局部的零部件设计与系统化设计互相衔接，并努力将创新设计的理念贯穿其中。《机械设计手册》第6版体现了国内外机械设计发展的新水平，精心诠释了常规与现代机械设计的内涵、全面荟萃凝练了机械设计各专业技术的精华，它将引领现代机械设计创新潮流、成就新一代机械设计大师，为我国实现装备制造强国梦做出重大贡献。

《机械设计手册》第6版的主要特色是：体系新颖、系统全面、信息量大、内容现代、突显创新、实用可靠、简明便查。应该特别指出的是，第6版手册具有较高的科技含量和大量技术创新性的内容。手册中的许多内容都是编著者多年研究成果的科学总结。这些内容中有不少依托国家"863计划""973计划""985工程""国家科技重大专项""国家自然科学基金"重大、重点和面上项目资助项目。相关项目有不少成果曾获得国际、国家、部委、省市科技奖励、技术专利。这充分体现了手册内容的重大科学价值与创新性。如仿生机械设计、激光及其在机械工程中的应用、绿色设计与和谐设计、微机电系统及设计等前沿新技术；又如产品综合设计理论与方法是闻邦椿院士在国际上首先提出，并综合8部专著后首次编入手册，该方法已经在高铁、动车及离心压缩机等机械工程中成功应用，获得了巨大的社会效益和经济效益。

在《机械设计手册》历次修订的过程中，出版社和作者都广泛征求和听取各方面的意见，广大读者在对《机械设计手册》给予充分肯定的同时，也指出《机械设计手册》卷册厚重，不便携带，希望能出版篇幅较小、针对性强、便查便携的更加实用的单行本。为满足读者的需要，机械工业出版社于2007年首次推出了《机械设计手册》第4版单行本。该单行本出版后很快受到读者的欢迎和好评。《机械设计手册》第6版已经面市，为了使读者能按需要、有针对性地选用《机械设计手册》第6版中的相关内容并降低购书费用，机械工业出版社在总结《机械设计手册》前几版单行本经验的基础上推出了《机械设计手册》第6版单行本。

《机械设计手册》第6版单行本保持了《机械设计手册》第6版（7卷本）的优势和特色，依据机械设计的实际情况和机械设计专业的具体情况以及手册各篇内容的相关性，将原手册的7卷55篇进行精选、合并，重新整合为26个分册，分别为：《常用设计资料和数据》《机械制图与机械零部件精度设计》《机械零部件结构设计》《连接与紧固》《带传动和链传动 摩擦轮传动与螺旋传动》《齿轮传动》《减速器和变速器》《机构设计》《轴 弹簧》《滚动轴承》《联轴器、离合器与制动器》《起重运输机械零部件和操作件》《机架、箱体与导轨》《润滑 密封》《气压传动与控制》《机电一体化技术及设计》《机电系统控制》《机器人与机器人装备》《数控技术》《微机电系统及设计》《机械系统概念设计》《机械系统的振动设计及噪声控制》《疲劳强度设计　机械可靠性设计》《数字化设计》《工业设计与人机工程》《智能设计　仿生机械设计》。各分册内容针对性强、篇幅适中、查阅和携带方便，读者可根据需要灵活选用。

《机械设计手册》第 6 版单行本是为了助力我国制造业转型升级、经济发展从高增长迈向高质量，满足广大读者的需要而编辑出版的，它将与《机械设计手册》第 6 版（7 卷本）一起，成为机械设计人员、工程技术人员得心应手的工具书，成为广大读者的良师益友。

由于工作量大、水平有限，难免有一些错误和不妥之处，殷切希望广大读者给予指正。

机械工业出版社

前　言

　　本版手册为新出版的第 6 版 7 卷本《机械设计手册》。由于科学技术的快速发展，需要我们对手册内容进行更新，增加新的科技内容，以满足广大读者的迫切需要。

　　《机械设计手册》自 1991 年面世发行以来，历经 5 次修订，截至 2016 年已累计发行 38 万套。作为国家级重点科技图书的《机械设计手册》，深受社会各界的重视和好评，在全国具有很大的影响力，该手册曾获得全国优秀科技图书奖二等奖（1995 年）、中国机械工业部科技进步奖二等奖（1997 年）、中国机械工业科学技术奖一等奖（2011 年）、中国出版政府奖提名奖（2013 年），并多次获得全国优秀畅销书奖等奖项。1994 年，《机械设计手册》曾在我国台湾建宏出版社出版发行，并在海内外产生了广泛的影响。《机械设计手册》荣获的一系列国家和部级奖项表明，其具有很高的科学价值、实用价值和文化价值。《机械设计手册》已成为机械设计领域的一部大型品牌工具书，已成为机械工程领域权威的和影响力较大的大型工具书，长期以来，它为我国装备制造业的发展做出了巨大贡献。

　　第 5 版《机械设计手册》出版发行至今已有 7 年时间，这期间我国国民经济有了很大发展，国家制定了《国家创新驱动发展战略纲要》，其中把创新驱动发展作为了国家的优先战略。因此，《机械设计手册》第 6 版修订工作的指导思想除努力贯彻"科学性、先进性、创新性、实用性、可靠性"外，更加突出了"创新性"，以全力配合我国"创新驱动发展战略"的重大需求，为实现我国建设创新型国家和科技强国梦做出贡献。

　　在本版手册的修订过程中，广泛调研了厂矿企业、设计院、科研院所和高等院校等多方面的使用情况和意见。对机械设计的基础内容、经典内容和传统内容，从取材、产品及其零部件的设计方法与计算流程、设计实例等多方面进行了深入系统的整合，同时，还全面总结了当前国内外机械设计的新理论、新方法、新材料、新工艺、新结构、新产品和新技术，特别是在现代设计与创新设计理论与方法、机电一体化及机械系统控制技术等方面做了系统和全面的论述和凝练。相信本版手册会以崭新的面貌展现在广大读者面前，它将对提高我国机械产品的设计水平、推进新产品的研究与开发、老产品的改造，以及产品的引进、消化、吸收和再创新，进而促进我国由制造大国向制造强国跃升，发挥出巨大的作用。

　　本版手册分为 7 卷 55 篇：第 1 卷　机械设计基础资料；第 2 卷　机械零部件设计（连接、紧固与传动）；第 3 卷　机械零部件设计（轴系、支承与其他）；第 4 卷　流体传动与控制；第 5 卷　机电一体化与控制技术；第 6 卷　现代设计与创新设计（一）；第 7 卷　现代设计与创新设计（二）。

　　本版手册有以下七大特点：

一、构建新体系

　　构建了科学、先进、实用、适应现代机械设计创新潮流的《机械设计手册》新结构体系。该体系层次为：机械基础、常规设计、机电一体化设计与控制技术、现代设计与创新设计方法。该体系的特点是：常规设计方法与现代设计方法互相融合，光、机、电设计融为一体，局部的零部件设计与系统化设计互相衔接，并努力将创新设计的理念贯穿于常规设计与现代设计之中。

二、凸显创新性

　　习近平总书记在 2014 年 6 月和 2016 年 5 月召开的中国科学院、中国工程院两院院士大会上分别提出了我国科技发展的方向就是"创新、创新、再创新",以及实现创新型国家和科技强国的三个阶段的目标和五项具体工作。为了配合我国创新驱动发展战略的重大需求,本版手册突出了机械创新设计内容的编写,主要有以下几个方面:

(1) 新增第 7 卷,重点介绍了创新设计及与创新设计有关的内容。

该卷主要内容有:机械创新设计概论,创新设计方法论,顶层设计原理、方法与应用,创新原理、思维、方法与应用,绿色设计与和谐设计,智能设计,仿生机械设计,互联网上的合作设计,工业通信网络,面向机械工程领域的大数据、云计算与物联网技术,3D 打印设计与制造技术,系统化设计理论与方法。

(2) 在一些篇章编入了创新设计和多种典型机械创新设计的内容。

"第 11 篇　机构设计"篇新增加了"机构创新设计"一章,该章编入了机构创新设计的原理、方法及飞剪机剪切机构创新设计,大型空间折展机构创新设计等多个创新设计的案例。典型机械的创新设计有大型全断面掘进机(盾构机)仿真分析与数字化设计、机器人挖掘机的机电一体化创新设计、节能抽油机的创新设计、产品包装生产线的机构方案创新设计等。

(3) 编入了一大批典型的创新机械产品。

"机械无级变速器"一章中编入了新型金属带式无级变速器,"并联机构的设计与应用"一章中编入了数十个新型的并联机床产品,"振动的利用"一章中新编入了激振器偏移式自同步振动筛、惯性共振式振动筛、振动压路机等十多个典型的创新机械产品。这些产品有的获得了国家或省部级奖励,有的是专利产品。

(4) 编入了机械设计理论和设计方法论等方面的创新研究成果。

1) 闻邦椿院士团队经过长期研究,在国际上首先创建了振动利用工程学科,提出了该类机械设计理论和方法。本版手册中编入了相关内容和实例。

2) 根据多年的研究,提出了以非线性动力学理论为基础的深层次的动态设计理论与方法。本版手册首次编入了该方法并列举了若干应用范例。

3) 首先提出了和谐设计的新概念和新内容,阐明了自然环境、社会环境(政治环境、经济环境、人文环境、国际环境、国内环境)、技术环境、资金环境、法律环境下的产品和谐设计的概念和内容的新体系,把既有的绿色设计篇拓展为绿色设计与和谐设计篇。

4) 全面系统地阐述了产品系统化设计的理论和方法,提出了产品设计的总体目标、广义目标和技术目标的内涵,提出了应该用 IQCTES 六项设计要求来代替 QCTES 五项要求,详细阐明了设计的四个理想步骤,即"3I 调研""7D 规划""1+3+X 实施""5(A+C)检验",明确提出了产品系统化设计的基本内容是主辅功能、三大性能和特殊性能要求的具体实现。

5) 本版手册引入了闻邦椿院士经过长期实践总结出的独特的、科学的创新设计方法论体系和规则,用来指导产品设计,并提出了创新设计方法论的运用可向智能化方向发展,即采用专家系统来完成。

三、坚持科学性

手册的科学水平是评价手册编写质量的重要方面,因此,本版手册特别强调突出内容的科学性。

(1) 本版手册努力贯彻科学发展观及科学方法论的指导思想和方法,并将其落实到手册内容的编写中,特别是在产品设计理论方法的和谐设计、深层次设计及系统化设计的编写中。

(2) 本版手册中的许多内容是编著者多年研究成果的科学总结。这些内容中有不少是国家863、973 计划项目,国家科技重大专项,国家自然科学基金重大、重点和面上项目资助项目的研究成果,有不少成果曾获得国际、国家、部委、省市科技奖励及技术专利,充分体现了本版手册内容的重大科学价值与创新性。

下面简要介绍本版手册编入的几方面的重要研究成果：

1）振动利用工程新学科是闻邦椿院士团队经过长期研究在国际上首先创建的。本版手册中编入了振动利用机械的设计理论、方法和范例。

2）产品系统化设计理论与方法的体系和内容是闻邦椿院士团队提出并加以完善的，编写者依据多年的研究成果和系列专著，经综合整理后首次编入本版手册。

3）仿生机械设计是一门新兴的综合性交叉学科，近年来得到了快速发展，它为机械设计的创新提供了新思路、新理论和新方法。吉林大学任露泉院士领导的工程仿生教育部重点实验室开展了大量的深入研究工作，取得了一系列创新成果且出版了专著，据此并结合国内外大量较新的文献资料，为本版手册构建了仿生机械设计的新体系，编写了"仿生机械设计"篇（第50篇）。

4）激光及其在机械工程中的应用篇是中国科学院长春光学精密机械与物理研究所王立军院士依据多年的研究成果，并参考国内外大量较新的文献资料编写而成的。

5）绿色制造工程是国家确立的五项重大工程之一，绿色设计是绿色制造工程的最重要环节，是一个新的学科。合肥工业大学刘志峰教授依据在绿色设计方面获多项国家和省部级奖励的研究成果，参考国内外大量较新的文献资料为本版手册首次构建了绿色设计新体系，编写了"绿色设计与和谐设计"篇（第48篇）。

6）微机电系统及设计是前沿的新技术。东南大学黄庆安教授领导的微电子机械系统教育部重点实验室多年来开展了大量研究工作，取得了一系列创新研究成果，本版手册的"微机电系统及设计"篇（第28篇）就是依据这些成果和国内外大量较新的文献资料编写而成的。

四、重视先进性

（1）本版手册对机械基础设计和常规设计的内容做了大规模全面修订，编入了大量新标准、新材料、新结构、新工艺、新产品、新技术、新设计理论和计算方法等。

1）编入和更新了产品设计中需要的大量国家标准，仅机械工程材料篇就更新了标准126个，如GB/T 699—2015《优质碳素结构钢》和GB/T 3077—2015《合金结构钢》等。

2）在新材料方面，充实并完善了铝及铝合金、钛及钛合金、镁及镁合金等内容。这些材料由于具有优良的力学性能、物理性能以及回收率高等优点，目前广泛应用于航空、航天、高铁、计算机、通信元件、电子产品、纺织和印刷等行业。增加了国内外粉末冶金材料的新品种，如美国、德国和日本等国家的各种粉末冶金材料。充实了国内外工程塑料及复合材料的新品种。

3）新编的"机械零部件结构设计"篇（第4篇），依据11个结构设计方面的基本要求，编写了相应的内容，并编入了结构设计的评估体系和减速器结构设计、滚动轴承部件结构设计的示例。

4）按照GB/T 3480.1～3—2013（报批稿）、GB/T 10062.1～3—2003及ISO 6336—2006等新标准，重新构建了更加完善的渐开线圆柱齿轮传动和锥齿轮传动的设计计算新体系；按照初步确定尺寸的简化计算、简化疲劳强度校核计算、一般疲劳强度校核计算，编排了三种设计计算方法，以满足不同场合、不同要求的齿轮设计。

5）在"第4卷　流体传动与控制"卷中，编入了一大批国内外知名品牌的新标准、新结构、新产品、新技术和新设计计算方法。在"液力传动"篇（第23篇）中新增加了液黏传动，它是一种新型的液力传动。

（2）"第5卷　机电一体化与控制技术"卷充实了智能控制及专家系统的内容，大篇幅增加了机器人与机器人装备的内容。

机器人是机电一体化特征最为显著的现代机械系统，机器人技术是智能制造的关键技术。由于智能制造的迅速发展，近年来机器人产业呈现出高速发展的态势。为此，本版手册大篇幅增加了"机器人与机器人装备"篇（第 26 篇）的内容。该篇从实用性的角度，编写了串联机器人、并联机器人、轮式机器人、机器人工装夹具及变位机；编入了机器人的驱动、控制、传感、视角和人工智能等共性技术；结合喷涂、搬运、电焊、冲压及压铸等工艺，介绍了机器人的典型应用实例；介绍了服务机器人技术的新进展。

（3）为了配合我国创新驱动战略的重大需求，本版手册扩大了创新设计的篇数，将原第 6 卷扩编为两卷，即新的"现代设计与创新设计（一）"（第 6 卷）和"现代设计与创新设计（二）"（第 7 卷）。前者保留了原第 6 卷的主要内容，后者编入了创新设计和与创新设计有关的内容及一些前沿的技术内容。

本版手册"现代设计与创新设计（一）"卷（第 6 卷）的重点内容和新增内容主要有：

1）在"现代设计理论与方法综述"篇（第 32 篇）中，简要介绍了机械制造技术发展总趋势、在国际上有影响的主要设计理论与方法、产品研究与开发的一般过程和关键技术、现代设计理论的发展和根据不同的设计目标对设计理论与方法的选用。闻邦椿院士在国内外首次按照系统工程原理，对产品的现代设计方法做了科学分类，克服了目前产品设计方法的论述缺乏系统性的不足。

2）新编了"数字化设计"篇（第 40 篇）。数字化设计是智能制造的重要手段，并呈现应用日益广泛、发展更加深刻的趋势。本篇编入了数字化技术及其相关技术、计算机图形学基础、产品的数字化建模、数字化仿真与分析、逆向工程与快速原型制造、协同设计、虚拟设计等内容，并编入了大型全断面掘进机（盾构机）的数字化仿真分析和数字化设计、摩托车逆向工程设计等多个实例。

3）新编了"试验优化设计"篇（第 41 篇）。试验是保证产品性能与质量的重要手段。本篇以新的视觉优化设计构建了试验设计的新体系、全新内容，主要包括正交试验、试验干扰控制、正交试验的结果分析、稳健试验设计、广义试验设计、回归设计、混料回归设计、试验优化分析及试验优化设计常用软件等。

4）将手册第 5 版的"造型设计与人机工程"篇改编为"工业设计与人机工程"篇（第 42 篇），引入了工业设计的相关理论及新的理念，主要有品牌设计与产品识别系统（PIS）设计、通用设计、交互设计、系统设计、服务设计等，并编入了机器人的产品系统设计分析及自行车的人机系统设计等典型案例。

（4）"现代设计与创新设计（二）"卷（第 7 卷）主要编入了创新设计和与创新设计有关的内容及一些前沿技术内容，其重点内容和新编内容有：

1）新编了"机械创新设计概论"篇（第 44 篇）。该篇主要编入了创新是我国科技和经济发展的重要战略、创新设计的发展与现状、创新设计的指导思想与目标、创新设计的内容与方法、创新设计的未来发展战略、创新设计方法论的体系和规则等。

2）新编了"创新设计方法论"篇（第 45 篇）。该篇为创新设计提供了正确的指导思想和方法，主要编入了创新设计方法论的体系、规则，创新设计的目的、要求、内容、步骤、程序及科学方法，创新设计工作者或团队的四项潜能，创新设计客观因素的影响及动态因素的作用，用科学哲学思想来统领创新设计工作，创新设计方法论的应用，创新设计方法论应用的智能化及专家系统，创新设计的关键因素及制约的因素分析等内容。

3）创新设计是提高机械产品竞争力的重要手段和方法，大力发展创新设计对我国国民经济发展具有重要的战略意义。为此，编写了"创新原理、思维、方法与应用"篇（第47篇）。除编入了创新思维、原理和方法，创新设计的基本理论和创新的系统化设计方法外，还编入了29种创新思维方法、30种创新技术、40种发明创造原理，列举了大量的应用范例，为引领机械创新设计做出了示范。

4）绿色设计是实现低资源消耗、低环境污染、低碳经济的保护环境和资源合理利用的重要技术政策。本版手册中编入了"绿色设计与和谐设计"篇（第48篇）。该篇系统地论述了绿色设计的概念、理论、方法及其关键技术。编者结合多年的研究实践，并参考了大量的国内外文献及较新的研究成果，首次构建了系统实用的绿色设计的完整体系，包括绿色材料选择、拆卸回收产品设计、包装设计、节能设计、绿色设计体系与评估方法，并给出了系列典型范例，这些对推动工程绿色设计的普遍实施具有重要的指引和示范作用。

5）仿生机械设计是一门新兴的综合性交叉学科，本版手册新编入了"仿生机械设计"篇（第50篇），包括仿生机械设计的原理、方法、步骤，仿生机械设计的生物模本，仿生机械形态与结构设计，仿生机械运动学设计，仿生机构设计，并结合仿生行走、飞行、游走、运动及生机电仿生手臂，编入了多个仿生机械设计范例。

6）第55篇为"系统化设计理论与方法"篇。装备制造机械产品的大型化、复杂化、信息化程度越来越高，对设计方法的科学性、全面性、深刻性、系统性提出的要求也越来越高，为了满足我国制造强国的重大需要，亟待创建一种能统领产品设计全局的先进设计方法。该方法已经在我国许多重要机械产品（如动车、大型离心压缩机等）中成功应用，并获得重大的社会效益和经济效益。本版手册对该系统化设计方法做了系统论述并给出了大型综合应用实例，相信该系统化设计方法对我国大型、复杂、现代化机械产品的设计具有重要的指导和示范作用。

7）本版手册第7卷还编入了与创新设计有关的其他多篇现代化设计方法及前沿新技术，包括顶层设计原理、方法与应用，智能设计，互联网上的合作设计，工业通信网络，面向机械工程领域的大数据、云计算与物联网技术，3D打印设计与制造技术等。

五、突出实用性

为了方便产品设计者使用和参考，本版手册对每种机械零部件和产品均给出了具体应用，并给出了选用方法或设计方法、设计步骤及应用范例，有的给出了零部件的生产企业，以加强实际设计的指导和应用。本版手册的编排尽量采用表格化、框图化等形式来表达产品设计所需要的内容和资料，使其更加简明、便查；对各种标准采用摘编、数据合并、改排和格式统一等方法进行改编，使其更为规范和便于读者使用。

六、保证可靠性

编入本版手册的资料尽可能取自原始资料，重要的资料均注明来源，以保证其可靠性。所有数据、公式、图表力求准确可靠，方法、工艺、技术力求成熟。所有材料、零部件、产品和工艺标准均采用新公布的标准资料，并且在编入时做到认真核对以避免差错。所有计算公式、计算参数和计算方法都经过长期检验，各种算例、设计实例均来自工程实际，并经过认真的计算，以确保可靠。本版手册编入的各种通用的及标准化的产品均说明其特点及适用情况，并注明生产厂家，供设计人员全面了解情况后选用。

七、保证高质量和权威性

本版手册主编单位东北大学是国家211、985重点大学、"重大机械关键设计制造共性技术"985创新平台建设单位、2011国家钢铁共性技术协同创新中心建设单位，建有"机械设计及理论国家重点学科"和"机械工程一级学科"。由东北大学机械及相关学科的老教授、老专家和中青年学术精英组成了实力强大的大型工具书编写团队骨干，以及一批来自国家重点高校、研究院所、大型企业等30多个单位、近200位专家、学者组成了高水平编审团队。编审团队成员的大多数都是所在领域的著名资深专家，他们具有深广的理论基础、丰富的机械设计工作经历、丰富的工具书编纂经验和执着的敬业精神，从而确保了本版手册的高质量和权威性。

在本版手册编写中，为便于协调，提高质量，加快编写进度，编审人员以东北大学的教师为主，并组织邀请了清华大学、上海交通大学、西安交通大学、浙江大学、哈尔滨工业大学、吉林大学、天津大学、华中科技大学、北京科技大学、大连理工大学、东南大学、同济大学、重庆大学、北京化工大学、南京航空航天大学、上海师范大学、合肥工业大学、大连交通大学、长安大学、西安建筑科技大学、沈阳工业大学、沈阳航空航天大学、沈阳建筑大学、沈阳理工大学、沈阳化工大学、重庆理工大学、中国科学院长春光学精密机械与物理研究所、中国科学院沈阳自动化研究所等单位的专家、学者参加。

在本版手册出版之际，特向著名机械专家、本手册创始人、第1版及第2版的主编徐灏教授致以崇高的敬意，向历次版本副主编邱宣怀教授、蔡春源教授、严隽琪教授、林忠钦教授、余俊教授、汪恺总工程师、周士昌教授致以崇高的敬意，向参加本手册历次版本的编写单位和人员表示衷心感谢，向在本手册历次版本的编写、出版过程中给予大力支持的单位和社会各界朋友们表示衷心感谢，特别感谢机械科学研究总院、郑州机械研究所、徐州工程机械集团公司、北方重工集团沈阳重型机械集团有限责任公司和沈阳矿山机械集团有限责任公司、沈阳机床集团有限责任公司、沈阳鼓风机集团有限责任公司及辽宁省标准研究院等单位的大力支持。

由于编者水平有限，手册中难免有一些不尽如人意之处，殷切希望广大读者批评指正。

主编　闻邦椿

目　　录

第 35 篇　疲劳强度设计

第37篇　机械可靠性设计

第6章　可靠性灵敏度设计

第 35 篇　疲劳强度设计

主　　编　王德俊　王　雷
编 写 人　王德俊　王　雷
审 稿 人　鄂中凯　孙志礼

第 5 版
疲劳强度设计

主　编　王德俊
编写人　王德俊　王　雷
审稿人　鄂中凯　孙志礼

第1章 概　　论

疲劳破坏与静强度破坏有着本质的区别。静强度破坏是由于零件的危险截面的应力大于其抗拉强度导致的断裂失效，或大于其屈服强度而产生过大的残余变形导致的最终失效；疲劳破坏是由于零件局部应力最大处在循环应力作用下形成微裂纹，然后逐渐扩大成宏观裂纹，裂纹再继续扩展而最终导致的断裂。因此，疲劳破坏有如下特点：

1）低应力。疲劳断裂的应力最大值在远低于材料的抗拉强度 R_m，甚至远小于材料屈服强度 R_{eL} 的情况下，疲劳破坏就可能发生。

2）突发性。不论是脆性材料还是延性材料，其疲劳断裂在宏观上均表现为无明显塑性变形的脆性突然断裂，即疲劳断裂一般表现为低应力脆断。

3）时间性。静强度破坏是在一次最大载荷作用下的破坏；疲劳破坏则是在循环应力多次反复作用下产生的破坏，因而它要经历一定的时间，甚至很长的时间才会发生。

4）敏感性。材料或零构件对疲劳载荷远比对静载荷敏感得多，疲劳破坏抗力不仅决定于材料本身，而且还决定于零件形状、尺寸、表面状态、服役条件和环境等。

5）宏观断口。疲劳破坏宏观断口有着不同于其他破坏断口的显著特点，即有疲劳源（或称疲劳核心）、疲劳裂纹扩展区和瞬断区。

1　疲劳的分类

根据研究对象、载荷条件、环境和介质情况，疲劳有多种分类方法。常用的疲劳分类见表35.1-1。

表 35.1-1　疲劳分类

分类	名　称	特征说明	举　例
按研究对象分	材料疲劳	通过标准试样研究材料的失效机理、化学成分和微观组织对疲劳强度的影响，疲劳试验方法和数据处理方法；材料的基本疲劳特性；环境和工况的影响；疲劳断口的宏观和微观形貌等	用国家规定的标准试样做的各种疲劳试验
	结构疲劳	以零部件、接头以至整机为研究对象，研究其疲劳性能、抗疲劳设计方法、寿命估算方法、疲劳试验方法，以及形状、尺寸、表面状态和工艺因素的影响，提高其疲劳强度的方法等	各种工程结构、机械零部件等
按失效周次分	高周疲劳	材料或结构在低于其屈服强度的循环应力作用下，经过 $10^4 \sim 10^5$ 次以上的循环产生的失效。高周疲劳一般应力较低，材料处于弹性范围内，其应力应变是成比例的，也称应力疲劳，它是机械中最常见的疲劳	弹簧、轴、螺栓等
	低周疲劳	材料或构件在接近或超过其屈服强度的循环应力作用下，在低于 $10^4 \sim 10^5$ 次塑性应变循环产生的失效。由于其应力超过弹性极限，产生较大塑性变形，应力应变不成比例，其主要参数是应变，故也常称为应变疲劳	高压容器、汽轮机转子、飞机起落架等
按载荷条件分	随机疲劳	载荷应力幅值和频率都随时间变化的疲劳	汽车底盘、半轴悬架系统等零件
	冲击疲劳	小能量多次冲击引起的疲劳	内燃机阀杆等
	接触疲劳	零件接触表面在接触压力循环作用下出现麻点、剥落或表层压碎剥落，从而造成零件失效的疲劳	齿轮传动、滚动轴承、车轮等
	微动磨损疲劳	当两零件表面相接触，并做小幅度的往复相对运动时，在接触表面上产生的疲劳。这种疲劳经过附着、氧化、疲劳三个阶段，是物理过程和化学过程综合的结果	铆钉连接件、螺栓连接件、紧配合件、销钉、花键、键连接等
	声疲劳	由气体动力噪声、结构噪声或电磁噪声等使结构件产生的疲劳。只有当作为激振力的噪声使结构件产生的应力-应变响应足够大，足以对结构材料造成疲劳损伤时才可能产生声疲劳	火箭和飞机的涡轮发动机作为噪声源，使飞行器和机翼表面产生高声压水平的噪声场，足以对其结构的局部危险区造成声疲劳

（续）

分类	名　称	特　征　说　明	举　　例
按温度环境分	高温疲劳	在高温环境下零件承受循环载荷产生的疲劳。高温指温度在 $0.5T_m$ 或再结晶温度以上。T_m 为以热力学温度表示的金属熔点。高温疲劳是疲劳与蠕变共同作用的结果	如燃气轮机的叶片由机械振动产生的高温高周疲劳，燃气轮机转子由装置的起动和停车而产生的高温低周疲劳等
	低温疲劳	在低于室温环境下零件承受循环应力作用产生的疲劳	寒冷地区露天机械结构产生的疲劳
	热疲劳	由温度循环变化而引起应变循环变化产生的疲劳	锅炉水冷壁管子因冷水分层现象使管子产生的疲劳
	腐蚀疲劳	在腐蚀性介质(如酸、碱、海水、淡水、活性气体等)和循环载荷联合作用下产生的疲劳	如化工机械、石油机械某些零件，在酸、碱液体和气体中工作的零部件等
按应力状态分	单轴疲劳	单向循环应力作用下的疲劳,这时零件只承受单向正应力或单向切应力	只承受单向拉、压、弯、扭循环力的零构件
	多轴疲劳	多向应力作用下的疲劳,也称复合疲劳	承受弯扭复合应力、双向拉压应力、三轴应力的零构件

2　疲劳强度设计方法

抗疲劳设计方法有名义应力法、局部应力应变法、损伤容限设计法和概率疲劳设计法。

2.1　名义应力法

名义应力法是以材料的疲劳应力与疲劳寿命曲线（即 S-N 曲线）为依据，以零构件的名义应力为设计参数，计入了有效应力集中系数 K_σ、零件尺寸系数 ε、表面系数 β 和平均应力影响系数 ψ_σ 等因素，得到零件的 S-N 曲线，依此进行抗疲劳设计的方法。

当 S-N 曲线的纵轴 σ 和横轴 N 都取对数时，则成为如图 35.1-1 所示的以 P 为交点的两条直线段组成的折线。对于钢材，交点的 $N_0 = 10^7$ 左右，N_0 称为循环基数。

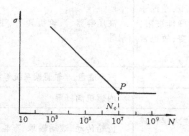

图 35.1-1　取对数坐标的 σ-N 曲线

根据平行于横轴的直线进行设计称为无限寿命设

计。根据左边斜线进行设计称为有限寿命设计。名义应力法通常也称为常规疲劳设计法或影响系数法。

2.2　局部应力应变法

以零构件的应力力集中处的局部应力、应变为基本设计参数的一种抗疲劳设计方法。其基本思路是：零构件的破坏都是从应变集中部位的最大应变集中处开始。应变集中处的塑性变形是疲劳裂纹形成和扩展的先决条件，因此应变集中处的局部最大应变决定了零构件的疲劳强度和寿命。对于同一种材料，只要其局部最大应力和应变相同，疲劳寿命就相同。

根据相同应变条件下损伤相等原则，可以用光滑试件的应变-寿命曲线估算零构件危险部位的损伤，从而得到零构件疲劳裂纹形成的寿命。

2.3　损伤容限设计法

这种设计方法允许零构件内有初始裂纹，应用断裂力学方法来估算其剩余寿命，并通过试验来检验，确保其在使用期内裂纹不至于扩展到引起破坏的程度，保证有裂纹零构件在服役期内的安全。

2.4　概率疲劳设计法

这种设计方法是根据零构件的工作应力与疲劳强度相联系的统计方法而进行的，即概率统计方法与抗疲劳设计相结合的一种抗疲劳设计方法，也称疲劳可靠性设计。

第2章 疲劳载荷

1 概述

载荷可分为两大类，即静载荷和动载荷。动载荷又分为周期载荷、非周期载荷和冲击载荷。周期载荷和非周期载荷统称为疲劳载荷。

一般机器和零件承受的载荷大都是一个连续的随机载荷。承受随机载荷的零件，在进行疲劳强度计算、寿命估算和疲劳试验之前，必须先确定其载荷谱。在机器工作时直接测得的载荷-时间历程称为工作谱或使用谱。由于随机载荷的不确定性，这种谱无法使用，必须对它进行处理。经过处理后的载荷-时间历程称为载荷谱，该载荷谱具有统计特性，它能本质地反映零件的载荷变化情况。将实测的载荷-时间历程处理成具有代表性的典型载荷谱的过程称为编谱。编谱的重要环节是应用统计理论来处理所获得的实测子样。

统计处理分析随机载荷的方法主要有循环计数法和功率谱法。循环计数法是从载荷-时间历程中确定出不同载荷参量值及其出现的次数。功率谱法是借助傅氏变换，将连续变化的随机载荷分解为无限多个具有各种频率的简单变化，得出其功率谱密度函数。

对于疲劳强度来说，最主要的是载荷幅值的变化情况，故广泛使用循环计数法。

2 循环应力和循环应变

2.1 循环应力

最简单的循环应力为恒幅循环应力。图 35.2-1 所示为四种不同的应力变化规律。

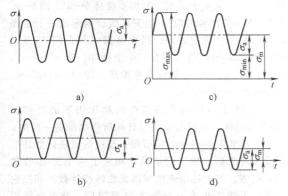

图 35.2-1 恒幅循环应力的种类
a) 对称拉压 b) 脉动拉伸 c) 波动拉伸 d) 波动拉压

图中 σ 为正应力，t 为时间。各应力分量为：

σ_{max}——应力循环中具有最大代数值的应力；

σ_{min}——应力循环中具有最小代数值的应力；

σ_m——应力循环中最大应力和最小应力的代数平均值；σ_a——应力循环中最大应力和最小应力代数差的一半。规定拉应力为正，压应力为负。平均应力 σ_m、应力幅 σ_a 与最大应力 σ_{max}、最小应力 σ_{min} 之间有如下关系：

$$\sigma_m = \frac{\sigma_{max} + \sigma_{min}}{2} \qquad (35.2\text{-}1)$$

$$\sigma_a = \frac{\sigma_{max} - \sigma_{min}}{2} \qquad (35.2\text{-}2)$$

$$\sigma_{max} = \sigma_m + \sigma_a \qquad (35.2\text{-}3)$$

$$\sigma_{min} = \sigma_m - \sigma_a \qquad (35.2\text{-}4)$$

应力每一周期性变化称为一个应力循环。定义应力比 r 为

$$r = \frac{\sigma_{min}}{\sigma_{max}} \qquad (35.2\text{-}5)$$

对于对称循环，$r = -1$；对于脉动循环，$r = 0$；静应力可以看作应力幅为零的循环应力，此时 $r = +1$。任何一个应力循环的应力比都可以在 $-1 \leqslant r \leqslant +1$ 范围内取值。

一种循环应力状态一般可用 σ_{max}、σ_{min}、σ_m、σ_a 和 r 五个参数中的任意两个来确定。当作用的应力是切应力时，各应力分量之间的关系有：

$$\tau_m = \frac{\tau_{max} + \tau_{min}}{2} \qquad (35.2\text{-}6)$$

$$\tau_a = \frac{\tau_{max} - \tau_{min}}{2} \qquad (35.2\text{-}7)$$

$$\tau_{max} = \tau_m + \tau_a \qquad (35.2\text{-}8)$$

$$\tau_{min} = \tau_m - \tau_a \qquad (35.2\text{-}9)$$

2.2 循环应变

由疲劳试验得到的应力-寿命曲线中，当循环加载的应力水平较低时，在疲劳的全过程中弹性应变起主导作用，这时的应力-寿命曲线（$\sigma\text{-}N$）能正确反映出应力与寿命之间的关系。但当应力水平较高时，塑性应变起主导作用，高应力水平部分达到屈服应力，则应力-寿命曲线出现平坦部分，见图 35.2-2a。此时的应力不能描述实际寿命的变化，需要用应变 ε 来代替应力 σ，即成为应变-寿命（$\varepsilon\text{-}N$）曲线，见图

35.2-2b。把应变随时间的变化称为循环应变。与上述循环应力相同，循环应变也有最大应变 ε_{max}、最小应变 ε_{min}、平均应变 ε_m、应变幅 ε_a 和循环特性参数 r。

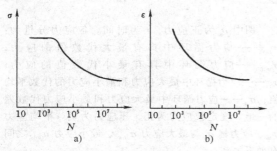

图 35.2-2　用 ε 代替 σ 的 S-N 曲线
a) σ-N 曲线　b) ε-N 曲线

3　随机载荷的循环计数法

把一个随机的载荷-时间历程处理成一系列的全循环或半循环的过程称为循环计数法。将其分成两大类：单参数计数法和双参数计数法。单参数计数法只记录载荷谱中的一个参量，如峰值或范围，不能给出载荷循环的全部信息。属于这种计数的方法有：峰值计数法、穿级计数法和范围计数法等。双参数计数法可以记录载荷循环中的两个参量。由于载荷循环中只有两个独立变量，因此双参数计数法可以记录载荷循环的全部信息，是一种较好的计数方法。属于这种计数的方法有：范围对计数法、跑道计数法和雨流计数法等。使用最广泛的是雨流计数法。该法在计数原则上有一定的力学依据，并具较高的正确性，也易于实现自动化和程序化。

雨流计数法的计数原理如下：

如图 35.2-3a 所示，对一个实际的载荷时间历程，取一垂直向下的纵坐标轴表示时间，横坐标轴表示载荷。这样载荷时间历程形同一座宝塔，雨点以峰值、谷值为起点向下流动，根据雨点向下流动的迹线确定载荷循环，这就是雨流法（或称塔顶法）名称的由来。其计数规则为：

1）雨流的起点依次在每个峰（谷）值的内侧开始。

2）雨流在下一个峰（谷）值处落下，直到对面有一个比开始时的峰（谷）值更大（更小）值为止。

3）当雨流遇到来自上面屋顶流下的雨时就停止。

4）取出所有的全循环，并记下各自的振程。

5）按正、负斜率取出所有的半循环，并记下各自的振程。

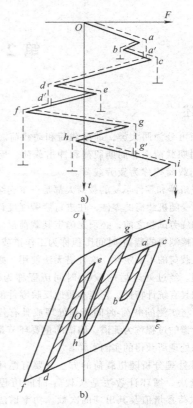

图 35.2-3　雨流法计数原理图

6）把取出的半循环按雨流法第二阶段计数法则处理并计数。

根据上述规则，图 35.2-3a 中的第 1 个雨流应从 O 点开始，流到 a 点落下，经 b 与 c 之间的 a' 点继续流到 c 点落下，最后停止在比谷值 O 更小的谷值 d 的对应处。取出一个半循环 $O—a—a'—c$。第二个雨流从峰值 a 的内侧开始，由 b 点落下，由于峰值 c 比 a 大，故雨流停止于 c 的对应处，取出半循环 $a—b$。第三个雨流从 b 点开始流下，由于遇到来自上面的雨流 $O—a—a'$，故止于 a' 点，取出半循环 $b—a'$。因 $b—a'$ 与 $a—b$ 构成闭合的应力-应变回线，则形成一个全循环 $a'—b—a$。依次处理，最后可以得到在图 35.2-3a 所示的载荷-时间历程中有三个全循环，即 $a'—b—a$、$d'—e—d$、$g'—h—g$ 和三个半循环，即 $O—a—a'—c$，$c—d—d'—f$，$f—g—g'—i$。

图 35.2-3b 所示为该载荷历程作用下的材料应力-应变回线，可见与雨流法计数所得结果是一致的。

一个实际的载荷时间历程，经过雨流法计数并取出全循环之后，剩下的半循环构成了一个发散-收敛的载荷谱，按上述雨流法规则无法继续计数。如把它改造一下使之变成一个收敛-发散谱后，就可继续用雨流法计数，这就是雨流法计数的第二阶段。

图 35.2-4a 所示为一发散-收敛谱，从最高峰值 a_1 或最低谷值 b_1 处截成两段，使左段起点 b_n 和右段末点 a_n 相连接，构成如图 35.2-4b 所示的发散-收敛谱，则继续用雨流法计数直到完毕。

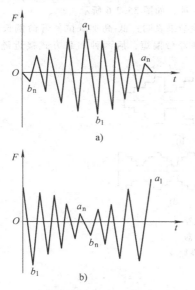

a)

b)

图 35.2-4　雨流法第二阶段计数原理图

4　随机疲劳载荷谱的编制

由实际的载荷-时间历程简化成典型载荷谱的过程，称为"载荷谱编制"。编谱时必须遵循损伤等效原则，即把一个连续的随机载荷对零件所造成的损伤当量定量地反映出来。

由于载荷谱具有典型性、集中性和概括性的特点，因而成为疲劳试验的基础，也是疲劳寿命估算的依据。

载荷谱除以载荷-时间历程给出之外，机械中还常以力矩-时间历程、转矩-时间历程等形式给出。

4.1　累积频数曲线

累积频数曲线也叫载荷累积频数图。根据疲劳载荷进行雨流法循环计数，得到各级载荷出现的频数，如果子样的数量足够大，可以将统计结果以累积频数曲线表示出来，如图 35.2-5 中的光滑曲线所示。

还可将载荷累积频数转化成概率密度函数，其均值及标准差都可求出。根据概率密度函数可写出相应的概率分布函数。正态分布函数和威布尔分布函数最适合描述疲劳载荷数据。

正态频率分布函数形式为

$$f(A) = \frac{1}{\sigma\sqrt{2\pi}} \mathrm{e}^{-\frac{(A-\mu)^2}{2\sigma^2}} \qquad (35.2\text{-}10)$$

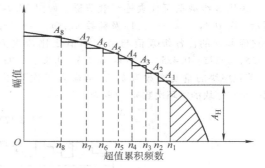

图 35.2-5　累积频数曲线

式中　A——幅值；

σ——母体标准离差；

μ——母体均值。

威布尔频率分布函数形式为

$$f(A) = \frac{b}{A_a - A_0}\left(\frac{A - A_0}{A_a - A_0}\right)^{b-1} \mathrm{e}^{-\left(\frac{A-A_0}{A_a-A_0}\right)^b}$$

$$(35.2\text{-}11)$$

式中　A_0——最小幅值；

A_a——特征参数；

b——形状参数。

实际工作中，由于受测试时间及费用等限制，一般情况下，人们只能实测整个机械寿命中很小一部分载荷-时间历程。在很小一部分时间内测得的载荷-时间历程难以保证能出现整个寿命中的最大载荷。建议定为最大载荷在每 10^6 次载荷循环中发生一次。而载荷幅值大于零的累积频数为 10^6。

当零件的工况比较复杂，不能用一种典型工况表示时，需要分别求出各种单独典型工况单位时间的累积频数，再将各种典型工况的累积频数相加，得出单位时间内的总累积频数，并将其扩充为 10^6 次出现一次最大载荷的累积频数图。

4.2　载荷谱编制

编制载荷谱时，首先应确定一个包括所有状态的谱时间 T_s，即所编制的典型谱代表多少工作小时；其次应根据产品实际使用或计划使用情况，给出各种载荷状态在整个寿命期内所占的比例；然后据此推知在谱时间 T_s 内幅值发生的总频数。

在用雨流计数法处理载荷-时间历程的过程中，没有考虑载荷的作用次序和载荷频率的影响。实际上加载次序、载荷级数多少、载荷块大小，以及出现次数较少的大载荷，对疲劳寿命都有影响。为减小这些影响，常把简化后的程序载荷谱的周期取得短一些，即把程序块的容量减小，块数增加，总周期不变。这样处理能使实际寿命与估算的寿命差别减小。

　　采用 8 级载荷可代表连续载荷谱，如图 35.2-5
所示。图中 A_1、A_2、$\cdots$、A_8 及频数 n_1、n_2、$\cdots$、n_8
是这样求得的，各级幅值与最大幅值之比依次为
0.125、0.275、0.425、0.575、0.725、0.85、0.95、
1。若程序块的重复次数为 k，总寿命为 N 次循环，
则每个程序块的循环次数 n_i 应取为

$$n_i = \frac{N}{k} \qquad (35.2\text{-}12)$$

　　为了减小加载次序对计算或试验结果的影响，必
须使程序块多次重复，一般应在试样或零件寿命周期
内重复 10~20 次。

　　用 8 级载荷可以组成各种加载程序，常用的加载
顺序有 4 种，如图 35.2-6 所示。

　　试验结果表明：低-高加载试件寿命偏长；高-低
加载试件寿命偏短，后两种加载方式接近随机加载
情况。

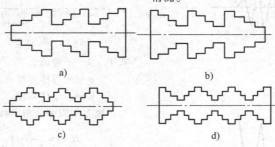

a)　　　　　　　　　　　　　b)

c)　　　　　　　　　　　　　d)

图 35.2-6　4 种不同加载次序
a）低-高加载　b）高-低加载
c）低-高-低加载　d）高-低-高加载

第3章 金属材料的疲劳极限和 S-N 曲线

1 金属材料疲劳极限

1.1 基本概念

（1）疲劳极限

对于结构钢和钛合金钢等材料，试验得到的 S-N 曲线上有一平行于横坐标的水平区段，与此水平线段相应的最大应力 σ_{max} 称为该材料的疲劳极限。

（2）条件疲劳极限

对于有色金属和在腐蚀疲劳条件下，在 S-N 曲线上没有水平区段，不存在疲劳极限。因此，在一般情况下，以 10^7 或 10^8 次循环失效时的最大应力 σ_{max} 作为条件疲劳极限。这时的失效循环数称为循环基数。

1.2 金属材料的疲劳极限

表 35.3-1～表 35.3-4 所列为常用金属材料的疲劳极限。

表 35.3-1 常用钢铁类材料的旋转弯曲疲劳极限

材 料	热处理	抗拉强度 R_m/MPa	疲劳极限 σ_{-1}/MPa	材 料	热处理	抗拉强度 R_m/MPa	疲劳极限 σ_{-1}/MPa
Q235A	热轧	439	210	40CrNiMo	调质	972	498
Q235AF	热轧	428	198	40CrNiMoA	调质	1040	524
Q235B	热轧	441	250	42CrMo	调质	1134	504
Q345	热轧	586	298.1	16MnCr5	淬火后低温回火	1373	592
Q345g	热轧	507	271	20MnCr5	淬火后低温回火	1482	634
20	正火	463	250	25MnCr5	淬火后低温回火	1587	509
20g	热轧	432	209	28MnCr5	淬火后低温回火	1307	479
20R	—	386	209	50CrV	淬火后中温回火	1586	747
35	正火	593	261	55Si2Mn	淬火后中温回火	1866	658
45	正火	624	285.1	60Si2Mn	淬火后中温回火	1625	660
45	调质	710	388	65Mn	淬火后中温回火	1687	708
45	电渣重熔	934	433	05Cr17Ni4Cu4Nb	固溶时效	740	400
50	正火	661	278	12Cr12Mo	调质	768	382
55	调质	834	386	12Cr13	调质	721	374
70	淬火后中温回火	1138	489	20Cr13	调质	687.5	374
20MnVB	碳氮共渗	1210	809	30Cr13	调质	842	370
25MnTiBRE	碳氮共渗	1193	834	4Cr5MoSiV	调质	1496	730
35Mn2	调质	937	520	7Cr7Mo3V2Si	调质	2353	512
40MnB	调质	970	436	Cr12	淬火后低温回火	2272	709
40MnVB	调质	1111	531	Cr12MoV	淬火后低温回火	2059	633
45Mn2	调质	952	485	ZG20Mn	正火	515	226
12Cr2Ni4	调质	793	441	ZG230-450	正火	543	207
18CrNiW	调质	1039	491	ZG270-500	调质	823	272
20Cr	渗碳	577	273	ZG40Cr1	调质	977	294
20CrMnTi	淬火后低温回火	1416	566	ZG340-640	调质	1044	322
20CrMnSi	调质	788	299	ZG06Cr13Ni6Mo	正火后两次回火	779	289
20Cr2Ni4A	淬火后低温回火	1483	602	ZG15Cr13	退火后正火	789	328
30CrMnTi	碳氮共渗	1771	730	QT400-15	退火	484	243
30CrMnSiA	碳氮共渗	1110	641	QT400-18	退火	453	219
35CrMo	调质	924	431	QT500-7	退火	625	206
40Cr	调质	940	422	QT600-3	正火	809	271
40CrMnMo	调质	977	470	QT700-2	正火	754	219
40CrMnSiMoVA	淬火后低温回火	1843	677	QT800-2	正火	842	352

表 35.3-2　某些钢铁类材料的拉-压疲劳极限

材料	热处理	抗拉强度 R_m/MPa	疲劳极限 σ_{-1}/MPa	材料	热处理	抗拉强度 R_m/MPa	疲劳极限 σ_{-1}/MPa
20	正火	464	241	12CrNi3	调质	833	363
45	调质	735	329①	25Cr2MoV	调质	1090	335
Q345	热轧	586	327	35CrMo	调质	924	317
09SiVL	热轧	529	284	35VB	热轧	741	331
HT200	去应力退火	250	96.5	40CrMnSiMoVA	等温淬火	1765	718
HT300	去应力退火	353	133.3	40CrNiMo	调质	972	389
ZG310-570	调质	1012	303	45CrNiMoV	淬火后中温回火	1553	486
				55SiMnVB	淬火后中温回火	1536	536

注：应力比 $r=0.1$。

表 35.3-3　调质结构钢的疲劳极限

材料	静强度指标	试验条件 r	试验条件 α_σ	寿命 N	疲劳极限均值 $\overline{\sigma}_r$/MPa
45（调质）	$R_m=833.6$ MPa $R_{eL}=686.5$ MPa $A=16.7\%$ 硬度 250~270HBW	−1	1.9	5×10^4	411.9
				10^5	343.2
				5×10^5	309.9
				10^6	294.2
				5×10^6	286.4
				10^7	279.5
18Cr2Ni4WA（950℃正火，860℃淬火，540℃回火）	$R_m=1145.5$ MPa $A=18.6\%$	−1	2	10^5	463.9
				5×10^5	411.9
				10^6	384.4
				5×10^6	368.7
				10^7	360.9
30CrMnSiA（890~989℃油淬火，510~520℃回火）	$R_m=1108.2\sim1186.6$ MPa $R_{eL}=1088.6$ MPa $A=15.3\%\sim18.6\%$	−1	1	10^5	784.6
				5×10^5	676.7
				10^6	655.1
				5×10^6	639.4
				10^7	637.5
		−1	2	10^5	411.3
				5×10^5	379.5
				10^6	359.9
				5×10^6	356.0
				10^7	353.1
		−1	3	10^5	308.9
				5×10^5	270.7
				10^6	250.1
				5×10^6	243.2
				10^7	241.3
		−1	4	10^5	285.4
				5×10^5	245.2
				10^6	221.6
				5×10^6	210.9
				10^7	204.0
30CrMnSiA（890~989℃油淬火，510~520℃回火）	$R_m=1108.2\sim1186.6$ MPa $R_{eL}=1088.6$ MPa $A=15.3\%\sim18.6\%$	0.1	1	10^5	1176.8
				5×10^5	1108.2
				10^6	1090.5
				5×10^6	1088.6
				10^7	1088.6
		0.1	3	10^5	455.0
				5×10^5	377.6
				10^6	347.2
				5×10^6	335.4
				10^7	328.5
		0.5	3	10^5	676.7
				5×10^5	642.4
				10^6	612.0
				5×10^6	609.0
				10^7	608.0
30CrMnSiNi2A（900℃淬火，260℃回火）	$R_m=1422\sim1618$ MPa $R_{eL}=1109$ MPa $A=12.5\%\sim18.5\%$	−0.5	5	5×10^4	415.8
				10^5	343.2
				5×10^5	272.6
				10^6	251.8
				5×10^6	248.1
				10^7	245.2
		0.1	3	10^4	662.0
				5×10^4	539.4
				10^5	441.3
				5×10^5	415.8
				10^6	402.1
				5×10^6	392.3
				10^7	382.5
		0.1	4	10^4	686.5
				5×10^4	510.0
				10^5	328.5
				5×10^5	241.3
				10^6	187.3

（续）

材料	静强度指标	r	α_σ	寿命 N	疲劳极限均值 $\overline{\sigma_r}/\mathrm{MPa}$
30CrMnSiNi2A（900℃淬火，260℃回火）	$R_m = 1422 \sim 1618\mathrm{MPa}$ $R_{eL} = 1109\mathrm{MPa}$ $A = 12.5\% \sim 18.5\%$	0.445	3	10^4	1059.2
				5×10^4	858.1
				10^5	686.5
				5×10^5	583.5
				10^6	578.6
				5×10^6	572.7
				10^7	571.7
		0.5	5	5×10^4	731.6
				10^5	624.7
				5×10^5	525.7
				10^6	517.8
				5×10^6	513.9
				10^7	510.0
40CrNiMoA（850℃油淬火，580℃回火）	$R_m = 1040 \sim 1167\mathrm{MPa}$ $R_{eL} = 917 \sim 1126\mathrm{MPa}$ $A = 15.6\% \sim 17\%$	-1	1	5×10^4	760.0
				10^5	666.9
				5×10^5	590.4
				10^6	559.0
				5×10^6	539.4
				10^7	523.7
		-1	2	10^5	392.3
				5×10^5	333.4
				10^6	318.7
				5×10^6	310.9
				10^7	307.9
			3	10^5	294.2
				5×10^5	245.2
				10^6	217.7
				5×10^6	210.9
				10^7	208.9

材料	静强度指标	r	α_σ	寿命 N	疲劳极限均值 $\overline{\sigma_r}/\mathrm{MPa}$
40CrNiMoA（850℃油淬火，580℃回火）	$R_m = 1040 \sim 1167\mathrm{MPa}$ $R_{eL} = 917 \sim 1126\mathrm{MPa}$ $A = 15.6\% \sim 17\%$	0.1	1	5×10^4	1259.2
				10^5	1211.2
				5×10^5	1157.2
				10^6	1110.2
				5×10^6	1066.0
				10^7	1029.7
			3	5×10^4	490.4
				10^5	384.4
				5×10^5	326.6
				10^6	305.0
				5×10^6	292.2
				10^7	284.4
42CrMnSiMoA（GC-4 电渣钢）（920℃加热，300℃等温，空冷）	$R_m = 1894\mathrm{MPa}$ $R_{eL} = 1388\mathrm{MPa}$ $A = 13\%$	-1	1	5×10^4	965.0
				10^5	874.8
				5×10^5	799.3
				10^6	761.0
				5×10^6	735.5
				10^7	717.9
			3	10^4	513.9
				5×10^4	421.7
				10^5	373.6
				5×10^5	323.6
				10^6	284.4
				5×10^6	251.1
				10^7	239.3
		0.1	1	5×10^4	1216.1
				10^5	1118.0
				5×10^5	1074.8
				10^6	1069.0
				5×10^6	1067.0
				10^7	1065.0
			3	10^4	672.8
				5×10^4	555.1
				10^5	485.4
				5×10^5	460.9
				10^6	447.2
				5×10^6	433.5
				10^7	427.6

注：1. α_σ 为理论应力集中系数，$\alpha_\sigma = \sigma_{max}/\sigma_n$。

　　2. r 为应力比。

表 35.3-4　铝合金材料的疲劳极限

材料	静强度指标	r	α_σ	寿命 N	疲劳极限均值 $\overline{\sigma_r}/\mathrm{MPa}$	材料	静强度指标	r	α_σ	寿命 N	疲劳极限均值 $\overline{\sigma_r}/\mathrm{MPa}$
2A12B（B 为预拉伸加工硬化）	$R_m = 455 \sim 480\mathrm{MPa}$ $R_{eL} = 343 \sim 438\mathrm{MPa}$ $A = 8\% \sim 19\%$	0.1	1	10^4	411.9	2A12B（B 为预拉伸加工硬化）	$R_m = 455 \sim 480\mathrm{MPa}$ $R_{eL} = 343 \sim 438\mathrm{MPa}$ $A = 8\% \sim 19\%$	0.1	3	10^4	245.2
				5×10^4	369.7					5×10^4	191.2
				10^5	329.5					10^5	161.8
				5×10^5	293.2					5×10^5	134.4
				10^6	264.8					10^6	114.7
				5×10^6	243.2					5×10^6	106.9
				10^7	223.6					10^7	103.0

（续）

材料	静强度指标	r	α_σ	寿命 N	疲劳极限均值 $\overline{\sigma}_r$/MPa
2A12B（B为预拉伸加工硬化）	$R_m = 455 \sim 480$MPa $R_{eL} = 343 \sim 438$MPa $A = 8\% \sim 19\%$	0.1	5	10^4	194.2
				5×10^4	148.1
				10^5	120.6
				5×10^5	99.05
				10^6	87.28
				5×10^6	84.34
				10^7	82.38
		0.5	1	5×10^4	459.0
				10^5	405.0
				5×10^5	360.9
				10^6	347.2
				5×10^6	328.5
				10^7	319.7
		0.5	3	10^4	343.2
				5×10^4	268.7
				10^5	211.8
				5×10^5	169.7
				10^6	151.0
				5×10^6	145.1
				10^7	143.2
		0.5	5	10^4	299.1
				5×10^4	222.6
				10^5	161.8
				5×10^5	129.4
				10^6	115.7
				5×10^6	109.8
				10^7	104.0
		-0.5	3	10^5	117.5
				5×10^5	108.5
				10^6	100.0
				5×10^6	92.19
				10^7	87.77
2A12-T4	$R_m = 407$MPa $R_{eL} = 270$MPa $A = 13\%$	0.1	1.16	10^5	202.0
				5×10^5	146.1
				10^6	125.5
				5×10^6	115.7
				10^7	110.8
	$R_m = 457$MPa $R_{eL} = 336$MPa $A = 18.7\%$	0.02	1	10^5	277.5
				5×10^5	195.2
				10^6	144.2
				5×10^6	132.4
		0.6	1	5×10^5	331.5
				10^6	309.9
				5×10^6	274.6
2A12-T6	$R_m = 429 \sim 433$MPa $R_{eL} = 364 \sim 370$MPa $A = 6.6\% \sim 7.8\%$	0.1	1	5×10^4	353.1
				10^5	240.5
				5×10^5	176.5
				10^6	139.3
				5×10^6	133.4
				10^7	131.4

材料	静强度指标	r	α_σ	寿命 N	疲劳极限均值 $\overline{\sigma}_r$/MPa
2A12-T6	$R_m = 429 \sim 433$MPa $R_{eL} = 364 \sim 370$MPa $A = 6.6\% \sim 7.8\%$	0.5	1	5×10^4	470.7
				10^5	372.7
				5×10^5	304.0
				10^6	255.0
				5×10^6	225.6
				10^7	206.9
7A09	$R_m = 647$MPa $R_{eL} = 603$MPa $A = 17.2\%$	-1	1	5×10^4	303.0
				10^5	261.8
				5×10^5	220.7
				10^6	188.3
				5×10^6	170.6
				10^7	161.8
		-1	2.4	5×10^4	187.3
				10^5	154.0
				5×10^5	131.4
				10^6	113.8
				5×10^6	98.07
				10^7	93.17
		0.1	1	10^5	269.7
				5×10^5	199.1
				10^6	161.8
				5×10^6	142.2
				10^7	130.4
		0.1	3	10^5	124.5
				5×10^5	93.17
				10^6	76.49
				5×10^6	70.61
				10^7	66.69
		0.1	5	5×10^4	115.7
				10^5	81.40
				5×10^5	63.75
				10^6	57.86
				5×10^6	54.92
				10^7	52.96
		0.5	1	10^5	431.5
				5×10^5	262.8
				10^6	228.5
				5×10^6	204.0
				10^7	186.3
		0.5	3	10^5	178.5
				5×10^5	144.2
				10^6	127.5
				5×10^6	116.3
				10^7	109.8
		0.5	5	5×10^4	166.7
				10^5	117.7
				5×10^5	92.19
				10^6	82.38
				5×10^6	78.46
				10^7	76.49

注：r 为应力比，α_σ 为理论应力集中系数。

1.3　疲劳极限的经验公式

当缺乏疲劳极限的数值时，可采用经验公式来估算（见表 35.3-5）。

表 35.3-5　材料疲劳极限与强度的关系

材料	对称循环应力的疲劳极限		
	拉压 σ_{-11}	弯曲 σ_{-1}	扭转 τ_{-1}
结构钢	$\approx 0.23(R_{eL}+R_m)$	$\approx 0.27(R_{eL}+R_m)$	$\approx 0.15(R_{eL}+R_m)$
铸铁	$\approx 0.4R_m$	$\approx 0.45R_m$	$\approx 0.36R_m$
铝合金	$\approx R_m/6+75$	$\approx R_m/6+75$	
青铜		$\approx 0.21R_m$	

材料	脉动循环应力的疲劳极限		
	拉压 σ_{01}	弯曲 σ_0	扭转 τ_0
结构钢	$\approx 1.42\sigma_{-1}$	$\approx 1.33\sigma_{-1}$	$\approx 1.50\tau_{-1}$
铸铁	$\approx 1.42\sigma_{-11}$	$\approx 1.33\sigma_{-1}$	$\approx 1.35\tau_{-1}$
铝合金			$\approx 1.5\sigma_{-11}$
青铜			

2　常用金属材料的 S-N 曲线（见图 35.3-1～图 35.3-47）

金属材料的疲劳应力与疲劳寿命曲线即 S-N 曲线的图注中 A 表示板材厚度，ϕ 表示棒材的直径，α_σ 表示理论应力集中系数，r 表示应力比，σ_m 表示平均应力，R_m 表示抗拉强度。铝合金尾部字母 B 表示预拉伸加工硬化，T4 表示固溶热处理后自然时效，T6 表示固溶热处理后人工时效。

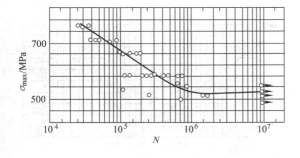

图 35.3-1　40CrNiMoA 钢棒材光滑试样的
S-N 曲线（棒材 ϕ30mm）
热处理：850℃油淬火，580℃回火
材料：$R_m=1039$MPa
悬臂旋转弯曲试验，$r=-1$

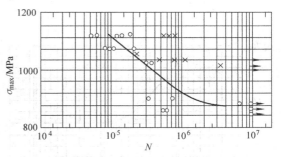

图 35.3-2　40CrNiMoA 钢棒材光滑试样的
S-N 曲线（棒材 ϕ180mm）
热处理：850℃油淬火，570℃回火
材料：纵向 $R_m=1167$MPa，横向 $R_m=1172$MPa
轴向加载试验，$r=0.1$
×—纵向，○—横向

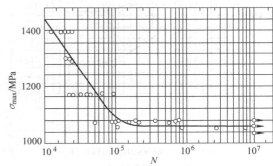

图 35.3-3　40CrMnSiMoA 钢棒材光滑试样的
S-N 曲线（棒材 ϕ42mm）
热处理：920℃加热，300℃等温，空冷
材料：$R_m=1893$MPa
轴向加载试验，$r=0.1$

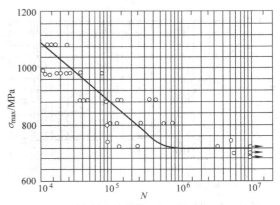

图 35.3-4　40CrMnSiMoA 钢棒材光滑试样的
S-N 曲线（棒材 ϕ42mm）
热处理：920℃加热，300℃等温，空冷
材料：$R_m=1893$MPa
轴向加载试验，$r=-1$

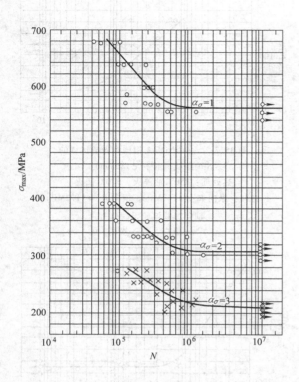

图 35.3-5　40CrNiMoA 钢棒材的

S-N 曲线（棒材 φ22mm）

热处理：850℃油淬火，580℃回火

材料：$R_m = 1049MPa$

试样：光滑（$\alpha_\sigma = 1$）和缺口（$\alpha_\sigma = 2、3$）

旋转弯曲试验，$r = -1$

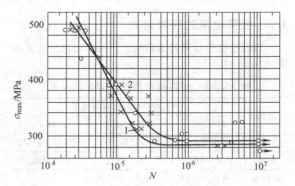

图 35.3-7　40CrNiMoA 钢棒材缺口试样（$\alpha_\sigma = 3$）

的 S-N 曲线

热处理：850℃油淬火，570℃回火

材料：纵向 $R_m = 1167MPa$，横向 $R_m = 1172MPa$

轴向加载试验，$r = 0.1$

1—纵向　2—横向

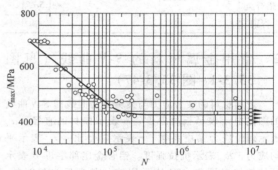

图 35.3-8　40CrMnSiMoA 钢棒材缺口试样（$\alpha_\sigma = 3$）

的 S-N 曲线（棒材 φ42mm）

热处理：920℃加热，300℃等温，空冷

材料：$R_m = 1893MPa$

轴向加载试验，$r = 0.1$

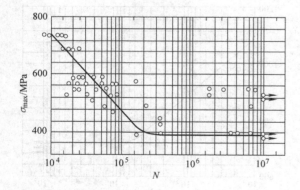

图 35.3-6　40CrMnSiMoA 钢棒材缺口试样（$\alpha_\sigma = 3$）

的 S-N 曲线（棒材 φ42mm）

热处理：920℃加热，180℃等温，260℃回火

材料：$R_m = 1971MPa$

轴向加载试验，$r = 0.1$

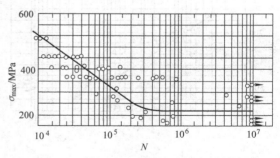

图 35.3-9　40CrMnSiMoA 钢棒材缺口试样（$\alpha_\sigma = 3$）的

S-N 曲线（棒材 φ42mm）

热处理：920℃加热，300℃等温，空冷

材料：$R_m = 1893MPa$

轴向加载试验，$r = -1$

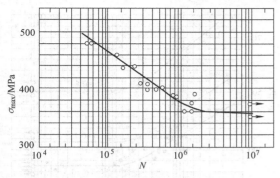

图 35.3-10　18Cr2Ni4WA 钢棒材缺口试样（$\alpha_\sigma = 2$）

的 S-N 曲线（棒材 ϕ18mm）

热处理：950℃正火，860℃淬火，540℃回火

材料：$R_m = 1145$MPa

旋转弯曲试验，$r = -1$

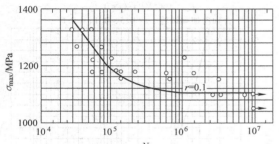

图 35.3-11　30CrMnSiNi2A 钢棒材光滑试样的

S-N 曲线（棒材 ϕ25mm）

热处理：900℃淬火，250℃回火

材料：$R_m = 1584$MPa

轴向加载试验，$r = 0.1$

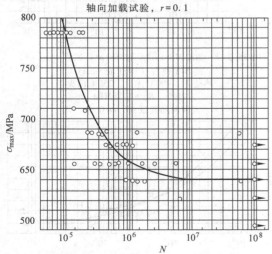

图 35.3-12　30CrMnSiA 钢锻件光滑试样的 S-N 曲线

热处理：900℃油淬火，510℃回火

材料：$R_m = 1110$MPa

悬臂旋转弯曲试验，$r = -1$

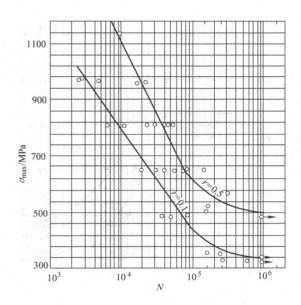

图 35.3-13　30CrMnSiNi2A 钢锻压板缺口试样

（$\alpha_\sigma = 2.9$）的 S-N 曲线

热处理：900℃淬火，250℃回火

材料：$R_m = 1618$MPa

轴向加载试验，$r = 0.1$、0.5

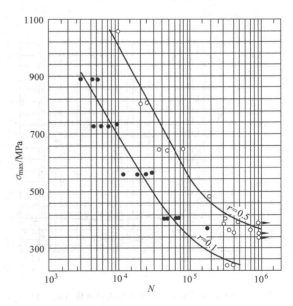

图 35.3-14　30CrMnSiNi2A 钢锻压板缺口试样

（$\alpha_\sigma = 3.7$）的 S-N 曲线

热处理：900℃淬火，250℃回火

材料：$R_m = 1618$MPa

轴向加载试验，$r = 0.1$、0.5

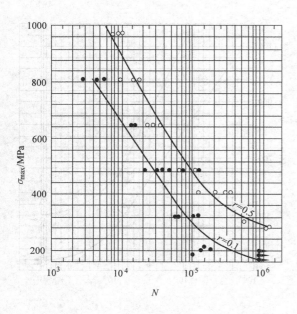

图 35.3-15　30CrMnSiNi2A 钢锻压板缺口试样

（$\alpha_\sigma = 4.1$）的 S-N 曲线

热处理：900℃淬火，250℃回火

材料：$R_m = 1618$MPa

轴向加载试验，$r = 0.1$、0.5

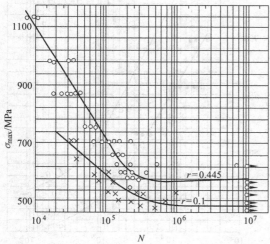

图 35.3-16　30CrMnSiNi2A 钢棒材缺口试样（$\alpha_\sigma = 3$）

的 S-N 曲线（棒材 ϕ25mm）

热处理：900℃淬火，260℃回火

材料：$R_m = 1569$MPa（$r = 0.445$）

$R_m = 1665$MPa（$r = 0.1$）

轴向加载试验，$r = 0.1$、0.445

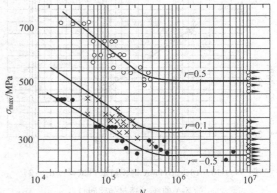

图 35.3-17　30CrMnSiNi2A 钢棒材缺口试样

（$\alpha_\sigma = 5$）的 S-N 曲线（棒材 ϕ25mm）

热处理：900℃淬火，260℃回火

材料：$R_m = 1569$MPa（$r = 0.5$，−0.5）

$R_m = 1665$MPa（$r = 0.1$）

轴向加载试验，$r = 0.5$、0.1、−0.5

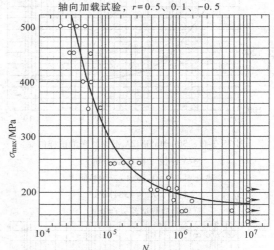

图 35.3-18　30CrMnSiNi2A 钢棒材缺口试样（$\alpha_\sigma = 3$）

的 S-N 曲线（棒材 ϕ55mm）

热处理：900℃淬火，250℃回火

材料：$R_m = 1755$MPa

轴向加载试验，$r = 0.1$

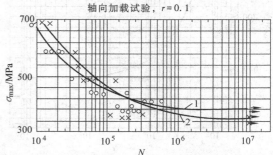

图 35.3-19　30CrMnSiNi2A 钢棒材缺口试样（$\alpha_\sigma = 3$）

的 S-N 曲线（棒材 ϕ30mm）

材料：$R_m = 1417$MPa　1—热处理：900℃淬火，370℃回火

材料：$R_m = 1550$MPa　2—热处理：900℃淬火，320℃回火

轴向加载试验，$r = 0.1$

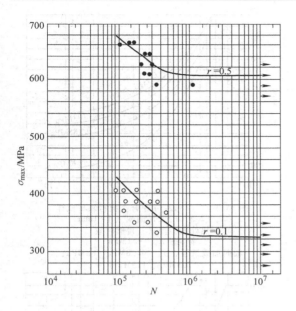

图 35.3-20　30CrMnSiA 钢棒材缺口试样（$\alpha_\sigma = 3$）

的 S-N 曲线（棒材 ϕ26mm）

热处理：890℃油淬火，520℃回火

材料：$R_m = 1184$MPa

轴向加载试验，$r = 0.1$、0.5

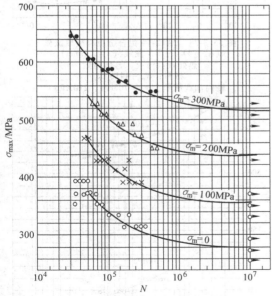

图 35.3-21　45 钢棒材缺口试样（$\alpha_\sigma = 2$）

的 S-N 曲线（棒材 ϕ26mm）

热处理：调质

材料：$R_m = 834$MPa

轴向加载试验，$\sigma_m = 0$MPa、100MPa、200MPa、300MPa

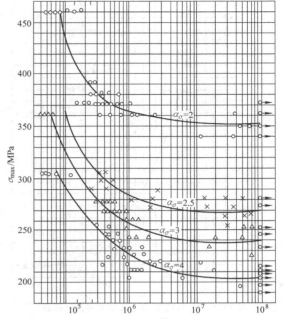

图 35.3-22　30CrMnSiA 钢锻件缺口试样

（$\alpha_\sigma = 2$、2.5、3.4）的 S-N 曲线

热处理：900℃油淬火，510℃回火

材料：$R_m = 1110$MPa

悬臂旋转弯曲试验，$r = -1$

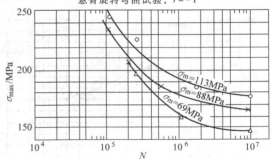

图 35.3-23　2A12-T4 铝合金板材光滑试样的

S-N 曲线（$A = 1$mm）

热处理：T4 状态

材料：$R_m = 451$MPa

轴向加载试验，$\sigma_m = 69$MPa、88MPa、113MPa

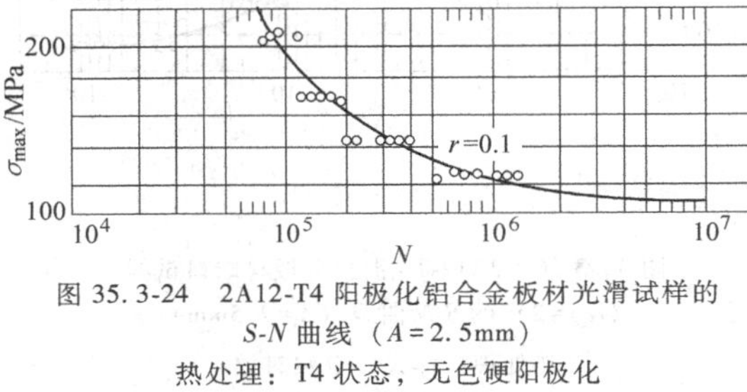

图 35.3-24　2A12-T4 阳极化铝合金板材光滑试样的

S-N 曲线（$A = 2.5$mm）

热处理：T4 状态，无色硬阳极化

材料：$R_m = 407$MPa

轴向加载试验，$r = 0.1$

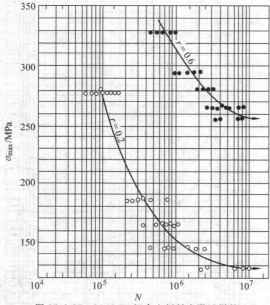

图 35.3-25　2A12-T4 铝合金板材光滑试样的
S-N 曲线（A=2.5mm）

热处理：淬火，自然时效

材料：R_m = 457MPa

轴向加载试验，r = 0.02、0.6

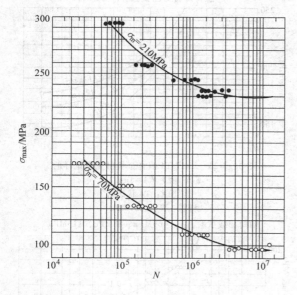

图 35.3-26　2A12-T4 铝合金板材缺口试样
（α_σ = 2）的 S-N 曲线（A=2.5mm）

热处理：淬火，自然时效

材料：R_m = 449MPa

轴向加载试验，σ_m = 70MPa、210MPa

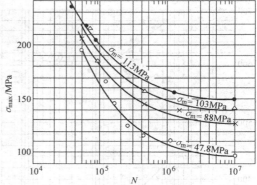

图 35.3-27　2A12-T4 铝合金板材缺口试样
（α_σ = 2.5）的 S-N 曲线（A=1mm）

热处理：淬火，自然时效

材料：R_m = 451MPa

轴向加载试验，σ_m = 47.8MPa、88MPa、
103MPa、113MPa

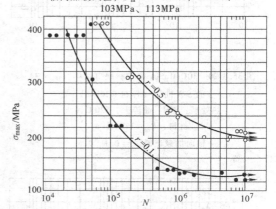

图 35.3-28　2A12-T4 铝合金板材缺口试样
（α_σ = 4）的 S-N 曲线（A=2.5mm）

热处理：淬火，自然时效

材料：R_m = 441MPa

轴向加载试验，σ_m = 70MPa、210MPa

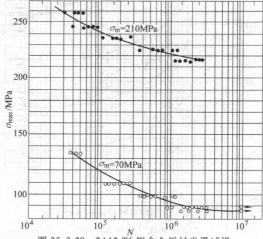

图 35.3-29　2A12-T6 铝合金板材光滑试样
的 S-N 曲线（A=2.5mm）

热处理：T6 状态

材料：R_m = 429MPa

轴向加载试验，r = 0.1、0.5

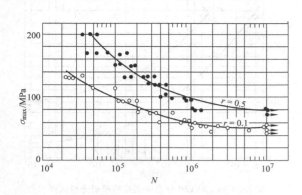

图 35.3-30　2A12-T6 铝合金板材缺口试样

（$\alpha_\sigma = 3$）的 S-N 曲线 （$A = 2.5$mm）

热处理：T6 状态

材料：$R_m = 429$MPa

轴向加载试验，$r = 0.1$、0.5

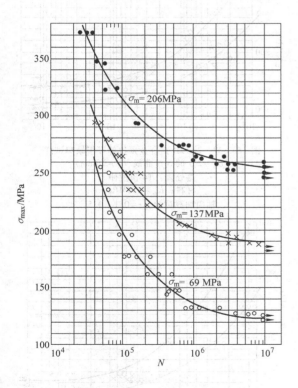

图 35.3-31　7A04 高强度铝合金板材光滑试样

的 S-N 曲线 （$A = 2.5$mm）

热处理：T6 状态

材料：$R_m = 538$MPa

轴向加载试验，$\sigma_m = 69$MPa、137MPa、206MPa

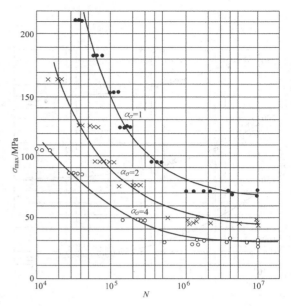

图 35.3-32　7A04 高强度铝合金板材缺口试样

（$\alpha_\sigma = 1$、2、4）的 S-N 曲线 （$A = 2.5$mm）

热处理：T6 状态

材料：$R_m = 553$MPa

轴向加载试验，$\sigma_m = 0$

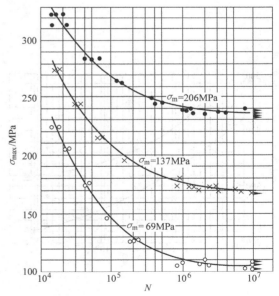

图 35.3-33　7A04 高强度铝合金板材缺口试样

（$\alpha_\sigma = 2$）的 S-N 曲线 （$A = 2.5$mm）

热处理：T6 状态

材料：$R_m = 538$MPa

轴向加载试验，$\sigma_m = 69$MPa、137MPa、206MPa

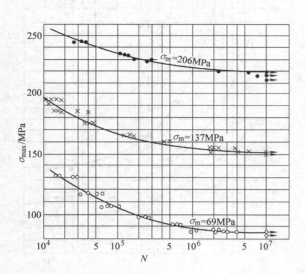

图 35.3-34 7A04 高强度铝合金板材缺口试样
（$\alpha_\sigma = 4$）的 S-N 曲线（$A = 2.5$mm）

热处理：T6 状态

材料：$R_m = 538$MPa

轴向加载试验，$\sigma_m = 69$MPa、137MPa、206MPa

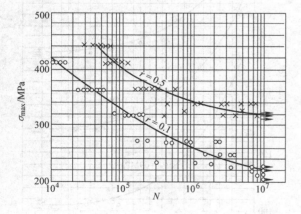

图 35.3-35 2A12B 铝合金预拉伸厚板光滑试样
的 S-N 曲线（$A = 19$mm）

热处理：T4 预拉伸

材料：$R_m = 455$MPa

轴向加载试验，$r = 0.1$、0.5

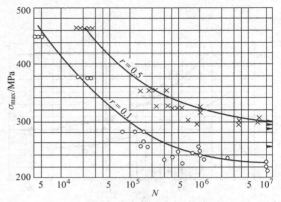

图 35.3-36 2A12B 铝合金预拉伸厚板光滑试样
的 S-N 曲线（$A = 19$mm）

热处理：淬火自然时效，预拉伸，190℃ 12h 人工时效

材料：$R_m = 481$MPa

轴向加载试验，$r = 0.1$、0.5

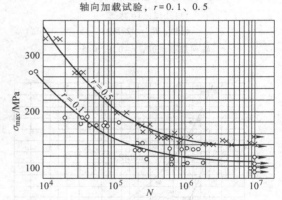

图 35.3-37 2A12B 铝合金预拉伸厚板缺口试样
（$\alpha_\sigma = 2$）的 S-N 曲线（$A = 19$mm）

热处理：T4 预拉伸

材料：$R_m = 455$MPa

轴向加载试验，$r = 0.1$、0.5

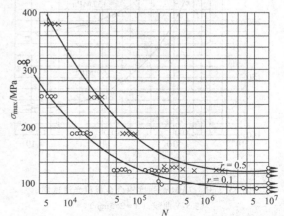

图 35.3-38 2A12B 铝合金预拉伸厚板缺口试样
（$\alpha_\sigma = 3$）的 S-N 曲线（$A = 19$mm）

热处理：淬火自然时效，预拉伸，190℃ 12h 人工时效

材料：$R_m = 481$MPa

轴向加载试验，$r = 0.1$、0.5

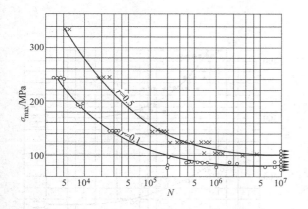

图 35.3-39　2A12B 铝合金预拉伸厚板缺口试样

（$\alpha_\sigma = 5$）的 S-N 曲线（$A = 19mm$）

热处理：T4 预拉伸

材料：$R_m = 455MPa$

轴向加载试验，$r = 0.1$、0.5

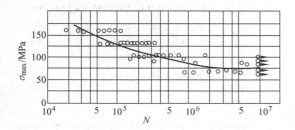

图 35.3-40　2A12B 铝合金预拉伸厚板缺口试样

（$\alpha_\sigma = 5$）的 S-N 曲线（$A = 19mm$）

热处理：T4 预拉伸

材料：$R_m = 455MPa$

轴向加载试验，$r = -0.5$

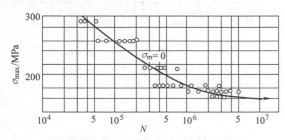

图 35.3-41　7A09 高强度铝合金棒材光滑试样

的 S-N 曲线（$\phi 25mm$）

热处理：T6 状态

材料：$R_m = 647MPa$

轴向加载试验，$\sigma_m = 0$

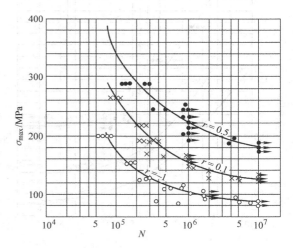

图 35.3-42　7A09 高强度铝合金过时效板材光滑试样

的 S-N 曲线（$A = 6mm$）

热处理：460℃淬火，110℃保温，再 160℃保温

材料：$R_m = 498MPa$

轴向加载试验，$r = -1$、0.1、0.5

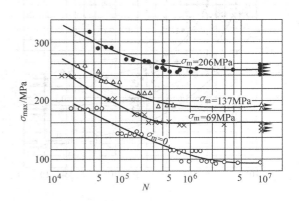

图 35.3-43　7A09 高强度铝合金棒材缺口试样

（$\alpha_\sigma = 2.4$）的 S-N 曲线（$\phi 25mm$）

热处理：T6 状态

材料：$R_m = 647MPa$

轴向加载试验，$\sigma_m = 0MPa$、$69MPa$、$137MPa$、$206MPa$

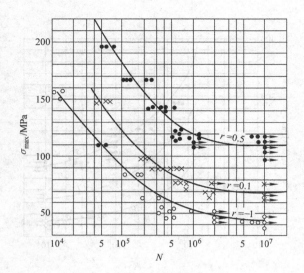

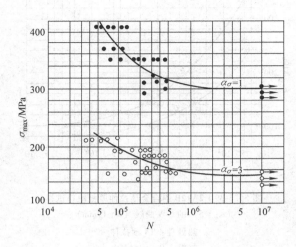

图 35.3-44 7A09 高强度铝合金过时效板材缺口试样
（$\alpha_\sigma = 3$）的 S-N 曲线（$A = 6mm$）
热处理：460℃淬火，110℃保温，再 160℃保温
材料：$R_m = 498MPa$
轴向加载试验，$r = -1$、0.1、0.5

图 35.3-46 2A14 铝合金棒材缺口试样（$\alpha_\sigma = 1$、3）
的 S-N 曲线（$\phi 25mm$）
热处理：T6 状态
材料：$R_m = 541MPa$
轴向加载试验，$r = 0.1$

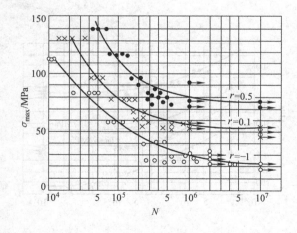

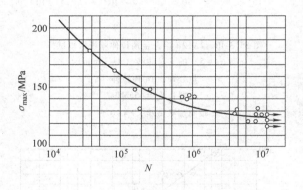

图 35.3-45 7A09 高强度铝合金过时效板材缺口试样
（$\alpha_\sigma = 5$）的 S-N 曲线（$A = 6mm$）
热处理：460℃淬火，110℃保温，再 160℃保温
材料：$R_m = 498MPa$
轴向加载试验，$r = -1$、0.1、0.5

图 35.3-47 ZK61M 镁合金光滑试样的 S-N
曲线（$\phi 20mm$）
热处理：热挤压，人工时效
材料：$R_m = 330MPa$
旋转弯曲试验，$r = -1$

第4章 影响疲劳强度的因素

1 应力集中的影响

1.1 理论应力集中系数

在零件的截面几何形状突然变化处（如轴肩圆角、沟槽和横孔等），局部应力远大于名义应力，这种现象称为应力集中。在材料的弹性范围内，最大局部应力 σ_{max} 与名义应力 σ_n 的比值 α_σ，称为理论应力集中系数，即

$$\alpha_\sigma = \frac{\sigma_{max}}{\sigma_n} \tag{35.4-1}$$

式（35.4-1）所定义的理论应力集中系数 α_σ 是几何参数，仅由零件的几何形状决定。

对于扭转的理论应力集中系数，定义为

$$\alpha_\tau = \frac{\tau_{max}}{\tau_n} \tag{35.4-2}$$

假设材料是各向同性且均匀的，在材料的弹性极限范围内，局部最大应力 σ_{max}（τ_{max}）可以用弹性力学解析法、光弹法或有限元法求得，从而得到各种几何形状的试样在各种载荷下的理论应力集中系数。

常见的几何形状理论应力集中系数线图如图35.4-1～图35.4-56所示。

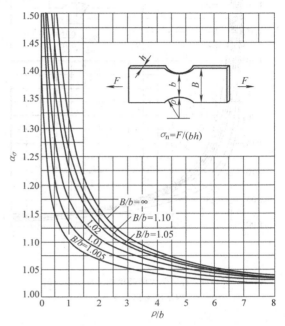

图 35.4-2 有两侧大圆弧槽的平板拉伸时的
理论应力集中系数

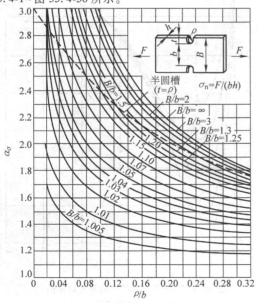

图 35.4-1 有两侧小圆弧槽的平板拉伸时的
理论应力集中系数

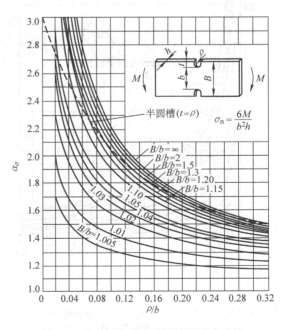

图 35.4-3 有两侧小圆弧槽的平板弯曲时的
理论应力集中系数

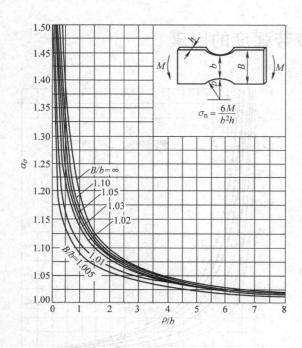

图 35.4-4　有两侧大圆弧槽的平板弯曲时的
理论应力集中系数

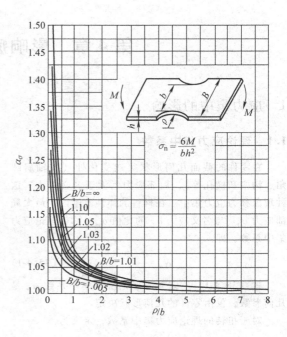

图 35.4-6　有两侧大圆弧槽的平板横向弯曲时的
理论应力集中系数

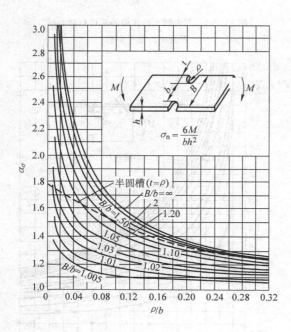

图 35.4-5　有两侧小圆弧槽的平板横向弯曲时的
理论应力集中系数

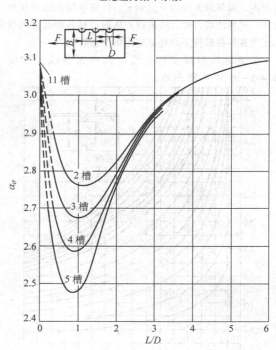

图 35.4-7　有单侧半圆槽的平板拉伸的
理论应力集中系数

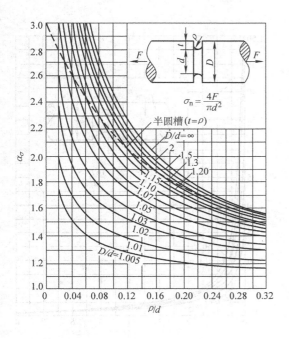

图 35.4-8　有小环形槽的轴拉伸时的
理论应力集中系数

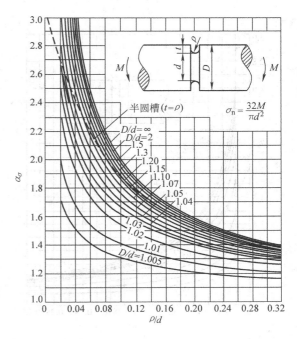

图 35.4-10　有小环形槽的轴弯曲时的
理论应力集中系数（一）

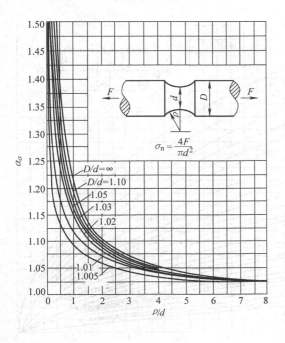

图 35.4-9　有大环形槽的轴拉伸时的
理论应力集中系数

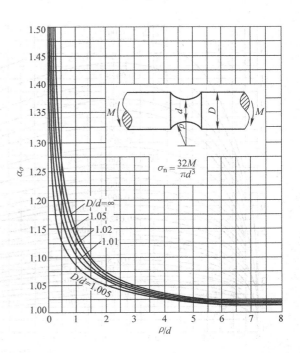

图 35.4-11　有大环形槽的轴弯曲时的理论
应力集中系数（一）

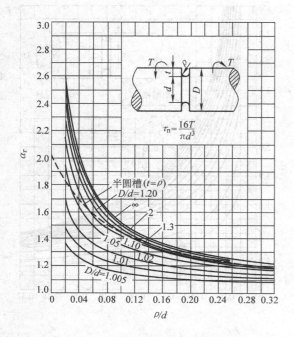

图 35.4-12   有小环形槽的轴扭转时的理论
应力集中系数

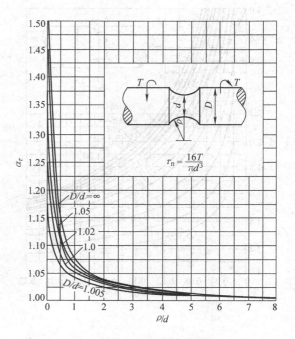

图 35.4-13   有大环形槽的轴扭转时的理论
应力集中系数

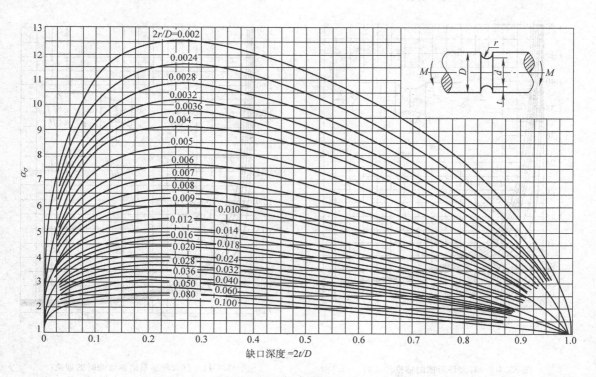

图 35.4-14   有小环形槽的轴弯曲时的理论应力集中系数（二）

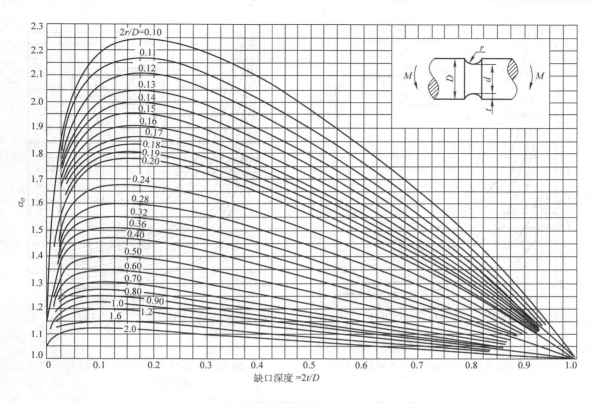

图 35.4-15　有大环形槽的轴弯曲时的理论应力集中系数（二）

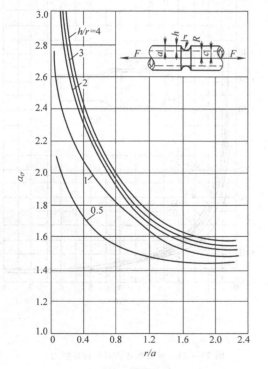

图 35.4-16　有环形槽的空心轴拉伸时的
理论应力集中系数

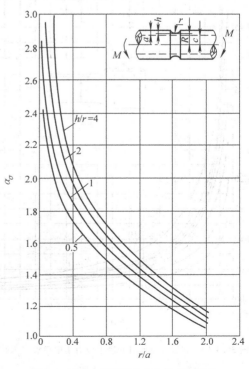

图 35.4-17　有环形槽的空心轴弯曲时的
理论应力集中系数

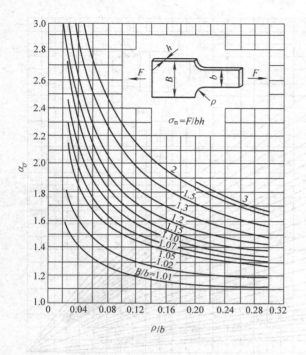

图 35.4-18 有肩板拉伸时的理论应力集中系数（一）

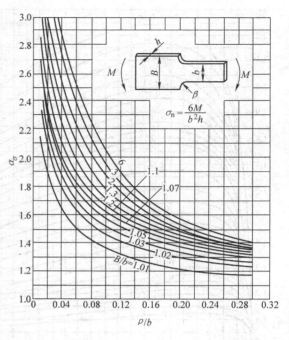

图 35.4-20 有肩板弯曲时的理论应力
集中系数 （一）

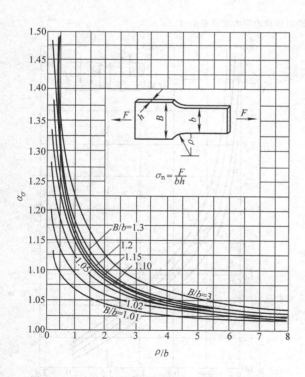

图 35.4-19 有肩板拉伸时的理论应力集中系数（二）

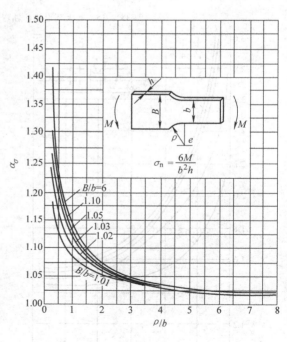

图 35.4-21 有肩板弯曲时的理论应力
集中系数 （二）

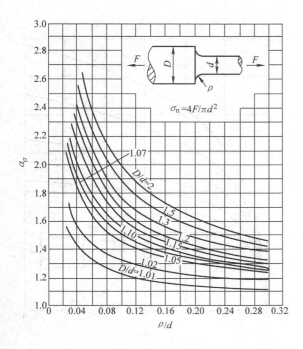

图 35.4-22　阶梯轴拉伸时的理论应力
集中系数（一）

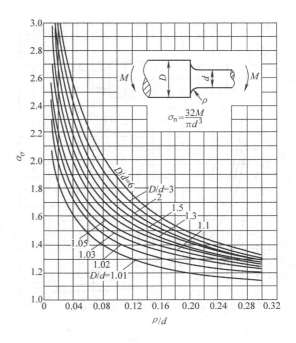

图 35.4-24　阶梯轴弯曲时的理论应力
集中系数（一）

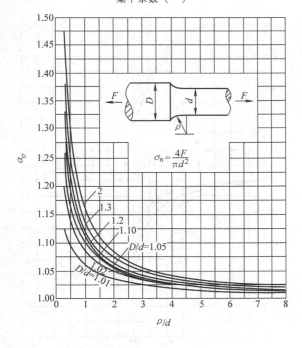

图 35.4-23　阶梯轴拉伸时的理论应力
集中系数（二）

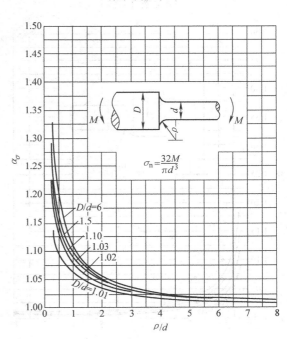

图 35.4-25　阶梯轴弯曲时的理论应力
集中系数（二）

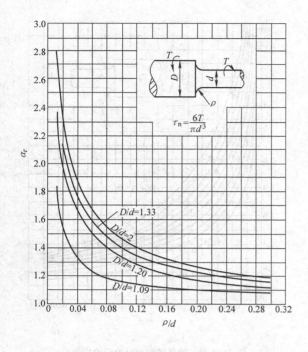

图 35.4-26 阶梯轴扭转时的理论应力
集中系数（一）

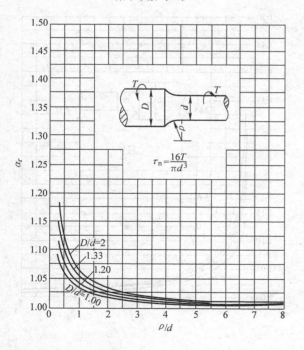

图 35.4-27 阶梯轴扭转时的理论应力
集中系数（二）

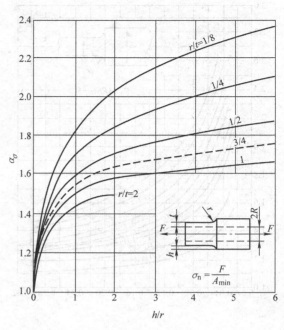

图 35.4-28 空心阶梯轴拉伸时的理论应力集中系数

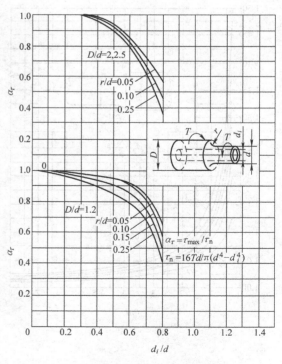

图 35.4-29 空心阶梯轴扭转时的理论应力集中系数

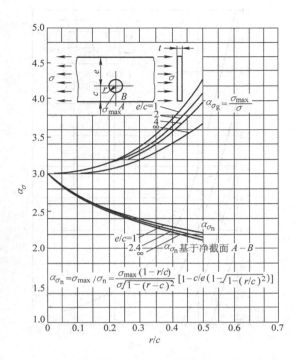

图 35.4-30　带偏心圆孔的受拉扁杆的理论应力集中系数

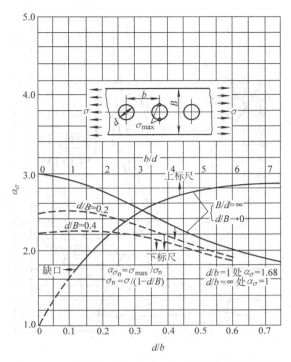

图 35.4-32　多孔受拉板（应力方向与孔的轴线平行）的
理论应力集中系数

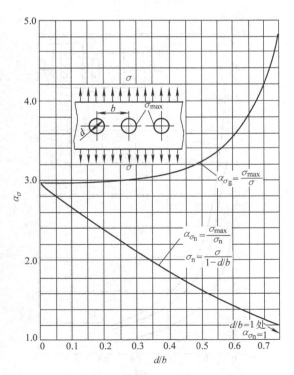

图 35.4-31　多孔受拉板（应力方向与孔的轴线垂直）的
理论应力集中系数

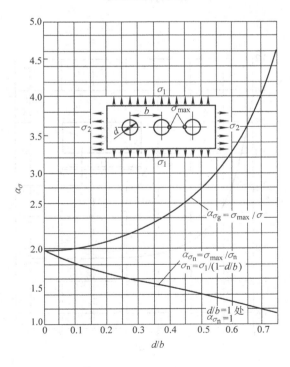

图 35.4-33　受双向拉伸的单排多孔板的
理论应力集中系数

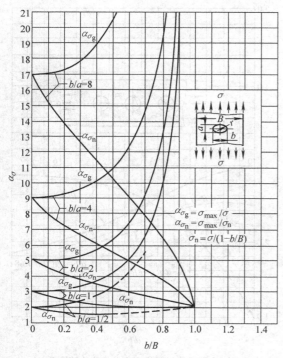

图 35.4-34　带椭圆孔的有限宽受拉板的
理论应力集中系数

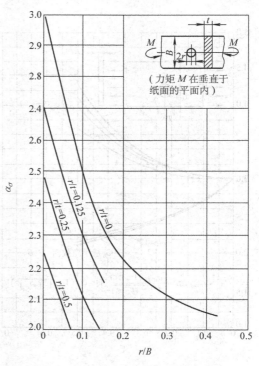

图 35.4-36　中央有孔的板弯曲的理论应力
集中系数（二）

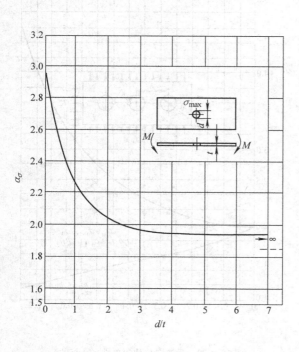

图 35.4-35　中央有孔的板弯曲的理
论应力集中系数（一）

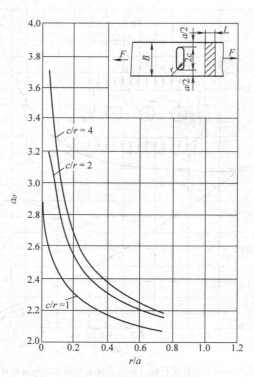

图 35.4-37　有长孔的板拉伸的理论应力
集中系数

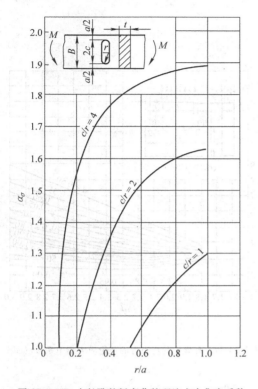

图 35.4-38　有长孔的板弯曲的理论应力集中系数

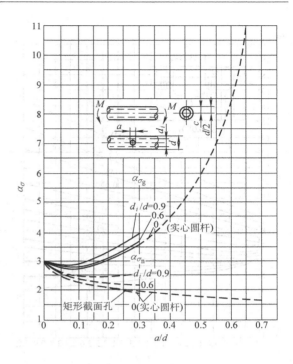

图 35.4-40　带通孔的受弯圆杆（管）的
理论应力集中系数

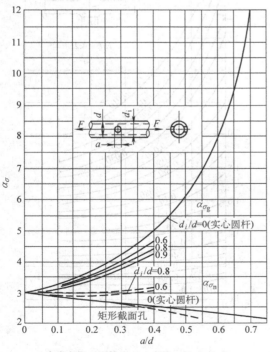

图 35.4-39　带通孔的受拉圆杆（管）的
理论应力集中系数

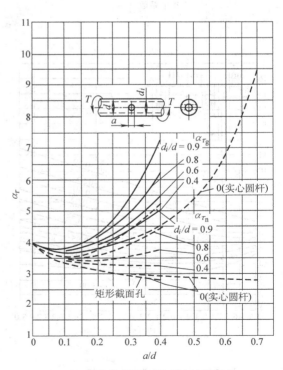

图 35.4-41　带通孔的受扭圆杆（管）的
理论应力集中系数

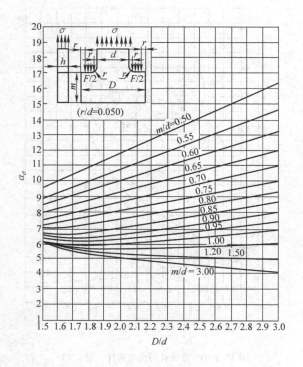

图 35.4-42　有肩板受均布力的理论应力
集中系数（一）

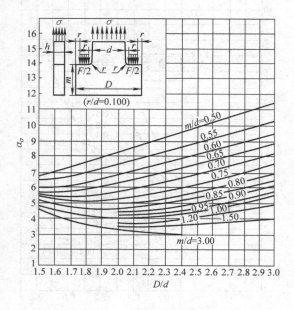

图 35.4-43　有肩板受均布力的理论应力
集中系数（二）

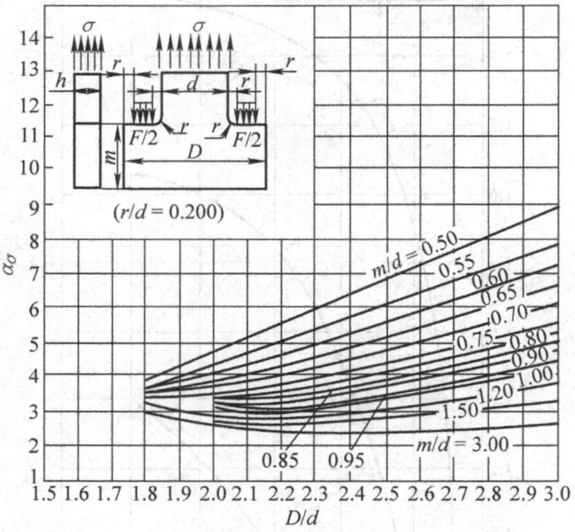

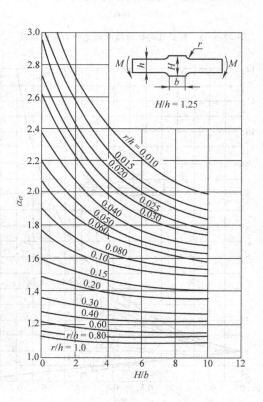

图 35.4-44　有肩板受均布力的理论应力集中系数（三）

图 35.4-45　有凸台的板弯曲的理论应力
集中系数（一）

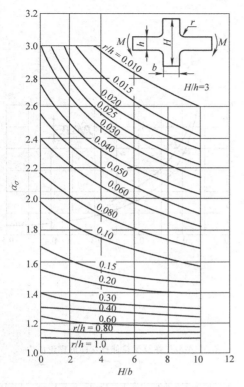

图 35.4-46　有凸台的板弯曲的理论应力集中系数（二）

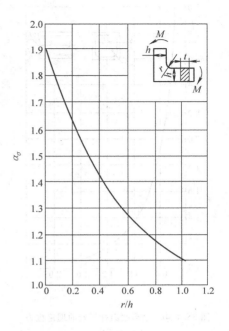

图 35.4-48　L 形截面受弯矩的理论
应力集中系数

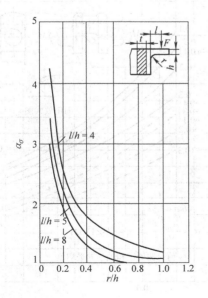

图 35.4-47　L 形截面受集中力弯曲的
理论应力集中系数

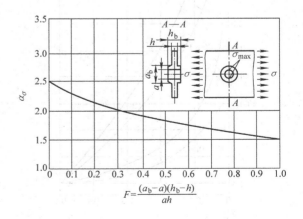

图 35.4-49　有凸台的板拉伸的
理论应力集中系数

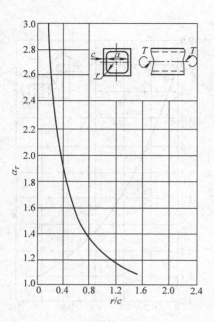

图 35.4-50　箱形截面杆扭转的理论应力
集中系数

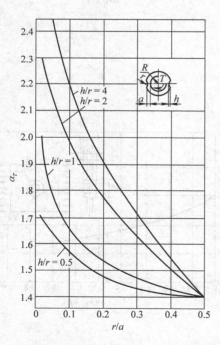

图 35.4-51　有两纵向圆槽的空心轴扭转的
理论应力集中系数

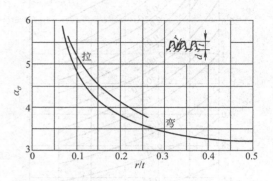

图 35.4-52　螺纹受拉伸或弯曲的理论应力
集中系数

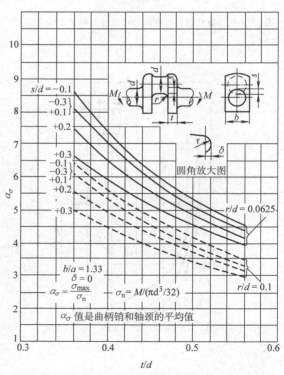

图 35.4-53　曲轴的弯曲的理论应力
集中系数

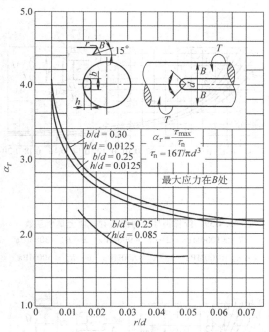

图 35.4-54　有端部半圆形键槽的受扭轴的
理论应力集中系数

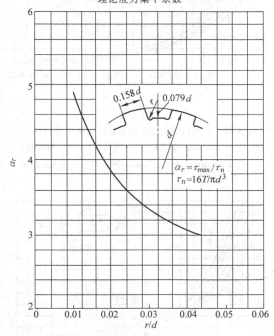

图 35.4-55　花键轴扭转的理论应力
集中系数

1.2　有效应力集中系数

理论应力集中系数的大小，不能作为由于存在局部峰值应力而使疲劳强度降低的标准。而真实材料的

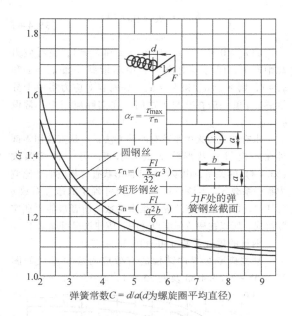

图 35.4-56　螺旋弹簧的扭转的理论应力集中系数

内部是存在着各种各样的缺陷和不同的晶粒分布情况的。同时，在应力集中区的局部峰值应力常超过屈服强度，使部分材料产生塑性变形，从而使应力重新分配。这就使得零件的疲劳强度不仅要由零件的几何形状所决定，而且还与零件的材料性质以及载荷类型等因素有关。

因此，在循环应力条件下，把实际衡量应力集中对疲劳强度影响的系数，称为有效应力集中系数 K_σ 或 K_τ。在载荷条件和绝对尺寸相同时，循环应力下的有效应力集中系数，等于光滑试样与有效应力集中试样的疲劳极限之比，即

$$K_\sigma = \frac{\sigma_{-1}}{(\sigma_{-1})_K} \text{或} \ K_\tau = \frac{\tau_{-1}}{(\tau_{-1})_K} \qquad (35.4-3)$$

式中　σ_{-1}、τ_{-1}——光滑试样对称循环弯曲（或拉压）的疲劳极限和对称循环扭转的疲劳极限；

$(\sigma_{-1})_K$、$(\tau_{-1})_K$——有应力集中试样对称循环弯曲（或拉压）的疲劳极限和对称循环扭转的疲劳极限。

有效应力集中系数 K，总是小于理论应力集中系数 α。为了在数量上估计 K 与 α 之间的差别，引入材料对应力集中的敏性系数 q，它们之间的关系为

对弯曲或拉压：$\quad q_\sigma = \dfrac{K_\sigma - 1}{\alpha_\sigma - 1}$

对扭转：$\quad q_\tau = \dfrac{K_\tau - 1}{\alpha_\tau - 1}$

或写成

$$
\left.\begin{array}{l}
K_{\sigma}=1+q_{\sigma}\ (\alpha_{\sigma}-1) \\
K_{\tau}=1+q_{\tau}\ (\alpha_{\tau}-1)
\end{array}\right\}\qquad(35.4\text{-}4)
$$

如 $q_{\sigma}=0$ 和 $q_{\tau}=0$，则 $K_{\sigma}=1$ 和 $K_{\tau}=1$，没有应力集中产生，即材料对应力集中不敏感。如 $q_{\sigma}=1$ 和 $q_{\tau}=1$，则 $K_{\sigma}=\alpha_{\sigma}$ 和 $K_{\tau}=\alpha_{\tau}$，即材料对应力集中十分敏感。q 值一般在 0 与 1 之间，在实际应用中，常设 $q_{\sigma}=q_{\tau}=q$。

求有效应力集中系数有两种方法：一是直接用零部件在特定材料及形状下试验求得；另一种按照式 (35.4-4) 的关系，由零件的几何形状查得相应的理论应力集中系数 α，当该材料与有关尺寸确定的敏性系数 q 已知时，即可求得有效应力集中系数。前者最能表征实际情况，所以在疲劳强度设计中，应建议尽可能采用。

钢材的敏性系数 q 可查图 35.4-57。

某些典型的零件结构的有效应力集中系数如图 35.4-58~图 35.4-83 及表 35.4-1、表 35.4-2 所示。

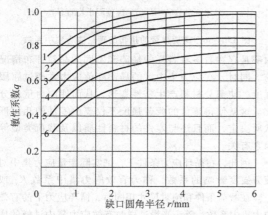

图 35.4-57　钢的应力集中敏感系数与材料的
力学性能和缺口圆角半径的关系
1—R_{m}=1300MPa　2—R_{m}=1200MPa
3—R_{m}=1000MPa　4—R_{m}=800MPa
5—R_{m}=600MPa　6—R_{m}=400MPa

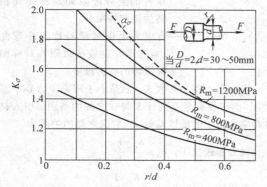

图 35.4-58　阶梯钢轴的对称拉压的有效
应力集中系数（实线）

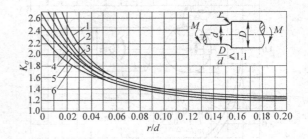

图 35.4-59　阶梯钢轴的弯曲的有效应力集中系数
1—R_{m}≥1000MPa　2—R_{m}=900MPa　3—R_{m}=800MPa
4—R_{m}=700MPa　5—R_{m}=600MPa　6—R_{m}≤500MPa

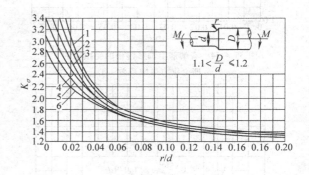

图 35.4-60　阶梯钢轴的弯曲的有效应力集中系数（一）
1—R_{m}≥1000MPa　2—R_{m}=900MPa　3—R_{m}=800MPa
4—R_{m}=700MPa　5—R_{m}=600MPa　6—R_{m}≤500MPa

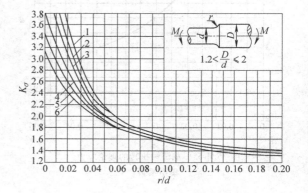

图 35.4-61　阶梯钢轴的弯曲的有效应力集中系数（二）
1—R_{m}≥1000MPa　2—R_{m}=900MPa　3—R_{m}=800MPa
4—R_{m}=700MPa　5—R_{m}=600MPa　6—R_{m}≤500MPa

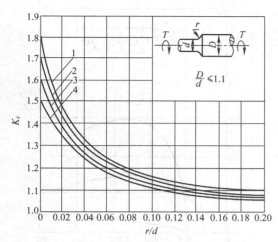

图 35.4-62　阶梯钢轴的扭转的有效应力
集中系数 （一）
1—$R_m \geqslant 1000$MPa　2—$R_m = 900$MPa
3—$R_m = 800$MPa　4—$R_m \leqslant 700$MPa

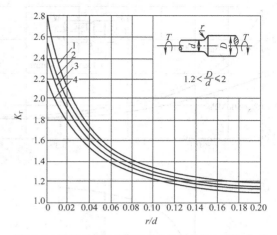

图 35.4-64　阶梯钢轴的扭转的有效应力集中系数 （三）
1—$R_m \geqslant 1000$MPa　2—$R_m = 900$MPa
3—$R_m = 800$MPa　4—$R_m \leqslant 700$MPa

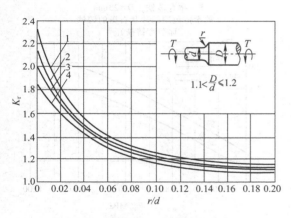

图 35.4-63　阶梯钢轴的扭转的有效应力
集中系数 （二）
1—$R_m \geqslant 1000$MPa　2—$R_m = 900$MPa
3—$R_m = 800$MPa　4—$R_m \leqslant 700$MPa

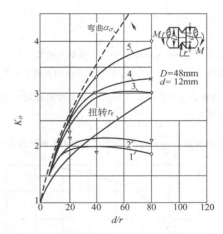

图 35.4-65　有环形深槽钢轴的旋转弯曲的有效应力集中系数
（虚线为理论应力集中系数）
1—$w(C) = 0.25\%$　2—$w(C) = 0.38\%$
3—$w(C) = 0.75\%$　4、5—Ni-Cr 钢

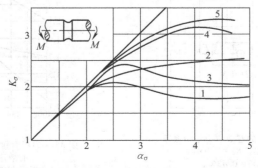

图 35.4-66　有环形槽钢轴的旋转弯曲的有效应力集中系数
1—$w(C) = 0.22\%$　2—$w(C) = 0.25\%$　3—$w(C) = 0.38\%$
4—$w(C) = 0.76\%$　5—$w(Ni) = 2.8\%$，$w(Cr) = 0.7\%$

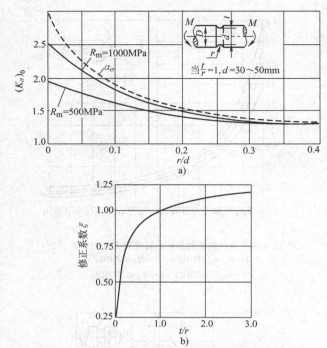

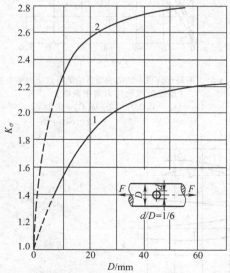

图 35.4-67　有环形槽钢轴的对称弯曲的有效应力集中系数

a) 有环形槽钢轴$\left(\text{当}\dfrac{t}{r}=1\text{ 时}\right)$的对称弯曲的有效应力集中系数

（虚线为理论应力集中系数）当 $\dfrac{t}{r}\neq 1$ 时的有效应力集中系数的计算式为

$$K_\sigma=1+\xi\left[\left(K_\sigma\right)_0-1\right]$$

b) 有环形槽钢轴当 $\dfrac{D}{d}<2$ 时的有效应力集中系数的修正系数 ξ

图 35.4-68　有横孔钢轴的拉压的有效应力集中系数

1—w（C）$=0.07\%$低碳钢，$R_m=330\text{MPa}$

2—Ni-Cr-Mo 钢 $[w(\text{CO})=0.43\%$，

$w(\text{Ni})=2.64\%$，$w(\text{Cr})=0.75\%$，

$w(\text{Mn})=0.65\%$，$w(\text{Mo})=0.58\%$，

$w(\text{V})=0.05\%]$

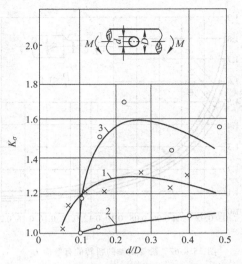

图 35.4-69　有横孔的空心铸铁圆棒的旋转弯曲
的有效应力集中系数

1—球墨铸铁，$D=23\text{mm}$

2—孕育铸铁，$D=12\text{mm}$

3—孕育铸铁，$D=23\text{mm}$

（铁素体包围的片状石墨的铸铁
称孕育铸铁）

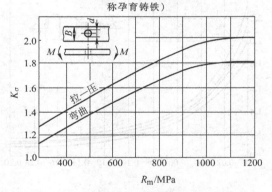

图 35.4-70　有孔钢板的有效应力集中系数

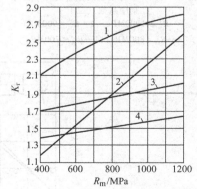

图 35.4-71　有键槽、横孔的钢轴扭转的
有效应力集中系数

1—矩形花键　2—渐开线花键

3—键槽　4—横孔

$d/D=0.05\sim 0.25$

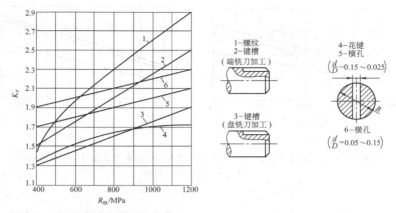

图 35.4-72 有螺纹、键槽、横孔的钢零件的弯曲（拉伸）的有效应力集中系数

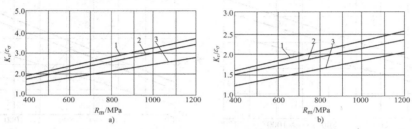

图 35.4-73 钢轴上配合件（间隙配合 H7/h6）的有效应力集中系数与尺寸系数的比值
a）弯曲和拉压 b）扭转
1—$d \geqslant 100$mm 2—$d = 50$mm 3—$d \leqslant 30$mm

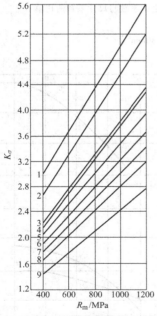

图 35.4-74 压力配合钢轴弯曲的有效应力集中系数
1—过盈配合 H7/s6，$d > 100$mm 2—过盈配合 H7/s6，
$d = 50$mm 3—过盈配合 H7/s6，$d = 30$mm
4—过盈配合 $\dfrac{H7}{r5}$，$d > 100$mm 5—过盈配合 H7/r5，
$d = 50$mm 6—间隙配合 H7/h6，$d > 100$mm
7—间隙配合 H7/h6，$d = 50$mm 8—过盈配合 H7/r5，
$d = 30$mm 9—间隙配合 H7/h6，$d = 30$mm

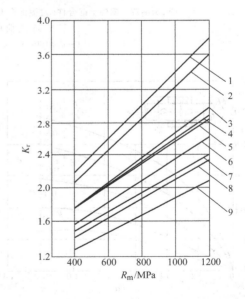

图 35.4-75 压力配合钢轴的扭转的有效应力集中系数
1—过盈配合 H7/s6，$d > 100$mm 2—过盈配合 H7/s6，
$d = 50$mm 3—过盈配合 H7/s6，$d = 30$mm
4—过盈配合 H7/r5，$d > 100$mm 5—过盈配合 H7/r5，
$d = 50$mm 6—间隙配合 H7/h6，$d > 100$mm
7—间隙配合 H7/h6，$d = 50$mm 8—过盈配合 H7/r5，
$d = 30$mm 9—间隙配合 H7/h6，$d = 30$mm

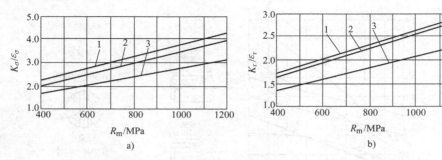

图 35.4-76   钢轴上配合件(过渡配合 H7/k6) 的有效应力集中系数与尺寸系数的比值

a) 弯曲和拉压   b) 扭转

1—$d \geqslant 100$mm   2—$d = 50$mm   3—$d \leqslant 30$mm

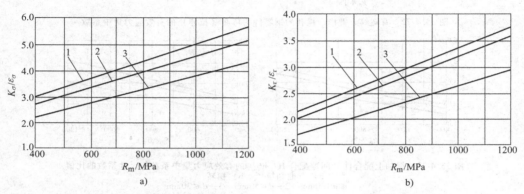

图 35.4-77   钢轴上配合件(过盈配合 H7/s6) 的有效应力集中系数与尺寸系数的比值

a) 弯曲和拉压   b) 扭转

1—$d \geqslant 100$mm   2—$d = 50$mm   3—$d \leqslant 30$mm

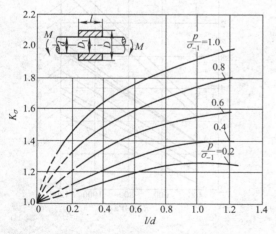

图 35.4-78   压入的过盈配合钢轴的弯曲的
有效应力集中系数

$$p = \frac{E \ (d-D_1) \ (D^2-d^2)}{2dD^2}$$

p—径向压力（MPa） E—弹性模量（MPa）
D_1—轴套的内径（mm） D—轴套的外径（mm）

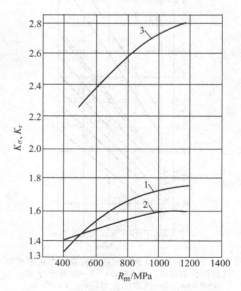

图 35.4-79   花键钢轴的有效应力集中系数
1—渐开线花键轴，弯曲   2—渐开线花
键轴，扭转   3—矩形花键轴，扭转

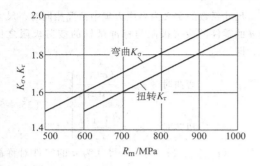

图 35.4-80　有单键或双键槽钢轴的有效
应力集中系数

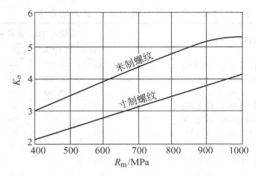

图 35.4-81　螺纹连接拉压的有效应力集中
系数（钢件）

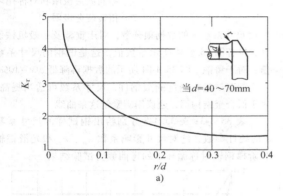

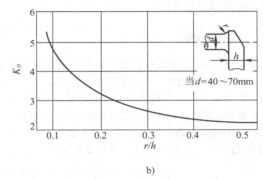

图 35.4-82　钢曲轴的有效应力集中系数
a）扭转　b）弯曲

表 35.4-1　螺纹连接中的有效应力集中系数

钢牌号	光滑试样的疲劳极限 σ_{-11}/MPa	螺纹的疲劳极限 σ'_{-11}/MPa		有效应力集中系数 K_σ	
		切削螺纹	辊压螺纹	切削螺纹	辊压螺纹
35	176	49	63	2.7	2.1
45	215	58	78	2.8	2.1
38CrA	294	73	98	3.0	2.3
30CrMnSiA	294	73	98	3.0	2.3
40CrNiMoA	431	93	122	3.5	2.6
18Cr2Ni4VA	441	98	127	3.4	2.6

注：本表适用于 $d \leqslant 16$mm 的米制螺纹，对于大尺寸的
螺纹，应考虑尺寸系数。表中的疲劳极限是拉压疲
劳试验得到的数值。

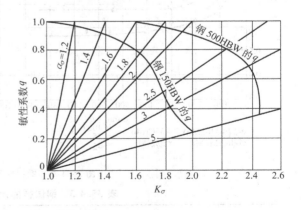

图 35.4-83　由理论应力集中系数及钢材的硬度确定
敏性系数 q 或有效应力集中系数 K_σ

表 35.4-2　有键槽钢轴的有效应力集中系数

钢轴形式	钢 种	力学性能		有效应力集中系数 K	
		R_m/MPa	σ_{-1}/MPa	弯曲 K_σ	扭转 K_τ
3 个键槽	碳素钢	430	190	1.75	—
4.5mm×10mm	碳素钢	590	240	1.85	—
d = 30mm	3.5Ni	820	370	2.50	—
2 个键槽	碳素钢	430	190	—	2.40[①]
4.5mm×10mm	碳素钢	590	240	—	3.20[①]
d = 30mm	3.5Ni	820	370	—	4.35[①]
	碳素钢	430	190	—	1.55
2 个键槽	碳素钢	560	240	—	1.75
5mm×12mm	碳素钢	650	—	—	1.85
d = 30mm	碳素钢	880	—	—	2.25
	45 钢	562	260	1.32	—
	1.25Ni	725	406	1.61	—

① 在装有配合件情况下试验。

2　尺寸的影响

在疲劳试验机上试验所用的试样直径通常为 6~10mm，而一般零件的尺寸与试样有很大差别。

1）尺寸增大时，材料的疲劳极限降低。

2）强度高的合金钢比强度低的合金钢尺寸影响大。

3）应力分布不均匀性增大时，尺寸影响大。

为在设计中计入这种影响，引入尺寸系数 ε。

尺寸系数的定义为当应力集中情况相同时，尺寸为 d 的零件的疲劳极限与标准试样的疲劳极限之比值，即

$$
\left.
\begin{aligned}
\text{弯曲时}\quad \varepsilon_\sigma &= \frac{(\sigma_{-1})_d}{\sigma_{-1}} \\
\text{扭转时}\quad \varepsilon_\tau &= \frac{(\tau_{-1})_d}{\tau_{-1}}
\end{aligned}
\right\}
\quad (35.4\text{-}5)
$$

式中　$(\sigma_{-1})_d$、$(\tau_{-1})_d$——尺寸为 d 的零件对称循环弯曲疲劳极限和对称循环扭转疲劳极限；

σ_{-1}、τ_{-1}——标准直径试样的对称循环弯曲疲劳极限和对称循环扭转疲劳极限。

尺寸系数 ε 的数据很分散，对于重型及一般机械设计，推荐图 35.4-84 所示系数值，这是锻钢的尺寸系数值；对于铸钢，图 35.4-84 所示的数据再降低 5%~10%；对于制造质量控制严的锻钢件，尺寸系数可适当提高。对于低合金结构钢，建议用碳素钢这条曲线。

表 35.4-3~表 35.4-5 分别给出钢试样的尺寸系数 ε 的统计参数，绝对尺寸影响系数 ε_σ、ε_τ 和光滑钢轴和阶梯钢轴对称循环下的弯曲疲劳试验结果。

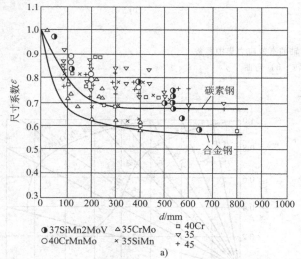

● 37SiMn2MoV　△ 35CrMo　□ 40Cr
○ 40CrMnMo　× 35SiMn　▽ 35　+ 45

a)

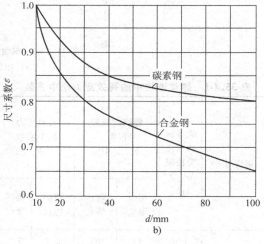

b)

图 35.4-84　锻钢疲劳极限的尺寸系数 ε

表 35.4-3　钢试样的尺寸系数 ε 的统计参数

钢种	尺寸 d /mm	试样数 n	ε 的统计参数			钢种	尺寸 d /mm	试样数 n	ε 的统计参数		
			均值 $\bar\varepsilon$	标准差 S_ε	变异系数 $v = Se\sqrt{\varepsilon}$				均值 $\bar\varepsilon$	标准差 S_ε	变异系数 $v = Se\sqrt{\varepsilon}$
碳素钢	30~150	8	0.8562	0.08895	0.10388	合金钢	30~150	11	0.79	0.0690	0.08734
	150~250	8	0.8025	0.04773	0.05948		150~250	12	0.7667	0.07487	0.09765
	250~350	9	0.7911	0.03444	0.04353		250~350	5	0.678	0.06834	0.10079
	350 以上	14	0.73	0.04188	0.05737		350 以上	22	0.6718	0.07202	0.10720

表 35.4-4　绝对尺寸影响系数 ε_σ、ε_τ

直径 $d/$ mm		>20~30	>30~40	>40~50	>50~60	>60~70	>70~80	>80~100	>100~120	>120~150	>150~500
ε_σ	碳钢	0.91	0.88	0.84	0.81	0.78	0.75	0.73	0.70	0.68	0.60
	合金钢	0.83	0.77	0.73	0.70	0.68	0.66	0.64	0.62	0.60	0.54
ε_τ	各种钢	0.89	0.81	0.78	0.76	0.74	0.73	0.72	0.70	0.68	0.60

表 35.4-5　光滑钢轴和阶梯钢轴对称循环下的弯曲疲劳试验结果

钢牌号	R_m/MPa	$\sigma_{-1(10)}$/MPa	d/mm	σ_{-1d} /MPa	σ_{-1kd} /MPa	α_σ	K_σ	q	ε_σ	加载条件
A 碳钢										
Q235A	402	185	190	125	—	—	—	—	0.68	平面弯曲
22g	445	205	20	185	—	—	—	—	—	弯曲, 试样静止
			200	165	—	—	—	—	—	
			150	137	—	—	—	—	0.67	
45	580	267	75	195	115	2.0	1.7	0.7	0.59	平面弯曲
45	584	269	42	245	120	2.4	—	—	0.91	弯曲, 试样静止
			180	200	130	2.4	1.5	0.4	0.74	
40	711	327	135	200	106	2.2	1.9	0.7	0.61	平面弯曲
			135		87	3.4	2.3	0.5		
45	700	322	135	191	110	2.2	1.7	0.6	0.59	平面弯曲
			135	—	76	3.4	2.5	0.6		
ZG270-500	485	155	200	75	—	—	—	—	0.48	弯曲, 试样静止
B 合金钢										
34CrNi3Mo	820	377	20	355	215	1.6	1.6	1.0	0.94	悬臂旋转弯曲
34CrNi3Mo	820	377	170	—	145	1.6	1.6	1.0	0.94	平面弯曲
	997	558	160	245	190	1.6	1.3	0.5	0.51	
	888	440	130	440	295	1.6	1.5	0.8	1.00	
15MnNi4Mo	888	440	170	255	185	1.6	1.4	0.7	0.63	平面弯曲
40Cr	910	311	65	345	235	1.8	1.5	0.6	0.86	
40CrNi	838	385	65	305	185	1.8	1.6	0.7	0.79	
40Cr	805	390	20	365	195	2.3	1.9	0.7	0.94	悬臂旋转弯曲
	805	390	160	330	175	2.4	1.9	0.6	0.85	弯曲, 试样静止
40CrNi	821	390	20	390	195	2.3	2.0	0.8	1.00	悬臂旋转弯曲
	821	390	160	335	165	2.4	2.0	0.7	0.88	弯曲, 试样静止
34CrNiMo	810	373	135	290	152	2.2	1.9	0.8	0.73	平面弯曲
	810	373	135	—	88	3.4	3.3	1.0	—	
34CrNiMo	850	391	160	300	—	—	—	—	0.77	平面弯曲
25CrMoV	912	420	20	410	175	2.6	2.3	0.8	0.97	悬臂旋转弯曲
	912	420	160	310	125	2.6	2.2	0.8	0.74	平面弯曲
25CrNi3MoVA	817	376	280	—	77	3.1	—	—	—	平面弯曲
	823	379	18	305	—	—	—	—	0.81	悬臂旋转弯曲

3 表面状况的影响

3.1 表面加工状况

疲劳试验的标准试样表面都经过磨光，而实际零件的表面加工方法则多种多样，表面加工粗糙相当于存在很多微缺口，在零件承受载荷时就产生应力集中。不管零件承受弯曲、扭转还是二者联合作用的载荷，都是零件表面应力最大，所以疲劳源多从表面开始。因此表面质量不同，其疲劳强度也不同。粗糙表面导致疲劳强度降低。为了计入这一影响，在疲劳强度计算中引入了表面加工系数 β_1，其定义为

$$\beta_1 = \frac{(\sigma_{-1})_\beta}{\sigma_{-1}} \tag{35.4-6}$$

式中 $(\sigma_{-1})_\beta$——某种表面加工情况下试样的疲劳极限；

σ_{-1}——磨光试样的疲劳极限。

图 35.4-85 所示为钢试样弯曲或拉压循环载荷时的表面加工系数。对于扭转疲劳，在缺乏试验数据时，可取弯曲时的表面加工系数代替。

表 35.4-6 所列为表面加工系数的统计参数。

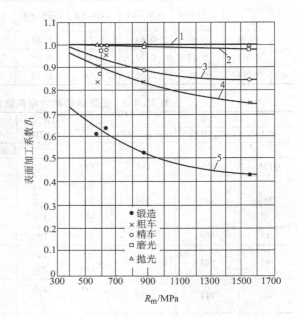

图 35.4-85 钢试样的表面加工系数 β
1—抛光 2—磨光 3—精车 4—粗车 5—锻造

表 35.4-6 表面加工系数的均值 $\bar{\beta}$ 及标准差 S_β

钢牌号	锻 造		粗 车 $Ra = 12.5\mu m$		精 车 $Ra = 3.2\mu m$		磨 削 $Ra = 0.4\mu m$		抛 光 $Ra = 0.1\mu m$	
	$\bar{\beta}$	S_β	$\bar{\beta}$	S_β	$\bar{\beta}$	S_β	$\bar{\beta}$	S_β	$\bar{\beta}$	S_β
35	0.8795	0.0292	0.9816	0.0166	0.9868	0.0255	1	0.0169	1.0112	0.0228
45	0.6386	0.0160	0.9668	0.0205	0.9873	0.0224	1	0.0221	1.0079	0.0241
Q345	0.6061	0.0148	0.8367	0.0193	0.9104	0.0180	1	0.0190	1.0007	0.0202
40Cr	0.5353	0.0209	0.8479	0.0505	0.9011	0.0355	1	0.0499	1.0210	0.0401
60Si2Mn	0.4560	0.0173	0.7622	0.0307	0.8661	0.0346	1	0.0353	1.0143	0.0331

3.2 表面腐蚀状况

腐蚀环境对材料疲劳极限的影响，用腐蚀系数 β_2 表示，即

$$\beta_2 = \frac{(\sigma_{-1})_c}{\sigma_{-1}} \tag{35.4-7}$$

式中 $(\sigma_{-1})_c$——腐蚀环境中材料的疲劳极限；

σ_{-1}——空气中光滑试样的疲劳极限。

图 35.4-86 所示为腐蚀环境对钢试样的旋转弯曲疲劳极限的腐蚀系数。图 35.4-87 所示为铸铁在淡水中的旋转弯曲的腐蚀系数。表 35.4-7 所列为 12Cr13 钢在各种腐蚀环境中的腐蚀系数。

3.3 表面强化状况

由于机械零件的疲劳裂纹常开始于表层，所以强化

表 35.4-7 12Cr13 钢在各种腐蚀环境中的腐蚀系数

试 验 条 件	试验温度/℃	腐蚀系数 β_2
在蒸汽气氛中	—	0.54
在蒸汽和空气的密封容器中	75	0.84
在 0.1MPa 的蒸汽中	100	0.89
在压力为 4.4MPa 的蒸汽中	150	0.90
在压力为 11.3MPa 的蒸汽中	180	0.89
在压力为 16.2MPa 大气压的蒸汽中	370	0.89
在空气和湿蒸汽混合气体中	20	0.56

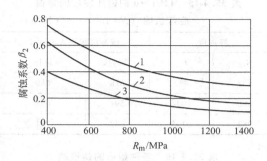

图 35.4-86　腐蚀环境对钢试样的旋转弯曲

疲劳极限的腐蚀系数

1—淡水中无应力集中　2—淡水中有应力集中，海水中无

应力集中　3—海水中有应力集中

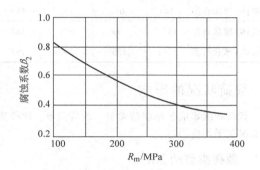

图 35.4-87　铸铁在淡水中的旋转弯曲的腐蚀系数

表层是提高零件疲劳强度的有效方法。表面强化工艺可分为三类：①机械方法，如喷丸及辊压等；②化学方法，如渗碳及氮化等；③热处理，如高频、中频及工频电表层淬火、火焰淬火等。由此引入了表面强化系数 β_3，即

$$\beta_3 = \frac{(\sigma_{-1})_j}{\sigma_{-1}} \qquad (35.4\text{-}8)$$

式中　$(\sigma_{-1})_j$——经强化工艺试样的疲劳极限；

　　　　σ_{-1}——未经强化工艺试样的疲劳极限。

各种强化工艺的表面强化系数 β_3 见表 35.4-8。

上述的表面加工系数 β_1、表面腐蚀系数 β_2 和表面强化系数 β_3 总称为表面系数。在疲劳强度计算中，应根据具体情况选取相应的 β 值。例如，零件如只经过切削加工，则 $\beta = \beta_1$；如零件又经过强化，则 $\beta = \beta_3$；如零件在腐蚀介质中工作，则 $\beta = \beta_2$，不必将各 β 值相乘。

表 35.4-9～表 35.4-16 给出感应加热淬火、渗氮、渗碳、辊压等强化处理后的疲劳试验结果。

表 35.4-8　各种强化工艺的表面强化系数 β_3 推荐值

强化方法	心部强度 R_m/MPa	钢试样的表面强化系数 β_3		
		光滑试样	有应力集中的试样	
			$K_\sigma \leqslant 1.5$ 时	$K_\sigma \geqslant 2.0$ 时
高频淬火	600～800	1.3～1.5	1.4～1.5	1.8～2.2
	800～1000	1.2～1.4	1.5～2.0	—
渗氮	900～1200	1.1～1.3	1.5～1.7	1.7～2.1
渗碳	400～600	1.8～2.0	3	
	700～800	1.4～1.5	—	—
	1000～1200	1.2～1.3	2	
辊压	600～1500	1.1～1.4	1.4～1.6	1.6～2.0
喷丸	600～1500	1.1～1.4	1.4～1.6	1.6～2.0
镀铬	—	0.5～0.7		
镀镍	—	0.5～0.9		
镀锌（热浸法）	—	0.6～0.95（电镀法取 $\beta_3 = 1.0$）		
镀铜	—	0.9		

表 35.4-9　感应加热淬火对圆柱钢试样对称弯曲疲劳极限的影响

表面硬度 HV	表面层厚度 t/mm	相对厚度 t/R	疲劳极限	
			MPa	%
250	—	—	380	100
650～800	1.5	0.1875	590	155
650～800	1.9	0.2375	598	157
650～850	3.3	0.4125	664	175

注：材料为 $w(C) = 0.46\%$ 碳钢，$d = 2R = 16mm$，$R_m = 771MPa$。

表 35.4-10　感应加热淬火对 $w(C) = 0.4\%$ 碳钢光滑和缺口试样旋转弯曲疲劳极限的影响（硬化层厚度 1.2mm）

处理形式	试样形式	疲劳极限	
		MPa	%
正火	光滑	245	100
表面硬化	光滑	425	173
正火	缺口，0.4mm 深[①]	148	100
表面硬化	缺口，0.4mm 深[①]	422	282
正火	缺口，0.8mm 深[①]	143	100
表面硬化	缺口，0.8mm 深，硬化前加工	375	262
表面硬化	缺口，0.8mm 深，硬化后加工	382	269
正火	缺口，1.2mm 深	133	100
表面硬化	缺口，1.2mm 深，硬化前加工	285	214
表面硬化	缺口，1.2mm 深，硬化后加工	302	227
正火	孔，$d = 3.6mm$	145	100
表面硬化	孔，$d = 3.6mm$	245	169
正火	带压配轴套	142	100
表面硬化	带压配轴套	365	259

① 半径 0.3mm 的 U 形缺口。

表 35.4-11　渗氮和渗碳的强化系数 β_3

表面处理	厚度 t/mm	硬度 HV	试样形式	试样直径/mm	β_3
渗氮	0.1~0.4	700~1000	光滑	8~15	1.15~1.25
	0.1~0.4	700~1000	光滑	30~40	1.10~1.15
	0.1~0.4	700~1000	缺口	8~15	1.90~3.00
	0.1~0.4	700~1000	缺口	30~40	1.30~2.00
渗碳	0.2~0.8	670~750	光滑	8~15	1.2~2.1
	0.2~0.8	670~750	光滑	30~40	1.1~1.5
	0.2~0.8	670~750	缺口	8~15	1.5~2.5
	0.2~0.8	670~750	缺口	30~40	1.2~2.5

表 35.4-12　氮化与未氮化的弯曲疲劳极限 (MPa)

材料	未氮化		氮化	
	光滑试样	缺口试样	光滑试样	缺口试样
普通铸铁	215	156	264	313
球墨铸铁	245	171	269	342
20Cr13	—	225		402

表 35.4-13　渗碳钢试样的旋转弯曲疲劳极限 (MPa)

材　料	光滑试样		缺口试样[1]
	处理前	处理后	处理后
$w(C)=0.20\%$钢	195	415	260
$w(C)=0.35\%$钢	220	470	370
Cr-Ni 钢	300	660	370

注：试样直径 $d=10$mm，渗碳深度 1.0~1.2mm，渗碳温度 1050℃。

[1] 缺口半径 $R=0.75$mm。

表 35.4-14　辊压对不同尺寸钢试样旋转弯曲疲劳极限的影响

钢材硬度 HV	硬化层相对厚度	直径/mm	疲劳极限		硬度增量 HV
			MPa	%	
12ChN3A 315~325 ГОСТ	—	6.5	500	100	—
	—	35	430	100	—
	0.057	6.5	550	110	20
	0.057	35	480	112	65
	0.114	6.5	580	116	25
	0.114	35	500	116	95
	0.170	6.5	610	122	55
	0.170	35	530	123	95
37ChN3A 360~365 ГОСТ	—	6.5	640	100	—
	—	35	560	100	—
	0.057	6.5	700	109	20
	0.057	35	600	107	10
	0.114	6.5	720	112	50
	0.114	35	580	104	45
	0.170	6.5	720	112	35
	0.170	35	650	116	70
18ChNWA 325~370 ГОСТ	—	6.5	570	100	—
	—	35	480	100	—
	0.057	6.5	680	119	80
	0.057	35	550	114	105
	0.110	6.5	640	112	60
	0.170	6.5	670	117	75

表 35.4-15　42CrMo 钢辊压前后的弯曲疲劳极限 ($N=10^6$) (MPa)

静强度		疲劳极限 ($N=10^6$)	
R_{eL}	R_m	未辊压	辊压
853	963	618	689
880	1044	591	698
982	1145	532	731

表 35.4-16　各种组织的铸铁的辊压效果

组织状态	辊压力/N	弯曲疲劳极限/MPa		提高率 (%)
		辊压前	辊压后	
珠光体+片状石墨	353	115	139	20
铁素体+片状石墨	490	61	131	114
珠光体+球状石墨	1804	193	468	142
铁素体+球状石墨	1451	123	360	193

4　载荷状况的影响

载荷状况影响包括载荷类型、载荷频率、载荷变化情况及平均应力等。

4.1　载荷类型的影响

机械零件承受载荷的类型有拉、压、弯、扭及以上 4 种的组合作用。疲劳数据中多是用旋转弯曲疲劳试验获得的。在缺少其他加载方式的试验数据时，用载荷系数 C_L 来修正。一般取拉、压的载荷系数 $C_L=0.85$，扭转的载荷系数 $C_L=0.58$。

对于重要的零构件，应该用相同载荷类型下试验得到的数据来进行计算或设计。

4.2　载荷频率的影响

对于高周疲劳，在空气中、室温下进行试验，频率对疲劳极限影响很小。只有在腐蚀环境或高温条件下试验时，频率对疲劳极限影响很大。图 35.4-88 所示为几种材料的载荷频率对金属疲劳极限的影响曲线。如图 35.4-88 所示，当频率小于 1000Hz 时，疲劳极限随着频率的增加稍有增加，其后出现最大值。当频率再增加时，疲劳极限下降。

因此，在室温下工作的机械，一般不考虑频率的影响。但是，在腐蚀及高温环境下工作的机械必须考虑频率的影响。

图 35.4-89 所示为 20Cr 钢的试验频率和腐蚀系数的关系曲线。

图 35.4-90 所示为铸钢 ZG20Mn 和 ZG06Cr13Ni4Mo 在淡水介质中腐蚀疲劳极限与试验频率的关系曲线。

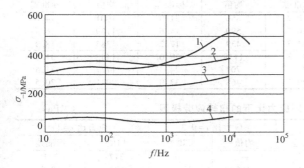

图 35.4-88　载荷频率对金属疲劳极限的影响
1—$w(C)=0.86\%$碳素钢　2—$w(C)=0.11\%$碳素钢
3—铜　4—铝

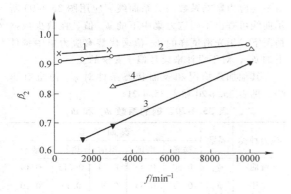

图 35.4-89　20Cr 钢试验频率和腐蚀系数的关系曲线
1—在航空油中，试样磨光　2—在航空油加 2%油酸中，试样磨光　3—在淡水加 2%异戊醇中，试样磨光　4—在淡水加 2%异戊醇中，试样车削

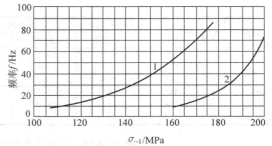

图 35.4-90　铸钢在淡水介质中腐蚀疲劳极限与
试验频率的关系曲线
1—铸造结构钢 ZG20Mn　2—铸造不锈钢 ZG06Cr13Ni4Mo

4.3　载荷峰值的影响

在随机载荷中的工作应力，有时偶然连续超过材料的疲劳极限，这种情况称为过载。少量次数的过载应力，可使材料应变强化和产生残余压应力，使疲劳极限提高，但循环次数超过一临界值后，因造成损伤而使疲劳极限明显降低。低于该临界值，则不造成疲劳损伤。

在低于材料疲劳极限某些应力水平运转一定循环次数后，可使疲劳极限明显提高，这种现象称为低载锻炼。低载锻炼的效果，决定于材料的力学性能、锻炼的应力水平和循环次数。应力越接近疲劳极限，锻炼的效果越明显。

在随机载荷中，每一应力循环的应力峰值和谷值是随机变化的，这时不仅存在过载和低载应力大小的影响，而且受到加载顺序的影响。

4.4　平均应力的影响

不同的平均应力可用应力比 r 反映出来。表 35.4-17 和表 35.4-18 所列为国产钢在不同应力比下的拉-压和扭转的疲劳极限。

表 35.4-17　7 种国产钢在不同应力比下的拉-压疲劳极限　　　　　　　（MPa）

材料	α_σ	应力比 $r=-1$		应力比 $r=0$		应力比 $r=0.3$		应力比 $r=1$	
		均值	标准差	均值	标准差	均值	标准差	均值	标准差
Q345 （热轧）	1	269	9.4	377	23.1	431	17.5	533	6.7
	2	169	5.7	327	7.6	421	11.4	734	15.3
	3	109	3.2	218	8.5	257	12.2	875	7.2
35 （正火）	1	177	9.4	291	11.2	388	7.5	606	10.0
	2	131	6.6	243	10.6	313	16.3	730	7.8
	3	96	4.8	192	5.9	252	12.7	839	15.5
45 （调质）	1	269	8.6	436	13.4	517	22.5	762	36.7
	2	173	7.1	334	12.3	418	19.7	922	32.8
	3	103	4.4	187	8.5	277	13.9	1178	43.7
45 （正火）	1	219	8.9	346	9.2	346	23.3	577	24.8
	2	165	5.7	313	12.2	299	18.6	782	14.8
	3	121	4.1	208	8.2	274	5.0	871	10.3
40Cr （调质）	1	345	17.3	629	44.7	671	25.3	855	21.4
	2	257	8.5	431	18.0	555	21.2	1209	34.6
	3	163	1.6	257	6.0	337	8.3	1358	38.3

（续）

材料	α_σ	应力比 $r=-1$		应力比 $r=0$		应力比 $r=0.3$		应力比 $r=1$	
		均值	标准差	均值	标准差	均值	标准差	均值	标准差
40CrNiMo	1	499	4.5	805	18.7	856	31.0	1001	74.6
（调质）	2	276	4.8	490	20.7	599	14.6	1139	26.4
	3	188	5.9	322	14.3	439	17.2	1383	18.9
60Si2Mn	1	487	26.3	749	33.8	1118	29.0	1442	31.4
（淬火后	2	338	14.8	527	21.0	701	24.3	1777	71.5
中温回火）	3	215	10.4	356	20.7	468	33.0	2041	70.5

表 35.4-18　两种国产钢在不同应力比下的扭转疲劳极限　　　　（MPa）

材料	α_σ	应力比 $r=-1$		应力比 $r=0$		应力比 $r=0.3$		应力比 $r=1$	
		均值	标准差	均值	标准差	均值	标准差	均值	标准差
45	1	233	5.6	450	18.7	—	—	317	7.1
（正火）	2	101	5.9	189	12.1	264	5.3	603	18.5
	3	119	5.1	177	6.9	239	6.7	556	10.7
45Cr	1	314	15.5	574	9.5	—	—	609	48.0
（调质）	2	141	3.4	235	6.9	319	10.0	794	42.0
	3	145	4.6	199	8.0	243	7.3	782	30.9

对于有平均应力时的载荷称不对称载荷，其相应的应力称不对称循环应力。在进行强度计算时，常将不对称循环应力折算成等效的对称循环应力。等效应力幅 $\sigma_A = \sigma_a + \psi\sigma_m$，$\sigma_a$ 为应力幅，ψ 为不对称循环度系数或平均应力影响系数。

表 35.4-19 所列为 7 种国产钢的平均应力影响系数。图 35.4-91 和图 35.4-92 所示为国产 45 钢和 40Cr 在 3 种应力集中系数下的疲劳极限曲线图（或称等寿命曲线图）。图 35.4-93 所示为不同应力集中系数

对平均应力影响系数的关系曲线。应用图 35.4-93 所示曲线可查出不同应力集中下的 ψ_σ 值。在缺少数据情况下，用光滑试样的 ψ_σ 值来代替有应力集中条件下的 ψ_σ，对于设计来说是偏于安全的。

其他加载情况和表面状态条件对 ψ_σ 值也有影响，见表 35.4-20 和表 35.4-21。

表 35.4-19　7 种国产钢的平均应力影响系数
（MPa）

材料	热处理	α_σ	平均应力影响系数 ψ_σ		
			$r=0$	$r=0.3$	$r=1$
Q345	热轧	1	0.43	0.42	0.50
		2	0.04	0.08	0.23
		3	0.003	0.12	0.12
35	正火	1	0.22	0.17	0.29
		2	0.08	0.11	0.18
		3	0.014	0.048	0.11
45	正火	1	0.26	0.43	0.38
		2	0.06	0.10	0.21
		3	0.17	0.14	0.14
45	调质	1	0.23	0.26	0.35
		2	0.034	0.10	0.21
		3	0.10	0.034	0.09
40Cr	调质	1	0.10	0.25	0.40
		2	0.20	0.17	0.21
		3	0.27	0.21	0.12
40CrNiMo	调质	1	0.24	0.36	0.50
		2	0.12	0.17	0.24
		3	0.16	0.12	0.14
60Si2Mn	淬火后 中温回火	1	0.23	0.13	0.34
		2	0.28	0.20	0.19
		3	0.21	0.17	0.11

表 35.4-20　钢的系数 ψ_σ 和 ψ_τ

应力种类	系数	表面状态				
		抛光	磨削	车削	热轧	锻造
弯曲	ψ_σ	0.50	0.43	0.34	0.215	0.14
拉压	ψ_σ	0.41	0.36	0.30	0.18	0.10
扭转	ψ_τ	0.33	0.29	0.21	0.11	0.05

表 35.4-21　铸铁和铝合金的系数 ψ_σ 和 ψ_τ

材料	ψ_σ		ψ_τ
	弯曲	拉压	扭转
铸铁	0.49	0.41	0.48
铝合金	0.335	0.335	0.335

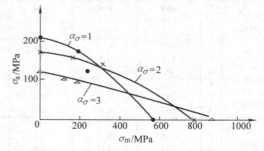

图 35.4-91　45 钢在 3 种应力集中系数下
的疲劳极限曲线图（$N=10^7$）
45 钢经正火，其 $R_m=612\text{MPa}$，$R_{eL}=361\text{MPa}$

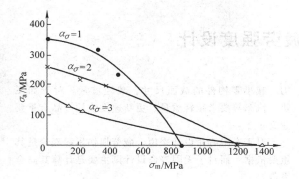

图 35.4-92　40Cr 在 3 种应力集中系数下
的疲劳极限曲线图 （$N = 10^7$）
40Cr 经调质，其 $R_m = 858\text{MPa}$，$R_{eL} = 673\text{MPa}$

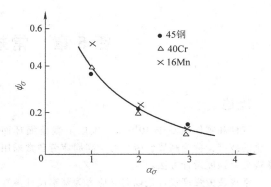

图 35.4-93　不同应力集中系数对平均应力影响
系数 ψ_σ 的关系曲线

第5章 常规疲劳强度设计

1 概述

试件和零件在高于 $10^4 \sim 10^5$ 次以上载荷循环而产生的疲劳,称为高周疲劳。对于高周疲劳通常采用常规疲劳强度设计方法。

常规疲劳强度设计是以名义应力为基本设计参数的抗疲劳设计方法,也称名义应力法。

它是假设零构件没有初始裂纹,应用标准试样试验得到的疲劳极限、S-N 曲线及疲劳极限图等,再考虑零构件由于尺寸、表面状态及几何形状引起的应力集中等影响因素而进行的疲劳强度设计。把 S-N 曲线用双对数坐标表示时,是由两根直线组成的折线。按水平线部分进行设计称无限寿命设计;按斜线部分进行设计称有限寿命设计。

无限寿命设计要求零构件在无限长的使用期间内不发生疲劳破坏。因此,要将零构件的工作应力限制在它的疲劳极限以下,就可以得到零构件的寿命在理论上是无限的。用这种准则进行设计常造成零构件结构尺寸大,过于笨重。但对于长时间运转的零构件,仍是一个较好的设计准则。

有限寿命设计,也称安全寿命设计。它保证机器在一定使用期限内安全运行,所以它允许零构件的工作应力超过其疲劳极限。其基本依据是材料或零构件的 S-N 曲线的斜线部分。计算的重点是零构件的裂纹形成寿命。这种设计准则能充分利用材料的承载能力,减小零构件的截面尺寸,减轻重量。对于如飞机、汽车等要求减轻重量、更新速度快的产品有重要意义。

对于有限寿命设计来说,疲劳损伤累积理论是其重要依据。而对于无限寿命设计则主要是计算其安全系数。

2 疲劳安全系数

一般的疲劳强度计算中,许用安全系数推荐用表 35.5-1 的数值。

表 35.5-2 所列为初算时的安全系数推荐值。

表 35.5-3 所列为各类机械零件的许用安全系数。

表中所用符号:$n_{bp} = \dfrac{R_m}{\sigma_p}$;$n_{sp} = \dfrac{R_{eL}}{\sigma_p}$;$n_{-1p} = \dfrac{\sigma_{-1}}{\sigma_p}$;

$n_{0p} = \dfrac{\sigma_0}{\sigma_p}$(其中,$R_m$ 为材料的抗拉强度;R_{eL} 为材料的屈服强度;σ_{-1} 为对称循环疲劳极限;σ_0 为脉动循环疲劳极限;下标 p 为"许用")。校核零件的疲劳强度,必须使它同时满足静强度要求。

表 35.5-1 许用安全系数

情　况	n_{-1p}
材料较均匀,载荷及应力较精确时	1.3
材料不够均匀,载荷及应力计算精度较差	1.5~1.8
材料均匀度很差,计算精度很差	1.8~2.5

表 35.5-2　安全系数推荐值(初算用)

材　料		静载荷		冲击载荷		疲劳载荷			
		n_{bp}	n_{sp}	n_{bp}	n_{sp}	\multicolumn{2}{c}{n_{bp}}		\multicolumn{2}{c}{n_{-1p}}
						一般零件	重要零件	一般零件	重要零件①
\multicolumn{2}{l}{铸铁}	3~4	—	10~15	—	8~10	12~15	—	—
\multicolumn{2}{l}{高强度钢}	2~3	—	—	—	—	—	—	—
结构钢	$R_{eL}/R_m = 0.45 \sim 0.6$,计算精确	2.4~2.6	1.2~1.5	2.0~2.8	1.5~2.2	5.0	7	1.3	1.5
	$R_{eL}/R_m = 0.6 \sim 0.8$,计算精度一般		1.4~1.8	2.5~4.0	2.0~2.8	5.5	8	1.5	1.8
	$R_{eL}/R_m = 0.8 \sim 0.9$,计算不精确		1.7~2.2	3.5~5.0	2.5~3.5	6.0	10	1.8	2.5

① 重要零件是指在整个使用期内不希望破坏的零件。

表 35.5-3　各类机械零件的许用安全系数

机械种类	零部件名称	应力状态	材　料	安全系数	附　注
起重机械	主梁	弯	Q235A,Q345	$n_{sp} = 1.4 \sim 1.6$ $n_{0p} = 1.4 \sim 1.6$	运送液态金属的起重机用 1.6
	端梁	弯	Q235A,Q345	$n_{sp} = 2.4$	
	小车梁	弯	Q235A,Q345	$n_{sp} = 3 \sim 4$	

（续）

机械种类	零部件名称	应力状态	材料	安全系数	附注
起重机械	卷筒轴	弯曲疲劳	45	$n_{sp}=1.3\sim1.6$, $n_{-1p}=1.8$	手动，$n_{sp}=1.3$,吊钢液包 $n_{sp}=1.6$
	减速机低速轴	弯扭疲劳	45	$n_{sp}=1.6$, $n_{-1p}=1.8$	
	卷筒轴承侧法兰螺栓	拉伸疲劳	Q235A	$n_{sp}=3$,$n_{0p}=2.5$	
	吊钩钩体	拉、弯	20,36Mn2Si	$n_{sp}=1.6$	
	吊钩螺纹尾部	拉	20,36Mn2Si	$n_{sp}=5\sim7$	
	吊钩梁	弯	45	$n_{sp}=3$	
	拉板	拉、挤压	Q345	$n_{sp}=1.6$	
	吊钩滑轮轴	弯	45	$n_{sp}=1.6$	
	小车轮轴	弯扭疲劳	45	$n_{sp}=1.4$, $n_{-1p}=1.6$	
	大车轮轴	弯扭疲劳	45	$n_{sp}=1.4$, $n_{-1p}=1.6$	
矿山机械	矿井提升机卷筒	弯、压	Q235A,Q345	$n_{sp}=1.4\sim1.6$	
	矿井提升机主轴	弯扭疲劳	45	$n_{-1p}=1.2\sim1.5$	
	颚式破碎机机架	弯曲疲劳	ZG270-500	$n_{0p}=1.5$	
	颚式破碎机传动轴	弯扭疲劳	45	$n_{-1p}=1.5$	
	颚式破碎机主轴	弯扭疲劳	45	$n_{-1p}=1.4$	
	圆锥破碎机传动轴	弯扭疲劳	45	$n_{-1p}=1.4$	
	圆锥破碎机主轴	弯扭疲劳	24CrMoV	$n_{-1p}=2$	
	圆锥破碎机液压缸体	内压	ZG270-500	$n_{sp}=2\sim2.4$	
	球磨机筒体	弯	Q235A,20	$n_{sp}=3.5\sim4$	
冶金机械	轧钢机机架（初轧机）	弯、拉、拉伸疲劳	ZG270-500	$n_{bp}=6\sim8$	$n_{0p}=1.6$
	轧钢机机架（板热轧机）	弯、拉、拉伸疲劳	ZG270-500	$n_{bp}=7\sim10$	$n_{0p}=1.7$（厚板）
	轧钢机机架（板冷轧机）	弯、拉	ZG270-500	$n_{bp}=8\sim12$	考虑刚度
	轧钢机轧辊（初轧机辊身）	弯扭疲劳	60CrMnMo, 60CrMo,55CrMo	$n_{bp}=6\sim8$	$n_{-1p}=1.8$
	轧钢机轧辊（热轧板工作辊）	弯扭疲劳	HT250,球铁	$n_{bp}=6.5$	$n_{-1p}=1.5\sim2.5$
	冷轧薄板工作辊	弯扭疲劳	9Cr2	$n_{-1p}=1.1$	
	热轧板支承辊	弯曲疲劳	37SiMn2MoV, 8CrMoV, 40Mn2MoV	$n_{bp}=6$	$n_{-1p}=1.2\sim2$
	冷轧板支承辊	弯曲疲劳	9Cr2,9Cr2Mo	$n_{-1p}=1.2$	
	轧钢机的机架辊	弯扭疲劳	45	$n_{bp}=6$	$n_{-1p}=1.8$
	轧钢机万向接轴	弯扭疲劳	45CrV	$n_{sp}=3$	$n_{-1p}=2.0$
	轧钢机万向接轴叉头	弯扭疲劳	45CrV	$n_{sp}=2.6$	$n_{-1p}=1.8$
	六连杆式热剪机的上剪股	弯曲疲劳	ZG35CrMo, 32SiMn2MoV	$n_{sp}=2$	$n_{0p}=1.5$
	六连杆式热剪机的下剪股	弯曲疲劳	ZG35CrMo, 32SiMn2MoV	$n_{sp}=3$	$n_{0p}=1.6$
	六连杆式热剪机的偏心轴	弯扭疲劳	40	$n_{sp}=3$	$n_{-1p}=2.0$
	六连杆式热剪机的连杆	拉压弯	40	$n_{sp}=3$	
	六连杆式热剪机的传动轴	弯扭疲劳	35CrMo, 35SiMn2MoV	$n_{sp}=3$	$n_{-1p}=2.5$
	摆式飞剪机曲轴	弯扭疲劳	35SiMn2MoV	$n_{-1p}=2$	
	辊式矫直机的工作辊辊身	弯扭疲劳	9Cr2,60CrMoV	$n_{sp}=4\sim12$	考虑刚度
	辊式矫直机的支承辊辊身	弯扭疲劳	9Cr2	$n_{sp}=3\sim6$	考虑刚度

（续）

机械种类	零部件名称	应力状态	材　料	安全系数	附　注
冶金机械	辊式矫直机的支承辊辊颈	扭	9Cr2	$n_{sp}=1.7$	
	辊式矫直机的支承辊小轴	弯	42MnMoV	$n_{sp}=2$	
	辊式矫直机的机架（铸铁）	弯	HT250	$n_{bp}=6$	
	辊式矫直机的机架（钢）	弯	Q235A	$n_{sp}=3$	
	辊式矫直机的机架盖	弯	Q235A	$n_{bp}=5$	
	辊式矫直机万向接轴	弯扭疲劳	35SiMn	$n_{sp}=4\sim5$	$n_{-1p}=1.6$
	辊式矫直机压下螺杆	扭、压	45,35SiMn	$n_{sp}=2.7$	
	辊式矫直机拉杆	拉	35SiMn	$n_{sp}=3$	
	高炉大钟拉杆	拉	20	$n_{sp}=5$	考虑温度
	转炉托圈	弯	—	$n_{sp}=8$	考虑温度
	转炉耳轴	弯	40Cr,38SiMnV	$n_{sp}=3$	
	盛钢桶桶体	内压	Q235A	$n_{sp}=2.5$	$n_{-1p}=2$
	盛钢桶耳轴	弯	ZG270—500	$n_{sp}=7$	
	铁液车减速机轴	弯扭疲劳	—	$n_{-1p}=2.3$	
锻压机械	水压机立柱（光滑部分）	拉、弯	40,45,20MnV,20SiMnMo	$n_{sp}=1.7\sim2$	
	水压机立柱（螺纹部分）	拉、弯	40,45,20MnV,20SiMnMo	$n_{sp}=4\sim5$	$n_{-1p}=1.5$
	水压机上横梁	弯	ZG270-500,Q235A	$n_{bp}=6\sim8$	$n_{-1p}=1.4\sim1.6$
	水压机活动横梁	弯	Q235A	$n_{bp}=5\sim6$	
	水压机下横梁	弯	Q235A	$n_{bp}=8\sim12$	
	水压机液压缸缸体	内压	35,45,20MnV,Q345(12MnV)	$n_{sp}=2\sim3$	
	水压机液压缸法兰	弯、压	35,45,ZG35,22MnMo	$n_{sp}=2.2$	有冲击时 $n_{sp}=3\sim4$
	水压机液压缸柱塞	内压	45	$n_{sp}=2.2$	
	水压机高压水罐	内压	20,14CrMnMoV	$n_{sp}=2$	
	水压机充水罐	内压	Q235A	$n_{sp}=3$	
	挤压机柱子（光滑部分）	拉、弯	18MnMoNb	$n_{sp}=2$	
	挤压机柱子（螺纹部分）	拉、弯	18MnMoNb	$n_{sp}=4$	$n_{-1p}=1.9$
	挤压机机架	弯	Q235A,ZG270-500	$n_{sp}=3\sim6$	
	挤压机主缸缸体	内压	18MnMoNb	$n_{sp}=2.5\sim3$	$n_{bp}=4\sim5$
	挤压机动梁回程缸缸体	内压	18MnMoNb	$n_{sp}=3\sim4.5$	
	挤压机穿孔缸缸体	内压	35SiMn,18MnMoNb	$n_{sp}=3\sim4.5$	
	挤压机穿孔回程缸缸体	内压	45	$n_{sp}=2.5$	
	挤压机剪刀缸缸体	内压	45	$n_{sp}=2.5$	
	挤压机移动缸缸体	内压	45	$n_{sp}=2.0$	
	精压机传动轴	弯扭疲劳	35SiMn2MoV	$n_{-1p}=2$	
	锻锤机架	弯、拉伸疲劳	ZG270-500	$n_{bp}=5$	$n_{0p}=1.6$
	锻锤拉杆	拉	40Cr,35CrMnV	$n_{sp}=2.5$	
	热模锻曲轴	弯扭疲劳	40CrNi,35SiMn2MoV	$n_{-1p}=1.6\sim2$	

（续）

机械种类	零部件名称	应力状态	材料	安全系数	附注
橡胶塑料机械	橡胶塑料辊机辊筒	弯扭疲劳	HT200	$n_{-1p}=2.5\sim3$	冷硬铸铁
	橡胶塑料辊机机架	弯	HT250,HT300	$n_{bp}=12$	$n_{0p}=5$
	橡胶塑料辊机机架盖	弯	HT250	$n_{bp}=10$	$n_{0p}=4.5$
	橡胶塑料挤出机螺杆	扭	38CrMoAl	$n_{sp}=3$	
	橡胶塑料挤出机机筒	扭	38CrMoAl	$n_{sp}=3$	考虑结构要求
内燃机	内燃机曲轴主轴颈	扭转疲劳	QT600-3, 45,40MnB	$n_{-1p}^{\tau}=3\sim4$(扭应力)	汽车发动机
	内燃机曲轴主轴颈	扭转疲劳	40Cr,40, 45Mn2	$n_{-1p}^{\tau}=4\sim5$(扭应力)	拖拉机发动机
	内燃机曲轴主轴颈	扭转疲劳	30MnMoW, 30Mn2MoTiB	$n_{-1p}^{\tau}=2\sim3$(扭应力)	高增压柴油机
	内燃机曲轴曲柄销	弯扭疲劳	40Mn2SiV	$n_{-1p}=1.3\sim1.5$	汽车发动机
	内燃机曲轴曲柄销	弯扭疲劳	15SiMn3MoWVA	$n_{-1p}=1.5\sim2$	拖拉机发动机
	内燃机曲轴曲柄销	弯扭疲劳	37SiMnMoWV	$n_{-1p}=1.2\sim1.4$	高增压柴油机
	内燃机曲轴曲柄臂	弯扭疲劳		$n_{-1p}=2\sim3$	汽车发动机
	内燃机曲轴曲柄臂	弯扭疲劳		$n_{-1p}=3\sim3.5$	拖拉机发动机
	内燃机曲轴曲柄臂	弯扭疲劳		$n_{-1p}=1.3\sim2$	高增压柴油机
	内燃机活塞销	弯、剪	20,20Cr,20Mn2, 18CrMnTi, 20SiMnVB	$n_{sp}=2\sim2.2$	渗碳
	内燃机连杆小头	弯压疲劳	45	$n_{-1p}=2.5\sim5$	汽车发动机
	内燃机连杆杆身	弯压疲劳	40Cr	$n_{-1p}=2\sim2.5$	拖拉机发动机
	内燃机连杆杆身	弯压疲劳	35CrMo	$n_{-1p}=2.5\sim3$	船用中、高速柴油机
	内燃机连杆杆身	弯压疲劳	40MnVB	$n_{-1p}=2\sim3$	高速强载柴油机
	内燃机连杆大头	弯压疲劳		$n_{-1p}=2.0$	汽车、拖拉机发动机
	内燃机连杆大头	弯压疲劳		$n_{-1p}=1.5$	高速强载柴油机
	内燃机连杆螺栓	拉伸疲劳	45,40Cr, 35CrMo,40MnVB	$n_{-1p}=1.5\sim2$	
	汽缸体紧螺栓	拉伸疲劳	40Cr,40MnB, 35CrMo,40CrMo	$n_{-1p}=1.3\sim2$	
气体压缩机	气体压缩机曲轴	弯扭疲劳	45	$n_{-1p}=2\sim2.5$	$n_{sp}=3\sim6$
	气体压缩机曲柄臂	弯扭疲劳	45	$n_{-1p}=1.5$	
	气体压缩机连杆	弯扭疲劳	30	$n_{sp}=3$	
	气体压缩机活塞杆	弯扭疲劳	45	$n_{bp}=10$	
	气体压缩机高压缸阀腔	内压	40	$n_{-1p}=1.4\sim2$	
汽车拖拉机	汽车变速器轴	弯扭疲劳	40Cr,40MnB, 18CrMnTi	$n_{-1p}=1.3$	曲轴、连杆的安全系数见内燃机
	汽车后桥半轴	弯扭疲劳	40MnB, 35CrMnSiA	$n_{-1p}=2$	
	拖拉机变速器轴	弯扭疲劳	40,18CrMnTi	$n_{-1p}=2$	
	拖拉机传动轴	弯扭疲劳	40	$n_{-1p}=1.3$	
	拖拉机履带驱动轮轴	弯扭疲劳	40Cr	$n_{-1p}=1.1$	
水轮机	水轮机转轮叶片	拉、弯	ZG20SiMn, ZG0Cr13Ni4Mo	$n_{sp}=2.5$, $n_{-1p}=2$	
	水轮机主轴轴身	拉、弯、扭	45,20SiMn	$n_{sp}=2.5\sim3$	
	水轮机主轴法兰	弯、压	45,20SiMn	$n_{sp}=1.8\sim2.3$	
	水轮机导叶体	弯、扭	ZG270-500, ZG20SiMn	$n_{sp}=2$	
	水轮机导叶体轴颈	弯、扭	ZG270-500, ZG20SiMn	$n_{sp}=1.8$	

（续）

机械种类	零部件名称	应力状态	材料	安全系数	附注
水轮机	水轮机导叶臂	弯、扭	ZG270-500	$n_{sp}=1.8$	
	水轮机导叶套筒	弯	HT200	$n_{bp}=10$	
	水轮机接力器缸体	内压	HT200	$n_{bp}=10$	
	水轮机接力器液压缸法兰	弯、压	HT200	$n_{bp}=5$	
	水轮机涡壳	内压	Q235A，Q345（16Mn），Q390（15MnV，15MnTi）	$n_{sp}=1.8\sim2$	混流式水轮机 n_{-1p} 的数值随使用年限而定，对于使用年限较短时，可取 $n_{-1p}=1.5\sim1.8$
	水轮机顶盖和支持盖	弯	HT200，HT300	$n_{bp}=8.5\sim10$	
	水轮机顶盖和支持盖	弯	ZG270-500	$n_{sp}=2$	
	水轮机导水机构盖板	弯、拉	Q235A	$n_{sp}=2$	
	水轮机连接板	弯、拉	Q235A	$n_{sp}=2$	
	水轮机旋管、导管体	拉	Q235A	$n_{sp}=2.5$	
	水轮机耳柄	拉	35，40Cr	$n_{sp}=2.5$	
	水轮机转臂	弯、挤压	35	$n_{sp}=2.5$	
	水轮机连杆	拉、压	ZG270-500	$n_{sp}=2$	
	水轮机活塞销、连杆销	弯	35	$n_{sp}=2$	
	水轮机叶销	剪切	45	$n_{sp}=2$	
	水轮机联轴螺栓	弯、拉	35，40Cr	$n_{sp}=2.5$	
	水轮机叶片螺栓	弯、拉	35，40Cr	$n_{sp}=2$	
	水轮机分半键、导向键	剪切	Q235A，35	$n_{sp}=2$	
	水轮机叶片键、卡环	剪切	45	$n_{sp}=2$	

3　疲劳累积损伤理论

3.1　基本概念

当材料或零件承受高于疲劳极限的应力时，每一循环都使材料产生一定量的损伤，这种损伤能够累积，当损伤累积到临界值时将发生破坏，这就是疲劳损伤累积理论。

所谓损伤就是材料或零构件中细微结构的变化，在循环应力作用下，形成微裂纹，并成长和合并，导致材料的变质和恶化。损伤累积的结果往往是产生宏观裂纹，导致最终破断。

疲劳累积损伤理论，归纳起来可分三大类：

1）线性疲劳累积损伤理论。材料在各个应力下的疲劳损伤是独立进行的，并且总损伤可以线性地累加起来。其中最有代表性的是帕姆格伦-迈因纳（Palmgren-Miner）理论，简称迈因纳理论。

2）非线性疲劳累积损伤理论。基于假定载荷历程和损伤之间存在着相互的作用，即在各个应力下产生的损伤与前面应力作用的量值和次数有关。这一理论的代表是科尔顿和多兰（Corten&Dolan）理论。

3）其他的累积损伤理论。大都是从实验、观测和分析推导出来的损伤公式，多属于经验和半经验公式，如莱维（Levy）、科津（Kozin）等理论即是。

线性疲劳累积损伤理论，特别是迈因纳理论，形式简单、使用方便，在工程中得到了广泛的应用。

3.2　线性疲劳累积损伤理论

线性疲劳累积损伤理论认为，材料在各个应力下的疲劳损伤是独立进行的，并且总损伤可以线性地累加起来。

图 35.5-1 所示为疲劳损伤线性累积示意图。图 35.5-1a 所示为变化的应力，图 35.5-1b 所示为 S-N 曲线。

应力 σ_1 作用 n_1 次，在该应力水平下材料达到破坏的总循环次数为 N_1。设 D 为最终断裂时的损伤临界值，根据线性疲劳累积损伤理论，应力 σ_1 每作用一次对材料的损伤为 D/N_1，经 n_1 次循环作用后，σ_1 对材料的总损伤为 n_1（D/N_1）。同样可找出仅有 σ_2 作用时，材料发生破坏的应力循环数 N_2，应力 σ_2 每循环一次对材料的损伤为 D/N_2，经 n_2 次循环后，σ_2 对材料的总损伤应为 n_2（D/N_2）。如此类推，应力 σ_3，循环作用 n_3 次，对材料造成的总损伤为 n_3（D/N_3）。应力 σ_4 小于材料疲劳极限 σ_{-1}，它可以作用无限次循环而不引起材料疲劳损伤，计算中可以不予考虑。

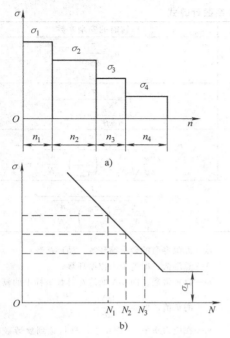

图 35.5-1　疲劳损伤线性累积示意图

当各级应力对材料的损伤总和达到临界值 D 时，材料即发生破坏。用公式表示为

$$\frac{n_1 D}{N_1} + \frac{n_2 D}{N_2} + \frac{n_3 D}{N_3} = D$$

或写成

$$\frac{n_1}{N_1} + \frac{n_2}{N_2} + \frac{n_3}{N_3} = 1$$

上面的关系式推广到更普遍的情况时，即

$$\frac{n_1}{N_1} + \frac{n_2}{N_2} + \cdots + \frac{n_n}{N_n} = 1$$

或写成

$$\sum_{i=1}^{n} \frac{n_i}{N_i} = 1 \qquad (35.5\text{-}1)$$

式 (35.5-1) 称为线性疲劳累积损伤方程式。迈因纳理论与试验结果并不完全相符合。这是因为疲劳损伤的累积不但决定于当前的应力状况，而且还和过去作用的应力历史有关，即材料以前作用的应力历史，对以后应力作用下损伤有干涉效应。另外，加载顺序对损伤有明显影响。先作用高应力还是先作用低应力，所得结果不一样。因而使得式 (35.5-1) 的右边不等于 1，而等于某一数值 a。数值 a 在某一区间内变化。

a 值取 0.7 时，其寿命估算结果比迈因纳公式计算更安全，从总体上看其寿命估算精度也有提高。

3.3　相对迈因纳（Miner）法则

由于上述的迈因纳法则没有考虑载荷次序和残余应力的复杂非线性相互影响，因而分散性很大。其 a 值在 0.3~10 之间变化。而相对迈因纳法则一方面保留了迈因纳法则中第一个假设，即线性累积假设，另一方面又避开了累积损伤 $a=1$ 的第二个假设。

相对迈因纳法则的数学表达式为

$$N_A = N_B \frac{\left(\sum \dfrac{n_i}{N_i} \right)_B}{\left(\sum \dfrac{n_i}{N_i} \right)_A} \qquad (35.5\text{-}2)$$

式中　　N_A——载荷谱 A 作用下估算的疲劳裂纹形成寿命；

　　　　N_B——载荷谱 B 作用下估算的疲劳裂纹形成寿命；

$\left(\sum \dfrac{n_i}{N_i} \right)_A$——载荷谱 A 的计算累积损伤；

$\left(\sum \dfrac{n_i}{N_i} \right)_B$——载荷谱 B 的计算累积损伤。

式 (35.5-2) 表明，只要两个谱的载荷历程相似，则两个谱的寿命之比等于它们的累积损伤之比的倒数。

使用相对迈因纳法则的关键是确定相似谱 B。其中有两点假设：①相似谱 B 的主要峰谷顺序应和计算谱 A 相近或相同（保证相似谱能模拟计算谱的载荷次序特征）；②相似谱 B 的主要峰谷大小和计算谱 A 成比例或近似成比例。比例因子最好接近 1，以便保证相似谱能够模拟计算谱在缺口根部造成的塑性变形。

用相对迈因纳法则计算和试验结果比较可见，它能大幅度消除迈因纳法则计算数值引起的误差，提高其计算精度。

4　无限疲劳寿命设计

4.1　单向应力时的无限疲劳寿命设计

零部件受单向循环应力，是指只承受单向正应力或单向切应力。例如，只承受单向拉压循环应力、弯曲循环应力或扭转循环应力。在单向循环应力下工作的零部件很多，如高炉上料机的钢丝绳受单向波动拉伸应力，曲柄压力机的连杆受单向脉动应力。只承受弯曲力矩的心轴，转动时表面上各点的应力状态是对称循环弯曲应力等。

4.1.1　计算公式

表 35.5-4 中列出了不同受载情况下单向应力时安全系数的计算公式。

4.1.2　算例

如图 35.5-2 所示，载荷 F 为对称循环载荷，$F = 50000\mathrm{MPa}$，轴材料为 45 钢，调质。表面加工方法为精车，校核 A—A 截面的疲劳强度。

表 35.5-4　单向应力时安全系数计算式

受载情况	弯曲或拉压时的安全系数	扭转时的安全系数
恒幅对称循环	$n_\sigma = \dfrac{\sigma_{-1}}{\dfrac{K_\sigma}{\varepsilon\beta}\sigma_a}$	$n_\tau = \dfrac{\tau_{-1}}{\dfrac{K_\tau}{\varepsilon\beta}\tau_a}$
恒幅不对称循环	$n_\sigma = \dfrac{\sigma_{-1}}{\dfrac{K_\sigma}{\varepsilon\beta}\sigma_a + \psi_\sigma\sigma_m}$	$n_\tau = \dfrac{\tau_{-1}}{\dfrac{K_\tau}{\varepsilon\beta}\tau_a + \psi_\tau\tau_m}$
变幅对称循环	$n_\sigma = \dfrac{\sigma_{-1}}{\dfrac{K_\sigma}{\varepsilon\beta}\sqrt[m]{\dfrac{N}{N_0}\sum_i\left(\dfrac{\sigma_i}{\sigma_{max}}\right)^m\dfrac{n_i}{N}}\cdot\sigma_{max}}$	$n_\tau = \dfrac{\tau_{-1}}{\dfrac{K_\tau}{\varepsilon\beta}\sqrt[m]{\dfrac{N}{N_0}\sum_i\left(\dfrac{\tau_i}{\tau_{max}}\right)^m\dfrac{n_i}{N}}\cdot\tau_{max}}$
变幅不对称循环	$n_\sigma = \dfrac{\sigma_{-1}}{\sqrt[m]{\dfrac{N}{N_0}\sum_i\left(\dfrac{\sigma_{di}}{\sigma_{dmax}}\right)^m\dfrac{n_i}{N}}\cdot\sigma_{dmax}}$	$n_\tau = \dfrac{\tau_{-1}}{\sqrt[m]{\dfrac{N}{N_0}\sum_i\left(\dfrac{\tau_{di}}{\tau_{dmax}}\right)^m\dfrac{n_i}{N}}\cdot\tau_{dmax}}$

n_σ、n_τ—计算的安全系数；

σ_{-1}、τ_{-1}—材料在对称循环下的疲劳极限，弯曲时为 σ_{-1}，拉压时为 σ_{-1L}，扭转时为 τ_{-1}；

K_σ、K_τ—弯曲和扭转时的有效应力集中系数；

ε—尺寸系数；

β—表面系数；

ψ_σ、ψ_τ—不对称循环度系数，一般计算式为

$$\psi_\sigma = \frac{2\sigma_{-1} - \sigma_0}{\sigma_0},$$

$$\psi_\tau = \frac{2\tau_{-1} - \tau_0}{\tau_0};$$

σ_0、τ_0—弯曲和扭转时的脉动循环疲劳极限；

σ_i、τ_i—作用试样上的第 i 个应力水平；

n_i—第 i 个应力水平 σ_i 或 τ_i 作用时的循环数；

σ_{max}、τ_{max}—载荷谱中的最大应力；

N_0—无限寿命的最小循环数，循环基数；

N—总寿命，即整个工作循环数；

m—材料常数，即 $S\text{-}N$ 曲线在对数坐标中的倾斜率的负值，即 $m = -\dfrac{\lg N_i}{\lg\sigma_i}$；

N_i—在应力水平 σ_i 作用下，材料达到疲劳破坏的循环数；

σ_{di}、τ_{di}—第 i 个当量应力，计算式为

$$\sigma_{di} = \left[\frac{K_\sigma}{\varepsilon\beta}(\sigma_a)_d\right]_i$$

$$\tau_{di} = \left[\frac{K_\tau}{\varepsilon\beta}(\tau_a)_d\right]_i$$

$$(\sigma_a)_d = \sigma_a + \psi_\sigma\sigma_m$$

$$(\tau_a)_d = \tau_a + \psi_\tau\tau_m$$

图 35.5-2　轴

解　1）计算公式。因载荷是恒幅对称循环，故用公式

$$n_\sigma = \frac{\sigma_{-1}}{\dfrac{K_\sigma}{\varepsilon\beta}\sigma_a}$$

2）求 σ_a。该轴为简支梁，故 A—A 截面的应力为

$$\sigma_a = \frac{M}{W} = \frac{16Fl}{\pi d^3}$$

$$= \frac{16\times 50000\times 100}{\pi\times 60^3}\text{MPa} = 117.9\text{MPa}$$

3）求 σ_{-1}。查表 35.3-1，材料 45 钢调质状态时，

$\sigma_{-1} = 388\text{MPa}$，$R_m = 710\text{MPa}$。

4）求 K_σ。用式（35.4-4），$K_\sigma = 1 + q_\sigma(\alpha_\sigma - 1)$

查图 35.4-57，当 $R_m = 710\text{MPa}$，$r = 5\text{mm}$ 时，$q_\sigma = 0.8$。

查图 35.4-24，当 $\rho/d = 5/60 = 0.083$，$D/d = 100/60 = 1.67$ 时，$\alpha_\sigma = 1.78$，得 $K_\sigma = 1.624$。

或从图 35.4-61 直接查得 $K_\sigma \approx 1.70$，两者差异不大，取 $K_\sigma = 1.7$。

5）求 ε。查图 35.4-84，当 $d = 60\text{mm}$，45 钢时

$$\varepsilon = 0.825$$

6）求 β。表面加工方法为精车，故 $\beta = \beta_1$。

查图 35.4-85，当 $R_m = 710\text{MPa}$ 及精车时

$$\beta_1 = 0.92$$

7）求 n_σ。

$$n_\sigma = \frac{\sigma_{-1}}{\dfrac{K_\sigma}{\varepsilon\beta}\sigma_a} = \frac{388}{\dfrac{1.7}{0.825\times 0.92}\times 117.9}$$

$= 1.47 > n_\text{p} = 1.3$

故该轴 A—A 截面的疲劳强度符合要求。

4.2　多向应力时的无限疲劳寿命设计

在多向应力情况下，把多向应力转化成单向应力，然后利用上述的单向应力设计方法进行设计。变形能强度理论及最大切应力理论是将多向应力状态与单向应力状态联系起来，比较符合实际的理论。这里根据变形能强度理论，把多向应力转化成单向当量应力，其计算公式为

当量应力幅

$$\sigma_\text{da} = \frac{\left[(\sigma_\text{a1} - \sigma_\text{a2})^2 + (\sigma_\text{a2} - \sigma_\text{a3})^2 + (\sigma_\text{a3} - \sigma_\text{a1})^2\right]^{\frac{1}{2}}}{\sqrt{2}}$$

$$(35.5\text{-}3)$$

当量平均应力

$$\sigma_\text{dm} = \frac{\left[(\sigma_\text{m1} - \sigma_\text{m2})^2 + (\sigma_\text{m2} - \sigma_\text{m3})^2 + (\sigma_\text{m3} - \sigma_\text{m1})^2\right]^{\frac{1}{2}}}{\sqrt{2}}$$

$$(35.5\text{-}4)$$

式中　σ_a1、σ_a2、σ_a3——主应力幅；

σ_m1、σ_m2、σ_m3——主应力幅方向的平均应力，对于二向应力状态，公式可简化为

$$\left. \begin{aligned} \sigma_\text{da} &= (\sigma_\text{a1}^2 - \sigma_\text{a1}\sigma_\text{a2} + \sigma_\text{a2}^2)^{\frac{1}{2}} \\ \sigma_\text{dm} &= (\sigma_\text{m1}^2 - \sigma_\text{m1}\sigma_\text{m2} + \sigma_\text{m2}^2)^{\frac{1}{2}} \end{aligned} \right\}$$

$$(35.5\text{-}5)$$

有了这两个当量应力后，可以运用单向应力计算公式进行设计。

在二向应力状态时，最常见的承受弯曲和扭转复合循环应力作用的传动轴和曲轴等的设计中，常采用下面公式计算其安全系数，即

$$n = \frac{1}{\sqrt{\left(\frac{1}{n_\sigma}\right)^2 + \left(\frac{1}{n_\tau}\right)^2}}$$

$$(35.5\text{-}6)$$

这里的 n_σ 和 n_τ，就是上述的单向弯曲和单向扭转状态下的安全系数（见表 35.5-4）。

5　有限疲劳寿命设计

5.1　安全系数计算公式

在有限寿命设计中，多向应力状态的处理方法与无限寿命设计的方法是一样的，将它转化为单向当量应力。

安全系数计算公式与无限寿命设计中的公式一样，只是其中有些系数取值不一样。推荐的系数取值列于表 35.5-5 中。

表 35.5-5　系数取值

系　数	取　值
有效应力集中系数 $K_{\sigma x}$	$N \leqslant 10^3$　$K_{\sigma x} = 1.0$ $10^3 < N < 10^6$ $K_{\sigma x} = 1.0 + \frac{K_\sigma - 1.0}{3}(x - 3)$ $N \geqslant 10^6$　$K_{\sigma x} = K_\sigma$ x 为循环数的对数，即 $x = \lg N_x$ K_σ 为无限寿命时的有效应力集中系数
尺寸系数 ε 表面加工系数 β 不对称循环度系数 ψ_σ, ψ_τ	与无限寿命设计中相同

5.2　寿命估算

在进行有限寿命设计时，不但要计算零构件的工作安全系数，还要计算零构件的疲劳寿命。常用的疲劳寿命计算公式列于表 35.5-6 中。

表 35.5-6　疲劳寿命计算公式

应力状态	方　法	内　容
恒幅	简单估寿法	根据计算确定的零件危险点处应力幅 σ_a，在零件的 S-N 曲线上确定对应的循环数，就是所要求的寿命
变幅	线性累积损伤理论的方法	$N = \dfrac{1}{\sum\limits_i \dfrac{1}{N_i} \times \dfrac{n_i}{N}}$ n_i/N 可从载荷谱中求得，N_i 是对应于 σ_i 的循环次数，可以从 S-N 曲线求得

5.3　随机疲劳寿命估算

承受随机载荷的零构件，在进行疲劳强度和疲劳寿命计算之前，必须先确定其载荷谱（按第 2 章方法处理）。由于载荷谱编制中可以用程序谱给出，也可用概率密度函数给出，故其寿命计算公式也不相同。

5.3.1　程序谱的疲劳寿命计算

设程序谱的一个周期内含有 k 级应力水平 σ_1、σ_2、…、σ_k，各级应力水平下的循环数分别为 n_1、n_2、…、n_k。由考虑各种影响因素的 S-N 曲线或 P-S-N 曲线，查得各级应力水平单独作用时的破坏循环数 N_1、N_2、…、N_k。用 T 表示周期总数，当零件破坏时（出现宏观裂纹），则零件寿命为

$$T = \frac{1}{\sum\limits_{i=1}^{k} \dfrac{n_i}{N_i}}$$

$$(35.5\text{-}7)$$

5.3.2　概率密度函数给出的连续谱寿命计算

设载荷幅值变化的概率密度函数为 $P(\sigma)$，T 为零件的寿命，则

$$T = \frac{1}{\int_{\sigma_r}^{\sigma_{max}} \frac{P(\sigma)}{C} \sigma^m d\sigma} \qquad (35.5\text{-}8)$$

式中　σ_r——零件材料的疲劳极限；

σ_{max}——载荷时间历程中最大的应力幅；

$P(\sigma)$——应力幅值频率密度函数［见式（35.2-10）和式（35.2-11）］；

m、C——和材料有关的系数。

m 可由试件的疲劳试验确定。一般情况下，$m = 3 \sim 10$。当 m 已知时，由 $\sigma^m N_i = C$ 即可求得 C 值，则由式（35.5-8）可算得寿命 T。若式（35.5-8）积分困难时，可用数值计算方法解决。

5.4　算例

计算一起重机吊钩上端螺纹的疲劳寿命。已知螺纹为 M64 的标准螺纹，螺纹材料是 20 钢锻造，其力学性能为：$R_m = 412MPa$，$R_{eL} = 245.3MPa$。

解　1）确定载荷。由于吊钩螺纹为松螺纹连接，没有预紧力，所以吊钩挂的重量就是螺纹所受之力。用统计的方法根据吊钩每天的吊重情况，可确定螺纹上承受的名义应力及每一名义应力作用的次数，见表 35.5-7 中的第三列及第一列。由统计可知，吊钩每天工作的总循环数 $N = 144$ 次，每一应力水平的循环数 n_i 由表中第一列可知，则 n_i/N 就是各应力水平循环数所占总循环数的百分数，见表中第二列。

2）确定各系数。根据 20 钢锻造的 $R_m = 412MPa$，由表 35.4-1 得有效应力集中系数 $K_\sigma = 3.0$（估值）。

查图 35.4-84，得 $\varepsilon = 0.85$；

查图 35.4-85，得 $\beta = 0.88$（螺纹为粗车表面）。

由此得

$$\frac{K_\sigma}{\varepsilon\beta} = \frac{3.0}{0.85 \times 0.88} = 4.0$$

螺杆的应力状态是脉动循环变幅应力，将名义应力乘以 $K_\sigma/(\varepsilon\beta) = 4.0$，得表 35.5-7 中第四列的数据。

3）确定疲劳极限。20 钢的疲劳极限由本篇第 3 章 1.3 节中的经验式求得，即

对于对称拉压

$$\sigma_{-1L} = 0.23(R_m + R_{eL})$$
$$= 0.23 \times (412 + 245.3)MPa$$
$$= 151.2MPa$$

对于脉动拉压

$$\sigma_{0L} = 1.42 \times 151.2MPa$$

$$= 214.7MPa$$

将表 35.5-7 中第四列数据与疲劳极限比较可知，表中大部分数值超过疲劳极限。因此，这个螺杆的应力变化情况属于有限寿命设计。

表 35.5-7　计算数据

每天工作的循环数	循环数占的百分数（%）	名义应力/MPa	当 $\frac{K_\sigma}{\varepsilon\beta} = 4.0$ 时	
			σ_i/MPa	N_i
1	0.695	80.4	323.7	4×10^3
3	2.08	78.5	313.9	6×10^3
5	3.47	73.6	294.3	2.5×10^4
7	4.86	69.7	279.6	4×10^4
9	6.24	63.8	255.1	1×10^5
11	7.64	59.8	240.3	1.7×10^5
13	9.02	55.9	225.2	3.5×10^5
15	10.4	51.0	206.0	1.4×10^6
17	11.8	46.1	186.4	8×10^6
19	13.2	41.2	166.8	$>10^7$
21	14.6	34.3	137.3	$>10^7$
23	16.0	14.2	56.9	$>10^7$

4）确定 S-N 曲线　因没有 20 钢的 S-N 曲线，所以用近似法做 S-N 曲线。在双对数坐标纸上做两点：一点是 $N = 10^3$，$\sigma = 0.9R_m = 0.9 \times 412MPa = 370.8MPa$；另一点是 $N = 10^7$，$\sigma = 0.45R_m = 185.4MPa$。连接该两点得一斜线，即为所求的 S-N 曲线，如图 35.5-3 所示。

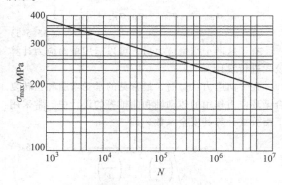

图 35.5-3　20 钢的 S-N 曲线

由图 35.5-3 的 S-N 曲线，查出在应力水平 σ_i 下到达破坏的循环数 N_i，列于表 35.5-7 中的第五列。由该列的数值可看到，当 $\sigma_i < 186.4MPa$ 以后，$N_i > 10^7$。但由经验公式求得的 $\sigma_{0L} = 214.7MPa$，大于 186.4MPa，说明两种假设的近似法之间有误差。本题按表 35.5-7 中数据计算偏于安全。

假设 $N_i \geqslant 10^7$ 时，不产生疲劳损伤，则总寿命为

$$N = 1 \Big/ \left(\frac{0.00695}{4 \times 10^3} + \frac{0.0208}{6 \times 10^3} + \frac{0.0347}{2.5 \times 10^4} + \right.$$

$$\frac{0.0486}{4\times10^4}+\frac{0.0624}{10^5}+\frac{0.0764}{1.7\times10^5}+$$

$$\frac{0.0902}{3.5\times10^5}+\frac{0.104}{1.4\times10^6}+\frac{0.118}{8\times10^6})$$

$$=1.082\times10^5$$

因每天工作循环数为 144，则工作天数为

$$\frac{1.082\times10^5}{144}天 = 752 天$$

如起重机每年工作 360 天，则工作年数为

$$\frac{752}{360}年 = 2.09 年$$

即该起重机吊钩的螺杆部分的寿命为 2.09 年。如这部分为吊钩的薄弱环节，为保证安全工作，每工作 2 年后，需要更新。

第6章 现代疲劳强度设计

1 概述

常规疲劳设计是以名义应力为基本设计参数，根据名义应力进行抗疲劳设计。而实际上决定零构件疲劳强度和寿命的是应变集中（或应力集中）处的最大局部应力和应变。因此，在低周疲劳研究和应变分析研究成果基础上，不同于常规疲劳设计的新的疲劳寿命估算方法——局部应力应变法，被称为现代疲劳设计方法。

它的设计思路是，零构件的疲劳破坏都是从应变集中部位的最大应变处起始，并且在裂纹萌生以前都要产生一定的局部塑性变形，局部塑性变形是疲劳裂纹萌生和扩展的先决条件。因此，决定零构件疲劳强度和寿命的是应变集中处的最大局部应力应变，只要最大局部应力应变相同，疲劳寿命就相同。因而有应力集中的零构件的疲劳寿命，可以使用局部应力应变相同的光滑试样的应变-寿命曲线进行计算，也可使用局部应力应变相同的光滑试样进行疲劳试验来模拟。

该方法有以下优点：

1）应变是可以测量的，而且已被证明是一个与低周疲劳相关的极好参数，根据应变分析的方法，可将高、低周疲劳寿命的估算方法统一起来。

2）使用这种方法时，只需知道应变集中部位的局部应力应变和基本的材料疲劳性能数据，就可以估算零件的裂纹形成寿命，避免了大量的结构疲劳试验。

3）这种方法可以考虑载荷顺序对应力应变的影响，特别适用于随机载荷下的寿命估算。

4）这种方法易于与计数法结合起来，可以利用计算机进行复杂的计算。

尽管局部应力应变法有许多优点，但并不能取代名义应力法。这是因为如下原因：

1）这种方法只能用于有限寿命下的寿命估算，而不能用于无限寿命，当然也无法代替常规的无限寿命设计法。

2）这种方法目前还不够完善，未考虑尺寸因素和表面情况的影响，对高周疲劳有较大误差。

3）这种方法目前主要限于对单个零件进行分析，对于复杂的连接件，难以进行精确的应力应变分析，难于使用。

还应指出，用名义应力有限寿命设计法估算出的是零件总寿命，而局部应力应变法估算出的是裂纹形成寿命。这种方法常与断裂力学方法联合使用，用这种方法估算出裂纹形成寿命以后，再用断裂力学方法估算出裂纹扩展寿命，两阶段寿命之和即为零件的总寿命。

2 低周疲劳

2.1 低周疲劳曲线（ε-N 曲线）

低周疲劳的应力水平较高，其峰值应力常高于材料的弹性极限，有明显宏观塑性变形，故低周疲劳又称为应变疲劳或塑性疲劳。

低周疲劳中的 S-N 曲线，常以 ε-N 曲线形式给出。在 ε-N 曲线中，N 可以是循环数，也可以是"反向"数，在恒幅载荷中，反向数为循环数的两倍，所以有些资料中的横坐标用"2N"作为计量单位。

图 35.6-1～图 35.6-17 所示为机械和航空行业中几种常用材料的应变-寿命曲线图。

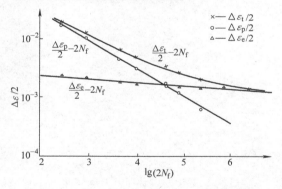

图 35.6-1　Q235A 钢的应变-寿命曲线

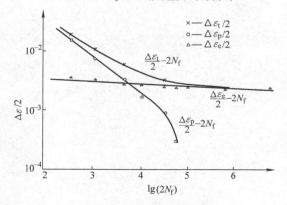

图 35.6-2　45 钢的应变-寿命曲线

度，$\Delta\varepsilon_e$ 为弹性应变幅度，σ_f' 为疲劳强度系数，ε_f' 为疲劳塑性系数。

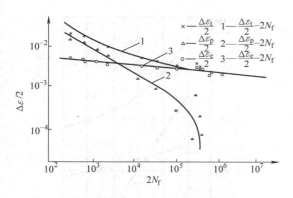

图 35.6-3　40Cr 钢的应变-寿命曲线

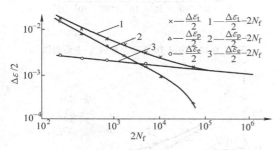

图 35.6-4　Q345 钢应变-寿命曲线

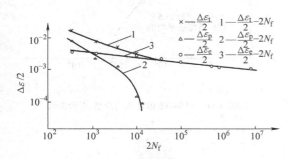

图 35.6-5　60Si2Mn 钢的应变-寿命曲线

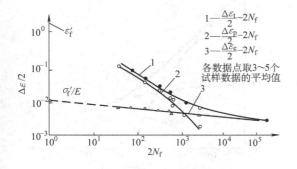

图 35.6-6　30CrMnSiA 钢的应变-寿命曲线

这些图中 $\Delta\varepsilon_t$ 为总应变幅度，$\Delta\varepsilon_p$ 为塑性应变幅

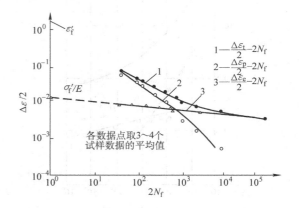

图 35.6-7　30CrMnSiNi2A 钢的应变-寿命曲线

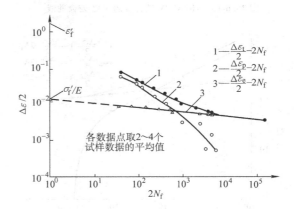

图 35.6-8　40CrMnSiMoVA 钢的应变-寿命曲线

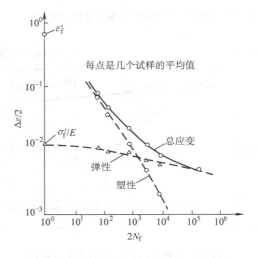

图 35.6-9　Ti-8Al-1Mo-1V 钛合金的应变-寿命曲线

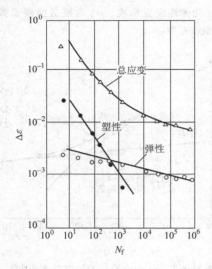

图 35.6-10　Ti-6Al-4V 钛合金的应变-寿命曲线

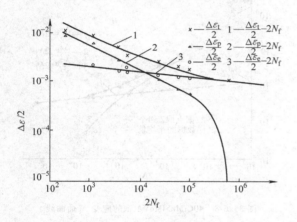

图 35.6-11　ZG270-500 铸钢的应变-寿命曲线

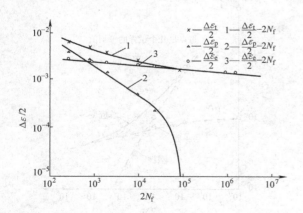

图 35.6-12　QT600-3 球铁（铸件为 Y 形试块）
的应变-寿命曲线

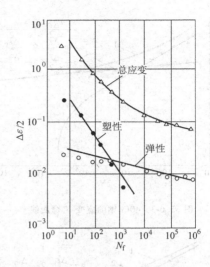

图 35.6-13　2014-T6 铝合金的应变-寿命曲线

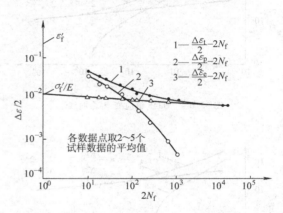

图 35.6-14　7A04-T6 铝合金的应变-寿命曲线

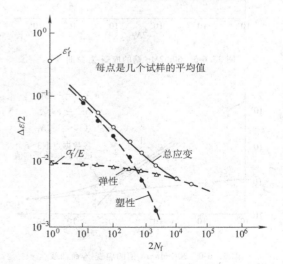

图 35.6-15　2024-T4 铝合金的应力-寿命曲线

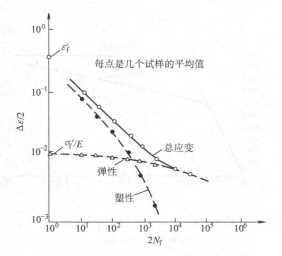

图 35.6-16　7075-T6 铝合金的应变-寿命曲线

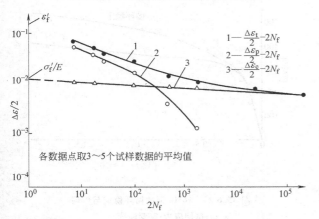

图 35.6-17　2A12-T4 铝合金（棒材）的应变-寿命曲线

2.2　循环应力-应变（σ-ε）曲线

2.2.1　滞回线

试样经过一次拉伸试验的应力-应变曲线为 OA，如图 35.6-18a 所示。若用相同的试样做压缩试验，则应力-应变曲线为 OB。曲线 BOA 表示材料一次加载的应力-应变关系，称为单调应力-应变（σ-ε）曲线。一般仅考虑 OA 段曲线。

将试样先拉伸，应力-应变曲线由 O 点到 A 点；然后进行压缩，应力-应变曲线由 A 点到 B 点；再进行拉伸，应力-应变曲线由 B 点回到 A 点，完成一个应力循环，如图 35.6-18b 所示。这种应力-应变循环曲线称为滞回线。滞回线不仅表示了应力的循环变化，还能反映每个循环中塑性应变的大小。

2.2.2　循环硬化与循环软化

对于循环硬化的材料，其应变抗力随着循环数的

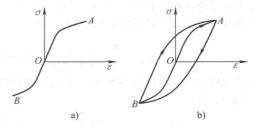

图 35.6-18　应力-应变曲线
a）单调应力-应变曲线　b）滞回线

增加而增大。因此，在恒应变幅度下，材料在每一循环中所需的应力将随循环数的增加而逐渐增大；或在恒应力幅度下，材料在每一循环中的应变量随循环数的增加而变小。

对于循环软化的材料，其应变抗力随着循环数的增加而变小。因此，在恒应变幅度下，材料在每一循环中所需的应力将随循环数的增加而逐渐变小；或在恒应力幅度下，材料在每一循环中的应变量随循环数的增加而变大。

材料是循环硬化还是循环软化，由材料的屈强比 $R_{\text{eL}}/R_{\text{m}}$ 而定。屈强比小于 0.7 时，材料产生循环硬化；屈强比大于 0.8 时，材料产生循环软化。所以，一般的退火材料产生循环硬化，冷加工的材料产生循环软化。

无论是循环硬化材料或循环软化材料，虽然在试验开始阶段所得的应力-应变滞回线并不闭合，但经过一定次数的循环后，滞回线接近于封闭环，即可得到稳定的滞回线。把应变幅控制在不同的水平上，可以得到一系列大小不同的稳定的滞回线，将这些滞回线的顶点连接起来，便得到如图 35.6-19 所示的曲线 OC，这曲线称为该金属材料的循环应力-应变（σ-ε）曲线。

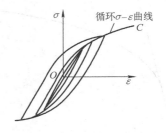

图 35.6-19　金属材料的循环
应力-应变曲线

2.2.3　循环 σ-ε 曲线

根据图 35.6-19 所示循环应力-应变曲线的作图法可知，曲线上的任一点实际上是一个滞回线的顶

点，其坐标为该滞回线的应力幅 σ_a 和应变幅 ε_a。因此，循环应力-应变曲线可以用下式拟合，即

$$\varepsilon_a = \varepsilon_e + \varepsilon_p = \frac{\sigma_a}{E} + \left(\frac{\sigma_a}{K'}\right)^{\frac{1}{n'}} \quad (35.6\text{-}1)$$

或写成幅度的形式（应力幅度 $\Delta\sigma = 2\sigma_a$，应变幅度 $\Delta\varepsilon = 2\varepsilon_a$），即

$$\frac{\Delta\varepsilon}{2} = \frac{\Delta\sigma}{2E} + \left(\frac{\Delta\sigma}{2K'}\right)^{\frac{1}{n'}} \quad (35.6\text{-}2)$$

式中　ε_e——应变幅的弹性分量；

　　　ε_p——应变幅的塑性分量；

　　　ε_a——总应变幅；

　　　K'——循环强度系数；

　　　n'——循环应变硬化指数。

图 35.6-20 ～ 图 35.6-36 给出机械和航空行业中几种常用材料的循环稳定和单调拉伸的应力-应变曲线。

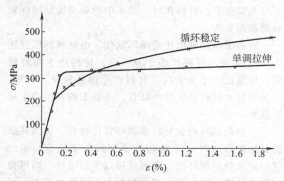

图 35.6-20　Q235A 钢的循环稳定与单调
拉伸应力-应变曲线

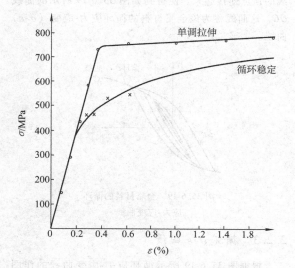

图 35.6-21　45 钢的循环稳定与单调
拉伸应力-应变曲线

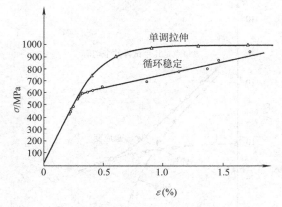

图 35.6-22　40Cr 钢循环稳定与单调
拉伸应力-应变曲线

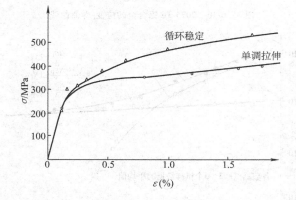

图 35.6-23　16Mn 钢的循环稳定与单调
拉伸应力-应变曲线

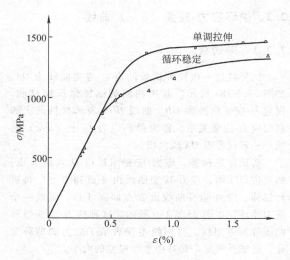

图 35.6-24　60Si2Mn 钢的循环稳定与单调
拉伸应力-应变曲线

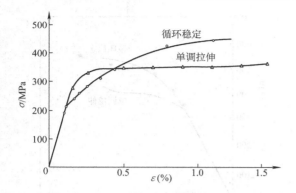

图 35.6-25　ZG270-500 铸钢的循环稳定与单调
　　　　　 拉伸应力-应变曲线

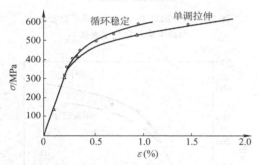

图 35.6-26　QT600-3 球铁（铸件为 Y 形试块）的
　　　　　 循环稳定与单调拉伸应力-应变曲线

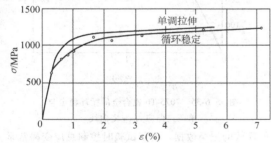

图 35.6-27　30CrMnSiA 钢的循环稳定与
　　　　　 单调拉伸应力-应变曲线

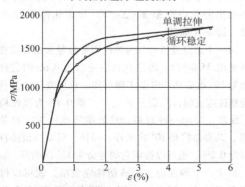

图 35.6-28　30CrMnSiNi2A 钢的循环稳定与
　　　　　 单调拉伸应力-应变曲线

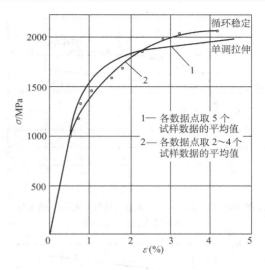

1— 各数据点取 5 个
　 试样数据的平均值
2— 各数据点取 2～4 个
　 试样数据的平均值

图 35.6-29　40CrMnSiMoVA 钢的循环稳定与
　　　　　 单调拉伸应力-应变曲线

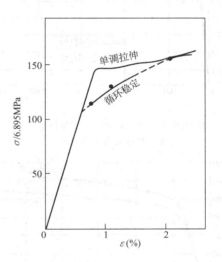

图 35.6-30　Ti-8Al-1Mo-1V 钛合金的循环稳定与
　　　　　 单调拉伸应力-应变曲线

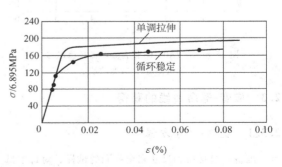

图 35.6-31　Ti-6Al-4V 钛合金的循环稳定与
　　　　　 单调拉伸应力-应变曲线

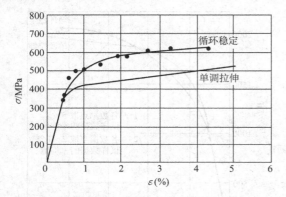

图 35.6-32   2A12-T4 铝合金（棒材）的循环稳定与
单调拉伸应力-应变曲线

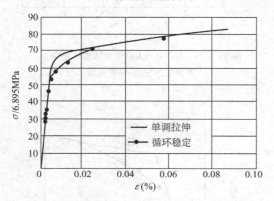

图 35.6-33   2014-T6 铝合金的循环稳定与
单调拉伸应力-应变曲线

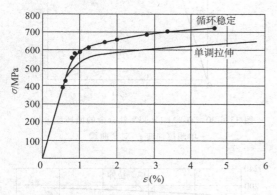

图 35.6-34   7A04-T6 铝合金的循环稳定与
单调拉伸应力-应变曲线

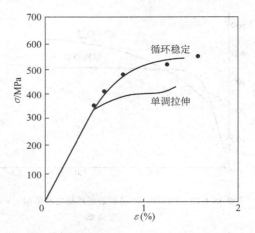

图 35.6-35   2024-T4 铝合金的循环稳定与
单调拉伸应力-应变曲线

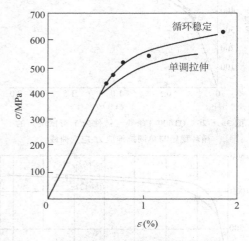

图 35.6-36   7075-T6 铝合金的循环稳定与
单调拉伸应力-应变曲线

2.3 应变-寿命曲线的获得

2.3.1 曼森-科芬方程

准备一组材料和尺寸完全相同的试样，对每个试样施加不同的载荷，即试样产生不同的应变，疲劳循环次数由计数器自动记录，这样就得到一组应变和破坏循环数的记录数据。由于试验时控制总应变幅常常是比较方便的，所以得到的数据，一般是总应变幅与破坏循环数。图 35.6-1 ~ 图 35.6-17 所示就是对不同材料得出的总应变幅 ε_a（$\Delta\varepsilon/2$）与破坏循环数 N 的曲线，即 ε-N 曲线。

每一个总应变值可分为弹性应变分量和塑性应变分量（见图 35.6-37），假设在总应变幅为 0.6% 时的疲劳寿命为 10^4 次循环。根据实测可知，总应变幅中三分之一为塑性应变幅，其余三分之二，即 0.4% 为弹性应变幅。反之，对同一种材料，只要循环弹性应变幅等于 0.4%，其寿命将是 10^4 次循环。同样，只要知道塑性应变幅为 0.2%，也可以推断它的寿命为 10^4 次循环。

指定一个弹性应变幅或塑性应变幅，就可以得到破坏循环数 N。因此，在同一张总应变幅-寿命曲线图上，可以画出弹性应变-寿命曲线和塑性应变-寿命

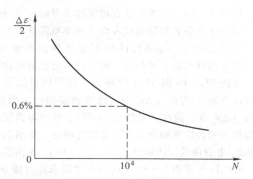

图 35.6-37　总应变幅-寿命曲线

曲线。在双对数坐标图上，弹性应变-寿命曲线和塑性应变-寿命曲线都是一条近似直线，如图 35.6-38 所示。这两直线的交点 P，称为过渡寿命点；P 点在横轴上的坐标 N_T，称为过渡寿命，它是一试验常数。交点 P 表示低周疲劳与高周疲劳的分界点：在 P 点的右侧，弹性应变起主导作用，在 P 点的左侧，塑性应变起主导作用。或者说，P 点的右侧为高周疲劳区，P 点的左侧为低周疲劳区。当提高材料强度时，P 点左移，提高材料韧性时，P 点右移。

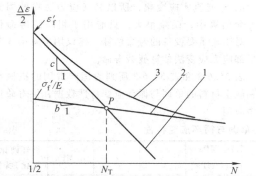

图 35.6-38　通用斜率法的应变-寿命曲线（双对数坐标）
1—塑性应变-寿命曲线　2—弹性应变-寿命曲线
3—总应变-寿命曲线

图 35.6-38 中塑性应变-寿命曲线 1 的方程，可以用幂指数函数形式表示为

$$\Delta \varepsilon_p N^\beta = C_1 \qquad (35.6-3)$$

弹性应变幅度 $\Delta \varepsilon_e$ 和塑性应变幅度 $\Delta \varepsilon_p$ 还可以写成一般常用的形式，即

$$\frac{\Delta \varepsilon_e}{2} = \frac{\sigma_f'}{E}(2N)^b$$

$$\frac{\Delta \varepsilon_p}{2} = \varepsilon_f'(2N)^c$$

式中　σ_f'——疲劳强度系数；

σ_f'/E——循环数 $N = \frac{1}{2}$ 处直线 2 的纵坐标截距；

b——疲劳强度指数，直线的斜率；

E——材料的弹性模量；

ε_f'——疲劳塑性系数，$N = \frac{1}{2}$ 处直线 1 的纵坐标截距；

c——疲劳塑性指数。

总应变-寿命曲线 3 的数学表达式为

$$\frac{\Delta \varepsilon}{2} = \frac{\Delta \varepsilon_e}{2} + \frac{\Delta \varepsilon_p}{2} = \frac{\sigma_f'}{E}(2N)^b + \varepsilon_f'(2N)^c$$

$$(35.6-4)$$

这里 N 为反向次数，"$2N$" 在恒幅循环载荷中为循环次数。式（35.6-4）称为曼森-科芬方程。

式（35.6-2）和式（35.6-4）中的 6 个参数：K'、n'、b、c、ε_f' 和 σ_f'，是表征低周疲劳特性的主要参数。对于机械设计中几种常用钢材的 6 个参数见表 35.6-1。

表 35.6-1　低周疲劳性能参数

材　料	$K'/$ MPa	n'	b	c	ε_f'	$\sigma_f'/$ MPa
45（正火）	1153	0.179	−0.123	−0.526	0.465	1115
40Cr	1592	0.173	−0.120	−0.559	0.388	1306
40CrNiMoA	1439	0.152	−0.061	−0.643	0.463	898
Q345	1045	0.151				
45 钢（调质）	1324	0.160				
20 钢（热轧）	772	0.18	−0.12	−0.51	0.41	896

2.3.2　四点法求应变-寿命曲线

曼森指出，确定 $\Delta \varepsilon_e$-N 和 $\Delta \varepsilon_p$-N 两条直线只要四个点。这四个点可以由单调拉伸试验数据获得，而不用去做疲劳试验。四个点为（见图 35.6-39）

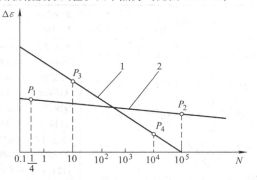

图 35.6-39　四点法求应变-寿命曲线

P_1——对应于 $\frac{1}{4}$ 次循环（即一次拉伸至破坏）的应变幅度的弹性分量为

$$\Delta \varepsilon_e = 2.5(\sigma_f/E) \qquad (35.6-5)$$

P_2——对应于 10^5 次循环的应变幅度的弹性分量为

$$\Delta \varepsilon_e = 0.90(R_m/E) \qquad (35.6-6)$$

连接 P_1 和 P_2 点，得 $\Delta\varepsilon_e$-N 曲线 2。这里 $\Delta\varepsilon_e$ 为弹性应变幅度；N 为破断循环数；σ_f 为单调拉断时的真实应力；R_m 为强度极限。

P_3——对应于 10 次循环的应变幅度的塑性分量为

$$\Delta\varepsilon_p = \frac{1}{4}\varepsilon_f^{\frac{3}{4}} \qquad (35.6\text{-}7)$$

P_4——对应于 10^4 次循环的应变幅度的塑性分量为

$$\Delta\varepsilon_p = \frac{0.0132 - \Delta\varepsilon_e^*}{1.91} \qquad (35.6\text{-}8)$$

连接 P_3 和 P_4 点，得 $\Delta\varepsilon_p$-N 曲线 1。这里 $\Delta\varepsilon_e^*$ 为曲线 2 上 $N=10^4$ 所对应的弹性应变幅度；ε_f 为单调拉断时的真实应变，用截面收缩率 Z（以%计）近似求得

$$\varepsilon_f = \ln\frac{100}{100-Z} \qquad (35.6\text{-}9)$$

用四点法求材料的应变-寿命曲线，适合于碳钢、合金钢、铝和钛等金属材料。

曼森对 29 种材料的疲劳试验结果进行了整理归纳，在双对数坐标平面上得出（见图 35.6-39）塑性应变-寿命直线 1 的斜率为 -0.6，弹性应变-寿命直线 2 的斜率为 -0.12，从而得到下面的关系式，即

$$\Delta\varepsilon = 3.5\frac{R_m}{E}N^{-0.12} + \varepsilon_f^{0.6}N^{-0.6} \qquad (35.6\text{-}10)$$

由于斜率是根据 29 种材料归纳出来的，即这个斜率对多种材料通用，故本法称为通用斜率法。

2.4 低周疲劳寿命估算

估算低周疲劳寿命常用两种方法：①类似常规疲劳设计方法，即用 ε-N 曲线直接推算出寿命；②用局部应力应变法估算裂纹形成寿命（见本章第 3 节）。

用应变-寿命（ε-N）曲线直接推算出寿命时，关键是获得材料的 ε-N 曲线。这可以通过疲劳试验获得，如图 35.6-1～图 35.6-17 所示；或用四点法求得弹性应变幅度-寿命（$\Delta\varepsilon_e$-N）曲线和塑性应变幅度-寿命（$\Delta\varepsilon_p$-N）曲线（见图 35.6-39），然后将弹性应变幅度与塑性应变幅度相加得总应变幅度，得出总应变幅度-寿命曲线。当应变比 $r=-1$ 时，得 ε_a-N 曲线。

在实际计算中，一般可按弹性理论求应力幅 σ_a，然后假设以 σ_a 为理论弹性应力幅，近似用公式 $\sigma_a = \frac{1}{2}E\varepsilon_a$ 计算 ε_a，最后用 ε_a-N 曲线直接推算出疲劳寿命。

当给出材料低周疲劳的应力-寿命（σ_a-N）曲线时，也可以用弹性理论求得的 σ_a，直接从 σ_a-N 曲线推算出疲劳寿命。

上述的寿命估算方法，是以用材料力学或弹性理论的方法计算出的零件和构件危险点的名义应力为出发点的，故称这种方法为名义应力法。而低周疲劳的应力-寿命曲线中的 σ_a 是真实应力幅，应变-寿命曲线中的 ε_a 是真实应变幅，所以以名义应力法在低周疲劳寿命估算中，误差很大，只能用于粗略的寿命估算。对于较重要设备的寿命估算，建议用本章第 3 节的局部应力应变法估算疲劳寿命。

表 35.6-2 和表 35.6-3 所列为国产常用的机械材料和航空材料的单调与循环应变特性数据，供寿命估算中应用。

表 35.6-2　某些国产机械材料的单调与循环应变特性

材　料	热处理	R_m/MPa	$(R_{eL}/\text{MPa})/(R_m/\text{MPa})$	$(K/\text{MPa})/(K'/\text{MPa})$	n/n'	$\varepsilon_f/\varepsilon_f'$	$(\sigma_f/\text{MPa})/(\sigma_f'/\text{MPa})$	b	c	E/MPa	循环硬化（软化）特性
Q235A	轧态	470.4	0.69	928.2/969.6	0.2590/0.1824	1.0217/0.2747	976.4/658.8	-0.0709	-0.4907	198753.4	循环硬化
Q345	轧态	572.5	0.63	856.1/1164.8	0.1813/0.1871	1.0729/0.4644	1118.3/947.1	-0.0943	-0.5395	200741	循环硬化
45	调质	897.7	0.91	928.7/1112.5	0.0369/0.1158	0.8393/1.5048	1511.7/1041.4	-0.0704	-0.7338	193500	循环软化
40Cr	调质	1084.9	0.94	1285.1/1228.9	0.0512/0.0903	0.7319/0.3809	1264.7/1385.4	-0.0789	-0.5765	202860	循环软化
60Si2Mn	淬火后中温回火	1504.8	0.91	1721.2/1925.0	0.0350/0.0906	0.4557/0.3203	2172.4/2690.6	-0.1130	-0.5826	203395	循环软化
ZG270-500	正火	572.3	0.64	1218.1/1267.5	0.2850/0.2220	0.2383/0.1813	809.4/781.5	-0.0988	-0.5063	204555.4	循环硬化
QT450-10[①]	铸态	498.1	0.79	—/1127.9	0.1405	0.1461	856.9	-0.1027	-7237	166108.5	循环硬化
QT600-3[②]	正火	748.4	0.61	1439.9/1039.8	0.1996/0.1165	0.0760/0.3725	856.5/885.2	-0.0777	-0.7104	154000	循环硬化
QT600-3[①]	正火	677.0	0.77	1621.5/979.3	0.1834/0.0876	0.0377/0.0271	888.8/1109.8	-0.1056	-0.3393	150376.5	循环硬化

（续）

材　料	热处理	R_m/MPa	(R_{eL}/MPa)/(R_m/MPa)	(K/MPa)/(K'/MPa)	n/n'	$\varepsilon_f/\varepsilon_f'$	(σ_f/MPa)/(σ_f'/MPa)	b	c	E/MPa	循环硬化（软化）特性
QT800-2[②]	正火	913.0	0.64	1777.3/1437.7	0.2034/0.1470	0.0455/0.1684	946.8/1067.4	-0.0830	-0.5792	160500	循环硬化

① ϕ30mm 棒料。
② Y 形试块。

表 35.6-3　某些国产航空材料的单调与循环应变特性

材　料	热处理	R_m/MPa	$\sigma_{0.2}$/MPa	(K/MPa)/(K'/MPa)	n/n'	$\varepsilon_f/\varepsilon_f'$	(σ_f/MPa)/(σ_f'/MPa)	b	c	E/MPa	是否Masing（玛辛）材料
30CrMnSiA	调质	1177.0	1104.5	1475.76/1771.93	0.063/0.127	77.27/161.15	1795.07/1755.94	-0.0859	-0.7712	203004.9	是
30CrMnSiNi2A	等温淬火后回火	1655.4	1308.3	2355.35/2647.69	0.091/0.13	74/120.71	2600.52/2773.22	-0.1026	-0.7816	200062.8	否
40CrMnSiMoVA	等温淬火后回火	1875.3	1513.2	3150.20/3411.36	0.1468/0.14	63.32/96.86	3511.55/3254.35	-0.1054	-0.7850	200455.1	否
2A12-T4（棒材）	T4	545.1	399.5	870.47/849.78	0.097/0.158	13.67/18	723.76/643.44	-0.0627	-0.6539	73160.2	否
2A12-T4（板材）	T4	475.6	331.5	545.17/645.79	0.0889/0.0669	30.19/16.50	618.04/670.21	-0.1027	-0.5114	71022.3	—
7A04-T6	T6	613.9	570.8	775.05/949.61	0.063/0.08	18.00/24.52	710.62/884.69	-0.0727	-0.7761	72571.8	是
7A09-T74	T74	560.2	518.2	724.64/905.87	0.071/0.101	28.34/77.08	748.47/807.80	-0.0743	-0.9351	72179.5	—

3　局部应力应变法

3.1　预备知识

3.1.1　真实应力与真实应变

工程上常用材料的应力-应变曲线（见图 35.6-40a），是由拉伸试验确定的，其名义应力 s 等于载荷 F 除以原始截面面积 A_0，其名义应变 e 为伸长量 ΔL 除以原始长度 L_0（标距长度）（见图 35.6-40b），即

$$s = \frac{F}{A_0} \tag{35.6-11}$$

$$e = \frac{L-L_0}{L_0} = \frac{\Delta L}{L_0}$$

由于在拉伸过程中，试样的截面面积是变化的，直到拉断，则真实应力 σ 为

$$\sigma = F/A \tag{35.6-12}$$

式中　A——颈缩处的横截面面积。

当试样拉伸至 L 长时，假设试样长度有一微小增量 dL，则此时的应变增量为

$$d\varepsilon = \frac{dL}{L}$$

上式由 L_0 至 L 积分，得真实应变为

$$\varepsilon = \ln\frac{L}{L_0} \tag{35.6-13}$$

真实应力、应变与名义应力、应变的关系为

$$\sigma = s(1+e) \tag{35.6-14}$$

$$\varepsilon = \ln(1+e) \tag{35.6-15}$$

真实应变反映了物体变形的实际情况，也称为自然应变或对数应变；名义应变也称为工程应变。在大

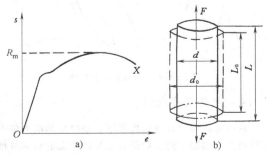

图 35.6-40　常用材料的应力-应变曲线

应变问题中，只有用真实应变才能得出合理的结果。

3.1.2 玛辛特性

改变应力水平，可以得到不同应力水平下的滞回线（见图 35.6-19）。图 35.6-41a 所示为不同应力水平下的滞回线 ADA、BEB、CFC，将坐标轴平移，使原点与各滞回线的最低点相重合，若滞回线的最高点的连线与其上行段迹线相吻合（见图 35.6-41b），则该材料具有玛辛特性，称为玛辛材料。

将材料的循环 σ-ε 曲线画于图 35.6-41b 上，可以看出，滞回线上行段迹线的纵坐标，为循环 σ-ε 曲线的纵坐标的两倍。

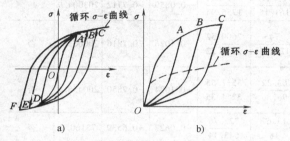

图 35.6-41 坐标平移后的滞回线

3.1.3 材料的记忆特性（见图 35.6-42）

图 35.6-42a 表示载荷-时间历程，图 35.6-42b 表示材料在该载荷-时间历程中的应力-应变响应。加载时由 1 到 2，相应的应力-应变响应由 A 到 B；由 2 到 3 加反向载荷时，应力-应变曲线由 B 到 C；再由 3 到 2'加载时，应力-应变曲线由 C 到 B'，B' 和 B 重合。此后继续加载，则应力-应变曲线并不沿 CB'曲线的延长线（图中虚线所示），而是急剧转弯沿原先 AB 曲线的延长线，似乎材料"记忆"了原先的路径，这就是材料的记忆特性。

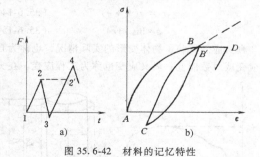

图 35.6-42 材料的记忆特性

3.1.4 载荷顺序效应

缺口零件在拉伸载荷作用下，缺口根部应力集中处材料发生屈服。卸载后因处于弹性状态的材料要恢复原来的状态，而已塑性变形的材料阻止这种恢复行

为，故两者相互挤压，使缺口根部产生残余压应力。如大载荷环后面紧接着出现小载荷环，则该小载荷环引起的应力将叠加在这个残余应力之上，因此该小载荷环造成的损伤受到前面大载荷环的影响，而且这种影响往往是很大的。图 35.6-43 所示的两种载荷-时间历程，除第一载荷环以外，二者都相同，只是第一个大载荷环的过载方向不同。图 35.6-43a 所示的大载荷环以压缩载荷结束，应力集中处产生残余拉应力（$+\sigma_m$）。图 35.6-43b 所示的大载荷环以拉伸载荷结束，应力集中处产生残余压应力（$-\sigma_m$）。由于两种载荷-时间历程所产生的残余应力不同，所以滞回线的形状不同，即载荷顺序对局部应力-应变是有影响的。

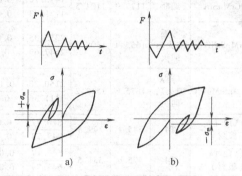

图 35.6-43 载荷顺序对滞回线影响

3.2 局部应力-应变分析

3.2.1 滞回线方程

局部应力应变法认为，在疲劳强度问题中，材料的本构关系应由循环应力-应变曲线确定。材料的滞回线形状是通过循环应力-应变曲线来描述的。因此，循环 σ-ε 曲线在局部应力应变法中具有特殊重要的位置。由式（35.6-2）给出循环应力-应变曲线用幅度表达的方程式

$$\frac{\Delta\varepsilon}{2} = \frac{\Delta\sigma}{2E} + \left(\frac{\Delta\sigma}{2K'}\right)^{\frac{1}{n'}}$$

对于具有玛辛特性的材料，若使坐标原点与各应力水平下的滞回线最低点相重合，则滞回线的最高点的连线，与其上行段迹线相吻合（见图 35.6-41b）。许多试验表明，多数金属材料的滞回线，可以用放大一倍后的循环 σ-ε 曲线来近似描述。这样，就可得出下面的滞回线方程式，即

加载时

$$\frac{\varepsilon - \varepsilon_r}{2} = \frac{\sigma - \sigma_r}{2E} + \left(\frac{\sigma - \sigma_r}{2K'}\right)^{\frac{1}{n'}} \quad (35.6-16)$$

卸载时

$$\frac{\varepsilon_r - \varepsilon}{2} = \frac{\sigma_r - \sigma}{2E} + \left(\frac{\sigma_r - \sigma}{2K'}\right)^{\frac{1}{n'}} \quad (35.6\text{-}17)$$

式中　ε_r、σ_r——滞回线顶点的坐标。

3.2.2　诺伯法

确定局部应力-应变的方法有电阻应变计测定法、光弹性法、脆性涂层法和云纹法等实验方法，以及用有限元法求数值解。弹塑性有限元法是计算局部应力-应变的较精确的方法，但由于计算工作量大，工程上倾向于采用简单的近似方法，如诺伯法、线性应变法、修正的斯托威尔法和莫尔斯基等效能量法。其中，应用最多的是诺伯法。

诺伯提出在弹塑性状态下的通用公式

$$\alpha_\sigma^2 = K'_\sigma K'_\varepsilon \quad (35.6\text{-}18)$$

式中　α_σ——理论应力集中系数；

K'_σ——真实应力集中系数，$K'_\sigma = \sigma/s$；

K'_ε——真实应变集中系数，$K'_\varepsilon = \varepsilon/e$；

s——缺口件的名义应力；

e——缺口件的名义应变；

σ——缺口件的真实应力；

ε——缺口件的真实应变。

通过式（35.6-18），可以简单地把局部应力-应变与名义应力-应变联系起来。式（35.6-18）可写成下面形式，即

$$\sigma\varepsilon = \alpha_\sigma^2 se$$

一般情况下，名义应力和名义应变均在弹性范围内，即有 $s = Ee$，故有

$$\sigma\varepsilon = \frac{(\alpha_\sigma s)^2}{E} \quad (35.6\text{-}19)$$

当名义应力确定以后，$\sigma\varepsilon = (\alpha_\sigma s)^2/E$ 是个常数，称为诺伯常数。于是，式（35.6-19）可以写成 $\sigma\varepsilon = C$。这是一个双曲线方程，也称为诺伯双曲线。

如果已知 α_σ、s 和 E，再结合材料的 $\sigma\text{-}\varepsilon$ 曲线，就可以算出相应的局部应力和应变，如图 35.6-44 所示。将式（35.6-19）改写成幅度形式：

$$\Delta\sigma\Delta\varepsilon = \frac{\alpha_\sigma^2(\Delta s)^2}{E} \quad (35.6\text{-}20)$$

根据所给的载荷谱，名义应力幅度 Δs 是知道的，联立解式（35.6-2）和式（35.6-20），就可以求出 $\Delta\sigma$ 和 $\Delta\varepsilon$，加上坐标原点的应力和应变值，就是该点的局部真实应力和真实应变值。

例如，图 35.6-44a 所示为用名义应力表示的加载历程，图 35.6-44b 所示为用诺伯法得到的零件危险点的局部应力-应变的情况。具体确定方法如下：

1）B 点的确定。以 A 点作为坐标原点，画出循

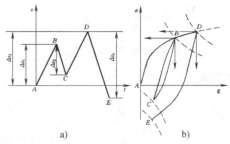

图 35.6-44　诺伯法确定局部应力-应变
a）名义应力历程　b）局部应力-应变的确定

环 $\sigma\text{-}\varepsilon$ 曲线，并用 AB 间的名义应力幅度 Δs_1 画出 $\Delta\sigma\Delta\varepsilon = (\alpha_\sigma\Delta s_1)^2/E$ 双曲线，这两条曲线的交点 B 的纵坐标和横坐标，就是加载到 B 点时的局部应力和局部应变值。

2）C 点的确定。以 B 点作为坐标原点，向下画出滞回线（两倍于循环 $\sigma\text{-}\varepsilon$ 曲线），并用 BC 间的名义应力幅度 Δs_2 画出 $\Delta\sigma\Delta\varepsilon = (\alpha_\sigma\Delta s_2)^2/E$ 双曲线，这两条曲线的交点 C 的纵坐标和横坐标，即为从 B 点到 C 点的局部应力和应变幅度，在卸载时为负。加上 B 点的局部应力和应变值后，就得到加载到 C 点时的局部应力和应变值。

3）D 点的确定。从 C 点加载超过 B 点时要考虑"记忆特性"，即从 C 点到 D 点可以看作从 A 点直接加载到 D 点，故要以 A 点为坐标原点画出循环 $\sigma\text{-}\varepsilon$ 曲线，并画出 $\Delta\sigma\Delta\varepsilon = (\alpha_\sigma\Delta s_3)^2/E$ 双曲线，两条曲线的交点 D 的纵坐标和横坐标，即为加载到 D 点时的局部应力和应变值。

4）E 点的确定。以 D 点作为坐标原点，向下画出滞回线，并画出 $\Delta\sigma\Delta\varepsilon = (\alpha_\sigma\Delta s_4)^2/E$ 双曲线，由这两条曲线的交点 E 的纵坐标和横坐标，得到从 D 点到 E 点的局部应力和应变幅度，在卸载时为负。加上 D 点的局部应力和应变值后，就得到加载到 E 点时的局部应力和应变值。

按这个步骤对名义应力谱编制程序，在计算机上进行计算。

诺伯公式高估了局部应力和应变。因此，把公式中的理论应力集中系数 α_σ 改为有效应力集中系数 K_σ，得诺伯修正公式

$$\Delta\sigma\Delta\varepsilon = \frac{K_\sigma^2(\Delta s)^2}{E} \quad (35.6\text{-}21)$$

3.3　裂纹形成寿命的估算

3.3.1　损伤计算

局部应力应变法计算损伤的出发点是应变-寿命关系式（35.6-4），即

$$\frac{\Delta\varepsilon}{2}=\frac{\Delta\varepsilon_e}{2}+\frac{\Delta\varepsilon_p}{2}$$

$$=\frac{\sigma_f'}{E}(2N)^b+\varepsilon_f'(2N)^c$$

或分开写成

$$\frac{\Delta\varepsilon_e}{2}=\frac{\sigma_f'}{E}(2N)^b \qquad (35.6\text{-}22)$$

$$\frac{\Delta\varepsilon_p}{2}=\varepsilon_f'(2N)^c \qquad (35.6\text{-}23)$$

ε-N 曲线是在对称循环条件下得出的。对于复杂载荷-时间历程作用下的疲劳问题，平均应力的存在是不可避免的，需要对上式进行修正。

当材料处于弹性范围时，平均应力对疲劳寿命的影响很大。而当材料出现塑性变形后，由于平均应力的松弛效应，其影响就大大减弱了。所以通常只对 ε-N 曲线的弹性部分，即式（35.6-22）予以修正。一般应用的修正公式为

$$\sigma_r=\sigma_a\frac{\sigma_f'}{\sigma_f'-\sigma_m} \qquad (35.6\text{-}24)$$

式中　σ_a——应力幅；

　　　σ_m——平均应力；

　　　σ_r——等效应力幅。

修正后的应变-寿命关系为

$$\frac{\Delta\varepsilon_e}{2}=\frac{\sigma_f'-\sigma_m}{E}(2N)^b \qquad (35.6\text{-}25)$$

$$\frac{\Delta\varepsilon_p}{2}=\varepsilon_f'(2N)^c \qquad (35.6\text{-}26)$$

根据上述的寿命关系式，即式（35.6-22）、式（35.6-23）和式（35.6-25），采用不同的损伤参量，可以得到不同的损伤公式。局部应力应变法中常用的损伤公式有以下几种：

1）兰德格拉夫损伤公式。R. W. 兰德格拉夫认为，损伤由 $\Delta\varepsilon_p$ 与 $\Delta\varepsilon_e$ 的比值来控制。由式（35.6-22）和式（35.6-23）可推导出每个局部应变为 $\Delta\varepsilon$（$=\varepsilon_p+\varepsilon_e$）的应变循环造成的损伤为

$$\frac{1}{N}=2\left(\frac{\sigma_f'}{E\varepsilon_f'}\times\frac{\Delta\varepsilon_p}{\Delta\varepsilon}\right)^{\frac{1}{(b-c)}} \qquad (35.6\text{-}27)$$

计入平均应力的影响，修正后的损伤公式为

$$\frac{1}{N}=2\left(\frac{\sigma_f'}{E\varepsilon_f'}\times\frac{\Delta\varepsilon_p}{\Delta\varepsilon_e}\times\frac{\sigma_f'}{\sigma_f'-\sigma_m}\right)^{\frac{1}{(b-c)}} \qquad (35.6\text{-}28)$$

2）道林损伤公式。N. E. 道林等人认为，以过渡疲劳寿命 N_T 为界，当 $\varepsilon_p>\varepsilon_e$ 时，应该以塑性应变分量为损伤参量，此时损伤公式为

$$\frac{1}{N}=2\left(\frac{\varepsilon_f'}{\varepsilon_p}\right)^{1/c} \qquad (35.6\text{-}29)$$

当 $\varepsilon_p<\varepsilon_e$ 时，应该以弹性应变分量为损伤参量，损伤公式为

$$\frac{1}{N}=2\left(\frac{\sigma_f'}{E\varepsilon_e}\right)^{1/b} \qquad (35.6\text{-}30)$$

若考虑平均应力的影响进行修正，则有

$$\frac{1}{N}=2\left(\frac{\sigma_f'-\sigma_m}{E\varepsilon_e}\right)^{1/b} \qquad (35.6\text{-}31)$$

3）史密斯损伤公式。K. N. 史密斯等人为反映平均应力的影响，对试验结果进行分析，提出用 $\sigma_{max}\Delta\varepsilon$ 来计算损伤，并推导出损伤公式

$$\sigma_{max}\Delta\varepsilon=\frac{2\sigma_f'}{E}(2N)^{2b}+2\sigma_f'\varepsilon_f'(2N)^{b+c} \qquad (35.6\text{-}32)$$

该方程要用数值方法求解。

根据不同的 $\Delta\varepsilon_p/\Delta\varepsilon_e$ 比值，选用相应的损伤计算式。

3.3.2　估算裂纹形成寿命步骤

局部应力应变法估算裂纹形成寿命的步骤如下：

1）把载荷谱、材料性能常数和应力集中系数作为输入计算机的信息。

2）对载荷-时间历程进行循环计数。

3）根据载荷-时间历程确定名义应力和应变-时间历程。

4）根据选定的损伤公式，按循环计数的结果计算每一个载荷循环造成的损伤。

5）对损伤进行累积计算，即根据累积损伤公式算出裂纹形成寿命。

3.4　算例

在本例中，采用雨流法计数，用诺伯公式进行局部 σ-ε 分析，用道林公式计算损伤。具体步骤如下：

首先，将载荷-时间历程化为计算点上的名义应力-时间历程（见图 35.6-45a），并进行雨流计数，得到 1—4—7、2—3—2′ 和 5—6—5′ 三个循环（见图 35.6-45b）。然后，根据材料的 σ-ε 曲线（滞回线）和零件的有效应力集中系数 K_σ，用诺伯法确定局部应力-应变响应。

循环 σ-ε 曲线的方程为

$$\frac{\Delta\varepsilon}{2}=\frac{\Delta\sigma}{2E}+\left(\frac{\Delta\sigma}{2K'}\right)^{\frac{1}{n'}} \qquad (35.6\text{-}33\text{a})$$

根据倍增原理，上升段的滞回线方程为

$$\frac{\varepsilon-\varepsilon_r}{2}=\frac{\sigma-\sigma_r}{2E}+\left(\frac{\sigma-\sigma_r}{2K'}\right)^{\frac{1}{n'}} \qquad (35.6\text{-}33\text{b})$$

下降段的滞回线方程为

$$\frac{\varepsilon_r - \varepsilon}{2} = \frac{\sigma_r - \sigma}{2E} + \left(\frac{\sigma_r - \sigma}{2K'}\right)^{\frac{1}{n'}} \quad (35.6\text{-}33c)$$

式中　σ、ε——局部应力、应变的流动值;

　　　σ_r、ε_r——前一峰值点的局部应力、应变值。

本例的材料是汽车用热轧低碳钢,其化学成分为: $w(C) = 0.23\%$; $w(Mn) = 1.57\%$; $w(P) = 0.016\%$; $w(S) = 0.022\%$; $w(Si) = 0.01\%$; $w(Cu) = 0.22\%$。其强度极限 $R_m = 540 \sim 565\text{MPa}$,屈服强度 $R_{eL} = 315 \sim 325\text{MPa}$,断面收缩率 $Z = 64\% \sim 69\%$,弹性模量 $E = 192000\text{MPa}$,$n' = 0.193$,$K' = 1125.9\text{MPa}$。

应用诺伯公式(35.6-21)

$$\Delta\sigma\Delta\varepsilon = \frac{K_\sigma^2 (\Delta s)^2}{E} \quad (35.6\text{-}33d)$$

根据所计算的危险点处的几何形状和材料,查应力集中系数图得 $K_\sigma = 2.60$。

根据图 35.6-45a 所示的名义应力-时间历程,即可逐个反复地进行局部应力-应变分析。

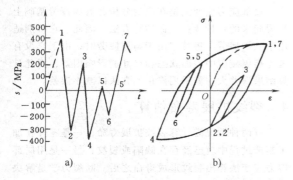

图 35.6-45　名义应力-时间历程及应力-应变响应

1)从 0—1 加载时,由于是从零开始,循环 σ-ε 方程用式(35.6-1)

$$\varepsilon_a = \varepsilon_e + \varepsilon_p = \frac{\sigma_a}{E} + \left(\frac{\sigma_a}{K'}\right)^{\frac{1}{n'}} \quad (35.6\text{-}33e)$$

再与诺伯公式(35.6-33d)联立求解。将 $E = 192000\text{MPa}$、$K' = 1125.9\text{MPa}$、$n' = 0.193$、$K_\sigma = 2.6$ 代入,有

$$\left.\begin{aligned} \Delta\varepsilon &= \frac{\Delta\sigma}{192000} + \left(\frac{\Delta\sigma}{1125.9}\right)^{\frac{1}{0.193}} \\ \Delta\sigma\Delta\varepsilon &= \frac{2.6^2 \times \Delta s_{01}^2}{192000} \end{aligned}\right\}$$

此时,$\Delta s_{01} = 395.5\text{MPa}$,于是 $\Delta\sigma\Delta\varepsilon = 5.5$。解联立方程得

$$\Delta\sigma = 458.3\text{MPa}, \quad \Delta\varepsilon = 0.012$$

即 1 点的局部应力和应变为

$$\sigma = 458.3\text{MPa}, \quad \varepsilon = 0.012$$

2)从 1—2 卸载时,根据卸载滞回线计算。将有

关数据代入式(35.6-33a)和式(35.6-33d),有

$$\left.\begin{aligned} \frac{\Delta\varepsilon}{2} &= \frac{\Delta\sigma}{2 \times 192000} + \left(\frac{\Delta\sigma}{2 \times 1125.9}\right)^{\frac{1}{0.193}} \\ \Delta\sigma\Delta\varepsilon &= \frac{2.6^2 \times \Delta s_{12}^2}{192000} \end{aligned}\right\}$$

此时,$\Delta s_{12} = 699.0\text{MPa}$,于是 $\Delta\sigma\Delta\varepsilon = 17.2$。解联立方程得

$$\Delta\sigma = 870\text{MPa}, \quad \Delta\varepsilon = 0.0198$$

2 点的局部应力和应变为

$$\sigma = (458.3 - 870)\text{MPa} = -411.7\text{MPa}$$
$$\varepsilon = 0.012 - 0.0198 = -0.0078$$

3)从 2—3 加载时,根据加载滞回线计算

$$\left.\begin{aligned} \frac{\Delta\varepsilon}{2} &= \frac{\Delta\sigma}{2 \times 192000} + \left(\frac{\Delta\sigma}{2 \times 1125.9}\right)^{\frac{1}{0.193}} \\ \Delta\sigma\Delta\varepsilon &= \frac{2.6^2 \times \Delta s_{23}^2}{192000} \end{aligned}\right\}$$

此时,$\Delta s_{23} = 521.1\text{MPa}$,于是 $\Delta\sigma\Delta\varepsilon = 9.56$。解联立方程得

$$\Delta\sigma = 780\text{MPa}, \quad \Delta\varepsilon = 0.0122$$

3 点的局部应力和应变为

$$\sigma = (-411.7 + 780)\text{MPa} = 368.3\text{MPa}$$
$$\varepsilon = -0.0078 + 0.0122 = 0.0044$$

4)在 3—4 的卸载过程中,由于从 3 卸载到 2′ 时,形成了一个封闭的应力-应变滞回线,所以根据材料的记忆特性,计算 4 点的应力和应变时,应根据从 1 点出发的滞回线,并取应力幅度 Δs_{14} 进行计算

$$\left.\begin{aligned} \frac{\Delta\varepsilon}{2} &= \frac{\Delta\sigma}{2 \times 192000} + \left(\frac{\Delta\sigma}{2 \times 1125.9}\right)^{\frac{1}{0.193}} \\ \Delta\sigma\Delta\varepsilon &= \frac{2.6^2 \times \Delta s_{14}^2}{192000} \end{aligned}\right\}$$

此时,$\Delta s_{14} = 790.7\text{MPa}$,得 $\Delta\sigma\Delta\varepsilon = 22.0$。解联立方程得

$$\Delta\sigma = 910\text{MPa}, \quad \Delta\varepsilon = 0.024$$

4 点的局部应力和应变为

$$\sigma = (458.3 - 910)\text{MPa} = -451.7\text{MPa}$$
$$\varepsilon = 0.012 - 0.024 = -0.012$$

5)从 4—5 加载时,根据加载滞回线计算

$$\left.\begin{aligned} \frac{\Delta\varepsilon}{2} &= \frac{\Delta\sigma}{2 \times 192000} + \left(\frac{\Delta\sigma}{2 \times 1125.9}\right)^{\frac{1}{0.193}} \\ \Delta\sigma\Delta\varepsilon &= \frac{2.6^2 \times \Delta s_{45}^2}{192000} \end{aligned}\right\}$$

此时,$\Delta s_{45} = 434.1\text{MPa}$,得 $\Delta\sigma\Delta\varepsilon = 6.6$。解联立方程得

$$\Delta\sigma = 721\text{MPa}, \quad \Delta\varepsilon = 0.0092$$

5 点的局部应力和应变为

$$\sigma = (-451.7 + 721)\text{MPa} = 269.3\text{MPa}$$

$$\varepsilon = -0.012 + 0.0092 = -0.0028$$

6）从 5—6 卸载时，根据卸载滞回线计算

$$\left. \begin{array}{l} \dfrac{\Delta\varepsilon}{2} = \dfrac{\Delta\sigma}{2\times192000} + \left(\dfrac{\Delta\sigma}{2\times1125.9}\right)^{\frac{1}{0.193}} \\[3mm] \Delta\sigma\Delta\varepsilon = \dfrac{2.6^2\times\Delta s_{56}^2}{192000} \end{array} \right\}$$

此时，$\Delta s_{56} = 239.9\text{MPa}$，得 $\Delta\sigma\Delta\varepsilon = 2.0$。解联立方程得

$$\Delta\sigma = 531\text{MPa}, \quad \Delta\varepsilon = 0.0038$$

6 点的局部应力和应变为

$$\sigma = (269.3 - 531)\text{MPa} = -261.7\text{MPa}$$

$$\varepsilon = -0.0028 - 0.0038 = -0.0066$$

7）从 6—7 加载时，根据图 35.6-45b 所示，7 点的应力和应变值与 1 点相同。得局部应力和应变为

$$\sigma = 458.3\text{MPa}, \quad \varepsilon = 0.012$$

有了局部应力-应变响应，就可以进行损伤计算。损伤是根据每一应力-应变循环的幅值和均值，用道林公式计算的。现将上面分析得到的三个应力-应变循环 2—3—2′、5—6—5′ 和 1—4—7 中的应力幅值 σ_a、应变幅值 ε_a、平均应力 σ_m、平均应变 ε_m 及弹性应变分量 ε_e、塑性应变分量 ε_p 列入表 35.6-4。

表 35.6-4　三个应力-应变循环的应力和应变值

应力循环	σ_a/MPa	ε_a	σ_m/MPa	ε_m	ε_e	ε_p
2—3—2′	390	0.0061	-21.7	-0.0017	0.0020	0.0041
5—6—5′	265.5	0.002	3.8	-0.0044	0.0014	0.0006
1—4—7	455	0.0120	3.3	0	0.0024	0.0096

下面进行损伤计算，即

对于 2—3—2′ 循环，由于 $\varepsilon_p > \varepsilon_e$，故用 ε_p 计算损伤。由式（35.6-29）有

$$D_1 = \frac{1}{N} = 2\left(\frac{\varepsilon_f'}{\varepsilon_p}\right)^{\frac{1}{c}}$$

本例中，$\varepsilon_f' = 0.26$，$c = -0.47$，所以

$$D_1 = 2\left(\frac{0.26}{0.0041}\right)^{\frac{1}{-0.47}} = 2.93\times10^{-4}$$

对于 5—6—5′ 循环，由于 $\varepsilon_e > \varepsilon_p$，故用 ε_e 计算损伤。式（35.6-31）中的 $E\varepsilon_e$ 以总应力幅 σ_a 代替，有

$$D_2 = \frac{1}{N} = 2\left(\frac{\sigma_f' - \sigma_m}{\sigma_a}\right)^{\frac{1}{b}}$$

本例中，$\sigma_f' = 935.9\text{MPa}$，$b = -0.095$，$\sigma_m = 3.8\text{MPa}$，$\sigma_a = 265.5\text{MPa}$，$\varepsilon_e = 0.0014$，$E = 192000\text{MPa}$。于是

$$D_2 = 2\left(\frac{935.9 - 3.8}{265.5}\right)^{\frac{1}{-0.095}} = 3.63\times10^{-6}$$

对于 1—4—7 循环，由于 $\varepsilon_p > \varepsilon_e$，故用 ε_p 计算损伤

$$D_3 = 2\left(\frac{\varepsilon_f'}{\varepsilon_p}\right)^{\frac{1}{c}} = 2\left(\frac{0.26}{0.0096}\right)^{\frac{1}{-0.47}} = 1.79\times10^{-3}$$

根据迈因纳定律求疲劳累积损伤，得

$$\begin{aligned} D &= \sum_i D_i = D_1 + D_2 + D_3 \\ &= 2.93\times10^{-4} + 3.63\times10^{-6} + 1.79\times10^{-3} \\ &= 2.087\times10^{-3} \end{aligned}$$

所以疲劳破坏时载荷循环块数（即载荷-时间历程 1—7 的反向次数）B 为

$$B = \frac{1}{\sum_i D_i} = \frac{1}{2.087\times10^{-3}} = 479.2$$

若每个载荷块经历的时间为 h_0，则零件的疲劳寿命为

$$h = Bh_0$$

上述计算均可由计算机完成。

局部应力应变法是在应变分析和低周疲劳基础上发展起来的一种疲劳寿命估算方法。因此，它特别适用于低周疲劳。将其应用于高周疲劳时，由于它没有考虑高周疲劳中表面状态和尺寸的影响因素，因此计算结果误差大，需采用修正的方法以减小误差。

4　裂纹扩展寿命估算

有两种情况需计算裂纹扩展寿命，一是零件在加工制造过程中就已经存在缺陷或裂纹；另一是用局部应力应变法算出裂纹形成寿命之后。断裂力学是解决这一问题的基础，它为解决裂纹扩展问题以及合理估算裂纹扩展寿命提供了一条有效的途径。

4.1　应力强度因子和断裂韧度

4.1.1　应力强度因子

实际零构件中的裂纹是各种各样的。按受力情况可以归纳成三类：Ⅰ 型裂纹，又称张开型裂纹；Ⅱ 型裂纹，又称滑开型或平面内剪切型裂纹；Ⅲ 型裂纹，又称撕开型裂纹，如图 35.6-46 所示。

当一物体内部存在裂纹时，在裂纹尖端的应力理论上是无穷大的，因此无法再用理论应力集中系数 α_σ 来表达，而应该用断裂力学中的应力场强度因子 K 来表达。K 的大小能正确反映裂纹尖端附近区域内弹性应力场的强弱程度，可以用来作为判断裂纹是否扩展和是否发生失稳扩展的指标。

Ⅰ 型、Ⅱ 型和 Ⅲ 型裂纹的应力强度因子分别以 K_{I}、K_{II} 和 K_{III} 表示。其中用得最多的是 K_{I}。应力强

度因子的一般表达式为

$$K = \alpha\sigma\sqrt{\pi a} \qquad (35.6\text{-}34)$$

式中　σ——外加的名义应力（MPa）；

　　　α——决定于裂纹体形状、裂纹形状、位置和加载方式系数，它可以是常数，也可以是 a 的函数；

　　　a——裂纹尺寸（mm），对内部裂纹和贯穿裂纹为裂纹长度之半，对表面裂纹为裂纹深度。

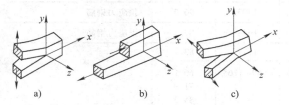

图 35.6-46　三种基本型裂纹

a）Ⅰ型—张开型　b）Ⅱ型—滑开型

c）Ⅲ型—撕开型

一些常见的裂纹形状的应力强度因子表达式可参阅有关应力强度因子手册，也可用有限元法或光弹性等试验方法测定。

4.1.2　断裂韧度

应力强度因子的临界值，即材料发生脆断时的应力强度因子，称为断裂韧度，用 K_C 表示。Ⅰ型裂纹在平面应变条件下的应力强度因子临界值称为平面应变断裂韧度，用 K_{IC} 表示。由于平面应变条件下应力状态是三向受拉，材料容易脆断，因此 K_{IC} 是代表材料断裂韧度的最低值，是反映材料韧度的一个最重要指标。所以，在平面应变条件下的断裂判据为

$$K_I = K_{IC} \qquad (35.6\text{-}35)$$

因为 K_{IC} 是断裂韧度的最低值，用它建立的脆性断裂判据是偏于安全的。

实际工程中裂纹形式多种多样，受力条件可能很复杂，要求给出复合型判据。下面给出几种工程中适用又偏于安全的判据：

Ⅰ-Ⅱ型复合情况：

$$K_I + K_{II} = K_{IC} \qquad (35.6\text{-}36)$$

在 $K_I > K_{II}$ 时偏于安全。

Ⅰ-Ⅲ型复合情况：

$$\sqrt{K_I^2 + \frac{K_{III}^2}{1-2\mu}} = K_{IC} \qquad (35.6\text{-}37)$$

Ⅰ-Ⅱ-Ⅲ型复合情况：

$$\sqrt{(K_I + K_{II})^2 + \frac{K_{III}^2}{1-2\mu}} = K_{IC} \qquad (35.6\text{-}38)$$

式中　μ——泊松比。

平面应变断裂韧度可用试验方法测定。表 35.6-5 列出了几种机械常用材料室温下的 K_{IC} 值。

表 35.6-5　几种机械常用材料室温下的 K_{IC} 值

材　料	热处理状态	强度指标/MPa		K_{IC} /MPa·m$^{\frac{1}{2}}$	主 要 用 途
		R_{eL}	R_m		
40	860℃正火	294	549	70.7~71.9	轴、辊子、曲柄销、活塞杆、连杆
	900℃淬火,330℃回火	—	—	66.7	
	1100℃淬火,330℃回火	—	—	83.7	
45	840℃淬火,550℃回火	513	803	96.8	轴、齿轮、链轮、键、销
35CrMo	860℃淬火,350℃回火	1373	1520	41.6	大截面齿轮、重载传动轴
30Cr2MoV	940℃空冷,680℃回火	549	686	140~155	大型汽轮机转子
34CrNi3Mo	860℃加热,780℃淬火,650℃回火	539	716	121~138	大型发电机转子
	扩氢处理,860℃淬火,630℃回火	780	961	149	
28CrNi3MoV	850℃淬火,650℃回火	966	1098	140.9	大型发电机转子
37SiMn2MoV	640~660℃退火,870℃淬火,680℃回火	588	736	137.4	精压机曲轴,重要轴类
14MnMoNbB	920℃淬火,620℃回火	834	883	152~166	压力容器
14SiMnCrNiMoV	930℃淬火,610℃回火	834	873	82.8~88.1	高压空气瓶
12CrNiMoV	930℃正火,930℃淬火,610℃回火	834	873	115.4	高压空气瓶
18MnMoNiCr	880℃×3h,空冷,660℃×8h,空冷	490	—	276	厚壁压力容器

（续）

材　料	热处理状态	强度指标/MPa		K_{IC} /MPa·m$^{\frac{1}{2}}$	主　要　用　途
		R_{eL}	R_{m}		
20SiMn2MoVA	900℃淬火,250℃回火	1216	1481	113	石油钻机吊头
30SiMnCrMo	930℃淬火,520℃回火	1138~1167	1265~1314	163~164	舰艇用钢板
30SiMnCrNiMo	860℃淬火,400℃回火	1402	—	93.0	舰艇用钢板
30CrMnSiA	880℃淬火,500℃回火	1079	1152	98.9	高强度钢管
30CrMnSiMo	热轧态	1177	1373	148.8	高强度厚钢板
45Si2Mn	900℃淬火,480℃回火	1412	1493	96.2	预应力钢筋
45MnSiV	900℃淬火,440℃回火	1471	1648	83.7	预应力钢筋
30CrMnSiNi	900℃淬火,280℃回火	1412	1677	83.7	
30CrMnSiNi2	870℃淬火,200℃回火 890℃淬火,280℃回火 890℃淬火,400℃回火	1373~1530 1510 1383	1569~1765 — —	66.1 71.9 85.3	超高强度钢:主要用作薄壁结构、飞行壳体、飞机起落架部件、紧固件、高压容器、扭力杆、装甲板、高强度螺栓、弹簧、冲头、模具等
30SiMnWMoV	调质	1608	1814	84.7~96.1	
30Si2Mn2MoWV	950℃淬火,250℃回火	≥1470	≥1860	≥110	
32SiMnMoV	920℃淬火,250℃回火	1608	1922	75.7	
32Si2Mn2MoV	920℃淬火,320℃回火	1530~1706	1765~1922	77.5~86.8	
33CrNi2MoV	870℃淬火,550℃回火	1324	1471	139.5	
37Si2MnCrNiMoV	920℃淬火,280℃回火	1550~1706	1844~1991	80.0	
37SiMnCrNiMoV	930℃淬火,300℃回火 930℃淬火,400℃回火 930℃淬火,550℃回火	1672 1599 1383	1961 1834 1437	70.9 49.9 59.2	
40CrNiMoA	860℃淬火,200℃回火 860℃淬火,380℃回火 860℃淬火,430℃回火 860℃淬火,500℃回火 860℃淬火,560℃回火	1579 1383 1334 1147 916	1942 1491 1393 1187 1010	42.2 63.3 90.0 126.2 142.6	超高强度钢:主要用作薄壁结构、飞行壳体、飞机起落架部件、紧固件、高压容器、扭力杆、装甲板、高强度螺栓、弹簧、冲头、模具等
40CrNi2Mo	850℃淬火,220℃回火	1550~1608	1883~2020	54.9~71.9	
40SiMnCrMoV	920℃淬火,200~300℃回火	1422~1510	1893~1922	63.0~71.3	
40SiMnCrNiMoV	890℃淬火,260℃回火 890℃淬火,600℃回火	1630 1402	1910 1515	80.6 94.0	
40SiMnCrNi2MoV	930℃淬火,280℃回火	1530~1716	1844~2000	73.8~82.8	
45CrNiMoV	860℃淬火,300℃回火	1510~1726	1903~2059	73.8~82.8	
4Cr5MoVSi	1000~1050℃淬火,520~560℃回火三次	1550~1618	1765~1961	33.8	
6Cr4Mo3Ni2WV	1120℃淬火,560℃回火二次	—	2452~2648	25.4~40.3	
00N18Co8Mo5TiAl	815℃固溶处理1h,空冷 480℃时效3h,空冷	1755	1863	110~118	
GCr15	退火态	347	—	105	滚动轴承
15MnMoVCu	铸钢	520	677	38.5~74.4	水轮机叶片
重轨钢	—	510~628	853~1040	37.2~48.4	50kg/m重轨
稀土镁球铁	920℃淬火,380℃回火	—	1304	35.6~38.8	轴类

4.2 疲劳裂纹扩展速率

4.2.1 $\dfrac{\mathrm{d}a}{\mathrm{d}N}$-$\Delta K$ 关系曲线

疲劳裂纹扩展速率 $\dfrac{\mathrm{d}a}{\mathrm{d}N}$ 是应力强度因子范围 ΔK 的函数。试验得到的 $\dfrac{\mathrm{d}a}{\mathrm{d}N}$ 与 ΔK 的关系曲线在双对数坐标上是一条 S 形曲线。这条 $\left(\dfrac{\mathrm{d}a}{\mathrm{d}N}\right)$ -ΔK 曲线可划分成三个区域：Ⅰ 区、Ⅱ 区和Ⅲ区。

Ⅰ 区为裂纹不扩展区，这时 $\Delta K < \Delta K_{th}$，ΔK_{th} 称为界限应力强度因子，又称门槛值。在空气介质中满足平面应变条件情况下，当 $\dfrac{\mathrm{d}a}{\mathrm{d}N} = 10^{-8} \sim 10^{-7}$ mm 时，即认为 ΔK 值接近于 ΔK_{th}。

表 35.6-6 列出了各种材料的 ΔK_{th} 值。

Ⅱ 区为裂纹扩展区，该区是决定裂纹扩展寿命主要区。在此区域内，$\dfrac{\mathrm{d}a}{\mathrm{d}N}$ 与 ΔK 曲线在双对数坐标上呈线性关系。其裂纹扩展速率可用帕里斯公式表示：

$$\frac{\mathrm{d}a}{\mathrm{d}N} = C(\Delta K)^m \qquad (35.6\text{-}39)$$

式中 　ΔK——应力强度因子范围，$\Delta K = K_{max} - K_{min}$；

　　　C、m——材料常数，m 为直线的斜率。

Ⅲ 区是裂纹快速扩展区，也称失稳扩展区，由于其扩展速率很高，因此该区的裂纹扩展寿命很短，故在计算疲劳裂纹扩展寿命时将其忽略。

式（35.6-39）中的 C 和 m 需用试验确定。表 35.6-7 列出了一些材料的 C 和 m 值。

表 35.6-6　各种材料的疲劳裂纹扩展门槛值 ΔK_{th} 值

材　　料	强度极限 R_m/MPa	应力强度因子比 r	ΔK_{th}（裂纹长度为 0.5~5mm）/MPa·m$^{\frac{1}{2}}$	材　　料	强度极限 R_m/MPa	应力强度因子比 r	ΔK_{th}（裂纹长度为 0.5~5mm）/MPa·m$^{\frac{1}{2}}$
低碳钢	430	−1	6.36	低合金结构钢	830	−1	6.26
		0.13	6.61			0	6.57
		0.35	5.15			0.33	5.05
		0.49	4.28			0.50	4.40
		0.64	3.19			0.64	3.29
		0.75	3.85			0.75	2.20
镍铬钢	919	−1	6.36	铜	215	−1	2.67
马氏体时效钢	1990	0.67	2.70			0	2.53
镍铬高强度钢	1686	−1	1.76			0.33	1.76
18/8 奥氏体不锈钢	—	−1	6.05			0.56	1.54
		0	6.05			0.80	1.32
		0.33	5.92	磷青铜	323	−1	3.75
		0.62	4.62			0.33	4.06
		0.74	4.06			0.50	3.19
铝	76	−1	1.02		362	0.74	2.42
		0	1.65	黄铜 (60/40)	323	−1	3.08
		0.33	1.43			0	3.50
		0.53	1.21			0.33	3.08
铬镍铁合金 [$w(Ni)=80\%$, $w(Cr)=14\%$, $w(Fe)=6\%$]	415	−1	6.39			0.51	2.64
		0	7.13			0.72	2.64
		0.57	4.71	钛（工业纯）	539	0.62	2.20
		0.71	3.94	镍	431	−1	5.92
4.5%CuAl 合金	446	−1	2.09			0	7.91
		0	2.09			0.33	6.48
		0.33	1.65			0.57	5.15
		0.50	1.54			0.71	3.63
		0.67	1.21				

注：应力强度因子比 $r = K_{min}/K_{max}$，当不计裂纹闭合效应时，它等于应力比。

表 35.6-7　材料的裂纹扩展速率公式[$\mathrm{d}a/\mathrm{d}N = C(\Delta K)^m$]中的 C、m 值

材料名称	C	m	材料名称	C	m
软钢	2.96×10^{-9}	3.3	34CrNi3MoV	2.10×10^{-9}	3.18
25	6.49×10^{-10}	3.6	14MnMoNbB	2.61×10^{-8}	2.5
30	9.30×10^{-11}	4.6	14MnMoVB	6.71×10^{-9}	3.0
40	1.04×10^{-9}	3.0	18MnMoNb	1.82×10^{-10}	3.8
40A	1.15×10^{-9}	3.58	20SiMn2MoV	2.92×10^{-8}	2.4
45	9.59×10^{-9}	2.75	30CrNiMnA	$(1.51 \sim 2.65) \times 10^{-8}$	2.5
15MnMoVCu	1.12×10^{-9}	3.6	14SiMnCrNiMoA	5.95×10^{-8}	2.44
22K	4.11×10^{-10}	4.05	30CrMnSiNi2MoA	1.74×10^{-8}	2.44
20g	1.25×10^{-8}	2.58	50Mn18Cr4WN	3.51×10^{-10}	3.7
铁素体珠光体钢	7.04×10^{-9}	3.0	GH36	1.78×10^{-8}	2.63
奥氏体钢	5.84×10^{-9}	3.25	马氏体钢	1.39×10^{-7}	2.25
12Cr13	1.14×10^{-7}	2.14	HY-130	5.01×10^{-8}	2.13
17CrMo1V	1.18×10^{-8}	2.58	HY-80	2.84×10^{-8}	2.54
34CrMo1A	5.67×10^{-9}	2.97	铝合金 7A09	2.16×10^{-8}	3.96
30Cr2MoV	5.69×10^{-10}	3.68	铝合金 2A14	2.35×10^{-7}	3.44
34CrNi3Mo	2.47×10^{-8}	2.5			

注：公式 $\dfrac{\mathrm{d}a}{\mathrm{d}N} = C(\Delta K)^m$ 中，ΔK 以 MPa·m$^{\frac{1}{2}}$ 计，$\dfrac{\mathrm{d}a}{\mathrm{d}N}$ 以 mm 计；如 $\dfrac{\mathrm{d}a}{\mathrm{d}N}$ 以 m 计时，C 值应当乘上 10^{-3}。

图 35.6-47 ~ 图 35.6-56 所示为 $\dfrac{\mathrm{d}a}{\mathrm{d}N}$-$\Delta K$ 曲线。其中图 35.6-53 ~ 图 35.6-55 所示为在腐蚀环境下的 $\dfrac{\mathrm{d}a}{\mathrm{d}N}$-$\Delta K$ 曲线。图 35.6-56 所示为在高温下的 $\dfrac{\mathrm{d}a}{\mathrm{d}N}$-$\Delta K$ 曲线。在腐蚀和高温下的 $\dfrac{\mathrm{d}a}{\mathrm{d}N}$-$\Delta K$ 曲线，受频率影响很大。

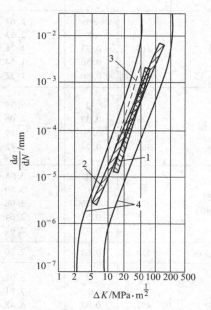

图 35.6-47　钢的疲劳裂纹扩展速率的离散带
1—铁素体珠光体钢　2—马氏体钢
3—奥氏体不锈钢　4—一般离散带

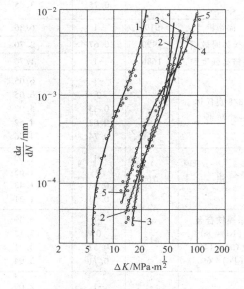

图 35.6-48　几种材料的裂纹扩展速率曲线
1—铝合金 2024-T4（相当于中国的 2A12）
2—SS41（相当于中国的 Q255A）
3—S45C（相当于中国的 45 钢）
4—HT-60　5—HT-80

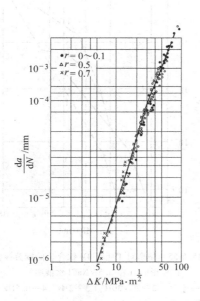

图 35.6-49　BS4360-50D 钢板的裂纹扩展
速率曲线（空气中、轴向加载）

钢板厚 76mm，钢的成分：$w(C) = 0.18\%$，

$w(Si) = 0.37\%$，$w(Mn) = 1.38\%$，

$w(Nb) = 0.034\%$

力学性能：$R_m = 545MPa$，$R_{eL} = 360MPa$

室温下试验，频率 $f = 1 \sim 10Hz$

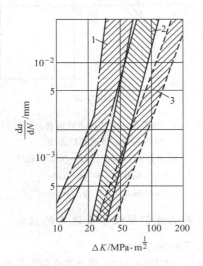

图 35.6-50　几种材料的裂纹扩展
速率变化范围

1—硬铝合金　2—钛合金

3—碳钢、合金钢

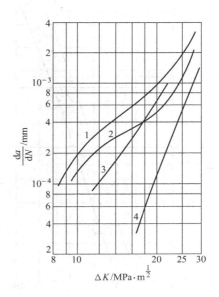

图 35.6-51　2024-T3 和 7075-T6 铝合金的
裂纹扩展速率（试验频率 $f = 20Hz$）

1—7075-T6，实验室空气

2—2024-T3，实验室空气

3—7075-T6，干空气

4—2024-T3，干空气

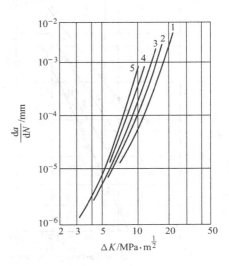

图 35.6-52　7075-T6 铝合金的裂纹扩展速率
应力强度因子比值 $r = K_{min}/K_{max}$

1—$r = 0.103$　2—$r = 0.231$

3—$r = 0.333$　4—$r = 0.455$

5—$r = 0.524$

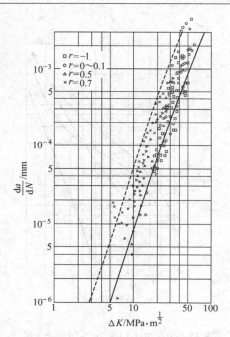

图 35.6-53   BS4360-50D 钢板的裂纹扩展速率
（海水中，轴向加载）

钢板厚 38mm，化学成分：$w(C) = 0.17\%$，
$w(Si) = 0.35\%$，$w(Mn) = 1.35\%$，$w(Nb) = 0.03\%$

力学性能：$R_m = 538MPa$，$R_{eL} = 370MPa$

试验温度：5~10℃   试验频率：$f = 0.1Hz$

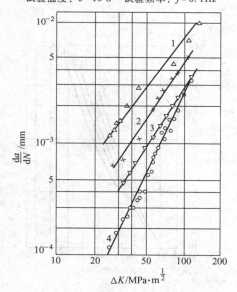

图 35.6-54   HY-130 海军合金钢在天然流动
海水中的疲劳裂纹扩展速率

1—海水（-1050mV），频率 = 1min^{-1}

2—海水（-1050mV），频率 = 10min^{-1}

3—海水（-665mV），频率 = 10min^{-1}

4—实验室空气，频率 = 30min^{-1}

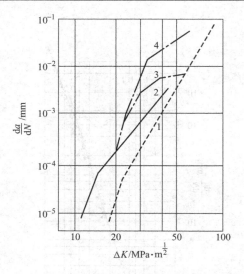

图 35.6-55   频率对 Ti-6Al-4V 钛合金的疲劳裂纹
扩展影响（在 3.5%NaCl 水液中）

1—空气   2—20~30Hz   3—2Hz   4—0.5Hz

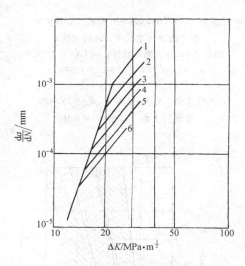

图 35.6-56   加载频率对 304 不锈钢高温（538℃）
疲劳裂纹扩展速率的影响

1—频率 $f = 0.08min^{-1}$ 2—$f = 0.4min^{-1}$

3—$f = 4min^{-1}$ 4—$f = 40min^{-1}$

5—$f = 400min^{-1}$ 6—$f = 4000min^{-1}$

4.2.2   影响疲劳裂纹扩展速率的因素

（1）平均应力影响

平均应力对疲劳裂纹扩展速率有很大影响，为了
考虑平均应力的影响，福尔曼提出了如下修正公式：

$$\frac{da}{dN} = \frac{C(\Delta K)^m}{(1-r)K_C - \Delta K} \qquad (35.6\text{-}40)$$

式中 K_C——相应厚度下的断裂韧度；

C、m——材料常数，由试验确定。

（2）其他因素的影响

影响疲劳裂纹扩展速率的因素，除了载荷历史和平均应力之外，当温度不太高时，温度对 $\dfrac{\mathrm{d}a}{\mathrm{d}N}$ 影响不大；但温度高时温度加速裂纹扩展。加载频率在空气中对 $\dfrac{\mathrm{d}a}{\mathrm{d}N}$ 影响不大，但在腐蚀介质中有较大影响。

4.3　疲劳裂纹扩展寿命估算

估算机械零构件的疲劳裂纹扩展寿命时，必须知道：初始裂纹尺寸 a_0；临界裂纹尺寸 a_c；零构件裂纹尖端的应力强度因子表达式；疲劳裂纹扩展速率表达式。

4.3.1　初始裂纹尺寸 a_0 的确定

初始裂纹的尺寸、形状、位置和取向，是指开始计算寿命时的零件中的最大原始缺陷的尺寸、形状、位置和方向，可用无损检测技术测量得到。

应重点分析最大应力区内的缺陷和裂纹。一般为了安全，假设关键零件的关键部位的裂纹面垂直于最大主拉应力方向，使其应力强度因子值在整个裂纹扩展阶段中最大。

初始裂纹尺寸对零件裂纹扩展寿命有重要影响，故应慎重确定 a_0 值。

4.3.2　临界裂纹尺寸 a_c 的确定

确定临界裂纹尺寸 a_c 应遵循下列原则：

1）零构件的净截面应力应小于或等于材料抗拉强度 R_m。

2）零构件的应力强度因子 K_{I} 应小于或等于材料的断裂韧度 K_{IC}（平面应变）或 K_{C}（平面应力）。

按上述条件确定的裂纹尺寸，取小值即为断裂时的临界裂纹尺寸 a_c。

4.3.3　裂纹扩展寿命的估算公式

（1）等应力幅估算公式

1）由帕里斯公式积分得疲劳裂纹扩展寿命的计算公式为

当 $m \neq 2$ 时：

$$N_{\mathrm{p}} = \frac{1}{\left(1 - \dfrac{m}{2}\right) C_1 (\Delta\sigma)^m} \left(a_c^{1-\frac{m}{2}} - a_0^{1-\frac{m}{2}}\right)$$

$$(35.6\text{-}41)$$

当 $m = 2$ 时：

$$N_{\mathrm{p}} = \frac{1}{C_1 (\Delta\sigma)^2} \ln \frac{a_c}{a_0} \qquad (35.6\text{-}42)$$

式中　$C_1 = C\alpha^m \pi^{m/2}$

C、m——帕里斯公式中的常数，查表35.6-7；

α——应力强度因子中的参数，查应力强度因子手册；

a_0——初始裂纹尺寸；

a_c——临界裂纹尺寸；

N_{p}——从 a_0 到 a_c 的应力循环数。

2）当考虑平均应力时，则疲劳裂纹扩展寿命公式是福尔曼公式积分所得

当 $m \neq 2$ 及 $m \neq 3$ 时：

$$N_{\mathrm{p}} = \frac{2}{\pi C (\Delta\sigma)^2} \left\{ \frac{(\Delta K)_c}{m-2} \left[\frac{1}{(\Delta K)_0^{m-2}} - \frac{1}{(\Delta K)_c^{m-2}} \right] - \frac{1}{m-3} \left[\frac{1}{(\Delta K)_0^{m-3}} - \frac{1}{(\Delta K)_c^{m-3}} \right] \right\}$$

$$(35.6\text{-}43)$$

当 $m = 2$ 时：

$$N_{\mathrm{p}} = \frac{2}{\pi C (\Delta\sigma)^2} \left[(\Delta K)_c \ln \frac{(\Delta K)_c}{(\Delta K)_0} + (\Delta K)_0 - (\Delta K)_c \right] \qquad (35.6\text{-}44)$$

当 $m = 3$ 时：

$$N_{\mathrm{p}} = \frac{2}{\pi C (\Delta\sigma)^2} \left\{ (\Delta K)_c \left[\frac{1}{(\Delta K)_0} - \frac{1}{(\Delta K)_c} \right] + \ln \frac{(\Delta K)_0}{(\Delta K)_c} \right\}$$

（2）变应力幅寿命估算

当零构件承受变应力幅时，如 $\pm\sigma_1$ 经 n_1 次循环，再转 $\pm\sigma_2$ 经 n_2 次循环……，则可由式（35.6-39）或式（35.6-40）分段积分求得。

4.4　算例

图 35.6.57a 所示为汽轮发电机转子中的裂纹示意图。转子材料为 34CrNi3Mo，材料力学性能为：$R_m = 686\mathrm{MPa}$，$R_{\mathrm{eL}} = 549\mathrm{MPa}$，$K_{\mathrm{IC}} = 77.5\mathrm{MPa} \cdot \mathrm{m}^{\frac{1}{2}}$。最危险的裂纹位置及尺寸为：$H = 350\mathrm{mm}$，$2a_0 = 70\mathrm{mm}$（设为圆片状裂纹），轴的转速为 3600r/min，求转子到断裂时的寿命。

解　1）假设。转子的横截面形状如图 35.6-57b 所示，计算应力时做如下假设：①转子的嵌线槽根部以外区域，做片状结构处理，以考虑离心力对中心部分影响。片状结构部分的密度，按铜线密度 ρ_1 计算；②从中心孔到线槽根部，作为一个轴处理，此轴受上述均匀外载荷和自身的离心力。

2）均布外载荷 p 的计算。由于片状区的平均密度为 ρ_1，转子的角速度为 ω，所以

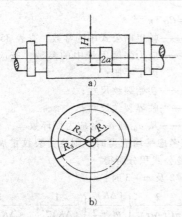

图 35.6-57　汽轮发电机转子中的裂纹示意图

$$pR_2 \mathrm{d}\theta = \int_{R_2}^{R_3} \rho_1 r \mathrm{d}\theta \mathrm{d}r \omega^2 r$$

于是得

$$p = \frac{1}{3}\rho_1 \omega^2 (R_3^3 - R_2^3)/R_2$$

3）周向应力的计算。设转子体的密度为 ρ，泊松比为 ν。

在半径为 R_2 的圆周上，由于 p 的作用而引起的周向（或称切向）应力 σ_t'，按厚壁圆筒公式计算，即

$$\sigma_t' = \frac{pR_2^2}{R_2^2 - R_1^2}\left(1 + \frac{R_1^2}{r^2}\right)$$

由于转子本体（片状区内）的离心力引起的应力为

$$\sigma_t'' = \frac{3+V}{8}\rho\omega^2\left(R_2^2 + R_1^2 + \frac{R_1^2 R_2^2}{r^2} - \frac{1+3\nu}{3+\nu}r^2\right)$$

则转子的总周向应力为

$$\sigma_i = \sigma_t' + \sigma_t'' = \frac{3+V}{8}\rho\omega^2\left(R_2^2 + R_1^2 + \frac{R_1^2 R_2^2}{r^2} - \frac{1+3\nu}{3+\nu}\times r^2\right) + $$
$$\rho_1\omega^2\frac{(R_3^3 - R_2^3)}{3}\frac{R_2}{(R_2^2 - R_1^2)}\left(1 + \frac{R_1^2}{r^2}\right)$$

式中，$V = \dfrac{\nu}{1+\nu}\left(\text{取}\ \nu = 0.3,\ V = \dfrac{0.3}{1-0.7} = 0.429\right)$。

在本例中的数据如下：

对于钢　$\rho = (77 \times 10^{-3}/980) \mathrm{N \cdot s^2/cm^4}$

对于铜　$\rho_1 = (88.3 \times 10^{-3}/980) \mathrm{N \cdot s^2/cm^4}$

$\omega = \dfrac{2\pi n}{60} = \dfrac{2\pi \times 3600}{60}\mathrm{s^{-1}} = 377\mathrm{s^{-1}}$

$R_1 = 5\mathrm{cm}$，$R_2 = 28.3\mathrm{cm}$，$R_3 = 42.6\mathrm{cm}$

并令缺陷半径 $r = (42.6-35)\mathrm{cm} = 7.6\mathrm{cm}$

将上述数值代入式中，得缺陷处的周向应力为

$$\sigma_i = \left[\frac{3 + 0.429}{8} \times (77 \times 10^{-3}/980) \times 377^2 \times \left(28.3^2 + \right.\right.$$
$$5^2 + \frac{5^2 \times 28.3^2}{7.6^2} - \frac{1 + 3 \times 0.3}{3 + 0.3} \times 7.6^2\right) + (88.3 \times$$
$$10^{-3}/980) \times$$
$$377^2 \frac{(42.6^3 - 28.3^3) \times 28.3}{3(28.3^2 - 5^2)}\left(1 + \frac{5^2}{7.6^2}\right) \bigg] \mathrm{N/cm^2}$$
$$= 17700\mathrm{N/cm^2}$$

或　　　　　　　　　　$\sigma_t = 177\mathrm{MPa}$

4）计算临界裂纹尺寸。由断裂力学可知，圆片形裂纹的应力强度因子为

$$K_I = \frac{2}{\pi}\sigma\sqrt{\pi a}$$

当 $K_I = K_{IC}$ 时，$a = a_c$，则临界裂纹尺寸为

$$a_c = \frac{[K_{IC}\pi/(2\sigma)]^2}{\pi} = \frac{[77.5\pi/(2\times177)]^2}{\pi}\mathrm{mm}$$
$$= 0.15057\mathrm{m}$$

或　　　　　　　　　　$a_c \approx 151\mathrm{mm}$

5）寿命估算。转子的寿命为裂纹从 $a_0 = 35\mathrm{mm}$ 扩展到 $a_c = 151\mathrm{mm}$ 的寿命。

材料 34CrNi3Mo 的裂纹扩展速率公式（35.6-39）中的参数为

$$C = 0.00437 \times 10^{-9},\ m = 2.5$$

考虑汽轮发电机转子在起动和停车时为脉动循环变应力，即

$$\Delta\sigma = \sigma = 177\mathrm{MPa}$$
$$C_1 = Ca^m\pi^{m/2}$$
$$= 0.00437 \times 10^{-9} \times \left(\frac{2}{\pi}\right)^{2.5}\pi^{2.5/2}$$
$$= 0.0059 \times 10^{-9}$$

则转子的寿命为

$$N_p = \frac{\left[a_c^{\left(1-\frac{m}{2}\right)} - a_0^{\left(1-\frac{m}{2}\right)}\right]}{\left(1 - \frac{m}{2}\right)C_1(\Delta\sigma)^m}$$
$$= \frac{1}{\left(1 - \frac{2.5}{2}\right) \times 0.0059 \times 10^{-9} \times 177^{2.5}} \times$$
$$\left[0.151^{\left(1-\frac{2.5}{2}\right)} - 0.035^{\left(1-\frac{2.5}{2}\right)}\right]$$
$$= 1.1513 \times 10^6$$

这是转子到达破坏时的起动-停车次数。

第 7 章 环境疲劳强度

服役在特殊环境下的机械零构件，需计入特殊环境对零构件造成的损伤。本章中的腐蚀疲劳、热疲劳、低温疲劳和高温疲劳，就是介绍不同环境因素造成零构件损伤的设计方法。

1 腐蚀疲劳强度

腐蚀介质与循环应力交互作用，能大大降低材料和零构件的疲劳强度。腐蚀介质和静应力共同作用产生的腐蚀破坏称为应力腐蚀；腐蚀介质和循环应力（应变）的复合作用所导致的疲劳称腐蚀疲劳。

应力腐蚀和腐蚀疲劳的区别在于，应力腐蚀只有在特定的腐蚀环境中才发生，而腐蚀疲劳在任何腐蚀环境及循环应力复合作用下，都会发生腐蚀疲劳断裂。应力腐蚀开裂，有一个临界应力强度因子 K_{ISCC}，当应力强度因子 $K_I \leqslant K_{ISCC}$，就不发生应力腐蚀开裂。但腐蚀疲劳不存在临界应力强度因子，只要在腐蚀环境中有循环应力继续作用，断裂总是会发生的。

腐蚀疲劳与空气中疲劳的区别，在腐蚀疲劳过程中，除不锈钢和渗氮钢以外，机械零部件表面均变色。腐蚀疲劳形成的裂纹数目较多，即呈多裂纹。腐蚀疲劳的 S-N 曲线没有水平部分，因此，对于腐蚀疲劳极限，一定要指出是某一寿命（即达到破坏的循环数）下的值，即只存在条件腐蚀疲劳极限。影响腐蚀疲劳强度的因素要比空气中的疲劳多而且复杂，如在空气中，疲劳试验频率小于 1000Hz 时，频率基本上对疲劳极限没有影响，但腐蚀疲劳在频率的整个范围内都有影响。

1.1 腐蚀疲劳的 S-N 曲线

图 35.7-1～图 35.7-21 所示为腐蚀疲劳的 S-N 曲线及频率、预腐蚀时间和温度的影响曲线。

1.2 腐蚀疲劳极限

表 35.7-1～表 35.7-4 给出了在腐蚀条件下的疲劳极限数据。

1.3 影响腐蚀疲劳的因素

影响腐蚀疲劳的因素有：加载频率和应力波形、加载方式、平均应力、应力集中、试样尺寸、表面状态及处理等。有些影响因素在上述的 S-N 曲线中已有阐述。影响结果见表 35.7-5～表 35.7-13。

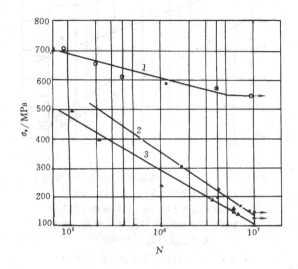

图 35.7-1 40Cr 钢的腐蚀疲劳 S-N 曲线

1—在室温大气中 2—流动自来水，17℃

3—$w(NaCl)$ = 3% 水溶液（17℃）中

40Cr 钢热处理：840℃油淬，500℃保温，油冷，

力学性能：R_m = 1147MPa

光滑试样（α_σ = 1），旋转弯曲试验（r = -1），

应力频率 f = 3000min^{-1}

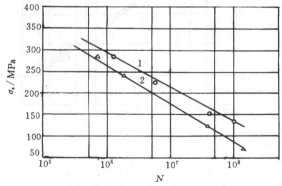

图 35.7-2 40Cr 钢在天然海水中的 S-N 曲线

1—应力频率 f = 3000min^{-1}

2—应力频率 f = 1000min^{-1}

力学性能：R_m = 1147MPa

光滑试样，旋转弯曲疲劳试验，室温，

试样直径为 7.0mm

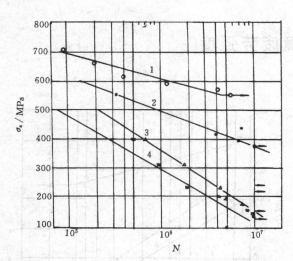

图 35.7-3　40Cr 钢在不同温度淡水下的 S-N 曲线

1—在室温大气中　2—4℃ 流动自来水中

3—17℃ 流动自来水中　4—24℃ 流动自来水中

40Cr 钢热处理：840℃ 油淬，500℃ 保温，油冷，

力学性能：$R_m = 1147\text{MPa}$

光滑试样（$\alpha_\sigma = 1$），旋转弯曲试验（$r = -1$），

应力频率 $f = 3000\text{min}^{-1}$

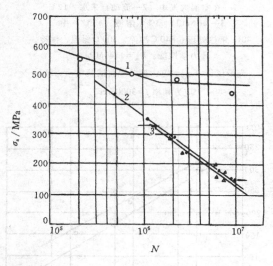

图 35.7-4　20CrMo 钢在淡水中的 S-N 曲线

1—在室温大气中　2—热处理 Ⅰ，淡水中

3—热处理 Ⅱ，淡水中 20CrMo 钢的

热处理 Ⅰ（500℃ 回火）$R_m = 986\text{MPa}$

热处理 Ⅱ（580℃ 回火）$R_m = 934\text{MPa}$

光滑试样（$\alpha_\sigma = 1$），旋转弯曲试验（$r = -1$），

应力频率 $f = 3000\text{min}^{-1}$

腐蚀介质：流动自来水，17℃

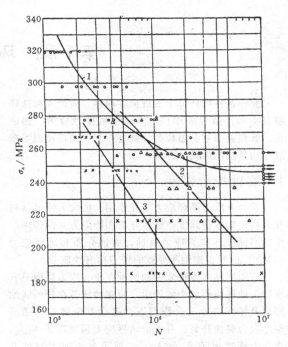

图 35.7-5　12CrNiMo 钢腐蚀疲劳的 S-N 曲线

1—空气中　2—自来水中　3—人造海水中

材料规格：$\delta = 25\text{mm}$　力学性能：$R_m = 725.2\text{MPa}$

缺口试样（$\alpha_\sigma = 2.05$），旋转弯曲试验（$r = -1$），

应力频率 $f = 3000\text{min}^{-1}$

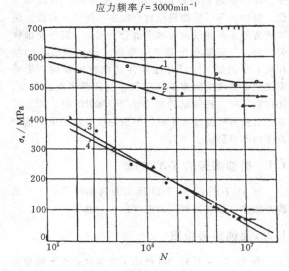

图 35.7-6　船用钢在海水中的 S-N 曲线

1—402 船用钢在室温大气下　2—20CrMo 钢在

室温大气下　3—402 船用钢在 24℃ 天然海水中

4—20CrMo 钢在 24℃ 天然海水中

402 船用钢 $R_m = 936\text{MPa}$　20CrMo 钢 $R_m = 986\text{MPa}$

热处理：880℃ 水淬，500℃ 水冷光滑试样，

旋转弯曲试验（$r = -1$），应力频率 $f = 3000\text{min}^{-1}$

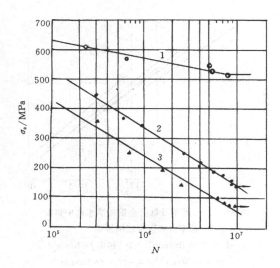

图 35.7-7　402 船用钢在室温大气中，

24℃海水中和自来水中的 S-N 曲线

1—室温大气下　2—流动自来水中

3—天然海水（葫芦岛）中

402 船用钢 $R_m = 936MPa$

热处理：860℃油淬，600℃油冷

光滑试样（$\alpha_\sigma = 1$），旋转弯曲试验（$r = -1$），

应力频率 $f = 3000min^{-1}$

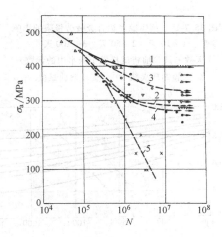

图 35.7-8　21/7 铬镍不锈钢的 S-N 曲线

1—空气中

2～5 都在 $w(NaCl) = 3\%$ 水溶液中

2—电路切断

3—相对于溶液加上电位 0mV

4—加上 50mV

5—加上 200mV

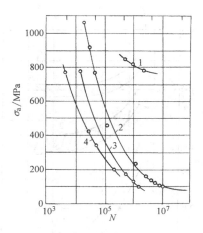

图 35.7-9　镍硅钢的腐蚀疲劳的 S-N 曲线

1—在空气中　2—淡水中，$f = 1450min^{-1}$

3—淡水中，$f = 50min^{-1}$　4—淡水中，$f = 5 \sim 8min^{-1}$

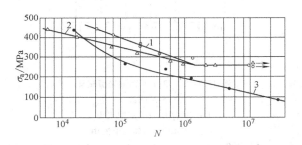

图 35.7-10　13Cr 不锈钢腐蚀疲劳的 S-N 曲线

1—在空气中　2—在蒸汽中

3—在蒸汽加 $w(NaCl) = 3\%$ 的腐蚀环境

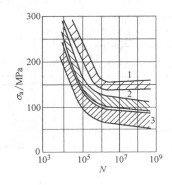

图 35.7-11　13Cr 不锈钢缺口试样的 S-N 曲线

1—空气中　2—蒸馏水中　3—$w(NaCl) = 1\%$ 水溶液中

13Cr 钢力学性能：$R_m = 760 \sim 830MPa$

$R_{eL} = 610 \sim 650MPa$　旋转弯曲试验（$r = -1$），

$f = 50Hz$，温度 23℃

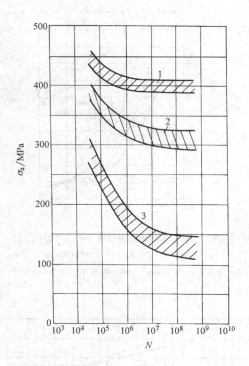

图 35.7-12　13Cr 不锈钢光滑试样
的 S-N 曲线

1—空气中　2—蒸馏水中

3—$w(\mathrm{NaCl})=1\%$ 水溶液中

13Cr 钢化学成分：$w(\mathrm{Cr})=13\%$，$w(\mathrm{C})=0.20\%$

$R_{\mathrm{m}}=760\sim830\mathrm{MPa}$，$R_{\mathrm{eL}}=610\sim650\mathrm{MPa}$，

旋转弯曲试验（$r=-1$），$f=50\mathrm{Hz}$，温度 23℃

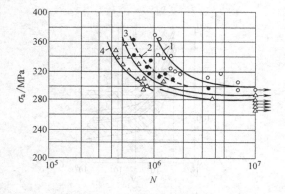

图 35.7-13　空气、氧和氩对低碳钢高周
疲劳的 S-N 曲线的影响

1—干氩　2—湿氩　3—湿氧　4—干氧，空气
温度 25℃ 时有疲劳极限 $\sigma_{-1}=283\mathrm{MPa}$

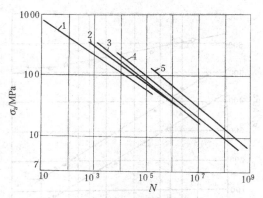

图 35.7-14　碳钢及低合金钢在淡水流中试验
频率对疲劳强度的影响

1—频率 $f=0.083\mathrm{min}^{-1}$　2—频率 $f=10\mathrm{min}^{-1}$

3—频率 $f=50\mathrm{min}^{-1}$　4—频率 $f=500\mathrm{min}^{-1}$

5—频率 $f=10000\mathrm{min}^{-1}$

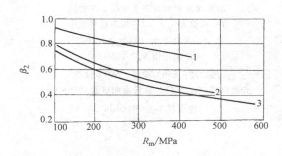

图 35.7-15　预腐蚀对铝合金疲劳极限的影响

1—10 天　2—50 天　3—100 天

（天数—试验前将试样浸于淡水中的天数）

试验循环次数 10^{7}，旋转弯曲试验

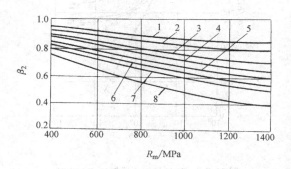

图 35.7-16　预腐蚀对钢试样疲劳极限的影响

1—1 天　2—2 天　3—4 天　4—7 天

5—10 天　6—25 天　7—50 天　8—200 天

（天数—试验前将试样浸于淡水中的天数）

试验循环次数 10^{7}，旋转弯曲试验

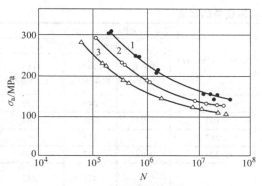

图 35.7-17　18Cr11Ni2Mo 不锈钢在
$w(H_2SO_4)=5\%$ 水溶液中的 $S\text{-}N$ 曲线

1—25℃　2—50℃　3—75℃

力学性能：$R_{eL}=255MPa$

悬臂弯曲试验（$r=-1$），应力频率 $f=1700min^{-1}$

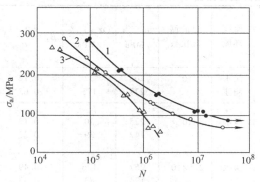

图 35.7-18　19Cr12Ni 不锈钢在
$w(H_2SO_4)=5\%$ 水溶液中的 $S\text{-}N$ 曲线

1—25℃　2—50℃　3—75℃

力学性能：$R_{eL}=220.7MPa$

悬臂弯曲试验（$r=-1$），应力频率 $f=1700min^{-1}$

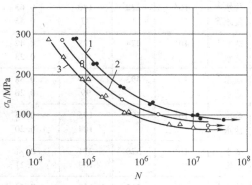

图 35.7-19　19Cr12Ni 不锈钢在
$w(H_2SO_4)=5\%$ 水溶液中的 $S\text{-}N$ 曲线

1—25℃　2—50℃　3—75℃

力学性能：$R_{eL}=216MPa$

悬臂弯曲试验（$r=-1$），应力频率 $f=1700min^{-1}$

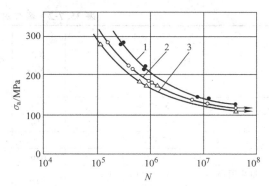

图 35.7-20　18Cr13Ni2Mo 不锈钢在
$w(H_2SO_4)=5\%$ 水溶液中的 $S\text{-}N$ 曲线

1—25℃　2—50℃　3—75℃

力学性能：$R_{eL}=225.6MPa$

悬臂弯曲试验（$r=-1$），应力频率 $f=1700min^{-1}$

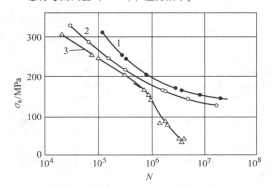

图 35.7-21　18Cr11Ni1Mo 不锈钢在
$w(H_2SO_4)=5\%$ 水溶液中的 $S\text{-}N$ 曲线

1—25℃　2—50℃　3—75℃

力学性能：$R_{eL}=240.3MPa$

悬臂弯曲试验（$r=-1$），应力频率 $f=1700min^{-1}$

**表 35.7-1　某些国产钢种的腐蚀
疲劳极限$(\sigma_{-1})_{cf}$**

钢种	抗拉强度 $R_m/$MPa	试验频率 $f/$min^{-1}	腐蚀环境	试验循环次数 N	腐蚀疲劳极限 $(\sigma_{-1})_{cf}/$MPa
40Cr	1170	3000	$w(NaCl)$ $=3\%$ 水溶液	10^7	130
			自来水	10^7	155
20CrMo	954	3000	海水	10^7	110
			自来水	10^7	150
ZG20Mn	510	5000	自来水滴水	10^7	175
			浸水	10^7	178
ZG06Cr13-Ni4Mo	784	5000	自来水滴水	10^7	200
			浸水	10^7	218

表 35.7-2 蒸汽对钢试样腐蚀疲劳的影响

材　料	R_m /MPa	疲劳极限/MPa				
		在空气中 σ_{-1}	在空气中喷蒸汽 $(\sigma_{-1})_{ef}$	已知温度及蒸汽压力		
				100℃ 0MPa	149℃ 0.41MPa	371℃ 1.51MPa
$w(Ni)=3.5\%$钢	725	316	161	—	246	239
$w(Ni)=3.5\%$钢	814	401	161	402	369	362
$w(Ni)=3.5\%$钢,镀铬	—		285	—	315	—
$w(Cr)=12.5\%$不锈钢	696	416	223	369	377	369
氮化钢:$w(C)=0.36\%$,$w(Cr)=1.5\%$, $w(Al)=1.2\%$	853	510	—	—	439	345
氮化钢:$w(C)=0.36\%$,$w(Cr)=1.5\%$, $w(Al)=1.2\%$经氮化		625	500	—	478	402

注：试验循环次数 $N=5\times10^7$ 次循环，旋转弯曲，应力频率 $f=2200min^{-1}$。

表 35.7-3 钢的腐蚀疲劳试验数据

材　料	热处理	R_m/ MPa	试验方式	应力频率 f/min^{-1}	腐蚀环境	试验循环次数	σ_{-1}[3] /MPa	$(\sigma_{-1})_{ef}$[4] /MPa	$\beta_2=\dfrac{(\sigma_{-1})_{ef}}{\sigma_{-1}}$
软钢 18/8Cr-Ni-W 钢	正火 退火		旋转 弯曲		淡水 滴注	10^8	268 277	32 175	0.12 0.63
$w(C)=0.21\%$碳钢	退火	500	旋转 弯曲 拉伸	1300 1500	海水	10^8	225 142	30 39	0.13 0.27
$w(Cr)=12.5\%$铬钢 18/8 不锈钢 $w(Cr)=18.5\%$铬钢 $w(C)=0.48\%$碳钢 镀镉	退火	1020 1320 790 1040	拉伸	360	淡水	2.5×10^7	257 194 246 203	126 83 194 52	0.49 0.43 0.79 0.26
$w(C)=0.35\%$碳钢		610	旋转 弯曲	1750	盐水[1] 盐水[2]	10^7	285	173 74	0.61 0.26
$w(C)=0.50\%$碳钢		660	旋转 弯曲	1750	盐水[1] 盐水[2]	10^7	222	140 77	0.63 0.35
$w(C)=0.50\%$碳钢	调质	910	旋转 弯曲	1750	盐水[1] 盐水[2]	10^7	424	178 97	0.42 0.23
合金钢[$w(Cr)=0.8\%\sim1.1\%$, $w(Mo)=0.15\%\sim0.25\%$]	调质	900	旋转 弯曲	1750	盐水[1] 盐水[2]	10^7	493	189 99	0.38 0.20
合金钢[$w(C)=0.55\%\sim0.65\%$, $w(Si)=1.8\%\sim2.2\%$]	正火	1010	旋转 弯曲	1750	盐水[1] 盐水[2]	10^7	507	175 104	0.35 0.20
$w(Cr)=5\%$铬钢	调质	910	旋转 弯曲	1750	盐水[1] 盐水[2]	10^7	520	371 109	0.71 0.21
熟铁		330	旋转 弯曲	1750	盐水[1] 盐水[2]	10^7	215	137 115	0.64 0.54

[1] $w(NaCl)=6.8\%$盐水溶液，试样整体浸入。

[2] $w(NaCl)=6.8\%$盐水与饱和 H_2S，试样整体浸入。

[3] 在空气中的疲劳极限。

[4] 在腐蚀环境中的疲劳极限。

表 35.7-4 有色金属的腐蚀疲劳试验数据

材料	热处理	R_m/MPa	试验方式	应力频率 f/min⁻¹	腐蚀环境	试验循环次数	σ_{-1}[3]/MPa	$(\sigma_{-1})_{ef}$[4]/MPa	$\beta_2 = \dfrac{(\sigma_{-1})_{ef}}{\sigma_{-1}}$
铝	退火	75					37	— 15[2]	— 0.41
铝	半硬化	96					44	— 22[2]	— 0.50
铝	硬化	124					64	37[1] 30[2]	0.58 0.47
硬铝（铝铜镁合金）	退火	206					107	52[1] 45[2]	0.49 0.42
硬铝（铝铜镁合金）	已热处理	427					110	62[1] 52[2]	0.56 0.47
电解铜,热轧	退火	193	旋转弯曲	1450	淡水[1]含盐量为海水的 1/3 的河水[2]	2×10^7	62	— 64[2]	— 1.03
电解铜,冷轧	回火	289					104	107[1] 107[2]	1.03 1.03
铜镍合金[$w(Cu)=78\%$, $w(Ni)=21\%$],冷轧	退火	289					110	117[1] 117[2]	1.06 1.06
铜镍合金[$w(Cu)=78\%$, $w(Ni)=21\%$],冷轧	回火	379					160	147[1] 160[2]	0.92 1.00
铜镍合金[$w(Cu)=48\%$, $w(Ni)=48\%$],冷轧		475					234	179[1] 202[2]	0.76 0.86
铜镍合金[$w(Ni)=67\%$, $w(Cu)=30\%$],冷轧	退火	503					222	165[1] 179[2]	0.74 0.81
铜镍合金[$w(Ni)=67\%$, $w(Cu)=30\%$],冷轧	回火	779					325	190[1] 215[2]	0.58 0.66
镍,冷轧	退火	475					209	154[1] 142[2]	0.74 0.68
镍,冷轧	回火	806					319	184[1] 165[2]	0.58 0.52
铜锌合金[$w(Cu)=62\%$, $w(Zn)=37\%$],冷拔	退火	324					137	— 117[2]	— 0.85
铜锌合金[$w(Cu)=62\%$, $w(Zn)=37\%$],冷拔	回火	517					147	110[1] 110[2]	0.75 0.75
硬铝[$w(Mg)=2.5\%$]	轧制	386	旋转弯曲 轴向加载		$w(NaCl)$ $=3\%$盐雾	5×10^7	126 110	46 35	0.37 0.32
硬铝[$w(Mg)=2.5\%$]	轧制	227	旋转弯曲 轴向加载			10^7	89 75	13 13	0.15 0.17
碲铅[$w(Te)=0.05\%$, $w(Cu)=0.06\%$]					$w(H_2SO_4)$ $=38\%$滴流	4×10^7	3.7	2.4	0.65
锑铅[$w(Sb)=1\%$]							5.2	4.5	0.87
蓄电池铅							12	11	0.92
AZG 镁铝锌			旋转弯曲		自来水		70	34	0.49
AM537 镁铝锰							70	44	0.63
AZ855 镁铝锌[7]						2×10^7	131	48	0.37
AM503 镁铝锰[8]					3%盐水		49	17	0.35
AZM 镁铝锰[9]							136	11	0.08

（续）

材料	热处理	R_m/MPa	试验方式	应力频率 f/min^{-1}	腐蚀环境	试验循环次数	σ_{-1}[3]/MPa	$(\sigma_{-1})_{cf}$[4]/MPa	$\beta_2 = \dfrac{(\sigma_{-1})_{cf}}{\sigma_{-1}}$
磷青钢[$w(Sn)=4.2\%$]	轧和拉拔,正火	379	旋转弯曲	1450	3%盐水	5×10^7	137	163	1.19
铝青铜[$w(Al)=9.8\%$, $w(Zn)=1.4\%$]	挤压和拉拔	489					200	135	0.68
耐蚀高强度铜合金[5]	挤压和拉锻	572					227	246	1.08
$w(Al)=9.7\%,w(Ni)=5.0\%,w(Fe)=5.4\%$		710			3%盐水	5×10^7	310	201	0.65
铝青铜[$w(Al)=9.3\%$]	淬火	203					157	120	0.76
	淬火,热处理	448					136	107	0.79
铍青铜[$w(Be)=2.2\%$]	溶液处理	441					246	187	0.76
	热处理	1117					274	219	0.80
铝-锌-镁合金[6] DTD683(7075)	溶液处理	255			$w(NaCl)$ =3%盐溶液, 液体薄膜	10^7	124	62	0.50
	热处理	427					172	69	0.40
	时效	379					151	69	0.46
钝铝					$w(H_2SO_4)$ =38% 硫酸滴流	4×10^7	2.6	—	

① 淡水。
② 含盐量为海水的 1/3 的河水。
③ 在空气中的疲劳极限。
④ 在腐蚀环境中的疲劳极限。
⑤ 耐蚀高强度铜合金的化学成分：$w(Al)=8.5\%\sim10.5\%$，$w(Fe)=4\%\sim6\%$，$w(Ni)=4\%\sim6\%$，其余铜。
⑥ DTD683(7075)，相当于中国的铝合金号 7A09。
⑦ AZ855 镁合金的化学成分：$w(Al)=8.0\%$，$w(Zn)=0.4\%$，$w(Mn)=0.3\%$。
⑧ AM503 镁合金的化学成分：$w(Mn)=1.5\%$。
⑨ AZM 镁合金的化学成分：$w(Al)=6.0\%$，$w(Zn)=1.0\%$，$w(Mn)=0.3\%$。

表 35.7-5　低碳钢 [$w(C)=20\%$] 试样的旋转弯曲的腐蚀疲劳极限

试样直径/mm	在空气中的疲劳极限 σ_{-1}/MPa	浸在盐水中的腐蚀疲劳极限($N=6×10^7$)$(\sigma_{-1})_{cf}$/MPa
10	205	49
130	191	112

表 35.7-6　弯曲及拉压的疲劳极限

材料	R_m/MPa	空气中的疲劳极限 σ_{-1}/MPa		$(\sigma_{-1})_{cf}$/MPa $w(NaCl)=3\%$盐溶液 喷雾中($N=5×10^7$,$f=2200$min^{-1})	
		弯曲	拉压	弯曲	拉压
碳钢[$w(C)=0.48\%$]	975	386	237	43	37
不锈钢[$w(C)=0.12\%,w(Cr)=14.7\%$]	619	380	339	139	169
奥氏体不锈钢[$w(C)=0.11\%,w(Cr)=18.3\%,w(Ni)=8.2\%$]	1023	366	370	244	228
不锈钢[$w(C)=0.25\%,w(Cr)=17\%,w(Ni)=1.16\%$]	843	505	439	190	240
硬铝	435	139	123	53	40

表 35.7-7　20Cr 钢的尺寸对腐蚀疲劳极限的影响

环　境	材料性能	试样直径		
		$d = 16\text{mm}$	$d = 32\text{mm}$	$d = 40\text{mm}$
空气 ($N = 5 \times 10^6$)	σ_{-1}/MPa	264	248	240
	β_2	1.0	1.0	1.0
	ε	1.0	0.937	0.907
机油 ($N = 10^7$)	$(\sigma_{-1})_{cf}/\text{MPa}$	243	235	230
	β_2	0.92	0.95	0.96
	ε	1.0	0.964	0.945
淡水 ($N = 2 \times 10^7$)	$(\sigma_{-1})_{cf}/\text{MPa}$	122	140	154
	β_2	0.462	0.565	0.64
	ε	1.0	1.14	1.26

注：悬臂式旋转弯曲试验，频率 $f = 2000\text{min}^{-1}$。

表 35.7-8　腐蚀环境及应力集中同时作用的疲劳极限

材料及试验方式	试　样 d/mm	疲劳极限/MPa		有效应力集中系数		腐蚀系数 β_2
		空气中 σ_{-1} 或 τ_{-1}	腐蚀环境中 $(\sigma_{-1})_{cf}$ 或 $(\tau_{-1})_{cf}$	空气中 K_σ 或 K_τ	腐蚀环境中 $K_{\sigma f}$ 或 $K_{\tau f}$	
20Cr, 弯曲	光滑试样, $d = 8$	318	210	2.11	2.11	0.66
	缺口试样, $d = 14$	151	151			
20Cr, 弯曲	光滑试样, $d = 20$	285	166	2.07	2.25	0.61
	缺口试样, $d = 20$	133	122			
40Cr(正火), 弯曲	光滑试样, $d = 8$	426	364	1.6	1.72	0.85
	缺口试样, $d = 8$	266	248			
铸铁, 弯曲	光滑试样, $d = 20$	117	107	1.11	1.32	0.92
	缺口试样, $d = 20$	105	89			
镍铬钢, 扭转 $R_m = 784.6\text{MPa}$	光滑试样	302	223			0.74
	有肩试样	196	188	1.54	1.60	—
	有肩试样	192	205	1.57	1.47	—
	有孔试样	151	93	2.00	3.25	—
镍铬钢[①], 扭转 $R_m = 1108\text{MPa}$	光滑试样	384	223	—	—	0.58
	有肩试样	254	137	1.51	2.8	—
	有孔试样	205	137	1.87	2.8	—
镍铬钢, 弯曲 $R_m = 872.8\text{MPa}$	光滑试样	439	233	—	—	0.53
	有肩试样	247	130	1.78	3.37	—
	有孔试样	212	109	2.07	4.0	—
镍铬钢, 弯曲 $R_m = 1079\text{MPa}$	光滑试样	617	89	—	—	0.145
	有肩试样	247	75	2.5	8.18	—
	有孔试样	212	61	2.9	10.0	—
灰铸铁, 弯曲 $R_m = 274.6\text{MPa}$	光滑试样	120	97	—	—	0.8
	缺口试样	103	89	1.17	1.35	—
钢, 弯曲 $R_m = 539.4\text{MPa}$	光滑试样	370	199	—	—	0.54
	有肩试样	168	89	2.2	4.15	—
	有孔试样	171	123	2.16	3.0	—
钢, 弯曲 $R_m = 485.4\text{MPa}$	光滑试样	343	164	—	—	0.48
	有肩试样	164	96	2.08	3.57	—
	有孔试样	162	116	2.11	2.94	—

（续）

材料及试验方式	试　样 d/mm	疲劳极限/MPa		有效应力集中系数		腐蚀系数 β_2
		空气中 σ_{-1} 或 τ_{-1}	腐蚀环境中 $(\sigma_{-1})_{ef}$ 或 $(\tau_{-1})_{ef}$	空气中 K_σ 或 K_τ	腐蚀环境中 $K_{\sigma f}$ 或 $K_{\tau f}$	
钢,弯曲 $R_m = 627.6$MPa	光滑试样 有肩试样 有孔试样	374 178 182	130 103 109	— 2.1 2.05	— 3.64 3.41	0.35 — —
钢,弯曲 $R_m = 858.1$MPa	光滑试样 有肩试样 有孔试样	436 205 171	96 75 89	— 2.12 2.54	— 5.77 4.88	0.22 — —

① 镍铬钢成分：$w(C) = 0.4\%$，$w(Mn) = 0.75\%$，$w(Ni) = 1.0\% \sim 1.5\%$，$w(Cr) = 0.45\% \sim 0.75\%$。

表 35.7-9　拉压脉动循环的疲劳极限

试样和试验条件	脉动循环疲劳极限/MPa	
	脉动拉伸	脉动压缩
经过磨削,在大气中	1177	1618
在缺口(深 0.03mm),在大气中	931	1500
经过磨削,在淡水中	147	1540

表 35.7-10　表面高频淬火对 45Cr 钢疲劳极限的影响

试样处理方法	疲劳极限($N = 10^7$)			
	在大气中		在 w(NaCl) $= 3\%$ 的溶液中	
	MPa	%	MPa	%
正火(原始状态)	252	100	98	100
电解镀铬	199	79	85	87
同上,预先经过高频淬火	339	134	294	300

表 35.7-11　镀层对试样的腐蚀疲劳极限的影响

材　料	腐蚀环境,试验循环数,试样, 应力频率 f/min^{-1},d/mm	镀层金属	镀层厚度 /mm	腐蚀系数 β_2
钢:$w(C) = 0.36\%$,$w(Si) = 0.28\%$,$w(Mn)$ $= 0.73\%$;在 840~860℃下正火	淡水,光滑试样,$N = 10^7$, $f = 1450$,$d = 10$	Zn	0.030	0.94
钢:$w(C) = 0.37\%$,$w(Mn) = 0.74\%$, $w(Cr) = 0.61\%$,$w(Si) = 0.21\%$, $w(Ni) = 1.4\%$;淬火回火($R_m = 853.2$MPa)	淡水,光滑试样,$N = 10^8$, $f = 1450$,$d = 9$	Zn	0.0040	0.41
		Cd	0.0025	0.25
		Cd	0.0125	0.45
		Pb	0.0125	0.33
50 钢,冷拔,$R_m = 980.7$MPa	w(NaCl) $= 3\%$ 溶液, 光滑试样,$N = 2 \times 10^7$, $f = 2200$,$d = 7$	Zn	0.014	0.87
		Cd	0.013	0.77
50 钢,正火,$R_m = 637.5$MPa		Zn	0.014	0.90
		Cd	0.013	0.84
硬铝:$w(Cu) = 4\% \sim 4.5\%$,$w(Mn) = 0.64\%$, $w(Mg) = 0.63\%$,$w(Fe) = 0.84\%$, $w(Si) = 0.22\%$,$R_m = 382.5$MPa	w(NaCl) $= 3\%$ 溶液, 光滑试样,$N = 5 \times 10^7$, $f = 2000$,$d = 8$	Zn	—	0.71
		Zn+合成 橡胶清漆		0.65
		Cd	—	<0.5

表 35.7-12　45 钢经表面强化后在 w(NaCl) $= 3\%$ 溶液中的腐蚀疲劳极限

试样处理方式	疲劳极限($N = 10^7$)			
	MPa		%	
	在大气中	在 w(NaCl) $= 3\%$ 的溶液中	在大气中	在 w(NaCl) $= 3\%$ 的溶液中
磨削	250	98	100	100
喷丸	291	198	116	202
辊压	276	247	111	252
高频淬火	191	351	187	358

表 35.7-13　表面处理对腐蚀疲劳极限的影响（旋转弯曲试验）

材料	R_m/MPa	表面处理	保护层厚度/mm	应力频率/min⁻¹	腐蚀环境	试验循环次数 N	疲劳极限 σ_{-1}/MPa 未处理	处理	腐蚀疲劳极限 $(\sigma_{-1})_{cf}$/MPa 未处理	处理
钢: $w(C)=0.5\%$	1992	涂瓷漆		2200	$w(NaCl)$ =1%盐雾	2×10^7	337	317	48	144
	713						227	234	55	151
	冷拉	电镀锌	0.0483					344		317
	正火							206		227
	冷拉	表面锌化						310		337
	正火		0.127					200		206
	冷拉	电解镀锌						337		289
	正火		0.0142					220		206
	冷拉	电解镀镉						317		234
	正火		0.0132					206		186
	冷拉	电解镀镉 涂瓷漆						317		241
	正火		0.0127					220		186
	冷拉	电解镀锌						289		206
	正火		0.0127					213		179
	冷拉	磷酸盐水 处理 涂瓷漆						310		144
	正火							248		179
	冷拉	铝雾	0.0508					351		275
	冷拉	铝雾涂 瓷漆	0.0508		淡水			351		331
中碳钢	772	热浸 低焊料	0.0102			10^8	193	227	96	813
		热浸 敷镉层	0.0203		滴流			200		151
		电镀镍	0.203					137		137
		电镀铬	0.203					200		200
	818	表面辊压			淡水		227	255	89	131
		表面辊压	0.508		淡水	2×10^8	255	317	<137	262
氮化钢: $w(Cr)=1.6\%$, $w(Al)=0.9\%$, $w(Mo)=0.3\%$		氮化			河水滴流	10^8	455	510	<69	344
铬钒钢: $w(C)=0.2\%$, $w(Cr)=0.9\%$, $w(V)=0.1\%$	1698	氮化		1450	自来水喷射	10^8		648		524
钢: $w(C)=0.47\%$	1451	电镀锌 表面锌化 镀锌 镀镉			淡水	2×10^7	372		124	268 268 303 282
钢: $w(C)=0.38\%$		抛光镀锌 韧性镀锌	0.0127 0.0254 0.0127 0.0254		浸入油池中 盐水 液态碳化 物浸湿	10^7	344		74	124 137 117 124
钼钢: $w(C)=0.20\%$, $w(Ni)=1.65\%\sim2\%$, $w(Mo)=0.2\%\sim0.3\%$		镀镍	0.127					324	248	137	213
钢: $w(C)=0.4\%$, $w(Cu)=0.2\%$		镀锌	0.0584					248		67	151

1.4　腐蚀疲劳寿命的估算

腐蚀疲劳的 S-N 曲线没有水平部分，所以腐蚀疲劳只有有限寿命设计。腐蚀疲劳的寿命估算方法有两种：即用 S-N 曲线的常规疲劳设计方法和用断裂力学的裂纹扩展理论估算寿命。由于在腐蚀环境和循环载荷复合作用下，无裂纹寿命很短，因此，腐蚀疲劳的寿命，主要是裂纹的扩展寿命。关于裂纹扩展寿命的估算，参见本篇第 6 章。

腐蚀疲劳的 S-N 曲线，其影响因素比空气中的多而且复杂。在空气中影响材料 S-N 曲线的主要因素有应力集中系数、尺寸系数和表面系数三种。在腐蚀疲劳中，应力集中和表面粗糙度的影响要比空气中的严重，而尺寸越小，腐蚀疲劳强度降低越多，这些都是在指定寿命（循环数）的基础上讲的，可以参阅上面给出的腐蚀疲劳极限数据和 S-N 曲线。所以，提高零件腐蚀疲劳强度的措施，较有效的是进行表面强化工艺和镀或涂保护层。

此外，试验频率和腐蚀环境的温度，对零件疲劳强度的影响也很显著。目前进行腐蚀疲劳试验的频率，一般为 $1500 \sim 3000 \mathrm{min}^{-1}$，太低的频率很少用，主要考虑用低频率进行试验劳动量大。所以，遇到有些文献中没有给定试验频率数据时，可假设在上述的频率范围内。

假使腐蚀疲劳的 S-N 曲线是模拟零件实际使用条件进行试验得出的，那么用这个 S-N 曲线可以直接估算而得到该零件的寿命。在一般情况下，S-N 曲线是用试样在同样腐蚀环境下得到的，则在零件的寿命估算中，需要考虑到由试样到零件，存在着应力集中、尺寸等的影响差异，需要进行修正。

如只有在空气中的 S-N 曲线而需要进行腐蚀疲劳寿命估算，或指定寿命下校核安全系数。这时，可用本篇第 5 章高周疲劳的方法，但此时应考虑腐蚀系数 β_2。考虑的方法是，没有进行强化工艺时，不论表面粗糙度如何，都用 $\beta = \beta_2$；有强化时，用强化或镀后试样在腐蚀环境中的腐蚀系数为表面系数 β，不要将 β_1、β_2、β_3 相乘作为 β。

2　热疲劳强度

2.1　热应力与热疲劳

产生热应力情况主要有两种：①零件的热胀冷缩受到固持零件的外加约束而产生热应力；②虽然没有外加约束，但零件各部位温度不一致，存在着温度梯度，导致各部位热胀冷缩不一致而产生热应力。

当热应变超过弹性极限时，热应力与热应变就不呈线性关系，此时求解热应力就要按弹塑性关系处理。

由于温度循环变化产生循环热应力所导致的材料或零件的疲劳称为热疲劳。例如，热作模具、热轧机的轧辊、热交换管子和锅炉管子等都能产生热疲劳裂纹。

影响热应力大小的因素有以下几种：

1）热应力的大小与线胀系数成正比，线胀系数越大，热应力越大。所以在选材时要考虑线胀系数，在进行机械零部件的配合和焊接时应考虑材料的匹配，即不同材料线胀系数的差别不能太大。例如，铁素体钢和奥氏体钢焊接在一起构成的管道容易破裂，就是因为两者的 a 值相差较大，因此所产生的热应力也较大，在多次循环作用下就会引起破坏。又如材料基体中若含有线胀系数不同的第二相，则在温度循环作用下，也会产生局部热应力而引起开裂。

2）在相同的热应变条件下，材料的弹性模量越大，热应力就越大。

3）温度循环变化越大，即上下限温差越大，则热应力就越大。

4）材料的热导率越低，则快速加热或冷却过程中，温度梯度越陡，热应力也越大。

2.2　热疲劳强度与寿命估算

2.2.1　最大温度-寿命曲线

对于一般选材及在提高热疲劳强度的材料工艺研究中，可采用 $t_{\max}$-N 曲线，这里 $t_{\max}$ 为一个循环的最大温度。图 35.7-22 所示为某些耐热材料的 $t_{\max}$-N 曲线，在 N 的对数坐标中为直线，可写出下面公式：

$$t_{\max} = A - n \lg N \qquad (35.7-1)$$

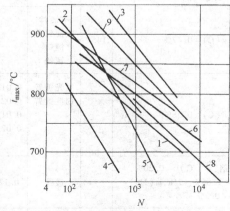

图 35.7-22　几种耐热材料的温度-寿命曲线

（图中 1~9 编号，对应于表 35.7-14 中材料的序号）

式中，N 为到达破坏的循环数；n 和 A 为材料常数。常数 n 和 A 的取值见表 35.7-14。

表 35.7-14　式（35.7-1）中常数 A 和 n 值

序号	材　　料	A	n
1	Nimonic75（镍铬钛耐热合金）	1400	235
2	Nimonic90（镍铬钛耐热合金）	1350	150
3	12Cr18Ni9Ti	1320	250
4	CrNi56WMoCoAl	1300	150
5	CrNi62WMoCoAl	1130	100
6	S-816	1100	109
7	CrNi77TiAlB	1010	89
8	Inconel 550（铬镍铁耐热合金）	1000	73
9	CrNi70	935	71

2.2.2　应变幅度-寿命曲线

对于零件寿命计算需定量给出应变幅度（或应力幅度）与寿命的关系，通常是 $\Delta\varepsilon$-N 曲线。在变温下获得的 $\Delta\varepsilon$-N 曲线称为热疲劳曲线，在双对数坐标中为直线形式。科芬-曼森提出的热疲劳公式为

$$\Delta\varepsilon_{\mathrm{p}}N^{K}=C \tag{35.7-2}$$

式中　$\Delta\varepsilon_{\mathrm{p}}$——塑性应变幅度；

　　　K、C——材料常数。

对于变温情况，应变的弹性部分必须考虑

$$\Delta\varepsilon N^{K}=C \tag{35.7-3}$$

式中　$\Delta\varepsilon=\Delta\varepsilon_{\mathrm{e}}+\Delta\varepsilon_{\mathrm{p}}$——总应变幅度；

　　　K、C 见表 35.7-15 和表 35.7-16。

对某些变形合金进行了热疲劳试验，结果如图 35.7-23 所示。

几种铸造合金的热疲劳试验结果，如图 35.7-24 所示。

表 35.7-15　式（35.7-3）中的常数 K 和 C 值（一）

序号	材　　料	$t_{\max}/℃$	K	C
1	CrNi77TiAlB	750	0.825	1072
		800	0.918	1096
		850	0.526	48
2	CrNi70WMoTiAl	800	0.875	1175
		850	0.936	807
		900	1.68	8260
3	CrNi60WTi	800	0.554	46
		900	0.874	129
4	CrNi62NbMoCoTiAl	800	0.468	56
5	37Cr12Ni8Mn8MoVNb	700	0.414	25.1
6	12Cr18Ni9Ti	700	0.56	57.5
		750	0.60	56.3
		800	0.82	162

表 35.7-16　式（35.7-3）中的常数 K 和 C 值（二）

序号	材　　料	$t_{\max}/℃$	K	C
1	ЖС6у[①]	850	0.247	11.6
		950	0.215	6.2
		950	0.148	4.5
		1050	0.635	58
2	ЖС6у[①]	1050	0.688	82
3	ЖС6ф[①]	1050	0.314	10.7
4	ВЖП12у[①]	1050	0.400	32.1
5	ВЖП12у[①]	950	0.338	19.5
		1050	0.125	2.9
		950	0.745	686
		950	0.625	123
		950	0.388	20.6
	ВЖП12у[①]	950	0.723	170
		950	0.400	13.7
		950	0.756	525
6	CrNi62WMoCoAl	850	0.69	189
		900	0.878	475

①　俄罗斯牌号。

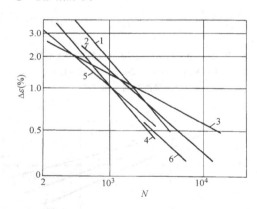

图 35.7-23　几种变形合金的热疲劳曲线（图中 1~6 编号对应于表 35.7-15 中材料排列序号）

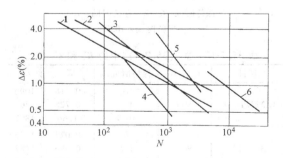

图 35.7-24　几种铸造合金的热疲劳曲线（图中 1~6 编号对应于表 35.7-16 中材料排列序号）

上面的试验数据，都是在 t_{max} 无保持时间下进行的，而在实际的机器运转中，要有不同的运转时间（保持时间），特别是民用机器起动一次运转的时间较长，所以要研究带有保持时间情况下的寿命。由于在高温下保持时间内，材料产生蠕变应变（ε_c）的累积损伤，可用下式表示：

$$\Delta\varepsilon_{e+p+c}N^{K_1} = C_1 \qquad (35.7\text{-}4)$$

一种变形合金 CrNi77TiAlB 的热疲劳曲线如图 35.7-25 所示，一种铸造合金 ЖС6K 的热疲劳曲线如图 35.7-26 所示。式（35.7-4）中的 K_1 和 C_1 常数列于表 35.7-17 中。

图 35.7-27 所示为三种合金钢的 $\Delta\varepsilon_p$-N 曲线。

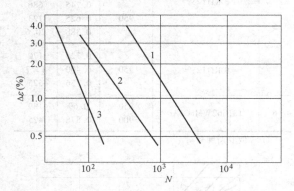

图 35.7-25　CrNi77TiAlB 合金的热疲劳曲线
1—保持时间 = 0　2—保持时间 = 1.5s
3—保持时间 = 10.7s

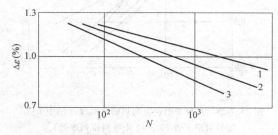

图 35.7-26　ЖС6K 合金的热疲劳曲线
1—保持时间 = 0　2—保持时间 = 1.5s
3—保持时间 = 10.7s

表 35.7-17　式（35.7-4）中的 K_1 和 C_1 值

材料	t_{max}/℃	保持时间/s	K_1	C_1
CrNi77TiAlB	800	0	0.918	1096
		1.5	0.725	76
		10.7	1.66	1807
ЖС6K[①]	900	0	0.077	1.75
		1.5	0.096	1.87
		10.7	0.117	1.94

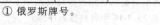

① 俄罗斯牌号。

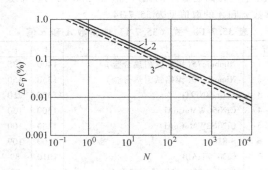

图 35.7-27　三种合金钢的 $\Delta\varepsilon_p$-N 曲线
1—18/8Cr-Ni 钢　2—$w(Cr)$ = 13% 钢
3—Cr-Mo 钢

2.3　热疲劳强度设计要考虑的主要问题

热疲劳的寿命估算，可用应变-寿命曲线直接得出。但由于影响热疲劳强度的因素很多，而 $\Delta\varepsilon$-N 曲线可提供给设计应用很少，所以，在热疲劳强度设计中，首先要考虑下列问题：

1）合理选用材料，线胀系数小，热导率大的材料，对于降低热应力是有效的。而高温持久极限高、韧性好的材料，能提高热疲劳强度。

2）注意结构设计中的问题：

① 结构要设计得富有伸缩性。

② 尽量避免有应力集中的结构。

③ 设计焊接结构时，要特别注意坡口形状和背面錾平方法。

④ 焊接不同金属时，采用线胀系数差别小的金属。

3　低温疲劳强度

3.1　低温下金属的特性

在低温下，金属的强度提高而塑性降低。因此，在低温下光滑试样的高周疲劳强度比室温下提高，而低周疲劳强度比室温下降低。对于有缺口的试样，韧性和塑性降低得更多。由冲击试验测出的冲击能，在低温下有大幅度的降低。对于中、低强度钢，其冲击能量-温度曲线存在一个能量转变区，当试验温度低于转变区温度时，冲击能急剧下降。高强度钢同其他金属的能量曲线较为连续。断裂韧度 K_C 和 K_{IC} 一般随温度的降低而降低。

缺口和裂纹对低温较为敏感，也就是说，断裂时的临界疲劳裂纹长度在低温下会急剧减小。

3.2　低温下材料的疲劳数据和图线

3.2.1　低温下材料的疲劳极限

表 35.7-18 和表 35.7-19 所列为低温下材料的疲

劳极限数据。表 35.7-20 所列为将各种材料在低温下的疲劳极限处理后得到的比值,表中大多数的数据是在循环数 $N=10^6$ 次循环下试验得到。

表 35.7-18　低温对钢静强度和疲劳极限的影响　　　　（MPa）

钢　种	材料情况	试　样	+20℃			-75℃			-183℃		
			R_m	R_{eL}	σ_{-1}	R_m	R_{eL}	σ_{-1}	R_m	R_{eL}	σ_{-1}
$w(C)=0.15\%$碳钢	正火	光试样	430	315	221	543	437	—	778	718	495
	正火	缺口试样	589	374	166	698	542	210	749	749	294
	粗晶粒	光试样	357	155	166	435	277	—	666	647	—
	粗晶粒	缺口试样	469	221	140	506	357	191	605	605	240
Cr4Ni 钢	商品	光试样	761	585	388	888	680	416	1106	944	549
	商品	缺口试样	1022	773	241	1161	1011	248	1106	1106	274
GCr15 钢	淬火回火	光试样	—	—	828	—	—	818	—	—	—

表 35.7-19　材料的低温疲劳极限　　　　（MPa）

材　料	试验循环数 N	疲　劳　极　限　σ_{-1}					
		20℃	-40℃	-78℃	-188℃	-253℃	-269℃
铜	10^6	98	—	—	142	235	255
黄铜	5×10^7	171	181	—	—	—	—
铸铁	5×10^7	58	73	—	—	—	—
软钢	10^7	181	—	250	559	—	—
碳钢	10^7	225	—	284	612	—	—
镍铬钢	10^7	529	—	568	750	—	—
硬铝	5×10^7	112	142	—	—	—	—
铝合金 2A14	10^7	98	—	—	166	304	—
铝合金 2A11	10^7	122	—	—	152	274	—
铝合金 7A09	10^7	83	—	—	137	235	—

表 35.7-20　低温下材料的疲劳极限比值

材料	$\dfrac{低温下的疲劳极限}{室温下的疲劳极限}$（平均值）			$\dfrac{缺口试样低温下的疲劳极限}{缺口试样室温下的疲劳极限}$（平均值）		$\dfrac{光试样的疲劳极限}{光试样的强度极限}$（平均值）			
	-40℃	-78℃	-196~-186℃	-78℃	-196~-186℃	室温	-40℃	-78℃	-196~-186℃
碳钢	1.20	1.30	2.57	1.10	1.47	0.43	0.47	0.45	0.67
合金钢	1.06	1.13	1.61	1.06	1.23	0.48	0.51	0.48	0.58
合金铸铁	—	1.22	—	1.05	—	0.27	—	0.27	—
不锈钢	1.15	1.21	1.54	—	—	0.52	0.50	0.57	0.59
铝合金	1.14	1.16	1.69	—	1.35	0.42	0.46	0.59	—
钛合金	—	1.11	1.40	1.22	1.41	0.70	—	0.63	0.54

3.2.2　低温下的材料 S-N 曲线

图 35.7-28 所示为温度对铝合金及钢的疲劳极限的

影响曲线。图 35.7-29 所示为 300K（用符号 ○ 表示）以及在 78K（液态氮,用符号 ● 表示）和 4K（液态氦,用符号 △ 表示）低温下 5 种材料测得的 S-N 曲线。

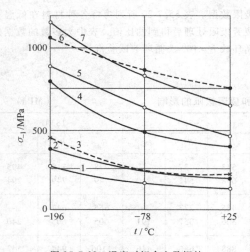

图 35.7-28　温度对铝合金及钢的
疲劳极限的影响（$N = 10^6$）

1—铝合金（Mg1.0，Cu0.25，Si0.6，Cr0.25）

2—铝合金（Mn0.6，Mg1.5，Cu4.5）

3—铝合金（Mg2.5，Cu1.6，Cr0.3，Zn5.6）

4—合金钢（C0.3，Mn0.7，Ni3.5）　5—合金钢
（C0.3，Mn0.8，Si0.3，Ni0.6，Cr0.53，Mo0.18）

6—合金钢（C0.07，Cr17，Ni6.5，Ti0.37，Al0.12）

7—18/8 奥氏体钢（Cr18，Ni8）

注：合金成分均为质量分数，%。

3.3　低温对应力集中的影响

表 35.7-21 所列为材料在低温下的有效应力集中系数。图 35.7-30 及图 35.7-31 所示为碳钢及金属材料在低温下的有效应力集中系数。图 35.7-32 所示为钢的光滑试样与缺口试样在低温和室温下的疲劳极限均值的比值。

表 35.7-21　材料在低温下的有效应力集中系数

材料	有效应力集中系数 K_σ					
	试验循环数 $N = 10^4$		试验循环数 $N = 10^5$		试验循环数 $N = 10^7$	
	20℃	−196℃	20℃	−196℃	20℃	−196℃
镍钢（500℃回火）	1.16	2.04	1.59	3.42	4.26	3.12
低合金钢	1.09	2.27	1.36	2.46	2.33	3.58
18/8 不锈钢	1.64	2.31	2.61	3.62	4.77	3.86
镍铬钢（650℃回火）	1.09	1.93	1.55	3.0	3.68	5.76
镍铬钢（440℃回火）	1.63	3.4	2.44	3.7	1.82	3.35
钛合金	1.51	1.73	1.55	1.7	2.68	2.5
铝合金 2A12	1.32	1.74	1.42	1.9	2.28	2.24
铝合金 7A09	1.55	2.0	1.51	2.17	2.0	2.78
镁合金	1.31	1.75	1.7	1.95	2.41	2.5

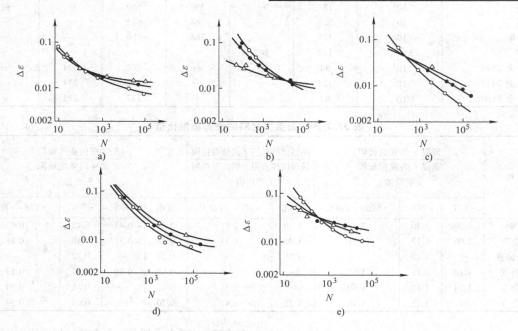

图 35.7-29　低温对低周疲劳的影响

试验温度　○—300K（室温）　●—78K（液氮）　△—4K（液氦）

a）2014-T6 铝　b）18Ni 马氏体时效钢　c）OFHC 铜

d）康镍合金 718[w(Ni) = 80%，w(Cr) = 14%，w(Fe) = 6%]　e）Ti-6Al-4V

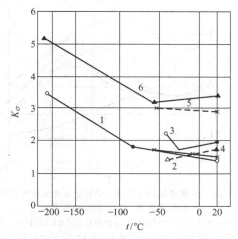

图 35.7-30　碳钢在低温下的有效应力集中系数
1—低碳钢[$w(C) = 0.08\%$]的拉压疲劳
2—低碳钢[$w(C) = 0.08\%$]的旋转弯曲疲劳
3—中碳钢[$w(C) = 0.6\%$]的旋转弯曲疲劳
4—焊接结构轧材，$R_m = 402\text{MPa}$，$\alpha_\sigma = 2$，钢的拉
压疲劳　5—焊接结构轧材，$\alpha_\sigma = 4$，加拉压疲劳
6—焊接结构轧材，$\alpha_\sigma = 5.6$，加拉压疲劳

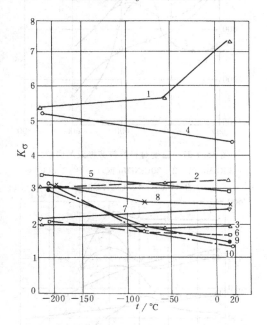

图 35.7-31　金属材料在低温下的有效应力集中系数
1—耐腐蚀铝合金，$\alpha_\sigma = 6$，拉压疲劳
2—耐腐蚀铝合金，$\alpha_\sigma = 4$　3—耐腐蚀铝合金，
　$\alpha_\sigma = 2$　4—镍钢[$w(Ni) = 9\%$]，$\alpha_\sigma = 6$，
　拉压疲劳　5—镍钢[$w(Ni) = 9\%$]，$\alpha_\sigma = 4$
6—镍钢[$w(Ni) = 9\%$]，$\alpha_\sigma = 2$
7—不锈钢酸钢，拉压疲劳　8—铬钼钢[$w(Cr) =$
　0.83%，$w(Mo) = 0.22\%$]，拉压疲劳
9—60 钢，拉压疲劳　10—35 钢，拉压疲劳

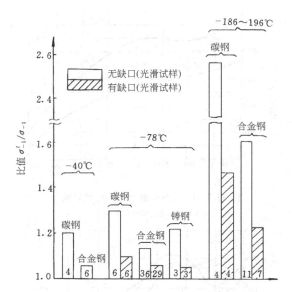

图 35.7-32　无缺口钢（光滑试样）和有缺口
钢（缺口试样）在低温和室温下的疲劳极限均值
的比值（各纵行底部示出所用材料种类及数目）

3.4　低温疲劳强度计算

当温度低于有转折点的温度时，解理断裂会导致疲劳裂纹扩展速度急剧加快。当断裂韧度在低温下大大降低时，裂纹形成寿命可能占有几乎整个低温疲劳寿命。在低温疲劳强度的设计中，一般用室温下疲劳强度设计方法和数据。但必须注意，设计在低温下工作的零件，应避免有尖锐的缺口、裂纹和表面划痕等缺陷，对于短寿命零件，更应避免。

4　高温疲劳强度

广义的高温疲劳是指高于常温的疲劳现象。但由于有些零部件的工作温度虽高于室温，但不太高。其疲劳设计，只要考虑温度对疲劳极限的影响，仍用室温下的疲劳设计方法。只有当温度高于 $0.5T_m$（T_m 为以热力学温度表示的熔点），或在再结晶温度以上时，出现了蠕变与机械疲劳复合的疲劳现象，这时才称为高温疲劳。

4.1　高温对材料力学性能的影响

高温对钢和金属材料的抗拉强度 R_m 和屈服强度 R_{eL} 的影响，见图 35.7-33 和图 35.7-34。高温对材料疲劳极限的影响，见图 35.7-35~图 35.7-41。

4.2　高温时材料 S-N 曲线

高温时材料的 S-N 曲线包括应力-寿命（σ-N）曲线和应变-寿命（ε-N）曲线，见图 35.7-42~图 35.7-53。

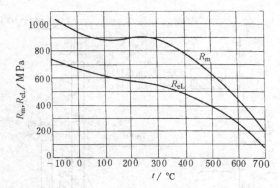

图 35.7-33　高温对钢 R_m 和 R_{eL} 的影响
（50CrMo 钢，600℃回火）

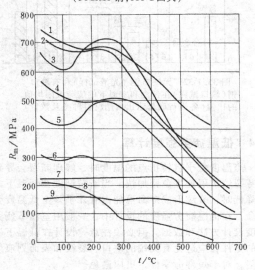

图 35.7-34　高温对金属材料 R_m 的影响
1—钢 $[w(C)=0.4\%, w(Cr)=13\%]$　2—蒙乃尔
合金 $[w(Ni)=68\%, w(Cu)=28\%, w(Mn)=1.5\%,$
$w(Fe)=2.5\%]$，轧制　3—钢 $[w(C)=0.4\%]$，淬火
4—铸钢 $[w(C)=0.4\%]$　5—钢 $[w(C)=0.3\%]$
6—熟铁　7—可锻铸铁　8—黄铜　9—铸铁

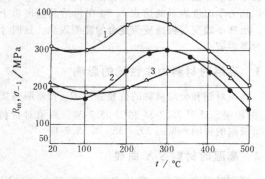

图 35.7-35　温度对 $w(C)=0.17\%$ 碳钢疲劳强度的影响
1—抗拉强度 R_m　2—弯曲疲劳极限，$f=10$Hz
3—弯曲疲劳极限，$f=2000$Hz

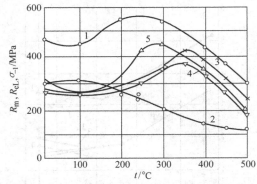

图 35.7-36　温度对 0.17% 碳钢的静强度及疲劳强度的影响
1—抗拉强度 R_m　2—屈服强度 R_{eL}
3—在 33Hz 下的旋转弯曲疲劳极限（$N=5×10^5$）
4—在 33Hz 下的旋转弯曲疲劳极限（$N=10^8$）
5—在 0.17Hz 下的旋转弯曲疲劳极限（$N=5×10^5$）

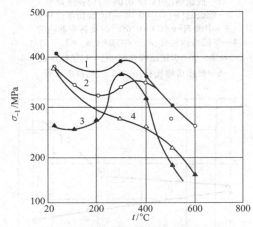

图 35.7-37　温度对材料疲劳极限的影响
1—30CrMo 钢　2—30CrNiMo 钢　3—钢 $[w(C)=$
$0.17\%]$　4—12Cr13 钢

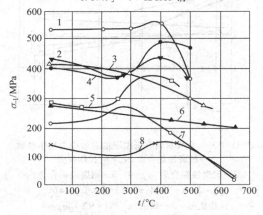

图 35.7-38　温度与旋转弯曲疲劳极限的关系
1—Ni-Cr 钢　2—Cr-Mo-V 钢　3—钢 $[w(C)=12\%]$
4—钢 $[w(C)=0.5\%]$　5—钢 $[w(C)=0.25\%]$
6—18Cr-8Ni 钢　7—钢 $[w(C)=0.17\%]$　8—铸铁

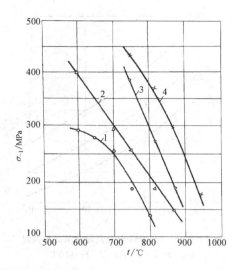

图 35.7-39　温度对尼莫尼克合金疲劳强度的影响

1—尼莫尼克 80,轴向对称循环应力,$N = 4 \times 10^7$

2—尼莫尼克 90,轴向对称循环应力,$N = 3.6 \times 10^7$

3—尼莫尼克 90,旋转弯曲应力,$N = 3.6 \times 10^7$

4—尼莫尼克 100,旋转弯曲应力,$N = 4.5 \times 10^7$

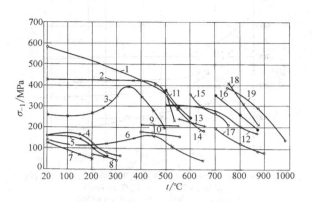

图 35.7-41　温度对金属材料的疲劳强度的影响

各合金及其成分(质量分数,%)如下:

1—钛合金(含铝的钛合金)　2—Ni-Cr-Mo 钢

3—低碳钢(C0.17)　4—铝铜合金　5—铝锌

镁合金　6—高强度铸铁　7—镁铝锌合金　8—镁

锌锆钛合金　9—铜镍合金(Ni30,Cr0.5,Al1.5,

其余 Cu)　10—铜镍合金(Ni30,Mn1,Fe1,其余 Cu)

11—合金钢(Cr2.7,Mo0.5,V0.75,W0.5)

12—奥氏体镍铬钼钢　13—奥氏体钢(Cr18.75,

Ni12.0,Nb1.25)　14—合金钢(Cr11.6,Mo0.6,

V0.3,Nb0.25)　15—奥氏体钢(Cr13,Ni13,Co10)

16—钴合金(Cr19,Ni12,Co45)　17—奥氏体钢　18—镍铬合

金(Cr15,Co20,Ti1.2,Al4.5,Mo5,其余 Ni)　19—镍铬

合金(20Cr,Co18,Ti2.4,Al1.4,其余 Ni)

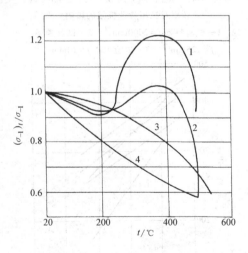

图 35.7-40　温度对材料疲劳极限的影响

1—钢[$w(C) = 0.48\%$]　2—Cr-Ni-Mo 钢

3—钢[$w(Cr) = 12\%$]　4—耐热钢

σ_{-1}—室温下的疲劳极限

$(\sigma_{-1})_t$—温度 t 时的疲劳极限

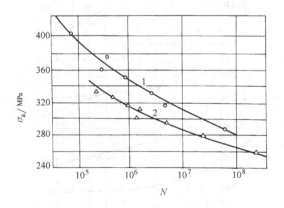

图 35.7-42　低碳钢在 400℃时的 S-N 曲线

1—旋转弯曲疲劳　2—拉压疲劳

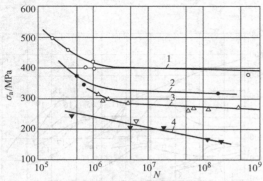

图 35.7-43　铁基合金 N-155 在高温下的旋转弯曲 S-N 曲线
1—温度 $t = 20℃$　2—温度 $t = 650℃$
3—温度 $t = 730℃$　4—温度 $t = 815℃$
N-155 的合金成分(质量分数,%):C0.08~0.16,
Mn1.0~2.0,Si 小于 1,Cr20.0~22.5,Ni19.0~
21.0,Co18.5~21.0,Mo2.50~3.50,W2.0~3.0
Nb0.75~1.25,N0.10~0.20

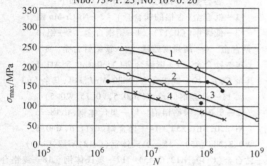

图 35.7-44　铁基合金 N-155 在 815℃ 时的 S-N 曲线
1—应力比 $r = -0.242$　2—应力比 $r = -1$
3—应力比 $r = 0.6$　4—应力比 $r = 1$

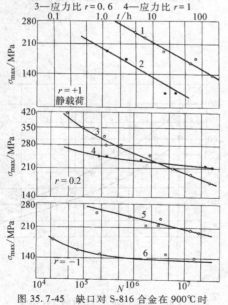

图 35.7-45　缺口对 S-816 合金在 900℃ 时
的 $\sigma\text{-}t$ 和 $\sigma\text{-}N$ 曲线
1—$r = +1, \alpha_\sigma = 3.4$　2—$r = +1, \alpha_\sigma = 1$(光滑试样)
3—$r = 0.2, \alpha_\sigma = 1$　4—$r = 0.2, \alpha_\sigma = 3.4$　5—$r = -1$,
$\alpha_\sigma = 1$　6—$r = -1, \alpha_\sigma = 3.4$

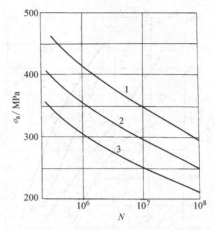

图 35.7-46　GH4037 合金高温时的 S-N 曲线
1—700℃　2—800℃　3—850℃

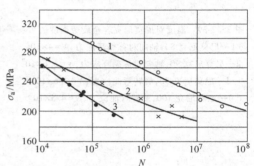

图 35.7-47　碳钢 $[w(C) = 0.17\%]$ 在 450℃ 时,
频率对拉压疲劳极限的影响
1—试验频率 $f = 2000 \text{min}^{-1}$　2—试验频率
$f = 125 \text{min}^{-1}$　3—试验频率 $f = 10 \text{min}^{-1}$

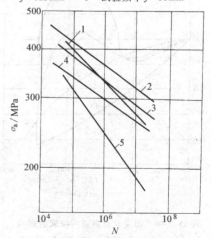

图 35.7-48　镍基高温合金在不同温度
下的 S-N 曲线
1—600℃　2—800℃　3—900℃
4—950℃　5—1000℃
镍基高温合金化学成分(质量分数,%):Cr5,W5,
Mo4,Co4.5,Al5.5,Ti2.8,C0.15,B0.0

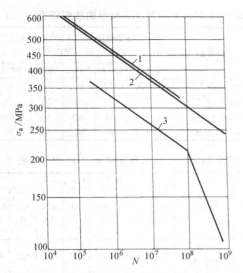

图 35.7-49　GH3032 合金在不同温度下的 S-N 曲线

1—20℃　2—700℃　3—800℃

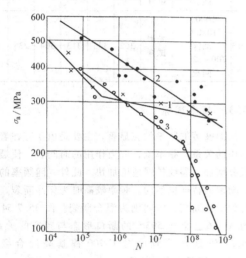

图 35.7-50　材料在高温下的 S-N 曲线

1—钛合金, $t=200$℃　2—镍基合金,

$t=700$℃　3—镍基合金, $t=800$℃

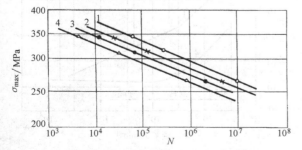

图 35.7-51　Cr2W9V 钢在 800℃时的 p-S-N 曲线

1—存活率, $p=50\%$　2—存活率, $p=68\%$　3—存活率, $p=95.4\%$　4—存活率, $p=99.7\%$

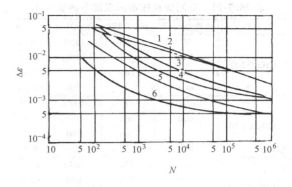

图 35.7-52　温度及频率对 304 奥氏体不

锈钢低周疲劳 ε-N 曲线的影响

1—$f=10\text{min}^{-1}$, $t=430$℃　2—$f=10^{-3}\text{min}^{-1}$, $t=430$℃

3—$f=10\text{min}^{-1}$, $t=650$℃　4—$f=10\text{min}^{-1}$, $t=816$℃

5—$f=10^{-3}\text{min}^{-1}$, $t=650$℃　6—$f=10^{-3}\text{min}^{-1}$, $t=816$℃

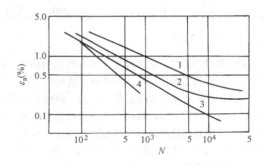

图 35.7-53　2.25Cr-1Mo 钢在高温对称弯曲

时保持时间对 ε-N 曲线的影响

1—室温,保持时间为 0,经过时间 1min

2—温度 600℃,保持时间为 0,经过时间 1min

3—温度 600℃,保持时间 30min,经过时间 31min

4—温度 600℃,保持时间 300min,经过时间 301min

4.3　影响金属高温疲劳性能的主要因素

4.3.1　材料因素

试验表明,疲劳极限(σ_{-1})与强度极限(R_{m})之间存在着一定的关系,但是在不同的材料和不同的组织状态下,这种关系可在很宽的范围内变化。材料的疲劳极限与强度极限的比值 σ_{-1}/R_{m},称为疲劳比。对大多数材料,疲劳比随温度的升高而增高。表 35.7-22 示出了不同材料在不同温度下的疲劳比。由此可见,材料在不同温度下的疲劳极限和强度极限,均需单独试验确定,不宜借助疲劳比相互换算。

表 35.7-22　不同材料在不同温度下的疲劳比

材料	试验温度/℃	σ_{-1}/MPa	R_m/MPa	疲劳比
GH3032 型	20	330	1190	0.28
	600	343	940	0.36
	700	285	770	0.37
	800	235	780	0.30
GH4033 型	20	370	1020	0.36
	600	360	—	—
	700	390	810	0.48
	800	260	620	0.42
GH4037 型	20	370	1040	0.36
	700	380	880	0.43
	800	360	750	0.48
	900	280	520	0.54
尼莫尼克 80 (Nimonic80)	20	346	820	0.42
	600	299	580	0.52
	650	288	—	—
	700	263	360	0.73
	750	195	—	—
	800	142	200	0.71

4.3.2　温度因素

随着温度的升高，疲劳强度一般有降低的趋势，越接近熔点，降低趋势越明显。疲劳强度的降低是由于发生了再结晶、扩散和溶解等过程引起的。但也有某些过程能提高疲劳强度，如时效硬化和应变硬化。因此，有些材料在高温时的疲劳强度反而比室温时高，疲劳强度随温度的变化规律比较复杂。表35.7-23~表 35.7-26 所列为温度对疲劳强度的影响数据。

表 35.7-23　不同温度下材料的疲劳强度（一）

钢的主要化学成分（质量分数,%）	疲劳极限($N=10^8$ 次循环)σ_{-1}/MPa		
	20℃	70℃	100℃
C0.6,Mn0.7	430	370	—
C0.24,Ni3.9,Cr1.0	490	430	—
C0.2,Ni4.7,Cr1.4,Mo0.6	570	—	450

表 35.7-24　不同温度下材料的疲劳强度（二）

材料成分（质量分数,%）	旋转弯曲疲劳极限($N=10^7$ 次循环)σ_{-1}/MPa					
	20℃	100℃	200℃	300℃	400℃	500℃
灰铸铁（C3.2,Si1.1）	90	90	90	105	110	95
镍铬钢（Ni4.6,Cr1.6）	535	500		485	420	—
钢（C0.35）	298		310	330		275
钢（C0.60）	370	355	395	505	425	185
低合金钢（C0.14,Mo0.5）	315			400	370	275

表 35.7-25　不同温度下材料的疲劳强度（三）

铝合金	疲劳极限(1.2×10^8 次循环)σ_{-1}/MPa				
	20℃	150℃	200℃	250℃	300℃
DTD683(Zn5.5)	170	115	60	—	—
BSL65(Cu4.5)	130	80	57	39	39
DTD324(Si12)	127	85	60	39	29
DSL64(Cu4.5)	125	90	62	54	39

表 35.7-26　叶片钢的疲劳极限（$N=10^7$ 次循环）

钢号	热处理	试样类型	疲劳极限 σ_{-1}/MPa					
			20℃	200℃	300℃	400℃	500℃	550℃
12Cr13	1030~1050℃油淬 680~700℃回火	光滑试样	367	—	271		248	191
		缺口试样	183		114		104	100
20Cr13	1000~1020℃油淬 700~720℃回火	光滑试样	362	343	313	304	235	—

4.3.3　频率因素

高温疲劳的频率效应显著，主要是由于存在着蠕变作用的关系。频率低，应力作用的时间长，使蠕变的成分增加，裂纹扩展速度加快。此外，随频率的改变，断裂的特征也不同。频率较高时为穿晶断裂，较低时为沿晶断裂，中间则为混合断裂。图 35.7-54 所示为 A-286 合金在 593℃的断口形态与频率的关系。图 35.7-55 所示为频率对 U-700 镍基高温合金在 760℃时的疲劳寿命的影响。

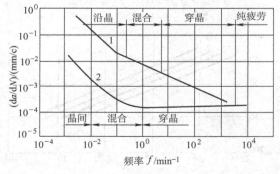

图 35.7-54　A-286 合金在 593℃时断口形态与频率的关系

1—在空气中　2—在真空中

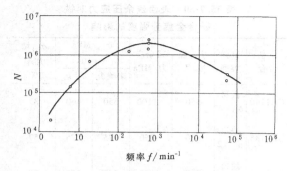

图 35.7-55　频率对 U-700 镍基高温合金在
760℃时的疲劳寿命的影响

4.3.4　应力集中因素

在高温下缺口产生的应力集中，大多数情况下会导致疲劳强度降低。缺口越尖锐，应力集中越严重，疲劳强度降低越多。表 35.7-27 所列为缺口对疲劳强度的影响。

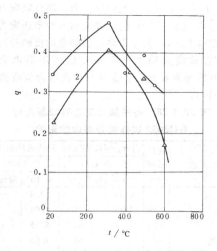

图 35.7-56　钢在高温下的应力集中敏性系数 q
1—12Cr13 钢　2—30CrMo 钢

表 35.7-27　缺口对疲劳强度的影响

材料	温度 /℃	试验条件	疲劳极限 /MPa		理论应力集中系数 α_σ	有效应力集中系数 K_σ	敏性系数 q
			光滑试样	缺口试样			
GH4037 型	800	纯弯曲 180kHz 100h	350	250	2	1.40	0.4
	900		280	190	2	1.48	0.48
GH4033 型	20	纯弯曲 180kHz 100h	370	220	2	1.68	0.68
	600		360	240	2	1.50	0.50
	700		390	230	2	1.70	0.70
	800		260	230	2	1.13	0.13

一般讲，在有缺口时，高温疲劳强度是降低的。但是当应力比 r 不同时，也会出现不同的结果。图 35.7-45 所示为 S-816 合金在 900℃时的 S-N 曲线。当静载荷时 $r=+1$，$\alpha_\sigma=3.4$ 的缺口试样在同一应力水平下的寿命大于光滑试样的。当 $r=0.2$，即在蠕变和疲劳复合作用的情况下，在低寿命区，缺口试样的疲劳强度低于光滑试样；在高寿命区，缺口试样的疲劳强度高于光滑试样。当 $r=-1$，即在对称应力循环下，缺口试样的疲劳强度低于光滑试样。

图 35.7-56 所示为在旋转弯曲试验时，钢试样的应力集中敏性系数 q 随温度的变化曲线。图 35.7-57 所示为高温下碳钢的有效应力集中系数。

4.3.5　表面状态因素

材料的疲劳强度与表面状态有很大关系。表面粗糙度增加，疲劳强度就降低。各种表面强化工艺对高

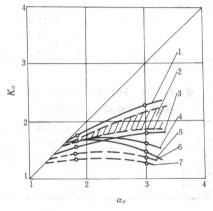

图 35.7-57　高温下碳钢的有效应力集中系数 K_σ
1—$w(C)=0.21\%$ 钢，$f=2980\mathrm{min}^{-1}$，$t=300℃$
2—$w(C)=0.21\%\sim0.72\%$ 钢，$f=150\mathrm{min}^{-1}$，$t=20℃$
3—$w(C)=0.21\%$ 钢，$f=2980\mathrm{min}^{-1}$，$t=500℃$
4—$w(C)=0.72\%$ 钢，$f=2980\mathrm{min}^{-1}$，$t=500℃$
5—$w(C)=0.72\%$ 钢，$f=2980\mathrm{min}^{-1}$，$t=575℃$
6—$w(C)=0.72\%$ 钢，$f=150\mathrm{min}^{-1}$，$t=575℃$
7—$w(C)=0.21\%$ 钢，$f=150\mathrm{min}^{-1}$，$t=500℃$

温下材料疲劳强度的影响，随着温度的升高而降低。表 35.7-28 所列为各种加工工艺对镍基合金 GH3032（CrNi77TiAl）试样疲劳寿命的影响。表 35.7-29 所列为表面喷丸对钴基合金缺口试样疲劳强度的影响，试样为边长 15.2mm 的方形截面，材料为钴基合金 S-816，进行平面弯曲疲劳试验，缺口为有 60°的 V 形槽，槽深 1.9mm，槽的根部圆角半径 0.76mm。将试样先经磨削引人残余拉应力，再经喷丸引人残余压应

力。由于槽部磨削引入残余拉应力，使有效应力集中系数 K_σ 在室温下大于 α_σ；喷丸引入残余压应力，使 K_σ 在室温下比 α_σ 值小得多。但随着温度的升高，磨削的有害效应及喷丸的有利效应将逐渐消失。表35.7-30所列为表面残余压应力对铁基合金疲劳强度的有利影响。

表 35.7-28　各种加工工艺对镍基合金 GH3032 试样疲劳寿命的影响

加工工艺	硬层厚度 /μm	当 $\sigma_a=412$MPa 时，到达破坏的循环数			
		20℃		700℃	
		$N/10^6$	寿命(%)	$N/10^6$	寿命(%)
电抛光	—	4.85	—	13.4	—
精车	128	2.85	−41	9.01	−34
粗车	185	1.53	−68	5.35	−61
带电车削	91	2.27	−53	7.05	−48
新砂轮磨削	49	3.61	−25	11.7	−13
钝砂轮磨削	37	3.44	−29	10.4	−23
新刀车削后抛光	75	4.28	−11.6	10.0	−26
钝车车削后抛光	139	3.82	−21	8.55	−36
磨削后抛光	37	5.03	+3.7	12.6	−6
辊压	296	7.83	+61	14.3	+6.4
喷丸	189	17.8	+246	15.2	+12.6

注：电抛光试样的寿命设为100%。

表 35.7-29　表面喷丸对钴基合金缺口试样疲劳强度的影响

加工工艺	有效应力集中系数 $K_\sigma(\alpha_\sigma=2.7, N=10^8)$		
	室温	482~593℃	649℃
槽部磨削	4.6	2.9	2.4
喷丸	1.3	1.5	1.9

表 35.7-30　表面残余压应力对铁基合金疲劳强度的影响

铁基合金	试样类型	试验温度/℃	残余应力/MPa	σ_{-1}/MPa ($N=10^7$)		σ_{-1}增加率(%)
				未喷丸	喷丸	
GH1140	板材 $\alpha_\sigma=1$	550	−1100	350	460	31
GH2135	缺口 $\alpha_\sigma=2$	450	−950	175	275	57
GH2135	缺口 $\alpha_\sigma=2$	550	−950	240	300	25
GH2036	缺口 $\alpha_\sigma=2$	600	−1400	≤200	300	≥28
GH2132	缺口 $\alpha_\sigma=2$	650	−1600	230	255	30

4.3.6　平均应力因素

平均应力 σ_m 对材料疲劳强度的影响，可用等寿命曲线来表示。在高温疲劳中，随着温度的提高，整个曲线向原点移动，即蠕变强度及疲劳强度都降低。图35.7-58所示为钴基合金 S-816 在室温24℃及高温下的等寿命曲线，实线为光滑试样，虚线为缺口试样（$\alpha_\sigma=3.4$）。图35.7-59所示为 N-155 合金的等寿命曲线。

4.4　高温下疲劳强度计算

高温下疲劳强度计算方法有两种：①考虑高温及循环应力（应变）效应的静态计算法；②考虑蠕变与疲劳复合作用的计算法。

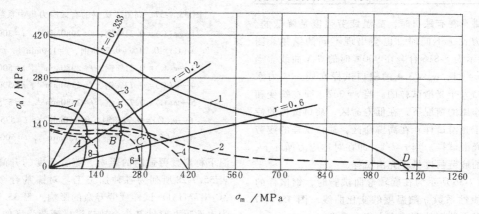

图 35.7-58　钴基合金 S-816 在寿命 100h 或 2.16×10⁷ 次循环下，有平均拉应力时的等寿命曲线

1—光滑试样，$t=24$℃　2—缺口试样（$\alpha_\sigma=3.4$），$t=24$℃　3—光滑试样，$t=732$℃
4—缺口试样（$\alpha_\sigma=3.4$），$t=732$℃　5—光滑试样，$t=816$℃　6—缺口试样
（$\alpha_\sigma=3.4$），$t=816$℃　7—光滑试样，$t=900$℃　8—缺口试样（$\alpha_\sigma=3.4$），$t=900$℃
A点—900℃　B点—816℃　C点—732℃　D点—24℃

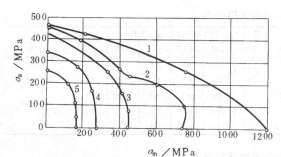

图 35.7-59　N-155 合金光滑试样在 150h 寿命
下有平均应力时的等寿命曲线

1—室温　2—538℃　3—649℃　4—732℃　5—816℃

4.4.1　静态计算法

静态计算法是根据长期实践经验，对高温下工作的零部件确定出其许用应力和安全系数。由机械零件的工作温度和受力情况，求安全系数有三种情况：

1）工作温度下以蠕变极限为基准的安全系数

$$n_{\varepsilon p}^{t} = \frac{\sigma_{\varepsilon}^{t}}{\sigma_{p}^{t}} \qquad (35.7\text{-}5)$$

2）工作温度下以持久极限为基准的安全系数

$$n_{\tau p}^{t} = \frac{\sigma_{\tau}^{t}}{\sigma_{p}^{t}} \qquad (35.7\text{-}6)$$

3）工作温度下以屈服强度为基准的安全系数

$$n_{sp}^{t} = \frac{R_{eL}^{t}}{\sigma_{p}^{t}} \qquad (35.7\text{-}7)$$

式中　σ_{p}^{t}——在温度 t 时的许用应力；

σ_{ε}^{t}——蠕变极限，其中 t 代表温度，ε 为单位小时的变形量，例如，$\sigma_{1 \times 10^{5}}^{500}$ = 100MPa，表示材料在 500℃ 温度下，10^{5}h 后变形量为 1% 的蠕变极限为 100MPa；

σ_{τ}^{t}——持久极限，其中 t 代表温度，τ 为时间，例如，$\sigma_{1 \times 10^{3}}^{700}$ = 300MPa，表示某材料在 700℃、1000h 的持久极限为 300MPa；

R_{eL}^{t}——工作温度下的屈服强度，例如，R_{eL}^{500} = 300MPa，表示某材料在 500℃ 时的屈服强度为 300MPa。

由于 R_{eL}^{t} 的测量比较困难，可以用高温强度极限 R_{m}^{t} 与 R_{eL}^{t} 之间的比例关系，近似地算出 R_{eL}^{t} 的数值。对于碳钢有：

在 300℃ 时，$R_{eL}^{t} = 0.38 R_{m}^{t}$；

在 350℃ 时，$R_{eL}^{t} = 0.36 R_{m}^{t}$；

在 400℃ 时，$R_{eL}^{t} = 0.35 R_{m}^{t}$；

在 450℃ 时，$R_{eL}^{t} = 0.33 R_{m}^{t}$；

在 500℃ 时，$R_{eL}^{t} = 0.25 R_{m}^{t}$。

对于合金钢，这个比值比碳钢大，在 500℃ 时，钼钢的比值为 0.34，镍钼钢的比值为 0.42。

涡轮机零部件的安全系数许用值，见表 35.7-31。

汽轮机用钢的许用应力，见表 35.7-32。

动力机械用铸钢的许用应力，见表 35.7-33。

表 35.7-31　涡轮机零部件的安全系数许用值

零部件名称	应力状态	材料	安全系数	零部件名称	应力状态	材料	安全系数
涡轮机动叶片	拉、弯、扭疲劳	12Cr13，20Cr13，15Cr11MoV	$n_{sp}^{t} = 1.7 \sim 2.5$（低温） $n_{sp}^{t} = 2$，$n_{\tau p}^{t} = 2$ $n_{\varepsilon p}^{t} = 1.3$（高温）	涡轮机焊接转子	周向应力	$\begin{cases} 34CrMo, \\ 34CrNi3Mo \\ 25Cr1Mo1V \end{cases}$	$n_{sp}^{t} = 2.3$（焊接处） $n_{sp}^{t} = 3$（低温） $n_{sp}^{t} = 2.2$，$n_{\tau p}^{t} = 1.65$ $n_{\varepsilon p}^{t} = 1.25$（高温）
涡轮机卫带、拉金	拉、弯	—	$n_{sp}^{t} = 1.5 \sim 2.4$（低温） $n_{sp}^{t} = 2$，$n_{\tau p}^{t} = 2$ $n_{\varepsilon p}^{t} = 1.3$（高温）	涡轮机套装叶轮	周向应力	$\begin{cases} 34CrMo, \\ 34CrNi3Mo \\ 25Cr1Mo1V \end{cases}$	$n_{sp}^{t} = 1.8$（低温） $n_{sp}^{t} = 1.8 \sim 2$，$n_{\tau p}^{t} = 1.65$ $n_{\varepsilon p}^{t} = 1.25$（高温）
涡轮机静叶片	弯、扭疲劳	$\begin{cases} 20,20CrMo, \\ 15Cr1Mo1V, \\ 12CrMnV, \\ 12Cr13 \end{cases}$	$n_{sp}^{t} = 3$（低温） $n_{sp}^{t} = 3$，$n_{\tau p}^{t} = 2.3$ $n_{\varepsilon p}^{t} = 1.4$（高温）	涡轮机焊接隔板	弯	ZG20CrMo，ZG15Cr1Mo1V	$n_{sp}^{t} = 1.65$，$n_{\tau p}^{t} = 1.65$ $n_{\varepsilon p}^{t} = 1.25$（高温）
涡轮机整体转子	周向应力	$\begin{cases} 34CrMo, \\ 34CrNi3Mo \\ 25Cr1Mo1V \end{cases}$	$n_{sp}^{t} = 2.2$（低温） $n_{sp}^{t} = 2.2$，$n_{\tau p}^{t} = 1.5$ $n_{\varepsilon p}^{t} = 1.0$（高温）	涡轮机机壳（铸件） 涡轮机机壳（锻件）	内压	$\begin{cases} HT250, \\ Q235A,20, \\ ZG20CrMo, \\ ZG20CrMoV \end{cases}$ 45,35CrMoA，25Cr2Mo1V	$n_{sp}^{t} = 1.5$（低温） $n_{sp}^{t} = 2$，$n_{\tau p}^{t} = 2$ $n_{\varepsilon p}^{t} = 1.55$（高温） $n_{sp}^{t} = 1.65$，$n_{\tau p}^{t} = 1.65$ $n_{\varepsilon p}^{t} = 1.25$（高温）

注：低温是指低于蠕变温度；高温是指高于蠕变温度，下角 p 为"许用"。

表 35.7-32 汽轮机用钢的许用应力

钢 号	在不超过下列温度（℃）的许用应力 σ_p^t/MPa													
	20	200	250	300	350	400	425	450	475	500	525	550	575	600
34CrMo	166	166	166	166	166	156	132	107	83	61				
12Cr13	117	107	103	98	88	83	76	76	67	60	50	37		17
20Cr13	137	127	117	115	112	107	103	95	83	63	44	23		
30Cr2MoV	215	215	215	205	196	181	171	161	127	88	52	30		
33Cr3MoWV	235	235	235	235	225	210	205	181	147	98	63			

表 35.7-33 动力机械用铸钢的许用应力

钢 号	应力种类	在不超过下列温度（℃）的许用应力 σ_p^t/MPa							
		120	200	250	300	350	400	425	450	475
ZG230-450	拉伸	83	83	83	71	62	56	53	43	31
	弯曲	100	100	100	85	75	68	63	52	37
ZG270-500	拉伸	92	92	92	78	68	58	54	44	31
	弯曲	109	109	109	94	82	70	65	53	37

4.4.2 蠕变疲劳复合作用计算法

有些机器的零部件是在高温下受交变载荷的作用，如设备的经常起动和制动，高温压力容器的充气和放气等。对它们进行失效分析时，常常会涉及蠕变和疲劳交互作用的问题，即同时会产生由于载荷保持不变引起的蠕变损伤和由于交变载荷引起的疲劳损伤。对于这类构件的寿命估算，常常需要考虑零部件所受的载荷、频率和温度等主要因素的影响，工程中应用的有线性累积损伤法、应变幅划分法和频率修正法。

（1）线性累积损伤法

该方法是根据迈因纳（Miner）线性累积损伤理论导出的。假设零部件由于交变载荷引起的疲劳损伤 D_f 和由于载荷保持不变引起的蠕变损伤 D_c 的总和达到临界损伤值 D 时，就会发生失效，即

$$D_f + D_c = D \qquad (35.7-8)$$

D_f 和 D_c 可以根据线性累积损伤公式计算，即

$$\left. \begin{array}{l} D_f = \sum_{i=1}^{n} \dfrac{n_i}{N_i} \\[2mm] D_c = \sum_{j=1}^{m} \dfrac{t_i}{T_i} \end{array} \right\} \qquad (35.7-9)$$

式中 n_i——在应力为 σ_i 时的循环数；

N_i——在应力为 σ_i 时的疲劳失效寿命；

t_i——在应力为 σ_i 时的保持时间（h）；

T_i——在应力为 σ_i 时的蠕变失效时间（h）。

因此，在设计中应使

$$\sum_{i=1}^{n} \frac{n_i}{N_i} + \sum_{j=1}^{m} \frac{t_i}{T_i} \leqslant D \qquad (35.7-10)$$

临界损伤 D 值对于不同的材料和工作温度是不同的，图 35.7-60 所示为两种不同材料的蠕变-疲劳复合作用的累积损伤曲线。在工程中为计算方便，常取 $D=1$，这对于大多数情况是偏于安全的。

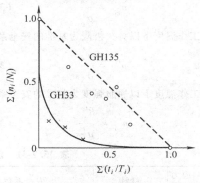

图 35.7-60 蠕变-疲劳复合作用的累积损伤曲线

（2）应变幅划分法

该方法是由曼森（Manson）等人首先提出，认为蠕变-疲劳引起的失效与常温下低周疲劳失效有相类似处，可以用材料的应力-应变循环来估算寿命。并假设在蠕变温度下，零部件的寿命是受应力-应变循环中与时间无关的塑性应变和与时间有关的蠕变应变控制。因此，可对每一个应力-应变滞回环的应变进行划分，分别计算各部分所形成的损伤。

根据高温下可能出现的各种应力-应变循环特性，可以划分成以下四种基本类型，即

1）拉伸为塑性应变，压缩为塑性应变，如图 35.7-61a 所示，总应变幅为 $\Delta\varepsilon_{pp}$。

2）拉伸为塑性应变，压缩为蠕变应变，如图 35.7-61b 所示，总应变幅为 $\Delta\varepsilon_{pc}$。

3）拉伸为蠕变应变，压缩为塑性应变，如图 35.7-61c 所示，总应变幅为 $\Delta\varepsilon_{cp}$。

4）拉伸为蠕变应变，压缩为蠕变应变，如图 35.7-61d 所示，总应变幅为 $\Delta\varepsilon_{cc}$。

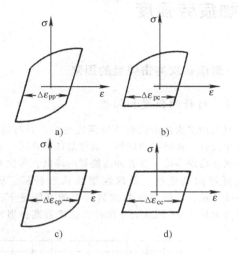

图 35.7-61　四种基本应力-应变循环

在每一种基本循环特性下引起的损伤，都符合科芬-曼森（Coffin-Manson）公式，可由试验得到

$$\left.\begin{aligned} \Delta\varepsilon_{pp}N_{pp}^{a_1} &= C_1 \\ \Delta\varepsilon_{pc}N_{pc}^{a_2} &= C_2 \\ \Delta\varepsilon_{cp}N_{cp}^{a_3} &= C_3 \\ \Delta\varepsilon_{cc}N_{cc}^{a_4} &= C_4 \end{aligned}\right\} \quad (35.7\text{-}11)$$

式中　　N_{pp}、N_{pc}、N_{cp}、N_{cc}——应变幅为 $\Delta\varepsilon_{pp}$、$\Delta\varepsilon_{pc}$、$\Delta\varepsilon_{cp}$ 和 $\Delta\varepsilon_{cc}$ 时的失效寿命；

a_1、a_2、a_3、a_4、C_1、C_2、C_3、C_4——材料常数。

对于任意一个应力-应变滞回环，可以按上述四种基本循环进行划分，获得各应变幅分量，如图 35.7-62 所示的一个闭合的应力-应变滞回环，经划分后可得到

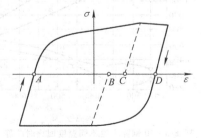

图 35.7-62　应变幅的划分

$\Delta\varepsilon_{pp}=DB$，　$\Delta\varepsilon_{cc}=CD$，　$\Delta\varepsilon_{pc}=AC-DB$

在一个闭合的应力-应变滞回环中 $\Delta\varepsilon_{pc}$ 和 $\Delta\varepsilon_{cp}$ 不可能同时出现，若拉伸塑性应变大于压缩塑性应变时，仅有 $\Delta\varepsilon_{pc}$ 应变幅分量；反之，仅有 $\Delta\varepsilon_{cp}$ 应变幅分量。

根据应力-应变循环中的各应变幅分量和线性累积损伤假设，现有两种估算失效寿命 N_f 的方法：

1）方法一：

$$\frac{1}{N_f}=\frac{1}{N_{pp}}+\frac{1}{N_{pc}}+\frac{1}{N_{cp}}+\frac{1}{N_{cc}} \quad (35.7\text{-}12)$$

式中的 N_{pp}、N_{pc}、N_{cp} 和 N_{cc} 是分别根据已知的应力幅分量 $\Delta\varepsilon_{pp}$、$\Delta\varepsilon_{pc}$、$\Delta\varepsilon_{cp}$ 和 $\Delta\varepsilon_{cc}$ 由式（35.7-11）计算得到。

2）方法二：

$$\frac{1}{N_f}=\frac{F_{pp}}{N_{pp}}+\frac{F_{pc}}{N_{pc}}+\frac{F_{cp}}{N_{cp}}+\frac{F_{cc}}{N_{cc}} \quad (35.7\text{-}13)$$

其中　　$F_{pp}=\dfrac{\Delta\varepsilon_{pp}}{\Delta\varepsilon}$，　$F_{pc}=\dfrac{\Delta\varepsilon_{pc}}{\Delta\varepsilon}$，

$F_{cp}=\dfrac{\Delta\varepsilon_{cp}}{\Delta\varepsilon}$，　$F_{cc}=\dfrac{\Delta\varepsilon_{cc}}{\Delta\varepsilon}$，

$\Delta\varepsilon=\Delta\varepsilon_{pp}+\Delta\varepsilon_{pc}+\Delta\varepsilon_{cp}+\Delta\varepsilon_{cc}$

式中　F_{pp}、F_{pc}、F_{cp}、F_{cc}——应变幅分数；

$\Delta\varepsilon$——总应变幅。

式（35.7-13）中的 N_{pp}、N_{pc}、N_{cp} 和 N_{cc} 是以 $\Delta\varepsilon$ 作为应变幅值，代入式（35.7-11）分别计算后得到。

（3）频率修正法

频率修正法是对室温下计算疲劳寿命的通用斜率方程用频率项进行修正，以适应高温下具有疲劳和蠕变交互作用的寿命计算。

对于循环中无保持时间的失效寿命 N_f 为

$$\Delta\varepsilon = C_2 N_f^{-\beta} f^{(1-k)\beta} + \frac{AC_2^n}{E} N_f^{-\beta n} f^{k_1+(1-k)\beta n}$$

$$(35.7\text{-}14)$$

式中　　　　　　　$\Delta\varepsilon$——总应变幅；

E——弹性模量；

f——频率；

A、C_2、n、β、k、k_1——常数。

对于循环中具有保持时间的情况，需用失效总时间 t_f 表示寿命，当不考虑材料的循环应变硬化，即 $n=1$ 时，t_f 为

$$\Delta\varepsilon = C_{2f}^{t-\beta}\tau^{k\beta} + \frac{AC_2}{E}t_f^{-\beta}\tau^{-(k_1-k\beta)} \quad (35.7\text{-}15)$$

$$\tau=\frac{1}{f}$$

各符号意义同式（35.7-14）。

第8章　冲击与接触疲劳强度

1　冲击疲劳强度

冲击疲劳是指重复冲击载荷所引起的疲劳。当冲击次数 N 小于 500~1000 次即破坏时，零件的断裂形式与一次冲击相同；当冲击次数 N 大于 10^5 次时破坏，零件断裂属于疲劳断裂，并具有典型的疲劳断口特征。

1.1　多次冲击能量-寿命（A-N）曲线

根据多次冲击试验可以作出冲击能量 A 和冲击破坏次数 N 的关系曲线（即 A-N 曲线）。也可作出冲击应力 σ 或应变 ε 与冲击次数 N 的关系曲线。

强度高、韧性低的材料与韧性高、强度低的材料的两条 A-N 曲线有一交点。在交点左边较高能量时，韧性高、强度低的材料寿命长。在交点右边较低能量时，强度高、韧性低的材料寿命长。在这个交点上，表示多次冲击强度的主导因素在此发生转化。材料的多次冲击强度主要决定于强度。

图 35.8-1 所示为多次冲击弯曲的 A-N 曲线。图 35.8-2 所示为多次冲击拉伸试验的 A-N 曲线。

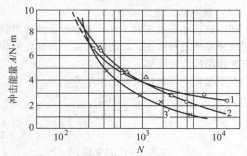

图 35.8-1　三种碳钢多次冲击弯曲的 A-N 曲线
1—45 钢，调质　2—78 钢，油淬火　3—25 钢，
正火缺口试样外径 ϕ12mm，内径 ϕ9mm

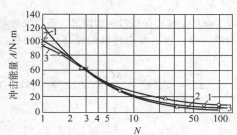

图 35.8-2　钢试样多次冲击拉伸试验的 A-N 曲线
1—20Cr 钢，淬火+200℃回火　2—40Cr 钢，淬火
+600℃回火　3—40Cr 钢，淬火+400℃回火，
ϕ5mm 光滑试样

1.2　影响多次冲击强度的因素

1.2.1　材料的强度和韧性

材料的多次冲击强度是以强度为主，并与韧性、塑性相配合，在强度和韧性、塑性最佳配合时，多次冲击强度出现高峰。随着冲击能量的降低，多次冲击强度高峰向高强度、低韧性塑性状态转移。从图 35.8-3 可见，在断裂次数仅数百次的高能量下，40 钢以淬火后 450℃回火为多次冲击强度最高；当冲击

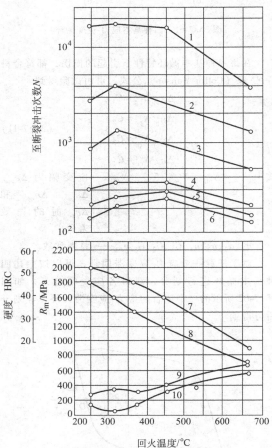

图 35.8-3　40 钢淬火后不同温度回火时的静
强度和多次冲击强度（A 为冲击能量）
1—A=1.3J　2—A=2.5J　3—A=3.8J
4—A=5.8J　5—A=7.3J　6—A=8.8J
7—硬度 HRC　8—R_m 值　9—A 值　10—a_K 值

能量降低，断裂次数达数千次时，则以 320℃ 回火的多次冲击强度最高。淬火高温回火（即调质）状态虽具有较高的冲击韧度，但其多次冲击强度却是很低的。

韧性对多次冲击强度的影响程度与材料强度水平有关。在低强度水平时，材料已有较大的韧性，这时进一步增加韧性对多次冲击强度的作用甚小（见图 35.8-4 及图 35.8-5，此时直线的斜率小）。在高强度和超高强度水平时，材料韧性一般较小，这时适当增加韧性对提高多次冲击强度将起显著作用。

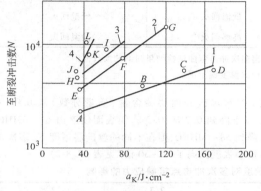

图 35.8-4　等强度下多次冲击强度与冲击韧度 a_K 的关系（冲击能量 $A = 2.0J$）（1）

A—（T8，515℃）　B—（55，525℃）　C—（45，485℃）
D—（30，458℃）　E—（T8，460℃）　F—（55，485℃）
G—（45，400℃）　H—（T8，420℃）　I—（55，415℃）
J—（T8，375℃）　K—（55，360℃）　L—（30，200℃）

1—$R_m = 980MPa$　　2—$R_m = 1275MPa$

3—$R_m = 1471MPa$　　4—$R_m = 1667MPa$

括号内的第一项为牌号，第二项为回火温度

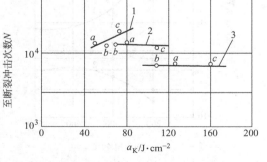

图 35.8-5　等强度下多次冲击强度与冲击韧度 a_K 的关系（冲击能量 $A = 2.0J$）（2）

a—40 钢　　b—40MnB　　c—40CrNiMoA
1—$R_m = 980MPa$　　2—$R_m = 1275MPa$

3—$R_m = 1471MPa$

1.2.2　表面强化工艺

（1）淬火和回火

低、中碳的碳素钢和合金结构钢经淬火和低、中温回火后，具有较高的多次冲击强度。具有最佳综合力学性能的淬火+高温回火（即调质），虽然能承受一次冲击的强度很高，但对小能量多次冲击的强度却很低，即使在尖锐缺口情况下也是如此（见图 35.8-6）。所以，过高地追求冲击韧度 a_K，不惜牺牲材料的强度，致使零件粗大笨重，实际上反可能降低了抵抗冲击载荷的能力，使零件的寿命不长。

对于感应电表面淬火，以 60 和 T8 钢为例，经高频电表面淬火后，其多种弯曲多次冲击弯曲疲劳强度随淬硬层厚度增加而增加，到某一临界厚度时有一极大值，淬硬层厚度继续增加，多次冲击弯曲疲劳强度下降。

在断裂次数不超过 10^4 次的冲击能量下，常见结构钢淬火以不同温度回火状态时的多次冲击强度的高低顺序见表 35.8-1。如进一步降低冲击能量，即断裂次数继续增大时，则相应的最佳多次冲击强度的回火温度还要向低温方向移动。

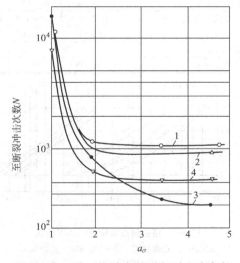

图 35.8-6　40MnB 钢淬火后不同温度回火多次冲击强度与理论应力集中系数 α_σ 的关系

1—200℃ 回火　　2—320℃ 回火
3—400℃ 回火　　4—500℃ 回火

（2）渗碳

1）渗碳钢心部含碳量对多次冲击强度的影响。以 Cr-Mo 钢为例，当心部含碳量为 0.25% 左右时，渗碳钢的多次冲击抗弯强度最高，缺口敏感性最小（见图 35.8-7）。

表 35.8-1　常用结构钢淬火回火状态的多次冲击强度

钢种类别	低 碳 钢	中 碳 钢	中碳合金钢
牌号和热处理	15，20，25 淬火回火	30，35，40，45，50 淬火回火	30CrMnSiA，40MnB， 40CrNiMoA 淬火回火
无缺口试样和钝缺口试样 $\alpha_\sigma = 1 \sim 1.9$	低温回火或不回火 ↓ 中温回火 ↓ 高温回火	300~350℃中温回火 ↓ 400℃中温回火 ↓ 低温回火 ↓ 高温回火	低温回火 ↓ 中温回火 ↓ 高温回火
锐缺口试样 $\alpha_\sigma = 4.6$		320~400℃中温回火 ↓ 低温回火 ↓ 高温回火	320~400℃中温回火 ↓ 低温回火 ↓ 高温回火

注：1. "↓"表示多次冲击强度从高到低的排列顺序，这是根据多次冲击弯曲试验结果归纳的大致范围。
　　2. 钢中含碳量较高时，回火温度偏上限；含碳量较低时，回火温度偏下限。

2）渗碳层厚度和表面硬度对多次冲击接触强度的影响。用钢珠装在冲头上对 20CrMo 渗碳钢表面进行反复冲击试验，结果表明：渗碳层厚度由 1.8mm 增加到 2.5mm，压痕下凹显著减缓，开裂也大为推迟。又将渗碳表面层碳含量（质量分数）从 0.9%~1.1% 下降到 0.7%~0.9%，使表面硬度由 61~63HRC 下降到 58~60HRC，则在不同的渗碳层厚度下，多次冲击接触强度提高了 10~30 倍（见表 35.8-2）。

表 35.8-2　20CrMo 钢表层碳浓度和表面硬度对多次冲击点接触应力的影响

渗碳层厚度/mm	1.8		2.0		2.3		2.5	
表面硬度 HRC	58~60	61~63	58~60	61~63	58~60	61~63	58~60	61~63
表层碳质量分数（%）	0.7~0.9	0.9~1.1	0.7~0.9	0.9~1.1	0.7~0.9	0.9~1.1	0.7~0.9	0.9~1.1
开裂周次 N	8×10^3	2.8×10^2	2×10^4	1×10^3	7×10^4	3.3×10^3	1.53×10^5	1.5×10^4
$N_{低碳}/N_{高碳}$	28.5		20		21.2		10.4	
下凹深度/mm	0.365	—	0.298	0.125	0.249	0.162	0.235	0.140

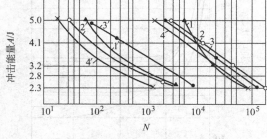

图 35.8-7　铬钼钢渗碳试样的 A-N 曲线
1—20CrMo，光滑试样　2—30CrMo，光滑试样
3—25CrMo，光滑试样　4—35CrMo，光滑试样
1′—20CrMo，缺口试样　2′—30CrMo，缺口试样
3′—25CrMo，缺口试样　4′—35CrMo，缺口试样

3）渗碳钢表面硬度对多次冲击滚动接触疲劳强度的影响。对以麻点剥落为损坏形式的渗碳件，适当提高其回火温度，使表面硬度由 61~63HRC 下降到 58~60HRC，将显著提高其滚动接触疲劳强度。

（3）表面加工硬化

采用辊压和喷丸等表面强化工艺，可改善表面层

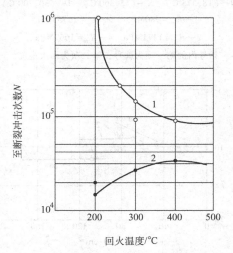

图 35.8-8　40Cr 钢不同回火温度下辊
压对提高多次冲击寿命的影响
1—经辊压　2—未经辊压

的组织性能，造成表面残余压应力状态，从而能有效地提高材料的多次冲击疲劳强度（见图 35.8-8 和图

35.8-9）。对于高强度材料或经化学热处理（如渗碳、碳氮共渗等）的材料，表面冷加工硬化提高多次冲击疲劳强度的效果更为显著。表面强化应选择合理的工艺参数，以免强化不足或过量而使性能下降。对于高强度材料，只有采用较大强化量的工艺，才能充分发挥其强度潜力。

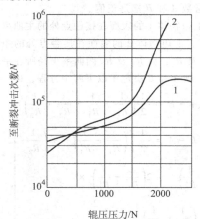

图 35.8-9　不同辊压压力对多次冲击寿命的影响
1—18CrNiW 钢淬火低温回火　2—18CrNiW 钢
气体氮化，直接淬火

1.3　冲击疲劳强度计算

如何把多次冲击试验的数据应用于实际的机械零件设计中，需要解决试样与实物的多次冲击强度的模拟问题，如尺寸的大小、形状的改变及材料性能的变化等。在近似计算中，当冲击次数小于 100 次时，用一次冲击的方法计算强度；当冲击次数大于 100 次时，用相似于疲劳的方法计算强度。

冲击疲劳强度最简单的设计计算方法是安全系数法。安全系数可用以冲断能量为基准的，也可用以冲断循环数为基准的，即

$$n_{\mathrm{A}} = \frac{A_{\mathrm{C}}}{A}; \quad n_{\mathrm{N}} = \frac{N_{\mathrm{C}}}{N} \qquad (35.8-1)$$

式中　A_{C}——在某一寿命值下的冲断能量；

A——设计冲击能量；

N_{C}——在某一冲击能量下至冲断的次数（寿命）；

N——设计寿命。

对于一般用途的机械推荐用：$n_{\mathrm{A}} = 1.3 \sim 1.5$；$n_{\mathrm{N}} = 2.0 \sim 10$。

2　接触疲劳强度

零件在循环接触应力作用下，产生局部永久性累积损伤，经过一定的循环次数后，接触表面发生麻点、浅层或深层剥落的过程称为接触疲劳。齿轮、滚动轴承和凸轮是典型的接触疲劳失效零件。

2.1　接触疲劳失效机理

用圆柱体滚子在弹性体平面上滚动为例，弹性体内切应力 τ_{yz} 的变化如图 35.8-10 所示。图 35.8-10a 表示滚子在位置 1，图 35.8-10b 表示滚子在位置 2，图 35.8-10c 表示滚子在位置 3。有剖面线的滚子表示滚子的所在位置，没有剖面线的滚子表示在该瞬间滚子不在这位置上。

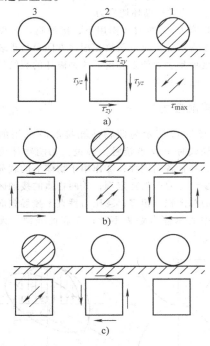

图 35.8-10　圆柱体滚子在平面上滚动时
的切应力变化

图 35.8-10a 表示当滚子在位置 1 时，在位置 1 的正下方，$\tau_{yz} = 0$；但在左边位置 2 的下方（例如，位置 2 在位置 1 左边 0.85b 处），有切应力 $\tau_{yz} = \tau_{zy}$ 的最大值，等于 0.256σ_{Hmax}（见图 35.8-11），并以 τ_0 表示。此时，位置 3 下方的切应力很小，可以不考虑。

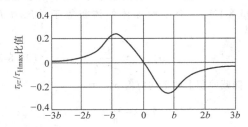

图 35.8-11　在表面下 0.5b 处切应力 τ_{yz} 的变化曲线

图 35.8-10b 表示滚子在位置 2 时弹性体内切应力 τ_{yz} 的情况。这时，在位置 2 的正下方，$\tau_{yz}=0$；在左边位置 3 及右边位置 1 的下方，$\tau_{yz}=\tau_{zy}=\tau_0$，但切应力的方向相反。

图 35.8-10c 表示滚子在位置 3 时弹性体内切应力 τ_{yz} 的情况。这时，在位置 3 的正下方，$\tau_{yz}=0$；在右边位置 2 的下方，$\tau_{yz}=\tau_{zy}=\tau_0$；在位置 1 的下方，切应力很小，可以不考虑。

因此，弹性体内最危险的切应力是离表面 $0.5b$ 处的 τ_{yz}，其最大值为 $0.256\sigma_{Hmax}=\tau_0$，即应力幅为 $0.256\sigma_{Hmax}$ 的对称循环切应力。

在切应力 τ_0 的循环作用下，接触物体表面下形成平行于表面的裂纹，裂纹在滚动方向平行于表面扩展，再延伸到表面使之剥落。这种破坏的裂纹扩展速度较慢，断口光滑。

2.2 接触应力

图 35.8-12 所示为两物体相接触时采用的坐标系，未加载时于 O 点接触。假设：①两物体为完全弹性体，并且各向同性；②作用于物体上的载荷仅产生弹性变形并遵循胡克定理；③两物体的接触区面积比物体的总面积小很多；④压力垂直于接触表面，即接触区中的摩擦力略去不计；⑤表面光滑，无承载油膜。

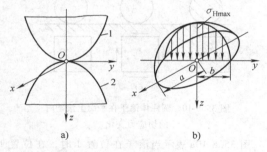

图 35.8-12 两物体的接触

在弹性体接触问题中，原为点接触的两物体受压力后，接触面的一般形状为椭圆，其长半轴为 a，短半轴为 b。取椭圆的中心为原点 O，压力分布为半椭球形，在 O 点的最大名义接触应力以 σ_{Hmax} 表示（见图 35.8-12b）。令半椭球体的体积等于总压力 F，即得

$$\sigma_{Hmax}=\frac{3F}{2\pi ab} \qquad (35.8-2)$$

椭圆面积上的平均应力 σ_{Hm} 为

$$\sigma_{Hm}=\frac{F}{\pi ab}$$

由此可以看出，σ_{Hmax} 为 σ_{Hm} 的 1.5 倍。由弹性

力学可得椭圆的长半轴 a 和短半轴 b 分别为

$$\left.\begin{array}{l}a=m\left[\dfrac{3\pi F(k_1+k_2)}{4(A+B)}\right]^{\frac{1}{3}}\\[4mm]b=n\left[\dfrac{3\pi F(k_1+k_2)}{4(A+B)}\right]^{\frac{1}{3}}\end{array}\right\} \qquad (35.8-3)$$

式中的常数 A 和 B 都是正值。

设上边物体 1 的表面在接触点处的主曲率半径为 R_1 及 R_1'，下边物体 2 的表面在接触点处的主曲率半径为 R_2 及 R_2'，而 R_1 及 R_2 两曲率半径所在平面的夹角为 ψ，则 A 和 B 决定于以下两个方程，即

$$\begin{aligned}A+B&=\frac{1}{2}\left(\frac{1}{R_1}+\frac{1}{R_1'}+\frac{1}{R_2}+\frac{1}{R_2'}\right)\\[2mm]B-A&=\frac{1}{2}\left[\left(\frac{1}{R_1}-\frac{1}{R_1'}\right)^2+\left(\frac{1}{R_2}-\right.\right.\\[2mm]&\left.\frac{1}{R_2'}\right)^2+2\left(\frac{1}{R_1}-\frac{1}{R_1'}\right)\times\\[2mm]&\left.\left(\frac{1}{R_2}-\frac{1}{R_2'}\right)\cos2\psi\right]^{\frac{1}{2}}\end{aligned}$$

$$(35.8-4)$$

而 m 及 n 是与比值 $(B-A)/(A+B)$ 有关的系数。引用符号

$$\cos\theta=\frac{B-A}{A+B}$$

m 及 n 与 θ 的关系列于表 35.8-3。

表 35.8-3 m 及 n 的数值

$\theta/(°)$	30	40	50	60	70	80	90
m	2.73	2.14	1.75	1.49	1.28	1.13	1.00
n	0.49	0.57	0.64	0.72	0.80	0.89	1.00

$$k_1=\frac{1-\nu_1^2}{\pi E_1}, \quad k_2=\frac{1-\nu_2^2}{\pi E_2} \qquad (35.8-5)$$

式中 ν_1、ν_2——物体 1 和物体 2 的泊松比；

E_1、E_2——物体 1 和物体 2 的弹性模量。

比值 a/b 越大，接触面的椭圆越是长而窄。当 a/b 趋于无限大时，就得到两个轴线平行的圆柱体相接触的情况。这时，接触面是宽度为 $2b$ 的狭矩形，而名义接触应力沿接触面宽度方向按半椭圆分布。令接触面的单位长度上的接触力为 w，则

$$w=\frac{\pi b\sigma_{Hmax}}{2}$$

从而得到最大名义接触应力

$$\sigma_{Hmax}=\frac{2w}{\pi b} \qquad (35.8-6)$$

它等于平均应力 $w/(2b)$ 的 $4/\pi$ 倍。对局部应变进行

分析，可得

$$b = \sqrt{\frac{4w(k_1 + k_2)R_1R_2}{R_1 + R_2}} \qquad (35.8\text{-}7)$$

及

$$\sigma_{H\max} = \sqrt{\frac{w(R_1 + R_2)}{\pi^2(k_1 + k_2)R_1R_2}} \qquad (35.8\text{-}8)$$

当两物体的材料相同，即 $E_1 = E_2 = E$ 及 $\nu_1 = \nu_2 = \nu = 0.3$ 时，得工程上常用的公式，即

$$\left.\begin{array}{l} b = 1.52\sqrt{\dfrac{wR_1R_2}{E(R_1 + R_2)}} \\[3mm] \sigma_{H\max} = 0.418\sqrt{\dfrac{wE(R_1 + R_2)}{R_1R_2}} \end{array}\right\} \qquad (35.8\text{-}9)$$

对于圆柱体与平面相接触的情况，只须在上面的公式中，令 $R_1 \to \infty$；对于圆柱体与圆柱座相接触的情况，只须在以上的公式中取 R_1 为负值。

用解析法可以推导出接触物体的切应力 τ_{yz} 的表达式。当轴线平行的两圆柱体相接触时，在接触区表面下 $0.5b$ 处的平面上，切应力 τ_{yz} 的变化如图35.8-11所示。图中横坐标由 $-b$ 到 b 的区域为接触面的宽度，O 点为接触区的中点，该点的压应力为最大应力 $\sigma_{H\max}$。切应力的最大值在表面以下 $0.5b$ 处，离中心点 O 的距离为 $0.85b$，且 $+0.85b$ 处的 τ_{yz} 与 $-0.85b$ 处的 τ_{yz} 方向相反，故此切应力为对称循环切应力。

2.3 影响接触疲劳强度的因素

（1）滑动速度

图 35.8-13 所示为滚子在弹性平面上滚动或滑动时，弹性体内切应力的分布。由图可以看出，纯滑动时，最大切应力在表面；滚动伴随滑动时，与纯滚动相比，最大切应力的位置离表面较近，且应力更大。就是说，如果在接触疲劳中存在滑动，将显著降低疲劳寿命。

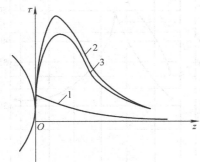

图 35.8-13 滚动或滑动时最大切应力的位置
1—纯滑动 2—滚动伴随滑动 3—纯滚动

一般质量的钢材总存在非金属夹杂等缺陷，加工

后的零件表面总留有不同程度的刀痕、磨削痕、腐蚀或磨损造成的痕迹。因此，以滚动为主的两接触件常以表层下某一深度处存在的缺陷作为裂纹源。对于以滑动为主的两接触件，表面上的切削痕等缺陷是应力集中点，成为接触疲劳裂纹源。裂纹从表面开始，沿与滑动方向成 $20° \sim 40°$ 角向下扩展并分叉，使表层剥落，形成浅坑，其断口粗糙。表面裂纹的形成比表面下的裂纹慢，但裂纹扩展速度很快。

（2）表面粗糙度

两接触物体表面的几何形态和性质称为表面形貌。经机械加工的零件，表面上还是高低不平，有峰和谷。

两物体在滚动和滑动过程中，两表面上的峰和谷彼此之间产生嵌合、压碎、弹性应变和塑性压扁等现象，使物体的表面层损伤，摩擦因数增大，表面发热，润滑变坏，影响两接触表面的接触疲劳特性。

由试验可知，以精车的表面粗糙度为基准，如果将两钢制件接触表面的表面粗糙度降低到抛光的数值，则接触疲劳寿命可提高到精车寿命的 8 倍左右；此后，如果再继续降低表面粗糙度，则对接触疲劳寿命的影响变小。

（3）润滑油膜

若传动齿轮的两轮齿之间或滚动轴承的滚珠与座圈之间能形成弹性流体动压润滑（简称弹流）油膜，则两接触面之间的最大单位压力将大大降低，使接触疲劳寿命显著增加。

求弹流最小油膜厚度的道森公式，写成有量纲形式为

$$h_0 = 2.65a^{0.54}(\eta_0 v)^{0.7}R^{0.43}E'^{0.03}w^{-0.13}$$
$$(35.8\text{-}10)$$

式中 w——单位接触长度的载荷；

$$E' = \left[\frac{1}{2}\left(\frac{1-\nu_1^2}{E_1} + \frac{1-\nu_2^2}{E_2}\right)\right]^{-1};$$

ν_1、ν_2——物体 1 和 2 材料的泊松比；

a——润滑油黏度压力指数（见表 35.8-4）；

η_0——润滑油黏度；

v——综合滚动速度，$v = \dfrac{1}{2}(v_1 + v_2)$；

v_1、v_2——物体 1 和 2 接触表面线速度；

$$R = \frac{R_1R_2}{R_1 + R_2};$$

R_1、R_2——物体 1 和 2 接触表面的曲率半径。

表 35.8-4　精制润滑油的黏度压力指数 a

$(10^{-8} m^2 \cdot N^{-1})$

温度 /℃	环烷基			石蜡基		
	锭子油	轻机油	重机油	轻机油	重机油	气缸油
30	2.1	2.6	2.8	2.2	2.4	3.4
60	1.6	2.0	2.3	1.9	2.1	2.8
90	1.3	1.6	1.8	1.4	1.6	2.2

由式（35.8-10）即可求得最小油膜厚度 h_0。

引入膜厚比 λ：

$$\lambda = \frac{h_0}{\sqrt{R_{a1}^2 + R_{a2}^2}}$$

式中　R_{a1}、R_{a2}——接触面 1 和 2 的峰谷值算术平均偏差。

当 $\lambda \geq 3$ 时为全弹流，当 $\lambda < 3$ 时为部分弹流。对于大多数工业传动齿轮和滚动轴承，当 $\lambda > 1.5$ 时，就处于部分弹流状态；当 $\lambda > 3$ 时，疲劳寿命几乎与油膜厚度无关；当 $\lambda < 1.0$ 时，即进入边界润滑状态（见图 35.8-14）。

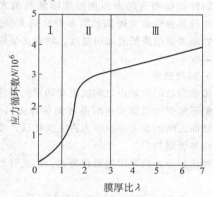

图 35.8-14　膜厚比 λ 与润滑状态
Ⅰ—边界润滑区　Ⅱ—部分弹流区
Ⅲ—全弹流区

弹流油膜的建立使接触面之间的压力分布趋于和缓，峰值压力下降，从而减少了接触疲劳损伤，使接触疲劳寿命提高。进入部分弹流状态后，虽不是全膜，但基本上建立了承载油膜。图 35.8-15 所示为膜厚比 λ 与接触疲劳损伤的关系。

（4）润滑剂

润滑剂的腐蚀作用对接触疲劳的影响要比黏度的影响大。润滑剂对金属会产生程度不同的腐蚀作用，使用不同的润滑剂，裂纹扩展速度相差可达 7 倍。

润滑油中的添加剂对接触疲劳寿命的影响很复杂，有的提高，有的降低，有的无影响，如含有氧和水分的添加剂将急剧降低寿命，在裂纹尖端有腐蚀作用的添加剂会降低寿命，能降低表面摩擦力的添加剂

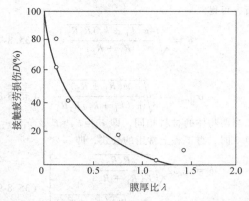

图 35.8-15　膜厚比 λ 与接触疲劳损伤的关系

可提高寿命。

（5）非金属夹杂物

轴承钢中的非金属夹杂物有脆性的（如氧化铝、硅酸盐、氮化物等）、塑性的（如硫化物）和球状的（如硅钙酸盐、铁锰酸盐）三类。脆性夹杂物的边缘部分最易造成微裂纹，其中，以脆性的带有棱角的氧化物和硅酸盐夹杂物对接触疲劳寿命降低最多。塑性的硫化物夹杂易随基体一起塑性变形，当硫化物夹杂把氧化物夹杂包住，形成共生夹杂物时，可以降低氧化物夹杂的坏作用。钢中适度的硫化物夹杂能提高接触疲劳寿命。

（6）硬度

1）马氏体含碳量。承受接触载荷的零件多采用高碳钢淬火或渗碳钢表面渗碳后淬火，使表层获得最佳硬度。对于轴承钢，在未溶碳化物状态相同的条件下，当马氏体含碳量（质量分数）为 0.4% ~ 0.5% 时，接触疲劳寿命最高（见图 35.8-16）。

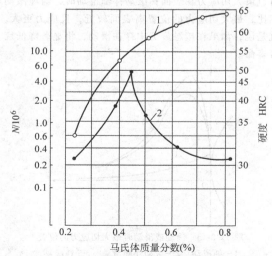

图 35.8-16　轴承钢中马氏体含碳量对接触疲劳寿命的影响
1—硬度 HRC　2—寿命

2）马氏体和残留奥氏体的级别。渗碳钢淬火，因工艺不同可以得到不同级别的马氏体和残留奥氏体。如残留奥氏体越多，马氏体针越粗大，则表层中的残留压应力和渗碳层强度就越低，易于产生微裂纹，降低接触疲劳寿命。

3）在一定硬度范围内，接触疲劳强度随硬度升高而增大，但并不保持正比关系。轴承钢表面硬度为 62HRC 时，其寿命最长（见图 35.8-17）。

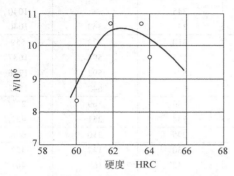

图 35.8-17　轴承钢表面硬度与寿命关系

表面脱碳降低表面硬度，又使表面易形成非马氏体组织，并改变表面残余应力分布，形成残余拉应力，降低接触疲劳寿命。某些齿轮早期接触疲劳失效分析表明，当脱碳层厚度为 0.20mm，表面含碳量（质量分数）为 0.3%~0.6% 或 70%~80% 时，疲劳裂纹是脱碳层内起源的。

渗碳件心部硬度太低，则表层硬度梯度太陡，易在过渡区内形成裂纹而产生深层剥落。实践表明，渗碳齿轮心部硬度以 35~40HRC 为宜。

2.4　接触疲劳强度计算

接触疲劳强度计算也是以 S-N 曲线为依据的，但接触疲劳的 S-N 曲线与拉伸和弯曲疲劳的 S-N 曲线不同。对材料接触疲劳试验的基本要求是，应尽可能地将被试验的材料做成滚子形零件（试样），并接近实际使用条件。这些条件包括：试样的加载形式、润滑油的选择与供油方法、材料的化学成分及组织状态、试样的形状和试样的表面加工特性等。

接触疲劳的 S-N 曲线的纵坐标是最大名义接触应力 σ_{Hmax}。σ_{Hmax} 的计算不考虑应力集中和局部塑性变形后应力重新分配等因素，而按弹性理论的公式进行。在每个应力水平下，对成组试验法的数据进行统计，得到 σ_{Hmax} 的均值，根据各个应力水平下的 σ_{Hmax} 的均值画出 S-N 曲线。

对于在每个应力水平下用一个试样的接触疲劳常规试验法，试样的数目不得少于 12 个，其中在接触疲劳极限水平区段进行试验的试样数不得少于 3 个。

图 35.8-18 所示为 $w(C) = 0.34\%$ 碳钢、$w(C) = 0.10\%$ 碳钢和硬铝用润滑油润滑进行接触疲劳试验得到的 S-N 曲线。图 35.8-19 所示为 14CrMnSiNi2Mo 钢经碳氮共渗和渗碳后淬火试验得的接触疲劳 S-N 曲线。表 35.8-5 所列为某些材料的接触疲劳极限。

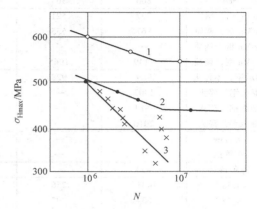

图 35.8-18　接触疲劳试验的 S-N 曲线
1—$w(C) = 0.34\%$ 碳钢　2—$w(C) = 0.10\%$
碳钢　3—硬铝

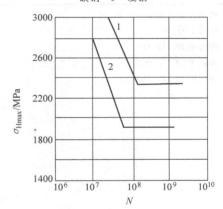

图 35.8-19　14CrMnSiNi2Mo 钢的
接触疲劳 S-N 曲线
1—碳氮共渗试样，渗层厚度为 0.66mm
2—渗碳试样，渗层厚度为 0.76mm

接触疲劳极限的循环基数 N_0 以不产生大量扩展性点蚀为依据。对于低碳钢，$N_0 = (2~4) \times 10^6$；对于调质钢，$N_0 = (10~20) \times 10^6$；对于铸铁，$N_0 = (2~6) \times 10^6$；对于青铜与铜合金，$N_0 = (3~12) \times 10^6$ 循环。当应力低于接触疲劳极限时，经过相当多循环后，也可能产生一些非扩展性的点蚀。

当由试验得出材料在某种具体接触情况下的 S-N 曲线后，有关接触疲劳的强度计算和寿命计算与高周疲劳计算相同。

表 35.8-5 某些材料的接触疲劳极限

材料及热处理	R_m/MPa	R_{eL}/MPa	A（%）	硬度 HBW		接触疲劳极限 σ_{Hlim}/MPa
				试验前	试验后	
St42[①]	485	338	32	140	169	422
St50[②]	568	358	28	159	191	481
St60	650	342	25	187	218	530
St70	806	364	18	230	271	647
Si-Mn 钢，调质	797	521	23	229	266	706
Si-Mn 钢，调质	867	555	21	255	292	770
Cr-Mn 钢，调质	—	—	—	345	—	1040
Cr-Mn 钢，调质	1149	1065	15	347	363	1040
轴承钢，不淬火	989	928	18	310	322	559
氮化钢，淬火	1903			555	594	1687
轴承钢，淬火	1981			573	592	1726
轴承钢，淬火	2010			629	642	1912
灰铸铁	—	—	—	156	169	275
灰铸铁	—	—	—	234	251	422
特种铸铁	400	—	—	295	310	608
Stg38[③]	431	256	37	130	142	422
Stg52[④]	534	295	29	142	164	461
Stg60[⑤]	637	333	20	185	211	618
铝青铜	490	177	15	130	150	412
铝青铜	686~736	226	30	200	227	549

① 相当于甲类普通碳素钢 Q235A。

② 相当于 Q275。

③ 相近于 ZG230-450。

④ 相近于 ZG270-500。

⑤ 相近于 ZG310-570。

第9章 提高零构件疲劳强度的措施

提高零构件疲劳强度方法主要有：合理选材、改进零构件结构和工艺、表面强化、表面防护和科学合理操作等。

1 合理选材

1.1 强度、塑性和韧性间最佳配合

设计者必须充分了解制造零件各种材料的性能，如强度极限、疲劳极限、屈服极限、弹性模量、S-N曲线、ε-N曲线、断裂韧度以及应力集中敏性系数等，根据零件服役条件加以比较选用。根据各种材料的强度、塑性和韧性的变形抗力试验曲线可知：当应力循环次数 $N>10^3$ 次循环时，强度高的材料具有高的疲劳寿命；当应力循环次数 $N<10^3$ 次时，塑性好的材料具有高的疲劳寿命。因此，当零件工作在高周疲劳时，应选择强度高的材料；工作在低周疲劳时，应选择塑性好的材料；工作在介于高低周之间时，应兼顾强度和塑性，选择韧性好的材料。

1.2 材料纯度

材料中的气孔、夹杂等缺陷和第二相质点的存在，都能使其疲劳强度降低，尤其选用高强度材料时，纯度更应提高。材料纯度对疲劳强度的影响与零件工作时应力大小的关系很大，对于工作应力接近疲劳极限时影响更大，对于低周疲劳时，则纯度影响不显著。

1.3 晶粒度和晶粒取向的影响

晶界能阻止材料的滑移、裂纹形成和扩展。细化晶粒能提高室温下的材料疲劳强度。而在高温条件下，则粗晶粒的疲劳强度反而比细晶粒高。

对于锻造和压轧的材料，当应力方向与材料流变方向相同时，可以提高其疲劳强度；反之，则疲劳强度下降。

2 改进结构和工艺

2.1 改进结构

机械零件中由于结构需要，常设计有一些圆角、键槽、螺纹、孔、轴肩等应力集中严重的部位，这些部位峰值应力高，故疲劳裂纹首先从这里开始，是零构件强度最薄弱的环节。所以在设计时，要特别注意零构件应力集中部位的细节设计，尽量避免或减少应力集中，或降低应力集中部位的峰值应力，使零构件的强度和寿命得以提高。表35.9-1给出一些改进结构降低峰值应力提高疲劳寿命的举例，设计者可以根据这些原则，在结构设计中灵活运用。

表 35.9-1　改进结构降低峰值应力提高疲劳寿命的举例

结构	原设计结构	改进后结构
轴肩	尖角	大圆角半径 凹切圆角并配轴环 凹切圆角 卸载槽

（续）

结构	原设计结构	改进后结构
紧配合		 放大轴颈直径　　轴上开槽 轮毂上圆角　　轮毂上开槽
卸载槽		 卸载槽
轴孔		 放大有孔截面 卸载槽
花键	 尖角	 加大轴径 圆角
键槽	 尖角	 加大轴径 圆角

（续）

结构	原设计结构	改进后结构
螺栓		
各类孔		

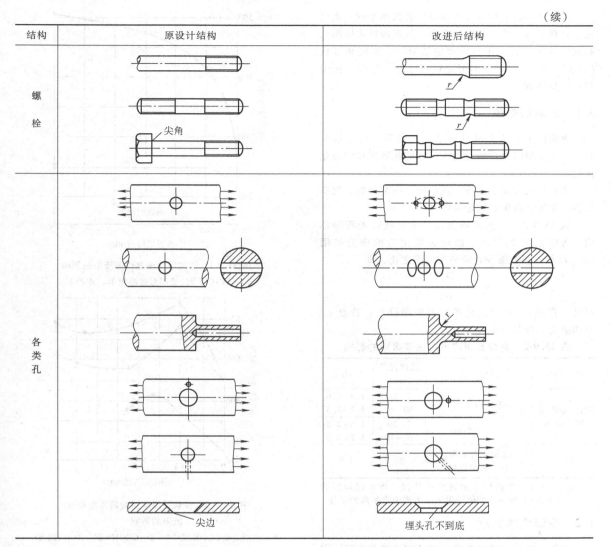

2.2　改进工艺

根据实践，采取以下的改进工艺，可以提高疲劳强度：

1）采用适当的热处理工艺，可以提高钢的疲劳强度。对中碳钢和合金结构钢进行调质处理比正火处理能得到更高的疲劳强度。

2）采用时效处理，可以给材料提供一种有利的弥散体，从而提高其疲劳强度。

3）尽力避免毛坯生产过程中产生偏析、脱碳、夹杂和微裂纹等缺陷。

4）在零件制造过程中，不使表面产生残余拉应力。

5）零件加工方向应与最大主应力方向保持一致。

6）对焊接件，焊件要加工坡口，避免未焊透，焊趾要打磨使其光滑过渡，以提高焊缝处的疲劳强度。

7）对机加工零件应提高表面质量，避免擦伤划痕。越是高强度钢其表面越要精加工，否则会降低其疲劳强度。

8）保持其配合面正确配合，不使产生附加载荷，以免造成疲劳强度降低。

3　表面强化

表面强化是提高零件疲劳强度行之有效的方法。其主要原因是：在零件表面层内产生了压缩残余应力和使表面层硬化。应力梯度越大，表面强化效果越显著。承受弯曲和扭转载荷的强化效果比承受拉压时效果更好，缺口件的表面强化效果比光滑件显著。

目前使用的表面强化方法有：表面热处理、表面化学处理、表面冷作强化。表面热处理包括火焰淬火和感应淬火。表面化学处理包括渗氮、渗碳和氰化（碳氮共渗）。表面冷作硬化包括喷丸、辊压、锤击和超载拉伸等。

3.1　表面热处理

表面淬火对大小零件皆适用。当零件尺寸增大时，硬化层厚度也要相应增大，才能起到同样的强化作用。

表面淬火适用于钻杆、花键轴、压配合轴、汽车后桥、轮座、曲轴和齿轮等零件。

表35.9-2所示为高频表面淬火对疲劳极限的影响。表中强化系数 β_3，即经过强化后的疲劳极限 $(\sigma_{-1})_j$ 与未经表面强化的疲劳极限之比，即

$$\beta_3 = \frac{(\sigma_{-1})_j}{\sigma_{-1}}$$

可见，若 $\beta_3 > 1$ 说明强化后疲劳极限提高；若 $\beta_3 < 1$ 说明强化后疲劳极限降低。

表 35.9-2　高频表面淬火对疲劳极限的影响

材　　料	试件形式	试件直径 /mm	β_3
结构用碳钢 和合金钢	无应力集中	7~20	1.3~1.6
		30~40	1.2~1.5
	有应力集中	7~20	1.6~2.8
		30~40	1.5~2.5
铸铁	光滑试件和有 应力集中试件	20	1.2

注：表列数据适用于旋转弯曲情况，淬火层厚度为 0.9~1.5mm，大值适用于应力集中水平高的零件。

3.2　表面化学处理

渗氮、渗碳和碳氮共渗主要适用于黑色金属，可以提高其疲劳强度和抗磨性。

1）渗氮。渗氮只适用于渗氮钢，渗氮钢都是含有铝、铬等合金元素的低合金钢。

渗氮层一般都不大于 0.6mm，渗氮层厚度对渗氮试样疲劳极限的影响如图 35.9-1 所示。由图可见渗氮层越厚对提高疲劳极限越显著。当厚度超过 0.5mm 以后，拉压疲劳强度不再提高。

2）渗碳。根据所用渗碳剂状态，又可分为气体渗碳、液体渗碳和固体渗碳。一般渗碳层厚度为 0.7~2.5mm。渗碳层厚度对旋转弯曲疲劳极限的影响如图 35.9-2 所示。

由于渗氮和渗碳层都比较薄，因此应避免对渗氮和渗碳后的零件进行机加工。对渗氮和渗碳前的零件要进行调质处理，以提高基体材料的疲劳强度。机件

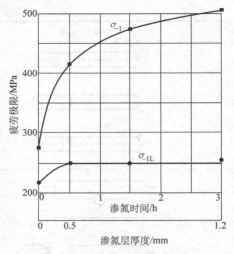

图 35.9-1　渗氮层厚度对疲劳极限的影响
（SAE1015 钢，570℃氮浴渗氮，水冷）

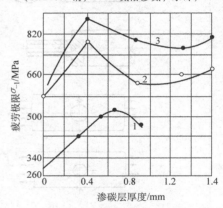

图 35.9-2　渗碳层厚度对旋转弯曲疲劳极限的影响

1—碳钢 [$w(C)0.12\%$]　2—CrNiMo 钢　3—CrNi 钢

心部抗拉强度对渗氮和渗碳试件疲劳极限的影响如图 35.9-3 所示。

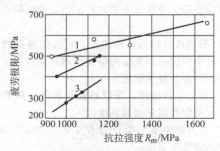

图 35.9-3　机件心部抗拉强度对渗氮和渗碳试件疲劳极限的影响

1—渗碳（旋转弯曲，σ_{-1}）　2—渗氮（σ_{-1}）
3—渗氮（扭转，τ_{-1}）

3）碳氮共渗。它的优点是所需时间短，成本低。因此适用于低碳钢。碳氮共渗层厚度对旋转弯曲疲劳极限的影响见图 35.9-4。

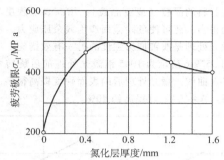

图 35.9-4　碳氮共渗层厚度对旋转弯曲
疲劳极限的影响
St. 3 钢（SAE1020），$d = 15mm$

表 35.9-3 给出了三种表面化学处理对疲劳极限的影响结果，由表中 β_3 数值可见强化效果是显著的。

表 35.9-3　三种表面化学处理对疲劳极限的影响

化学热处理的特性值	试件形式	试件直径/mm	β_3
氮化层厚度 0.1~0.4mm，硬度 730~970HBW	无应力集中	8~15	1.15~1.25
		30~40	1.10~1.15
	有应力集中（横孔、切口）	8~15	1.9~3.0
		30~40	1.3~2.0
渗碳层厚度 0.2~0.6mm	无应力集中	8~15	1.2~2.1
		30~40	1.1~1.5
	有应力集中	8~15	1.5~2.5
		30~40	1.2~2.0
碳氮共渗层厚度 0.2mm	无应力集中	10	1.8

3.3　表面冷作强化

冷作强化是在冷作层中建立了压缩残余应力提高材料疲劳强度。冷作变形结果也能使硬度有一定程度提高。带有铁素体、奥氏体和马氏体组织的钢，硬度提高较大；带索氏体和托氏体的钢，硬度提高较小；钛合金钢硬度实际没有提高。

表面冷作强化对带有应力集中的零件特别有利。表面冷作强化效果，不仅不随零件截面尺寸增大而降低，一般还会有所提高。

1）辊压强化。辊压强化是最常使用的一种表面强化方法，适用于圆柱形零件和平面零件。冷作层厚度 t 取决于压力 F 和材料屈服极限 R_{eL}。建议用下式计算冷作层厚度：

$$t = \left(\frac{F}{2R_{eL}} \right)^{\frac{1}{2}}$$

式中，F 的单位为 N，R_{eL} 单位为 MPa。

如果辊压力过大，会使材料表面产生微裂纹，反而使疲劳强度降低。因此，必须合理控制辊子压力，才能得到最佳的强化效果。

根据辊压工作实践，可以总结出以下一些结果：

① 对于精车的中碳钢光轴进行辊压，疲劳极限提高约 30%~40%。

② 对有应力集中的轴进行辊压，疲劳极限比光轴提高更大，应力集中系数越高，则辊压效果越好。

③ 装有紧配合的轴，在紧配合处进行辊压，其疲劳极限提高约 40%。

④ 带有横孔的轴，在孔边进行辊压，疲劳极限提高约 50%。

⑤ 有环形槽的轴，在槽底进行辊压，疲劳极限提高约 60%。

表 35.9-4 给出了结构用碳钢和合金钢，通过辊压冷作强化对疲劳极限的影响情况。

表 35.9-4　表面冷作强化对疲劳极限的影响

材料	冷作方法	试件形式	试件直径/mm	β_3
结构用碳钢和合金钢	辊压	无应力集中	7~20	1.2~1.4
			30~40	1.1~1.25
		有应力集中	7~20	1.5~2.2
			30~40	1.3~1.8

2）喷丸。喷丸处理特别适用于复杂形状的零件（如螺旋弹簧等）和具有内外表面的零件（如管子）。它可对零件表面进行整体或局部冷作强化处理。各种金属材料，如碳钢、合金钢、不锈钢、铝合金、镁合金、钛合金等，都可用喷丸强化工艺来提高零件的高周疲劳强度和接触疲劳强度。

通过喷丸强化工艺实践，可以得到如下几点结论：

① 零件材质不同，喷丸后的强化效果也不一样，一般情况下，高碳钢的喷丸效果要好于低碳钢。

② 在不同的热处理规范下，试件疲劳极限与喷丸前表面粗糙度几乎无关，而喷丸试件疲劳极限随着硬度增大而提高，近于成正比。

③ 有应力集中试件的喷丸效果远大于光滑试件的效果。

④ 喷丸能显著提高焊接件的疲劳强度。

⑤ 零件工作温度低于 400℃时，对结构钢零件进行喷丸能提高其疲劳强度；当零件工作温度大于 400℃时，随温度上升，其疲劳极限下降。

表 35.9-5 给出了喷丸对各种材料疲劳极限的影响。可见表中 β_3 全部大于 1，即对疲劳极限皆有提高。

表 35.9-5　喷丸对疲劳极限的影响

材料	冷作方法	试件形式	试件直径/mm	β_3
结构用碳钢和合金钢	喷丸	无应力集中	7~20	1.1~1.3
			30~40	1.1~1.2
		有应力集中	7~20	1.4~2.5
			30~40	1.1~1.5
铝合金和镁合金	喷丸	无应力集中	8	1.05~1.15

3）内孔挤压强化。许多带孔的零件，疲劳裂纹往往起源于孔周围的夹角部位，如连杆大头的内孔和各种受载的螺纹孔等。提高内孔部位的疲劳强度有效途径之一就是采用内孔挤压强化。对于内径为 6~10mm 的孔，挤压后的直径增大 0.2~0.3mm。对铝合金，内孔挤压强化可使条件疲劳极限（$N=10^6$ 时）提高 40%~70%；对于钢（$R_m=1200MPa$），挤压强化可使条件疲劳极限（$N=10^6$ 时）提高 20%~80%。

4）超载拉伸。对于受拉的缺口零件进行超载拉伸，可以在缺口处建立压缩残余应力，也能提高缺口零件的拉伸疲劳强度。如果将图 35.9-5a 所示的双边缺口板拉伸，使缺口处的应力超过屈服极限，则部分材料产生塑性变形，而板内的其他部分仍处在弹性状态。卸载以后，塑性变形不能恢复，因此缺口处建立了压缩残余应力，截面上的其他部分则产生拉伸残余应力与之平衡，而压缩残余应力远较拉伸残余应力为大（见图 35.9-5b）。由于在缺口上建立了压缩残余应力，因此使其疲劳强度提高。

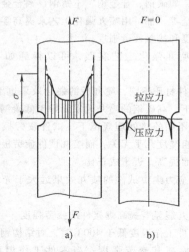

图 35.9-5　超载拉伸建立的残余应力

a）拉伸时的应力分布　b）卸载后的残余应力

对焊接结构及其他结构预先进行超载拉伸，可以使危险区冷作和建立有利的压缩残余应力，从而可提高其疲劳强度。在许多情况下，可以用超载来代替高温回火工序。

5）表面激光强化。表面激光处理能够极大地细化表层材料的晶粒（或亚晶粒），增高表层硬度。如果处理得当，还可使危险截面产生残余压应力，所以表面激光处理是改善疲劳强度的另一有效措施。

图 35.9-6 所示为 1045 钢激光处理前后旋转弯曲疲劳 S-N 曲线。激光处理后的表面硬度提高很多，疲劳极限（$N=10^6$）可提高约 40%。

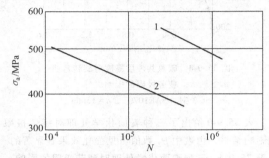

图 35.9-6　1045 钢试样表面激光处理
前后的旋转弯曲疲劳 S-N 曲线
1—激光处理　2—未处理

内燃机铸铁活塞环采用激光处理后的表面显微硬度可达约 800HV。这种工艺处理不仅可提高活塞环的疲劳强度，同时也改善了其耐磨性能。

图 35.9-7 所示为 2024-T3 铝合金带中心孔板材表面激光处理前后的疲劳 S-N 曲线。由于孔周围采取了辐照防护措施，所以处理后孔的周围产生残余压应力，孔附近的最大残余压应力约为 55MPa。当外加应力逐渐增高到接近于材料的屈服强度（$R_m=344MPa$）时，由于残余压应力的松弛，从而对疲劳强度的贡献降低，所以在 S-N 曲线的高应力区，两种试样的疲劳强度趋向一致。但在低循环应力范围内，激光处理使

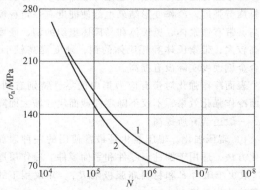

图 35.9-7　2024-T3 铝合金带中心
孔板材表面激光处理前后的疲劳 S-N 曲线
1—激光处理　2—未处理

孔周围形成的残余压应力使疲劳强度提高。

　　激光处理可以用于螺纹孔、铆钉孔和叶片燕尾槽等零件的表面强化。由于它的生产效率高，所以适于零件的成批生产。

4　表面防护

　　疲劳破坏一般都自表面起始，而表面与外界环境接触，其疲劳强度受外界环境影响。因此，采用一定的表面防护方法，使表面与有害的外界环境隔离，可以提高其疲劳强度。

　　1）液体涂层。在金属表面涂以润滑剂薄膜或润滑油，可以将金属表面与空气中的有害成分——氧和湿气隔开，可以提高金属的疲劳强度。对 4340 钢光滑试样和缺口试样的试验表明，液体涂层可使其疲劳寿命提高一倍。润滑剂薄膜可以改善微动磨损条件下的疲劳寿命，但这时必须确保薄膜在两表面摩擦时被挤出后仍能回复原位。

　　2）金属镀层。在钢制零件上镀以非铁金属，可以提高零件的耐磨、耐蚀和耐热性能，有时也可用来修复已磨损的零件。常用的金属镀层有铬、镍、锌、锡和镉等。在淬火钢上镀铬和镍后疲劳强度降低，原因是电镀材料的疲劳强度比基体材料低和引起的有害残余应力。而镀锌、锡和镉则对软钢的疲劳强度影响不大。

　　为了利用镀层耐磨、耐蚀的有利作用，而克服其对疲劳强度的不利影响，可以在镀铬和镀镍以前，先对基体材料进行冷作强化，使基体材料中事先建立有利的压缩残余应力。这样，基体材料电镀后产生的拉伸残余应力可以被冷作建立起来的压缩残余应力抵消，使电镀试样的疲劳强度恢复到未电镀前的水平。试验表明，高强钢镀铬和镀镉前经过喷丸处理，电镀后的疲劳极限可恢复到电镀前的水平。而镀镍试样事先经过喷丸处理，其疲劳极限还可比基体金属提高。

5　合理操作与定期检修

　　合理操作对提高零部件的疲劳强度也具有重要意义。误操作可以使零件载荷骤增，产生较大的损伤。振动和共振可增大其交变应力，降低疲劳强度和寿命。频繁的起动、停车和载荷波动，都能造成低周疲劳破坏或高低周复合疲劳破坏。为了保证和提高设备的使用寿命，必须按操作规程进行操作，并尽可能避免不必要的起停和载荷波动，以降低其高低周交变应力。

　　为了提高设备的使用期限，还必须对设备进行定期检修，以便及时发现问题，采取有效措施，防止设备长期在不正常的工况下运行而加速其受力件的疲劳破坏和磨损失效。

第 10 章　疲劳试验与数据处理

根据试验对象的不同，疲劳试验可分为三类：一是整机或部件试验；二是零部件试验；三是标准试样试验。由于整机疲劳试验耗费大，所以只能抽取很少的样品来进行，如飞机、汽车的整机试验。一般说来，零部件的疲劳试验不如整机试验更接近实际工作情况，但比用标准试样试验接近实际条件，所以重要零部件的疲劳试验还占有相当重要的地位。最常见的疲劳试样是用结构简单、造价比较低廉的标准试样进行试验。本章主要介绍这部分内容。

1　疲劳试验机

1.1　疲劳试验机的种类

疲劳试验机可以按所施加的载荷及产生施加力的方法分类（见表 35.10-1）。

表 35.10-1　疲劳试验机分类

分 类 方 法	疲劳试验机分类
按载荷类型分	旋转弯曲疲劳试验机 弯曲疲劳试验机 轴向疲劳试验机 扭转疲劳试验机 复合疲劳试验机
按施加力方法分	机械式疲劳试验机 电液伺服疲劳试验机 电磁谐振式高频疲劳试验机 热疲劳试验机 超声疲劳试验机

其中旋转弯曲疲劳试验机、电磁谐振式高频疲劳试验机和电液伺服疲劳试验机是三种典型的疲劳试验机。

（1）旋转弯曲疲劳试验机

旋转弯曲疲劳试验机适用于金属材料的室温（15~35℃）旋转弯曲疲劳性能的测定，应用于材料检验、失效分析、质量控制、选材及新金属材料研发等方面。在室温下，试样旋转并承受恒定弯矩，连续试验直至试样失效或至指定循环次数，测定旋转弯疲劳性能，测定性能参数，如条件疲劳极限、S-N 曲线等。

（2）电磁谐振式高频疲劳试验机

电磁谐振式高频疲劳试验机在各种类型的疲劳试验机中，具有结构简单、使用操作方便、效率高、耗能低等特点，所以它被广泛地用来测试各种金属材料抵抗疲劳断裂性能，测试 KIG 值、S-N 曲线等；选配不同的夹具或环境实验装置，可以测试各种材料和零部件（如板材、齿轮、曲轴、螺栓、链条、连杆、紧凑拉伸等）的疲劳寿命，可完成对称疲劳试验、不对称疲劳试验、单向脉动疲劳试验、程序块谱疲劳试验、调制控制疲劳试验、高低温疲劳试验以及三点弯、四点弯、扭转等种类繁多的疲劳试验。目前很多高等院校、科研部门和国际知名企业均采用高频试验机进行断裂韧度试验，测试金属材料裂纹扩展速率及材料的门槛值，随着微电子技术和计算机技术的发展，以及测试手段的完善，它的使用功能正在不断扩大。

（3）电液伺服疲劳试验机

电液伺服疲劳试验机是一种功能强、精度高、可靠性好、应用范围广、性价比较高的用于材料和零部件动态、静态力学性能试验的系统，可用于拉伸、压缩、低周和高周疲劳、疲劳裂纹扩展、断裂力学及模拟实际工况的力学试验。

1.2　疲劳试验加载方式

按试样的加载方式不同，疲劳试验可分为：拉-压疲劳试验、弯曲疲劳试验、扭转疲劳试验和复合应力疲劳试验。

按应力循环的类型可分为：等幅疲劳试验、变幅疲劳试验、程序块载荷试验和随机载荷试验等。

按波形可分为：三角波、正弦波和方波等。

按应力比可分为：对称疲劳试验、非对称疲劳试验。

1.3　疲劳试验控制方式

现代的疲劳试验机具有负荷、位移和变形三种控制方式。控制类型分开环系统和闭环系统两种。在开环控制系统中，无论是力激振还是位移激振系统，受控激振的大小在整个试验过程中（试样产生裂纹之前）基本上保持不变。在闭环控制系统中，试样的变形和位移可由应变引伸计来测量，它是一个可以把弹性变形转变为电信号的装置。利用这个传感器装置，可以完成应变控制的疲劳试验。

1.4　疲劳试验数据采集

传统的疲劳试验系统中，试验结果显示在 X-Y 记录仪、纸带记录器或示波器上。但数据的准确度不超过这些仪器的准确度。计算机数据采集技术从根本上提高了分析能力和准确度。也可以在系统中存储校正曲线，以补偿非线性的传感器。

2　疲劳试样及其制备

2.1　试样

疲劳性能测试所采用的典型试样有：光滑试样、缺口试样、低周疲劳试样和疲劳裂纹扩展试样。光滑试样和缺口试样用于测试高周疲劳裂纹形成寿命。根据施加载荷的类型，试样形状可分为弯曲试样、轴向加载试样和扭转试样等。低周疲劳试样是在高应力水平下通过对循环应变控制承受载荷，测试低周疲劳裂纹形成寿命。疲劳裂纹扩展试样用于测试裂纹扩展寿命。所有试样均由试验段、夹持部分及两者之间的过渡区三部分组成。

2.1.1　光滑试样

图 35.10-1 所示为国标中推荐的旋转弯曲光滑圆柱形标准试样，其尺寸见表 35.10-2。

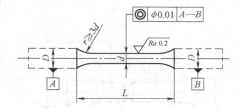

图 35.10-1　光滑圆柱形标准旋转弯曲试样

表 35.10-2　旋转弯曲光滑圆柱形试样尺寸

d /mm	d 的公差 /mm	r /mm	L /mm	D^2/d^2
6 7.5 9.5	±0.01	≥3d	40	>1.5

国标中推荐的轴向加载光滑试样如图 35.10-2 和图 35.10-3 所示。图 35.10-2 所示为圆形截面试样，图 35.10-3 所示为矩形截面试样。试样的尺寸列于表 35.10-3 中，表中 a、b 分别为截面的厚度和宽度。

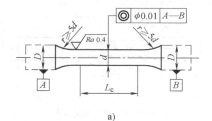

a)

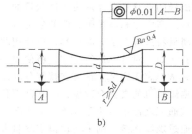

b)

图 35.10-2　圆形截面轴向加载光滑试样

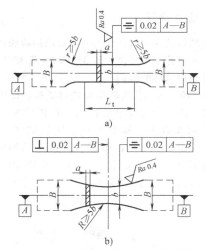

a)

b)

图 35.10-3　矩形截面轴向加载光滑试样

表 35.10-3　轴向加载光滑试样尺寸

d/mm		ab/mm²	b/mm		r /mm	L_t /mm	D^2/d^2 或 B/b
标称尺寸	公差	面积	标称尺寸	公差			
5 8 10	±0.02	≥30	(2~6)a	±0.02	≥5d 或 ≥5b	>3d 或 >3b	≥1.5

轴向加载的试样，当进行具有循环压缩应力的试验时，应使 $L_t<4d$ 或 $L_t>4b$。在采取了特殊措施的情况下，也可进行 $ab<30\mathrm{mm}^2$ 的矩形横截面试样的试验。

图 35.10-4 所示为扭转光滑试样，试样的夹持部

分有防止扭转加载时试样滑动的平台。

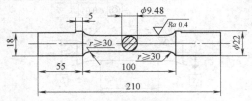

图 35.10-4　扭转光滑试样

　　光滑试样的形状和尺寸取决于试验目的、试验机型号和容量。高应力和高试验速度的疲劳试验可能引起某些金属材料试样在试验时过热，可使用漏斗形试样进行试验。如果对试样进行冷却，所使用的冷却介质不得引起试样表面腐蚀。试样夹持部分的形状和尺寸，应根据试验机的夹具合理设计，其截面积与试样最大应力截面积之比不应小于 1.5，如试样与试验机夹头之间通过螺纹连接，则上述比值应尽量大些，一般情况应小于 3，并应采用细牙螺纹为宜。

2.1.2　缺口试样

　　由于缺口试样疲劳试验目的和要求的特殊性，对缺口试样的设计不予限制，图 35.10-5～图 35.10-8 所示为几种缺口试样的实例。

　　图 35.10-5 所示为旋转弯曲缺口试样，图中 ρ 为缺口半径，理论应力集中系数 $\alpha_\sigma = 1.86$。图 35.10-6 所示为轴向加载矩形横截面 U 形缺口试样，$\rho/B = 0.05$，$b/B = 0.7$，$\alpha_\sigma = 3$。图 35.10-7 所示为轴向加载圆形横截面 V 形缺口试样，$\alpha_\sigma = 3$。图 35.10-8 所示为扭转缺口试样，$\alpha_\sigma = 2$ 或 3。

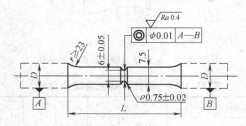

图 35.10-5　旋转弯曲缺口试样 （$\alpha_\sigma = 1.86$）

2.1.3　低周疲劳试样

　　低周疲劳试验一般采用轴向拉伸试验，为能得到应力、应变的全面数据，用圆截面试样最为方便。试样要设计得粗而短，以保证轴向加载试验正常进行，不致受压失稳。低周疲劳试样外形与尺寸如图 35.10-9 和图 35.10-10 所示。图 35.10-9 所示为等截面试样，即轴向应变控制试样，均匀标距内的等截面作为试验段；图 35.10-10 所示为漏斗形试样，即径

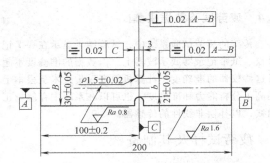

图 35.10-6　轴向加载矩形截面 U 形
缺口试样 （$\alpha_\sigma = 3$）

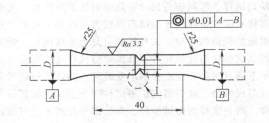

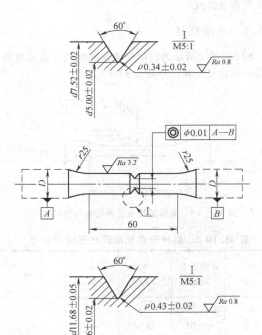

图 35.10-7　轴向加载圆形截面 V 形
缺口试样 （$\alpha_\sigma = 3$）

向应变控制试样，变截面的最小截面为试验段。试样的选择，应根据材料的各向异性和抗弯性能进行斟酌。等截面试样，通常用于总应变幅约为 2% 以内的

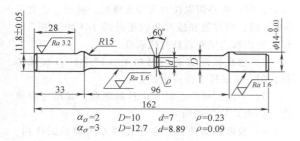

图 35.10-8　扭转缺口试样（$\alpha_\sigma = 2.3$）

$\alpha_\sigma = 2$　$D=10$　$d=7$　$\rho=0.23$
$\alpha_\sigma = 3$　$D=12.7$　$d=8.89$　$\rho=0.09$

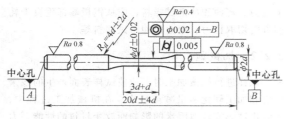

图 35.10-9　等截面试样

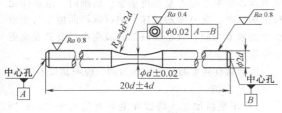

图 35.10-10　漏斗形试样

试验。对于总应变幅度大于 2% 的试验，建议采用漏斗形试样，这种试样的曲率半径与试样的最小半径之比，一般为 12∶1；若有特殊需要，可采用 8∶1 和 16∶1 范围内的各种比例，较低的比值会使应力集中增加，可能影响疲劳寿命，较高的比值会降低试样的抗弯能力。对各向异性的材料，应采用等截面试样。

图中试样具有实心的圆形截面，其试验段的最小直径为 6mm。横截面也可设计成管状，直径也可采用其他尺寸，如 6.35mm、10mm 和 12.5mm。

试样的夹持部分，除采用图中所示形式之外，还可选择螺纹连接装卡形式，最重要的是应满足标准方法中规定的同轴度要求。其他形式的试样详见国标 GB/T 15248—2008。

2.1.4　疲劳裂纹扩展试样

国标 GB/T 6398—2000 中给出测定疲劳裂纹扩展速率的三种标准试样，即紧凑拉伸的标准 C（T）试样、中心裂纹拉伸的标准 M（T）试样和三点弯曲的标准 SE（B）试样，试样的几何形状见图 35.10-11～图 35.10-13。C（T）试样需要专用的夹具，较难加

工，但是比较省料，中强度钢大试样常采用。对于薄板材料，均采用 M（T）试样，并且在有压缩载荷的试验中使用防屈曲板，以避免附加的横向挠曲或屈曲。三点弯曲试样的形状简单，便于加工，卡具通用，得到广泛采用。在试样加工过程中应通过减小进刀量、时效等办法将残余应力减至最小。试样切口及最小尺寸如图 35.10-14 所示。

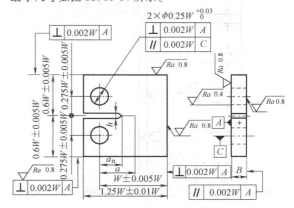

图 35.10-11　标准 C（T）试样图

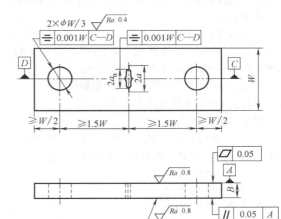

图 35.10-12　$W \leqslant 75mm$ 的 M（T）试样图

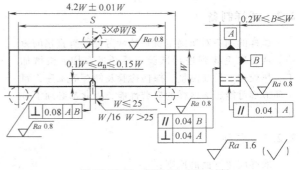

图 35.10-13　标准 SE（B）试样

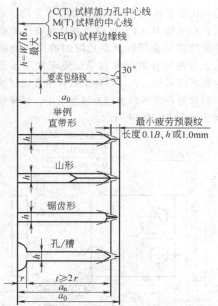

图 35.10-14 切口详图及最小疲劳预裂纹长度的要求

为了使试验结果有效，试样的最小平面尺寸应符合下述要求：

对于 C(T) 试样，

$$W-a \geqslant (4/\pi)(K_{max}/\sigma_{p0.2})^2 \qquad (35.10-1)$$

式中　　$W-a$——试样的未开裂韧带宽度；

$\sigma_{p0.2}$——非比例伸长 0.2% 的屈服应力；

K_{max}——最大应力强度因子。

对于 M(T) 试样，

$$W-2a \geqslant 1.25 P_{max}/(B\sigma_{p0.2}) \qquad (35.10-2)$$

式中　　$W-2a$——试样的未开裂韧带宽度；

B——试样厚度；

P_{max}——最大力。

对于 SE（B）试样，

$$W-a \geqslant [12WP_{max}/(2B\sigma_{p0.2})]^{\frac{1}{2}} \qquad (35.10-3)$$

式中　　$W-a$——试样的未开裂韧带宽度。

2.2　试样制备

试样的制备对所测定材料的疲劳性能有直接的影响。从切取毛坯到进行试验，要经过取样、机械加工、热处理、尺寸测量、探伤检验及储存等工序，每个环节都可能影响试样的疲劳性能，因此都必须十分注意。

2.2.1　取样

取样应按下面的原则：

1）应在具有代表性的位置切取制备试样的试样料。例如，对截面尺寸小于 60mm 的圆钢、方钢和六角钢，应在中心切取拉力及冲击样坯，截面尺寸大于 60mm 时，则在直径或对角线距外端 1/4 处切取，以保证所切取的试样料具有代表性。

2）应在最终状态的材料上（回火）切取试样料，用一组试样进行一个试验。

3）一组试样应由同一炉材料制取，其尺寸和状态（回火）应当相同。

4）根据型钢种类，考虑轧制方向切取试样料。例如，应从圆钢和方钢端部沿轧制方向切取弯曲试样料，应从工字钢和槽钢腰高 1/4 处沿轧制方向切取矩形拉力、弯曲和冲击试样料；应从钢板端部垂直于轧制方向切取拉力、弯曲及冲击试样料等。

2.2.2　机械加工

试样进行机械加工时，应使试样表面产生的残余应力和加工硬化尽量减至最小。在机械加工过程中，应防止过热或其他因素的影响而改变材料的性能，力求试样表面质量均匀一致。在车削和磨削过程中，应适当地逐次减小吃刀量和进给量。磨削时，应提供足够的切削液，充分冷却试样。缺口试样的加工与光滑试样的基本相同，只是缺口部的圆角半径及其表面更应仔细加工。

以金属旋转弯曲疲劳试样为例，说明其加工工艺：

（1）车削

1）车削粗加工。将试样毛坯直接从 $x+5$mm（x 等于试样直径 d 加上适当的表面精加工余量）粗车至 $x+0.5$mm 时，推荐采用如下逐次递减车削深度，即 1mm、0.5mm、0.25mm。

2）车削精加工。将试样从 $x+0.5$mm 精车至 x 时，应进一步递减车削深度，推荐采用如下逐次递减车削深度，即 0.125mm、0.075mm、0.05mm。

推荐进给量为 0.06mm/r。

（2）磨削精加工

磨削用来精加工由于热处理而强度提高，以致不易车削精加工的材料。

1）横向精磨。将试样直径从 $x+0.5$mm 横向精磨至 $x+0.05$mm 时，推荐采用如下递减磨削深度，即 0.03mm、0.015mm。

用成形砂轮横磨漏斗形试样时，砂轮和试样应以相同的方向旋转。

2）纵向精磨。将试样直径从 $x+0.05$mm 纵向精磨至 x 时，推荐磨削深度为 0.005mm。

多孔砂轮适于用来进行钢的纵向磨削。

纵磨时，建议砂轮每次横向进给时的速度控制在 0.02mm/s。

磨削时，应提供足够的高质量切削液，如水基溶液，以期充分冷却试样。

（3）表面精加工

将试样直径车削或磨削至 x 后，其表面精加工推荐采用逐次变细的砂纸或砂布，沿试样纵向进行机械抛光（尽量避免手工抛光），直至试样直径达规定值并获得要求的表面粗糙度。

用砂纸抛光时，压向试样表面的力应尽可能小，并应尽可能抛掉表面硬化和残余应力层。

（4）进行不同材料的比较试验

推荐采用电解抛光来进行试样表面精加工，电解抛掉一薄层。

（5）缺口试样的加工

缺口试样的加工工艺与光滑试样的基本相同。

1）粗车缺口，留余量 0.3~0.5mm。

2）根据材料强度水平，对缺口进行车削或磨削精加工，其精加工工艺参考相关内容。

2.2.3　热处理

当材料需经热处理后试验时，一般先经热处理再加工成试样。如热处理后会使材料加工性能变差，可将材料先加工成试样毛坯，热处理后再进行精加工。热处理时应防止表面层变质和变形，且不允许对试样进行矫直。缺口试样的缺口应在热处理后加工。

2.2.4　测量、探伤与储存

测量试样尺寸时，应防止损伤试样表面。因此，最好使用非接触式测量的工具，如工具显微镜等。

已经制备好的试样，应进行表面质量的检验，有时需要检验内部质量，如 X 射线探伤等。

检验合格的试样如需储存一段时间后做试验，则应妥善保护，可涂凡士林，放入专用袋内，确保储存期间表面完好无损。试验前，应用适当方法重新检验试样表面，不允许有锈蚀或伤痕。

3　疲劳试验方法

疲劳试验的主要测定内容有：疲劳极限；疲劳寿命；对应力集中的敏感性；循环载荷的损伤度；裂纹扩展速率；出现裂纹前的循环数；剩余寿命的长短；滞后回线特性；循环加载过程中试样变形的变化；裂纹张开位移的变化；对介质、温度、频率、非对称循环、过载、尺寸效应等的敏感性。

本节主要介绍高周疲劳范畴的 S-N 曲线和疲劳极限的试验方法、低周疲劳范畴的 ε-N 曲线和应力-应变曲线试验方法，以及断裂力学范畴的裂纹扩展速率（$\mathrm{d}a/\mathrm{d}N$ 曲线）和断裂韧度试验方法。

3.1　S-N 曲线试验

在室温和空气中进行的高周疲劳试验，根据试验的目的和要求不同，通常用的有单点试验法、成组试验法和升降法三种。单点试验法和成组试验法用来测定 S-N 曲线，升降法用来测定疲劳极限。

3.1.1　单点试验法

单点试验法又称为常规疲劳试验法，这种方法是在每个应力水平下只试验一个试样。它主要用于试样个数有限，生产任务紧迫，或者为了节省经费，不宜进行大量试验时，用来测定材料或零件的 S-N 曲线。它除了直接为设计部门提供疲劳性能数据外，还可作为一些特殊疲劳试验的预备性试验。

单点疲劳试验中至少需要 10 个材料和尺寸相同的试样。其中，一个试样作为静态试验用，1~2 个试样作为备品，其余 7~8 个试样作为疲劳试验用。

如果试验是在旋转弯曲疲劳试验机上进行，则试样受到对称循环弯曲应力，试验直到试样断裂为止，从试验机的计数器上可读得试样断裂时的循环次数。

试验中需要将应力水平分级。应力水平至少分为 7 级。高应力水平间隔可取得大一些，随着应力水平的降低，间隔越来越小。最高应力水平可通过预试确定。对于光滑试样，预试的最大应力可参照表 35.10-4，表中 R_{m} 为材料的抗拉强度。

表 35.10-4　光滑试样的预试应力 σ_{max}

试样	加载方式	应力比 r	预试应力 σ_{max}
光滑圆试样	旋转弯曲	-1	$(0.6\sim0.7)R_{\mathrm{m}}$
光滑圆试样	平面弯曲	-1	$(0.6\sim0.7)R_{\mathrm{m}}$
光滑圆试样	轴向加载	-1	$(0.6\sim0.7)R_{\mathrm{m}}$
光滑板试样	轴向加载	-1	$(0.6\sim0.7)R_{\mathrm{m}}$
光滑板试样	轴向加载	0.1	$(0.6\sim0.8)R_{\mathrm{m}}$
光滑圆试样	扭转	-1	$\tau=(0.45\sim0.55)R_{\mathrm{m}}$

注：应力比 r 为最小应力与最大应力之比。

对每个试样施加不同的载荷，试样就受到不同的弯曲应力 σ，可得到相应的循环次数 N。以应力 σ 为纵坐标，试样到达断裂的循环数 N 为横坐标，根据试验结果，就可绘出 σ-N 曲线。同理，拉-压疲劳试验时，可绘得拉-压的 σ-N 曲线；扭转疲劳试验时，可绘得扭转的 τ-N 曲线。这些疲劳曲线和以应变表示的 ε-N 曲线，统称为 S-N 曲线。

在给定应力比 r 的条件下，应力水平可用最大应力 σ_{max} 来表示。对于一般钢材，如果在某一应力水平下经受 10^7 次循环仍不破坏，则它可以认为能承受无限次的循环而不会破坏。所以把 10^7 次循环数所对应的最大应力叫作"疲劳极限"。但对铝、镁合金等材料,在经受 10^7 次循环后仍未发生破坏,因此把循环数为 10^7 所对应的最大应力称为 "条件疲劳极限",疲劳极限和条件疲劳极限以符号 σ_r 表示,下标 "r" 表示应力比为 r。例如,在对称循环下的疲劳极限的符号为 σ_{-1},对于切应力为 τ_{-1}。循环数 10^7 称为 "循环基数"。

测定疲劳极限或 10^7 时的条件疲劳极限时,可按照下述方法进行。当试样超过预定循环而未发生破坏时,称为 "越出"。在应力水平由高到低的试验过程中,假定第 6 根试样在应力 σ_6 作用下,未及 10^7 循环而发生了破坏,而依次的第 7 根试样在应力 σ_7 作用下经 10^7 次循环越出,并且两个应力差 $(\sigma_6-\sigma_7)$ 不超过 σ_7 的 5%,则 σ_6 与 σ_7 的平均值就是疲劳极限(或条件疲劳极限)σ_r,即 $\sigma_r=\dfrac{1}{2}(\sigma_6+\sigma_7)$。

如果差数 $(\sigma_6-\sigma_7)$ 大于 σ_7 的 5%,那么还要取第 8 根试样进行试验,即取 σ_8 等于 σ_6 和 σ_7 的平均值,即 $\sigma_8=\dfrac{1}{2}(\sigma_6+\sigma_7)$。试验后可能有两种情况:

第一种情况:若第 8 根试样在 σ_8 作用下,经 10^7 次循环仍然越出(见图 35.10-15a),并且差数 $(\sigma_6-\sigma_8)$ 小于 σ_8 的 5%,则可认为疲劳极限或条件疲劳极限介于 σ_6 和 σ_8 之间。

第二种情况:若第 8 根试样在 σ_8 作用下,未达到 10^7 次循环发生破坏(见图 35.10-15b),并且差数 $(\sigma_8-\sigma_7)$ 小于 σ_7 的 5%,则可认为疲劳极限或条件疲劳极限介于 σ_8 和 σ_7 之间。

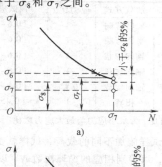

a)

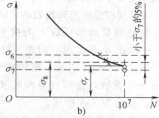

b)

图 35.10-15　确定疲劳极限
×—破坏　○—越出(未破坏)

测定疲劳极限时,要求至少有两根试样达到循环基数而不破坏,以保证试验结果的可靠度。根据在各个应力水平下测得的疲劳寿命 N 和疲劳极限,即可绘制出 S-N 曲线。

3.1.2　成组试验法

由于疲劳寿命的离散性较大,按单点试验法,即每个应力水平下只用一个试样所测定的 S-N 曲线,精度较差,只能用于准确度要求不高的疲劳设计上。对于疲劳强度的可靠性设计,需要给出 P-S-N 曲线,此时,在寿命小于 10^7 次循环的 S-N 曲线,需要进行成组试验法,即在每个应力水平上使用一组试样来进行试验。

为了要选取适当的每组试样个数,写出母体均值 μ 的区间估计式为

$$\bar{x}-t_\alpha\frac{s}{\sqrt{n}}<\mu<\bar{x}+t_\alpha\frac{s}{\sqrt{n}}$$

式中　$\bar{x}$——子样均值;
　　　s——子样标准差;
　　　n——子样容量;
　　　t_α——t 分布。

当给出置信水平 $\gamma=1-\alpha$ 及自由度 $\nu=n-1$ 时,t_α 可由相关手册 t 分布值表查得。

将上面不等式移项,可以得到子样均值 $\bar{x}$ 的误差估计式

$$-\frac{s}{\bar{x}}\times\frac{t_\alpha}{\sqrt{n}}<\frac{\mu-\bar{x}}{\bar{x}}<\frac{s}{\bar{x}}\times\frac{t_\alpha}{\sqrt{n}}$$

式中　$\dfrac{\mu-\bar{x}}{\bar{x}}$——子样均值的相对误差。

这个估计式表明:用子样均值作为母体均值估计量时,有 γ 的把握误差位于置信区间 $\left(-\dfrac{s}{\bar{x}}\times\dfrac{t_\alpha}{\sqrt{n}},\dfrac{s}{\bar{x}}\times\dfrac{t_\alpha}{\sqrt{n}}\right)$ 以内。

如用 δ 表示误差限度,即

$$\delta=\frac{st_\alpha}{\bar{x}\sqrt{n}}\qquad(35.10\text{-}4)$$

设选取 $\gamma=95\%$,将由一组几个观察值求得的 $\bar{x}$ 和 s 代入式 (35.10-4),即可计算出 δ 值,即有 95% 的把握说,x 的误差不超过 δ。将式 (35.10-4) 写成下式,即

$$\frac{s}{\bar{x}}=\frac{\delta\sqrt{n}}{t_\alpha}\qquad(35.10\text{-}5)$$

式中　$s/\bar{x}$——变异系数。

如给定置信水平 γ 和误差限度 δ,则变异系数 $s/\bar{x}$ 可看成试样个数 n 的函数。根据一般工程误差允许范围,选取 $\delta=5\%$,由式 (35.10-5) 可画出 $s/\bar{x}$ 与 n 的关系曲线,如图 35.10-16 所示。

利用图 35.10-16 的曲线,即可根据试验结果判

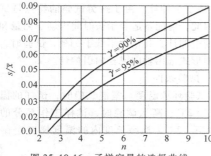

图 35.10-16   子样容量的选择曲线

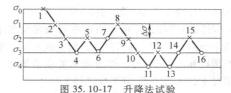

图 35.10-17   升降法试验

指定寿命 $N = 10^7$，×—破坏；○—越出

定所选取的子样容量是否适当。例如，在某一应力水平下，选用 5 个试样进行试验，依据这 5 个试验数据，可以计算出变异系数 $s/\bar{x}$。再利用图中曲线，如与 $s/\bar{x}$ 对应的 n 值介于 4 和 5 之间，则表示所选取的试样个数适当。如对应的 n 值大于 5，则表示选取的试样个数不足。为使误差不超过 5%，还必须增加试样个数。对于各级应力水平，都需要这样来确定适当的试样个数，以达到具有相同精度的要求。

在做 P-S-N 曲线时，为保证一定的精度，每级试样数不应小于 6 个。为了提高精度，应采用较多的试样，但当每级试样数超过 14 时，精度提高已不显著，故每级试样数一般建议 6~10 个，较多的试样数，用于应力水平较低的组。对于仅测定 S-N 曲线，每组试样数工程上一般为 3~5 个。

用上述方法可得到各级应力水平下的对数疲劳寿命，并绘制出 S-N 曲线。

3.2   疲劳极限试验

疲劳极限的测定用升降法试验。升降法试验是在指定疲劳寿命下测定应力，主要用于长寿命区，它可以比较精确地测定出疲劳极限。在指定寿命下，如 $N = 10^7$ 次，试验从高于疲劳极限的应力水平开始（见图 35.10-17），在应力 σ_0 作用下试验第 1 根试样，该试样在未达到寿命 10^7 之前发生了破坏，于是，第 2 根试样就在低一级的应力 σ_1 下进行试验。一直试验到第 4 根试样时，因该试样在 σ_3 作用下经 10^7 循环没有破坏（越出），故依次进行第 5 根试样，就在高一级的应力 σ_2 下进行试验。按照规定：凡前一根试样不到 10^7 次循环破坏，则随后的一次试验就要在低一级的应力下进行，凡前一根试样越出，则随后的一次试验就要在高一级的应力下进行，直到完成全部试验为止。各相邻应力之差 $\Delta\sigma$ 称为应力增量，在整个过程中，应力增量保持不变。

图 35.10-17 表示有 16 个试样的升降法试验结果。处理试验结果时，在第一对出现相反结果以前的数据均舍弃。点 3 和点 4 是第一对出现的相反结果，因此，数据点 1 和点 2 均舍弃。而第一次出现的相反结果点 3 和点 4 的应力平均值 $(\sigma_2 + \sigma_3)/2$，就是常规疲劳试验法给出的疲劳极限值。同理，第二次出现的相反结果点 5 和点 6 的应力平均值，也相当于常规疲劳试验法给出的疲劳极限。如此，把所有相邻出现相反结果的数据点都配成对：7 和 8、10 和 11、12 和 13、15 和 16。最后，对于不能直接配对的数据点 9 和点 14，也可以凑成一对。总计共有七个对子。由这七对应力求得的七个疲劳极限的平均值，即可作为疲劳极限的精确值 σ_r，即

$$\sigma_r = \frac{1}{7}\left(\frac{\sigma_2 + \sigma_3}{2} + \frac{\sigma_2 + \sigma_3}{2} + \frac{\sigma_1 + \sigma_2}{2} + \right.$$
$$\left. \frac{\sigma_3 + \sigma_4}{2} + \frac{\sigma_3 + \sigma_4}{2} + \frac{\sigma_2 + \sigma_3}{2} + \frac{\sigma_2 + \sigma_3}{2}\right)$$
$$\sigma_r = \frac{1}{14}(\sigma_1 + 5\sigma_2 + 6\sigma_3 + 2\sigma_4)$$

由上式可以看出，括号内各级应力前的系数，恰好代表在各级应力下试验的次数（舍弃点 1 和 2 除外）。将这些用"配对法"得出的结果作为疲劳极限的数据点进行统计处理，即可得出疲劳极限的平均值和标准差。

$$\sigma_r = \frac{1}{K}\sum_{j=1}^{R}\sigma_j = \frac{1}{n}\sum_{i=1}^{m} v_i\sigma_i \quad (35.10\text{-}6)$$

$$S_{\sigma r} = \frac{\sqrt{\sum_{j=1}^{K}\sigma_j^2 - \frac{1}{K}\left(\sum_{j=1}^{K}\sigma_j\right)^2}}{K-1} \quad (35.10\text{-}7)$$

式中 K——配成的对子数；

n——配成对子的有效试样数，$n = 2K$；

m——应力水平数；

σ_j——用配对法得出的第 j 个疲劳极限值（MPa）；

σ_i——第 i 个应力水平的应力值（MPa）；

v_i——第 i 个应力水平试样数。

当最后一个数据点的下一根试样恰好回到第一个有效数据点时，则有效数据点恰能互相配成对子。因此，用小子样升降法进行试验时，最好进行到最后一个数据点和第一个有效数据点恰好衔接。

升降法试验最好在 4 级应力水平下进行。当完成了第 6 或第 7 根试样的试验后，就可以按式

(35.10-6) 开始计算 σ_r 值,并陆续计算出第 8、9、10、…试样试验后的 σ_r 值。当这些值的变化越来越小,趋于稳定时,试验即可停止。将完成最后一根试样试验所计算出的 σ_r 值,作为欲求的疲劳极限。在一般情况下,大约需要 10 多根试样。

应用升降法试验测定疲劳极限的关键,在于应力增量 $\Delta\sigma$ 的选取。一般来说,应力增量最好选择得使试验在 4 级应力水平下进行。为此,建议下面两种选择应力增量的方法:

1) 已知由常规疲劳试验法测定的 σ_r。当已知由常规疲劳试验测定的 σ_r 时,可取 4% ~ 6% 的 σ_r 作为应力增量 $\Delta\sigma$。

2) 已知同类材料的升降图。图 35.10-18a 所示为 2A12 铝合金光滑板试样的升降图。该试验是在 3 级应力水平下进行的。图中纵坐标 $K = \sigma_{\max}/R_m$,$\sigma_{\max}$ 为最大应力,R_m 为抗拉强度,应力增量 $\Delta\sigma = 0.02R_m$,$\Delta\sigma$ 选得偏大些,在应用升降法测定单面喷丸 2A12 铝合金光滑板试样的条件疲劳极限时,参考了这一数据。把 $\Delta\sigma$ 减小到 $\Delta\sigma = 0.015R_m$,从而取得了 4 级应力水平(见图 35.10-18b)。

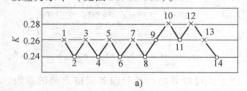

a)

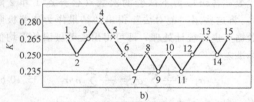

b)

图 35.10-18　铝合金 2A12 光滑板试样的升降图

按升降法试验测定的疲劳极限或条件疲劳极限,可以和成组法试验法测定的疲劳寿命数据合并在一起,绘制出中等寿命区到长寿命区的 S-N 曲线和 P-S-N 曲线。

3.3　ε-N 曲线试验

(1) 试验设备

1) 试验机。试验可在任何能控制载荷和变形的低循环疲劳试验机上进行,其载荷精度应符合有关标准要求。关于应力或应变控制的稳定性,相继两循环的重复性应在所试验应力或应变范围的 1% 以内,或平均范围的 0.5% 以内,整个试验过程稳定在 2% 以内。

2) 应变引伸计。由于疲劳试验的特点是试验周期长,因此,应配备适合于长时间内动态测量和控制用的应变引伸计,其精度不低于±1%,试验时,可以根据试样形式选用轴向或径向引伸计。

(2) 试验条件

1) 试验环境温度。室温试验时,试样的温度变化不大于±2℃。高温试验时,试样工作部分的温度波动不大于±2℃,标距长度内的温度梯度应在±2℃以内。

2) 波形。在整个试验过程中,应变(应力)对时间波形应保持一致。在没有特定要求或设备限制时,除了对应变速率不敏感的材料外,控制应变的疲劳试验一般采用三角波,以保证在一个循环过程中其应变速率维持不变。

3) 应变速率或循环频率。在试验过程中,应变速率或循环频率应保持不变。所选择的应变速率或循环频率应足够低,以防试样发热超过±2℃,以及适应应变引伸计的频率响应特性。所以在控制应变的疲劳试验中,通常选用的循环频率在 0.1 ~ 1Hz 范围内。

低周疲劳试验的频率范围为 0.5 ~ 5Hz。当轻金属合金试样温度不超过 50℃,钢试样温度不超过 100℃ 时,可以采用较高的频率,而实际试验的频率一般是在 0.5 ~ 5Hz 的范围内。

(3) 引伸计的安装

低周疲劳试验方法,有控制轴向应变和控制径向应变之分。图 35.10-9 的试样常用于轴向应变控制,因为这种试样有一定的标距长度,输出的应变信号较大,结果较为精确,受材料各向异性的影响小。试样上有一段等应变区,便于试验后选取各种金相试片。其缺点是试样对同心度的要求较严格,要有好的对中技术。图 35.10-10 的试样除用于总应变幅度大于 2% 时以外,可用于径向应变控制的试验。这种试样的刚性好,不易失稳,但设计上需要的是轴向应变,因此需要换算,给结果带来一定的误差。

图 35.10-19 所示为轴向引伸计测量示意图。图 35.10-20 所示为径向引伸计测量示意图。安装引伸计时要格外小心,以防损伤试样表面而出现过早断裂。在每次试验前后,引伸计应进行标定。

传感器应具有高的抗弯阻力,低的轴向柔度,好的线性、精确度和灵敏度,且滞后作用小。其测量精度应不低于所测载荷最大值的±1%。记录装置的准确度应保持在满量程的 1% 以内。

(4) 试样数量与控制应变量的选择

一般一条应变-寿命曲线有 7 个以上的应变水平数据点,每个应变水平做 6 个左右试样,大概需要

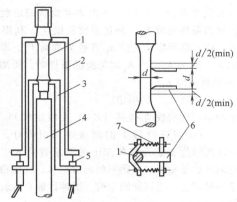

图 35.10-19　轴向引伸计测量示意图
1—试样　2—上引伸杆　3—下引伸杆　4—下夹头
5—差动变压器　6—夹爪　7—弹簧

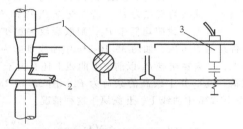

图 35.10-20　径向引伸计测量示意图
1—试样　2—夹爪　3—差动变压器

40 个试样。对于绝大多数材料应变-寿命曲线，其总应变变程在±(0.2%~2%)之间能充分描述出材料的应变疲劳特性。第一级应变水平量可选择总应变变程为±1%来进行控制应变试验，随后按要求记录各项试验数据，接着再做降低一级应变水平的试验，一直做到总应变变程为±0.2%左右。然后，改用漏斗形试样进行径向应变控制试验，可以从总应变变程大于±1%做到大于±2%的应变水平。在小应变范围试验中，处于弹性状态下的控制应变试验也可用控制应力试验代替。

3.4　应力-应变曲线试验

单调应力-应变曲线是用静力拉伸试验测得的，稳定循环应力-应变曲线是用不同应变变程的几个稳定滞回线顶点相连所画出的光滑曲线。测定循环应力-应变曲线有如下几种主要方法：

1）多级试验法。此方法是用一根试样在几种应变幅值下循环加载，每一级应变幅值水平的循环次数必须足以达到稳定，但反复数不能过多，以免发生严重的疲劳损伤。然后采用重叠而稳定的滞回线，并通过其顶部画出一条光滑曲线，得到循环应力-应变曲

线。这种方法的优点是试样少，测定速度快。但是由于试样容易产生疲劳损伤，因此试验结果的精确性降低。

2）降级-增级试验法。此方法是在控制应变试验下，试样应变幅值逐步降级，然后又逐步增级。这种控制应变下的降级-增级过程与程序块试验相似，如图 35.10-21 所示。图中 t 为循环应变试验经历的时间，连续记录各应变幅下的滞回线，这些滞回线的顶点轨迹就是所测定的循环应力-应变曲线。但这种方法仍然未克服由于疲劳损伤带来的误差。

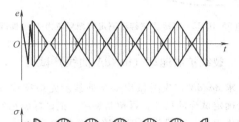

图 35.10-21　循环应变-时间曲线

3）循环稳定后一次拉伸法。此方法是使试样在承受一系列的减小和增加的应变并在减小一级应变幅值后出现循环稳定时，将试样进行一次拉伸，以测定它的应力-应变曲线，这条单调拉伸应力-应变曲线与上述两种方法所测定的循环应力-应变曲线能很好地吻合。用这种方法测定循环应力-应变曲线，不仅未克服上述两种方法存在的缺陷，而且要求拉伸和压缩曲线各需一个试样。因此这种方法不如上述两种方法。

4）多级多试样法。此方法是用多根试样分别在多级应变变程下，进行恒应变控制试验，每一级应变水平由一根或一组试样组成，以获得循环稳定的滞回线，随后连接各个应变水平下循环稳定的滞回线的顶点，画出一条光滑曲线，即为循环应力-应变曲线，如图 35.10-22 所示。

这种多级多试样法能真实地反映材料的循环应力-应变特性，是一种比较精确的方法，而上述三种方法所得到的循环应力-应变曲线都是多级多试样法的一种近似。这种方法的缺点是所用试样较多，试验速度慢，花费时间长。但是多级多试样法可在测定应变-寿命曲线时一并进行，连接各个应变水平下 50% 的试样寿命处滞回线顶点的轨迹即为多级多试样法测定的循环应力-应变曲线。这样获得的稳定循环应力-应变曲线比较精确。

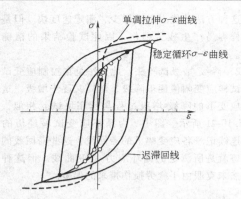

图 35.10-22　多级多试样法测定的循环应力-应变曲线

3.5　裂纹扩展速率（da/dN 曲线）试验

求 da/dN 首先要做出 a-N 曲线。先根据线弹性理论确定试样的尺寸，再预制裂纹。把试样装在疲劳试验机上后，一般施加应力比 r>0 的拉-拉载荷，经过一定的循环次数 N 后，测量出裂纹的长度 a。如此重复下去，当裂纹扩展到（0.6～0.7）W 时，在试样表面产生塑性坑或沿与主裂纹成 45°的方向扩展，试验停止。这时得到一组 a 与 N 的数据，做出 a-N 曲线。

一般的疲劳试验机都带有计数器，可直接读出 N 值。不同的 N 值所对应的裂纹长度 a_i 的测量方法，有下面几种：

1）表面直读法。这是最简单也是常用的一种方法。在试样的两个外表面上画等间距（如 1mm）刻线，经一定的循环 N，停机后用读数显微镜直接测量两个外表面的裂纹长度，取其平均值作为裂纹长度。

2）电阻应变法。将测定裂纹长度的电阻应变计贴于裂纹前端，预先标定裂纹长度和电阻变化量之间的关系曲线。经过一定的循环数 N 后，测得电阻的变化，由此得到 a 值。

此外，还有超声波探伤法和声发射法等。

得到 a-N 曲线后，可在此曲线上用作图法求得斜率 da/dN。然后根据所加的载荷求得对应的 ΔK。根据所得的 da/dN 和 ΔK 的一组数据，在双对数坐标纸上直线拟合 da/dN-ΔK 曲线。

3.6　断裂韧度试验

裂纹扩展速率试验中的临界裂纹尺寸 a_c，是通过裂纹扩展到使应力强度因子达到临界值的条件来确定的。因此，断裂韧度 K_{IC} 的测试方法是裂纹扩展试验的基础。

试验的关键是显示和记录加载过程中载荷与裂纹张开位移关系曲线（P-V），并由 P-V 曲线确定裂纹失稳扩展的条件载荷 P_q。测量裂纹长度 a_c，利用 K_I 表达式，代入临界裂纹长度 a_c 及临界载荷 P_q，求出此时的 K_I，称为 K_q。当 K_q 满足验证条件时，所测出的 K_q 即为材料的 K_{IC}。

（1）临界载荷 P_q 的确定

试验中得到的载荷-位移（P-V）曲线如图 35.10-23 所示。裂纹张开位移 V 的测量要用引伸计，图 35.10-24 所示为安装在整体架上的双悬臂夹式引伸计。它能准确指示裂纹标距间的相对位移，且能稳妥地安装在试样上。当试样断裂时，引伸计能自行脱开而无损坏。

在上述三种 P-V 曲线中，其裂纹失稳扩展的条件载荷 P_q 可按如下规则确定：过原点 O 作一割线，该割线的斜率比 P-V 曲线中直线部分的斜率低 5%，该割线与 P-V 曲线的交点为 P_5，若在交点 P_5 以前 P-V 曲线上所有点的载荷均低于 P_5，则取裂纹失稳扩展的条件载荷 $P_q=P_5$，如图 35.10-23c 中曲线Ⅲ即为这种情况；如果在交点 P_5 以前 P-V 曲线上还有大于 P_5 的载荷，则取其中最高的载荷为 P_q，图 35.10-23a、图 35.10-23b 中曲线Ⅰ、Ⅱ就属于这种情况。

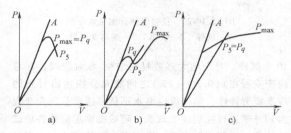

图 35.10-23　三种类型 P-V 曲线
a）曲线Ⅰ　b）曲线Ⅱ　c）曲线Ⅲ

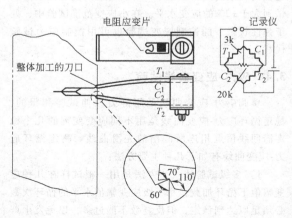

图 35.10-24　安装在整体架上的双悬臂夹式引伸计
注：500Ω 应变片的灵敏度比 120Ω 的高。

（2）裂纹长度 a 的测量

试样断裂后用工具显微镜测量试样断口的原裂纹长度。由于裂纹前沿呈弧形，规定测量厚度方向上 $B/4$、$B/2$、$3B/4$ 三处的裂纹长度为 a_2、a_3、a_4，并取其平均值 $(a_2+a_3+a_4)/3$ 作为计算裂纹长度，如图 35.10-25 所示。

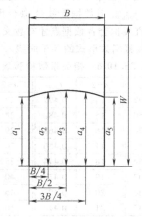

图 35.10-25　裂纹长度的测量

4　疲劳试验数据处理

4.1　可疑观测值的取舍

在处理疲劳试验结果时，常常会发现某一组数据中某一观测值与其他观测值差别很大，这种过大或过小的观测值叫作"可疑观测值"。一般来说，可疑观测值的取舍可以从两个方面来考虑。

（1）从物理现象上考虑

当测出的疲劳寿命过小时，有可能是由于试样本身的缺陷所致。此时，应观察破坏后试样的断口，以检验断口处是否有夹杂、孔穴等缺陷，特别是在疲劳源处是否有划伤、锈蚀或加工刀痕等。为了便于进行这方面的检验，试验前对一些可疑现象应做好记录，或在试样上做好标记。此外，载荷偏心、机器的侧振及跳动量过大等都是导致疲劳寿命降低的因素。对于过小的疲劳寿命观测值的舍弃问题，要慎重对待。如果经过分析，这种过小的观测值确实是上述原因造成的，那么可以舍弃。但有时过小观测值的出现正反映了产品质量的不均匀性。因此，只有根据足够的试验资料进行全面的分析，才能做出取舍的决定。

关于过大观测值的出现，其中一个重要的原因，是由于操作不慎，在调试设备时施加了一两次过大的载荷，从而引起了强化效应，这对缺口试样或实际零构件影响特别显著。

（2）从数学方法上考虑

从数学上考虑可疑观测值的取舍时，是基于概率的观点。在同一试验条件下，取得过大或过小的观测值是属于小概率事件。根据小概率事件几乎不可能出现的原理，来确定取舍的准则，如基于正态分布理论的肖维奈（Chauvenet）准则。如图 35.10-26 所示，正态分布的母体平均值 μ 和标准差 σ 分别由子样平均值 $\bar{x}$ 和标准差 s 来估计。在一组 n 个观测值中，当可疑值 x_m 小于下限 a 或大于上限 b 时，则 x_m 舍弃。舍弃区间用小概率 $1/(2n)$ 来确定，即其舍弃区间设置的原则是：左右两部分阴影面积相同，其总和等于 $1/(2n)$。这样，当 $x_m > \bar{x}+2s$ 时，即

$$\frac{x_m-\bar{x}}{s}>2$$

或者当 $x_m < \bar{x}-2s$ 时，即

$$\frac{\bar{x}-x_m}{s}>2$$

则可以舍弃 x_m。其中，n 为子样大小，$\bar{x}$ 为子样平均值，s 为子样标准差，x_m 为可疑值数据。

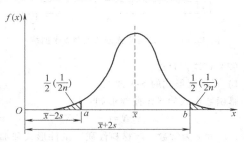

图 35.10-26　可疑观测值的取舍

为了计算方便，表 35.10-5 给出了绝对值 $\dfrac{|x_m-\bar{x}|}{s}$ 的限度 $\left[\dfrac{x_m-\bar{x}}{s}\right]$。若根据一组观测值和某一可疑值 x_m 求出的 $\dfrac{|x_m-\bar{x}|}{s}$ 超出这个限度，即可舍弃 x_m。

表 35.10-5　可疑观测值取舍限度

子样大小 n	$\left[\dfrac{x_m-\bar{x}}{s}\right]$	子样大小 n	$\left[\dfrac{x_m-\bar{x}}{s}\right]$
4	1.53	13	2.07
5	1.64	14	2.10
6	1.73	16	2.15
7	1.80	18	2.20
8	1.86	20	2.24
9	1.91	25	2.33
10	1.96	30	2.39
11	2.00	40	2.50
12	2.04	50	2.58

4.2　S-N 曲线拟合

绘制 S-N 曲线一般有逐点描迹法和直线拟合法。直线拟合常用的函数形式有幂函数形式和三参数幂函数形式两种。

（1）逐点描迹法

逐点描迹法是以应力 σ 为纵坐标，以对数疲劳寿命 $\lg N$ 为横坐标，将各数据点画在单对数坐标纸上，然后用曲线板将它们连成光滑曲线，见图 35.10-27。在连线过程中，应力求做到使曲线均匀地通过各数据点，曲线两边的数据点与曲线的偏离应大致相等。

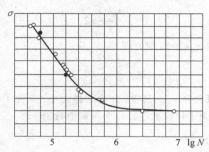

图 35.10-27　用逐点描迹法绘制 S-N 曲线

（2）直线拟合法

1）幂函数形式的 S-N 曲线。

幂函数形式的 S-N 曲线形如：

$$S^m N = c$$

式中，m 和 c 为常数，与材料性质、试件形式和加载方式等因素有关。将上式两端取对数，则有

$$m\lg S + \lg N = \lg c$$

上式表明，$\lg S$ 与 $\lg N$ 呈线性关系，即 S 和 N 在双对数坐标中呈直线关系。

可以采用最小二乘法确定出最佳的拟合直线，设 $a = \lg c$，$b = -m$，用 σ 替代 S，则用最小二乘法得出的拟合方程为

$$\lg N = a + b\lg\sigma \qquad (35.10\text{-}8)$$

式中，a、b 是待定常数，a、b 和相关系数 r 由下式确定：

$$b = \frac{\sum\limits_{i=1}^{n}\lg\sigma_i\lg N_i - \frac{1}{n}\left(\sum\limits_{i=1}^{n}\lg\sigma_i\right)\left(\sum\limits_{i=1}^{n}\lg N_i\right)}{\sum\limits_{i=1}^{n}(\lg\sigma_i)^2 - \frac{1}{n}\left(\sum\limits_{i=1}^{n}\lg\sigma_i\right)^2}$$

$$a = \frac{1}{n}\sum_{i=1}^{n}\lg N_i - \frac{b}{n}\sum_{i=1}^{n}\lg\sigma_i$$

$$r = \frac{\sum\limits_{i=1}^{n}\lg N_i\lg\sigma - \frac{1}{n}\left(\sum\limits_{i=1}^{n}\lg N_i\right)\left(\sum\limits_{i=1}^{n}\lg\sigma\right)}{\sqrt{\left[\sum\limits_{i=1}^{n}(\lg N_i)^2 - \frac{1}{n}\left(\sum\limits_{i=1}^{n}\lg N_i\right)^2\right]\times\left[\sum\limits_{i=1}^{n}(\lg\sigma_i)^2 - \frac{1}{n}\left(\sum\limits_{i=1}^{n}\lg\sigma_i\right)^2\right]}}$$

$$(35.10\text{-}9)$$

式中　n——数据点个数或应力水平数；

$\quad\sigma_i$——第 i 个数据点的最大应力；

$\quad N_i$——第 i 个数据点的疲劳寿命。

S-N 曲线是否可以用直线拟合，可以用相关系数 r 来检验。r 的绝对值越接近于 1，说明 $\lg\sigma$ 与 $\lg N$ 的线性相关性越好。根据子样容量，可从表 35.10-6 中查得其起码值 $r_{\min}$。当数据点线性拟合得出的 $|r|$ 大于 $r_{\min}$ 时，用直线拟合各数据点才有意义。

2）三参数幂函数形式的 S-N 曲线。

表 35.10-6　相关系数检验表

$n-2$	$r_{\min}$	$n-2$	$r_{\min}$	$n-2$	$r_{\min}$
1	0.997	14	0.497	27	0.367
2	0.950	15	0.482	28	0.361
3	0.878	16	0.468	29	0.355
4	0.811	17	0.456	30	0.349
5	0.754	18	0.444	35	0.325
6	0.707	19	0.433	40	0.304
7	0.666	20	0.423	45	0.288
8	0.632	21	0.413	50	0.273
9	0.602	22	0.404	60	0.250
10	0.576	23	0.396	70	0.232
11	0.553	24	0.388	80	0.217
12	0.532	25	0.381	90	0.205
13	0.514	26	0.374	100	0.195

对于中、长寿命区，S-N 曲线也可用三参数幂函数公式拟合，三参数形式的 S-N 曲线形如：

$$(S - S_0)^m N = c \qquad (35.10\text{-}10)$$

式中，m、c 和 S_0 为常数，与材料性质、试件形式和加载方式等因素有关。三个待定常数按下述方法求得。

将上式两端取对数

$$m\lg(S - S_0) + \lg N = \lg c$$

令

$$a = \lg c,\ b = -m$$
$$X = \lg N,\ Y = \lg(S - S_0)$$

得

$$X = a + bY \qquad (35.10\text{-}11)$$

因为上式中变量 X 和 Y 之间呈线性关系，所以可以根据已知的一组试验数据 (N_i, S_i)，$i = 1$, 2, …, n，求得一组数据 (X_i, Y_i)，$i = 1$, 2, …, n，再由线性回归分析确定出待定参数 a、b 和线性相关系数 r，即

$$a = \overline{X} - b\overline{Y}$$
$$b = L_{XY}/L_{YY} \qquad (35.10\text{-}12)$$
$$r = L_{XY}/\sqrt{L_{XX}L_{YY}}$$

式中

$$\overline{X} = \frac{1}{n}\sum_{i=1}^{n} X_i = \frac{1}{n}\sum_{i=1}^{n} \lg N_i$$

$$\overline{Y} = \frac{1}{n}\sum_{i=1}^{n} Y_i = \frac{1}{n}\sum_{i=1}^{n} \lg(S_i - S_0)$$

$$L_{XX} = \sum_{i=1}^{n}(\lg N_i)^2 - \frac{1}{n}\left(\sum_{i=1}^{n}\lg N_i\right)^2$$

$$L_{YY} = \sum_{i=1}^{n}[\lg(S_i - S_0)]^2 - \frac{1}{n}\left[\sum_{i=1}^{n}\lg(S_i - S_0)\right]^2$$

$$L_{XY} = \sum_{i=1}^{n}\lg N_i \lg(S_i - S_0) -$$
$$\frac{1}{n}\left(\sum_{i=1}^{n}\lg N_i\right)\left[\sum_{i=1}^{n}\lg(S_i - S_0)\right]$$

由上面各式可见，$\overline{Y}$、L_{YY} 和 L_{XY} 均与 S_0 有关，是 S_0 的函数，故 a、b 和 r 也均为 S_0 的函数。为求 S_0，使相关系数绝对值 $|r(S_0)|$ 取最大，即

$$\frac{\mathrm{d}r^2(S_0)}{\mathrm{d}S_0} = 0$$

$$2r^2(S_0)\left(\frac{1}{L_{XY}}\frac{\mathrm{d}L_{XY}}{\mathrm{d}S_0} - \frac{1}{2L_{YY}}\frac{\mathrm{d}L_{YY}}{\mathrm{d}S_0}\right) = 0$$

所以

$$\frac{1}{L_{XY}}\frac{\mathrm{d}L_{XY}}{\mathrm{d}S_0} - \frac{1}{2L_{YY}}\frac{\mathrm{d}L_{YY}}{\mathrm{d}S_0} = 0$$

其中

$$\frac{\mathrm{d}L_{XY}}{\mathrm{d}S_0} = \left[\sum_{i=1}^{n}\frac{X_i}{S_i - S_0} - \frac{1}{n}\left(\sum_{i=1}^{n}X_i\right)\left(\sum_{i=1}^{n}\frac{1}{S_i - S_0}\right)\right] / (-\ln 10)$$

$$\frac{\mathrm{d}L_{YY}}{\mathrm{d}S_0} = \left[\sum_{i=1}^{n}\frac{Y_i}{S_i - S_0} - \frac{1}{n}\left(\sum_{i=1}^{n}Y_i\right)\left(\sum_{i=1}^{n}\frac{1}{S_i - S_0}\right)\right] \times 2/(-\ln 10)$$

令

$$e(S_0) = \frac{1}{L_{XY}}\frac{\mathrm{d}L_{XY}}{\mathrm{d}S_0} - \frac{1}{2L_{YY}}\frac{\mathrm{d}L_{YY}}{\mathrm{d}S_0} \quad (35.10\text{-}13)$$

设 S_{00} 为 S_0 的预估值，则由上面的推导可知，当 $S_{00}<S_0$ 时，$e(S_{00})>0$；当 $S_{00}>S_0$ 时，$e(S_{00})<0$。按照这一特点，采用区间减半法，逐步缩小 S_0 所在区间，最后求得所需精度的 S_0。有了 S_0，即可求得式（35.10-11）中的常数 a、b 及式（35.10-10）中的常数 m、c。

4.3　ε-N 曲线拟合

以应力表示的低周疲劳的 σ-N 曲线，当循环数 N 小于 10^4 或 10^5 时是一段平坦的曲线。在这段曲线中，当应力有很小变化时对寿命影响很大。因此，在低周疲劳中，用应力很难描述实际寿命的变化，通常用应变代替应力给出 ε-N 曲线。用总应变幅 ε_a 与达到失效的反复数 $2N_f$ 作图所得到的 ε_a-$2N_f$ 曲线称为应变寿命曲线。Coffin-Mason 公式采用简单幂函数形式描述应变寿命曲线。公式表达为

$$\varepsilon_a = \frac{\sigma'_f}{E}(2N_f)^b + \varepsilon'_f(2N_f)^c$$

式中　σ'_f——疲劳强度系数；
　　　b——疲劳强度指数；
　　　ε'_f——疲劳塑性系数；
　　　c——疲劳塑性指数。

由于

$$\varepsilon_a = \varepsilon_{ea} + \varepsilon_{pa}$$

所以应变寿命曲线可以分解成弹性分量与塑性分量两条曲线。弹性线和塑性线可分别表达为

$$\varepsilon_{ea} = \frac{\sigma'_f}{E}(2N_f)^b$$

$$\varepsilon_{pa} = \varepsilon'_f(2N_f)^c$$

将上两式取对数，得

$$\lg\varepsilon_{ea} = \lg\frac{\sigma'_f}{E} + b\lg(2N_f) \quad (35.10\text{-}14)$$

$$\lg\varepsilon_{pa} = \lg\varepsilon'_f + c\lg(2N_f) \quad (35.10\text{-}15)$$

上式表明，$\lg\varepsilon_{ea}$ 与 $\lg(2N_f)$ 及 $\lg\varepsilon_{pa}$ 与 $\lg(2N_f)$ 都呈线性关系，它们在双对数坐标系中成两条直线。可用最小二乘法进行直线拟合。具体方法同 S-N 曲线拟合方法。

4.4　应力-应变曲线拟合

单调拉伸应力-应变曲线测定中，真实塑性应变 ε_p 和真实应力 σ 在双对数坐标中呈线性关系，σ 和 ε_p 的关系式为

$$\sigma = K\varepsilon_p^n \quad (35.10\text{-}16)$$

式中　K——强度系数；
　　　n——$\lg\sigma$-$\lg\varepsilon_p$ 直线的斜率，称为单调拉伸应变硬化指数。

总应变 ε_t 为弹性应变分量 ε_e 和塑性应变分量 ε_p 之和，一般表达为

$$\varepsilon_t = \varepsilon_e + \varepsilon_p = \frac{\sigma}{E} + \left(\frac{\sigma}{K}\right)^{\frac{1}{n}}$$

根据稳定循环应力-应变曲线可以获得循环应变硬化指数 n' 和循环强度系数 K'。根据 Morrow 表达式：

$$\varepsilon_{ta} = \varepsilon_{ea} + \varepsilon_{pa} = \frac{\sigma_a}{E} + \left(\frac{\sigma_a}{K'}\right)^{\frac{1}{n'}}$$

得到塑性分量

$$\sigma_a = K'(\varepsilon_{pa})^{n'}$$

上式两端取对数，有

$$\lg\sigma_a = \lg K' + n'\lg\varepsilon_{pa} \quad (35.10\text{-}17)$$

上式表明，应力幅 σ_a 和应变幅 ε_{pa} 在双对数坐标

上呈线性关系，采用最小二乘法对上式进行直线拟合，可获得参数 K' 和 n' 的估计值。

4.5　$\mathrm{d}a/\mathrm{d}N$ 曲线拟合

对式 (35.6-39) 的 Paris 公式等号两边取对数，得到

$$\lg \frac{\mathrm{d}a}{\mathrm{d}N} = \lg C + m \lg(\Delta K) \qquad (35.10\text{-}18)$$

上式表明 $\mathrm{d}a/\mathrm{d}N$ 和 ΔK 在双对数坐标上呈线性关系，可以采用最小二乘法对上式进行直线拟合，以获得参数 m 和 C 的估计值。

$\mathrm{d}a/\mathrm{d}N$ 可以采用作图法或采用七点递增多项式数据处理方法，对试验测得的 a-N 曲线进行处理而得。然后根据所加载荷 $\Delta F = F_{\max} - F_{\min}$ 求得对应的 ΔK。

对三点弯曲试样：

$$\Delta K = \frac{\Delta F}{B \sqrt{W}} Y\left(\frac{a}{W}\right) \qquad (35.10\text{-}19)$$

对 C（T）试样：

$$\Delta K = \frac{\Delta F}{B \sqrt{W}} f\left(\frac{a}{W}\right) \qquad (35.10\text{-}20)$$

$Y\left(\dfrac{a}{W}\right)$ 和 $f\left(\dfrac{a}{W}\right)$ 的数值可查表 35.10-7 和表 35.10-8。

表 35.10-7　三点弯曲试样的 $Y\left(\dfrac{a}{W}\right)$

a/W	0.000	0.001	0.002	0.003	0.004	0.005	0.006	0.007	0.008	0.009	0.010
0.250	5.36	5.38	5.39	5.41	5.42	5.43	5.45	5.46	5.48	5.49	5.51
0.260	5.51	5.52	5.54	5.55	5.57	5.58	5.59	5.61	5.62	5.64	5.65
0.270	5.65	5.67	5.68	5.70	5.71	5.73	5.74	5.76	5.77	5.79	5.80
0.280	5.80	5.82	5.83	5.85	5.86	5.88	5.89	5.91	5.93	5.94	5.96
0.290	5.06	5.97	5.99	6.00	6.02	6.03	6.05	6.07	6.08	6.10	6.11
0.300	6.11	6.13	6.14	6.16	6.18	6.19	6.21	6.22	6.24	6.26	6.27
0.310	6.27	6.29	6.30	6.32	6.34	6.35	6.37	6.39	6.40	6.42	6.44
0.320	6.44	6.45	6.47	6.49	6.50	6.52	6.54	6.55	6.57	6.59	6.61
0.330	6.61	6.62	6.64	6.66	6.67	6.69	6.71	6.73	6.74	6.76	6.78
0.340	6.78	6.80	6.81	6.83	6.85	6.87	6.88	6.90	6.92	6.94	6.96
0.350	6.96	6.97	6.99	7.01	7.03	7.05	7.07	7.09	7.10	7.12	7.14
0.360	7.14	7.16	7.18	7.20	7.22	7.24	7.25	7.27	7.29	7.31	7.33
0.370	7.33	7.35	7.37	7.39	7.41	7.43	7.45	7.47	7.49	7.51	7.53
0.380	7.53	7.55	7.57	7.59	7.61	7.63	7.65	7.67	7.69	7.71	7.73
0.390	7.73	7.75	7.77	7.79	7.82	7.84	7.86	7.88	7.90	7.92	7.94
0.400	7.94	7.97	7.99	8.01	8.03	8.05	8.07	8.10	8.12	8.14	8.16
0.410	8.16	8.19	8.21	8.23	8.25	8.28	8.30	8.32	8.35	8.37	8.39
0.420	8.39	8.42	8.44	8.46	8.49	8.51	8.53	8.56	8.58	8.61	8.63
0.430	8.63	8.65	8.68	8.70	8.73	8.75	8.78	8.80	8.83	8.85	8.88
0.440	8.88	8.90	8.93	8.95	8.98	9.01	9.03	9.06	9.08	9.11	9.14
0.450	9.14	9.16	9.19	9.22	9.24	9.27	9.30	9.32	9.35	9.38	9.41
0.460	9.41	9.43	9.46	9.49	9.52	9.55	9.57	9.60	9.63	9.66	9.69
0.470	9.69	9.72	9.75	9.78	9.81	9.84	9.86	9.89	9.92	9.95	9.98
0.480	9.98	10.02	10.05	10.08	10.11	10.14	10.17	10.20	10.23	10.26	10.30
0.490	10.30	10.33	10.36	10.39	10.42	10.46	10.49	10.52	10.55	10.59	10.62
0.500	10.62	10.63	10.69	10.72	10.76	10.79	10.82	10.80	10.89	10.93	10.96
0.510	10.96	11.00	11.03	11.07	11.10	11.14	11.18	11.21	11.25	11.29	11.32
0.520	11.32	11.36	11.40	11.43	11.47	11.51	11.55	11.59	11.62	11.66	11.70
0.530	11.70	11.74	11.78	11.82	11.86	11.90	11.94	11.98	12.02	12.06	12.10
0.540	12.10	12.14	12.19	12.23	12.27	12.31	12.35	12.40	12.44	12.48	12.53
0.550	12.53	12.57	12.61	12.66	12.70	12.75	12.79	12.84	12.88	12.93	12.97
0.560	12.97	13.02	13.06	13.11	13.16	13.21	13.25	13.30	13.35	13.40	13.45
0.570	13.45	13.49	13.54	13.59	13.64	13.69	13.74	13.79	13.85	13.90	13.95
0.580	13.95	14.00	14.05	14.10	14.16	14.21	14.36	14.32	14.37	14.43	14.48
0.590	14.48	14.54	14.59	14.65	14.70	14.76	14.82	14.88	14.93	14.99	15.05
0.600	15.05	15.11	15.17	15.23	15.29	15.35	15.41	15.47	15.53	15.59	15.65
0.610	15.65	15.72	15.78	15.84	15.91	15.97	16.04	16.10	16.17	16.23	16.30
0.620	16.30	16.37	16.44	16.50	16.57	16.64	16.71	16.78	16.85	16.92	16.99
0.630	16.99	17.06	17.14	17.21	17.28	17.36	17.43	17.50	17.58	17.66	17.73
0.640	17.73	17.81	17.89	17.96	18.04	18.12	18.20	18.28	18.36	18.44	18.53

（续）

a/W	0.000	0.001	0.002	0.003	0.004	0.005	0.006	0.007	0.008	0.009	0.010
0.650	18.53	18.61	18.69	18.78	18.86	18.95	19.03	19.12	19.20	19.29	19.38
0.660	19.38	19.47	19.56	19.65	19.74	19.83	19.92	20.02	20.11	20.21	20.30
0.670	20.30	20.40	20.49	20.59	20.69	20.79	20.89	20.99	21.09	21.19	21.30
0.680	21.30	21.40	21.51	21.61	21.72	21.82	21.93	22.04	22.15	22.26	22.37
0.690	22.37	22.49	22.60	22.72	22.83	22.95	23.06	23.18	23.30	23.42	23.54
0.700	23.54	23.67	23.79	23.92	24.04	24.17	24.30	24.42	24.56	24.69	24.82
0.710	24.82	24.95	25.09	25.22	25.36	25.50	25.64	25.78	25.92	26.06	26.21
0.720	26.21	26.36	26.60	26.65	26.80	26.95	27.11	27.26	27.42	27.57	27.73
0.730	27.73	28.01	28.22	28.38	28.55	28.72	28.89	29.06	29.23	29.41	29.58
0.740	29.58	29.76	29.94	30.12	30.31	30.49	30.68	30.78	30.87	31.06	31.25

表 35.10-8　标准紧凑拉伸试样的 $f\left(\dfrac{a}{W}\right)$

a/W	0.000	0.001	0.002	0.003	0.004	0.005	0.006	0.007	0.008	0.009	0.010
0.300	5.85	5.86	5.87	5.88	5.89	5.91	5.92	5.93	5.94	5.95	5.96
0.310	5.96	5.98	5.99	6.00	6.01	6.02	6.04	6.05	6.06	6.07	6.09
0.320	6.09	6.10	6.11	6.12	6.14	6.15	6.16	6.18	6.19	6.20	6.22
0.330	6.22	6.23	6.24	6.26	6.27	6.28	6.30	6.31	6.32	6.34	6.35
0.340	6.35	6.37	6.38	6.40	6.41	6.42	6.44	6.45	6.47	6.48	6.50
0.350	6.50	6.51	6.53	6.54	6.56	6.57	6.59	6.60	6.62	6.63	6.85
0.360	6.65	6.66	6.68	6.70	6.71	6.73	6.74	6.76	6.77	6.79	6.81
0.370	6.81	6.82	6.84	6.86	6.87	6.89	6.91	6.92	6.94	6.96	6.97
0.380	6.97	6.99	7.01	7.02	7.04	7.06	7.07	7.09	7.11	7.13	7.14
0.390	7.14	7.16	7.13	7.20	7.22	7.23	7.25	7.27	7.29	7.31	7.32
0.400	7.32	7.34	7.36	7.38	7.40	7.42	7.43	7.45	7.47	7.49	7.51
0.410	7.51	7.53	7.55	7.57	7.59	7.61	7.63	7.65	7.67	7.68	7.70
0.420	7.70	7.72	7.74	7.76	7.78	7.80	7.83	7.85	7.87	7.89	7.91
0.430	7.91	7.93	7.95	7.97	7.99	8.01	8.03	8.05	8.07	8.10	8.12
0.440	8.12	8.14	8.16	8.18	8.20	8.23	8.25	8.27	8.29	8.32	8.34
0.450	8.34	8.36	8.38	8.41	8.43	8.45	8.47	8.50	8.52	8.54	8.57
0.460	8.57	8.59	8.61	8.64	8.66	8.69	8.71	8.73	8.76	8.78	8.81
0.470	8.81	8.83	8.86	8.88	8.91	8.93	8.96	8.98	9.01	9.03	9.06
0.480	9.06	9.09	9.11	9.14	9.16	9.19	9.22	9.24	9.27	9.30	9.32
0.490	9.32	9.35	9.38	9.41	9.43	9.46	9.49	9.52	9.55	9.57	9.60
0.500	9.60	9.63	9.66	9.69	9.72	9.75	9.78	9.81	9.84	9.87	9.90
0.510	9.90	9.93	9.96	9.99	10.02	10.05	10.08	10.11	10.15	10.18	10.21
0.520	10.21	10.24	10.27	10.31	10.34	10.37	11.40	10.44	10.47	10.50	10.54
0.530	10.54	10.57	10.61	10.64	10.68	10.71	10.75	10.78	10.82	10.85	10.89
0.540	10.89	10.92	11.96	11.00	11.03	11.07	11.11	11.15	11.18	11.22	11.26
0.550	11.26	11.30	11.34	11.38	11.42	11.46	11.50	11.54	11.58	11.62	11.66
0.560	11.66	11.70	11.74	11.78	11.82	11.87	11.91	11.95	11.99	12.04	12.03
0.570	12.08	12.13	12.17	12.21	12.26	12.30	12.35	12.40	12.44	12.49	12.54
0.580	12.54	12.58	12.63	12.68	12.73	12.77	12.82	12.87	12.92	12.97	13.02
0.590	13.02	13.07	13.12	13.17	13.22	13.28	13.33	13.38	13.43	13.49	13.54
0.600	13.54	13.60	13.65	13.70	13.76	13.82	13.87	13.93	13.98	14.04	14.10
0.610	14.10	14.16	14.22	14.27	14.33	14.39	14.45	14.51	14.58	14.64	14.70
0.620	14.70	14.76	14.82	14.89	14.95	15.02	15.08	15.14	15.21	15.28	15.34
0.630	15.34	15.41	15.48	15.55	15.61	15.68	15.75	15.82	15.89	15.96	16.04
0.640	16.04	16.11	16.18	16.25	16.33	16.40	16.48	16.55	16.63	16.70	16.78
0.650	16.78	16.86	16.93	17.01	17.09	17.17	17.25	17.33	17.41	17.50	17.58
0.660	17.58	17.66	17.75	17.83	17.92	18.00	18.09	18.18	18.26	18.35	18.44
0.670	18.44	18.53	18.62	18.71	18.80	18.89	18.99	19.08	19.17	19.27	19.37
0.680	19.37	19.46	19.56	19.66	19.75	19.85	19.95	20.05	20.16	20.26	20.36
0.690	20.36	20.46	20.57	20.67	20.78	20.88	20.99	21.10	21.21	21.32	21.43

4.6 断裂韧度试验数据处理

断裂韧度试验中确定了临界裂纹长度 a_c 及临界载荷 P_q，将其代入 K_I 表达式，求出此时的 K_I，称为 K_q。当 K_q 满足验证条件时，所得到的 K_q 即为材料的断裂韧度 K_{IC}。

（1）K_q 的计算

用边界配置法可以求得应力强度因子 K_I 的表达式，对于三点弯曲试样，

$$K_I = \frac{FS}{B\sqrt{W}W}\varphi\left(\frac{a}{W}\right) \qquad (35.10\text{-}21)$$

$$\varphi\left(\frac{a}{W}\right) = 2.9\left(\frac{a}{W}\right)^{\frac{1}{2}} - 4.6\left(\frac{a}{W}\right)^{\frac{3}{2}} + 21.8\left(\frac{a}{W}\right)^{\frac{5}{2}} -$$

$$37.6\left(\frac{a}{W}\right)^{\frac{7}{2}} + 38.7\left(\frac{a}{W}\right)^{\frac{9}{2}}$$

式中 B——试样厚度；

W——试样高度，$W = 2B$；

S——跨距，一般 $S = 4W$；

a——裂纹长度（机械加工的缺口与疲劳裂纹之和）。

对于 C（T）试样：

$$K_I = \frac{FS}{B\sqrt{W}W}\varphi\left(\frac{a}{W}\right) \qquad (35.10\text{-}22)$$

$$f\left(\frac{a}{W}\right) = 29.6\left(\frac{a}{W}\right)^{\frac{1}{2}} - 185.5\left(\frac{a}{W}\right)^{\frac{3}{2}} +$$

$$655.7\left(\frac{a}{W}\right)^{\frac{5}{2}} - 1017.0\left(\frac{a}{W}\right)^{\frac{7}{2}} +$$

$$638.9\left(\frac{a}{W}\right)^{\frac{9}{2}}$$

式中，$W = 2B$。

当载荷达到临界值 P_q 时，裂纹失稳扩展，此时的 K_I 称为 K_q。

$$K_q = \frac{P_q}{B\sqrt{W}}Y\left(\frac{a}{W}\right) \qquad (35.10\text{-}23)$$

$$Y\left(\frac{a}{W}\right) = \left[7.51 + 3.00\left(\frac{a}{W} - 0.50\right)^2\right]$$

$$\sec\left(\frac{\pi a}{2W}\right)\sqrt{\tan\left(\frac{\pi a}{2W}\right)}$$

对于 C（T）试样：

$$K_q = \frac{P_q}{B\sqrt{W}}f\left(\frac{a}{W}\right) \qquad (35.10\text{-}24)$$

$Y\left(\frac{a}{W}\right)$ 和 $f\left(\frac{a}{W}\right)$ 的数值可查表 35.10-7 和表 35.10-8。

（2）验证条件

按上述过程得到的 K_q 是否是材料的平面应变断裂韧度 K_{IC} 还需进行验证，验证条件主要有厚度判断 $B \geqslant 2.5\left(\frac{K_q}{R_{eL}}\right)^2$ 和载荷比判断 $\frac{P_{max}}{P_q} \leqslant 1.1$。

若上述两个条件均能满足，则 $K_q = K_{IC}$；若不能满足上述条件，则应加大试样尺寸重新试验，直到满足条件，所测出的 K_q 即为材料的 K_{IC}。

参 考 文 献

[1] 闻邦椿. 机械设计手册：第 6 卷 [M]. 5 版. 北京：机械工业出版社，2010.

[2] 闻邦椿. 现代机械设计师手册：下册 [M]. 北京：机械工业出版社，2012.

[3] 徐灏. 机械设计手册 [M]. 北京：机械工业出版社，1991.

[4] 王启义. 中国机械设计大典 [M]. 南昌：江西科学技术出版社，2002.

[5] 王德俊. 疲劳强度设计理论与方法 [M]. 沈阳：东北工学院出版社，1992.

[6] 徐灏. 疲劳强度设计 [M]. 北京：机械工业出版社，1981.

[7] 徐灏. 安全系数和许用应力 [M]. 北京：机械工业出版社，1981.

[8] 赵少汴，王忠保. 抗疲劳设计——方法与数据 [M]. 北京：机械工业出版社，1997.

第 37 篇　机械可靠性设计

主　编　孙志礼

编写人　孙志礼　张义民　杨　强
　　　　郭　瑜　王　健

审稿人　王德俊　李良巧

第5版
机械可靠性设计

主　编　张义民　孙志礼

编写人　张义民　孙志礼　杨　强　郭　瑜

审稿人　王德俊　李良巧

第1章 可靠性设计的基础知识

可靠性是产品的重要质量特性。

可靠性设计是以实现产品的可靠性为目的的设计技术。它包括为实现产品的可靠性所必要的设计和全部计划项目，并使产品的可靠性得以保持的一系列设计程序。可靠性设计包括的内容是非常广的，它贯穿于产品的整个寿命周期。本篇主要介绍机械产品可靠性设计中的一些专有技术。

1 概述

1.1 可靠性的概念

可靠性的经典定义是："产品在规定条件下和规定时间区间内，完成规定功能的能力"。

可靠性包括广义可靠性和狭义可靠性两种概念。广义可靠性是指产品在整个寿命周期内完成规定功能的能力。它包括狭义可靠性和维修性。狭义可靠性是指产品在规定时间内发生失效的难易程度。维修性是指可修复产品发生失效后在规定时间内修复的难易程度。对不可修复的产品（包括不值得修复的产品）只要求在使用过程中不易失效，即要求耐久性；对可修复的产品不仅要求在使用过程中不易发生故障，即无故障性，而且要求发生故障后容易维修，即维修性。

按产品可靠性的形成，可靠性可分为固有可靠性和使用可靠性。固有可靠性是通过设计、制造赋予产品的；使用可靠性既受设计、制造的影响，又受使用条件的影响。一般使用可靠性低于固有可靠性。

1.2 可靠性设计程序和手段

可靠性设计的一般程序和手段如图37.1-1所示。

1.3 可靠性设计的目标值

可靠性设计首先要明确对产品可靠性的要求，确

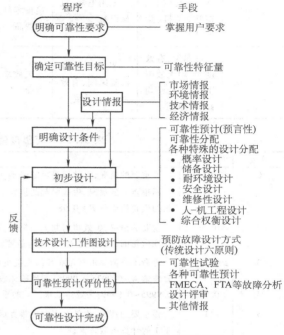

图 37.1-1　可靠性设计程序和手段

定可靠性的目标。一般除特殊用户在技术要求中明确给出可靠性规格和目标值外，用户很少提出对产品可靠性的定量要求。通常是生产厂在了解用户的要求、竞争企业的动向、技术水平的现状和发展趋势等基础上确定可靠性的目标值。

可靠性不是一种单独存在的功能，它与产品的功能、能源消耗和动力性能等有关。表37.1-1为某汽车发动机可靠性目标值项目举例。

在确定产品可靠性目标值时，应选择适合使用条件的可靠性特征量作为可靠性指标。各类产品常用的可靠性指标见表37.1-2。表37.1-3列出了可靠度值分类等级及应用情况举例，供设计时参考。

表 37.1-1　某汽车发动机可靠性目标值项目举例

项　目	目　标　值
功能特性	50000km 后功能特性降低率<初始功能的×%
耗油量	50000km 后油耗提高率<初始值的×%
行驶性能	50000km 的感官评分值比初始评分值低一个量级
低温起动性能	50000km 后不降低
排放量	50000km 后排放物增加值<×%
累计失效概率	20000km 的累积失效概率<×%

表 37.1-2 各类产品常用的可靠性指标

使用条件	连续使用				一次使用	
可否修复	可修复		不可修复		可修复	不可修复
维修种类	预防维修	事后维修	用到耗损期	一定时间后报废	预防维修	
产品示例	电子系统、计算机、通信机、雷达、飞机、生产设备	家用电器、机械设备	电子元器件、机械零件、一般消费品	实行预防维修的零部件、广播设备用电子管	武器、过载荷继电器、救生器具	熔丝、闪光灯、雷管
常用指标	可靠度、有效度、平均无故障工作时间、平均修复时间	平均无故障修复时间、有效寿命、有效度	失效率、平均寿命	失效率、更换寿命	成功率	成功率

表 37.1-3 可靠度值分类等级及应用情况

等级	可靠度 R	应 用 情 况
0	<0.9	不重要的情况,失效后果可忽略不计,例如,不重要的轴承 $R=0.5\sim0.8$;车辆低速齿轮 $R=0.8\sim0.9$
1	≥0.9	不很重要的情况,失效引起的损失不大,例如,一般轴承 $R=0.9$,易维修的农机齿轮 $R\geq0.90$,寿命长的汽轮机齿轮 $R\geq0.98$
2	≥0.99	重要的情况,失效将引起大的损失,例如,一般齿轮的齿面强度 $R\approx0.98$,抗弯强度 $R\approx0.999$;高可靠性齿轮的齿面强度 $R\approx0.999$,抗弯强度 $R\approx0.9999$;高速轧机齿轮 $R=0.99\sim0.995$
3	≥0.999	寿命不长但要求高可靠性的飞机主传动齿轮 $R=0.99\sim0.9999$;建筑结构件,失效后果不严重的次要建筑 $R=0.997\sim0.9995$(塑性破坏取低值,脆性破坏取高值,下同);失效后果严重的一般建筑 $R=$
4	≥0.9999	$0.9995\sim0.9999$;失效后果很严重的重要建筑 $R=0.9999\sim0.99999$
5	1	很重要的情况,失效会引起灾难性后果,由于 $R>0.9999$,其定量难以准确,建议在计算应力时取大于1的计算系数来保证

1.4 可靠性设计方法

由于不同产品及构成部分具有各种差异,因此应采取不同的可靠性设计方法。可靠性设计方法及内容见表 37.1-4。

1.5 可靠性设计的其他方面

初步设计阶段,应分析类似产品过去的故障情况、原因、该故障对系统的影响、故障发生的概率等,并通过零部件的概略计算,参考各种设计情报进行初步的可靠性预计。当产品是由若干个子系统或零部件组成时,应进一步将可靠性指标的目标值分配给各组成部分,即进行可靠性分配。

各子系统及零部件分配得到可靠性目标值之后,利用表 37.1-4 介绍的可靠性设计方法进行零部件的初步设计,并进行技术设计;然后再进行可靠性预计,以保证满足可靠性指标的目标值,做必要的可靠性试验;对重要的部分用故障模式、效应及危害度分析(FMECA)以及故障树分析(FTA)等方法进行可靠性、安全性分析;邀请有关各方面专家就可靠性进行评议审查;将设计的缺陷、潜在的故障原因、弥补的对策反馈给设计人员,进行改进设计,逐步完成可靠性设计。

表 37.1-4 可靠性设计方法及内容

序号	可靠性设计方法	设 计 内 容
1	预防故障设计	由经验积累形成的设计方法,一般考虑下述原则:采用成熟的经验或经试验验证了的方案;简化结构,减少零部件的数量;尽量采用标准化、通用化的零部件;重视维修性,力求使产品的检修、调整、拆换方便;重视关键零件的选材和可靠性;充分运用故障分析的成果,及时反馈,尽早改进
2	概率设计	将所设计零件的失效概率限制在允许的范围内,以满足可靠性定量的要求
3	储备设计	对完成同一规定功能的部分设置重复的结构,以备局部发生故障时整机仍不致丧失功能
4	耐环境设计	在设计阶段就考虑产品在整个寿命周期内可能遇到的各种环境条件的影响,相应地进行耐温设计、耐湿设计及耐振设计等,以提高产品耐环境的能力

（续）

序号	可靠性设计方法	设 计 内 容
5	安全设计	针对失效后会造成人员伤亡或引起重大经济损失的情况,保证有一定的安全水平。一般可从以下几个方面着手:故障安全设计,当万一发生故障时,装置自动趋于安全,如铁路信号装置就设计成一旦发生故障肯定为红色信号;防误操作设计,设计成不会发生误操作的构造;故障检出或监测设计,在生产线上附加检测系统,以检出显在故障和监测潜在故障;人员防误设计,设置安全防护装置
6	维修性设计	维修性设计是在设计阶段就考虑维护和修理的方便,以便发生故障后能迅速修复而达到提高有效度的目的。主要应做到:检测方便,缩短故障的诊断、定位时间;装拆方便,便于维修操作,缩短排除故障的时间;维修所需的工具、设备简单,必要时应满足维修性指标
7	人-机工程设计	在设计阶段为减少人的差错,发挥人和机器各自的特点以提高产品的使用可靠度。主要应做到:指示系统可靠,不仅显示器可靠,而且显示方式、显示器配置等都应使人易于无误地接受;控制、操作系统可靠,不仅仪器及机构有满意的精度,而且适于人的使用习惯,便于识别操作,不易出错,与安全有关的应有防误措施;操作环境尽量适于人的工作需要,减少引起疲劳、干扰操作的因素
8	权衡设计	在可靠性、维修性、安全性、功能、重量、尺寸等质量与价格、交货期之间综合权衡以寻求最佳方案的设计

2　可靠性中常用的概率分布

载荷、强度、寿命等是可靠性设计涉及的重要指标。这些指标一般都是随机变量,有一定的取值范围,服从一定的统计分布。

可靠性中常用的概率分布见表 37.1-5。其中常用的分布函数表和 Γ 函数表见表 37.1-6~表 37.1~10。

表 37.1-5　可靠性中常用的概率分布

分布类型	概率密度	均值 $E(X)$	方差 $D(X)$	图 形
均匀分布 $u(a,b)$	$f_u(x)=\begin{cases}\dfrac{1}{b-a} & a\leqslant x\leqslant b\\ 0 & x<a \text{ 或 } x>b\end{cases}$ $-\infty<a<b<+\infty$	$\dfrac{a+b}{2}$	$\dfrac{(b-a)^2}{12}$	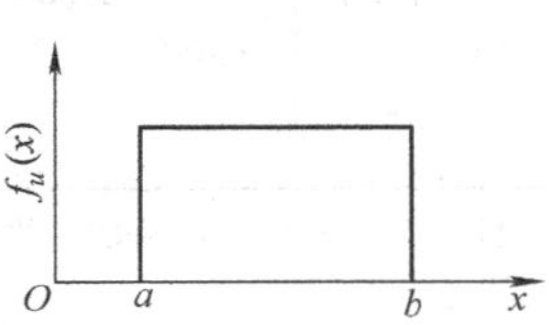
正态分布（高斯分布）$N(\mu,\sigma^2)$	$f_N(x)=\dfrac{1}{\sigma\sqrt{2\pi}}e^{\frac{(x-\mu)^2}{2\sigma^2}}$ $-\infty<x<+\infty$, $-\infty<\mu<+\infty,\sigma>0$	μ	σ^2	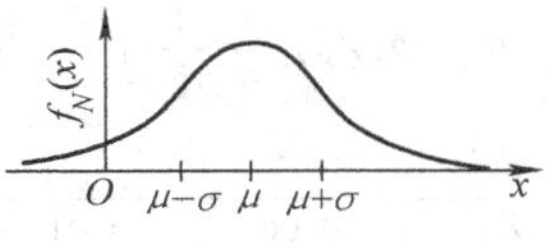
对数正态分布 $\ln(\mu,\sigma^2)$ 或 $\lg(\mu,\sigma^2)$	$f_{\ln}(x)=\dfrac{1}{\sigma x\sqrt{2\pi}}e^{-\frac{(\ln x-\mu)^2}{2\sigma^2}}$ 或 $f_{\lg}(x)=\dfrac{\lg e}{\sigma x\sqrt{2\pi}}e^{-\frac{(\lg x-\mu)^2}{2\sigma^2}}$ $x>0$	$e^{\mu+\frac{\sigma^2}{2}}$ 或 $10^{\mu+\frac{\sigma^2}{2}\ln10}$	$e^{2\mu+\sigma^2}(e^{\sigma^2}-1)$ 或 $10^{2\mu+\sigma^2\ln10}\times(10^{\sigma^2\ln10}-1)$	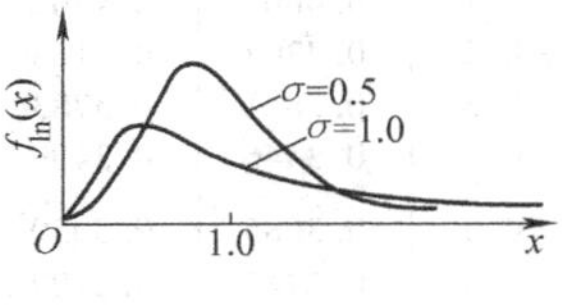
威布尔分布 $W(k,a,b)$	$f_W(x)=\dfrac{k}{b}\left(\dfrac{x-a}{b}\right)^{k-1}\times e^{-\left(\frac{x-a}{b}\right)^k}$ $x\geqslant a$,形状参数 $k>0$,尺度参数 $b>0$,位置参数 a	$b\Gamma\left(1+\dfrac{1}{k}\right)+a$	$b^2\left[\Gamma\left(1+\dfrac{2}{k}\right)-\Gamma^2\left(1+\dfrac{1}{k}\right)\right]$	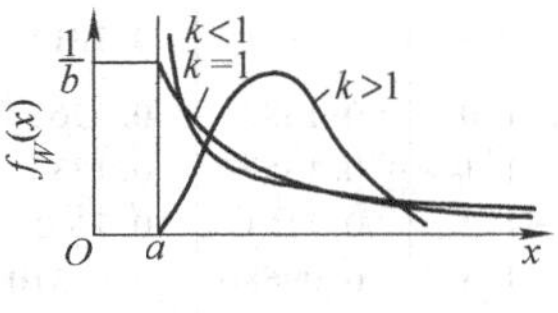

（续）

分布类型	概率密度	均值 $E(X)$	方差 $D(X)$	图 形
指数分布 $e(\lambda)$	$f_e(x) = \lambda e^{-\lambda x}$ $x \geq 0, \lambda > 0$	$\dfrac{1}{\lambda}$	$\dfrac{1}{\lambda^2}$	
瑞利分布 $R(\mu)$	$f_R(x) = \dfrac{x}{\mu^2} e^{-\frac{x^2}{2\mu^2}}$ $x \geq 0, \mu > 0$	$\sqrt{\dfrac{\pi}{2}}\mu$	$\dfrac{(4-\pi)}{2}\mu^2$	
β 分布（贝塔分布）$\beta(\alpha,\beta)$	$f_\beta(x) = \dfrac{x^{\alpha-1}(1-x)^{\beta-1}}{\beta(\alpha,\beta)}, 0 < x < 1$ 贝塔函数 $\beta(\alpha,\beta) = \dfrac{\Gamma(\alpha)\Gamma(\beta)}{\Gamma(\alpha+\beta)}$ $\alpha > 0, \beta > 0$	$\dfrac{\alpha}{\alpha+\beta}$	$\dfrac{\alpha\beta}{(\alpha+\beta+1)(\alpha+\beta)^2}$	
Γ 分布（伽马分布）$\Gamma(\alpha,\beta)$	$f_\Gamma(x) = \dfrac{\beta^\alpha}{\Gamma(\alpha)} x^{\alpha-1} e^{-\beta x}$ $x > 0$	$\dfrac{\alpha}{\beta}$	$\dfrac{\alpha}{\beta^2}$	

注：$\Gamma(\cdot)$ ——Γ 函数，数值查表 37.1-10。

表 37.1-6 标准正态分布

$$R = \Phi(Z_R) = \frac{1}{\sqrt{2\pi}} \int_{-\infty}^{Z_R} e^{-\frac{x^2}{2}} dx \quad (Z_R \leq 0)$$

Z_R	0.00	0.01	0.02	0.03	0.04	0.05	0.06	0.07	0.08	0.09
-0.0	0.5000	0.4960	0.4920	0.4880	0.4840	0.4801	0.4761	0.4721	0.4681	0.4641
-0.1	0.4602	0.4562	0.4522	0.4483	0.4443	0.4404	0.4364	0.4325	0.4286	0.4247
-0.2	0.4207	0.4168	0.4129	0.4090	0.4052	0.4013	0.3974	0.3936	0.3897	0.3859
-0.3	0.3821	0.3783	0.3745	0.3707	0.3669	0.3632	0.3594	0.3557	0.3520	0.3483
-0.4	0.3446	0.3409	0.3372	0.3336	0.3300	0.3264	0.3228	0.3192	0.3156	0.3121
-0.5	0.3085	0.3050	0.3015	0.2981	0.2946	0.2912	0.2877	0.2843	0.2810	0.2776
-0.6	0.2743	0.2709	0.2676	0.2643	0.2611	0.2578	0.2546	0.2514	0.2483	0.2451
-0.7	0.2420	0.2389	0.2358	0.2327	0.2297	0.2266	0.2236	0.2206	0.2177	0.2148
-0.8	0.2119	0.2090	0.2061	0.2033	0.2005	0.1977	0.1949	0.1922	0.1894	0.1867
-0.9	0.1841	0.1814	0.1788	0.1762	0.1736	0.1711	0.1685	0.1660	0.1635	0.1611
-1.0	0.1587	0.1562	0.1539	0.1515	0.1492	0.1469	0.1446	0.1423	0.1401	0.1379
-1.1	0.1357	0.1335	0.1314	0.1292	0.1271	0.1251	0.1230	0.1210	0.1190	0.1170
-1.2	0.1151	0.1131	0.1112	0.1093	0.1075	0.1056	0.1038	0.1020	0.1003	0.09853
-1.3	0.09680	0.09510	0.09342	0.09176	0.09012	0.08851	0.08691	0.08534	0.08379	0.08226
-1.4	0.08076	0.07927	0.07780	0.07636	0.07493	0.07353	0.07215	0.07078	0.06944	0.06811

（续）

Z_R	0.00	0.01	0.02	0.03	0.04	0.05	0.06	0.07	0.08	0.09
-1.5	0.06681	0.06552	0.06426	0.06301	0.06178	0.06057	0.05938	0.05821	0.05705	0.05592
-1.6	0.05480	0.05370	0.05262	0.05155	0.05050	0.04947	0.04846	0.04746	0.04648	0.04551
-1.7	0.04457	0.04363	0.04272	0.04182	0.04093	0.04006	0.03920	0.03836	0.03754	0.03673
-1.8	0.03593	0.03515	0.03438	0.03362	0.03288	0.03216	0.03144	0.03074	0.03005	0.02938
-1.9	0.02872	0.02807	0.02743	0.02680	0.02619	0.02559	0.02500	0.02442	0.02385	0.02330
-2.0	0.02275	0.02222	0.02169	0.02118	0.02068	0.02018	0.01970	0.01923	0.01876	0.01831
-2.1	0.01786	0.01743	0.01700	0.01659	0.01618	0.01578	0.01539	0.01500	0.01463	0.01426
-2.2	0.01390	0.01355	0.01321	0.01287	0.01255	0.01222	0.01191	0.01160	0.01130	0.01101
-2.3	0.01072	0.01044	0.01017	$0.0^2 9903$	$0.0^2 9642$	$0.0^2 9387$	$0.0^2 9137$	$0.0^2 8894$	$0.0^2 8656$	$0.0^2 8424$
-2.4	$0.0^2 8198$	$0.0^2 7976$	$0.0^2 7760$	$0.0^2 7549$	$0.0^2 7344$	$0.0^2 7143$	$0.0^2 6947$	$0.0^2 6756$	$0.0^2 6569$	$0.0^2 6387$
-2.5	$0.0^2 6210$	$0.0^2 6037$	$0.0^2 5868$	$0.0^2 5703$	$0.0^2 5543$	$0.0^2 5386$	$0.0^2 5234$	$0.0^2 5085$	$0.0^2 4940$	$0.0^2 4799$
-2.6	$0.0^2 4661$	$0.0^2 4527$	$0.0^2 4396$	$0.0^2 4269$	$0.0^2 4145$	$0.0^2 4025$	$0.0^2 3907$	$0.0^2 8793$	$0.0^2 8681$	$0.0^2 3573$
-2.7	$0.0^2 3467$	$0.0^2 3364$	$0.0^2 3264$	$0.0^2 3167$	$0.0^2 3072$	$0.0^2 2980$	$0.0^2 2890$	$0.0^2 2803$	$0.0^2 2718$	$0.0^2 2635$
-2.8	$0.0^2 2555$	$0.0^2 2477$	$0.0^2 2401$	$0.0^2 2327$	$0.0^2 2256$	$0.0^2 2186$	$0.0^2 2118$	$0.0^2 2052$	$0.0^2 1988$	$0.0^2 1926$
-2.9	$0.0^2 1866$	$0.0^2 1807$	$0.0^2 1750$	$0.0^2 1695$	$0.0^2 1641$	$0.0^2 1589$	$0.0^2 1538$	$0.0^2 1489$	$0.0^2 1441$	$0.0^2 1395$
-3.0	$0.0^2 1350$	$0.0^2 1306$	$0.0^2 1264$	$0.0^2 1223$	$0.0^2 1183$	$0.0^2 1144$	$0.0^2 1107$	$0.0^2 1070$	$0.0^2 1035$	$0.0^2 1001$
-3.1	$0.0^3 9676$	$0.0^3 9354$	$0.0^3 9043$	$0.0^3 8740$	$0.0^3 8447$	$0.0^3 8164$	$0.0^3 7888$	$0.0^3 7622$	$0.0^3 7364$	$0.0^3 7114$
-3.2	$0.0^3 6871$	$0.0^3 6637$	$0.0^3 6410$	$0.0^3 6190$	$0.0^3 5976$	$0.0^3 5770$	$0.0^3 5571$	$0.0^3 5377$	$0.0^3 5190$	$0.0^3 5009$
-3.3	$0.0^3 4834$	$0.0^3 4665$	$0.0^3 4501$	$0.0^3 4342$	$0.0^3 4189$	$0.0^3 4041$	$0.0^3 3897$	$0.0^3 3758$	$0.0^3 3624$	$0.0^3 3495$
-3.4	$0.0^3 3369$	$0.0^3 3248$	$0.0^3 3131$	$0.0^3 3018$	$0.0^3 2909$	$0.0^3 2803$	$0.0^3 2701$	$0.0^3 2602$	$0.0^3 2507$	$0.0^3 2415$
-3.5	$0.0^3 2326$	$0.0^3 2241$	$0.0^3 2158$	$0.0^3 2078$	$0.0^3 2001$	$0.0^3 1926$	$0.0^3 1854$	$0.0^3 1785$	$0.0^3 1718$	$0.0^3 1653$
-3.6	$0.0^3 1591$	$0.0^3 1531$	$0.0^3 1473$	$0.0^3 1417$	$0.0^3 1363$	$0.0^3 1311$	$0.0^3 1261$	$0.0^3 1213$	$0.0^3 1166$	$0.0^3 1121$
-3.7	$0.0^3 1078$	$0.0^3 1036$	$0.0^4 9161$	$0.0^4 9574$	$0.0^4 9201$	$0.0^4 8842$	$0.0^4 8496$	$0.0^4 8162$	$0.0^4 7841$	$0.0^4 7532$
-3.8	$0.0^4 7235$	$0.0^4 6948$	$0.0^4 6673$	$0.0^4 6407$	$0.0^4 6152$	$0.0^4 5906$	$0.0^4 5669$	$0.0^4 5442$	$0.0^4 5223$	$0.0^4 5012$
-3.9	$0.0^4 4810$	$0.0^4 4615$	$0.0^4 4427$	$0.0^4 4247$	$0.0^4 4074$	$0.0^4 3908$	$0.0^4 3747$	$0.0^4 3594$	$0.0^4 3446$	$0.0^4 3304$
-4.0	$0.0^4 3167$	$0.0^4 3036$	$0.0^4 2910$	$0.0^4 2789$	$0.0^4 2673$	$0.0^4 2561$	$0.0^4 2454$	$0.0^4 2351$	$0.0^4 2252$	$0.0^4 2157$
-4.1	$0.0^4 2066$	$0.0^4 1978$	$0.0^4 1894$	$0.0^4 1814$	$0.0^4 1737$	$0.0^4 1662$	$0.0^4 1591$	$0.0^4 1523$	$0.0^4 1458$	$0.0^4 1395$
-4.2	$0.0^4 1335$	$0.0^4 1277$	$0.0^4 1222$	$0.0^4 1168$	$0.0^4 1118$	$0.0^4 1069$	$0.0^4 1022$	$0.0^4 9774$	$0.0^4 9345$	$0.0^4 8934$
-4.3	$0.0^5 8540$	$0.0^5 8163$	$0.0^5 7801$	$0.0^5 7455$	$0.0^5 7124$	$0.0^5 6807$	$0.0^5 6503$	$0.0^5 6212$	$0.0^5 5934$	$0.0^5 5668$
-4.4	$0.0^5 5413$	$0.0^5 5169$	$0.0^5 4935$	$0.0^5 4712$	$0.0^5 4498$	$0.0^5 4294$	$0.0^5 4098$	$0.0^5 3911$	$0.0^5 3732$	$0.0^5 3561$
-4.5	$0.0^5 3398$	$0.0^5 3241$	$0.0^5 3092$	$0.0^5 2949$	$0.0^5 2813$	$0.0^5 2682$	$0.0^5 2558$	$0.0^5 2439$	$0.0^5 2325$	$0.0^5 2216$
-4.6	$0.0^5 2112$	$0.0^5 2013$	$0.0^5 1919$	$0.0^5 1828$	$0.0^5 1742$	$0.0^5 1660$	$0.0^5 1581$	$0.0^5 1506$	$0.0^5 1434$	$0.0^5 1666$
-4.7	$0.0^5 1301$	$0.0^5 1239$	$0.0^5 1179$	$0.0^5 1123$	$0.0^5 1069$	$0.0^5 1017$	$0.0^5 9680$	$0.0^5 9211$	$0.0^5 8765$	$0.0^5 8339$
-4.8	$0.0^6 7933$	$0.0^6 7547$	$0.0^6 7178$	$0.0^6 6827$	$0.0^6 6492$	$0.0^6 6173$	$0.0^6 5369$	$0.0^6 5580$	$0.0^6 5304$	$0.0^6 5042$
-4.9	$0.0^6 4792$	$0.0^6 4554$	$0.0^6 4327$	$0.0^6 4111$	$0.0^6 3996$	$0.0^6 3711$	$0.0^6 3525$	$0.0^6 3348$	$0.0^6 3179$	$0.0^6 3019$

$$R = \Phi(Z_R) = \frac{1}{\sqrt{2\pi}} \int_{-\infty}^{Z_R} e^{-\frac{x^2}{2}} dx \quad (Z_R \geqslant 0)$$

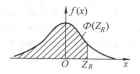

Z_R	0.00	0.01	0.02	0.03	0.04	0.05	0.06	0.07	0.08	0.09
0.0	0.5000	0.5040	0.5080	0.5120	0.5160	0.5199	0.5239	0.5279	0.5319	0.5359
0.1	0.5398	0.5438	0.5478	0.5517	0.5557	0.5596	0.5636	0.5675	0.5714	0.5753
0.2	0.5793	0.5832	0.5871	0.5910	0.5948	0.5987	0.6026	0.6064	0.6103	0.6141
0.3	0.6179	0.6217	0.6255	0.6293	0.6331	0.6368	0.6406	0.6443	0.6480	0.6517
0.4	0.6554	0.6591	0.6628	0.6664	0.6700	0.6736	0.6772	0.6808	0.6844	0.6879

（续）

Z_R	0.00	0.01	0.02	0.03	0.04	0.05	0.06	0.07	0.08	0.09
0.5	0.6915	0.6950	0.6985	0.7019	0.7054	0.7088	0.7123	0.7157	0.7190	0.7224
0.6	0.7257	0.7291	0.7324	0.7357	0.7389	0.7422	0.7454	0.7486	0.7517	0.7549
0.7	0.7580	0.7611	0.7642	0.7673	0.7703	0.7734	0.7764	0.7794	0.7823	0.7852
0.8	0.7881	0.7910	0.7939	0.7967	0.7995	0.8023	0.8051	0.8078	0.8106	0.8133
0.9	0.8159	0.8186	0.8212	0.8238	0.8264	0.8289	0.8315	0.8340	0.8365	0.8389
1.0	0.8413	0.8438	0.8461	0.8485	0.8508	0.8531	0.8554	0.8577	0.8599	0.8621
1.1	0.8643	0.8665	0.8686	0.8708	0.8729	0.8749	0.8770	0.8790	0.8810	0.8830
1.2	0.8849	0.8869	0.8888	0.8907	0.8925	0.8944	0.8962	0.8980	0.8997	0.90147
1.3	0.90320	0.90490	0.90658	0.90824	0.90988	0.91149	0.91309	0.91466	0.91621	0.91774
1.4	0.91924	0.92073	0.92220	0.92364	0.92507	0.92647	0.92785	0.92922	0.93056	0.93189
1.5	0.93319	0.93448	0.93574	0.93699	0.93822	0.93943	0.94062	0.94179	0.94295	0.94408
1.6	0.94520	0.94630	0.94738	0.94845	0.94950	0.95053	0.95154	0.95254	0.95352	0.95449
1.7	0.95543	0.95637	0.95728	0.95818	0.95907	0.95994	0.96080	0.96164	0.96246	0.96327
1.8	0.96407	0.96485	0.96562	0.96638	0.96712	0.96784	0.96856	0.96926	0.96995	0.97062
1.9	0.97128	0.97193	0.97257	0.97320	0.97381	0.97441	0.97500	0.97558	0.97615	0.97670
2.0	0.97725	0.97778	0.97831	0.97882	0.97932	0.97982	0.98030	0.98077	0.98124	0.98169
2.1	0.98214	0.98257	0.98300	0.93341	0.98382	0.98422	0.98461	0.98500	0.98537	0.98574
2.2	0.98610	0.98645	0.98679	0.98713	0.98745	0.98778	0.98809	0.98840	0.98870	0.98899
2.3	0.98928	0.98956	0.98983	$0.9^2 0097$	$0.9^2 0358$	$0.9^2 0613$	$0.9^2 0863$	$0.9^2 1106$	$0.9^2 1344$	$0.9^2 1576$
2.4	$0.9^2 1802$	$0.9^2 2024$	$0.9^2 2240$	$0.9^2 2451$	$0.9^2 2656$	$0.9^2 2857$	$0.9^2 3053$	$0.9^2 3244$	$0.9^2 3431$	$0.9^2 3613$
2.5	$0.9^2 3790$	$0.9^2 3963$	$0.9^2 4132$	$0.9^2 4297$	$0.9^2 4457$	$0.9^2 4614$	$0.9^2 4766$	$0.9^2 4915$	$0.9^2 5060$	$0.9^2 5201$
2.6	$0.9^2 5339$	$0.9^2 5473$	$0.9^2 5604$	$0.9^2 5731$	$0.9^2 5855$	$0.9^2 5975$	$0.9^2 6093$	$0.9^2 6207$	$0.9^2 6319$	$0.9^2 6427$
2.7	$0.9^2 6533$	$0.9^2 6636$	$0.9^2 6736$	$0.9^2 6833$	$0.9^2 6928$	$0.9^2 7020$	$0.9^2 7110$	$0.9^2 7197$	$0.9^2 7282$	$0.9^2 7365$
2.8	$0.9^2 7445$	$0.9^2 7523$	$0.9^2 7599$	$0.9^2 7673$	$0.9^2 7744$	$0.9^2 7814$	$0.9^2 7882$	$0.9^2 7948$	$0.9^2 8012$	$0.9^2 8074$
2.9	$0.9^2 8134$	$0.9^2 8193$	$0.9^2 8250$	$0.9^2 8305$	$0.9^2 8359$	$0.9^2 8411$	$0.9^2 8462$	$0.9^2 8511$	$0.9^2 8559$	$0.9^2 8605$
3.0	$0.9^2 8650$	$0.9^2 8694$	$0.9^2 8736$	$0.9^2 8777$	$0.9^2 8817$	$0.9^2 8856$	$0.9^2 8893$	$0.9^2 8930$	$0.9^2 8965$	$0.9^2 8999$
3.1	$0.9^3 0324$	$0.9^3 0646$	$0.9^3 0957$	$0.9^3 1260$	$0.9^3 1553$	$0.9^3 1836$	$0.9^3 2112$	$0.9^3 2378$	$0.9^3 2636$	$0.9^3 2886$
3.2	$0.9^3 3129$	$0.9^3 3363$	$0.9^3 3590$	$0.9^3 3810$	$0.9^3 4024$	$0.9^3 4230$	$0.9^3 4429$	$0.9^3 4623$	$0.9^3 4810$	$0.9^3 4991$
3.3	$0.9^3 5166$	$0.9^3 5335$	$0.9^3 5499$	$0.9^3 5658$	$0.9^3 5811$	$0.9^3 5959$	$0.9^3 5103$	$0.9^3 6242$	$0.9^3 6376$	$0.9^3 6505$
3.4	$0.9^3 6631$	$0.9^3 6752$	$0.9^3 6869$	$0.9^3 6982$	$0.9^3 7091$	$0.9^3 7197$	$0.9^3 7299$	$0.9^3 7398$	$0.9^3 7493$	$0.9^3 7585$
3.5	$0.9^3 7674$	$0.9^3 7759$	$0.9^3 7842$	$0.9^3 7922$	$0.9^3 7991$	$0.9^3 8074$	$0.9^3 8146$	$0.9^3 8215$	$0.9^3 8282$	$0.9^3 8347$
3.6	$0.9^3 8409$	$0.9^3 8469$	$0.9^3 8527$	$0.9^3 8583$	$0.9^3 8637$	$0.9^3 8689$	$0.9^3 8739$	$0.9^3 8787$	$0.9^3 8834$	$0.9^3 8879$
3.7	$0.9^3 8922$	$0.9^3 8964$	$0.9^4 0039$	$0.9^4 0426$	$0.9^4 0799$	$0.9^4 1158$	$0.9^4 1504$	$0.9^4 1838$	$0.9^4 2159$	$0.9^4 2468$
3.8	$0.9^4 2765$	$0.9^4 3052$	$0.9^4 3327$	$0.9^4 3593$	$0.9^4 3848$	$0.9^4 4094$	$0.9^4 4331$	$0.9^4 4558$	$0.9^4 4777$	$0.9^4 4988$
3.9	$0.9^4 5190$	$0.9^4 5385$	$0.9^4 5573$	$0.9^4 5753$	$0.9^4 5926$	$0.9^4 6092$	$0.9^4 6253$	$0.9^4 6406$	$0.9^4 6554$	$0.9^4 6696$
4.0	$0.9^4 6833$	$0.9^4 6964$	$0.9^4 7090$	$0.9^4 7211$	$0.9^4 7327$	$0.9^4 7439$	$0.9^4 7546$	$0.9^4 7649$	$0.9^4 7748$	$0.9^4 7843$
4.1	$0.9^4 7934$	$0.9^4 8022$	$0.9^4 8106$	$0.9^4 8186$	$0.9^4 8263$	$0.9^4 8338$	$0.9^4 8409$	$0.9^4 8477$	$0.9^4 8542$	$0.9^4 8605$
4.2	$0.9^4 8665$	$0.9^4 8723$	$0.9^4 8778$	$0.9^4 8832$	$0.9^4 8882$	$0.9^4 8931$	$0.9^4 8978$	$0.9^5 0226$	$0.9^5 0655$	$0.9^5 1066$
4.3	$0.9^5 1460$	$0.9^5 1837$	$0.9^5 2199$	$0.9^5 2545$	$0.9^5 2876$	$0.9^5 3193$	$0.9^5 3497$	$0.9^5 3788$	$0.9^5 4066$	$0.9^5 4332$
4.4	$0.9^5 4587$	$0.9^5 4831$	$0.9^5 5065$	$0.9^5 5288$	$0.9^5 5502$	$0.9^5 5706$	$0.9^5 5902$	$0.9^5 6089$	$0.9^5 6268$	$0.9^5 6439$
4.5	$0.9^5 6602$	$0.9^5 6759$	$0.9^5 6908$	$0.9^5 7051$	$0.9^5 7187$	$0.9^5 7318$	$0.9^5 7442$	$0.9^5 7561$	$0.9^5 7675$	$0.9^5 7784$
4.6	$0.9^5 7888$	$0.9^5 7987$	$0.9^5 8081$	$0.9^5 8172$	$0.9^5 8258$	$0.9^5 8340$	$0.9^5 8419$	$0.9^5 8494$	$0.9^5 8566$	$0.9^5 8634$
4.7	$0.9^5 8699$	$0.9^5 8761$	$0.9^5 8821$	$0.9^5 8877$	$0.9^5 8931$	$0.9^5 8983$	$0.9^6 0320$	$0.9^6 0789$	$0.9^6 1235$	$0.9^6 1661$
4.8	$0.9^6 2067$	$0.9^6 2453$	$0.9^6 2822$	$0.9^6 3173$	$0.9^6 3508$	$0.9^6 3827$	$0.9^6 4131$	$0.9^6 4420$	$0.9^6 4696$	$0.9^6 4958$
4.9	$0.9^6 5208$	$0.9^6 5446$	$0.9^6 5673$	$0.9^6 5889$	$0.9^6 6094$	$0.9^6 6289$	$0.9^6 6475$	$0.9^6 6652$	$0.9^6 6821$	$0.9^6 6981$

注：1. $0.9^3 0 = 0.9990$，其余类似。

2. $0.0^3 1 = 0.0001$，其余类似。

表 37.1-7　χ^2 分布

$P(\chi^2 \geqslant \chi^2_\alpha) = \alpha$

α	0.995	0.99	0.98	0.80	0.70	0.30	0.20	0.10	0.05	0.01
ν										
1	0.00016	0.00393	0.0158	0.0642	0.148	1.074	1.642	2.706	3.841	6.635
2	0.0201	0.1026	0.211	0.446	0.713	2.408	3.219	4.605	5.991	9.210
3	0.115	0.352	0.584	1.005	0.424	3.665	4.642	6.251	7.815	11.341
4	0.297	0.711	1.064	1.649	2.195	4.878	5.989	7.779	9.488	13.277
5	0.554	1.145	1.610	2.343	3.000	6.064	7.289	9.236	11.070	15.086
6	0.872	1.635	2.204	3.070	3.828	7.231	8.558	10.645	12.592	16.812
7	1.239	2.167	2.833	3.822	4.671	8.383	9.803	12.017	14.067	18.475
8	1.646	2.733	3.490	4.594	5.527	9.524	11.030	13.362	15.507	20.090
9	2.088	3.325	4.168	5.380	6.393	10.656	12.242	14.684	16.919	21.666
10	2.558	3.940	4.865	6.179	7.267	11.781	13.442	15.987	18.307	23.209
11	3.053	4.575	5.578	6.980	8.148	12.899	14.631	17.275	19.675	24.725
12	3.571	5.226	6.304	7.807	9.034	14.011	15.812	18.549	21.026	26.217
13	4.107	5.892	7.042	8.634	9.926	15.119	16.985	19.812	22.362	27.688
14	4.660	6.571	7.790	9.467	10.821	16.222	18.151	21.064	23.685	29.141
15	5.229	7.261	8.547	10.307	11.721	17.322	19.311	22.307	24.996	30.578
16	5.812	7.962	9.312	11.152	12.624	18.418	20.465	23.542	26.296	32.000
17	6.408	8.672	10.085	12.002	13.531	19.511	21.615	24.769	27.587	33.409
18	7.015	9.390	10.865	12.857	14.440	20.601	22.760	25.989	28.869	34.805
19	7.633	10.117	11.651	13.716	15.352	21.689	23.900	27.204	30.144	36.191
20	8.260	10.851	12.443	14.578	16.266	22.775	25.038	28.412	31.410	37.566
21	8.897	11.591	13.240	15.445	17.182	23.858	26.171	29.615	32.671	38.932
22	9.542	12.338	14.042	16.314	18.101	24.939	27.301	30.813	33.924	40.289
23	10.196	13.091	14.848	17.187	19.021	26.018	28.429	32.007	35.172	41.638
24	10.856	13.848	15.659	18.062	19.943	27.096	29.558	33.196	36.415	42.980
25	11.524	14.611	16.473	18.940	20.867	28.172	30.675	34.382	37.652	44.314
26	12.198	15.379	17.292	19.820	21.792	29.246	31.765	35.566	38.885	45.642
27	12.879	16.151	18.114	20.703	22.719	30.319	32.912	36.741	40.113	46.933
28	13.565	16.928	18.939	21.588	23.647	31.391	34.027	37.916	41.337	48.278
29	14.257	17.708	19.768	22.475	24.577	32.461	35.139	39.087	42.557	49.588
30	14.954	18.493	20.599	23.364	25.508	33.530	36.250	40.256	43.773	50.892
40	22.164	26.509	29.051	32.352	34.876	44.163	37.263	51.805	55.758	63.691
60	37.485	43.188	46.459	50.647	53.815	65.225	38.969	74.397	79.082	88.379
80	53.540	60.391	64.278	69.213	72.920	86.122	90.403	96.578	101.879	112.329
100	70.065	77.929	82.358	89.950	92.137	106.908	111.667	118.498	123.342	135.807
200	156.432	168.279	174.835	183.006	189.052	209.997	216.618	226.021	233.994	249.445

表 37.1-8　t 分布的双侧分位数 $(t_{\alpha/2})$

$P(|t| > t_{\alpha/2}) = \alpha$

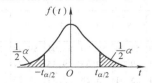

（　　）中 α 值是单侧分位数 (t_α)

（续）

α ν	0.9 (0.45)	0.8 (0.4)	0.7 (0.35)	0.6 (0.3)	0.5 (0.25)	0.4 (0.2)	0.3 (0.15)	0.2 (0.1)	0.1 (0.05)	0.05 (0.12)	0.02 (0.01)	0.01 (0.005)	0.001 (0.0005)	α ν
1	0.158	0.325	0.510	0.727	1.000	1.376	1.963	3.078	6.314	12.706	31.821	63.657	636.619	1
2	0.142	0.289	0.445	0.617	0.816	1.061	1.386	1.886	2.920	4.303	6.965	9.925	31.598	2
3	0.137	0.277	0.424	0.584	0.765	0.978	1.250	1.633	2.353	3.182	4.541	5.841	12.924	3
4	0.134	0.271	0.414	0.569	0.741	0.941	1.190	1.533	2.132	2.776	3.747	4.604	8.610	4
5	0.132	0.267	0.408	0.559	0.727	0.920	1.156	1.476	2.015	2.571	3.365	4.032	6.859	5
6	0.131	0.265	0.404	0.553	0.718	0.906	1.134	1.440	1.943	2.447	3.143	3.707	5.959	6
7	0.130	0.268	0.402	0.540	0.711	0.896	1.119	1.415	1.895	2.365	2.998	3.499	5.405	7
8	0.130	0.262	0.399	0.546	0.706	0.889	1.108	1.397	1.860	2.306	2.896	3.355	5.041	8
9	0.129	0.261	0.398	0.543	0.703	0.833	1.100	1.383	1.833	2.262	2.821	3.250	4.781	9
10	0.129	0.260	0.397	0.542	0.700	0.879	1.093	1.372	1.812	2.228	2.764	3.169	4.587	10
11	0.129	0.260	0.396	0.540	0.697	0.876	1.088	1.363	1.796	2.201	2.718	3.106	4.437	11
12	0.128	0.259	0.395	0.539	0.695	0.873	1.083	1.356	1.782	2.179	2.631	3.055	4.318	12
13	0.128	0.259	0.394	0.538	0.694	0.870	1.079	1.350	1.771	2.160	2.650	3.012	4.221	13
14	0.128	0.258	0.393	0.537	0.692	0.868	1.076	1.345	1.761	2.145	2.624	2.977	4.140	14
15	0.128	0.258	0.393	0.536	0.691	0.866	1.074	1.341	1.753	2.161	2.602	2.947	4.073	15
16	0.128	0.258	0.392	0.535	0.690	0.865	1.071	1.337	1.746	2.120	2.583	2.921	4.015	16
17	0.128	0.257	0.392	0.534	0.689	0.863	1.069	1.333	1.740	2.110	2.567	2.898	3.965	17
18	0.127	0.257	0.392	0.534	0.688	0.862	1.067	1.330	1.734	2.101	2.552	2.878	3.922	18
19	0.127	0.257	0.391	0.533	0.688	0.861	1.066	1.328	1.729	2.093	2.539	2.861	3.833	19
20	0.127	0.257	0.391	0.533	0.687	0.860	1.064	1.325	1.725	2.086	2.528	2.845	3.850	20
21	0.127	0.257	0.391	0.532	0.636	0.859	1.063	1.323	1.721	2.030	2.518	2.831	3.819	21
22	0.127	0.256	0.390	0.532	0.686	0.858	1.061	1.321	1.717	2.074	2.508	2.819	3.792	22
23	0.127	0.256	0.390	0.532	0.685	0.858	1.060	1.319	1.714	2.069	2.500	2.807	3.767	23
24	0.127	0.256	0.390	0.531	0.685	0.857	1.059	1.313	1.711	2.064	2.492	2.797	3.745	24
25	0.127	0.256	0.390	0.531	0.681	0.856	1.058	1.316	1.708	2.060	2.485	2.787	3.725	25
26	0.127	0.256	0.390	0.531	0.684	0.856	1.058	1.315	1.706	2.056	2.479	2.779	3.707	26
27	0.127	0.256	0.389	0.531	0.684	0.855	1.057	1.314	1.703	2.052	2.473	2.771	3.690	27
28	0.127	0.256	0.389	0.530	0.683	0.855	1.056	1.313	1.701	2.048	2.467	2.763	3.674	28
29	0.127	0.256	0.389	0.530	0.683	0.854	1.055	1.311	1.699	2.045	2.462	2.756	3.659	29
30	0.127	0.256	0.389	0.530	0.683	0.354	1.055	0.310	1.697	2.042	2.457	2.750	3.646	30
40	0.126	0.255	0.388	0.529	0.681	0.851	1.050	1.303	1.684	2.021	2.423	2.704	3.551	40
60	0.126	0.254	0.387	0.527	0.670	0.848	1.046	1.293	1.671	2.000	2.390	2.660	3.460	60
120	0.126	0.254	0.386	0.526	0.677	0.845	1.041	1.289	1.658	1.980	2.358	2.617	3.373	120
∞	0.126	0.253	0.385	0.524	0.674	0.842	1.036	1.282	1.645	1.960	2.326	2.576	3.291	∞

表 37.1-9　F 分布

（$\alpha = 0.10$）

$$P(F > F_\alpha) = \alpha$$

ν_1 ν_2	1	2	3	4	5	6	7	8	9	10	15	20	30	60	120	∞
1	39.86	49.50	53.59	55.83	57.24	58.20	58.91	59.44	59.86	60.19	61.22	61.74	62.26	62.79	63.06	63.33
2	8.53	9.00	9.16	9.24	9.29	9.33	9.35	9.37	9.38	9.39	9.42	9.44	9.46	9.47	9.48	9.49
3	5.54	5.46	5.39	5.34	5.31	5.28	5.27	5.25	5.24	5.23	5.20	5.18	5.17	5.15	5.14	5.13
4	4.54	4.32	4.19	4.11	4.05	4.01	3.98	3.95	3.94	3.92	3.87	3.84	3.82	3.79	3.78	3.76

（续）

ν_1 ν_2	1	2	3	4	5	6	7	8	9	10	15	20	30	60	120	∞
5	4.06	3.78	3.62	3.52	3.45	3.40	3.37	3.34	3.32	3.30	3.24	3.21	3.17	3.14	3.12	3.13
6	3.78	3.46	3.29	3.18	3.11	3.05	3.01	2.98	2.96	2.94	2.87	2.84	2.80	2.76	2.74	2.72
7	3.59	3.26	3.07	2.96	2.88	2.83	2.78	2.75	2.72	2.70	2.63	2.59	2.56	2.51	2.49	2.47
8	3.46	3.11	2.92	2.81	2.73	2.67	2.62	2.59	2.56	2.54	2.46	2.42	2.38	2.34	2.32	2.29
9	3.36	3.01	2.81	2.69	2.61	2.55	2.51	2.47	2.44	2.42	2.34	2.30	2.25	2.21	2.18	2.16
10	3.29	2.92	2.73	2.61	2.52	2.46	2.41	2.38	2.35	2.32	2.24	2.20	2.16	2.11	2.08	2.06
11	3.23	2.86	2.66	2.54	2.45	2.39	2.34	2.30	2.27	2.25	2.17	2.12	2.08	2.03	2.00	1.97
12	3.18	2.81	2.61	2.48	2.39	2.33	2.28	2.24	2.21	2.19	2.10	2.06	2.01	1.96	1.93	1.90
13	3.14	2.76	2.56	2.43	2.35	2.28	2.23	2.20	2.16	2.14	2.05	2.01	1.96	1.90	1.88	1.85
14	3.10	2.78	2.52	2.39	2.31	2.24	2.19	2.15	2.12	2.10	2.01	1.96	1.91	1.86	1.83	1.80
15	3.07	2.70	2.49	2.36	2.27	2.21	2.16	2.12	2.09	2.06	1.97	1.92	1.87	1.82	1.79	1.76
16	3.05	2.67	2.46	2.33	2.24	2.18	2.13	2.09	2.06	2.03	1.94	1.89	1.84	1.78	1.75	1.72
17	3.03	2.65	2.44	2.31	2.22	2.15	2.10	2.06	2.03	2.00	1.91	1.86	1.81	1.75	1.72	1.69
18	3.01	2.62	2.42	2.29	2.20	2.13	2.08	2.04	2.00	1.98	1.89	1.84	1.78	1.72	1.69	1.66
19	2.99	2.61	2.40	2.27	2.18	2.11	2.06	2.02	1.98	1.96	1.86	1.81	1.76	1.70	1.67	1.63
20	2.97	2.59	2.38	2.25	2.16	2.09	2.04	2.00	1.96	1.94	1.84	1.79	1.74	1.68	1.64	1.61
21	2.96	2.57	2.36	2.23	2.14	2.08	2.02	1.98	1.95	1.92	1.83	1.78	1.72	1.66	1.62	1.59
22	2.95	2.56	2.35	2.22	2.13	2.06	2.01	1.97	1.93	1.90	1.81	1.76	1.70	1.64	1.60	1.57
23	2.94	2.55	2.34	2.21	2.11	2.05	1.99	1.95	1.92	1.89	1.80	1.74	1.69	1.62	1.59	1.55
24	2.93	2.54	2.33	2.19	2.10	2.04	1.98	1.94	1.91	1.88	1.78	1.73	1.67	1.61	1.57	1.53
25	2.92	2.53	2.32	2.18	2.09	2.02	1.97	1.93	1.89	1.87	1.77	1.72	1.66	1.59	1.56	1.52
26	2.91	2.52	2.31	2.17	2.08	2.01	1.96	1.92	1.88	1.86	1.76	1.71	1.65	1.58	1.54	1.50
27	2.90	2.51	2.30	2.17	2.07	2.00	1.95	1.91	1.87	1.85	1.75	1.70	1.64	1.57	1.53	1.49
28	2.89	2.50	2.29	2.16	2.06	2.00	1.94	1.90	1.87	1.84	1.74	1.69	1.63	1.56	1.52	1.48
29	2.89	2.50	2.28	2.15	2.06	1.99	1.93	1.89	1.86	1.83	1.73	1.68	1.62	1.55	1.51	1.47
30	2.88	2.49	2.28	2.14	2.05	1.98	1.93	1.88	1.85	1.82	1.72	1.67	1.61	1.54	1.50	1.46
40	2.84	2.44	2.23	2.09	2.00	1.93	1.87	1.83	1.79	1.76	1.66	1.61	1.54	1.47	1.42	1.38
60	2.79	2.39	2.18	2.04	1.95	1.87	1.82	1.77	1.74	1.71	1.60	1.54	1.48	1.40	1.35	1.29
120	2.75	2.65	2.13	1.99	1.90	1.82	1.77	1.72	1.68	1.65	1.55	1.48	1.41	1.32	1.26	1.19
∞	2.71	2.30	2.08	1.94	1.85	1.77	1.72	1.67	1.63	1.60	1.49	1.42	1.34	1.24	1.17	1.00

（$\alpha = 0.05$）

$P(F > F_\alpha) = \alpha$

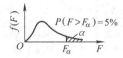

ν_1 ν_2	1	2	3	4	5	6	7	8	9	10	15	20	30	60	120	∞
1	161	200	216	225	230	234	237	239	241	242	246	248	250	252	253	254
2	18.5	19.0	19.2	19.2	19.3	19.3	19.4	19.4	19.4	19.4	19.4	19.4	19.5	19.5	19.5	19.5
3	10.1	9.55	9.28	9.12	9.01	8.94	8.89	8.85	8.81	8.79	8.70	8.66	8.62	8.57	8.55	8.53
4	7.71	6.94	6.59	6.39	6.26	6.16	6.09	6.04	6.00	5.96	5.86	5.80	5.75	5.69	5.66	5.63
5	6.61	5.79	5.41	5.19	5.05	4.95	4.88	4.82	4.77	4.74	4.62	4.56	4.50	4.43	4.40	4.36
6	5.99	5.14	4.76	4.53	4.39	4.28	4.21	4.15	4.10	4.06	3.94	3.87	3.81	3.74	3.70	3.67
7	5.59	4.74	4.35	4.12	3.97	3.87	3.79	3.73	3.68	3.35	3.51	3.44	3.38	3.30	3.27	3.23
8	5.32	4.46	4.07	3.84	3.69	3.58	3.50	3.44	3.39	3.64	3.22	3.15	3.08	3.00	2.97	2.93
9	5.12	4.26	3.86	3.63	3.48	3.37	3.29	3.23	3.18	3.14	3.01	2.94	2.86	2.79	2.75	2.71

（续）

v_2 \ v_1	1	2	3	4	5	6	7	8	9	10	15	20	30	60	120	∞
10	4.96	4.10	3.71	3.48	3.33	3.22	3.14	3.07	3.02	2.98	2.84	2.77	2.70	2.62	2.58	2.54
11	4.84	3.98	3.59	3.36	3.20	3.09	3.01	2.95	2.90	2.85	2.72	2.65	2.57	2.49	2.45	2.40
12	4.75	3.89	3.49	3.26	3.11	3.00	2.91	2.85	2.80	2.75	2.62	2.54	2.47	2.38	2.34	2.30
13	4.67	3.81	3.41	3.18	3.03	2.92	2.83	2.77	2.71	2.67	2.53	2.46	2.38	2.30	2.25	2.21
14	4.60	3.74	3.34	3.11	2.96	2.85	2.76	2.70	2.65	2.60	2.46	2.39	2.31	2.22	2.18	2.13
15	4.54	3.68	3.29	3.06	2.90	2.79	2.71	2.64	2.59	2.54	2.40	2.33	2.25	2.16	2.11	2.07
16	4.49	3.63	3.24	3.01	2.85	2.74	2.66	2.59	2.54	2.49	2.35	2.28	2.19	2.11	2.06	2.01
17	4.45	3.59	3.20	2.96	2.81	2.70	2.61	2.55	2.49	2.45	2.31	2.23	2.15	2.06	2.01	1.96
18	4.41	3.55	3.16	2.93	2.77	2.66	2.58	2.51	2.46	2.41	2.27	2.19	2.11	2.02	1.97	1.92
19	4.38	3.52	3.13	2.90	2.74	2.63	2.54	2.48	2.42	2.38	2.23	2.16	2.07	1.98	1.93	1.88
20	4.35	3.49	3.10	2.87	2.71	2.60	2.51	2.45	2.39	2.35	2.20	2.12	2.04	1.95	1.90	1.84
21	4.32	3.47	3.07	2.84	2.68	2.57	2.49	2.42	2.37	2.32	2.18	2.10	2.01	1.92	1.87	1.81
22	4.30	3.44	3.05	2.82	2.66	2.55	2.46	2.40	2.34	2.30	2.15	2.07	1.98	1.89	1.84	1.78
23	4.28	3.42	3.03	2.80	2.64	2.53	2.44	2.37	2.32	2.27	2.13	2.05	1.96	1.86	1.81	1.76
24	4.26	3.40	3.01	2.78	2.62	2.51	2.42	2.36	2.30	2.25	2.11	2.03	1.94	1.84	1.79	1.73
25	4.24	3.39	2.99	2.76	2.60	2.49	2.40	2.34	2.28	2.24	2.09	2.01	1.92	1.82	1.77	1.71
26	4.23	3.37	2.98	2.74	2.59	2.47	2.39	2.32	2.27	2.22	2.07	1.99	1.90	1.80	1.75	1.69
27	4.21	3.35	2.96	2.73	2.57	2.46	2.37	2.31	2.25	2.20	2.06	1.97	1.88	1.79	1.73	1.67
28	4.20	3.34	2.95	2.71	2.56	2.45	2.36	2.29	2.24	2.19	2.04	1.96	1.87	1.77	1.71	1.65
29	4.18	3.33	2.93	2.70	2.55	2.43	2.35	2.28	2.22	2.18	2.03	1.94	1.85	1.75	1.70	1.64
30	4.17	3.32	2.92	2.69	2.53	2.42	2.33	2.27	2.21	2.16	2.01	1.93	1.84	1.74	1.68	1.62
40	4.08	3.23	2.84	2.61	2.45	2.34	2.25	2.18	2.12	2.08	1.92	1.84	1.74	1.64	1.58	1.51
60	4.00	3.15	2.76	2.53	2.37	2.25	2.17	2.10	2.04	1.99	1.84	1.75	1.65	1.53	1.47	1.39
120	3.92	3.07	2.68	2.45	2.29	2.18	2.09	2.02	1.96	1.91	1.75	1.66	1.55	1.43	1.35	1.25
∞	3.84	3.00	2.60	2.37	2.21	2.10	2.01	1.94	1.88	1.83	1.67	1.57	1.46	1.32	1.22	1.00

（$\alpha = 0.025$）

$$P(F > F_\alpha) = \alpha$$

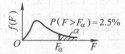

v_2 \ v_1	1	2	3	4	5	6	7	8	9	10	15	20	30	60	120	∞
1	648	800	864	900	922	937	948	957	963	969	985	993	1001	1010	1014	1018
2	38.5	39.0	39.2	39.2	39.3	39.3	39.4	39.4	39.4	39.4	39.4	39.4	39.5	39.5	39.5	39.5
3	17.4	16.0	15.4	15.1	14.9	14.7	14.4	14.5	14.5	14.4	14.3	14.2	14.1	14.0	13.9	13.9
4	12.2	10.6	9.98	9.60	9.36	9.20	9.07	8.98	8.90	8.84	8.66	8.56	8.46	8.36	8.31	8.26
5	10.0	8.43	7.76	7.39	7.15	6.98	6.85	6.76	6.68	6.62	6.43	6.33	6.23	6.12	6.07	6.02
6	8.81	7.26	6.60	6.23	5.99	5.82	5.70	5.60	5.52	5.46	5.27	5.17	5.07	4.96	4.90	4.85
7	8.07	6.54	5.89	5.52	5.29	5.12	4.99	4.90	4.82	4.76	4.57	4.47	4.36	4.25	4.20	4.14
8	7.57	6.06	5.42	5.05	4.82	4.65	4.53	4.43	4.36	4.30	4.10	4.00	3.89	3.78	3.73	3.67
9	7.21	5.71	5.08	4.72	4.48	4.32	4.20	4.10	4.03	3.96	3.77	3.67	3.56	3.45	3.39	3.33
10	6.94	5.46	4.83	4.47	4.24	4.07	3.95	3.85	3.78	3.72	3.52	3.42	3.31	3.20	3.14	3.08
11	6.72	5.26	4.63	4.28	4.04	3.88	3.76	3.66	3.59	3.53	3.33	3.23	3.12	3.00	2.94	2.88
12	6.55	5.10	4.47	4.12	3.89	3.73	3.61	3.51	3.44	3.39	3.18	3.07	2.96	2.85	2.79	2.72
13	6.41	4.97	4.35	4.00	3.77	3.60	3.48	3.39	3.31	3.25	3.05	2.95	2.84	2.72	2.66	2.60
14	6.30	4.86	4.24	3.89	3.66	3.50	3.38	3.29	3.21	3.15	2.95	2.84	2.73	2.61	2.55	2.49

（续）

ν_1 / ν_2	1	2	3	4	5	6	7	8	9	10	15	20	30	60	120	∞
15	6.20	4.76	4.15	3.80	3.58	3.41	3.29	3.20	3.12	3.06	2.86	2.76	2.64	2.52	2.46	2.40
16	6.12	4.69	4.08	3.73	3.50	3.34	3.22	3.12	3.05	2.99	2.79	2.68	2.57	2.45	2.38	2.32
17	6.04	4.62	4.01	3.66	3.44	3.28	3.16	3.06	2.98	2.96	2.72	2.62	2.50	2.38	2.32	2.25
18	5.98	4.56	3.95	3.61	3.38	3.22	3.10	3.01	2.93	2.87	2.67	2.56	2.44	2.32	2.26	2.19
19	5.92	4.51	3.90	3.56	3.33	3.17	3.05	2.96	2.88	2.82	2.62	2.51	2.39	2.27	2.20	2.13
20	5.87	4.46	3.86	3.51	3.29	3.13	3.01	2.91	2.84	2.77	2.57	2.46	2.35	2.22	2.16	2.09
21	5.83	4.42	3.82	3.48	3.25	3.09	2.97	2.87	2.80	2.73	2.53	2.42	2.31	2.18	2.11	2.04
22	5.79	4.38	3.78	3.44	3.22	3.05	2.93	2.84	2.76	2.70	2.50	2.39	2.27	2.14	2.08	2.00
23	5.75	4.35	3.75	3.41	3.18	3.02	2.90	2.81	2.73	2.67	2.47	2.36	2.24	2.11	2.04	1.97
24	5.72	4.32	3.72	3.38	3.15	2.99	2.87	2.78	2.70	2.64	2.44	2.33	2.21	2.08	2.01	1.94
25	5.69	4.29	3.69	3.35	3.13	2.97	2.85	2.75	2.88	2.61	2.41	2.30	2.18	2.05	1.98	1.91
26	5.66	4.27	3.67	3.33	3.10	2.94	2.82	2.73	2.85	2.59	2.39	2.28	2.16	2.03	1.95	1.88
27	5.63	4.24	3.65	3.31	3.08	2.92	2.80	2.71	2.83	2.57	2.36	2.25	2.13	2.00	1.93	1.85
28	5.61	4.22	3.63	3.29	3.06	2.90	2.78	2.69	2.81	2.55	2.34	2.23	2.11	1.98	1.91	1.83
29	5.59	4.20	3.61	3.27	3.04	2.88	2.76	2.67	2.59	2.53	2.32	2.21	2.09	1.96	1.89	1.81
30	5.57	4.18	3.59	3.25	3.03	2.87	2.75	2.65	2.57	2.51	2.31	2.20	2.07	1.94	1.87	1.79
40	5.42	4.05	3.46	3.13	2.90	2.74	2.62	2.53	2.45	2.39	2.18	2.07	1.94	1.80	1.72	1.64
60	5.29	3.93	3.34	3.01	2.79	2.63	2.51	2.41	2.33	2.27	2.06	1.94	1.82	1.67	1.58	1.48
120	5.15	3.80	3.23	2.89	2.67	2.52	2.39	2.30	2.22	2.16	1.94	1.82	1.69	1.53	1.43	1.31
∞	5.02	3.69	3.12	2.79	2.57	2.41	2.29	2.19	2.11	2.05	1.83	1.71	1.57	1.39	1.27	1.00

（$\alpha = 0.01$）

$$P(F > F_\alpha) = \alpha$$

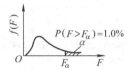

ν_1 / ν_2	1	2	3	4	5	6	7	8	9	10	15	20	30	60	120	∞
1	4052	5000	5403	5625	5764	5859	5928	5982	6002	6056	6157	6209	6261	6313	6339	6366
2	98.5	99.0	99.2	99.2	99.3	99.3	99.4	99.4	99.4	99.4	99.4	99.4	99.5	99.5	99.5	99.5
3	34.1	30.8	29.5	28.7	28.2	27.9	27.7	27.5	27.3	27.2	26.9	26.7	26.5	26.3	26.2	26.1
4	21.2	18.0	16.7	16.0	15.5	15.2	15.0	14.8	14.7	14.5	14.2	14.0	13.8	13.7	13.6	13.5
5	16.3	13.3	12.1	11.4	11.0	10.7	10.5	10.3	10.2	10.1	9.72	9.55	9.38	9.20	9.11	9.08
6	13.7	10.9	9.78	9.15	8.75	8.47	8.26	8.10	7.98	7.87	7.56	7.40	7.23	7.06	6.97	6.88
7	12.2	9.55	8.45	7.85	7.46	7.19	6.99	6.84	6.72	6.62	6.31	6.16	5.99	5.82	5.74	5.65
8	11.3	8.65	7.59	7.01	6.63	6.37	6.18	6.03	5.91	5.81	5.52	5.36	5.20	5.03	4.95	4.86
9	10.6	8.02	6.99	6.42	6.06	5.80	5.61	5.47	5.35	5.26	4.96	4.81	4.65	4.48	4.40	4.31
10	10.0	7.56	6.55	5.99	5.64	5.39	5.20	5.06	4.94	4.85	4.56	4.44	4.25	4.08	4.00	3.91
11	9.65	7.21	6.22	5.67	5.32	5.07	4.89	4.74	4.63	4.54	4.25	4.10	3.94	3.78	3.69	3.60
12	9.33	6.93	5.95	5.41	5.06	4.82	4.64	4.50	4.39	4.30	4.01	3.86	3.70	3.54	3.45	3.36
13	9.07	6.70	5.74	5.21	4.86	4.62	4.44	4.30	4.19	4.10	3.82	3.66	3.51	3.34	3.25	3.17
14	8.86	6.51	5.56	5.04	4.70	4.46	4.28	4.14	4.03	3.94	3.66	3.51	3.35	3.18	3.09	3.00
15	8.68	6.36	5.42	4.89	4.56	4.32	4.14	4.00	3.89	3.80	3.52	3.37	3.21	3.05	3.96	2.87
16	8.53	6.23	5.29	4.77	4.44	4.20	4.03	3.89	3.78	3.69	3.41	3.26	3.10	2.93	2.84	2.75
17	8.40	6.11	5.18	4.67	4.34	4.10	3.93	3.79	3.68	3.59	3.31	3.16	3.00	2.83	2.75	2.65
18	8.29	6.01	5.09	4.58	4.25	4.01	3.84	3.71	3.60	3.51	3.23	3.08	2.92	2.75	2.66	2.57
19	8.18	5.93	5.01	4.50	4.17	3.94	3.77	3.63	3.52	3.43	3.15	3.00	2.84	2.67	2.58	2.49

（续）

ν_2 \ ν_1	1	2	3	4	5	6	7	8	9	10	15	20	30	60	120	∞
20	8.10	5.85	4.94	4.43	4.10	3.87	3.70	3.56	3.46	3.37	3.09	2.94	2.78	2.61	2.52	2.42
21	8.02	5.78	4.87	4.37	4.04	3.81	3.64	3.51	3.40	3.31	3.03	2.88	2.72	2.55	2.46	2.36
22	7.95	5.72	4.82	4.31	3.99	3.76	3.59	3.45	3.35	3.26	2.98	2.83	2.67	2.50	2.40	2.31
23	7.88	5.66	4.76	4.21	3.94	3.71	3.54	3.41	3.30	3.21	2.93	2.78	2.62	2.45	2.35	3.26
24	7.82	5.61	4.72	4.22	3.90	3.67	3.50	3.36	2.26	3.17	2.89	2.74	2.58	2.40	2.31	2.21
25	7.77	5.57	4.68	4.18	3.86	3.63	3.46	3.32	3.22	3.13	2.85	2.70	2.54	2.36	2.27	2.17
26	7.72	5.53	4.64	4.14	3.82	3.59	3.42	3.29	3.18	3.09	2.82	2.66	2.50	2.33	2.23	2.13
27	7.68	5.49	4.60	4.11	3.78	3.56	3.39	3.26	3.15	3.06	2.78	2.63	2.47	2.29	2.20	2.10
28	7.64	5.45	4.57	4.07	3.75	3.53	3.36	3.23	3.12	3.03	2.75	2.60	2.44	2.26	2.17	2.06
29	7.60	5.42	4.54	4.04	3.73	3.50	3.33	3.20	3.09	3.00	2.73	2.57	2.41	2.23	2.14	2.03
30	7.56	3.39	4.51	4.02	3.70	3.47	3.30	3.17	3.07	2.98	2.70	2.55	2.39	2.21	2.11	2.01
40	7.31	5.18	4.31	3.83	3.51	3.29	3.12	2.99	2.89	2.80	2.52	2.37	2.20	2.02	1.92	2.80
60	7.08	4.98	4.13	3.65	3.34	3.12	2.95	2.82	2.72	2.63	2.35	2.20	2.03	1.84	1.73	1.60
120	6.85	4.79	3.95	3.48	3.17	3.96	2.79	2.66	2.56	2.47	2.19	2.03	1.86	1.66	1.53	1.38
∞	6.63	4.61	3.78	3.32	3.02	2.80	2.64	2.51	2.41	2.32	2.04	1.88	1.70	1.47	1.32	1.00

（$\alpha = 0.005$）

$$P(F > F_\alpha) = \alpha$$

$f(F)$ $P(F > F_\alpha) = 0.5\%$ O F_α F

ν_2 \ ν_1	1	2	3	4	5	6	7	8	9	10	15	20	30	60	120	∞
1	16211	20000	21615	22500	23056	23437	23715	23925	24091	24224	24630	24836	25044	25253	25359	25465
2	198	199	199	199	199	199	199	199	199	199	199	199	199	199	199	200
3	55.6	49.8	47.5	46.2	45.4	44.8	44.4	44.1	43.9	43.7	43.1	42.8	42.5	42.2	42.0	41.8
4	31.3	26.3	24.3	23.2	22.5	22.0	21.6	21.4	21.1	21.0	20.4	20.2	19.9	19.6	19.5	19.3
5	22.8	18.3	16.5	15.6	14.9	14.5	14.2	14.0	13.8	13.6	13.1	12.9	12.7	12.4	12.3	12.1
6	18.6	14.5	12.9	12.0	11.5	11.1	10.8	10.6	10.4	10.2	9.81	9.59	9.36	9.12	9.00	8.88
7	16.2	12.4	10.9	10.0	9.52	9.16	8.89	8.68	8.51	8.38	7.97	7.75	7.53	7.31	7.19	7.08
8	14.7	11.0	9.60	8.81	8.30	7.95	7.69	7.50	7.34	7.21	6.81	6.61	6.40	6.18	6.06	5.95
9	13.6	10.1	8.72	7.96	7.47	7.13	6.88	6.69	6.54	6.42	6.03	5.83	5.62	5.41	5.30	5.19
10	12.8	9.43	8.08	7.34	6.87	6.54	6.30	6.12	5.97	5.85	5.47	5.27	5.07	4.86	4.75	4.64
11	12.2	8.91	7.60	6.88	6.42	6.10	5.86	5.68	5.54	5.42	5.05	4.86	4.65	4.44	4.34	4.23
12	11.8	8.51	7.23	6.52	6.07	5.76	5.52	5.35	5.20	5.09	4.73	4.53	4.34	4.12	4.01	3.90
13	11.4	8.19	6.93	6.23	5.79	5.48	5.25	5.08	4.94	4.82	4.46	4.27	4.07	3.87	3.76	3.65
14	11.1	7.92	6.68	6.00	5.56	5.26	5.03	4.86	4.72	4.60	4.25	4.06	3.86	3.66	3.55	3.44
15	10.8	7.70	6.48	5.80	5.37	5.07	4.85	4.67	4.54	4.42	4.07	3.88	3.69	3.48	3.37	3.26
16	10.6	7.51	6.30	5.64	5.21	4.91	4.69	4.52	4.38	4.27	3.92	3.73	3.54	3.33	3.22	3.11
17	10.4	7.35	6.16	5.50	5.07	4.78	4.56	4.39	4.25	4.14	3.79	3.61	3.41	3.21	3.10	2.98
18	10.2	7.21	6.03	5.37	4.96	4.66	4.44	4.28	4.14	4.03	3.68	3.50	3.30	3.10	2.99	2.87
19	10.1	7.09	5.92	5.27	4.85	4.56	4.34	4.18	4.04	3.93	3.59	3.40	3.21	3.00	2.89	2.78
20	9.94	6.99	5.82	5.17	4.76	4.47	4.26	4.09	3.96	3.85	3.50	3.32	3.12	2.92	2.81	2.69
21	9.83	6.89	5.73	5.09	4.68	4.39	4.18	4.01	3.88	3.77	3.43	3.24	3.05	2.84	2.73	2.61
22	9.73	6.81	5.65	5.02	4.61	4.32	4.11	3.94	3.81	3.70	3.36	3.18	2.98	2.77	2.66	2.55
23	9.63	6.73	5.58	4.95	4.54	4.26	4.05	3.88	3.75	3.64	3.30	3.12	2.92	2.71	2.60	2.48
24	9.55	6.66	5.52	4.89	4.49	4.20	3.99	3.83	3.69	3.59	3.25	3.06	2.87	2.66	2.55	2.43

v_2 \ v_1	1	2	3	4	5	6	7	8	9	10	15	20	30	60	120	∞
25	9.48	6.60	5.46	4.84	4.43	4.15	3.94	3.78	3.64	3.54	3.20	3.01	2.82	2.61	2.50	2.38
26	9.41	6.54	5.41	4.79	4.38	4.10	3.89	3.73	3.60	3.49	3.15	2.97	2.77	2.56	2.45	2.33
27	9.34	6.49	5.36	4.74	4.34	4.06	3.85	3.69	3.56	3.45	3.11	2.93	2.73	2.52	2.41	2.29
28	9.28	6.44	5.32	4.70	4.30	4.02	3.81	3.65	3.52	3.41	3.07	2.89	2.69	2.48	2.37	2.25
29	9.23	6.40	5.28	4.66	4.26	3.98	3.77	3.61	3.48	3.38	3.04	2.86	2.66	2.45	2.33	2.21
30	9.18	6.35	5.24	4.62	4.23	3.95	3.74	3.58	3.45	3.34	3.01	2.82	2.63	2.42	2.30	2.18
40	8.83	6.07	4.98	4.37	3.99	3.71	3.51	3.35	3.22	3.12	2.78	2.60	2.40	2.18	2.06	1.93
60	8.49	5.80	4.73	4.14	3.76	3.49	3.29	3.32	3.01	2.90	2.57	2.39	2.19	1.96	1.83	1.69
120	8.18	5.54	4.50	3.92	3.55	3.28	3.09	2.93	2.81	2.71	2.37	2.19	1.98	1.75	1.61	1.43
∞	7.88	5.30	4.28	3.72	3.35	3.09	3.90	2.74	2.62	2.52	2.19	2.00	1.79	1.53	1.36	1.00

表 37.1-10　Γ 函数

x	$\Gamma(x)$									
	0.000	0.001	0.002	0.003	0.004	0.005	0.006	0.007	0.008	0.009
1.00	1.0000	0.9994	0.9988	0.9983	0.9977	0.9971	0.9966	0.9960	0.9954	0.9949
1.01	0.9943	0.9938	0.9932	0.9927	0.9921	0.9916	0.9910	0.9905	0.9899	0.9894
1.02	0.9888	0.9883	0.9878	0.9872	0.9867	0.9862	0.9856	0.9851	0.9846	0.9841
1.03	0.9835	0.9830	0.9825	0.9820	0.9815	0.9810	0.9805	0.9800	0.9794	0.9789
1.04	0.9784	0.9779	0.9774	0.9769	0.9764	0.9759	0.9755	0.9750	0.9745	0.9740
1.05	0.9735	0.9730	0.9725	0.9721	0.9716	0.9711	0.9706	0.9702	0.9697	0.9692
1.06	0.9687	0.9683	0.9678	0.9673	0.9669	0.9664	0.9660	0.9655	0.9651	0.9646
1.07	0.9612	0.9637	0.9633	0.9628	0.9624	0.9619	0.9615	0.9610	0.9606	0.9602
1.08	0.9597	0.9593	0.9589	0.9584	0.9580	0.9576	0.9571	0.9567	0.9563	0.9559
1.09	0.9555	0.9550	0.9546	0.9542	0.9538	0.9534	0.9530	0.9526	0.9522	0.9513
1.10	0.9514	0.9509	0.9505	0.9501	0.9498	0.9494	0.9490	0.9486	0.9482	0.9478
1.11	0.9474	0.9470	0.9466	0.9462	0.9459	0.9455	0.9451	0.9447	0.9443	0.9440
1.12	0.9436	0.9432	0.9428	0.9425	0.9421	0.9417	0.9414	0.9410	0.9407	0.9403
1.13	0.9399	0.9396	0.9392	0.9389	0.9385	0.9382	0.9378	0.9375	0.9371	0.9368
1.14	0.9364	0.9361	0.9357	0.9354	0.9350	0.9347	0.9344	0.9340	0.9337	0.9334
1.15	0.9330	0.9327	0.9324	0.9321	0.9317	0.9314	0.9311	0.9308	0.9304	0.9301
1.16	0.9298	0.9295	0.9292	0.9289	0.9285	0.9282	0.9279	0.9276	0.9273	0.9270
1.17	0.9267	0.9264	0.9261	0.9258	0.9255	0.9252	0.9249	0.9246	0.9243	0.9240
1.18	0.9237	0.9234	0.9231	0.9229	0.9223	0.9223	0.9220	0.9217	0.9214	0.9212
1.19	0.9209	0.9206	0.9203	0.9201	0.9198	0.9195	0.9192	0.9190	0.9187	0.9184
1.20	0.9182	0.9179	0.9176	0.9174	0.9171	0.9169	0.9166	0.9163	0.9161	0.9158
1.21	0.9156	0.9153	0.9151	0.9148	0.9146	0.9143	0.9141	0.9138	0.9136	0.9133
1.22	0.9131	0.9129	0.9126	0.9124	0.9122	0.9149	0.9117	0.9114	0.9112	0.9110
1.23	0.9108	0.9105	0.9103	0.9101	0.9098	0.9096	0.9094	0.9092	0.9090	0.9087
1.24	0.9085	0.9083	0.9081	0.9079	0.9077	0.9074	0.9072	0.9070	0.9068	0.9066
1.25	0.9064	0.9062	0.9060	0.9058	0.9056	0.9054	0.9052	0.9050	0.9048	0.9046
1.26	0.9044	0.9042	0.9040	0.9038	0.9036	0.9034	0.9032	0.9031	0.9029	0.9027
1.27	0.9025	0.9023	0.9021	0.9020	0.9018	0.9016	0.9014	0.9012	0.9011	0.9009
1.28	0.9007	0.9005	0.9004	0.9002	0.9000	0.8999	0.8997	0.8995	0.8994	0.8992
1.29	0.8990	0.8989	0.8987	0.8986	0.8984	0.8982	0.8981	0.8979	0.8978	0.8976
1.30	0.8975	0.8973	0.8972	0.8970	0.8969	0.8967	0.8966	0.8964	0.8963	0.8961
1.31	0.8960	0.8959	0.8957	0.8956	0.8954	0.8953	0.8952	0.8950	0.8949	0.8948
1.32	0.8946	0.8945	0.8944	0.8943	0.8941	0.8940	0.8939	0.8937	0.8936	0.8935

（续）

x	$\Gamma(x)$									
	0.000	0.001	0.002	0.003	0.004	0.005	0.006	0.007	0.008	0.009
1.33	0.8934	0.8933	0.8931	0.8930	0.8929	0.8928	0.8927	0.8926	0.8924	0.8923
1.34	0.8922	0.8921	0.8920	0.8919	0.8918	0.8917	0.8916	0.8915	0.8914	0.8912
1.35	0.8912	0.8911	0.8910	0.8909	0.8908	0.8907	0.8906	0.8905	0.8904	0.8903
1.36	0.8902	0.8901	0.8900	0.8899	0.8898	0.8897	0.8897	0.8896	0.8895	0.8894
1.37	0.8893	0.8892	0.8892	0.8891	0.8890	0.8889	0.8888	0.8888	0.8887	0.8886
1.38	0.8885	0.8885	0.8884	0.8883	0.8883	0.8882	0.8881	0.8880	0.8880	0.8879
1.39	0.8879	0.8878	0.8877	0.8877	0.8876	0.8875	0.8875	0.8874	0.8874	0.8873
1.40	0.8873	0.8872	0.8872	0.8871	0.8871	0.8870	0.8870	0.8869	0.8869	0.8868
1.41	0.8868	0.8867	0.8867	0.8866	0.8866	0.8865	0.8865	0.8865	0.8864	0.8864
1.42	0.8864	0.8863	0.8863	0.8863	0.8862	0.8862	0.8862	0.8861	0.8861	0.8861
1.43	0.8860	0.8860	0.8860	0.8860	0.8859	0.8859	0.8859	0.8859	0.8858	0.8858
1.44	0.8858	0.8858	0.8858	0.8858	0.8857	0.8857	0.8857	0.8857	0.8857	0.8857
1.45	0.8857	0.8857	0.8856	0.8856	0.8856	0.8856	0.8856	0.8856	0.8856	0.8856
1.46	0.8856	0.8856	0.8856	0.8856	0.8856	0.8856	0.8856	0.8856	0.8856	0.8856
1.47	0.8856	0.8856	0.8856	0.8857	0.8857	0.8857	0.8857	0.8857	0.8857	0.8857
1.48	0.8857	0.8858	0.8858	0.8858	0.8858	0.8858	0.8859	0.8859	0.8859	0.8859
1.49	0.8859	0.8860	0.8860	0.8860	0.8860	0.8861	0.8861	0.8861	0.8862	0.8862
1.50	0.8862	0.8863	0.8863	0.8863	0.8864	0.8864	0.8864	0.8865	0.8865	0.8866
1.51	0.8866	0.8866	0.8867	0.8867	0.8868	0.8868	0.8869	0.8869	0.8869	0.8870
1.52	0.8870	0.8871	0.8871	0.8872	0.8872	0.8873	0.8873	0.8874	0.8875	0.8875
1.53	0.8876	0.8876	0.8877	0.8877	0.8878	0.8879	0.8879	0.8880	0.8880	0.8881
1.54	0.8882	0.8882	0.8883	0.8884	0.8884	0.8885	0.8886	0.8887	0.8887	0.8888
1.55	0.8889	0.8889	0.8890	0.8891	0.8892	0.8892	0.8893	0.8894	0.8895	0.8896
1.56	0.8896	0.8897	0.8898	0.8899	0.8900	0.8901	0.8901	0.8902	0.8903	0.8904
1.57	0.8905	0.8906	0.8907	0.8908	0.8909	0.8909	0.8910	0.8911	0.8912	0.8913
1.58	0.8914	0.8915	0.8916	0.8917	0.8918	0.8919	0.8920	0.8921	0.8922	0.8923
1.59	0.8924	0.8925	0.8926	0.8927	0.8929	0.8930	0.8931	0.8932	0.8933	0.8934
1.60	0.8935	0.8936	0.8937	0.8939	0.8940	0.8941	0.8942	0.8943	0.8944	0.8946
1.61	0.8947	0.8948	0.8949	0.8950	0.8952	0.8953	0.8954	0.8955	0.8957	0.8958
1.62	0.8959	0.8961	0.8962	0.8963	0.8964	0.8966	0.8967	0.8968	0.8970	0.8971
1.63	0.8972	0.8974	0.8975	0.8977	0.8978	0.8979	0.8981	0.8982	0.8984	0.8985
1.64	0.8986	0.8988	0.8989	0.8991	0.8992	0.8994	0.8995	0.8997	0.8998	0.9000
1.65	0.9001	0.9003	0.9004	0.9006	0.9007	0.9009	0.9010	0.9012	0.9014	0.9015
1.66	0.9017	0.9018	0.9020	0.9021	0.9023	0.9025	0.9026	0.9028	0.9030	0.9031
1.67	0.9033	0.9035	0.9036	0.9038	0.9040	0.9041	0.9043	0.9045	0.9047	0.9048
1.68	0.9050	0.9052	0.9054	0.9055	0.9057	0.9059	0.9061	0.9062	0.9064	0.9066
1.69	0.9068	0.9070	0.9071	0.9073	0.9075	0.9077	0.9079	0.9081	0.9083	0.9084
1.70	0.9086	0.9088	0.9090	0.9092	0.9094	0.9096	0.9098	0.9100	0.9102	0.9104
1.71	0.9106	0.9108	0.9110	0.9112	0.9114	0.9116	0.9118	0.9120	0.9122	0.9124
1.72	0.9126	0.9128	0.9130	0.9132	0.9134	0.9136	0.9138	0.9140	0.9142	0.9145
1.73	0.9147	0.9149	0.9151	0.9153	0.9155	0.9157	0.9160	0.9162	0.9164	0.9166
1.74	0.9168	0.9170	0.9173	0.9175	0.9177	0.9179	0.9182	0.9184	0.9186	0.9188
1.75	0.9191	0.9193	0.9195	0.9197	0.9200	0.9202	0.9204	0.9207	0.9209	0.9211
1.76	0.9214	0.9216	0.9218	0.9221	0.9223	0.9226	0.9228	0.9230	0.9233	0.9235
1.77	0.9238	0.9240	0.9242	0.9245	0.9247	0.9250	0.9252	0.9255	0.9257	0.9260
1.78	0.9262	0.9265	0.9267	0.9270	0.9272	0.9275	0.9277	0.9280	0.9283	0.9285
1.79	0.9288	0.9290	0.9293	0.9295	0.9298	0.9301	0.9303	0.9306	0.9309	0.9311

（续）

x	$\Gamma(x)$									
	0.000	0.001	0.002	0.003	0.004	0.005	0.006	0.007	0.008	0.009
1.80	0.9314	0.9316	0.9319	0.9322	0.9325	0.9327	0.9330	0.9333	0.9335	0.9338
1.81	0.9341	0.9343	0.9346	0.9349	0.9352	0.9355	0.9357	0.9360	0.9363	0.9366
1.82	0.9368	0.9371	0.9374	0.9377	0.9380	0.9383	0.9385	0.9388	0.9391	0.9394
1.83	0.9397	0.9400	0.9403	0.9406	0.9408	0.9411	0.9414	0.9417	0.9420	0.9423
1.84	0.9426	0.9429	0.9432	0.9435	0.9438	0.9441	0.9444	0.9447	0.9450	0.9453
1.85	0.9456	0.9459	0.9462	0.9465	0.9468	0.9471	0.9474	0.9478	0.9481	0.9484
1.86	0.9487	0.9490	0.9493	0.9496	0.9499	0.9503	0.9506	0.9509	0.9512	0.9515
1.87	0.9518	0.9522	0.9525	0.9528	0.9531	0.9534	0.9538	0.9541	0.9544	0.9547
1.88	0.9551	0.9554	0.9557	0.9561	0.9564	0.9567	0.9570	0.9574	0.9577	0.9580
1.89	0.9584	0.9587	0.9591	0.9594	0.9597	0.9601	0.9604	0.9607	0.9611	0.9614
1.90	0.9618	0.9621	0.9625	0.9628	0.9631	0.9635	0.9638	0.9642	0.9645	0.9649
1.91	0.9652	0.9656	0.9659	0.9663	0.9666	0.9670	0.9673	0.9677	0.9681	0.9684
1.92	0.9688	0.9691	0.9695	0.9699	0.9702	0.9706	0.9709	0.9713	0.9717	0.9720
1.93	0.9724	0.9728	0.9731	0.9735	0.9739	0.9742	0.9746	0.9750	0.9754	0.9757
1.94	0.9761	0.9765	0.9768	0.9772	0.9776	0.9780	0.9784	0.9787	0.9791	0.9795
1.95	0.9799	0.9803	0.9806	0.9810	0.9814	0.9818	0.9822	0.9826	0.9830	0.9834
1.96	0.9837	0.9841	0.9845	0.9849	0.9853	0.9857	0.9861	0.9865	0.9869	0.9873
1.97	0.9877	0.9881	0.9885	0.9889	0.9893	0.9897	0.9901	0.9905	0.9909	0.9913
1.98	0.9917	0.9921	0.9925	0.9929	0.9933	0.9938	0.9942	0.9946	0.9950	0.9954
1.99	0.9958	0.9962	0.9966	0.9971	0.9975	0.9979	0.9983	0.9987	0.9992	0.9996

注：对 $x<1$ 或 $x>2$ 的伽马函数值，可以利用下式算出：

$$\Gamma(x)=\frac{\Gamma(x+1)}{x}, \ \Gamma(x)=(x-1)\Gamma(x-1)$$

例如：1）$\Gamma(0.8)=\dfrac{\Gamma(1.8)}{0.8}=\dfrac{0.9314}{0.8}=1.164$。

2）$\Gamma(2.5)=1.5\times\Gamma(1.5)=1.5\times0.8862=1.329$。

3　可靠性特征量

度量产品可靠性的各种量统称为可靠性特征量。常用的可靠性特征量有可靠度、累积失效概率（或不可靠度）、平均寿命、可靠寿命和失效率等。

3.1　可靠度

可靠度是产品在规定条件下和规定时间区间内完成规定功能的概率，一般记为 R。由于它是时间的函数，故也记为 $R(t)$，称为可靠度函数。

如果用随机变量 T 表示产品从开始工作到发生失效或故障的时间，概率密度为 $f(t)$，如图 37.1-2 所示，则该产品在某一指定时刻 t 的可靠度为

$$R(t)=P(T>t)=\int_t^\infty f(t)\,\mathrm{d}t \qquad (37.1\text{-}1)$$

对于不可修复产品，可靠度的观测值是指直到规定的时间区间终了为止，能完成规定功能的产品数与在该区间开始时投入工作的产品数之比，即

$$\hat{R}(t)=\frac{N_s(t)}{N}=1-\frac{N_f(t)}{N} \qquad (37.1\text{-}2)$$

式中　　N——开始投入工作的产品数；

$N_s(t)$——到 t 时刻完成规定功能的产品数；

$N_f(t)$——到 t 时刻未完成规定功能的产品数。

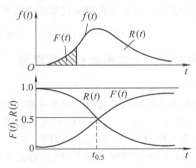

图 37.1-2　概率密度与可靠度、不可靠度曲线

对可修复产品，可靠度观测值是指一个或多个产品的无故障工作时间达到或超过规定时间的次数与观测时间内无故障工作的总次数之比，即

$$\hat{R}(t)=\frac{N_s(t)}{N} \qquad (37.1\text{-}3)$$

式中　　N——观测时间内无故障工作的总次数，每个产品的最后一次无故障工作时间若未超过规定的时间则不予计入；

$N_s(t)$——无故障工作时间达到或超过规定时间的次数。

上述可靠度 $R(t)$ 的时间 t 是由 0 算起的，实际使用中常需知道工作过程中某一段执行任务时间的可靠度，即需要知道已经工作 t_1 后再继续工作 t_2 时间的可靠度。

从时刻 t_1 工作到时刻 t_1+t_2 的条件可靠度称为任务可靠度，记为 $R(t_1+t_2|t_1)$。由条件概率，即

$$R(t_1+t_2|t_1) = P(T>t_1+t_2|T>t_1)$$

$$= \frac{R(t_1+t_2)}{R(t_1)} \qquad (37.1\text{-}4)$$

根据样本观测值，得任务可靠度的观测值

$$\hat{R}(t_1+t_2|t_1) = \frac{N_s(t_1+t_2)}{N_s(t_1)} \qquad (37.1\text{-}5)$$

式中，$N_s(\cdot)$ 意义同前。

3.2　累积失效概率

累积失效概率是产品在规定条件下和规定时间内未完成规定功能（即发生失效）的概率，也称为不可靠度，一般记为 F 或 $F(t)$。

完成规定功能与未完成规定功能是对立事件，故按概率的互补定理，即

$$F(t) = 1 - R(t)$$

由图 37.1-2 知，$F(t)$ 为图中的阴影线部分，正是累积分布函数

$$F(t) = P(T \leq t) = \int_{-\infty}^{t} f(t)\,dt \qquad (37.1\text{-}6)$$

累积失效概率的观测值可按概率互补定理

$$\hat{F}(t) = 1 - \hat{R}(t) \qquad (37.1\text{-}7)$$

3.3　平均寿命、可靠寿命和中位寿命

（1）平均寿命

平均寿命是寿命的平均值。对不可修复产品指失效前的平均时间，一般记为 MTTF；对可修复产品则指平均无故障工作时间，一般记为 MTBF。它们都表示无故障工作时间 T 的数学期望 $E(T)$ 或简记为 $\bar{t}$。

若已知 T 的概率密度 $f(t)$，则

$$\bar{t} = E(T) = \int_0^{\infty} f(t)\,dt \qquad (37.1\text{-}8)$$

当完全样本（即所有试验样品）都观测到发生失效或故障时，平均寿命的观测值是指它们的算术平均值，即

$$\hat{\bar{t}} = \frac{1}{n}\sum_{i=1}^{n} t_i \qquad (37.1\text{-}9)$$

（2）可靠寿命

可靠寿命是指定的可靠度所对应的时间，一般记为 $t(R)$。

一般可靠度随着工作时间 t 的增大而下降。给定不同的 R，则有不同的 $t(R)$，即

$$t(R) = R^{-1}(R) \qquad (37.1\text{-}10)$$

式中　R^{-1}——R 的反函数，即由 $R(t)=R$ 反求 t。

可靠寿命的观测值是能完成规定功能的产品的比例恰好等于给定可靠度 R 时所对应的时间。

（3）中位寿命

当指定 $R = 0.5$，即 $R(t) = F(t) = 0.5$ 时的寿命称为中位寿命，记为 $\tilde{t}$ 或 $t_{0.5}$，$t(0.5)$。

3.4　失效率和失效率曲线

（1）失效率

失效率是工作到某时刻尚未失效的产品，在该时刻后单位时间内发生失效的概率，一般记为 λ。它也是时间 t 的函数，故也记为 $\lambda(t)$，称为失效率函数，有时也称为故障率或风险函数。

按上述定义，失效率

$$\lambda(t) = \lim_{\Delta t \to 0} \frac{1}{\Delta t} P \quad (t < T \leq t + \Delta t \mid T > t)$$

$$(37.1\text{-}11)$$

它反映了 t 时刻产品失效的速率，也称为瞬时失效率。

失效率的观测值是在某时刻后单位时间内失效的产品数与工作到该时刻尚未失效的产品数之比，即

$$\hat{\lambda}(t) = \frac{\Delta N_f(t)}{N_s(t)\,\Delta t} \qquad (37.1\text{-}12)$$

平均失效率是指在某一规定时期内失效率的平均值。例如，在 (t_1, t_2) 内失效率的平均值为

$$\bar{\lambda}(t) = \frac{1}{t_2 - t_1}\int_{t_1}^{t_2} \lambda(t)\,dt \qquad (37.1\text{-}13)$$

失效率的单位用单位时间的百分数表示，如（%）$/10^3$h，可记为 10^{-5}/h。对高可靠性的产品，失效率的单位可用 10^{-9}/h，称为菲特。失效率的单位也常取成 1/h、1/km、1/次等。

（2）失效率曲线

失效率曲线反映了产品总体整个寿命期失效率的情况。图 37.1-3 所示为失效率曲线的典型情况，有时形象地称为浴盆曲线。失效率随时间的变化可分为三部分：

1）早期失效期。失效率曲线为递减型。产品投入使用的早期，失效率较高而下降很快。这主要是由于设计、制造、储存及运输等形成的缺陷，以及调试、跑合、起动不当等人为因素所造成。当这些所谓"先天不良"的失效后，运转逐渐正常，失效率趋于稳定，到 t_0 时失效率曲线已经开始变平。t_0 以前称为早期失效期。针对早期失效期的失效，应该尽量设

法避免，争取失效率低且 t_0 短。

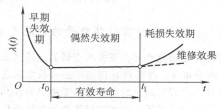

图 37.1-3 典型失效率曲线

2）偶然失效期。失效率曲线为恒定型，即 t_0 到 t_1 间的失效率近似为常数。失效主要是由非预期的过载、误操作、意外的天灾以及一些尚不清楚的偶然因素所造成。由于失效原因多属偶然，故称为偶然失效期。偶然失效期是能有效工作的时期，这段时间称为有效寿命。

3）耗损失效期。失效率曲线是递增型。在 t_1 以后失效率上升较快，这是由产品老化、疲劳、磨损、蠕变、腐蚀等所谓耗损的原因所引起的，故称为耗损失效期。针对耗损失效的原因，应该注意检查、监控及预测耗损开始的时间，提前维修，使失效率不上升，如图 37.1-3 中虚线所示，以延长有效寿命。当然，修复若需花很大费用而延长寿命不多，则不如报废更为经济。

不同失效类型的 $\lambda(t)$、$f(t)$、$R(t)$ 的函数图形如图 37.1-4 所示。

机械产品在规定的使用寿命期内，失效率曲线全部变化过程往往并不像典型失效率曲线那样全部出现。同样产品在不同条件下工作，失效率曲线的形状也不相同。但是，对于由许多单元组成的机器、设

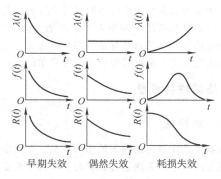

图 37.1-4 失效率、概率密度和可靠度

备，其失效率曲线基本上仍为浴盆状，如图 37.1-5 中虚线所示。应该指出，每经一次较大的拆修，常会重现早期故障，实际失效率曲线如图 37.1-5 中实线所示。

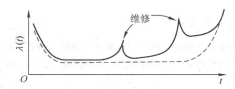

图 37.1-5 复杂机械设备的失效率曲线

3.5 可靠性特征量间的关系

可靠性特征量中 $R(t)$、$F(t)$、$f(t)$ 和 $\lambda(t)$ 是四个基本函数，只要知道其中一个，则所有其他的特征量均可求得。基本函数间的关系见表 37.1-11。

表 37.1-11 可靠性特征量中四个基本函数之间的关系

基本函数	$R(t)$	$F(t)$	$f(t)$	$\lambda(t)$
$R(t)$	—	$1-F(t)$	$\int_t^\infty f(t)\mathrm{d}t$	$\mathrm{e}^{-\int_0^t \lambda(t)\mathrm{d}t}$
$F(t)$	$1-R(t)$	—	$\int_0^t f(t)\mathrm{d}t$	$1-\mathrm{e}^{-\int_0^t \lambda(t)\mathrm{d}t}$
$f(t)$	$-\dfrac{\mathrm{d}R(t)}{\mathrm{d}t}$	$\dfrac{\mathrm{d}F(t)}{\mathrm{d}t}$	—	$\lambda(t)\mathrm{e}^{-\int_0^t \lambda(t)\mathrm{d}t}$
$\lambda(t)$	$-\dfrac{\mathrm{d}}{\mathrm{d}t}\ln R(t)$	$\dfrac{1}{1-F(t)}\cdot\dfrac{\mathrm{d}F(t)}{\mathrm{d}t}$	$\dfrac{f(t)}{\int_t^\infty f(t)\mathrm{d}t}$	—

例 37.1-2 若失效率为常数 λ，求可靠度、累积失效概率、寿命概率密度、平均寿命、可靠寿命和中位寿命。

解 本例相当于偶然失效期，按表 37.1-11 可得

可靠度 $R(t)=\mathrm{e}^{-\int_0^t \lambda\mathrm{d}t}=\mathrm{e}^{-\lambda t}$

累积失效概率 $F(t)=1-R(t)=1-\mathrm{e}^{-\lambda t}$

寿命概率密度 $f(t)=\dfrac{\mathrm{d}F(t)}{\mathrm{d}t}=\lambda\mathrm{e}^{-\lambda t}$

用分步积分法可得

平均寿命 $\bar t=\int_0^\infty tf(t)\mathrm{d}t=\int_0^\infty t\lambda\mathrm{e}^{-\lambda t}\mathrm{d}t=\dfrac{1}{\lambda}$

由可靠度函数解 t 可得

可靠寿命 $t(R)=\dfrac{1}{\lambda}\ln\dfrac{1}{R}=\bar t\ln\dfrac{1}{R}$

当取 $R=0.5$ 时，可得

中位寿命 $\tilde t=t(0.5)=\bar t\ln\dfrac{1}{0.5}=0.693\bar t$

本例是寿命服从指数分布时各可靠性特征量间的关系。一般复杂系统,寿命多服从指数分布。有时,寿命分布虽然并非是指数分布,但为了简化,应用平均失效率的概念,也可近似应用这些简单的关系。

3.6　维修性特征量

3.6.1　维修度

维修度是在规定条件下使用的产品,在规定时间内按规定的程序和方法进行维修时,保持或恢复到能完成规定功能状态的概率。它是维修时间的函数,记为 $M(\tau)$,称为维修度函数。

如果用随机变量 T 表示产品从开始维修到修复的时间,其概率密度为 $m(\tau)$,则

$$M(\tau) = P(T<\tau) = \int_0^\tau m(\tau)\,\mathrm{d}\tau \qquad (37.1\text{-}14)$$

3.6.2　修复率

修复率是修理时间已达到某个时刻尚未修复的产品,在该时刻后的单位时间内完成修理的概率,记为 $\mu(\tau)$

$$\mu(\tau) = \frac{m(\tau)}{1-M(\tau)} \qquad (37.1\text{-}15)$$

3.6.3　平均修复时间

平均修复时间是修复时间的均值,记为 $\bar{\tau}$ 或 MTTR

$$\bar{\tau} = \int_0^\infty \tau m(\tau)\,\mathrm{d}\tau \qquad (37.1\text{-}16)$$

3.6.4　维修性和可靠性特征量的对应关系

可靠性是研究产品由正常状态转到故障状态之间时间 t 的分布等。维修性是研究产品由故障状态恢复到正常状态之间时间 τ 的分布等。掌握维修性和可靠性特征量的对应关系,则研究可靠性的统计分析方法就可同样用于研究维修性。

维修性和可靠性特征量的对应关系见图 37.1-6 和表 37.1-12。图 37.1-6 中,$F(t)$ 与 $M(\tau)$ 相对应,$F(t)$ 越高表示失效概率越高,$M(\tau)$ 越高表示修复概率越高。失效与修复,其效果是对立的。$F(t)$ 越低,$M(\tau)$ 越高,则可靠性越佳。平均修复时间、平均修复率等观测值与对应的平均寿命、平均失效率等观测值的计算方法均类似。

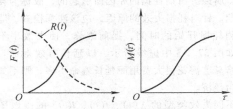

图 37.1-6　不可靠度与维修度函数

表 37.1-12　可靠性与维修性的对应关系

项目		可靠性	维修性
概率密度函数		$f(t) = \dfrac{\mathrm{d}F(t)}{\mathrm{d}t}$	$m(\tau) = \dfrac{\mathrm{d}M(\tau)}{\mathrm{d}\tau}$
累积分布函数		$F(t) = 1 - R(t) = \displaystyle\int_0^t f(t)\,\mathrm{d}t$	$M(\tau) = \displaystyle\int_0^\tau m(\tau)\,\mathrm{d}\tau$
失效率和修复率		$\lambda(t) = \dfrac{f(t)}{1-F(t)}$	$\mu(\tau) = \dfrac{m(\tau)}{1-M(\tau)}$
指数分布	累积分布	$F(t) = 1 - \mathrm{e}^{-\lambda t}$	$M(\tau) = 1 - \mathrm{e}^{-\mu\tau}$
	平均时间	$\mathrm{MTTF} = \dfrac{1}{\lambda}$ (MTBF)	$\mathrm{MTTR} = \dfrac{1}{\mu}$

3.7　有效性特征量

3.7.1　有效度的意义

可用有效度衡量产品运转状态(可用率)的好坏。有效度是可修复产品在规定的使用、维修条件下,在规定的时间内,维持其功能处于正常状态的概率,一般记为 A。它是时间的函数,故也记为 $A(t)$ 或 $A(t,\tau)$。

若给定某产品工作时间 t 和与 t 相比很小的允许维修时间 τ,则有效度 $A(t,\tau)$ 与可靠度 $R(t)$、维修度 $M(\tau)$ 的关系为

$$A(t,\tau) = R(t) + [1-R(t)]M(\tau) \qquad (37.1\text{-}17)$$

对不可修复产品,$M(\tau)=0$,则 $A(t,\tau)=R(t)$。对可修复产品,$M(\tau)>0$,则式(37.1-17)右端第二项为发生故障因能维修而对有效性的增量。图 37.1-7 所示为有效度与可靠度、维修度的关系。

提高可靠度或维修度均能达到提高有效度的目的。为获得很高的有效度,往往用提高维修度比用提高可靠度容易实现且较经济。应在设计开始就注意提高维修度,因为维修度不仅取决于维修人员的技术、

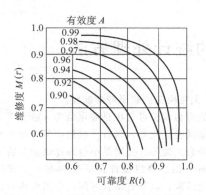

图 37.1-7　有效度与可靠度、维修度的关系

维修设备、工具、备件及管理等因素，而且还取决于所设计的结构维修是否方便。

3.7.2　有效度的种类

有效度是时间的函数，根据时间情况有：

1）瞬时有效度。产品在某时刻 t 具有或维持其规定功能的概率，记为 $A(t)$。

2）平均有效度。产品在某个规定的时间区间 (t_1, t_2) 内有效度的平均值，记为 $\overline{A}(t)$

$$\overline{A}(t) = \frac{1}{t_2 - t_1}\int_{t_1}^{t_2} A(t)\,\mathrm{d}t \qquad (37.1\text{-}18)$$

3）极限有效度。当时间趋于无限大时，瞬时有效度为极限值，也称稳态有效度，记为 $A(\infty)$，简写为 A。

4）有效度的观测值。有效度的观测值为在某个观察时间内，产品能工作时间对能工作时间与不能工作时间之和的比，即

$$A = \frac{能工作时间}{能工作时间 + 不能工作时间} \qquad (37.1\text{-}19)$$

时间的分类随不同的系统、设备而不同，图 37.1-8 所示为一种典型的时间分类。若能工作时间和不能工作时间取法不同，将得出不同有效度的定义和数值。若能工作时间为平均无故障工作时间，不能工作时间为平均修复时间，则 A 即为固有有效度。若能工作时间为平均可能工作时间，不能工作时间为平均不能工作时间，则 A 即为使用有效度。

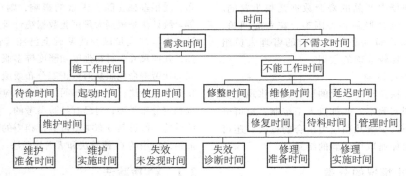

图 37.1-8　典型的时间分类

3.7.3　单元有效度

一个单元构成的设备或把整个设备视为一个单元，则其有效度称为单元有效度。若单元能工作时间和不能工作时间都服从指数分布，故障率为 λ，修复率为 μ，则瞬时有效度

$$A(t) = \frac{\mu}{\lambda + \mu} + \frac{\lambda}{\lambda + \mu} e^{-(\lambda+\mu)t} \qquad (37.1\text{-}20)$$

$(0, t)$ 区间的平均有效度

$$\overline{A}(t) = \frac{\mu}{\lambda + \mu} + \frac{\lambda}{(\lambda + \mu)^2 t}[1 - e^{-(\lambda+\mu)t}] \qquad (37.1\text{-}21)$$

极限有效度

$$A = A(\infty) = \frac{\mu}{\lambda + \mu} \qquad (37.1\text{-}22)$$

图 37.1-9 所示为三种有效度随时间变化的情况。

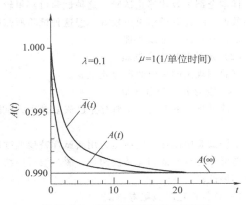

图 37.1-9　有效度随时间变化的情况

第2章 可靠性试验数据的统计处理方法

1 可靠性试验分类

进行可靠性设计时，为了明确所设计产品可靠性的要求、制定可靠性目标、预计和验证可靠性有关的特征量等，必须掌握可靠性数据。可靠性试验是获得可靠性数据的重要手段。可靠性试验是为了提高或证实产品的可靠性而进行的试验的总称。这里的产品包括系统、设备、零部件及材料。寿命试验是可靠性试验的一个很重要的部分，是评价、分析产品寿命特征量所进行的试验。下面就寿命试验列出几种分类。

1.1 按试验场所的分类

（1）现场寿命试验

这是产品在实际使用条件下观测到的实际寿命数据，最能说明产品的可靠性，可以说是最终的客观标准。因此，收集现场中产品的寿命数据是很重要的。然而，收集现场数据会遇到各种困难，花费时间长，工作情况难以一致，而且必须有相应的管理人员组织，这样才能获得比较准确的数据。

（2）实验室寿命试验

实验室试验是模拟现场情况的试验，它将现场重要的应力条件搬到实验室，并加以人工控制，也可进行影响寿命的单项或少数几项应力组合的试验，还可设法缩短试验时间加速取得试验的结果。

1.2 按试验截止情况的分类

（1）全数寿命试验

样本全部失效才停止试验。这种试验可获得较完整的数据，统计分析结果也较好。但这种试验所需时间较长，有时甚至难以实现。

（2）定数截尾寿命试验

试验到规定的失效数即停止试验。

（3）定时截尾寿命试验

试验到规定的时间，不管样本已失效多少，试验都停止。

根据试验中试样失效后是否用新试样替换继续试验，尚可分为有替换和无替换两种，故一般可归纳为如下四种试验：

1）有替换定时截尾寿命试验。

2）有替换定数截尾寿命试验。

3）无替换定时截尾寿命试验。

4）无替换定数截尾寿命试验。

全数寿命试验可看成是截尾数为 n 的无替换定数截尾寿命试验。此外，尚有分组最小值寿命试验；有中止的寿命试验等。分组最小值寿命试验是将 n 个试件分为 m 个组，每组试件都试验到有 1 个试件失效时就截止试验，以节省试验时间，但需要多台试验设备。有中止的寿命试验是在试验开始时样本大小为 n，随着试验的进行，有些试样没有失效但中途就逐渐截止，在收集现场数据时常发生这种情况。

2 分布类型的假设检验

分布类型的判断原则上有理论法和统计法两种。理论法是根据失效机理制定的数学模型或者某种分布的性质推导出来的。例如，失效率为常数的寿命分布为指数分布；失效由"最弱"环节决定的寿命分布为极值分布；受很多独立随机因素的影响，则分布为正态分布等。统计法是根据大量试验数据统计求得的。很多同类性能在以往大量试验的基础上已经验证了其分布。例如，几何尺寸、材料强度和硬度等多服从正态分布；金属的疲劳寿命则服从对数正态分布或威布尔分布。下面仅介绍统计法。对分布不明的情况，应做大样本的试验以判定分布类型；对已有经验参考的，则可做较小样本的试验，假设其分布类型再进行相应的拟合性检验。下面给出通用的 χ^2 检验法和 K-S 检验法。

2.1 χ^2 检验法

χ^2 检验法一般只用于大样本。χ^2 检验法是计算理论频数与实际频数间的差异，将检验统计量 χ^2 的观测值与临界值 $\chi_\alpha^2(\nu)$ 比较。满足下列条件，接受原假设；否则，拒绝原假设。

$$\chi^2 = \sum_{i=1}^{k} \frac{(\nu_i - np_i)^2}{np_i} \leq \chi_\alpha^2(k-m-1)$$

$$(37.2\text{-}1)$$

式中 n——样本大小；

k——分组数，按样本大小宜取 $k = 7 \sim 14$；

ν_i——第 i 组的实际频数，$\nu_i \geq 5$；

p_i——第 i 组的理论频率（概率）；

m——未知参数的数目；

$\chi_\alpha^2(\cdot)$——临界值，α 为显著性水平，查表 37.1-7。

例 37.2-1 220 个某产品的失效时间记录列于表 37.2-1 中，试检验该产品的寿命是否服从指数分布。

表 37.2-1　某产品失效的数据记录

时间/h	0~100	100~200	200~300	300~400	400~500	500~600	600~700	700~800	800~900
失效数 r_i	39	50	35	32	28	18	12	4	2

解　假设该产品的寿命服从指数分布,参数 λ 未知。取组中值作为该组时间的代表值 t_i,则 λ 的点估计

$$\hat{\bar{t}} = \frac{1}{n}\sum_{i=1}^{k} t_i \nu_i$$

$$= \frac{1}{220}(50 \times 39 + 150 \times 50 + \cdots + 850 \times 2)\text{h}$$

$$= 293\text{h}$$

$$\hat{\lambda} = \frac{1}{\hat{\bar{t}}} = \frac{1}{293}\text{h}^{-1}$$

假设 $H_0: F(t) = 1 - e^{-\frac{t}{293}}$

为了使用 χ^2 检验法,首先按规定分组,由于每组中实际频数不宜少于 5,故将前 7 段时间各作为一组,最后两段时间合为一组。总计组数 $k=8$,正好在 7~14 范围内。其他计算见表 37.2-2。

$$\chi^2 = \sum_{i=1}^{k} \frac{(\nu_i - np_i)^2}{np_i} = 36.905$$

取显著性水平 $\alpha = 0.10$,由 $\nu = k-m-1 = 8-1-1 = 6$,查表 37.1-7

$$\chi_\alpha^2(\nu) = \chi_{0.10}^2(6) = 10.64$$

由于 $\chi^2 > \chi_{0.10}^2(6)$,故拒绝原假设,即不能认为该产品的寿命服从指数分布。

表 37.2-2　例 37.2-1 的列表计算

组号 i	$\nu_i = r_i$	$p_i = \left(1 - e^{-\frac{t_i}{293}}\right) - \left(1 - e^{-\frac{t_{i-1}}{293}}\right)$	$np_i = 220p_i$	$\nu_i - np_i$	$(\nu_i - np_i)^2$	$\dfrac{(\nu_i - np_i)^2}{np_i}$
1	39	0.2827	62.194	-23.194	537.962	8.650
2	50	0.2055	45.210	4.790	22.944	0.507
3	25	0.1461	34.140	2.860	8.180	0.254
4	32	0.1039	22.858	9.142	83.576	3.656
5	38	0.0738	16.236	11.764	138.392	8.524
6	18	0.0525	11.550	6.450	41.603	3.602
7	12	0.0373	8.206	3.794	14.394	1.754
8	6	0.0917	20.174	-14.174	200.90	9.958
$\sum$						36.905

2.2　K-S 检验法

K-S 检验法(d 检验法)比 χ^2 检验法精确,而且还适用于小样本的情况。但是,K-S 检验法要求所检验的分布中不含未知参数。当指定分布中含有未知参数时,对某些分布应该用专门的临界值表。

K-S 检验法是将 n 个试验数据按由小到大的次序排列,根据假设的分布,计算每个数据对应的 $F_0(x_i)$,将其与经验分布函数 $F_n(x_i)$ 相比较,其中,差的最大绝对值即检验统计量 D_n 的观测值。将 D_n 与临界值 $D_{n,\alpha}$ 比较,满足下列条件,接受原假设;否则,拒绝原假设。

$$D_n = \sup_{-\infty < x < \infty} |F_n(x) - F_0(x)| = \max\{d_i\} \leqslant D_{n,\alpha}$$

$$(37.2\text{-}2)$$

式中　$F_0(x)$——原假设的分布函数;

$F_n(x)$——经验分布函数,

$$F_n(x) = \begin{cases} 0, & x < x_1 \\ \dfrac{i}{n}, & x_i < x \leqslant x_{i+1}, \\ & x_1 \leqslant x_2 \leqslant \cdots \leqslant x_n, \ i = 1, 2, \cdots, n \\ 1, & x > x_n \end{cases}$$

$$(37.2\text{-}3)$$

$$d_i = \max\left\{ F_0(x_i) - \frac{i-1}{n}, \ \frac{i}{n} - F_0(x_i) \right\}$$

$$(37.2\text{-}4)$$

$D_{n,\alpha}$——临界值,查表 37.2-3。

例 37.2-2　某合金 9 个时间测得的强度极限为 453MPa,436MPa,429MPa,419MPa,405MPa,416MPa,432MPa,423MPa,440MPa。检验该合金的强度极限是否服从均值 $\mu = 428$MPa,标准差 $\sigma = 15$MPa 的正态分布。

解　令该合金的强度极限 $R_m = X$,将数据按由小到大次序排列。假设 X 服从正态分布,分布函数

$$F(x) = \int_{-\infty}^{x} \frac{1}{15\sqrt{2\pi}} e^{-\frac{(x-428)^2}{2\times 15^2}} dx = \Phi\left(\frac{x-428}{15}\right)$$

式中的 $\Phi(\cdot)$ 查表 37.1-6。计算结果见表 37.2-4。

表 37.2-3 K-S 检验临界值

n \ α	0.20	0.10	0.05	0.02	0.01	n \ α	0.20	0.10	0.05	0.02	0.01
1	0.90000	0.95000	0.97500	0.99000	0.99500	31	0.18732	0.21412	0.23788	0.26596	0.28530
2	0.68377	0.77639	0.84189	0.90000	0.92929	32	0.18445	0.21085	0.23424	0.26189	0.28094
3	0.56481	0.63604	0.70760	0.78456	0.82900	33	0.18171	0.20771	0.23076	0.25801	0.27677
4	0.49265	0.56522	0.62394	0.68887	0.73424	34	0.17909	0.20472	0.22743	0.25429	0.27279
5	0.44698	0.50945	0.56328	0.62718	0.66853	35	0.17659	0.20185	0.22425	0.25073	0.26897
6	0.41037	0.46799	0.51926	0.57741	0.61661	36	0.17418	0.19910	0.22119	0.24732	0.26532
7	0.38148	0.43607	0.48342	0.53844	0.57581	37	0.17188	0.19646	0.21826	0.24404	0.26180
8	0.35831	0.40962	0.45427	0.50654	0.54179	38	0.16966	0.19392	0.21544	0.24089	0.25843
9	0.33910	0.38746	0.43001	0.47960	0.51332	39	0.16753	0.19148	0.21273	0.23786	0.25518
10	0.32260	0.36866	0.40925	0.45662	0.48893	40	0.16547	0.18913	0.21012	0.23494	0.25205
11	0.30829	0.35242	0.39122	0.43670	0.46770	41	0.16349	0.18687	0.20760	0.23212	0.24904
12	0.29577	0.33815	0.37543	0.41918	0.44905	42	0.16158	0.18468	0.20517	0.22941	0.24613
13	0.28470	0.32549	0.36143	0.40362	0.43247	43	0.15974	0.18257	0.20283	0.22679	0.24332
14	0.27481	0.31417	0.34890	0.38970	0.41762	44	0.15796	0.18053	0.20056	0.22426	0.24060
15	0.26588	0.30397	0.33760	0.37713	0.40420	45	0.15623	0.17856	0.19837	0.22181	0.23798
16	0.25778	0.29472	0.32733	0.36571	0.39201	46	0.15457	0.17665	0.19625	0.21944	0.23544
17	0.25039	0.28627	0.31796	0.35528	0.38086	47	0.15295	0.17481	0.19420	0.21715	0.23298
18	0.24360	0.27851	0.30936	0.34569	0.37062	48	0.15139	0.17302	0.19221	0.21493	0.23059
19	0.23735	0.27136	0.30143	0.33685	0.36117	49	0.14987	0.17128	0.19028	0.21277	0.22828
20	0.23156	0.26473	0.29408	0.32866	0.35241	50	0.14840	0.16959	0.18841	0.21068	0.22604
21	0.22617	0.25858	0.28724	0.32104	0.34427	55	0.14164	0.16186	0.17981	0.20107	0.21574
22	0.22115	0.25283	0.28087	0.31394	0.33666	60	0.13573	0.15511	0.17231	0.19267	0.20673
23	0.21645	0.24746	0.27490	0.30728	0.32954	65	0.13052	0.14913	0.16567	0.18525	0.19877
24	0.21205	0.24242	0.26931	0.30104	0.32286	70	0.12586	0.14381	0.15975	0.17863	0.19167
25	0.20790	0.23768	0.26404	0.29516	0.31657	75	0.12167	0.13901	0.15442	0.17268	0.18528
26	0.20399	0.23320	0.25907	0.28962	0.31064	80	0.11787	0.13467	0.14960	0.16728	0.17949
27	0.20030	0.22898	0.25438	0.28438	0.30502	85	0.11442	0.13072	0.14520	0.16236	0.17421
28	0.19680	0.22497	0.24993	0.27942	0.29971	90	0.11125	0.12709	0.14117	0.15786	0.16938
29	0.19348	0.22117	0.24571	0.27471	0.29466	95	0.10833	0.12375	0.13746	0.15371	0.16493
30	0.19032	0.21756	0.24170	0.27023	0.28987	100	0.10563	0.12067	0.13403	0.14987	0.16081

表 37.2-4 例 37.2-2 的列表计算

序号 i	x_i	$F(x_i)=\Phi\left(\dfrac{x_i-428}{15}\right)$	$\dfrac{i-1}{n}$	$\dfrac{i}{n}$	d_i
1	405	0.06301	0	0.111	0.06301
2	416	0.2119	0.111	0.222	0.1009
3	419	0.2743	0.222	0.333	0.0587
4	423	0.3707	0.333	0.444	0.0733
5	429	0.5279	0.444	0.556	0.0839
6	432	0.6064	0.556	0.667	0.0606
7	436	0.7019	0.667	0.778	0.0761
8	440	0.7881	0.778	0.889	0.1009
9	453	0.95254	0.889	1.000	0.06354

由表 37.2-4 中的计算结果知，D_n 的观察值按式 (37.2-2)

$$D_n = \max\{d_i\} = 0.1099$$

取显著性水平 $\alpha = 0.10$，由表 37.2-3 查得 $D_{n,\alpha} = 0.38746$，由于 $D_n < D_{n,\alpha}$，故接受原假设，即认为该合金的强度极限服从 $\mu = 428\text{MPa}$，$\sigma = 15\text{MPa}$ 的正态分布。

3 指数分布的分析法

3.1 指数分布的拟合性检验

该检验法适用于截尾试验、全数试验和有中止的试验。当失效数 $r = 0$，1，2 时，由于经济、时间等原因不允许继续试验，则可接受指数分布假设而不必检验。当 $r \geqslant 3$ 时可用下面给出的检验法。

计算检验统计量

$$\chi^2 = 2 \sum_{k=1}^{d} \ln \frac{t_\Sigma}{T_k} \qquad (37.2\text{-}5)$$

式中　t_Σ——总累计试验时间；

T_k——第 $k(k = 1, 2, \cdots, r)$ 次失效时的累积试验时间；

$$d = \begin{cases} r-1, & \text{定数截尾或定时截尾 } t_r = t_0 \\ r, & \text{定时截尾 } t_r < t_0 \end{cases};$$

t_0——指定的定时截尾时间；

t_r——指定的定数截尾时间。

满足下列条件则接受指数分布的假设，否则拒绝指数分布的假设。

$$\chi^2_{1-\frac{\alpha}{2}}(2d) \leqslant \chi^2 \leqslant \chi^2_{\frac{\alpha}{2}}(2d) \qquad (37.2\text{-}6)$$

式中　α——显著性水平；

$\chi^2(2d)$——自由度为 $2d$ 的 χ^2 分位数，查表 37.1-7。

总累计试验时间 t_Σ 是所有投入试验的试样（包括失效的、中止的、截尾未失效的）试验到规定时间的试验时间总和。当开始投入 n 个试样同时试验，试验中有 b 个中止，中止时间为 $\tau_j(j = 1, 2, \cdots, b)$，有 r 个失效，失效时间为 $t_i(i = 1, 2, \cdots, r)$，规定试验到 t_0 停止试验，则试验总累积失效时间为

无替换

$$t_\Sigma = \sum_{i=1}^{r} t_i + \sum_{j=1}^{b} \tau_j + (n-r-b)t_0 \qquad (37.2\text{-}7)$$

有替换

$$t_\Sigma = \sum_{j=1}^{b} \tau_j + (n-b)t_0 \qquad (37.2\text{-}8)$$

式中　t_0——定时截尾时是规定的截尾时间；定数截尾时是规定第 r 个失效的时间 t_r；

b——中途中止试验的试样个数，无中止试样时 $b=0$。

第 k 次失效时的累积试验时间为

无替换

$$T_k = \sum_{i=1}^{k} t_i + \sum_{j=1}^{b_k} \tau_j + (n-k-b_k)t_k \qquad (37.2\text{-}9)$$

有替换

$$T_k = \sum_{j=1}^{b_k} \tau_j + (n-b_k)t_k \qquad (37.2\text{-}10)$$

式中　t_k——第 k 个失效的时间；

b_k——第 k 个失效前中止试验的试样个数，无中止试样时 $b_k=0$。

例 37.2-3　抽取某产品 10 个进行寿命试验，失效 5 个即停止试验，试验结果为 76h，143h，152h，275h，326h，检验该产品寿命是否服从指数分布。

解　假设该产品的寿命服从指数分布。这是无替换定数截尾、无中止的寿命试验。由式（37.2-8）得总累积试验时间 t_Σ

$$\begin{aligned} t_\Sigma &= \sum_{i=1}^{r} t_i + (n-r)t_r \\ &= [76 + 143 + 152 + 275 + 326 + (10-5) \times 326]\,\text{h} \\ &= 2602\text{h} \end{aligned}$$

由式（37.2-9）得第 k 次失效时的累积时间 T_k

$$T_1 = t_1 + (n-1)t_1 = [76 + (10-1) \times 76]\,\text{h} = 760\text{h}$$

$$\begin{aligned} T_2 &= t_1 + t_2 + (n-2)t_2 = [76 + 143 + (10-2) \times 143]\,\text{h} \\ &= 1363\text{h} \end{aligned}$$

$$\begin{aligned} T_3 &= t_1 + t_2 + t_3 + (n-3)t_3 \\ &= [76 + 143 + 152 + (10-3) \times 152]\,\text{h} = 1435\text{h} \end{aligned}$$

$$\begin{aligned} T_4 &= t_1 + t_2 + t_3 + t_4 + (n-4)t_4 \\ &= [76 + 143 + 152 + 275 + (10-7) \times 275]\,\text{h} = 2296\text{h} \end{aligned}$$

由式（37.2-5），本例 $d=r-1=5-1=4$，故

$$\begin{aligned} \chi^2 &= 2 \sum_{k=1}^{d} \ln \frac{T_\Sigma}{T_k} \\ &= 2\left(\ln \frac{2602}{760} + \ln \frac{2602}{1363} + \ln \frac{2602}{1345} + \ln \frac{2602}{2296}\right) \\ &= 5.195 \end{aligned}$$

取显著水平 $\alpha = 0.10$，由表 37.1-7 查得

$$\chi^2_{1-\frac{\alpha}{2}}(2d) = \chi^2_{0.05}(8) = 2.73$$

$$\chi^2_{\frac{\alpha}{2}}(2d) = \chi^2_{0.05}(8) = 15.51$$

满足 $2.73 \leqslant \chi^2 \leqslant 15.51$，故接受原假设，认为该产品的寿命服从指数分布。

3.2　指数分布的参数估计和可靠度估计

指数分布参数 λ 的点估计

$$\hat{\lambda} = \frac{1}{\bar{t}} \qquad (37.2\text{-}11)$$

式中的 $\bar{t}$ 为样本均值，n 个个体的全数试验

$$\bar{t} = \frac{1}{n} \sum_{i=1}^{n} t_i \qquad (37.2\text{-}12)$$

截尾试验

$$\bar{t} = \frac{t_\Sigma}{r} \qquad (37.2\text{-}13)$$

式中　t_Σ——总试验累计时间，用式（37.2-7）或式（37.2-8）求；

r——观察失效数，当 $r=0$ 进行 λ 的点估计时，建议取 $r=1/3$。

指数分布参数的区间估计，截尾寿命试验（全数试验可用无替换定数截尾）$\bar{t}$ 的区间估计用表 37.2-5 中的公式计算。

参数 λ 的区间估计，先由表 37.2-5 计算平均寿

命的置信限，再按下式计算 λ 的置信限。

λ 的置信下限

$$\lambda_L = \frac{1}{\bar{t}_U} \qquad (37.2\text{-}14)$$

λ 的置信上限

$$\lambda_U = \frac{1}{\bar{t}_L} \qquad (37.2\text{-}15)$$

可靠度的点估计

$$\hat{R}(t) = e^{-\hat{\lambda}t} = e^{-\frac{t}{\bar{t}}} \qquad (37.2\text{-}16)$$

可靠度的置信限

$$R_L(t) = e^{-\lambda_U t} = e^{-\frac{t}{\bar{t}_L}} \qquad (37.2\text{-}17)$$

表 37.2-5 指数分布平均寿命区间估计

区间估计种类	定时截尾	定数截尾
单侧置信下限$\bar{t}_L$	$\dfrac{2t_{\Sigma}}{\chi_{\alpha}^2(2r+2)}$	$\dfrac{2t_{\Sigma}}{\chi_{\alpha}^2(2r)}$
双侧置信下限$\bar{t}_L$	$\dfrac{2t_{\Sigma}}{\chi_{\frac{\alpha}{2}}^2(2r+2)}$	$\dfrac{2t_{\Sigma}}{\chi_{\frac{\alpha}{2}}^2(2r)}$
双侧置信上限$\bar{t}_U$	$\dfrac{2t_{\Sigma}}{\chi_{1-\frac{\alpha}{2}}^2(2r)}$	$\dfrac{2t_{\Sigma}}{\chi_{1-\frac{\alpha}{2}}^2(2r)}$

注: 1. α—显著性水平。
2. r—失效数。
3. $\chi^2(\cdot)$—χ^2 分布的分位数，查表 37.1-7。

例 37.2-4 某产品寿命服从指数分布，抽取 11 个进行寿命试验，在试验到 500h 时中止 1 个，600h 时中止 1 个，900h 时失效 1 个，其他试样达到 1000h 均未失效即停止试验。求平均寿命、失效率及工作到 100h 可靠度的点估计。若要求置信水平 $\gamma = 1 - \alpha = 90\%$，求平均寿命的单侧置信下限、失效率的单侧置信上限及工作到 100h 可靠度的单侧置信下限。

解 这是 $n = 11$，失效数 $r = 1$，中止数 $b = 2$，截尾时间 $t_0 = 1000h$ 的无替换定时截尾寿命试验。由式 (37.2-7)，总累积试验时间

$$t_{\Sigma} = t_1 + \tau_1 + \tau_2 + (n-r-b)t_0$$
$$= [900 + 500 + 600 + (11-1-2) \times 1000]h$$
$$= 10000h$$

由式 (37.2-13)，平均寿命的点估计

$$\bar{t} = \frac{t_{\Sigma}}{r} = \frac{10000}{1}h = 10000h$$

由式 (37.2-11)，失效率的点估计

$$\hat{\lambda} = \frac{1}{\bar{t}} = \frac{1}{10000}h^{-1}$$

由式 (37.2-16)，$t = 100h$ 时可靠度的点估计

$$\hat{R}(100) = e^{-\hat{\lambda}t} = e^{-\frac{100}{10000}} = 0.99005$$

由表 37.2-5 中的公式，及表 37.1-7 查得 $\chi_{\alpha}^2(2r+2) = \chi_{0.01}^2(4) = 7.78$，故平均寿命的单侧置信下限

$$\bar{t}_L \frac{2t_{\Sigma}}{\chi_{\alpha}^2(2r+2)} = \frac{2 \times 10000}{7.78}h = 2570.7h$$

由式 (37.2-15) 失效率的单侧置信上限

$$\lambda_U = \frac{1}{\bar{t}_L} = \frac{1}{2570.7}h = 3.89 \times 10^{-4}h^{-1}$$

由式 (37.2-17)，$t = 100h$ 时可靠度的单侧置信下限

$$R_L(t) = e^{-\lambda_U t} = e^{-\frac{100}{2570.7}} = 0.96185$$

4 正态及对数正态分布的分析法

由对数正态分布与正态分布的关系知，若随机变量 $Y \sim \ln(\mu, \sigma^2)$、则 $X = \ln Y \sim \ln(\mu, \sigma^2)$，故取

$$x = \ln y \qquad (37.2\text{-}18)$$

则正态分布的所有分析方法都可用于对数正态分布。但要注意，进行对数正态分布的分析时，必须将其数据按式 (37.2-18) 取成对数。

4.1 正态及对数正态分布的拟合性检验

对于样本容量不大，分布参数 μ、σ 未知时，若用两参数的点估计 $\bar{x}$、S_x 代替，则假设

$$F_0(x, \bar{x}, S_x^2) = \int_{-\infty}^{x} \frac{1}{\sqrt{2\pi}} e^{-\frac{(x-\bar{x})^2}{2S_x^2}} dx$$
$$(37.2\text{-}19)$$

与 K-S 检验法类似，满足下列条件则接受原假设，否则拒绝原假设。

$$\widetilde{D}_n = \sup_{-\infty < x < \infty} |F_0(x, \bar{x}, S_x^2) - F_n(x)|$$
$$= \max\{\tilde{d}_i\} \leqslant \widetilde{D}_{n,\alpha} \qquad (37.2\text{-}20)$$

式中 $F_n(x)$——经验分布函数；

$$\tilde{d}_i = \max\left\{F_0(x, \bar{x}, S_x^2) - \frac{i-1}{n}, \frac{i}{n} - F_0(x, \bar{x}, S_x^2)\right\}$$
$$(37.2\text{-}21)$$

$\widetilde{D}_{n,\alpha}$——临界值，查表 37.2-6。

表 37.2-6 $\widetilde{D}_n$ 的临界值 $\widetilde{D}_{n,\alpha}$（正态分布）

n \ α	0.20	0.15	0.10	0.05	0.01
4	0.300	0.319	0.352	0.381	0.417
5	0.285	0.299	0.315	0.337	0.405
6	0.265	0.277	0.294	0.319	0.364
7	0.247	0.258	0.276	0.300	0.348
8	0.233	0.244	0.261	0.285	0.331
9	0.223	0.233	0.249	0.271	0.311
10	0.215	0.224	0.239	0.258	0.294
11	0.206	0.217	0.230	0.249	0.284
12	0.199	0.212	0.223	0.242	0.275

（续）

n \ α	0.20	0.15	0.10	0.05	0.01
13	0.190	0.202	0.214	0.234	0.268
14	0.183	0.194	0.207	0.227	0.261
15	0.177	0.187	0.201	0.220	0.257
16	0.173	0.182	0.195	0.213	0.250
17	0.169	0.177	0.189	0.206	0.245
18	0.166	0.173	0.184	0.200	0.239
19	0.163	0.169	0.179	0.195	0.235
20	0.160	0.166	0.174	0.190	0.231
25	0.142	0.147	0.158	0.173	0.200
30	0.131	0.136	0.144	0.161	0.187
>30	$\dfrac{0.736}{\sqrt{n}}$	$\dfrac{0.768}{\sqrt{n}}$	$\dfrac{0.805}{\sqrt{n}}$	$\dfrac{0.886}{\sqrt{n}}$	$\dfrac{1.031}{\sqrt{n}}$

例 37.2-5　对某钢材进行静强度试验，9 个试件的强度极限按由小到大次序分别为 625MPa，650MPa，656MPa，659MPa，661MPa，662MPa，663MPa，668MPa，672MPa。检验该钢材强度极限是否服从正态分布。

解　假设该钢材的强度极限服从正态分布，由于参数未知，故先进行估计。由式（37.2-22）、式（37.2-23）

$$\overline{x} = \frac{1}{n}\sum_{i=1}^{n} x_i$$

$$= \frac{1}{9}(625 + 650 + 656 + 659 + 661 + 662 + 663 + 668 + 672)\text{MPa} = 657.3\text{MPa}$$

$$S_x = \left[\frac{1}{n-1}\sum_{i=1}^{9}(x_i - \overline{x})^2\right]^{\frac{1}{2}}$$

$$= \left\{\frac{1}{9-1}\left[(625 - 657.3)^2 + (650 - 657.3)^2 + \cdots + (672 - 657.3)^2\right]\right\}^{\frac{1}{2}}\text{MPa} = 13.69\text{MPa}$$

假设

$$F_0(x,\ \overline{x},\ S_x^2) = \int_{-\infty}^{x} \frac{1}{13.69\sqrt{2\pi}} e^{-\frac{(x-657.3)^2}{2\times 13.69^2}}\mathrm{d}x$$

列表计算 $\widetilde{d}_i$，见表 37.2-7。$\Phi(\cdot)$ 查表 37.1-6。

由计算结果知，$\widetilde{D}_n$ 的观察值按式（37.2-20）

$$\widetilde{D}_n = \max\{\widetilde{d}_i\} = 0.24188$$

取显著性水平 $\alpha = 0.10$，由表 37.2-6 查得 $\widetilde{D}_{n,\alpha} =$ 0.249，因为 $\widetilde{D}_n < \widetilde{D}_{n,\alpha}$，故接受原假设，即认为该钢材强度极限服从正态分布。

例 37.2-6　某金属材料在某应力水平用 10 个试件做弯曲疲劳试验，其寿命循环次数 N 分别为 125000，132000，135000，138000，141000，147000，154000，161000，164000，182000，检验该寿命分布是否服从对数正态分布。

表 37.2-7　例 37.2-5 的列表计算

序号 i	$x_i/$ MPa	$F_0(x_i) = \Phi$ $\left(\dfrac{x_i - 657.3}{13.69}\right)$	$\dfrac{i-1}{9}$	$\dfrac{i}{9}$	$\widetilde{d}_i$
1	625	0.009137	0.000	0.11111	0.10197
2	650	0.2981	0.11111	0.22222	0.18699
3	656	0.4641	0.22222	0.33333	0.24188
4	659	0.5478	0.33333	0.44444	0.21447
5	661	0.6064	0.44444	0.55556	0.16196
6	662	0.6331	0.55556	0.66667	0.07754
7	663	0.6628	0.66667	0.77778	0.11498
8	668	0.7823	0.77778	0.88889	0.10659
9	672	0.8577	0.88889	1.00	0.14230

解　假设该金属材料的疲劳寿命服从对数正态分布。按式（37.2-18）求对数寿命 $x_i = \ln N_i = 11.736$，11.791，11.813，11.835，11.857，11.898，11.945，11.989，12.008，12.112

按式（37.2-22）、式（37.2-23）估计分布参数

$$\overline{x} = \hat{\mu} = \frac{1}{n}\sum_{i=1}^{n} x_i$$

$$= \frac{1}{10}(11.736 + 11.791 + \cdots + 12.112) = 11.898$$

$$S_x = \hat{\sigma} = \left[\frac{1}{n-1}\sum_{i=1}^{10}(x_i - \overline{x})^2\right]^{\frac{1}{2}}$$

$$= \left\{\frac{1}{10-1}\left[(11.736 - 11.898)^2 + (11.791 - 11.898)^2 + \cdots + (12.112 - 11.898)^2\right]\right\}^{\frac{1}{2}} = 0.115$$

假设

$$F_0(N,\ \hat{\mu},\ \hat{\sigma}) = \int_0^N \frac{1}{0.115 t\sqrt{2\pi}} e^{-\frac{(\ln t - 11.898)^2}{2\times 0.115^2}}\mathrm{d}t$$

列表计算 $\widetilde{d}_i$，见表 37.2-8。$\Phi(\cdot)$ 查表 37.1-6。

由计算结果可知，$\widetilde{D}_n$ 的观察值按式（37.2-20）

$$\widetilde{D}_n = \max\{\widetilde{d}_i\} = 0.13927$$

取显著性水平 $\alpha = 0.10$，由表 37.2-6 查得 $\widetilde{D}_{n,\alpha} =$ 0.239，因为 $\widetilde{D}_n < \widetilde{D}_{n,\alpha}$，故接受原假设，即认为该金属材料的疲劳寿命服从对数正态分布。

表 37.2-8　例 37.2-6 的列表计算

序号 i	N_i	x_i	$F_0(N) = \Phi$ $\left(\dfrac{x_i - 11.898}{0.115}\right)$	$\dfrac{i-1}{10}$	$\dfrac{i}{10}$	$\widetilde{d}_i$
1	125000	11.736	0.07947	0.0	0.1	0.07947
2	132000	11.791	0.17606	0.1	0.2	0.07606
3	135000	11.813	0.22990	0.2	0.3	0.07010

（续）

序号 i	N_i	x_i	$F_0(N)=\Phi\left(\dfrac{x_i-11.898}{0.115}\right)$	$\dfrac{i-1}{10}$	$\dfrac{i}{10}$	$\tilde{d}_i$
4	138000	11.835	0.29191	0.3	0.4	0.10809
5	141000	11.857	0.36073	0.4	0.5	0.13927
6	147000	11.898	0.50000	0.5	0.6	0.10000
7	154000	11.945	0.65861	0.6	0.7	0.05861
8	161000	11.989	0.78562	0.7	0.8	0.08562
9	164000	12.008	0.83060	0.8	0.9	0.06940
10	182000	12.112	0.96861	0.9	1.0	0.06861

4.2　正态及对数正态分布完全样本的参数估计

正态分布均值的点估计

$$\hat{\mu} = \bar{x} = \frac{1}{n}\sum_{i=1}^{n}x_i \qquad (37.2\text{-}22)$$

标准差的点估计

$$\hat{\sigma} = S_x = \left[\frac{1}{n-1}\sum_{i=1}^{n}(x_i-\bar{x})^2\right]^{\frac{1}{2}} \qquad (37.2\text{-}23)$$

均值 μ 的双侧置信区间估计。置信下限 μ_L 和置信上限 μ_U 分别为

$$\mu_L = \bar{x}_L = \bar{x} - \frac{S_x}{\sqrt{n}}t_{\frac{\alpha}{2}}(\nu) \qquad (37.2\text{-}24)$$

$$\mu_U = \bar{x}_U = \bar{x} + \frac{S_x}{\sqrt{n}}t_{\frac{\alpha}{2}}(\nu) \qquad (37.2\text{-}25)$$

均值 μ 的单侧置信下限

$$\mu_L = \bar{x}_L = \bar{x} - \frac{S_x}{\sqrt{n}}t_{\alpha}(\nu) \qquad (37.2\text{-}26)$$

式中　α——显著性水平，$1-\alpha$ 为置信水平；

　　　　n——样本大小；

　　　　ν——自由度，当标准差 σ 已知，S_x 用 σ 代替，则 $\nu=\infty$；当标准差为点估计 S_x，则 $\nu=n-1$；

　　　　$t.(\nu)$——t 分布的分位数，查表 37.1-8。

标准差 σ 的双侧置信区间估计：置信下限 σ_L 和置信上限 σ_U 分别为

$$\sigma_L = S_{xL} = \left[\frac{n-1}{\chi^2_{\frac{\alpha}{2}}(\nu)}\right]^{\frac{1}{2}}S_x \qquad (37.2\text{-}27)$$

$$\sigma_U = S_{xU} = \left[\frac{n-1}{\chi^2_{1-\frac{\alpha}{2}}(\nu)}\right]^{\frac{1}{2}}S_x \qquad (37.2\text{-}28)$$

标准差 σ 的单侧置信上限

$$\sigma_U = S_{xU} = \left[\frac{n-1}{\chi^2_{1-\alpha}(\nu)}\right]^{\frac{1}{2}}S_x \qquad (37.2\text{-}29)$$

式中　α——显著性水平，$1-\alpha$ 为置信水平；

　　　　n——样本大小；

　　　　ν——自由度，当均值 μ 已知，$\nu=n$；当 μ 未知，则 $\nu=n-1$；

　　　　$\chi^2.(\nu)$——χ^2 分布的分位数，查表 37.1-7。

若随机变量 y 服从对数正态分布，即 $y\sim\ln(\mu,\sigma^2)$，则 $\ln y\sim N(\mu,\sigma^2)$，故取

$$x = \ln y$$

则式（37.2-22）～式（37.2-29）均可用于对数正态分布。

4.3　正态及对数正态分布截尾寿命试验的参数估计

（1）极大似然估计

当样本较大时，正态分布均值和标准差的极大似然估计是具有良好性质的估计量。从寿命为正态分布的总体中抽取 n 个试样进行定时截尾寿命试验，试验到 x_0 时结束，共失效 r 个，失效时间为

$$x_1 \leqslant x_2 \leqslant \cdots \leqslant x_r \leqslant x_0$$

则寿命的均值 μ 和标准差 σ 的极大似然估计为

$$\hat{\mu} = \bar{x} = \bar{x}_r + \frac{S_x^2 - S_r^2}{d} \qquad (37.2\text{-}30)$$

$$\hat{\sigma} = S_x = \frac{d}{g\left(D,\dfrac{r}{n}\right)} \qquad (37.2\text{-}31)$$

式中，$\bar{x}_r = \dfrac{1}{r}\sum_{i=1}^{r}x_i$；$S_r^2 = \dfrac{1}{r}\sum_{i=1}^{r}(x_i-\bar{x}_r)^2$；$d = x_0 - \bar{x}_r$；$D = \dfrac{d^2}{d^2+S_r^2}$；$g\left(D,\dfrac{r}{n}\right)$ 查表 37.2-9。

寿命服从对数正态分布时，将寿命 y 取成对数，

表 37.2-9　极大似然估计用表（正态分布，对数正态分布）$g(D, r/n)$

D ＼ r/n	0.01	0.10	0.20	0.30	0.40	0.50	0.60	0.70	0.80	0.90	0.99
0.01	0.088890	0.093283	0.095016	0.096172	0.097068	0.097816	0.098465	0.099043	0.099569	0.100053	0.100460
0.02	0.119803	0.128283	0.131704	0.134006	0.135809	0.137323	0.138646	0.139833	0.140916	0.141919	0.142766
0.03	0.141461	0.153823	0.158899	0.162346	0.165065	0.167361	0.169377	0.171194	0.172861	0.174410	0.175721
0.04	0.158428	0.174515	0.181220	0.185809	0.189451	0.192542	0.195270	0.197737	0.200009	0.202128	0.203929
0.05	0.172457	0.192133	0.200447	0.206176	0.210748	0.214648	0.218103	0.221240	0.224139	0.226852	0.229165
0.06	0.184441	0.207584	0.217489	0.224359	0.229869	0.234588	0.238786	0.242612	0.246159	0.249489	0.252337
0.07	0.194905	0.221409	0.232886	0.240896	0.247351	0.252903	0.257859	0.252391	0.266607	0.270577	0.273982

（续）

D \ r/n	0.01	0.10	0.20	0.30	0.40	0.50	0.60	0.70	0.80	0.90	0.99
0.08	0.204192	0.233957	0.246989	0.256138	0.263545	0.269941	0.275671	0.280928	0.285833	0.290466	0.294451
0.09	0.212524	0.245464	0.260039	0.270328	0.278695	0.285946	0.292464	0.298465	0.304080	0.309399	0.313986
0.10	0.220083	0.256112	0.272214	0.283642	0.292974	0.301093	0.308415	0.315177	0.321523	0.227552	0.332765
0.11	0.226995	0.266030	0.283645	0.296213	0.306519	0.315516	0.323657	0.331198	0.338296	0.345059	0.350921
0.12	0.233342	0.275319	0.294435	0.308144	0.319430	0.329317	0.338292	0.346631	0.354503	0.362023	0.368559
0.13	0.239218	0.284062	0.304666	0.319516	0.331789	0.342578	0.352403	0.361557	0.370224	0.378528	0.385763
0.14	0.244675	0.292320	0.314404	0.330395	0.343663	0.355365	0.366054	0.376043	0.385528	0.394640	0.402600
0.15	0.249766	0.300153	0.323702	0.340836	0.355105	0.367732	0.379301	0.390144	0.400469	0.410415	0.419127
0.16	0.254529	0.307598	0.332606	0.350884	0.366161	0.379724	0.392189	0.403906	0.415093	0.425900	0.435392
0.17	0.259006	0.314701	0.341151	0.360576	0.376869	0.391380	0.404757	0.417367	0.429440	0.441136	0.461435
0.18	0.263221	0.321489	0.349375	0.369945	0.387261	0.402732	0.417037	0.430560	0.443544	0.456157	0.467293
0.19	0.267195	0.327987	0.357303	0.379020	0.397366	0.413809	0.429058	0.443514	0.457433	0.470993	0.482996
0.20	0.270961	0.334228	0.364959	0.387825	0.407207	0.424635	0.440844	0.456254	0.471134	0.485670	0.498573
0.21	0.274523	0.340223	0.372365	0.396380	0.416808	0.435232	0.452417	0.468803	0.484670	0.500213	0.514048
0.22	0.277929	0.345096	0.379539	0.404705	0.426184	0.445617	0.463797	0.481180	0.498060	0.514643	0.529443
0.23	0.281157	0.351566	0.386498	0.412816	0.435355	0.455809	0.475000	0.493402	0.511323	0.528979	0.544780
0.24	0.284238	0.356937	0.393256	0.420728	0.444334	0.465822	0.486041	0.505485	0.524475	0.543238	0.560078
0.25	0.287176	0.362134	0.399827	0.428454	0.453135	0.475669	0.496935	0.517444	0.537531	0.557438	0.575354
0.26	0.289986	0.367159	0.406222	0.436006	0.461770	0.485363	0.507693	0.529291	0.550506	0.571593	0.590625
0.27	0.292682	0.372029	0.412453	0.443395	0.470248	0.494914	0.518327	0.541038	0.563412	0.585715	0.605907
0.28	0.295262	0.376751	0.418528	0.450631	0.478581	0.504332	0.528848	0.552696	0.576260	0.599821	0.621214
0.29	0.297734	0.381334	0.424456	0.457721	0.486777	0.513627	0.539264	0.564276	0.589062	0.613922	0.636562
0.30	0.300118	0.385787	0.430247	0.464675	0.494844	0.522807	0.549584	0.575785	0.601828	0.628029	0.651965
0.31	0.302401	0.390113	0.435906	0.471499	0.502790	0.531879	0.559817	0.587234	0.614568	0.642155	0.667435
0.32	0.304609	0.394321	0.441440	0.478201	0.510622	0.540851	0.569969	0.598630	0.627291	0.656310	0.682987
0.33	0.306728	0.398421	0.446857	0.484787	0.518345	0.549729	0.580048	0.609981	0.640006	0.670504	0.698634
0.34	0.308773	0.402410	0.452161	0.491262	0.525966	0.558518	0.590060	0.621293	0.652721	0.684749	0.714388
0.35	0.310750	0.406301	0.457358	0.497632	0.533490	0.567226	0.600012	0.632575	0.665445	0.699055	0.730262
0.36	0.312652	0.410097	0.462453	0.503902	0.540922	0.575856	0.609908	0.643832	0.678186	0.713431	0.746271
0.37	0.314500	0.413801	0.467450	0.510076	0.548267	0.584414	0.619754	0.655071	0.690950	0.727888	0.762426
0.38	0.316279	0.417416	0.472353	0.516159	0.555529	0.592905	0.629556	0.666297	0.703746	0.742436	0.778742
0.39	0.318004	0.420950	0.477167	0.522155	0.562713	0.601332	0.639318	0.677517	0.716581	0.757084	0.795232
0.40	0.319675	0.424401	0.481896	0.528066	0.569821	0.609701	0.649045	0.688735	0.729462	0.771842	0.811910
0.41	0.321297	0.427776	0.486541	0.533898	0.576859	0.618014	0.658740	0.699958	0.742396	0.786721	0.828789
0.42	0.322866	0.431079	0.491108	0.539653	0.583828	0.626274	0.668409	0.711190	0.755390	0.801731	0.845886
0.43	0.324393	0.434310	0.495599	0.545334	0.590733	0.634487	0.678056	0.722436	0.768451	0.816881	0.863214
0.44	0.325872	0.437474	0.500017	0.550944	0.597575	0.642655	0.687683	0.733702	0.781587	0.832183	0.880790
0.45	0.327304	0.440573	0.504364	0.556486	0.604359	0.650781	0.697259	0.744992	0.794804	0.847647	0.898630
0.46	0.328701	0.443609	0.508643	0.561962	0.611087	0.658867	0.706895	0.756312	0.808109	0.863284	0.916751
0.47	0.330057	0.446585	0.512857	0.567376	0.617761	0.666918	0.716488	0.767665	0.821509	0.879106	0.935171
0.48	0.331379	0.449502	0.517007	0.572728	0.624383	0.674935	0.726075	0.779057	0.835012	0.895124	0.953909
0.49	0.332660	0.452363	0.521097	0.578022	0.630956	0.682921	0.735661	0.790492	0.848625	0.911350	0.972984
0.50	0.333907	0.455171	0.525127	0.583259	0.637483	0.690879	0.745249	0.801975	0.862355	0.927798	0.992418
0.51	0.335126	0.457925	0.529100	0.588442	0.643965	0.698811	0.754842	0.813511	0.876210	0.944479	1.012231
0.52	0.336312	0.460630	0.533018	0.593572	0.650404	0.706719	0.764442	0.825104	0.899198	0.961408	1.032447
0.53	0.337469	0.463285	0.536882	0.598651	0.656802	0.714606	0.774053	0.836758	0.904326	0.978598	1.053086

（续）

D \ r/n	0.01	0.10	0.20	0.30	0.40	0.50	0.60	0.70	0.80	0.90	0.99
0.54	0.338592	0.465894	0.540694	0.603680	0.663161	0.722473	0.783679	0.848480	0.918602	0.996065	1.074191
0.55	0.339695	0.468456	0.544456	0.608662	0.669482	0.730323	0.793324	0.860272	0.933036	1.013825	1.095773
0.56	0.340763	0.470975	0.548169	0.613598	0.675768	0.738158	0.802983	0.872141	0.947636	1.031894	1.117867
0.57	0.341811	0.473450	0.551835	0.618489	0.682020	0.745979	0.812667	0.884091	0.962410	1.050289	1.140507
0.58	0.342832	0.475883	0.555455	0.623336	0.688238	0.753790	0.822377	0.896127	0.977369	1.069027	1.163726
0.59	0.343831	0.478278	0.559030	0.628142	0.694426	0.761590	0.832115	0.903253	0.902520	1.088130	1.187562
0.60	0.344803	0.480631	0.562561	0.632907	0.700584	0.769384	0.841884	0.920476	1.007875	1.107617	1.212056
0.61	0.345741	0.482950	0.566050	0.637633	0.706714	0.777171	0.851687	0.932799	1.023445	1.127510	1.237251
0.62	0.346672	0.485229	0.569498	0.642320	0.712816	0.784954	0.861527	0.945230	1.039239	1.147833	1.263194
0.63	0.347582	0.487471	0.572906	0.646970	0.718893	0.792734	0.871407	0.957772	1.055270	1.168610	1.289936
0.64	0.348472	0.489686	0.576275	0.651584	0.724944	0.800514	0.881329	0.970432	1.071548	1.189866	1.317533
0.65	0.349361	0.491856	0.579606	0.656164	0.730973	0.808294	0.891296	0.983216	1.088091	1.211632	1.346049
0.66	0.350196	0.493994	0.582900	0.660709	0.736979	0.816077	0.901311	0.996129	1.104903	1.233935	1.375548
0.67	0.351030	0.496106	0.586158	0.665221	0.742964	0.823864	0.911378	1.009177	1.122005	1.256811	1.406107
0.68	0.351851	0.498185	0.589381	0.669700	0.748929	0.831657	0.921498	1.022367	1.139409	1.280293	1.437805
0.69	0.352651	0.500233	0.592569	0.674149	0.754874	0.839457	0.931676	1.035705	1.157128	1.304421	1.470732
0.70	0.353437	0.502251	0.595724	0.678567	0.760802	0.847265	0.941913	1.049200	1.175185	1.329233	1.504991
0.71	0.354203	0.504239	0.598846	0.682956	0.766713	0.855084	0.952214	1.062857	1.193591	1.354775	1.540689
0.72	0.354954	0.506200	0.601936	0.687316	0.772607	0.862915	0.962581	1.076682	1.212367	1.381097	1.577953
0.73	0.355692	0.508134	0.604995	0.691647	0.778486	0.870759	0.973017	1.090684	1.231530	1.408244	1.616924
0.74	0.356417	0.510039	0.608024	0.695952	0.784351	0.878617	0.983526	1.104872	1.251105	1.436281	1.657757
0.75	0.357127	0.511919	0.611023	0.700230	0.790202	0.886492	0.994110	1.119251	1.271110	1.465267	1.700632
0.76	0.357823	0.513776	0.613992	0.704482	0.796041	0.894385	1.004774	1.133836	1.291568	1.495273	1.745749
0.77	0.358506	0.515606	0.616933	0.708709	0.801869	0.902296	1.015521	1.148629	1.312507	1.526369	1.793342
0.78	0.359175	0.517410	0.619847	0.712912	0.807685	0.910229	1.026354	1.163643	0.333952	0.558645	1.843674
0.79	0.359837	0.519193	0.622733	0.717091	0.813491	0.918184	1.037276	1.178886	1.355932	1.592187	1.897053
0.80	0.360478	0.520952	0.625592	0.721246	0.819288	0.926163	1.048293	1.194371	1.378478	1.627102	1.953839
0.81	0.361112	0.522688	0.628425	0.725378	0.825077	0.934167	1.059407	1.210108	1.401625	1.663501	2.014447
0.82	0.361740	0.524400	0.631233	0.729489	0.830857	0.942197	1.070622	1.226107	1.425404	1.701509	2.079374
0.83	0.362346	0.526092	0.634015	0.733578	0.836631	0.950256	1.081944	1.242382	1.449858	1.741274	2.149209
0.84	0.362946	0.527764	0.636773	0.737646	0.842399	0.958345	1.093373	1.258944	1.475025	1.782952	2.224653
0.85	0.363539	0.529412	0.639507	0.741693	0.848161	0.966465	1.104918	1.275806	1.500956	1.826725	2.306572
0.86	0.364118	0.531044	0.642217	0.745721	0.853918	0.974618	1.116581	1.292983	1.527696	1.872804	2.396015
0.87	0.364690	0.532651	0.644905	0.749729	0.859671	0.982806	1.128367	1.310492	1.555299	1.921419	2.494298
0.88	0.365248	0.534242	0.647569	0.753717	0.865420	0.991030	1.140282	1.328346	1.583825	1.972845	2.603073
0.89	0.365799	0.535813	0.650211	0.757688	0.871167	0.999291	1.152328	1.346564	1.613338	2.027394	2.724479
0.90	0.366343	0.537366	0.652832	0.761640	0.876912	1.007592	1.164513	1.365162	1.643909	2.085430	2.861294
0.91	0.366874	0.538900	0.655431	0.765575	0.882656	1.015934	1.176841	1.384166	1.675614	2.147378	3.017258
0.92	0.367398	0.540416	0.658009	0.769492	0.888399	1.024319	1.189318	1.403579	1.708542	2.213745	3.197522
0.93	0.367914	0.541916	0.660566	0.773393	0.894141	1.032747	1.201949	1.423439	1.742783	2.285122	3.409401
0.94	0.368417	0.543395	0.663103	0.777277	0.899884	1.041223	1.214742	1.443764	1.778444	2.362240	3.663765
0.95	0.368920	0.544860	0.665621	0.781145	0.905629	1.049746	1.227701	1.464581	1.815648	2.445959	3.977564
0.96	0.369408	0.546309	0.668119	0.784998	0.911375	1.058319	1.240833	1.485911	1.854517	2.537354	4.379018
0.97	0.369891	0.547741	0.670597	0.788835	0.917124	1.066944	1.254148	1.507789	1.895204	2.637754	4.919685
0.98	0.370365	0.549155	0.673057	0.792658	0.922876	1.075622	1.267648	1.530241	1.937877	2.748837	5.707102
0.99	0.370834	0.550553	0.675498	0.796466	0.928632	1.084355	1.281343	1.553302	1.982722	2.872751	7.018785

即 $x=\ln y$，则可用式 (37.2-30)、式 (37.2-31) 估计其参数。

（2）最佳线性无偏估计

寿命服从正态分布时，均值 μ 和标准差 σ 的最佳线性无偏估计（简记为 BLUE）分别为

$$\hat{\mu} = \bar{x} = \sum_{j=1}^{r} D'(n, r, j) x_j \qquad (37.2\text{-}32)$$

$$\hat{\sigma} = S_x = \sum_{j=1}^{r} C'(n, r, j) x_j \qquad (37.2\text{-}33)$$

式中　　　n——样本大小；

r——截尾失效数；

j——寿命由小到大排列的序号；

x_j——第 j 个寿命值；

$D'(n, r, j)$——μ 的最佳线性无偏估计系数，查表 37.2-10；

$C'(n, r, j)$——σ 的最佳线性无偏估计系数，查表 37.2-10。

寿命服从对数正态分布时，将寿命 y 取成对数，即 $x=\ln y$，则可用式 (37.2-32)、式 (37.2-33) 估计其参数。

表 37.2-10　最佳线性无偏估计表（正态分布，对数正态分布）

n	r	j	$C'(n,r,j)$	$D'(n,r,j)$	n	r	j	$C'(n,r,j)$	$D'(n,r,j)$	n	r	j	$C'(n,r,j)$	$D'(n,r,j)$
2	2	1	-0.8862	0.5000	6	4	1	-0.5528	0.0185	7	7	2	-0.1351	0.1429
2	2	2	0.8862	0.5000	6	4	2	-0.2091	0.1226	7	7	3	-0.0625	0.1429
3	2	1	-1.1816	0.0000	6	4	3	-0.0290	0.1761	7	7	4	0.0000	0.1429
3	2	2	1.1816	1.0000	6	4	4	0.7909	0.6828	7	7	5	0.0625	0.1429
3	3	1	-0.5908	0.3333	6	5	1	-0.4097	0.1183	7	7	6	0.1351	0.1429
3	3	2	0.0000	0.3333	6	5	2	-0.1685	0.1510	7	7	7	0.2778	0.1429
3	3	3	0.5908	0.3333	6	5	3	-0.0406	0.1680	8	2	1	-1.7502	-1.4915
4	2	1	-1.3654	-0.4056	6	5	4	0.0740	0.1828	8	2	2	1.7502	2.4915
4	2	2	1.3654	1.4056	6	5	5	0.5448	0.3799	8	3	1	-0.9045	-0.4632
4	3	1	-0.6971	0.1161	6	6	1	-0.3175	0.1667	8	3	2	-0.3690	-0.0855
4	3	2	-0.1268	0.2408	6	6	2	-0.1386	0.1667	8	3	3	1.2735	1.5487
4	3	3	0.8239	0.6431	6	6	3	-0.0432	0.1667	8	4	1	-0.6110	-0.1549
4	4	1	-0.4539	0.2500	6	6	4	0.0432	0.1667	8	4	2	-0.2707	0.0176
4	4	2	-0.1102	0.2500	6	6	5	0.1386	0.1667	8	4	3	-0.1061	0.1001
4	4	3	0.1102	0.2500	6	6	6	0.3157	0.1667	8	4	4	0.9878	1.0372
4	4	4	0.4539	0.2500	7	2	1	-1.6812	-1.2733	8	5	1	-0.4586	-0.0167
5	2	1	-1.4971	-0.7411	7	2	2	1.6812	2.2733	8	5	2	-0.2156	0.0677
5	2	2	1.4971	1.7411	7	3	1	-0.8682	-0.3474	8	5	3	-0.0970	0.1084
5	3	1	-0.7896	-0.0638	7	3	2	-0.3269	-0.0135	8	5	4	0.0002	0.1413
5	3	2	-0.2121	0.1498	7	3	3	1.1951	1.3609	8	5	5	0.7709	0.6993
5	3	3	0.9817	0.9140	7	4	1	-0.5848	-0.0736	8	6	1	-0.3638	0.0569
5	4	1	-0.5117	0.1252	7	4	2	-0.2428	0.0677	8	6	2	-0.1788	0.0962
5	4	2	-0.1668	0.1830	7	4	3	-0.0717	0.1375	8	6	3	-0.0881	0.1153
5	4	3	0.0274	0.2147	7	4	4	0.8994	0.8686	8	6	4	-0.0132	0.1309
5	4	4	0.6511	0.4771	7	5	1	-0.4370	0.0465	8	6	5	0.0570	0.1451
5	5	1	-0.3724	0.2000	7	5	2	-0.1943	0.1072	8	6	6	0.5868	0.4555
5	5	2	-0.1352	0.2000	7	5	3	-0.0718	0.1375	8	7	1	-0.2978	0.0997
5	5	3	0.0000	0.2000	7	5	4	0.0312	0.1626	8	7	2	-0.1515	0.1139
5	5	4	0.1352	0.2000	7	5	5	0.6709	0.5462	8	7	3	-0.0796	0.1208
5	5	5	0.3724	0.2000	7	6	1	-0.3440	0.1088	8	7	4	-0.0200	0.1265
6	2	1	-1.5988	-1.0261	7	6	2	-0.1610	0.1295	8	7	5	0.0364	0.1318
6	2	2	1.5988	2.0261	7	6	3	-0.0681	0.1400	8	7	6	0.0951	0.1370
6	3	1	-0.8244	-0.2159	7	6	4	0.0114	0.1487	8	7	7	0.4175	0.2704
6	3	2	-0.2760	0.0649	7	6	5	0.0901	0.1571	8	8	1	-0.2476	0.1250
6	3	3	1.1004	1.1511	7	6	6	0.4716	0.3159	8	8	2	-0.1294	0.1250
					7	7	1	-0.2778	0.1429	8	8	3	-0.0713	0.1250

（续）

n	r	j	C'(n,r,j)	D'(n,r,j)	n	r	j	C'(n,r,j)	D'(n,r,j)	n	r	j	C'(n,r,j)	D'(n,r,j)
8	8	4	-0.0230	0.1250	9	9	8	0.1233	0.1111	10	10	2	-0.1172	0.1000
8	8	5	0.0230	0.1250	9	9	9	0.2237	0.1111	10	10	3	-0.0763	0.1000
8	8	6	0.0713	0.1250	10	2	1	-1.8608	-0.8634	10	10	4	-0.0436	0.1000
8	8	7	0.1294	0.1250	10	2	2	1.8608	2.8634	10	10	5	-0.0142	0.1000
8	8	8	0.2476	0.1250	10	3	1	-0.9625	-0.6596	10	10	6	0.0142	0.1000
9	2	1	-1.8092	-1.6868	10	3	2	-0.4357	-0.2138	10	10	7	0.0436	0.1000
9	2	2	1.8092	2.6868	10	3	3	1.3981	1.8734	10	10	8	0.0763	0.1000
9	3	1	-0.9355	-0.5664	10	4	1	-0.6520	-0.2923	10	10	9	0.1172	0.1000
9	3	2	-0.4047	-0.1521	10	4	2	-0.3150	-0.0709	10	10	10	0.2044	0.1000
9	3	3	1.3402	1.7185	10	4	3	-0.1593	0.0305	11	2	1	-1.9065	-2.0245
9	4	1	-0.6330	-0.2272	10	4	4	1.1263	1.3327	11	2	2	1.9065	3.0245
9	4	2	-0.2944	-0.0284	10	5	1	-0.4919	-0.1240	11	3	1	-0.9862	-0.7445
9	4	3	-0.1348	0.0644	10	5	2	-0.2491	-0.0016	11	3	2	-0.4636	-0.2712
9	4	4	1.0622	1.1912	10	5	3	-0.1362	0.0549	11	3	3	1.4492	2.0157
9	5	1	-0.4766	-0.0731	10	5	4	-0.0472	0.0990	11	4	1	-0.6687	-0.3516
9	5	2	-0.2335	0.0316	10	5	5	0.9243	0.9718	11	4	2	-0.3332	-0.1104
9	5	3	-0.1181	0.0809	10	6	1	-0.3930	-0.0316	11	4	3	-0.1807	-0.0016
9	5	4	-0.0256	0.1199	10	6	2	-0.2063	0.0383	11	4	4	1.1825	1.4636
9	5	5	0.8537	0.8408	10	6	3	-0.1192	0.0707	11	5	1	-0.5055	-0.1702
9	6	1	-0.3797	0.0104	10	6	4	-0.0501	0.0962	11	5	2	-0.2627	-0.0323
9	6	2	-0.1936	0.0660	10	6	5	0.0111	0.1185	11	5	3	-0.1519	0.0303
9	6	3	-0.1048	0.0923	10	6	6	0.7576	0.7078	11	5	4	-0.0657	0.0786
9	6	4	-0.0333	0.1133	10	7	1	-0.3252	0.0244	11	5	5	0.9857	1.0937
9	6	5	0.0317	0.1320	10	7	2	-0.1758	0.0636	11	6	1	-0.4045	-0.0698
9	6	6	0.6797	0.5860	10	7	3	-0.1058	0.0818	11	6	2	-0.2175	+0.0128
9	7	1	-0.3129	0.0602	10	7	4	-0.0502	0.0962	11	6	3	-0.1317	0.0504
9	7	2	-0.1647	0.0876	10	7	5	-0.0006	0.1089	11	6	4	-0.0647	0.0797
9	7	3	-0.0938	0.1006	10	7	6	0.0469	0.1207	11	6	5	-0.0061	0.1049
9	7	4	-0.0364	0.1110	10	7	7	0.6107	0.5045	11	6	6	0.8246	0.8220
9	7	5	0.0160	0.1204	10	8	1	-0.2753	0.0605	11	7	1	-0.3357	-0.0082
9	7	6	0.0678	0.1294	10	8	2	-0.1523	0.0804	11	7	2	-0.1854	0.0415
9	7	7	0.5239	0.3909	10	8	3	-0.0947	0.0898	11	7	3	-0.1163	0.0642
9	8	1	-0.2633	0.0915	10	8	4	-0.0488	0.0972	11	7	4	-0.0621	0.0820
9	8	2	-0.1421	0.1018	10	8	5	-0.0077	0.1037	11	7	5	-0.0146	0.0974
9	8	3	-0.0841	0.1067	10	8	6	0.0319	0.1099	11	7	6	0.0299	0.1116
9	8	4	-0.0370	0.1106	10	8	7	0.0722	0.1161	11	7	7	0.6842	0.6116
9	8	5	0.0062	0.1142	10	8	8	0.4746	0.3424	11	8	1	-0.2852	0.0320
9	8	6	0.0492	0.1177	10	9	1	-0.2346	0.0843	11	8	2	-0.1610	0.0609
9	8	7	0.0954	0.1212	10	9	2	-0.1334	0.0921	11	8	3	-0.1038	0.0741
9	8	8	0.3757	0.2365	10	9	3	-0.0851	0.0957	11	8	4	-0.0589	0.0845
9	9	1	-0.2237	0.1111	10	9	4	-0.0465	0.0986	11	8	5	-0.0194	0.0935
9	9	2	-0.1233	0.1111	10	9	5	-0.0119	0.1011	11	8	6	0.0178	0.1020
9	9	3	-0.0751	0.1111	10	9	6	0.0215	0.1036	11	8	7	0.0545	0.1101
9	9	4	-0.0360	0.1111	10	9	7	0.0559	0.1066	11	8	8	0.5562	0.4430
9	9	5	0.0000	0.1111	10	9	8	0.0937	0.1085	11	9	1	-0.2463	0.0592
9	9	6	0.0360	0.1111	10	9	9	0.3423	0.2101	11	9	2	-0.1417	0.0744
9	9	7	0.0751	0.1111	10	10	1	-0.2044	0.1000	11	9	3	-0.0934	0.0814

（续）

n	r	j	C'(n,r,j)	D'(n,r,j)	n	r	j	C'(n,r,j)	D'(n,r,j)	n	r	j	C'(n,r,j)	D'(n,r,j)
11	9	4	-0.0555	0.0869	12	4	4	1.2324	1.5852	12	9	9	0.5119	0.3950
11	9	5	-0.0220	0.0917	12	5	1	-0.5171	-0.2125	12	10	1	-0.2232	0.0574
11	9	6	0.0095	0.0962	12	5	2	-0.2749	-0.0589	12	10	2	-0.1324	0.0693
11	9	7	0.0409	0.1005	12	5	3	-0.1659	+0.0070	12	10	3	-0.0911	0.0747
11	9	8	0.0736	0.1049	12	5	4	-0.0820	0.0509	12	10	4	-0.0590	0.0789
11	9	9	0.4349	0.3047	12	5	5	1.0399	1.2075	12	10	5	-0.0310	0.0825
11	10	1	-0.2149	0.0781	12	6	1	-0.4146	-0.1048	12	10	6	-0.0050	0.0859
11	10	2	-0.1256	0.0841	12	6	2	-0.2274	0.0109	12	10	7	0.0203	0.0891
11	10	3	-0.0843	0.0869	12	6	3	-0.1428	0.0313	12	10	8	0.0461	0.0923
11	10	4	-0.0519	0.0891	12	6	4	-0.0774	0.0637	12	10	9	0.0733	0.0956
11	10	5	-0.0233	0.0910	12	6	5	-0.0210	0.0915	12	10	10	0.4020	0.2745
11	10	6	0.0038	0.0928	12	6	6	0.3833	0.9292	12	11	1	-0.1972	0.0726
11	10	7	0.0309	0.0945	12	7	1	-0.3448	-0.0382	12	11	2	-0.1185	0.0775
11	10	8	0.0593	0.0963	12	7	2	-0.1939	+0.0210	12	11	3	-0.0827	0.0796
11	10	9	0.0911	0.0982	12	7	3	-0.1225	0.0477	12	11	4	-0.0548	0.0813
11	10	10	0.3149	0.1891	12	7	4	-0.0746	0.0684	12	11	5	-0.0305	0.0828
11	11	1	-0.1883	0.0909	12	7	5	-0.0267	0.0861	12	11	6	-0.0079	0.0842
11	11	2	-0.1115	0.0909	12	7	6	0.0155	0.1022	12	11	7	+0.0142	0.0855
11	11	3	-0.0760	0.0909	12	7	7	0.7479	0.7128	12	11	8	+0.0367	0.0868
11	11	4	-0.0481	0.0909	12	8	1	-0.2937	0.0057	12	11	9	0.0608	0.0882
11	11	5	-0.0234	0.0909	12	8	2	-0.1686	0.0428	12	11	10	0.0881	0.0896
11	11	6	0.0000	0.0909	12	8	3	-0.1119	0.0595	12	11	11	0.2919	0.1719
11	11	7	0.0234	0.0909	12	8	4	-0.0678	0.0724	12	12	1	-0.1748	0.0833
11	11	8	0.0481	0.0909	12	8	5	-0.0296	0.0836	12	12	2	-0.1061	0.0833
11	11	9	0.0760	0.0909	12	8	6	0.0058	0.0938	12	12	3	-0.0749	0.0833
11	11	10	0.1115	0.0909	12	8	7	0.0400	0.1036	12	12	4	-0.0506	0.0833
11	11	11	0.1883	0.0909	12	8	8	0.6259	0.5386	12	12	5	-0.0294	0.0833
12	2	1	-1.9474	-2.1728	12	9	1	-0.2545	0.0360	12	12	6	-0.0097	0.0833
12	2	2	1.9474	3.1728	12	9	2	-0.1487	0.0581	12	12	7	0.0097	0.0833
12	3	1	-1.0075	-0.8225	12	9	3	-0.1007	0.0682	12	12	8	0.0294	0.0833
12	3	2	-0.4874	-0.3249	12	9	4	-0.0633	0.0759	12	12	9	0.0506	0.0833
12	3	3	1.4948	2.1474	12	9	5	-0.0308	0.0827	12	12	10	0.0749	0.0833
12	4	1	-0.6836	-0.4059	12	9	6	-0.0007	0.0888	12	12	11	0.1061	0.0833
12	4	2	-0.3493	-0.1472	12	9	7	0.0286	0.0948	12	12	12	0.1748	0.0833
12	4	3	-0.1996	-0.0321	12	9	8	0.0582	0.1006					

（3）简单线性无偏估计

寿命服从正态分布时，均值 μ 和标准差 σ 的简单线性无偏估计（简记为 GLUE）分别为

$$\hat{\mu} = \bar{x} = x_r - E(Y_{r,n}) \hat{\sigma} \qquad (37.2\text{-}34)$$

$$\hat{\sigma} = S_x = \frac{1}{nk_{r,n}} \left(r x_r - \sum_{j=1}^{r} x_j \right) \qquad (37.2\text{-}35)$$

式中　n——样本大小；

r——截尾失效数；

x_j——第 j 个寿命值；

$nk_{r,n}$——系数，查表 37.2-11；

$E(Y_{r,n})$——系数，查表 37.2-11。

寿命服从对数正态分布时，将寿命 y 取成对数，即 $x = \ln y$，则可用式（37.2-34）、式（37.2-35）估计其参数。

表 37.2-11　简单线性无偏估计（正态分布，对数正态分布）

n	r	$E(Y_{r,n})$	$nk_{r,n}$	n	r	$E(Y_{r,n})$	$nk_{r,n}$	n	r	$E(Y_{r,n})$	$nk_{r,n}$
20	4	-0.9210	1.6431	20	12	0.1870	9.6694	22	5	-0.8153	2.2796
	8	-0.3149	4.9065		16	0.7454	17.2531		10	-0.1699	6.7158

（续）

n	r	$E(Y_{r,n})$	$nk_{r,n}$	n	r	$E(Y_{r,n})$	$nk_{r,n}$	n	r	$E(Y_{r,n})$	$nk_{r,n}$
22	15	0.4056	13.6381	35	20	0.1428	16.2884	50	40	0.8023	45.8077
	20	1.1882	27.1327		25	0.5208	24.6235		45	1.2185	63.3577
					30	0.9979	37.5731				
24	5	-0.8768	2.2239					55	5	-1.3754	1.7008
	10	-0.2616	6.4452	40	5	-1.2033	1.9614		10	-0.9402	4.6633
	15	-0.2616	12.7244		10	-0.7099	5.3232		15	-0.6301	8.3546
	20	0.8768	23.2676		15	-0.3498	9.6170		20	-0.3715	12.7384
26	5	-0.9317	2.1760		20	-0.0312	15.0258		25	-0.1367	17.8989
	10	-0.3410	6.2230		25	0.2842	21.9695		30	0.0910	24.0461
	15	0.1439	12.0327		30	0.6318	31.3752		35	0.3232	31.4805
	20	0.6679	20.9862		35	1.0838	45.8941		40	0.5758	40.8403
				45	5	-1.2717	1.9127		45	0.8716	53.2894
28	5	-0.9812	2.1343		10	-0.7979	5.1371		50	1.2679	72.0612
	10	0.4110	6.0362		15	-0.4591	9.1743				
	15	0.0444	11.4857		20	-0.1671	14.1284	60	5	-1.4223	1.6563
	20	0.5098	19.4205		25	0.1111	20.2470		10	-0.9970	4.5501
	25	1.1370	33.3462		30	0.3983	28.0108		15	-0.6986	8.1049
					35	0.7238	38.4511		20	-0.4523	12.2769
30	5	-1.0261	2.0974		40	1.1558	54.5012		25	-0.2308	17.1438
	10	-0.4733	5.8765	50	5	-1.3311	1.8720		30	-0.0209	22.8082
	15	-0.0415	11.0390		10	-0.8732	4.9858		35	0.1881	29.4960
	20	0.3824	18.2564		15	-0.5508	8.8255		40	0.4066	37.5860
	25	0.8944	29.5875		20	-0.2781	13.4490		45	0.6459	47.6501
					25	-0.0250	19.0135		50	0.9319	61.1136
35	5	-1.1230	2.0213		30	0.2265	25.8063		55	1.3185	76.4035
	10	-0.6043	5.5602		35	0.4935	34.3607				
	15	-0.2151	10.2049								

4.4　正态及对数正态分布可靠寿命和可靠度的估计

寿命服从正态分布时，指定可靠度 R，可靠度的点估计

$$\hat{x}(R) = \bar{x} - Z_R S_x \qquad (37.2\text{-}36)$$

式中　Z_R——按指定的可靠度 R 查表 37.2-12、表 37.1-6。

指定寿命 x 的可靠度 R 的点估计

$$\hat{R}(x) = \Phi(Z_R) \qquad (37.2\text{-}37)$$

式中

$$Z_R = \frac{\bar{x} - x}{S_x} \qquad (37.2\text{-}38)$$

$\Phi(\cdot)$——正态分布函数，按 Z_R 查表 37.2-12、表 37.1-6。

指定可靠度 R_L 的可靠寿命置信下限

$$x_L(R) = \bar{x} - Z_{R\gamma} S_x \qquad (37.2\text{-}39)$$

式中　$Z_{R\gamma}$——单侧置信限系数，按指定可靠度和置信水平查表 37.2-13。

对表 37.2-13 中未列的值可用内插法近似取值，

也可按下式求近似值

$$Z_{R\gamma} = \frac{Z_R + Z_\gamma\left[\dfrac{1}{n}\left(1 - \dfrac{Z_\gamma^2}{2n-2}\right) + \dfrac{Z_R^2}{2n-2}\right]^{\frac{1}{2}}}{1 - \dfrac{Z_\gamma^2}{2n-2}}$$

$$(37.2\text{-}40)$$

式中　Z_R——按指定的可靠度 R 查表 37.2-12、表 37.1-6。

Z_γ——按指定置信水平 γ 查表 37.2-14；

n——样本大小，本式用于 $n \geqslant 5$。

指定寿命 x_L 的可靠度置信下限，按指定置信水平 γ 和下式求得 $Z_{R\gamma}$ 查表 37.2-13

$$Z_{R\gamma} = \frac{\bar{x} - x_L}{S_x} \qquad (37.2\text{-}41)$$

对表 37.2-13 中未列的值可用内插法近似取值，也可按下式求可靠度置信下限近似值

$$R_L = \Phi(Z_{R\gamma}) \qquad (37.2\text{-}42)$$

$$Z_{RL} \approx Z_{R\gamma} - Z_\gamma\left(\frac{1}{n} + \frac{Z_{R\gamma}^2}{2n-2}\right)^{\frac{1}{2}}$$

$$(37.2\text{-}43)$$

式中　$Z_{R\gamma}$——按式（37.2-42）求；

　　　　Z_γ——按指定置信水平 γ 查表 37.2-14；

　　　　n——样本大小，本式用于 $n \geqslant 5$。

几种常用置信水平 γ，不同样本大小 n，可靠度置信下限 R_L 与 $Z_{R\gamma}$ 的关系也可直接由表 37.2-13 查得。

应该指出，这里的 x 并不限于寿命，也可以是服从正态分布的其他特性值，如材料的机械强度等。

若随机变量 y 服从对数正态分布，即 $\ln y \sim N(\mu, \sigma^2)$，则 $x \sim N(\mu, \sigma^2)$，故正态分布可靠寿命及可靠度的估计完全适用于对数正态分布，只是将对数正态分布的数据取成对数后计算即可。

表 37.2-12　Z_R 与可靠度 R 的关系（正态分布）$R = \Phi(Z_R)$

R	$0.9^1 0$	$0.9^2 0$	$0.9^3 0$	$0.9^4 0$	$0.9^5 0$	$0.9^6 0$	$0.9^7 0$	$0.9^8 0$	$0.9^9 0$	$0.9^{10} 0$
Z_R	1.282	2.326	3.090	3.719	4.625	4.753	5.199	5.612	5.997	6.36
R	$0.9^{11} 0$	$0.9^{12} 0$	$0.9^{13} 0$	$0.9^{14} 0$	$0.9^{15} 0$	$0.9^{16} 0$	$0.9^{17} 0$	$0.9^{18} 0$	$0.9^{19} 0$	$0.9^{20} 0$
Z_R	6.70	7.03	7.34	7.65	7.94	8.22	8.49	8.75	9.01	9.26

注：$0.9^4 0 = 0.99990$，其他类似。

表 37.2-13　单侧置信限系数 $Z_{R\gamma}$（正态分布完全样本）

n ＼ R_L	置信水平 $\gamma = 90\%$				置信水平 $\gamma = 95\%$			
	0.900	0.950	0.990	0.999	0.900	0.950	0.990	0.999
2	10.25271	13.08974	18.50008	24.58159	20.58147	26.25967	37.09358	49.27562
3	4.25816	5.31148	7.34044	9.65117	6.15528	7.65590	10.55273	13.85707
4	3.18784	3.95657	5.43823	7.12931	4.16193	5.14387	7.04236	9.21418
5	2.74235	3.39983	4.66598	6.11130	3.40663	4.20268	5.74108	7.50189
6	2.49369	3.09188	4.24253	5.55551	3.00626	3.70768	5.06199	6.61178
7	2.33265	2.89380	3.97202	6.20171	2.75543	3.39947	4.64172	6.06266
8	2.21859	2.75428	3.78255	4.95460	2.58191	3.18729	4.35386	5.68753
9	2.13287	2.64990	3.64144	4.77103	2.45376	3.03124	4.14302	5.41340
10	2.06567	2.56837	3.53166	4.62850	2.35464	2.91096	3.98112	5.20330
11	2.01129	2.50262	3.44342	4.51415	2.27531	2.81499	3.85234	5.03646
12	1.96620	2.44825	3.37067	4.42003	2.21013	2.73634	3.74708	4.90031
13	1.92808	2.40240	3.30948	4.11855	2.15544	2.67050	3.65920	4.78678
14	1.89534	2.36311	3.25716	4.27347	2.10877	2.61443	3.58451	4.69041
15	1.86684	2.32898	3.21182	4.21502	2.06837	2.56600	3.52013	4.60743
16	1.84177	2.29900	3.17206	4.16383	2.03300	2.52366	3.46394	4.53509
17	1.81949	2.27240	3.13685	4.11855	2.00171	2.48626	3.41440	4.47136
18	1.79954	2.24862	3.10542	4.07815	1.97380	2.45295	3.37033	4.41471
19	1.78154	2.22720	3.07714	4.04184	1.94870	2.42304	3.33082	4.36396
20	1.76521	2.20778	3.05154	4.00899	1.92599	2.39600	3.29516	4.31819
21	1.75029	2.19007	3.02823	3.97909	1.90532	2.37142	3.26277	4.27665
22	1.73662	2.17385	3.00639	3.95175	1.88641	2.34896	3.23320	4.23875
23	1.72401	2.15891	2.98727	3.92662	1.86902	2.32832	3.20607	4.20400
24	1.71235	2.14510	2.96915	3.90343	1.85297	2.30929	3.18108	4.17199
25	1.70152	2.13229	2.95236	3.88194	1.83810	2.29167	3.15796	4.14240
26	1.69144	2.12037	2.93675	3.86197	1.82427	2.27530	3.13649	4.11495
27	1.68201	2.10924	2.92218	3.84335	1.81137	2.26005	3.11650	4.08939
28	1.67318	2.09881	2.90854	3.82593	1.79930	2.24578	3.09782	4.06552
29	1.66488	2.08903	2.89575	3.80960	1.78798	2.23241	3.08033	4.04318
30	1.65706	2.07982	2.88372	3.79425	1.77733	2.21984	3.06390	4.02220
31	1.64969	2.07113	2.87239	3.77978	1.76729	2.20800	3.04844	4.00246
32	1.64271	2.06292	2.86168	3.76612	1.75781	2.19682	3.03384	3.98384
33	1.63610	2.05514	2.85154	3.75319	1.74884	2.18625	3.02005	3.96624
34	1.62983	2.04776	2.84193	3.74094	1.74033	2.17623	3.00699	3.94959
35	1.62386	2.04075	2.83280	3.72931	1.73225	2.16672	2.99459	3.93378

（续）

n	R_L 置信水平 $\gamma = 90\%$				置信水平 $\gamma = 95\%$			
	0.900	0.950	0.990	0.999	0.900	0.950	0.990	0.999
36	1.61818	2.03407	2.82412	3.71824	1.72456	2.15768	2.98281	3.91877
37	1.61276	2.02771	2.81584	3.70770	1.71724	2.14906	2.97160	3.90448
38	1.60758	2.02164	2.80794	3.69765	1.71025	2.14085	2.96090	3.89087
39	1.60263	2.01583	2.80040	3.68805	1.70357	2.13300	2.95070	3.87787
40	1.59789	2.01027	2.79318	3.67886	1.69718	2.12549	2.94094	3.86545
41	1.59335	2.00494	2.78627	3.67006	1.69106	2.11831	2.93160	3.85357
42	1.58899	1.99933	2.77964	3.66163	1.68519	2.11142	2.92266	3.84218
43	1.58480	1.99493	2.77327	3.65354	1.67955	2.10481	2.91407	3.83126
44	1.58077	1.99021	2.76716	3.64576	1.67414	2.09846	2.90583	3.82078
45	1.57689	1.98567	2.76127	3.63828	1.66893	2.09235	2.89791	3.81071
46	1.57316	1.98130	2.75561	3.63108	1.66391	2.08648	2.89029	3.80101
47	1.56955	1.97708	2.75015	3.62415	1.65908	2.08081	2.88294	3.79168
48	1.56607	1.97302	2.74488	3.61746	1.65441	2.07535	2.87587	3.78269
49	1.56271	1.96909	2.73980	3.61100	1.64991	2.07008	2.86904	3.77401
50	1.55947	1.96529	2.73489	3.60477	1.64556	2.06499	2.86245	3.76564
60	1.53203	1.93327	2.69352	3.55228	1.60891	2.02216	2.80705	3.69533
80	1.49474	1.88988	2.63765	3.48152	1.55937	1.96444	2.73265	3.60106
120	1.45222	1.84059	2.57445	3.40166	1.50324	1.89929	2.64903	3.49537
240	1.39933	1.77956	2.49658	3.30355	1.43394	1.81924	2.54682	3.36655
∞	1.28155	1.64485	2.32635	3.09023	1.28155	1.64485	2.32635	3.09023

表 37.2-14　不同置信水平 γ 的 Z_γ

γ	0.50	0.60	0.70	0.80	0.90	0.95	0.99	0.995	0.999
Z_γ	0.00	0.2534	0.5244	0.8416	1.282	0.645	2.326	2.576	3.090

例 32.2-7 某钢材强度极限服从正态分布，11个试件测得的强度极限为 608MPa，622MPa，630MPa，638MPa，642MPa，648MPa，660MPa，666MPa，673MPa，688MPa。求均值和标准差的点估计和置信水平 $\gamma = 80\%$ 的双侧置信限，失效概率为 0.10 时强度极限的点估计和置信水平 90% 的单侧置信下限。

解 本例为完全样本试验。

均值 μ 的点估计，按式（37.2-22）

$$\hat{\mu} = \bar{x} = \frac{1}{n} \sum_{i=1}^{n} x_i$$

$$= \frac{1}{11}(608 + 622 + \cdots + 673 + 688) \text{MPa}$$

$$= 647.91 \text{MPa}$$

标准差 $\hat{\sigma}$ 的点估计，按式（37.2-23）

$$\hat{\sigma} = S_x = \left[\frac{1}{n-1} \sum_{i=1}^{n} (x_i - \bar{x})^2 \right]^{\frac{1}{2}}$$

$$= \left\{ \frac{1}{11-1} [(608 - 647.91)^2 + (622 - 647.91)^2 + \right.$$

$$\left. \cdots + (688 - 647.91)^2] \right\}^{\frac{1}{2}} \text{MPa} = 23.33 \text{MPa}$$

均值的双侧置信限，按式（37.2-24）和式（37.2-25），并由表 37.1-8 查得 $t_{\frac{\alpha}{2}}(\nu) = t_{\frac{0.2}{2}}(11-1) = 1.372$，故得

$$\bar{x}_L = \bar{x} - \frac{S_x}{\sqrt{n}} t_{\frac{\alpha}{2}}(\nu) = \left(647.91 - \frac{23.33}{\sqrt{11}} \times 1.372 \right) \text{MPa}$$

$$= 638.26 \text{MPa}$$

$$\bar{x}_U = \bar{x} + \frac{S_x}{\sqrt{n}} t_{\frac{\alpha}{2}}(\nu) = \left(647.91 - \frac{23.33}{\sqrt{11}} \times 1.372 \right) \text{MPa}$$

$$= 657.56 \text{MPa}$$

标准差的双侧置信限，按式（37.2-27）和式（37.2-28），并由表 37.1-7 查得

$$\chi_{\frac{\alpha}{2}}^2(\nu) = \chi_{\frac{0.2}{2}}^2(11-1) = 15.987$$

$$\chi_{1-\frac{\alpha}{2}}^2(\nu) = \chi_{1-\frac{0.2}{2}}^2(11-1) = 4.865$$

故得

$$S_{xL} = [(n-1)/\chi_{\frac{\alpha}{2}}^2(\nu)]^{\frac{1}{2}} S_x = \left(\frac{11-1}{15.987} \right)^{\frac{1}{2}} \times 23.33 \text{MPa}$$

$$= 18.45 \text{MPa}$$

$$S_{xU} = [(n-1)/\chi_{1-\frac{\alpha}{2}}^2(\nu)]^{\frac{1}{2}} S_x = \left(\frac{11-1}{4.865} \right)^{\frac{1}{2}} \times 23.33 \text{MPa}$$

$$= 33.45 \text{MPa}$$

失效概率 $F = 0.10$ 的强度极限，可借用可靠寿命与可靠度的关系式。这时相当于 $R = 1 - F = 0.90$ 时的强度极限。点估计可用式（37.2-22）来求，并由 $R = 0.90$ 查表 37.2-12 得 $Z_R = 1.28$，故

$$\hat{x}_F = \hat{x}(R) = \bar{x} - Z_R S_x$$
$$= (647.91 - 1.28 \times 23.33)\text{MPa} = 618.05\text{MPa}$$

失效概率 $F = 0.10$，置信水平 $\gamma = 90\%$ 强度极限的单侧置信下限可用式（37.2-39）来求，并由 $R = 1 - F = 0.90$ 查表 37.2-12 得 $Z_{R\gamma} = 2.01129$，故

$$\hat{x}_{FL} = \hat{x}_L(R) = \bar{x} - Z_{R\gamma} S_x$$
$$= (647.91 - 2.01129 \times 23.33)\text{MPa}$$
$$= 600.99\text{MPa}$$

例 37.2-8　某金属材料在某应力水平用 10 个试件做弯曲疲劳试验，其中 8 个试件失效的循环次数分别为 125000，132000，135000，138000，141000，145000，148000，152000，其他 2 个试件超过 152000 次未失效就停止了试验。已知该金属材料疲劳寿命服从对数正态分布。试用极大似然法估计分布参数以及可靠度 R 为 0.90 时寿命点估计。

解　这是定数截尾试验，先求出式（37.2-30）和式（37.2-31）中所需的各值

$$\hat{x}_r = \frac{1}{r}\sum_{i=1}^{r} x_i = \frac{1}{r}\sum_{i=1}^{r} \ln N_i = \frac{1}{8}$$
$$(\ln125000 + \ln132000 + \cdots + \ln152000) = 11.844$$

$$S_r^2 = \frac{1}{r}\sum_{i=1}^{r}(x_i - \bar{x}_r)^2 = \frac{1}{r}\sum_{i=1}^{r}(\ln N_i - \bar{x}_r)^2 = \frac{1}{8}$$
$$[(\ln125000 - 11.844)^2 + (\ln132000 - 11.844)^2 +$$
$$\cdots + (\ln152000 - 11.844)^2] = 0.029$$

$$d = x_0 - \bar{x}_r = \ln N_0 - \bar{x}_r = \ln152000 - 11.844 = 0.088$$

$$D = \frac{d^2}{d^2 + S_r^2} = \frac{0.088^2}{0.088^2 + 0.029} = 0.211$$

由表 37.2-9 按 $\frac{r}{n} = \frac{8}{10} = 0.8$ 查得 $g\left(D, \frac{r}{n}\right) = 0.48157$，代入式（37.2-30）和式（37.2-31）得

$$\hat{\mu} = \bar{x}_r + \frac{S_x^2 - S_r^2}{d} = 11.844 + \frac{0.183^2 - 0.029}{0.088}$$
$$= 11.895$$

$$\hat{\sigma} = S_x = \frac{d}{g\left(D, \frac{r}{n}\right)} = \frac{0.088}{0.48157} = 0.183$$

求可靠寿命先用式（37.2-36），并按 $R = 0.90$ 由表 37.2-12 查得 $Z_R = 1.28$，故得

$$\hat{x} = \hat{x}(0.90) = \bar{x} - Z_R S_x = 11.895 - 1.28 \times 0.183$$
$$= 11.66$$

再按式（37.2-18）进行反变换得

$$\hat{N}(0.90) = e^{\hat{x}(0.90)} = e^{11.66} = 115844 \text{ 次}$$

例 37.2-9　数据同例 37.2-8，试用最佳线性无偏估计法求分布参数。

解　按式（37.2-32）和式（37.2-33），列表计算，见表 37.2-15。表中系数 $D'(10, 8, j)$ 和 $C'(10, 8, j)$ 的数值由表 37.2-10 中查得。

$$\hat{\mu} = \bar{x} = \sum_{j=1}^{r} D'(10, 8, j)x_j$$
$$= 0.7100 + 0.9480 + \cdots + 4.0855 = 11.8726$$

$$\hat{\sigma} = S_x = \sum_{j=1}^{r} C'(10, 8, j)x_j$$
$$= -3.2309 - 1.7958 - \cdots - 0.0913 + 0.3791 +$$
$$0.8595 + 5.6629 = 0.0873$$

表 37.2-15　例 37.2-9 的列表计算

j	N_j	$x_j = \ln N_j$	$D'(10,8,j)$	$D'(10,8,j)x_j$	$C'(10,8,j)$	$C'(10,8,j)x_j$
1	125000	11.736	0.0605	0.7100	-0.2753	-3.2309
2	132000	11.791	0.0804	0.9480	-0.1523	-1.7958
3	135000	11.813	0.0898	1.0608	-0.0947	-1.1187
4	138000	11.835	0.0972	1.1504	-0.0488	-0.5775
5	141000	11.857	0.1037	1.2296	-0.0077	-0.0913
6	145000	11.884	0.1099	1.3061	0.0319	0.3791
7	148000	11.905	0.1161	1.3822	0.0722	0.8595
8	152000	11.932	0.3424	4.0855	0.4746	5.6629

5　威布尔分布的分析法

5.1　威布尔分布的拟合性检验

样本大小为 n，截尾寿命试验得 $t_1 \leq t_2 \leq \cdots \leq t_r$。检验统计量观察值

$$W = \frac{r_0 \sum_{i=r_0+1}^{r-1} l_i}{(r - r_0 - 1)\sum_{i=1}^{r} l_i} \tag{37.2-44}$$

式中，$r_0 = \left[\dfrac{r}{2}\right]$，即取括号内整数部分。

$$l_i = \frac{\ln t_{i+1} - \ln t_i}{E(Z_{i+1}) - E(Z_i)}, \quad i = 1, 2, \cdots, r-1$$

$E(Z_i)$——查表 37.2-19、表 37.2-20 中的

$E(Z_{r,n})$, $i = 1, 2, \cdots, r-1$。

满足下式条件，则接受两参数威布尔分布的假设，否则拒绝两参数威布尔分布的假设。

$$F_{1-\frac{\alpha}{2}}(2(r-r_0-1), 2r_0) \leqslant W \leqslant$$
$$F_{\frac{\alpha}{2}}(2(r-r_0-1), 2r_0) \qquad (37.2\text{-}45)$$

式中 α——显著性水平；

$F.(\nu_1, \nu_2)$——自由度为 $\nu_1 = 2(r-r_0-1)$, $\nu_2 = 2r_0$ 的 F 分布的分位数，查表 37.1-9。

$$F_{1-\alpha}(\nu_1, \nu_2) = \frac{1}{F_\alpha(\nu_1, \nu_2)}$$

若拒绝了两参数威布尔分布，仍有可能是三参数威布尔分布。对三参数威布尔分布，仍可用上式检验，但此时应先估计出位置参数 α，将式中 t_i 换成 $\tau_i = t_i - \alpha$ 即可。

例 37.2-10 抽取某产品 15 个进行寿命试验，其寿命由小到大为 8300h，15800h，22200h，27500h，31200h，37600h，45000h，46800h，53600h，61000h，68100h，78200h，85000h，95500h，124500h。检验该产品寿命是否服从威布尔分布。

解 假设该产品寿命服从两参数威布尔分布，用式（37.2-44）计算统计量的观察值，先列表计算式中的 l_i，见表 37.2-16，表中 $E(Z_i)$ 查表 37.2-20。

按式（37.2-44），式中 $r_0 = \left[\dfrac{r}{2}\right] = \left[\dfrac{15}{2}\right] = 7$

$$W = \frac{7\sum\limits_{i=8}^{14} l_i}{7\sum\limits_{i=1}^{7} l_i}$$

$$= \frac{0.7246 + 0.7206 + 0.6108 + 0.7407 + 0.4095 + 0.4877 + 0.7697}{0.6223 + 0.6330 + 0.5739 + 0.4306 + 0.7605 + 0.8260 + 0.2021}$$

$$= 1.1026$$

表 37.2-16 例 37.2-10 中 l_i 的列表计算

i	t_i	$\ln t_i$	$\ln t_{i+1} - \ln t_i$	$E(Z_i)$	$E(Z_{i+1}) - E(Z_i)$	$l_i = \dfrac{\ln t_{i+1} - \ln t_i}{E(Z_{i+1}) - E(Z_i)}$
1	8300	9.024	0.644	-3.2853	1.0349	0.6223
2	15800	9.668	0.340	-2.2504	0.5371	0.6330
3	22200	10.008	0.214	-1.7133	0.3729	0.5739
4	27500	10.222	0.126	-1.3404	0.2926	0.4306
5	31200	10.348	0.187	-1.0478	0.2459	0.7605
6	37600	10.535	0.179	-0.8019	0.2167	0.8260
7	45000	10.714	0.040	-0.5852	0.1979	0.2021
8	46800	10.754	0.135	-0.3873	0.1863	0.7246
9	53600	10.889	0.130	-0.2010	0.1804	0.7206
10	61000	11.019	0.110	-0.0206	0.1801	0.6108
11	68100	11.129	0.138	0.1595	0.1863	0.7407
12	78200	11.267	0.083	0.3458	0.2027	0.4095
13	85000	11.350	0.117	0.5485	0.2399	0.4877
14	95500	11.467	0.265	0.7884	0.3443	0.7697
15	124500	11.732		1.1327		

取显著性水平 $\alpha = 0.10$，查表 37.1-9 得

$$F_{\frac{\alpha}{2}}(2(r-r_0-1), 2r_0) = F_{0.05}(14,14) = 2.48$$

$$F_{1-\frac{\alpha}{2}}(2(r-r_0-1), 2r_0) = F_{0.95}(14,14) =$$

$$\frac{1}{F_{0.05}(14,14)} = \frac{1}{2.48} = 0.4032$$

由于 $0.4032 < W < 2.48$，满足式（37.2-45）的条件，故接受该产品的寿命分布服从两参数威布尔分布的假设。

5.2 威布尔分布的参数估计

（1）矩法估计

威布尔分布参数的矩法估计较为简单，但结果不如极大似然估计。矩法估计是先求样本的均值、标准差和偏态系数，再利用现成的数表，即可方便地进行参数的点估计。对于样本大小为 n 的完全样本：

样本均值

$$\bar{x} = \frac{1}{n}\sum_{i=1}^{n} x_i \qquad (37.2\text{-}46)$$

样本标准差

$$S_x = \left[\frac{1}{n-1}\sum_{i=1}^{n}(x_i - \bar{x})^2\right]^{\frac{1}{2}} \qquad (37.2\text{-}47)$$

样本偏态系数

$$k_k = \frac{1}{(n-1)(n-2)S_x^3}\sum_{i=1}^{n}(x_i - \bar{x})^3$$
$$(37.2\text{-}48)$$

根据 k_k 值由表 37.2-17 查得形状参数 k 的点估计 $\hat{k}$，同时可查得系数 k_a、k_b，故

尺度参数 b 的点估计

$$\hat{b} = \frac{S_x}{k_b} \qquad (37.2\text{-}49)$$

位置参数 a 的点估计

$$\hat{a} = \begin{cases} \overline{x} - \hat{b}k_a, & 若\overline{x} - \hat{b}k_a \leqslant \min\{x_i\} \\ \min\{x_i\}, & 若\overline{x} - \hat{b}k_a > \min\{x_i\} \end{cases} \qquad (37.2\text{-}50)$$

若位置参数 a 已知（例如两参数威布尔分布 $a = 0$），则求

$$k_c = \frac{S_x}{\overline{x} - a} \qquad (37.2\text{-}51)$$

根据 k_c 值由表 37.2-17 查得形状参数 k 的点估计 $\hat{k}$，同时查得 k_b，再由式 (37.2-49) 求尺度参数 b 的点估计 $\hat{b}$。

（2）极大似然估计

表 37.2-17 威布尔分布形状参数和各参数点估计系数

k	k_k	k_b	k_a	k_c	k	k_k	k_b	k_a	k_c
0.20	190.1	109.1	120.0	15.84	4.00	-0.087	0.254	0.906	0.280
0.30	28.33	30.10	9.261	5.408	4.10	-0.107	0.249	0.908	0.274
0.40	11.35	10.45	3.323	3.141	4.20	-0.126	0.244	0.909	0.268
0.50	6.619	4.472	2.000	2.236	4.30	-0.144	0.239	0.910	0.263
0.60	4.593	2.645	1.505	1.758	4.40	-0.161	0.234	0.911	0.257
0.70	3.498	1.851	0.266	1.462	4.50	-0.178	0.230	0.913	0.252
0.80	2.815	1.428	1.133	1.260	4.60	-0.195	0.225	0.914	0.247
0.90	2.345	1.199	1.073	1.113	4.70	-0.210	0.221	0.915	0.242
1.00	2.000	1.000	1.000	1.000	4.80	-0.225	0.217	0.916	0.238
1.10	1.734	0.878	0.965	0.910	4.90	-0.240	0.214	0.917	0.233
1.20	1.521	0.787	0.940	0.837	5.00	-0.254	0.210	0.918	0.229
1.30	1.346	0.716	0.923	0.776	5.10	-0.268	0.207	0.919	0.225
1.40	1.198	0.660	0.911	0.724	5.20	-0.281	0.203	0.920	0.221
1.50	1.072	0.613	0.903	0.679	5.30	-0.294	0.199	0.921	0.217
1.60	0.962	0.574	0.897	0.640	5.40	-0.306	0.197	0.922	0.213
1.70	0.865	0.540	0.892	0.605	5.50	-0.318	0.194	0.923	0.210
1.80	0.779	0.511	0.889	0.575	5.60	-0.330	0.190	0.924	0.206
1.90	0.701	0.486	0.888	0.547	5.70	-0.341	0.187	0.925	0.203
2.00	0.631	0.463	0.886	0.523	5.80	-0.352	0.184	0.926	0.200
2.10	0.567	0.443	0.886	0.500	5.90	-0.363	0.181	0.927	0.197
2.20	0.509	0.425	0.886	0.480	6.00	-0.373	0.180	0.928	0.194
2.30	0.455	0.408	0.886	0.461	6.10	-0.383	0.177	0.928	0.191
2.40	0.405	0.393	0.886	0.444	6.20	-0.393	0.175	0.929	0.188
2.50	0.358	0.380	0.887	0.428	6.30	-0.403	0.173	0.930	0.185
2.60	0.315	0.367	0.888	0.413	6.40	-0.412	0.170	0.931	0.183
2.70	0.275	0.355	0.889	0.399	6.50	-0.421	0.168	0.932	0.180
2.80	0.237	0.344	0.890	0.387	6.60	-0.430	0.166	0.932	0.177
2.90	0.202	0.333	0.891	0.375	6.70	-0.439	0.163	0.933	0.175
3.00	0.168	0.325	0.893	0.363	6.80	-0.447	0.161	0.934	0.173
3.10	0.136	0.413	0.895	0.353	6.90	-0.455	0.159	0.935	0.170
3.20	0.106	0.307	0.896	0.343	7.00	-0.463	0.157	0.935	0.168
3.30	0.078	0.298	0.897	0.333	7.50	-0.500	0.147	0.939	0.158
3.40	0.051	0.292	0.898	0.325	8.00	-0.534	0.140	0.942	0.148
3.50	0.025	0.290	0.898	0.316	8.50	-0.564	0.131	0.945	0.140
3.60	0.001	0.277	0.899	0.308	9.00	-0.591	0.126	0.947	0.133
3.70	-0.023	0.276	0.901	0.301	9.50	-0.615	0.120	0.949	0.126
3.80	-0.045	0.265	0.904	0.294	10.00	-0.638	0.114	0.951	0.120
3.90	-0.067	0.260	0.905	0.287					

两参数威布尔分布的极大似然估计，对于截尾寿命试验，若样本大小为 n，截尾时间为 x_0，失效数为 r（对于完全样本只需取失效数 $r = n$），$x_1 \leqslant x_2 \leqslant \cdots \leqslant x_r \leqslant x_0$，则

$$\frac{\sum_{i=1}^{r} x_i^k \ln x_i + (n-r)x_0^k \ln x_0}{\sum_{i=1}^{r} x_i^k + (n-r)x_0^k} - \frac{1}{k} = \frac{1}{r} \sum_{i=1}^{r} \ln x_i \tag{37.2-52}$$

$$b = \left\{ \frac{1}{r} \left[\sum_{i=1}^{r} x_i^k + (n-r)x_0^k \right] \right\}^{\frac{1}{k}} \tag{37.2-53}$$

用迭代法解超越方程（37.2-52），求得 k 代入式（37.2-53）算得 b，就是形状参数 k 和尺度参数 b 的极大似然估计 $\hat{k}$ 和 $\hat{b}$。

（3）最佳线性无偏估计和简单线性无偏估计

利用相应的数表可很方便地求得精度较高的两参数威布尔分布参数的最佳线性无偏估计（BLUE）和简单线性无偏估计（GLUE），这时应先作如下变换：

原分布函数

$$F(t) = 1 - e^{-\left(\frac{t}{b}\right)^k} \tag{37.2-54}$$

令

$$x = \ln t \text{ 即 } t = e^x \tag{37.2-55}$$

$$\sigma = \frac{1}{k} \text{ 即 } k = \frac{1}{\sigma} \tag{37.2-56}$$

$$\mu = \ln b \text{ 即 } b = e^\mu \tag{37.2-57}$$

则原分布函数变为

$$F(x) = 1 - e^{-e^{\frac{x-\mu}{\sigma}}} \tag{37.2-58}$$

式中，参数 μ 和 σ 的最佳线性无偏估计为

$$\hat{\mu} = \sum_{j=1}^{r} D(n, r, j)x_j \tag{37.2-59}$$

$$\hat{\sigma} = \sum_{j=1}^{r} C(n, r, j)x_j \tag{37.2-60}$$

式中　n——样本大小；

　　r——截尾失效数；

　　j——寿命由小到大的排列序号；

　　x_j——第 j 个对数寿命值；

$D(n, r, j)$——μ 的最佳线性无偏估计系数，查表 37.2-18；

$C(n, r, j)$——σ 的最佳线性无偏估计系数，查表 37.2-18。

表 37.2-18　最佳线性无偏估计系数表（威布尔分布）

n	r	j	$C(n,r,j)$	$D(n,r,j)$	n	r	j	$C(n,r,j)$	$D(n,r,j)$
2	2	1	−0.7213	0.0836	5	5	1	−0.1845	0.0584
2	2	2	0.7213	0.9164	5	5	2	−0.1817	0.1088
3	2	1	−0.8221	−0.3777	5	5	3	−0.1305	0.1676
3	2	2	0.8221	1.3777	5	5	4	−0.0065	0.2463
3	3	1	−0.3747	0.0880	5	5	5	0.5031	0.4189
3	3	2	−0.2558	0.2557	6	2	1	−0.9141	−0.1656
3	3	3	0.6305	0.6563	6	2	2	0.9141	2.1656
4	2	1	−0.8690	−0.7063	6	3	1	−0.4466	−0.3154
4	2	2	0.8690	1.7063	6	3	2	−0.3886	−0.2034
4	3	1	−0.4144	−0.0801	6	3	3	0.8353	1.5188
4	3	2	−0.3259	0.0604	6	4	1	−0.2859	−0.0865
4	3	3	0.7403	1.0197	6	4	2	−0.2655	−0.0281
4	4	1	−0.2488	0.0714	6	4	3	−0.1859	0.0649
4	4	2	−0.2239	0.1537	6	4	4	0.7372	1.0496
4	4	3	−0.0859	0.2639	6	5	1	−0.2015	0.0057
4	4	4	0.5586	0.5110	6	5	2	−0.1973	0.0466
5	2	1	−0.8963	−0.9599	6	5	3	−0.1536	0.1002
5	2	2	0.8963	1.9599	6	5	4	−0.0646	0.1723
5	3	1	−0.4343	−0.2101	6	5	5	0.6170	0.6752
5	3	2	−0.3642	−0.0860	6	6	1	−0.1458	0.0489
5	3	3	0.7986	1.2961	6	6	2	−0.1459	0.0835
5	4	1	−0.2730	−0.0154	6	6	3	−0.1267	0.1211
5	4	2	−0.2499	0.0520	6	6	4	−0.0732	0.1656
5	4	3	−0.1491	0.1521	6	6	5	0.0360	0.2255
5	4	4	0.6721	0.8113	6	6	6	0.4593	0.3554

（续）

n	r	j	$C(n,r,j)$	$D(n,r,j)$	n	r	j	$C(n,r,j)$	$D(n,r,j)$
7	2	1	-0.9267	-1.3383	8	7	2	-0.1348	0.0376
7	2	2	0.9267	2.3383	8	7	3	-0.1238	0.0612
7	3	1	-0.4550	-0.4036					
7	3	2	-0.4056	-0.3012	8	7	4	-0.0991	0.0888
7	3	3	0.8605	1.7048	8	7	5	-0.0571	0.1225
					8	7	6	0.0109	0.1655
7	4	1	-0.2940	-0.1463	8	7	7	0.5343	0.5076
7	4	2	-0.2760	-0.0941	8	8	1	-0.1019	0.0365
7	4	3	-0.2102	0.0071					
7	4	4	0.7802	1.2475	8	8	2	-0.1081	0.0561
7	5	1	-0.2110	-0.0393	8	8	3	-0.1027	0.0759
					8	8	4	-0.0872	0.0971
7	5	2	-0.2065	-0.0044	8	8	5	-0.0589	0.1212
7	5	3	-0.1691	0.0458	8	8	6	-0.0111	0.1502
7	5	4	-0.0992	0.1134					
7	5	5	0.0858	0.8844	8	8	7	0.0758	0.1894
7	6	1	-0.1587	0.0137	8	8	8	0.3942	0.2735
					9	2	1	-0.9434	-1.6173
7	6	2	-0.1609	0.0418	9	2	2	0.9434	2.6173
7	6	3	-0.1396	0.0757	9	3	1	-0.4656	-0.5458
7	6	4	-0.0951	0.1176					
7	6	5	-0.0176	0.1721	9	3	2	-0.4275	-0.4577
7	6	6	0.5719	0.5791	9	3	3	0.8932	2.0035
					9	4	1	-0.3040	-0.2427
7	7	1	-0.1201	0.0418	9	4	2	-0.2895	-0.1990
7	7	2	-0.1259	0.0673	9	4	3	-0.2405	-0.1219
7	7	3	-0.1149	0.0937					
7	7	4	-0.0873	0.1232	9	4	4	0.8340	1.5636
7	7	5	-0.0362	0.1586	9	5	1	-0.2217	-0.1123
					9	5	2	-0.2174	-0.0847
7	7	6	0.0607	0.2063	9	5	3	-0.1887	-0.0398
7	7	7	0.4237	0.3090	9	5	4	-0.1394	0.0206
8	2	1	-0.9361	-1.4869					
8	2	2	0.9361	2.4869	9	5	5	0.7673	1.2161
8	3	1	-0.4610	-0.4794	9	6	1	-0.1712	-0.0446
					9	6	2	-0.1720	-0.0239
8	3	2	-0.4180	-0.3848	9	6	3	-0.1547	0.0057
8	3	3	0.8790	1.8642	9	6	4	-0.1220	0.0440
8	4	1	-0.2998	-0.1977					
8	4	2	-0.2837	-0.1502	9	6	5	-0.0721	0.0925
8	4	3	-0.2275	-0.0685	9	6	6	0.6920	0.9264
					9	7	1	-0.1364	-0.0058
8	4	4	0.8109	1.4164	9	7	2	-0.1400	0.0118
8	5	1	-0.2172	-0.0781	9	7	3	-0.1297	0.0336
8	5	2	-0.2128	-0.0474					
8	5	3	-0.1803	-0.0001	9	7	4	-0.1076	0.0600
8	5	4	-0.1225	0.0637	9	7	5	-0.0723	0.0922
					9	7	6	-0.0194	0.1325
8	5	5	0.7328	1.0619	9	7	7	0.6055	0.6757
8	6	1	-0.1661	-0.0172	9	8	1	-0.1102	0.0178
8	6	2	-0.1675	0.0065					
8	6	3	-0.1483	0.0380	9	8	2	-0.1154	0.0340
8	6	4	-0.1105	0.0780	9	8	3	-0.1097	0.0516
					9	8	4	-0.0950	0.0714
8	6	5	-0.0500	0.1292	9	8	5	-0.0700	0.0943
8	6	6	0.6424	0.7655	9	8	6	-0.0312	0.1218
8	7	1	-0.1303	0.0168					

（续）

n	r	j	C(n,r,j)	D(n,r,j)	n	r	j	C(n,r,j)	D(n,r,j)
9	8	7	0.0292	0.1569	10	9	3	-0.0978	0.0446
9	8	8	0.5024	0.4523	10	9	4	-0.0886	0.0596
9	9	1	-0.0884	0.0323					
9	9	2	-0.0944	0.0480	10	9	5	-0.0727	0.0763
9	9	3	-0.0920	0.0634	10	9	6	-0.0486	0.0957
					10	9	7	-0.0129	0.1188
9	9	4	-0.0827	0.0796	10	9	8	0.0415	0.1481
9	9	5	-0.0656	0.0972	10	9	9	0.4749	0.4082
9	9	6	-0.0380	0.1174					
9	9	7	0.0065	0.1418	10	10	1	-0.0779	0.0289
9	9	8	0.0852	0.1749	10	10	2	-0.0836	0.0417
					10	10	3	-0.0828	0.0542
9	9	9	0.3692	0.2455	10	10	4	-0.0770	0.0670
10	2	1	-0.9491	-1.7333	10	10	5	-0.0661	0.0806
10	2	2	0.9491	2.7333					
10	3	1	-0.4693	-0.6047	10	10	6	-0.0487	0.0956
10	3	2	-0.4351	-0.5223	10	10	7	-0.0222	0.1129
					10	10	8	0.0192	0.1338
10	3	3	0.9044	2.1270	10	10	9	0.0912	0.1623
10	4	1	-0.3073	-0.2827	10	10	10	0.3478	0.2229
10	4	2	-0.2941	-0.2421					
10	4	3	-0.2506	-0.1691	11	2	1	-0.9538	-1.8377
10	4	4	0.8520	1.6938	11	2	2	0.9538	2.8377
					11	3	1	-0.4722	-0.6578
10	5	1	-0.2251	-0.1426	11	3	2	-0.4412	-0.5802
10	5	2	-0.2210	-0.1175	11	3	3	0.9134	2.2379
10	5	3	-0.1953	-0.0748					
10	5	4	-0.1523	-0.0174	11	4	1	-0.3099	-0.3186
10	5	5	0.7937	1.3523	11	4	2	-0.2979	-0.2806
					11	4	3	-0.2588	-0.2113
10	6	1	-0.1748	-0.0690	11	4	4	0.8665	1.8105
10	6	2	-0.1754	-0.0506	11	5	1	-0.2277	-0.1699
10	6	3	-0.1596	-0.0226					
10	6	4	-0.1308	0.0141	11	5	2	-0.2239	-0.1467
10	6	5	-0.0883	0.0602	11	5	3	-0.2006	-0.1061
					11	5	4	-0.1625	-0.0514
10	6	6	0.7290	1.0680	11	5	5	0.8147	1.4741
10	7	1	-0.1406	-0.0261	11	6	1	-0.1777	-0.0910
10	7	2	-0.1437	-0.0109					
10	7	3	-0.1340	0.0095	11	6	2	-0.1780	-0.0745
10	7	4	-0.1143	0.0348	11	6	3	-0.1636	-0.0477
					11	6	4	-0.1379	-0.0126
10	7	5	-0.0838	0.0659	11	6	5	-0.1007	0.0314
10	7	6	-0.0402	0.1041	11	6	6	0.7578	1.1944
10	7	7	0.6565	0.8227					
10	8	1	-0.1153	0.0006	11	7	1	-0.1437	-0.0445
10	8	2	-0.1198	0.0143	11	7	2	-0.1464	-0.0311
					11	7	3	-0.1374	-0.0118
10	8	3	-0.1142	0.0305	11	7	4	-0.1195	0.0126
10	8	4	-0.1006	0.0493	11	7	5	-0.0927	0.0424
10	8	5	-0.0785	0.0714					
10	8	6	-0.0460	0.0979	11	7	6	-0.0556	0.0788
10	8	7	0.0009	0.1307	11	7	7	0.6952	0.9535
					11	8	1	-0.1189	-0.0150
10	8	8	0.5735	0.6054	11	8	2	-0.1228	-0.0032
10	9	1	-0.0953	0.0178	11	8	3	-0.1175	0.0118
10	9	2	-0.1005	0.0309					

（续）

n	r	j	$C(n,r,j)$	$D(n,r,j)$	n	r	j	$C(n,r,j)$	$D(n,r,j)$
11	8	4	-0.1049	0.0298	12	5	5	0.8317	1.5842
11	8	5	-0.0853	0.0512	12	6	1	-0.1799	-0.1110
11	8	6	-0.0573	0.0768	12	6	2	-0.1801	-0.0959
11	8	7	-0.0187	0.1078	12	6	3	-0.1668	-0.0704
11	8	8	0.6254	0.7407	12	6	4	-0.1436	-0.0366
					12	6	5	-0.1106	0.0055
11	9	1	-0.0996	0.0044	12	6	6	0.7810	1.3085
11	9	2	-0.1043	0.0154					
11	9	3	-0.1014	0.0280	12	7	1	-0.1461	-0.0612
11	9	4	-0.0927	0.0421	12	7	2	-0.1485	-0.0492
11	9	5	-0.0782	0.0583	12	7	3	-0.1401	-0.0309
					12	7	4	-0.1238	-0.0075
11	9	6	-0.0570	0.0771	12	7	5	-0.0999	0.0213
11	9	7	-0.0272	0.0993					
11	9	8	0.0149	0.1266	12	7	6	-0.0675	0.0561
11	9	9	0.5456	0.5488	12	7	7	0.7259	1.0713
11	10	1	-0.0838	0.0174	12	8	1	-0.1216	-0.0293
					12	8	2	-0.1251	-0.0190
11	10	2	-0.0889	0.0282	12	8	3	-0.1200	-0.0049
11	10	3	-0.0877	0.0393					
11	10	4	-0.0819	0.0511	12	8	4	-0.1085	0.0125
11	10	5	-0.0714	0.0640	12	8	5	-0.0907	0.0332
11	10	6	-0.0554	0.0784	12	8	6	-0.0661	0.0579
					12	8	7	-0.0333	0.0875
11	10	7	-0.0325	0.0950	12	8	8	0.6653	0.8622
11	10	8	0.0006	0.1148					
11	10	9	0.0500	0.1398	12	9	1	-0.1027	-0.0081
11	10	10	0.4509	0.3721	12	9	2	-0.1070	0.0015
11	11	1	-0.0696	0.0262	12	9	3	-0.1040	0.0131
					12	9	4	-0.0959	0.0266
11	11	2	-0.0748	0.0369	12	9	5	-0.0826	0.0423
11	11	3	-0.0750	0.0472					
11	11	4	-0.0714	0.0576	12	9	6	-0.0638	0.0605
11	11	5	-0.0641	0.0685	12	9	7	-0.0382	0.0820
11	11	6	-0.0525	0.0802	12	9	8	-0.0037	0.1078
					12	9	9	0.5978	0.6742
11	11	7	-0.0353	0.0932	12	10	1	-0.0875	0.0066
11	11	8	-0.0100	0.1082					
11	11	9	0.0286	0.1265	12	10	2	-0.0921	0.0158
11	11	10	0.0949	0.1514	12	10	3	-0.0908	0.0259
11	11	11	0.3292	0.2041	12	10	4	-0.0851	0.0370
					12	10	5	-0.0753	0.0494
12	2	1	-0.9577	-1.9327	12	10	6	-0.0608	0.0634
12	2	2	0.9577	2.9327					
12	3	1	-0.4746	-0.7060	12	10	7	-0.0408	0.0795
12	3	2	-0.4463	-0.6326	12	10	8	-0.0133	0.0985
12	3	3	0.9209	2.3385	12	10	9	0.0248	0.1217
					12	10	10	0.5209	0.5022
12	4	1	-0.3120	-0.3512	12	11	1	-0.0746	0.0168
12	4	2	-0.3009	-0.3155					
12	4	3	-0.2654	-0.2494	12	11	2	-0.0794	0.0259
12	4	4	0.8784	1.9161	12	11	3	-0.0793	0.0351
12	5	1	-0.2298	-0.1947	12	11	4	-0.0755	0.0446
					12	11	5	-0.0683	0.0549
12	5	2	-0.2262	-0.1732	12	11	6	-0.0573	0.0662
12	5	3	-0.2050	-0.1343					
12	5	4	-0.1707	-0.0820					

（续）

n	r	j	C(n,r,j)	D(n,r,j)	n	r	j	C(n,r,j)	D(n,r,j)
12	11	7	-0.0417	0.0787	12	12	5	-0.0611	0.0593
12	11	8	-0.0200	0.0932	12	12	6	-0.0531	0.0687
12	11	9	0.0106	0.1104	12	12	7	-0.0413	0.0790
12	11	10	0.0559	0.1320	12	12	8	-0.0245	0.0905
12	11	11	0.4297	0.3421	12	12	9	-0.0005	0.1037
12	12	1	-0.0629	0.0239	12	12	10	0.0367	0.1198
12	12	2	-0.0677	0.0330					
12	12	3	-0.0684	0.0416	12	12	11	0.0971	0.1418
12	12	4	-0.0661	0.0503	12	12	12	0.3128	0.1884

当 $n \geqslant 26$ 时，μ 和 σ 用简单线性无偏估计，μ 和 σ 的简单线性无偏估计为

$$\hat{\mu} = x_{s,n} - E(Z_{r,n})\hat{\sigma} \qquad (37.2\text{-}61)$$

$$\hat{\sigma} = \frac{1}{nk_{r,n}}\Big[(2s-r)x_{s,n} - \sum_{j=1}^{s} x_j + \sum_{j=s+1}^{r} x_j \Big] \qquad (37.2\text{-}62)$$

式中　n，r，j，x_j——同式（37.2-59）；

s，$nk_{r,n}$，$E(Z_{r,n})$——查表 37.2-19。

形状参数 k 的点估计按式（37.2-56），并为得到 k 的无偏估计再加以修正得

$$\hat{k} = \frac{g_{r,n}}{\hat{\sigma}} \qquad (37.2\text{-}63)$$

式中　$g_{r,n}$——修偏系数，查表 37.2-19 和表 37.2-20。

$$\hat{b} = e^{\hat{\mu}} \qquad (37.2\text{-}64)$$

表 37.2-19　简单线性无偏估计表（威布尔分布）

n	r	s	$E(Z_{r,n})$	$nk_{r,n}$	$g_{r,n}$	n	r	s	$E(Z_{r,n})$	$nk_{r,n}$	$g_{r,n}$
26	5	5	-1.6687	4.2118	0.7592	45	5	5	-2.2541	4.1173	0.7575
	10	10	-0.7989	10.0921	0.9000		10	10	-1.4447	9.5662	0.8962
	15	15	-0.2164	17.0292	0.9398		15	15	-0.9505	15.4292	0.9350
	20	20	0.3103	25.9902	0.9593		20	20	-0.5723	21.8277	0.9539
	25	24	1.0130	37.3022	0.9675		25	25	-0.2478	28.9536	0.9652
	26	24	1.2993	37.7767	0.9687		30	30	0.0556	37.1411	0.9722
30	5	5	-1.8237	4.1810	0.7612		35	35	0.3655	47.0695	0.9773
	10	10	-0.9746	9.9128	0.8992		40	40	0.7298	60.5849	0.9807
	15	15	-0.4253	16.4445	0.9382		45	41	0.8195	65.4982	0.9824
	20	20	0.0364	24.2800	0.9571	50	5	5	-2.3643	4.1050	0.7557
	25	25	0.5123	34.7784	0.9679		10	10	-1.5621	9.5027	0.8952
	30	27	0.7444	41.7589	0.9729		15	15	-1.0769	15.2566	0.9347
35	5	5	-1.9887	4.1532	0.7591		20	20	-0.7105	21.4553	0.9531
	10	10	-1.1574	9.7579	0.8976		25	25	-0.4018	28.2300	0.9642
	15	15	-0.6341	15.9740	0.9365		30	30	-0.1216	35.7878	0.9715
	20	20	-0.2147	23.0801	0.9561		35	35	0.1503	44.4897	0.9763
	25	25	0.1745	31.6400	0.9666		40	40	0.4360	55.0710	0.9801
	30	30	0.6005	43.1793	0.9737		45	45	0.7794	69.5326	0.9826
	35	32	0.8152	50.7308	0.9772		50	50	0.7794	71.2361	0.9838
40	5	5	-2.1302	4.1329	0.7565	55	5	5	-2.4635	4.0950	0.7557
	10	10	-1.3115	9.6481	0.8964		10	10	-1.6671	9.4521	0.8949
	15	15	-0.8052	15.6574	0.9357		15	15	-1.1889	15.1214	0.9341
	20	20	-0.4106	22.3370	0.9546		20	20	-0.8312	21.1707	0.9524
	25	25	-0.0621	29.9936	0.9656		25	25	-0.5338	27.6950	0.9636
	30	30	0.2805	39.2495	0.9730		30	30	-0.2691	34.8347	0.9710
	35	35	0.6712	51.7923	0.9776		35	35	-0.0197	42.8119	0.9760
	40	36	0.7661	56.4923	0.9798		40	40	0.2290	52.0141	0.9784
							45	45	0.4957	63.2312	0.9823

（续）

n	r	s	$E(Z_{r,n})$	$nk_{r,n}$	$g_{r,n}$	n	r	s	$E(Z_{r,n})$	$nk_{r,n}$	$g_{r,n}$
55	50	50	0.8222	78.6164	0.9845	60	30	30	-0.3959	34.1233	0.9706
	55	50	0.8222	80.2632	0.9854		35	35	-0.1615	41.0183	0.9757
							40	40	0.0651	50.0041	0.9793
60	5	5	-2.5538	4.0867	0.7535		45	45	0.2958	59.6943	0.9821
	10	10	-1.7621	9.4107	0.8945		50	50	0.5474	71.5323	0.9843
	15	15	-1.2895	15.0127	0.9343		55	54	0.7833	84.0292	0.9857
	20	20	-0.9385	20.9459	0.9526		60	54	0.7833	85.9852	0.9866
	25	25	-0.6497	27.2823	0.9634						

表 37.2-20　最佳线性无偏估计和置信下限系数（威布尔分布）

n	r	$E(Z_{r,n})$	$g_{r,n}$	$B_{r,n}$	$V_{0.90,r}$			$V_{0.95,r}$			$V_{0.99,r}$		
					0.60	0.90	0.95	0.60	0.90	0.95	0.60	0.90	0.95
2	1	-1.2704											
	2	0.1159	0.2882	0.0643									
3	1	-1.6758											
	2	-0.4594	0.1816	0.4682									
	3	0.4036	0.6553	-0.0248	4.06	8.99	13.16	5.33	11.85	17.21	8.19	18.15	26.71
4	1	-1.9635											
	2	-0.8128	0.1330	0.7720									
	3	-0.1061	0.6078	0.1180	3.96	9.03	13.07	5.30	12.17	17.55	8.38	19.38	27.97
	4	0.5735	0.7747	-0.0347	3.45	6.47	8.39	4.51	8.40	10.88	6.91	12.79	16.62
5	1	-2.1867											
	2	-1.0709	0.1050	1.0116									
	3	-0.4256	0.5832	0.2354	3.87	8.78	12.58	5.27	12.07	17.36	8.48	19.73	28.71
	4	0.1069	0.7462	0.0386	3.44	6.49	8.48	4.56	8.56	11.14	7.09	13.31	17.41
	5	0.6902	0.8334	-0.0340	3.20	5.48	6.73	4.17	7.06	8.68	6.39	10.75	13.23
6	1	-2.3690											
	2	-1.2750	0.0867	-1.2082									
	3	-0.6627	0.5679	0.3332	3.74	8.24	11.74	5.15	11.53	16.66	8.39	19.28	28.02
	4	-0.1884	0.7303	0.1020	3.41	6.33	8.18	4.55	8.47	10.95	7.16	13.49	17.54
	5	0.2545	0.8139	0.0105	3.21	5.42	6.73	4.21	7.08	8.82	6.52	10.96	13.67
	6	0.7773	0.8680	-0.0314	3.04	4.86	5.83	3.97	6.27	7.53	6.08	9.49	11.41
7	1	-2.5231											
	2	-1.4441	0.0739	1.3746									
	3	-0.8525	0.5574	0.4167	3.60	7.80	11.12	5.04	11.20	16.07	8.37	19.27	27.76
	4	-0.4097	0.7198	0.1570	3.33	6.16	7.89	4.49	8.39	10.80	7.14	13.53	17.47
	5	-0.0224	0.8224	0.0504	3.15	5.36	6.68	4.18	7.12	8.84	6.51	11.20	13.91
	6	0.3653	0.8537	-0.0015	3.01	4.86	5.82	3.96	6.33	7.61	6.14	9.75	11.74
	7	0.8460	0.8904	-0.0286	2.90	4.46	5.25	3.79	5.76	6.73	5.82	8.75	10.20
8	1	-2.6567											
	2	-1.5884	0.0644	1.5186									
	3	-1.0111	0.5497	0.4892	3.48	7.51	10.67	4.95	11.02	15.76	8.27	19.24	27.28
	4	-0.5882	0.7124	0.2051	3.27	5.96	7.79	4.44	8.19	10.74	7.12	13.42	17.64
	5	-0.2312	0.7916	0.0859	3.12	5.28	6.50	4.18	7.07	8.78	6.55	11.12	13.92
	6	0.1029	0.8450	0.0260	3.02	4.83	5.83	3.99	6.35	7.67	6.17	9.82	11.87
	7	0.4528	0.8798	-0.0072	2.93	4.49	5.31	3.83	5.83	6.91	5.90	8.92	10.52
	8	0.9021	0.9071	-0.0261	2.83	4.21	4.90	3.71	5.44	6.29	5.09	8.27	9.52
9	1	-2.7744											
	2	-1.7144	0.0570	1.6453									
	3	-1.1475	0.5439	0.5533	3.40	7.14	10.21	4.85	10.71	15.33	8.17	19.00	27.91
	4	-0.7383	0.7068	0.2478	3.21	5.77	7.39	4.40	8.02	10.40	7.10	13.28	17.57
	5	-0.4005	0.7889	0.1177	3.08	5.13	6.34	4.13	6.90	8.59	6.53	10.98	13.78
	6	-0.0958	0.8388	0.0508	2.99	4.74	5.67	3.98	6.27	7.51	6.20	9.82	11.78
	7	0.2027	0.8729	0.0128	2.91	4.48	5.28	3.85	5.86	6.91	5.95	9.06	10.66
	8	0.5244	0.8982	-0.0100	2.84	4.26	4.95	3.73	5.53	6.39	5.74	8.44	9.75
	9	0.9493	0.9191	-0.0239	2.78	4.04	4.66	3.63	5.32	6.00	5.59	7.90	9.04

（续）

n	r	$E(Z_{r,n})$	$g_{r,n}$	$B_{r,n}$	$V_{0.90,r}$			$V_{0.95,r}$			$V_{0.99,r}$		
					0.60	0.90	0.95	0.60	0.90	0.95	0.60	0.90	0.95
10	1	-2.8798											
	2	-1.8262	0.0511	1.7585									
	3	-1.2672	0.5393	0.6105	3.27	6.75	9.36	4.70	10.24	14.50	8.10	18.61	27.05
	4	-0.8681	0.7025	0.2861	3.13	5.56	7.17	4.29	7.81	10.12	7.00	13.12	17.17
	5	-0.5436	0.7845	0.1463	3.02	5.00	6.13	4.07	6.87	8.39	6.47	11.05	13.70
	6	-0.2574	0.8342	0.0734	2.94	4.67	5.59	3.93	6.24	7.50	6.15	9.81	11.86
	7	0.0120	0.8679	0.0313	2.88	4.41	5.18	3.80	5.79	6.83	5.92	8.99	10.66
	8	0.2837	0.8925	0.0053	2.83	4.22	4.91	3.72	5.52	6.40	5.75	8.49	9.88
	9	0.5846	0.9119	-0.0114	2.77	4.03	4.63	3.64	5.23	6.01	5.60	7.97	9.17
	10	0.9899	0.9284	-0.0220	2.72	3.86	4.41	3.56	4.98	5.67	5.48	7.57	8.57
11	1	-2.9751											
	2	-1.9267	0.0464	1.8606									
	3	-1.3739	0.5355	0.6622	3.17	6.41	9.11	4.59	9.89	14.11	7.98	18.19	26.45
	4	-0.9825	0.6990	0.3208	3.06	5.46	7.04	4.24	7.71	10.03	6.96	13.02	17.25
	5	-0.6678	0.7810	0.1722	2.98	4.90	6.07	4.03	6.72	8.34	6.44	10.99	13.66
	6	-0.3946	0.8306	0.0941	2.91	4.58	5.52	3.90	6.16	7.42	6.13	9.79	11.86
	7	-0.1432	0.8641	0.0482	2.86	4.36	4.16	3.79	5.79	6.83	5.92	9.03	10.72
	8	0.1007	0.8883	0.0195	2.80	4.15	4.87	3.70	5.46	6.38	5.74	8.43	9.86
	9	0.3523	0.9071	0.0006	2.76	4.01	4.63	3.63	5.23	6.04	5.61	8.02	9.24
	10	0.6362	0.9223	-0.0120	2.71	3.87	4.44	3.56	5.03	5.75	5.49	7.67	8.73
	11	1.0252	0.9358	-0.0203	2.67	3.76	4.26	3.50	4.85	5.49	5.38	7.36	8.31
12	1	-3.0621											
	2	-2.0180	0.0425	1.9536									
	3	-1.4703	0.5324	0.7094	3.08	6.00	8.40	4.50	9.41	13.40	7.88	17.59	25.73
	4	-1.0849	0.6961	0.3524	3.00	5.17	6.60	4.18	7.42	9.56	6.87	12.72	16.60
	5	-0.7777	0.7782	0.1960	2.93	4.72	5.79	3.99	6.54	8.08	6.41	10.68	13.37
	6	-0.5140	0.8277	0.1130	2.88	4.41	5.31	3.86	5.97	7.22	6.12	9.61	11.60
	7	-0.2752	0.8610	0.0639	2.82	4.21	4.98	3.76	5.63	6.66	5.89	8.85	10.55
	8	-0.0489	0.8851	0.0327	2.78	4.06	4.75	3.68	5.36	6.27	5.73	8.34	9.75
	9	0.1756	0.9035	0.0119	2.74	3.94	4.53	3.62	5.16	5.95	5.60	7.98	9.18
	10	0.4112	0.9182	-0.0023	2.70	3.87	4.37	3.55	4.99	5.67	5.50	7.66	8.68
	11	0.6812	0.9306	-0.0121	2.67	3.72	4.23	3.51	4.84	5.47	5.41	7.37	8.31
	12	1.0565	0.9418	-0.0189	2.63	3.62	4.07	3.46	4.68	5.26	5.32	7.09	7.96
13	1	-3.1422											
	2	-2.1016	0.0391	2.0390									
	3	-1.5581	0.5299	0.7527	3.04	5.88	8.16	4.47	9.23	13.11	7.89	17.58	25.37
	4	-1.1776	0.6937	0.3815	2.98	5.10	6.45	4.18	7.38	9.47	6.94	12.81	16.56
	5	-0.8763	0.7759	0.2179	2.92	4.71	5.75	3.98	6.57	8.04	6.43	10.89	13.47
	6	-0.6199	0.8254	0.1305	2.86	4.43	5.30	3.86	6.03	7.24	6.14	9.71	11.72
	7	-0.3904	0.8586	0.0784	2.82	4.23	4.96	3.75	5.65	6.68	5.92	8.97	10.61
	8	-0.1764	0.8825	0.0449	2.78	4.06	4.73	3.69	5.40	6.29	5.75	8.46	9.88
	9	0.0308	0.9007	0.0225	2.75	3.94	4.55	3.63	5.17	6.00	5.64	8.02	9.27
	10	0.2399	0.9152	0.0069	2.72	3.83	4.37	3.58	5.01	5.70	5.54	7.72	8.80
	11	0.4626	0.9271	-0.0042	2.69	3.74	4.23	3.53	4.87	5.50	5.44	7.46	8.42
	12	0.7209	0.9363	-0.0121	2.65	3.65	4.09	3.48	4.73	5.30	5.37	7.21	8.03
	13	1.0845	0.9468	-0.0176	2.62	3.57	3.97	3.43	4.61	5.12	5.28	6.99	7.75
14	1	-3.2153											
	2	-2.1788	0.0363	2.1179									
	3	-1.6387	0.5277	0.7927	2.95	5.56	7.63	4.36	8.84	12.73	7.76	17.23	25.09
	4	-1.2626	0.6917	0.4084	2.92	4.93	6.17	4.09	7.18	9.10	6.83	12.48	16.19
	5	-0.9659	0.7739	0.2382	2.86	4.58	5.54	3.93	6.38	7.82	6.38	10.64	13.22
	6	-0.7152	0.8237	0.1467	2.82	4.33	5.12	3.81	5.91	7.07	6.07	9.59	11.55
	7	0.4928	0.8565	0.0918	2.78	4.15	4.82	3.72	5.58	6.53	5.86	8.88	10.47
	8	-0.2879	0.8804	0.0564	2.74	4.03	4.61	3.66	5.35	6.16	5.72	8.40	9.71
	9	-0.0928	0.8985	0.0324	2.71	3.90	4.45	3.59	5.14	5.88	5.59	8.00	9.17
	10	0.0994	0.9128	0.0156	2.70	3.78	4.30	3.56	4.98	5.65	5.52	7.71	8.72

（续）

n	r	$E(Z_{r,n})$	$g_{r,n}$	$B_{r,n}$	$V_{0.90,r}$			$V_{0.95,r}$			$V_{0.99,r}$		
					0.60	0.90	0.95	0.60	0.90	0.95	0.60	0.90	0.95
14	11	0.2961	0.9244	0.0034	2.67	3.71	4.20	3.51	4.86	5.48	5.44	7.46	8.42
	12	0.5080	0.9343	−0.0054	2.65	3.64	4.09	3.47	4.73	5.31	5.36	7.25	8.11
	13	0.7564	0.9429	−0.0119	2.62	3.55	3.98	3.44	4.61	5.14	5.30	7.03	7.82
	14	1.1097	0.9511	−0.0165	2.60	3.46	3.85	3.41	4.48	4.97	5.24	9.81	7.49
15	1	−3.2853											
	2	−2.2504	0.0338	2.1912									
	3	−1.7133	0.5258	0.8299	2.91	5.39	7.23	4.35	8.75	12.22	7.82	17.15	24.54
	4	−1.3404	0.6899	0.4334	2.89	4.78	5.95	4.07	7.00	8.90	6.82	12.41	15.96
	5	−1.0478	0.7722	0.2570	2.85	4.43	5.36	3.92	6.25	7.64	6.36	10.56	12.94
	6	−0.8019	0.8217	0.1618	2.81	4.22	4.97	3.80	5.79	6.91	6.09	9.45	11.38
	7	−0.5852	0.8548	0.1044	2.78	4.08	4.72	3.73	5.50	6.41	5.90	8.81	10.31
	8	−0.3873	0.8786	0.0671	2.74	3.95	4.57	3.66	5.29	6.10	5.73	8.36	9.64
	9	−0.2010	0.8966	0.0417	2.72	3.85	4.40	3.60	5.11	5.81	5.62	8.00	9.11
	10	−0.0206	0.9106	0.0237	2.69	3.76	4.26	3.56	4.96	5.61	5.54	7.71	8.72
	11	0.1595	0.9223	0.0107	2.67	3.69	4.15	3.52	4.84	5.43	5.46	7.48	8.37
	12	0.3458	0.9319	0.0010	2.64	3.62	4.08	3.48	4.73	5.31	5.39	7.29	8.17
	13	0.5485	0.9402	−0.0062	2.63	3.55	3.98	3.45	4.63	5.17	5.33	7.09	7.89
	14	0.7884	0.9476	−0.0116	2.60	3.49	3.89	3.41	4.53	5.02	5.26	6.92	7.63
	15	1.1327	0.9547	−0.0156	2.58	3.41	3.77	3.39	4.43	4.88	5.21	6.70	7.37

5.3　威布尔分布的可靠度和可靠寿命估计

指定寿命 t 可靠度的点估计

$$\hat{R}(x) = \begin{cases} e^{-\left(\frac{t-\hat{a}}{\hat{b}}\right)^{\hat{k}}}, & \text{当 } t > \hat{a} \\ 1, & \text{当 } t \leqslant \hat{a} \end{cases} \qquad (37.2\text{-}65)$$

指定可靠度 R 可靠寿命点估计

$$\hat{t}(R) = \hat{a} + \hat{b}\left(\ln\frac{1}{R}\right)^{\frac{1}{k}} \qquad (37.2\text{-}66)$$

指定置信水平，可靠度的置信下限，对于全数试验的两参数威布尔分布，可按可靠度的极大似然点估计 $\hat{R}(t)$ 查表 37.2-21、表 37.2-22；对于截尾寿命试验，其可靠度置信下限可查表 37.2-23～表 37.2-25。

表 37.2-21　$R(t)$ 的 90% 下置信限（威布尔分布）

$\hat{R}(t)$	n											
	8	10	12	15	18	20	25	30	40	50	75	100
0.50	0.316	0.336	0.348	0.365	0.378	0.385	0.396	0.404	0.418	0.426	0.438	0.447
0.52	0.332	0.352	0.365	0.382	0.396	0.403	0.415	0.423	0.437	0.445	0.457	0.467
0.54	0.348	0.369	0.382	0.400	0.414	0.421	0.433	0.442	0.456	0.464	0.477	0.486
0.56	0.364	0.385	0.399	0.418	0.432	0.439	0.452	0.461	0.476	0.484	0.497	0.506
0.58	0.380	0.401	0.417	0.436	0.450	0.457	0.471	0.481	0.486	0.504	0.517	0.526
0.60	0.397	0.419	0.435	0.455	0.469	0.477	0.490	0.500	0.515	0.524	0.537	0.546
0.62	0.414	0.437	0.453	0.473	0.488	0.496	0.510	0.520	0.535	0.544	0.557	0.567
0.64	0.432	0.455	0.472	0.492	0.507	0.516	0.529	0.540	0.555	0.564	0.577	0.587
0.66	0.450	0.474	0.491	0.512	0.526	0.535	0.549	0.560	0.575	0.584	0.598	0.607
0.68	0.468	0.493	0.511	0.532	0.546	0.555	0.569	0.580	0.596	0.605	0.618	0.628
0.70	0.486	0.512	0.530	0.552	0.566	0.575	0.589	0.601	0.616	0.626	0.639	0.649
0.72	0.504	0.532	0.550	0.573	0.586	0.596	0.610	0.622	0.637	0.646	0.660	0.670
0.74	0.524	0.552	0.571	0.593	0.607	0.617	0.631	0.643	0.658	0.668	0.681	0.691
0.76	0.544	0.573	0.592	0.615	0.628	0.638	0.653	0.665	0.680	0.690	0.702	0.712
0.78	0.566	0.595	0.613	0.637	0.651	0.660	0.675	0.687	0.702	0.711	0.724	0.734
0.80	0.588	0.618	0.635	0.660	0.674	0.683	0.698	0.709	0.724	0.733	0.746	0.755
0.82	0.611	0.641	0.659	0.683	0.697	0.706	0.721	0.732	0.746	0.756	0.768	0.777
0.84	0.636	0.666	0.683	0.707	0.722	0.730	0.745	0.755	0.769	0.778	0.790	0.799
0.86	0.662	0.692	0.709	0.732	0.747	0.755	0.769	0.780	0.793	0.802	0.813	0.821
0.88	0.689	0.719	0.736	0.759	0.773	0.781	0.795	0.805	0.818	0.825	0.837	0.844
0.90	0.719	0.748	0.765	0.787	0.800	0.808	0.821	0.831	0.843	0.851	0.861	0.868
0.92	0.751	0.780	0.796	0.817	0.829	0.837	0.849	0.859	0.869	0.876	0.885	0.892
0.94	0.787	0.815	0.831	0.849	0.861	0.867	0.879	0.887	0.897	0.903	0.911	0.916
0.96	0.829	0.855	0.870	0.887	0.896	0.901	0.911	0.918	0.926	0.931	0.937	0.942
0.98	0.885	0.906	0.917	0.930	0.937	0.941	0.948	0.953	0.959	0.962	0.966	0.969

表 37.2-22　$R(t)$ 的 95% 下置信限（威布尔分布）

$\hat{R}(t)$	n											
	8	10	12	15	18	20	25	30	40	50	75	100
0.50			0.308	0.329	0.343	0.353	0.366	0.379	0.394	0.404	0.420	0.432
0.52		0.308	0.325	0.346	0.361	0.371	0.384	0.398	0.413	0.423	0.439	0.452
0.54	0.300	0.323	0.341	0.363	0.378	0.389	0.402	0.416	0.432	0.442	0.459	0.471
0.56	0.316	0.339	0.358	0.381	0.396	0.407	0.421	0.435	0.451	0.461	0.478	0.491
0.58	0.331	0.355	0.376	0.398	0.414	0.425	0.440	0.454	0.471	0.481	0.498	0.510
0.60	0.347	0.372	0.393	0.416	0.432	0.443	0.459	0.473	0.490	0.500	0.517	0.530
0.62	0.363	0.389	0.411	0.434	0.450	0.462	0.478	0.493	0.510	0.519	0.537	0.551
0.64	0.380	0.406	0.428	0.452	0.409	0.480	0.497	0.512	0.530	0.539	0.558	0.571
0.66	0.396	0.424	0.445	0.471	0.488	0.499	0.517	0.532	0.550	0.559	0.579	0.592
0.68	0.414	0.443	0.464	0.490	0.507	0.519	0.536	0.552	0.570	0.580	0.599	0.612
0.70	0.432	0.461	0.483	0.510	0.527	0.538	0.557	0.573	0.591	0.601	0.620	0.633
0.72	0.450	0.481	0.502	0.530	0.547	0.559	0.577	0.594	0.612	0.622	0.642	0.654
0.74	0.469	0.500	0.523	0.550	0.568	0.580	0.598	0.616	0.633	0.644	0.663	0.675
0.76	0.489	0.520	0.544	0.572	0.590	0.602	0.620	0.638	0.654	0.666	0.684	0.697
0.78	0.509	0.542	0.567	0.594	0.612	0.625	0.643	0.661	0.676	0.688	0.707	0.719
0.80	0.529	0.564	0.590	0.617	0.636	0.648	0.666	0.683	0.700	0.711	0.729	0.741
0.82	0.552	0.587	0.614	0.641	0.660	0.672	0.689	0.706	0.724	0.734	0.752	0.763
0.84	0.576	0.611	0.638	0.667	0.685	0.697	0.714	0.730	0.748	0.758	0.775	0.786
0.86	0.602	0.638	0.664	0.693	0.710	0.723	0.740	0.755	0.772	0.783	0.799	0.809
0.88	0.629	0.666	0.692	0.721	0.737	0.750	0.767	0.781	0.798	0.808	0.823	0.833
0.90	0.661	0.696	0.722	0.751	0.766	0.780	0.795	0.809	0.824	0.834	0.848	0.857
0.92	0.695	0.729	0.755	0.782	0.798	0.811	0.825	0.838	0.853	0.862	0.874	0.882
0.94	0.735	0.767	0.792	0.817	0.832	0.845	0.858	0.869	0.882	0.890	0.901	0.908
0.96	0.782	0.812	0.835	0.857	0.872	0.882	0.893	0.903	0.915	0.921	0.930	0.935
0.98	0.844	0.869	0.890	0.907	0.918	0.926	0.935	0.943	0.950	0.955	0.962	0.965

表 37.2-23　$R(t)$ 的 90% 下置信限（威布尔分布）

$\hat{R}(t)$	$\dfrac{r}{n}=0.75$					$\dfrac{r}{n}=0.50$				
	n40	60	80	100	120	40	60	80	100	120
0.70	0.623	0.638	0.641	0.650	0.654	0.616	0.639	0.644	0.652	0.655
0.72	0.641	0.657	0.661	0.669	0.673	0.635	0.658	0.663	0.672	0.674
0.74	0.659	0.676	0.681	0.690	0.693	0.653	0.677	0.683	0.691	0.694
0.76	0.678	0.696	0.702	0.710	0.713	0.674	0.696	0.703	0.711	0.714
0.78	0.698	0.716	0.723	0.731	0.734	0.694	0.716	0.723	0.732	0.734
0.80	0.718	0.737	0.744	0.752	0.755	0.715	0.736	0.744	0.752	0.755
0.82	0.739	0.758	0.766	0.774	0.776	0.737	0.757	0.765	0.773	0.776
0.84	0.761	0.780	0.789	0.796	0.798	0.759	0.779	0.787	0.795	0.797
0.86	0.783	0.802	0.810	0.818	0.821	0.783	0.801	0.810	0.817	0.819
0.88	0.807	0.826	0.833	0.841	0.843	0.807	0.824	0.832	0.839	0.842
0.90	0.832	0.850	0.857	0.864	0.866	0.832	0.847	0.855	0.862	0.864
0.92	0.858	0.875	0.882	0.888	0.890	0.858	0.872	0.879	0.886	0.888
0.94	0.886	0.901	0.907	0.913	0.914	0.886	0.898	0.904	0.910	0.912
0.95	0.901	0.915	0.920	0.925	0.927	0.901	0.911	0.917	0.922	0.924
0.96	0.917	0.929	0.934	0.939	0.940	0.917	0.925	0.930	0.935	0.937
0.97	0.938	0.943	0.947	0.952	0.953	0.933	0.940	0.944	0.949	0.951
0.98	0.951	0.959	0.963	0.966	0.967	0.951	0.956	0.959	0.964	0.965
0.99	0.971	0.976	0.979	0.981	0.982	0.971	0.974	0.977	0.979	0.980
0.9925	0.977	0.981	0.984	0.986	0.986	0.977	0.797	0.982	0.984	0.985
0.995	0.983	0.987	0.989	0.990	0.990	0.983	0.985	0.987	0.988	0.989
0.996	0.986	0.989	0.990	0.992	0.992	0.986	0.987	0.989	0.990	0.991
0.997	0.989	0.992	0.993	0.994	0.994	0.989	0.989	0.991	0.992	0.993
0.998	0.992	0.994	0.995	0.995	0.996	0.992	0.992	0.994	0.995	0.995
0.9985	0.993	0.995	0.996	0.996	0.997	0.993	0.994	0.995	0.996	0.996
0.999	0.994	0.996	0.997	0.998	0.998	0.994	0.995	0.996	0.997	0.997

表 37.2-24　$R(t)$ 的 95% 下置信限（威布尔分布）

$\hat{R}(t)$	$\frac{r}{n} = 0.75$					$\frac{r}{n} = 0.50$				
	n40	60	80	100	120	40	60	80	100	120
0.70	0.594	0.626	0.624	0.625	0.643	0.600	0.623	0.628	0.639	0.646
0.72	0.613	0.644	0.643	0.647	0.662	0.614	0.641	0.647	0.659	0.664
0.74	0.632	0.662	0.654	0.669	0.681	0.632	0.660	0.667	0.678	0.683
0.76	0.651	0.680	0.684	0.691	0.701	0.651	0.679	0.686	0.698	0.702
0.78	0.671	0.699	0.705	0.713	0.722	0.671	0.699	0.707	0.719	0.722
0.80	0.692	0.719	0.726	0.736	0.743	0.691	0.719	0.727	0.741	0.742
0.82	0.714	0.740	0.748	0.759	0.764	0.712	0.740	0.749	0.761	0.762
0.84	0.737	0.761	0.771	0.782	0.786	0.734	0.761	0.771	0.782	0.784
0.86	0.760	0.784	0.795	0.806	0.809	0.757	0.784	0.793	0.805	0.806
0.88	0.785	0.808	0.819	0.830	0.832	0.781	0.807	0.817	0.827	0.829
0.90	0.811	0.833	0.844	0.854	0.856	0.807	0.831	0.841	0.851	0.852
0.92	0.839	0.860	0.870	0.879	0.881	0.834	0.857	0.866	0.876	0.877
0.94	0.869	0.888	0.897	0.904	0.906	0.863	0.883	0.892	0.902	0.903
0.95	0.885	0.903	0.911	0.917	0.920	0.878	0.879	0.906	0.915	0.917
0.96	0.902	0.919	0.926	0.932	0.933	0.894	0.913	0.920	0.929	0.931
0.97	0.920	0.935	0.941	0.946	0.948	0.913	0.929	0.936	0.946	0.947
0.98	0.940	0.953	0.957	0.962	0.963	0.933	0.947	0.952	0.960	0.951
0.99	0.964	0.972	0.976	0.978	0.979	0.957	0.968	0.971	0.975	0.977
0.9925	0.970	0.978	0.981	0.983	0.984	0.965	0.974	0.977	0.980	0.981
0.995	0.978	0.984	0.986	0.988	0.988	0.973	0.980	0.983	0.985	0.986
0.996	0.981	0.986	0.988	0.990	0.990	0.976	0.983	0.985	0.988	0.989
0.997	0.985	0.989	0.991	0.992	0.992	0.980	0.986	0.988	0.990	0.991
0.998	0.988	0.992	0.993	0.994	0.995	0.985	0.990	0.992	0.993	0.994
0.9985	0.991	0.994	0.995	0.996	0.996	0.987	0.992	0.993	0.994	0.995
0.999	0.993	0.995	0.996	0.997	0.997	0.990	0.994	0.995	0.996	0.996

表 37.2-25　$R(t)$ 的 99% 下置信限（威布尔分布）

$\hat{R}(t)$	$\frac{r}{n} = 0.75$					$\frac{r}{n} = 0.50$				
	n40	60	80	100	120	40	60	80	100	120
0.70	0.555	0.585	0.601	0.618	0.623	0.566	0.590	0.609	0.613	0.615
0.72	0.574	0.603	0.620	0.636	0.641	0.582	0.607	0.626	0.633	0.636
0.74	0.592	0.622	0.638	0.655	0.661	0.599	0.624	0.643	0.652	0.656
0.76	0.612	0.642	0.658	0.674	0.680	0.617	0.643	0.661	0.672	0.677
0.78	0.632	0.662	0.678	0.694	0.701	0.636	0.662	0.679	0.693	0.698
0.80	0.652	0.684	0.699	0.715	0.721	0.655	0.681	0.698	0.714	0.720
0.82	0.674	0.705	0.720	0.736	0.743	0.675	0.702	0.718	0.735	0.742
0.84	0.697	0.728	0.743	0.759	0.765	0.696	0.723	0.739	0.758	0.765
0.86	0.722	0.752	0.766	0.782	0.788	0.718	0.746	0.761	0.780	0.788
0.88	0.747	0.777	0.791	0.806	0.812	0.742	0.770	0.784	0.804	0.812
0.90	0.775	0.804	0.816	0.831	0.837	0.768	0.796	0.809	0.829	0.836
0.92	0.805	0.832	0.844	0.858	0.863	0.795	0.823	0.836	0.854	0.861
0.94	0.838	0.863	0.873	0.886	0.890	0.826	0.853	0.865	0.881	0.886
0.95	0.855	0.879	0.889	0.901	0.905	0.843	0.869	0.881	0.895	0.899
0.96	0.874	0.896	0.906	0.916	0.920	0.861	0.886	0.897	0.910	0.914
0.97	0.895	0.915	0.923	0.933	0.936	0.881	0.905	0.915	0.927	0.934
0.98	0.918	0.936	0.943	0.951	0.954	0.904	0.926	0.935	0.945	0.949
0.99	0.947	0.960	0.966	0.971	0.973	0.931	0.953	0.959	0.965	0.967
0.9925	0.956	0.968	0.973	0.977	0.978	0.943	0.960	0.966	0.971	0.974
0.995	0.966	0.975	0.980	0.984	0.984	0.954	0.969	0.977	0.978	0.982
0.996	0.970	0.979	0.983	0.986	0.987	0.959	0.973	0.978	0.981	0.985
0.997	0.975	0.983	0.986	0.989	0.989	0.966	0.977	0.982	0.985	0.988
0.998	0.981	0.987	0.990	0.992	0.992	0.974	0.982	0.986	0.988	0.991
0.9985	0.984	0.990	0.982	0.993	0.994	0.978	0.975	0.988	0.991	0.993
0.999	0.987	0.992	0.994	0.995	0.996	0.983	0.988	0.991	0.993	0.994

可靠寿命的单侧置信下限

$$t_L(R) = e^{\hat{\mu} - \frac{\hat{\sigma}(B_{r,n}+V_{R,\gamma})}{2-g_{r,n}}} \qquad (37.2\text{-}67)$$

式中，$g_{r,n}$，$B_{r,n}$，$V_{R,\gamma}$ 查表 37.2-20。

例 37.2-11　某金属材料的疲劳寿命服从威布尔分布，15 个试件的疲劳寿命（次数）分别为 28300，35800，42200，47500，51200，57600，65000，66800，73600，81000，88000，98200，105000，115500，144500，估计分布参数、$N = 4 \times 10^4$ 次的可靠度及 $R = 0.90$ 的可靠寿命。

解　用矩法估计分布参数。按式（37.2-46）~ 式（37.2-48）求样本均值、样本标准差和样本偏态系数。

$$\overline{N} = \frac{1}{n}\sum_{i=1}^{n} N_i = \frac{1}{15}(28300 + 35800 + \cdots +$$
$$115500 + 144500) \text{ 次} = 73346.67 \text{ 次}$$

$$S_N = \left[\frac{1}{n-1}\sum_{i=1}^{n}(N_i - \overline{N})^2\right]^{\frac{1}{2}} = \left\{\frac{1}{15-1}\left[(28300 - \right.\right.$$
$$73346.67)^2 + (35800 - 73346.67)^2 + \cdots +$$
$$\left.\left.(144500 - 73346.67)^2\right]\right\}^{\frac{1}{2}} \text{ 次} = 32360.42 \text{ 次}$$

$$k_k = \frac{1}{(n-1)(n-2)S_N^3}\sum_{i=1}^{n}(N_i - \overline{N})^3$$
$$= \frac{15}{(15-1)(15-2) \times 32360.42^3} \times \left[(28300 - \right.$$
$$73346.67)^3 + (35800 - 73346.67)^3 + \cdots +$$
$$\left.(144500 - 73346.67)^3\right]$$
$$= 0.60346$$

按 k_k 由表 37.2-17 查得 $\hat{k} = 2.04$，$k_b = 0.4544$，$k_a = 0.886$，按式（37.2-49），尺度参数的点估计

$$\hat{b} = \frac{S_N}{k_b} = \frac{32360.42 \text{ 次}}{0.4544} = 71215.71 \text{ 次}$$

按式（37.2-50），位置参数

$$\hat{a} = \overline{N} - \hat{b}k_a = 73346.67 \text{ 次} - 71215.71 \text{ 次} \times 0.886$$
$$= 10249.55 \text{ 次}$$

因 $10249.55 < N_1 = 28300$，故位置参数的点估计 $\hat{a} = 10249.55$ 次

按式（37.2-65），$N = 4 \times 10^4$ 时可靠度的点估计为

$$\hat{R}(4 \times 10^4) = e^{-\left(\frac{4 \times 10^4 - 10249.55}{71215.71}\right)^{2.04}} = 0.8449$$

按式（37.2-66），$R = 0.90$ 时可靠寿命的点估计为

$$\hat{N}(0.90) = \hat{a} + \hat{b}\left(\ln\frac{1}{R}\right)^{\frac{1}{\hat{k}}} = 10249.55 \text{ 次} + 71215.71$$
$$\left(\ln\frac{1}{0.9}\right)^{\frac{1}{2.04}} \text{ 次} = 33881.32 \text{ 次}$$

例 37.2-12　某产品寿命服从两参数威布尔分布，抽取 30 件做寿命试验，当失效 15 件时停止试验，失效时间（h）分别为 1230，2100，2750，3300，3800，4250，4750，5300，5600，6000，6600，7000，7600，7950，8400，求 $R = 0.90$ 的可靠寿命点估计。

解　首先估计分布参数。因样本大小 $n > 26$，故用简单线性无偏估计。将失效时间取对数，并由小到大为 7.115，7.650，7.919，8.102，8.243，8.355，8.466，8.575，8.631，8.700，8.795，8.854，8.936，8.981，9.036。按式（37.2-61）和式（37.2-62），式中系数查表 37.2-19，$n = 30$，$r = 15$，则 $s = 15$，$E(Z_{r,n}) = -0.4253$，$nk_{r,n} = 16.4445$，故

$$\hat{\sigma} = \frac{1}{nk_{r,n}}\left[(2s-r)x_{s,n} - \sum_{j=1}^{s}x_j + \sum_{j=s+1}^{r}x_j\right] = \frac{1}{16.4445}$$
$$\left[(2 \times 15 - 15) \times 9.036 - (7.115 + 7.650 + \cdots + 9.036) + 0\right]$$
$$= 0.558$$

$$\hat{\mu} = x_{s,n} - E(Z_{r,n})\hat{\sigma} = 9.036 + 0.4253 \times 0.558$$
$$= 9.273$$

按式（37.2-63）和式（37.2-64），式中 $g_{r,n}$ 查表 37.2-19，得 $g_{r,n} = 0.9382$，故

$$\hat{k} = \frac{g_{r,n}}{\hat{\sigma}} = \frac{0.9382}{0.558} = 1.68,$$

$$\hat{b} = e^{\hat{\mu}} = e^{9.273} = 10646.64 \text{h}$$

按式（37.2-66），式中 $\hat{a} = 0$，故可靠寿命点估计

$$\hat{t}(R) = \hat{a} + \hat{b}\left(\ln\frac{1}{R}\right)^{\frac{1}{\hat{k}}} = 10646.64\left(\ln\frac{1}{0.90}\right)^{\frac{1}{1.68}} \text{h}$$
$$= 2789.16 \text{h}$$

6　可靠性虚拟试验方法

6.1　蒙特卡洛模拟法

6.1.1　概述

蒙特卡洛模拟法又称统计试验法、随机模拟法等，简称模拟法。模拟法首先建立一个概率模型，通过用数字进行的假想试验得到抽样值，经统计处理，将其结果转化为问题的解。模拟法既可以解随机性问题，也可以解确定性问题。通常用于难以用解析法求解的场合。对于随机性问题，由于本身就具有概率性质，所以所构造的概率模型主要是如何正确地描述它。对于确定性问题，则是根据问题的特点，人为地构造一个概率模型，使其转化为一个具有概率特征的问题。由于可靠性设计就是处理工程设计中的随机性问题，所以这种方法在可靠性设计中应用非常广泛。例如，在可靠性设计中对应力、强度等分布的估计；用应力-强度模型求可靠度的点估计和区间估计；单

元非指数分布或单元失效相关的系统，可靠寿命及可靠度的计算；复杂可修复系统有效度的计算等，均可用模拟法来解决。为实现模拟次数 N 充分大，必须借助计算机来获得。

6.1.2　随机数的产生方法

在模拟法中，常以随机数字试验来代替真正的物理试验。随机数字试验的关键就是产生具有给定分布的随机数。一般都是先产生 [0，1] 区间均匀分布的随机数，然后再利用适当的抽样方法获得给定分布的随机数。

[0，1] 区间均匀分布是表 37.2-27 中均匀分布 $u(a，b)$ 的一个特例，即 $a=0$，$b=1$，故可记为 $u(0，1)$，其概率密度函数

$$f_u = \begin{cases} 1 & \text{当 } 0 \leqslant x < 1 \\ 0 & \text{其他} \end{cases} \qquad (37.2\text{-}68)$$

$$F_u = \begin{cases} 0 & \text{当 } x \leqslant 0 \\ x & \text{当 } 0 \leqslant x < 1 \\ 1 & \text{当 } x > 1 \end{cases} \qquad (37.2\text{-}69)$$

[0，1] 区间均匀分布随机变量 X 的抽样序列 X_1，X_2，…，X_n 称为 [0，1] 区间均匀分布随机数。后面在不致发生混淆时，将其简称为随机数，并用 r 或 r_i 表示。

产生随机数有多种方法，这里仅给出伪随机数法。

伪随机数法是借助数学递推公式而产生的随机数。严格讲，它不是真正的随机数，然而，如果递推公式和式中参数选择恰当的话，伪随机数可近似为均匀分布。本方法在计算机中占内存少、占机时少，而且可以重现，因此已被广泛采用。

产生伪随机数的递推公式有多种形式。目前乘同余法用得较为普遍，其递推公式为

$$\begin{cases} x_{n+1} = \lambda x_n (\text{mod} M) \\ r_{n+1} = x_{n+1}/M \end{cases} \qquad (37.2\text{-}70)$$

式（37.2-70）的意义是：x_{n+1} 是乘积 λx_n 除以 M 后所得的余数，x_{n+1} 除以 M 后所得之商即为第 $n+1$ 个均匀分布的随机数 r_{n+1}。如此反复迭代运算，即可产生一个随机数序列 r_1，r_2，…

参数 λ、M、x_0 是事先选定的常数，目前只能用半理论半经验的办法选定。一般 M 要充分大才能保证随机数序列具有足够长的周期。对于二进制数字计算机，取 $M=2^k$，当 $k>2$ 时，可以得到最大可能周期 $T=2^{k-2}$ 的伪随机数序列。乘子 λ 和模 2^k 互素，可选取

$$\lambda = 8a \pm 3 \qquad (37.2\text{-}71)$$

式中　a——任意选定的正整数。

x_0 可取为

$$x_0 = 2b + 1 \qquad (37.2\text{-}72)$$

式中　b——任意选定的正整数。

例如，取 $k=23$，$a=256$，$b=0$，则

$$M = 2^{23} = 8388608$$
$$\lambda = 8 \times 256 - 3 = 2045$$
$$x_0 = 1$$

再如，$M = 2^{31} - 1$，$a = 7^5$，x_0 取任意值，这时 $r_{n+1} = x_n / 2^{31}$。它们已被证明是非常成功的参数。

6.1.3　随机数检验

由式（37.2-70）迭代产生的伪随机数是否能代表 [0，1] 均匀分布的随机数，需要进行统计检验。根据 [0，1] 上均匀总体简单样本的性质，如参数、均匀性、独立性等与伪随机数的相应性质进行比较，视其差异显著与否决定取舍，以保证模拟法计算结果没有过大的系统误差。下面介绍几种常用的伪随机数检验方法。

（1）参数检验

参数检验是检验随机数分布参数的观测值和理论值的差异是否显著。

设 r_1，r_2，…，r_N 是需要检验的一组随机数，其一阶矩、二阶矩和方差的估计值分别为

$$\begin{cases} \bar{r} = \dfrac{1}{N} \displaystyle\sum_{i=1}^{N} r_i \\ \bar{r}^2 = \dfrac{1}{N} \displaystyle\sum_{i=1}^{N} r_i^2 \\ S^2 = \dfrac{1}{N} \displaystyle\sum_{i=1}^{N} [r_i - E(r)]^2 \end{cases} \qquad (37.2\text{-}73)$$

根据理论分布，式（37.2-73）的统计量的均值和方差分别为

$$E(\bar{r}) = \frac{1}{2} \qquad D(\bar{r}) = \frac{1}{12N}$$
$$E(\bar{r}^2) = \frac{1}{3} \qquad D(\bar{r}^2) = \frac{4}{45N}$$
$$E(S^2) = \frac{1}{12} \qquad D(S^2) = \frac{1}{180N}$$

由中心极限定理知，当 N 充分大时，统计量

$$\begin{cases} u_1 = \dfrac{\bar{r} - E(\bar{r})}{\sqrt{D(\bar{r})}} = \sqrt{12N}\left(\bar{r} - \dfrac{1}{2}\right) \\ u_2 = \dfrac{\bar{r}^2 - E(\bar{r}^2)}{\sqrt{D(\bar{r}^2)}} = \dfrac{1}{2}\sqrt{45N}\left(\bar{r}^2 - \dfrac{1}{3}\right) \\ u_3 = \dfrac{S^2 - E(S^2)}{\sqrt{D(S^2)}} = \sqrt{180N}\left(S^2 - \dfrac{1}{12}\right) \end{cases} \qquad (37.2\text{-}74)$$

渐近服从 $N(0，1^2)$ 分布。当给定显著性水平 α

后，即可根据正态分布表确定临界值 $u_{\alpha/2}$。若 $|u_i| < u_{\alpha/2}(i = 1, 2, 3)$ 时，即认为差异不显著，可以接受。

（2）均匀性检验

均匀性检验是检验随机数的经验频率和理论频率的差异是否显著。

将 $[0, 1]$ 区间划分成 k 个等长的子区间，统计 $r_1, r_2, \cdots, r_N$ 中落入第 j 个子区间内的实际频数 ν_j。

由分布的均匀性假设知，理论频数 $NP_j = N/k$。

根据 χ^2 检验公式得统计量

$$\chi^2 = \sum_{j=1}^{k} \frac{(\nu_j - NP_j)^2}{NP_j} = \frac{k}{N} \sum_{j=1}^{k} \left(\nu_j - \frac{N}{k} \right)^2$$

（37.2-75）

渐近服从 $\chi^2(k-1)$ 分布。当给定显著性水平 α 后，即可根据 χ^2 分布表确定临界值 χ_α^2，若 $\chi^2 < \chi_\alpha^2$，即认为差异不显著，可以接受。

最小子区间个数可参照表 37.2-26 选择。

表 37.2-26 均匀性检验的最小子区间数

N	200	400	600	800	1000	2000	5000	10000	50000
k	16	20	24	27	30	39	56	74	142

（3）独立性检验

独立性检验主要检验随机数抽样值 $r_1, r_2, \cdots, r_N$ 中前后各数的统计相关性是否异常。通常可用相关系数检验。相关系数取值为零是其独立的必要条件，取值的大小给出了它们线性相关强弱的测度。

按产生先后次序排列的一组随机数 $r_1, r_2, \cdots, r_N$。若前后距离为 j 的随机数之间是相互独立的，则它们的相关系数 ρ_j 应为零。前后距离为 j 的样本相关系数

$$\hat{\rho}_j = \left[\frac{1}{N-j} \sum_{i=1}^{N-j} r_i r_{i+1} - (\bar{r})^2 \right] / S^2 \quad (37.2\text{-}76)$$

对充分大的 N（例如 $N-j>50$），取零假设 $\rho_j = 0$，则统计量

$$u = \hat{\rho}_j \sqrt{N-j} \quad (37.2\text{-}77)$$

渐进服从 $N(0, 1^2)$ 分布。当给定显著性水平 α 后，即可根据正态分布表确定临界值 $u_{\frac{\alpha}{2}}$。若 $|u| < u_{\frac{\alpha}{2}}$ 时，即认为差异不显著，接受原假设。

除了上述的检验外，还有连检验、组合规律性检验等颇多的检验方法。各种检验方法均有一定的局限性，最好多用几种方法进行检验，以保证伪随机数的统计性质。若有一种检验方法未通过，就应更改递推公式中的参数，重做检验。一般常用显著性水平 $\alpha = 0.05$。

6.1.4 常用分布随机数的产生

在可靠性设计中常采用指数分布、正态分布、对数正态分布、威布尔分布等各种分布。利用模拟法求解可靠性设计问题就必须有相应分布的随机数。相应分布的随机数是利用 $[0, 1]$ 区间均匀分布随机数产生的。

若随机变量 X 有连续的分布函数 $F(x)$，则

$$Y = F(x)$$

是 $[0, 1]$ 上均匀分布的随机变量。其反函数

$$X = F^{-1}(Y)$$

是以 $F(x)$ 为分布函数的随机变量。因此为得到服从分布 $F(x)$ 的随机数，由 $[0, 1]$ 上均匀分布的随机数 r，解方程

$$r = F(x)$$

得

$$x = F^{-1}(r) \quad (37.2\text{-}78)$$

这种产生相应分布随机数方法称为直接抽样法。当分布函数不易用反函数求解时，就要用其他抽样法，如近似抽样法、变换抽样法、舍选抽样法和复合抽样法等。

表 37.2-27 给出了一些常用概率分布的随机数抽样公式，供使用时选取。

表 37.2-27 常用概率分布的随机数抽样公式

分 布 名 称	概 率 密 度	抽 样 计 算 式
$[a,b]$ 均匀分布 $u(a,b)$	$f_u(x) = \dfrac{1}{b-a}$	$(b-a)r+a$
指数分布 $e(\lambda)$	$f_e(x) = \lambda e^{-\lambda x}$	$-\dfrac{1}{\lambda}\ln(1-r)$ 或 $-\dfrac{1}{\lambda}\ln r$
标准正态分布 $N(0,1^2)$	$f_N(x) = \dfrac{1}{\sqrt{2\pi}} e^{-\frac{x^2}{2}}$	$\sum\limits_{i=1}^{12} r_i - 6$ 或 $\sqrt{-2\ln r_1}\, \cos 2\pi r_2$ 或 $\sqrt{-2\ln r_1}\, \sin 2\pi r_2$

（续）

分布名称	概率密度	抽样计算式
正态分布 $N(\mu,\sigma^2)$	$f_N(x)=\dfrac{1}{\sigma\sqrt{2\pi}}\mathrm{e}^{-\frac{(x-\mu)^2}{2\sigma^2}}$	$u\sigma+\mu$ u 是标准正态分布的抽样
对数正态分布 $\ln(\mu,\sigma^2)$	$f_{\ln}(x)=\dfrac{1}{\sigma x\sqrt{2\pi}}\mathrm{e}^{-\frac{(\ln x-\mu)^2}{2\sigma^2}}$	$\mathrm{e}^{u\sigma+\mu}$ μ 是标准正态分布的抽样
威布尔分布 $W(k,a,b)$	$f_w(x)=\dfrac{k}{b}\left(\dfrac{x-a}{b}\right)^{k-1}\mathrm{e}^{-\left(\frac{x-a}{b}\right)^k}$	$b(-\ln r)^{\frac{1}{k}}+a$
伽马分布 $\Gamma(\alpha,\beta)$	$f_{\Gamma}(x)=\dfrac{\beta^\alpha}{\Gamma(\alpha)}x^{\alpha-1}\mathrm{e}^{-\beta x}$	$-\dfrac{1}{\beta}\ln\left(\prod\limits_{i=1}^{n}r_i\right)$
贝塔分布 $\beta(k,n-k+1)$	$f_\beta(x)=\dfrac{k!}{(k-1)!\,(n-k)!}x^{k-1}(1-x)^{n-k}$	$R_k(r_1,r_2,\cdots,r_n)$ R_k 表示按由小到大次序排列的第 k 个

6.2　蒙特卡洛模拟法计算随机变量函数的分布

　　概率论中关于随机变量函数的分布理论仅对一些简单的情况可以得到精确分布，对于工程上所遇到的大部分实际问题不能给出解析式，因而也不能得到精确解。由于模拟法可以产生随机变量函数的抽样值，所以再利用数理统计的有关理论就可方便地得到满意的近似结果。图 37.2-1 给出了这类计算的程序框图。

　　例 37.2-13　已知某传动轴受最大转矩 $T\sim W$（3.3，336，700）N·m，直径 $d\sim N$（50，0.05^2），求工作应力的分布和分布参数。

　　解　工作应力按材料力学公式

$$\tau=\frac{16T}{\pi d^3}$$

　　按图 37.2-1 编制具体程序，上机运算，输入随机变量 T 和 d 的分布类型和分布参数，取模拟次数 $N=1000$。

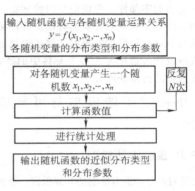

图 37.2-1　确定随机变量函数分布
的程序框图

计算结果：

　　分布类型：威布尔分布

　　分布参数：$k=3.3913$，$a=14.055\mathrm{MPa}$，$b=28.1398\mathrm{MPa}$

第3章 机械零件的可靠性设计

概率机械设计是机械设计的重要组成部分,应用概率统计理论与传统机械设计理论相结合,是进行机械零件或构件设计的一种先进方法。它使设计更符合实际且定量地给出机械零件或构件不失效的可靠性指标——可靠度。

机械可靠性设计,其基础是可靠的统计数据,需要知道有关设计变量的概率分布,为此必须投入大量的人力和物力。对于尺寸重量要求小的重要零部件,或者大量使用的零部件,应该做专门的试验以获得所需数据的统计规律,并做必要的验证试验以保证所设计产品的可靠性。目前这方面的数据还很缺乏。对于一般的机械设计可选用有关参考资料中的统计资料,采用本节推荐的近似处理方法。

1 应力-强度干涉模型与可靠度计算方法

1.1 应力-强度干涉模型

应力是对产品功能有影响的外界因素。强度是产品承受应力的能力。对应力和强度应该作广义的理解。应力除通常的机械应力外,尚应包括载荷(力、力矩、转矩)、变形、温度、磨损、油膜、电流和电压等。同样,强度除通常的机械强度外,尚应包括承受上述各种形式应力的能力。下面主要以机械应力和强度进行分析,其他形式的应力和强度可用类似的方法进行处理。

图 37.3-1 给出应力和强度的干涉情况。图中横坐标表示应力或强度,纵坐标表示应力或强度的概率密度。$f_l(x_l)$ 表示应力概率密度。$f_s(x_s)$ 表示强度概率密度。由于应力和强度量纲相同,所以为说明问题方便,将其绘在同一坐标纸上。图中影线部分为应力和强度分布发生干涉的区域,表示强度可能小于应力。根据干涉情况计算可靠的模型称为应力-强度干涉模型,简称应力-强度模型。

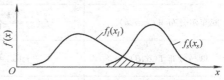

图 37.3-1　应力和强度干涉情况

应力-强度模型认为强度 x_s 大于应力 x_l 就不会发生失效,可靠度即为不发生失效的概率,故可靠度

$$R = P(x_s > x_l) = P(x_s - x_l > 0)$$

$$= P\left(\frac{x_s}{x_l} > 1\right) \tag{37.3-1}$$

式中,应力 x_l 和强度 x_s 均应理解为随机变量。顺便指出,为了方便,下面将随机变量和它的取值在可按内容判断不致误解时均用同一符号。

1.2 可靠度计算的一般公式

根据应力分布函数和强度分布函数计算方便与否,可选用下面二式之一计算可靠度

$$R = \int_{-\infty}^{\infty} \left[\int_{-\infty}^{x_s} f_l(x_l)\,\mathrm{d}x_l \right] f_s(x_s)\,\mathrm{d}x_s$$

$$= \int_{-\infty}^{\infty} F_l(x_s) f_s(x_s)\,\mathrm{d}x_s \tag{37.3-2}$$

$$R = \int_{-\infty}^{\infty} \left[\int_{x_l}^{\infty} f_s(x_s)\,\mathrm{d}x_s \right] f_l(x_l)\,\mathrm{d}x_l$$

$$= 1 - \int_{-\infty}^{\infty} F_s(x_l) f_l(x_l)\,\mathrm{d}x_l \tag{37.3-3}$$

式中　$F_l(x)$——应力分布函数;

$F_s(x)$——强度分布函数;

$f_l(x_l)$——应力概率密度;

$f_s(x_s)$——强度概率密度。

按式 (37.3-2) 或式 (37.3-3) 得到的几种典型应力、强度分布求可靠度的公式列于表 37.3-1 中。

表 37.3-1　几种典型应力、强度分布求可靠度的公式

序　号	应　力	强　度	可靠度的公式
1	正态 $N(\bar{x}_l, s_l^2)$	正态 $N(\bar{x}_s, s_s^2)$	$R = 1 - \Phi(z_p) = \Phi(z_R)$　$z_R - \dfrac{\bar{x}_s - \bar{x}_l}{(s_l^2 + s_s^2)^{\frac{1}{2}}}$ Z_R 称为连接系数
2	对数正态 $\ln(\mu_l, \sigma_l^2)$	对数正态 $\ln(\mu_s, \sigma_s^2)$	$R = 1 - \Phi(z_p) = \Phi(z_R)$ $z_R = \dfrac{\mu_s - \mu_l}{(\sigma_s^2 + \sigma_l^2)^{\frac{1}{2}}} \approx \dfrac{\ln \bar{x}_s - \ln \bar{x}_l}{(V_{x_s}^2 + V_{x_l}^2)^{\frac{1}{2}}}$

（续）

序　号	应　力	强　度	可靠度的公式
3	指　数 $e(\lambda_l)$	指　数 $e(\lambda_s)$	$R=\dfrac{\lambda_l}{\lambda_l+\lambda_s}$
4	正　态 $N(\bar{x}_l,s_l^2)$	指　数 $e(\lambda_s)$	$R\approx e^{-\frac{1}{2}(2\bar{x}_l\lambda_s-\lambda_s^2 s_l^2)}$
5	指　数 $e(\lambda_l)$	正　态 $N(\bar{x}_s,s_s^2)$	$R\approx 1-e^{-\frac{1}{2}(2\bar{x}_s\lambda_l-\lambda_l^2 s_s^2)}$
6	指　数 $e(\lambda_l)$	Γ $\Gamma(\alpha_s,\beta_s)$	$R=1-\left(\dfrac{\beta_s}{\beta_s+\lambda_l}\right)^{\alpha_s}$
7	Γ $\Gamma(\alpha_l,\beta_l)$	指　数 $e(\lambda_s)$	$R=\left(\dfrac{\beta_l}{\beta_l+\lambda_s}\right)^{\alpha_l}$
8	Γ $\Gamma(\alpha_l,\beta_l)$	正　态 $N(\bar{x}_s,s_s^2)$	$R=1-(1+\bar{x}_s\,\beta_l-s_s^2\beta_l^2)\,e^{-\frac{1}{2}(s_s^2\beta_l^2-2\bar{x}_s\beta_l)}$
9	瑞　利 $R(\mu_l)$	正　态 $N(\bar{x}_s,s_s^2)$	$R=1-\dfrac{\mu_l}{(\mu_l^2+s_s^2)^{\frac{1}{2}}}e^{-\frac{1}{2}\left(\frac{\bar{x}_s^2}{\mu_l^2+s_s^2}\right)}$

注：$\Phi(\cdot)$ 为标准正态分布函数，查表 37.2-12 或表 37.1-6。

1.3　可靠度计算的数值积分法

有些应力和强度的分布用式 (37.3-2) 或式 (37.3-3) 难以积分，不像表 37.3-1 中给出的结论式可用。这时可用数值积分进行计算，例如，用辛普生公式或高斯公式等。这些数值积分都有现成的源程序，使用时可查阅。

由于常用分布的变量取值为 $0\sim+\infty$ 或 $-\infty\sim+\infty$，故在进行数值积分时应做使被积函数的值接近 0 的积分限，以使积分的模型误差尽量小。

1.4　可靠度计算的极限状态法

应力-强度模型认为 $x_s-x_l>0$ 就不会失效，$x_s-x_l<0$ 发生失效，$x_s-x_l=0$ 表示达到极限状态，将 $x_s-x_l=0$ 称为极限状态方程。通常 x_l 和 x_s 都是一些基本变量的函数，因此极限状态方程往往是由两个以上的基本变量组成。本节的方法可用于极限状态方程中有多个正态变量的情况。若极限状态方程中有非正态分布的随机变量，则可用等效的概念将其转换为一个等效的正态变量。因此，本方法是一种适用性较广的方法。但是，本方法常需迭代求解，所以计算比较麻烦，可利用计算机求解。

（1）多个独立正态变量的情况

设零件或构件的极限状态方程

$$g(x_1,x_2,\cdots,x_n)=0 \qquad (37.3\text{-}4)$$

式中，x_1，x_2，$\cdots$，x_n 是相互独立的正态变量。式 (37.3-4) 可能是线性的，也可能是非线性的。当式 (37.3-4) 是线性方程时，所求得的可靠度是精确的，

否则是近似的。

式 (37.3-4) 表示坐标系 $O-x_1 x_2\cdots x_n$ 中的一个面，该面将 n 维空间分为失效区和不失效区。

引入一组标准化正态变量，即

$$z_i=\frac{x_i-\bar{x}_i}{S_{x_i}},\qquad i=1,2,\cdots,n \qquad (37.3\text{-}5)$$

则在标准正态空间坐标系 $O-z_1 z_2\cdots z_n$ 中原点 O 到极限状态面的最短距离 $\overline{OP}$（图 37.3-2 所示为三个正态变量的情况），也就是 P 点沿其在极限状态曲面的切平面的法线方向至原点 O 的长度，就是连接系数 Z_R（见表 37.3-1 中序号 1）。按 Z_R 即可由正态分布表查得相应的累积失效概率 F 或可靠度 R。P 点称为设计验算点，该点的坐标

$$z_i=Z_R\alpha_i,\quad i=1,2,\cdots,n \qquad (37.3\text{-}6)$$

式中　α_i——向量 $\overrightarrow{OP}$ 中单位向量 $\alpha=(\alpha_1,\alpha_2,\cdots,\alpha_n)$ 中的第 i 个分量。

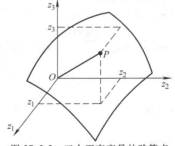

图 37.3-2　三个正态变量的验算点

Z_R 和 $\alpha=(\alpha_1,\alpha_2,\cdots,\alpha_n)$ 可由下面的 $n+1$ 个方程用迭代法求解

$$\begin{cases} \alpha_i = \dfrac{-\left(\dfrac{\partial g}{\partial z_i}\right)_{Z_R\alpha}}{\left[\sum\limits_{j=1}^{n}\left(\dfrac{\partial g}{\partial z_j}\right)^2_{Z_R\alpha}\right]^{\frac{1}{2}}}, \quad i=1,2,\cdots,n \\ g(Z_R\alpha_1, Z_R\alpha_2,\cdots,Z_R\alpha_n)=0 \end{cases}$$

$$(37.3\text{-}7)$$

式中 $\left(\dfrac{\partial g}{\partial z_i}\right)_{Z_R\alpha}$ ——函数 $g(Z_R\alpha_1, Z_R\alpha_2,\cdots,Z_R\alpha_n)$

对 Z_i 的偏导数在 P 点的取值。

若式（37.3-4）的极限状态方程为线性函数，即
$$g(Z_R\alpha_1, Z_R\alpha_2,\cdots,Z_R\alpha_n)=a_1x_1+a_2x_2+\cdots+a_nx_n$$

$$(37.3\text{-}8)$$

式中 $\alpha_i(i=1,2,\cdots,n)$ ——常数。
则连接系数

$$Z_R=\dfrac{a_1\bar{x}_1+a_2\bar{x}_2+\cdots+a_n\bar{x}_n}{(a_1^2S_{x_1}^2+a_2^2S_{x_2}^2+\cdots+a_n^2S_{x_n}^2)^{\frac{1}{2}}}\quad(37.3\text{-}9)$$

例 37.3-1 受静载荷的钢梁，已知受最大弯矩 $M \sim N(13000,910^2)\,\mathrm{N\cdot m}$，抗弯断面系数 $W\sim N(54720,2740^2)\,\mathrm{mm^3}$，钢梁的屈服强度 $R_{eL}\sim N(380,30.4^2)\,\mathrm{MPa}$，求不屈服失效的可靠度。

解 本例的极限状态方程为非线性函数
$$g(R_{eL},M,W)=R_{eL}W-M=0 \quad (a)$$
由式（37.3-5）将基本变量标准化
$$\left.\begin{array}{l} z_1=\dfrac{R_{eL}-\bar{R}_{eL}}{S_{R_{eL}}},\ R_{eL}=\bar{R}_{eL}+z_1S_{R_{eL}}=380+30.4z_1 \\[2mm] z_2=\dfrac{M-\bar{M}}{S_M},\ M=\bar{M}+z_2S_M=13000000+910000z_2 \\[2mm] z_3=\dfrac{W-\bar{W}}{S_W},\ W=\bar{W}+z_3S_W=54720+2740z_3 \end{array}\right\}$$

$$(b)$$

将式（b）代入式（a）中得
$$1663488z_1+83296z_1z_3-910000z_2+1041200z_3+7793600=0$$
$$(c)$$

按式（37.3-6）和式（37.3-7）
$$\left.\begin{array}{l} z_R=\dfrac{-7793600}{1663488\alpha_1+83296z_R\alpha_1\alpha_3-910000\alpha_2+1041200\alpha_3} \\[2mm] \alpha_1=\dfrac{1}{K}(1663488+83296z_R\alpha_3) \\[2mm] \alpha_2=\dfrac{1}{K}\times910000 \\[2mm] \alpha_3=\dfrac{-1}{K}(83296z_R\alpha_1+1041200) \end{array}\right\}$$

$$(d)$$

式（d）中的 K 按式（e）确定

$$\alpha_1+\alpha_2+\alpha_3=1 \quad (e)$$

由式（d）求得第一次迭代结果 Z_R，α_1，α_2，α_3。再将此结果代入式（d）中迭代求解，直到前后两次迭代值误差很小为止。迭代结果列于表 37.3-2 中。

表 37.3-2 例 37.3-1 的迭代结果

变量	初始值	迭代次数				
		1	2	3	4	5
Z_R	3	4.4666	3.3868	3.7961	3.7941	
α_1	−0.5	−0.766	−0.784	−0.787	−0.786	
α_2	0.5	0.453	0.478	0.466	0.466	
α_3	−0.5	−0.456	−0.397	−0.405	−0.406	

经四次迭代求得：
$Z_R=3.7941$，设计验算点 $P=(z_1,z_2,z_3)=Z_R(\alpha_1,\alpha_2,\alpha_3)=(-2.982,1.768,-1.540)$。将其换算成原坐标系中的变量，则 $P=(R_{eL},M,W)=(289.35,14608880,50500.4)$。

查表 37.1-6 得
$$R=\Phi(Z_R)=\Phi(3.7941)=0.99992$$

一般，在选择初始值 $\alpha_i(i=1,2,\cdots,n)$ 时应考虑正负号，当相应的基本变量是荷载变量时建议用正号；当基本变量是强度或几何尺寸变量（如 E、I）时建议用负号。

（2）非正态变量的情况

对于非正态变量的情况，可以将其在设计验算点处变换成等效正态变量，然后用前节方法求连接系数 Z_R 和可靠度 R。

将非正态变量转化为等效正态变量的条件是：

1）在设计验算点 x_i^* 处，等效正态变量 x_i' 的分布函数值 $F_{x_i'}(x_i^*)$ 与原变量 x_i 的分布函数值 $F_{x_i}(x_i^*)$ 相等，即

$$F_{x_i}(x_i^*)=\Phi\left(\dfrac{x_i^*-\bar{x}_i'}{S_{x_i'}}\right) \quad (37.3\text{-}10)$$

2）在设计验算点 x_i^* 处，等效正态变量 x_i' 的概率密度值 $f_{x_i'}(x_i^*)$ 与原变量 x_i 的概率密度值 $f_{x_i}(x_i^*)$ 相等，即

$$f_{x_i}(x_i^*)=\dfrac{1}{S_{x_i'}}\phi\left(\dfrac{x_i^*-\bar{x}_i'}{S_{x_i'}}\right) \quad (37.3\text{-}11)$$

由式（37.3-11）和式（37.3-10）可得等效正态变量的均值和标准差

$$S_{x_i'}=\dfrac{\phi\{\Phi^{-1}[F_{x_i}(x_i^*)]\}}{f_{x_i}(x_i^*)} \quad (37.3\text{-}12)$$

$$\bar{x}_i'=x_i^*-\Phi^{-1}[F_{x_i}(x_i^*)]S_{x_i'} \quad (37.3\text{-}13)$$

$$x_i^*=F_{x_i}^{-1}[\Phi(Z_R\alpha_i)] \quad (37.3\text{-}14)$$

式中 $\phi(\cdot)$ ——标准正态分布的概率密度。

由于 $\bar{x}'_i$ 和 $S_{x'_i}$ 是按设计验算点 x_i^* 计算的，所以在按式（37.3-7）迭代前，先由式（37.3-12）和式（37.3-13）计算出 $S_{x'_i}$ 和 $\bar{x}'_i$，然后用 x_i^* 进行迭代。

例 37.3-2 某零件受应力 $x_l \sim \ln(4.5, 0.1^2)\,\text{MPa}$，强度 $x_s \sim W(3, 40, 200)\,\text{MPa}$，求不失效的可靠度。

解 由于应力和强度都不服从正态分布，故先求等效正态变量的均值和标准差。

应力的等效正态变量的标准值，按式（37.3-12）

$$S_{x'_i} = \frac{\phi\{\Phi^{-1}[F_{x_l}(x_l^*)]\}}{f_{x_l}(x_l^*)} = \frac{\phi\left(\dfrac{\ln x_l^* - u_l}{\sigma_l}\right)}{f_{x_l}(x_l^*)}$$

$$= \sigma_l x_l^* = 0.1 x_l^* \tag{a}$$

应力的等效正态变量的均值，按式（37.3-13）

$$\bar{x}'_l = x_l^* - \Phi^{-1}[F_{x_l}(x_l^*)]S_{x'_l}$$

$$= x_l^* - \left(\frac{\ln x_l^* - \mu_l}{\sigma_l}\right)\sigma_l x_l^* = x_l^*(5.5 - \ln x_l^*) \tag{b}$$

应力的设计验算点值，按式（37.3-14）

$$x_l^* = F_{x_l}^{-1}[\Phi(Z_R \alpha_1)] = e^{\mu_1 + Z_R \alpha_1 \sigma_l} = e^{4.5 + 0.1 Z_R \alpha_1} \tag{c}$$

强度的等效正态变量的标准差，按式（37.3-12）

$$S_{x'_s} = \frac{\phi\{\Phi^{-1}[F_{x_s}(x_s^*)]\}}{f_{x_s}(x_s^*)} \tag{d}$$

强度的等效正态变量的均值，按式（37.3-13）

$$\bar{x}'_s = x_s^* - \Phi^{-1}[F_{x_s}(x_s^*)]S_{x'_s} \tag{e}$$

强度的设计验算点值，按式（37.3-14）

$$x_s^* = F_{x_s}^{-1}[\Phi(Z_R \alpha_2)]$$

$$= 40 + 200\{-\ln[1 - \Phi(Z_R \alpha_2)]\}^{\frac{1}{3}} \tag{f}$$

极限状态方程

$$g(x'_s, x'_l) = x'_s - x'_l = 0 \tag{g}$$

式（37.3-5）将等效正态变量标准化

$$\begin{cases} z_1 = \dfrac{x'_s - \bar{x}'_s}{S_{x'_s}}, & x'_s = \bar{x}'_s + z_1 S_{x'_s} \\[2mm] z_2 = \dfrac{x'_l - \bar{x}'_l}{S_{x'_l}}, & x'_l = \bar{x}'_l + z_2 S_{x'_l} \end{cases} \tag{h}$$

将式（h）代入式（g）中得

$$\bar{x}'_s + z_1 S_{x'_s} - \bar{x}'_l - z_2 S_{x'_l} = 0 \tag{i}$$

按式（37.3-7）和式（37.3-6）[求 Z_R 也可直接按式（37.3-9）]

$$\begin{cases} Z_R = \dfrac{\bar{x}'_s - \bar{x}'_l}{(S_{x'_s}^2 + S_{x'_l}^2)^{\frac{1}{2}}} \\[3mm] \alpha_1 = \dfrac{-S_{x'_s}}{(S_{x'_s}^2 + S_{x'_l}^2)^{\frac{1}{2}}} \\[3mm] \alpha_2 = \dfrac{S_{x'_l}}{(S_{x'_s}^2 + S_{x'_l}^2)^{\frac{1}{2}}} \end{cases} \tag{j}$$

取初值 $Z_R = 3$，$\alpha_1 = -0.5$，$\alpha_2 = 0.5$，则设计验算点 P 的坐标值 $= Z_R(\alpha_1, \alpha_2) = (-1.5, 1.5)$。代入式（a）~式（j）依次迭代计算，结果列在表 37.3-3 中。

表 37.3-3　例 37.3-2 的迭代过程

变　量	初始值	迭代次数			
		1	2	3	4
$\bar{x}'_s$		218.837	216.900	217.126	
$S_{x'_s}$		66.574	68.237	68.239	
$\bar{x}'_l$		89.100	88.551	88.642	
$S_{x'_l}$		7.748	7.427	4.475	
Z_R	3	1.936	1.870	1.872	
α_1	-0.5	-0.9933	-99.41	-0.9941	
α_2	0.5	0.1156	0.1082	0.1089	

经三次迭代得 $Z_R = 1.872$，与第二次迭代结果非常接近，故取 $Z_R = 1.872$。查表 37.1-6 得

$$R = \Phi(Z_R) = \Phi(1.872) = 0.96939$$

2　可靠度的近似计算法

对不很精确的概率机械设计，通常不考虑随机变量的实际分布而假定服从正态分布或对数正态分布。利用正态分布进行可靠度计算。

2.1　可靠安全系数

定义可靠安全系数 n_R 为强度均值 $\bar{x}_s$ 与应力均值 $\bar{x}_l$ 之比，即

$$n_R = \frac{\bar{x}_s}{\bar{x}_l} \tag{37.3-15}$$

当应力和强度都服从正态分布时，连接系数 Z_R 与可靠安全系数 n_R 的关系为

$$Z_R = \frac{\bar{x}_s - \bar{x}_l}{(S_{x_s}^2 + S_{x_l}^2)^{\frac{1}{2}}} = \frac{n_R + 1}{(n_R^2 V_{x_s}^2 + V_{x_l}^2)^{\frac{1}{2}}} \tag{37.3-16}$$

$$n_R = \frac{1}{K_R} = \frac{1 + Z_R(V_{x_l}^2 + V_{x_s}^2 - Z_R^2 V_{x_l}^2 V_{x_s}^2)^{\frac{1}{2}}}{1 - Z_R^2 V_{x_s}^2} \tag{37.3-17}$$

当应力和强度都服从对数正态分布时，连接系数 Z_R 与可靠安全系数 n_R 的关系

$$Z_R = \frac{\mu_s - \mu_l}{(\sigma_s^2 + \sigma_l^2)^{\frac{1}{2}}} \approx \frac{\ln n_R}{(V_{x_s}^2 + V_{x_l}^2)^{\frac{1}{2}}} \tag{37.3-18}$$

$$n_R = e^{Z_R(V_{x_s}^2 + V_{x_l}^2)^{\frac{1}{2}}} = e^{Z_R V_n} \tag{37.3-19}$$

当安全系数（$n_R = x_s / x_l$）服从正态分布时，连接系数 Z_R 与可靠安全系数 n_R 的关系

$$Z_R \approx \frac{n_R - 1}{n_R V_n} \tag{37.3-20}$$

$$n_R = \frac{1}{K_R} = \frac{1}{1 - Z_R V_n} \tag{37.3-21}$$

当应力和强度的分布类型不明时，若取

$$n_R = \frac{1}{1 - V_n \left(\dfrac{R}{1-R}\right)^{\frac{1}{2}}} \qquad (37.3\text{-}22)$$

则

$$R \geqslant 1 - \frac{n_R^2 V_n^2}{n_R^2 V_n^2 + (n_R - 1)^2} \qquad (37.3\text{-}23)$$

式中 V_{x_l}——应力的变异系数，$V_{x_l} = \dfrac{S_{x_l}}{\bar{x}_l}$；

V_{x_s}——强度的变异系数，$V_{x_s} = \dfrac{S_{x_s}}{\bar{x}_s}$；

V_n——安全系数的变异系数，$V_n = (V_{x_l}^2 + V_{x_s}^2)^{1/2}$。

例 37.3-3 已知应力的变异系数 $V_{x_l} = 0.08$，强度的变异系数 $V_{x_s} = 0.05$，要求可靠度 $R = 0.99$，分别按应力和强度都服从正态分布、都服从对数正态分布以及安全系数服从正态分布，求所需的可靠安全系数 n_R。

解 先由表 37.2-12 查得当 $R = 0.99$ 时，$Z_R = 2.33$。

应力和强度都服从正态分布时，按式（37.3-17）

$$n_R = \frac{1 + Z_R (V_{x_l}^2 + V_{x_s}^2 - Z_R^2 V_{x_l}^2 V_{x_s}^2)^{\frac{1}{2}}}{1 - Z_R^2 V_{x_s}^2}$$

$$= \frac{1 + 2.33(0.08^2 + 0.05^2 - 2.33^2 \times 0.08^2 \times 0.05^2)^{\frac{1}{2}}}{1 - 2.33^2 \times 0.05^2}$$

$$= 1.236$$

应力和强度都服从对数正态分布时，按式（37.3-19），先算出

$V_n = (0.08^2 + 0.05^2)^{1/2} = 0.094$，则

$$n_R = e^{Z_R V_n} = e^{2.33 \times 0.094} = 1.245$$

安全系数服从正态分布时，按式（37.3-21）

$$n_R = \frac{1}{K_R} = \frac{1}{1 - Z_R V_n} = \frac{1}{1 - 2.33 \times 0.094} = 1.28$$

从上例的计算结果可看出，安全系数服从正态分布时所需的 n_R 最大。

2.2 随机变量函数的均值和标准差的近似计算

除根据实际零件或构件直接试验获得数据估计应力和强度的分布外，一般都是利用随机变量的函数关系得到函数的分布。通过已知随机变量的分布求其函数的分布往往很难，故通常只求其均值和标准差的近似值。已知随机变量和标准差，求其函数的均值和标准差的近似方法如下。

（1）泰勒展开法

设 n 维随机变量 $x_1, x_2, \cdots, x_n$ 的函数

$$y = f(x_1, x_2, \cdots, x_n) \qquad (37.3\text{-}24)$$

函数的均值

$$\bar{y} = f(\bar{x}_1, \bar{x}_2, \cdots, \bar{x}_n) + \frac{1}{2}\sum_{i=1}^{n}\left(\frac{\partial^2 y}{\partial x_i^2}\right)_0 S_{x_i}^2 +$$

$$\sum_{i=1}^{n-1}\sum_{j=n+1}^{n}\left(\frac{\partial^2 y}{\partial x_i \partial x_j}\right)_0 \rho_{ij} S_{x_i} S_{x_j}$$

$$\approx f(\bar{x}_1, \bar{x}_2, \cdots, \bar{x}_n) \qquad (37.3\text{-}25)$$

函数的标准差

$$S_y \approx \left[\sum_{i=1}^{n}\left(\frac{\partial y}{\partial x_i}\right)_0^2 S_{x_i}^2 + 2\sum_{i=1}^{n-1} \right.$$

$$\left. \sum_{j=i+1}^{n}\left(\frac{\partial y}{\partial x_i}\right)_0\left(\frac{\partial y}{\partial x_j}\right)_0 \rho_{ij} S_{x_i} S_{x_j} \right]^{\frac{1}{2}} \qquad (37.3\text{-}26)$$

式中 下标"0"——表示求导后自变量取均值；

ρ_{ij}——x_i 与 x_j 的相关系数。

$$\rho_{ij} = \frac{E[(x_i - \bar{x}_i)(x_j - \bar{x}_j)]}{[E(x_i - \bar{x}_i)^2 E(x_j - \bar{x}_j)^2]^{\frac{1}{2}}} \qquad (37.3\text{-}27)$$

ρ_{ij} 的具体数值，就概念上判定为正相关（$\rho_{ij} = 1$）、负相关（$\rho_{ij} = -1$）和不相关（$\rho_{ij} = 0$）常比较容易，而对非线性又不独立的变量往往难以估计。在工程计算中，为了简单，常假定变量之间相互独立而取 $\rho_{ij} = 0$。

（2）变异系数法

对于单项式（没有加减运算的式子）的函数，式（37.3-24）的具体形式为

$$y = a\prod_{i=1}^{n} x_i^{m_i} \qquad (37.3\text{-}28)$$

式中 a、m_i——任意常数。

函数的均值

$$\bar{y} \approx a\prod_{i=1}^{n} \bar{x}_i^{m_i} \qquad (37.3\text{-}29)$$

函数的变异系数

$$V_y \approx \left(\sum_{i=1}^{n} m_i^2 V_{x_i}^2 + 2\sum_{i=1}^{n-1}\sum_{j=i+1}^{n} m_i m_j \rho_{ij} V_{x_i} V_{x_j} \right)^{1/2}$$

$$(37.3\text{-}30)$$

函数的标准差

$$S_y = \bar{y} V_y \qquad (37.3\text{-}31)$$

（3）基本函数法

本方法是将常用的函数作为基本函数，用（1）中的泰勒展开法求出其均值和标准差的近似结论式列于表 37.3-4 中，应用时可查用。对于较复杂的函数一般可化为这些基本函数形式，但是在把复杂函数化成基本函数时，应避开函数中变量的相关，亦即保证基本函数中变量是独立的。

在上述三种求函数均值和标准差的近似法中，基本函数法只在简单情况下才显得方便；变异系数法计算最简便；泰勒展开法可用于各种函数形式。

表 37.3-4　基本函数形式及其均值和标准差的近似结论式

序号	函数形式	均值 $\bar{y}$	标准差 S_y
1	$y = ax$	$\overline{ax}$	aS_x
2	$y = a \pm x$	$a \pm \bar{x}$	S_x
3	$y = x^m$	$\bar{x}^m$	$\|m\|\bar{x}^{m-1}S_x$
4	$y = x_1 \pm x_2$	$\bar{x}_1 \pm \bar{x}_2$	$(S_{x_1}^2 + S_{x_2}^2 \pm 2\rho_{12}S_{x_1}S_{x_2})^{\frac{1}{2}}$
5	$y = x_1 x_2$	$\bar{x}_1\bar{x}_2 + \rho_{12}S_{x_1}S_{x_2}$	$(\bar{x}_1^2 S_{x_1}^2 + \bar{x}_2^2 S_{x_2}^2 + 2\rho_{12}\bar{x}_1\bar{x}_2 S_{x_1}S_{x_2})^{\frac{1}{2}}$
6	$y = \dfrac{x_1}{x_2}$	$\dfrac{\bar{x}_1}{\bar{x}_2} + \dfrac{\bar{x}_1 S_{x_1}}{\bar{x}_2^2}\left(\dfrac{S_{x_2}}{\bar{x}_2} - \dfrac{\rho_{12}S_{x_1}}{\bar{x}_1}\right) \approx \dfrac{\bar{x}_1}{\bar{x}_2}$	$\dfrac{\bar{x}_1}{\bar{x}_2}\left(\dfrac{S_{x_1}^2}{\bar{x}_1^2} + \dfrac{S_{x_2}^2}{\bar{x}_2^2} - 2\rho_{12}\dfrac{S_{x_1}S_{x_2}}{\bar{x}_1\bar{x}_2}\right)^{\frac{1}{2}}$

例 37.3-4　某钢制拉杆，截面直径 d 的均值 $\bar{d} =$ 10mm，标准差 $S_d = 0.08$mm；杆长 L 的均值 $\bar{L} = 1000$mm，标准差 $S_L = 5$mm；受拉力 F 的均值 $\bar{F} = 10000$N，标准差 $S_F = 800$N；弹性模量 E 的均值 $\bar{E} = 20600$MPa，标准差 $S_E = 618$MPa。求拉杆伸长量的均值和标准差。

解　由材料力学知，杆的伸长量为

$$\delta = \frac{4FL}{\pi d^2 E} = \frac{4}{\pi}FLd^{-2}E^{-1}$$

上式为一单项式的函数，故用变异系数法求解最为方便。

首先求各随机变量的变异系数：

$$V_d = \frac{S_d}{\bar{d}} = \frac{0.08}{10} = 0.008$$

$$V_L = \frac{S_L}{\bar{L}} = \frac{5}{1000} = 0.005$$

$$V_F = \frac{S_F}{\bar{F}} = \frac{800}{10000} = 0.08$$

$$V_E = \frac{S_E}{\bar{E}} = \frac{618}{20600} = 0.03$$

由式（37.3-29）得 δ 的均值

$$\begin{aligned}\bar{\delta} &= \frac{4}{\pi}\bar{F}\bar{L}\,\bar{d}^{-2}\bar{E}^{-1}\\ &= \frac{4}{\pi}\times 10000\times 1000\times 10^{-2}\times 20600^{-1}\,\text{mm}\\ &= 6.18\text{mm}\end{aligned}$$

由式（37.3-30）得 δ 的变异系数

$$\begin{aligned}V_\delta &= (V_F^2 + V_L^2 + 4V_d^2 + V_E^2)^{\frac{1}{2}}\\ &= (0.08^2 + 0.005^2 + 4\times 0.008^2 + 0.03^2)^{\frac{1}{2}}\\ &= 0.087\end{aligned}$$

由式（37.3-31）得 δ 的标准差

$$S_\delta = \bar{\delta}V_\delta = 6.18\text{mm}\times 0.087 = 0.538\text{mm}$$

3　机械零件可靠性设计所需的部分数据和资料

3.1　几何尺寸

机械应力一般是载荷和几何尺寸的函数，故应力的随机性不仅决定于载荷的随机性，也决定于几何尺寸的随机性。由于加工不能保证几何尺寸绝对准确，而只能将其限制在允许的公差范围内，故几何尺寸也是一个随机变量。表 37.3-5 列出了不同加工方法时尺寸的误差，可作为设计时的参考。必要时可从承担加工的工厂索取具体数据。一般认为尺寸服从正态分布。当误差对称于公称尺寸为 Δx 时，可取公称尺寸为均值 $\bar{x}$，按 "$3s$" 原则取 $\Delta x/3$ 为标准差。当误差不对称于公称尺寸时，可根据公称尺寸和误差先求出最大值 $x_{\max}$ 和最小值 $x_{\min}$，然后取

$$\bar{x} = \frac{x_{\max} + x_{\min}}{2} \qquad (37.3\text{-}32)$$

$$S_x = \frac{x_{\max} - x_{\min}}{6} \qquad (37.3\text{-}33)$$

一般，对有较严公差限制的尺寸误差，对应力数值的影响甚微，常可假定为确定量而使计算大为方便。

表 37.3-5　不同加工方法的尺寸误差（mm）

加工方法	误差 一般	误差 可达	加工方法	误差 一般	误差 可达
火焰切割	±1.5	±0.5	锯	±0.50	±0.125
冲压	±0.25	±0.025	车	±0.125	±0.025
拉拔	±0.25	±0.05	刨	±0.25	±0.025
冷轧	±0.25	±0.025	铣	±0.125	±0.025
挤压	±0.5	±0.05	滚切	±0.125	±0.025
金属模铸	±0.75	±0.25	拉	±0.125	±0.0125
压铸	±0.25	±0.05	磨	±0.025	±0.005
熔模铸	—	±0.05	研磨	±0.005	±0.0012
烧结金属	±1.25	±0.05	钻孔	±0.25	±0.05
烧结陶瓷	±0.75	±0.50	铰孔	±0.05	±0.0125

3.2 材料的强度特性

试验表明，一些金属材料的强度特性基本可用正态分布描述。表37.3-6为金属材料强度等特性的变异系数。设计时，用所设计产品的材料做成组试验，即可估计到所需特性的均值和标准差或变异系数。如不做具体试验而利用手册或产品目录的数据时，目前我国钢材的抗拉强度和屈服强度数据多数是只保证不小于90%的下限值。若按表37.3-6取变异系数，则抗拉强度均值荐用

$$\overline{R}_m = 1.07 R_m \qquad (37.3\text{-}34)$$

表 37.3-6 金属材料强度等特性的变异系数

材料强度	变异系数 V
金属材料的抗拉强度	0.05
金属材料的屈服强度	0.07
钢材的疲劳极限	0.08
零件的疲劳极限	0.10~0.15
焊接构件强度	0.10~0.15

材料特性	变异系数 V
金属材料的断裂韧度	0.07
钢的弹性模量	0.03
铸铁的弹性模量	0.04
铝合金的弹性模量	0.03
钛合金的弹性模量	0.09

屈服强度均值荐用

$$\overline{R}_{eL} = 1.1 R_{eL} \qquad (37.3\text{-}35)$$

式中，R_m 和 R_{eL} 是从手册或产品目录中查得的下限值。

如果从手册或产品目录等文献中查得的强度数据的条件不明确，则荐用作为均值。

表37.3-7为我国某厂几种钢材同炉钢的静强度统计数据。

表37.3-8列出几种国产钢铁的疲劳极限，表37.3-9列出几种金属材料不同寿命的疲劳极限。

疲劳强度试验比静强度试验麻烦得多，具体试验和统计方法可参考有关文献。初步设计或近似设计计算时荐用

$$\overline{\sigma}_{-1} = \left(\frac{\sigma_{-1}}{R_m}\right) \overline{R}_m \qquad (37.3\text{-}36)$$

式中 $\overline{R}_m$——所用钢铁抗拉强度的均值，可按式（37.3-34）取值，最好做试验估计；

$\left(\dfrac{\sigma_{-1}}{R_m}\right)$——抗弯疲劳极限与抗拉强度极限的比值，可按表37.3-10和表37.3-11选取。

拉压、剪切疲劳极限与弯曲疲劳极限也基本成正比关系，其比值可参考表37.3-12选取。

应该注意，不同工厂的生产条件和技术水平不同，不同国家的情况更不一样，因此不应盲目搬用。设计重要的、对强度要求很严的产品宜直接做具体试验，统计得所需的均值、标准差等数据。若不做具体试验而参考类似产品的有关数据时应慎重考虑。

表 37.3-7 我国某厂几种钢材同炉钢静强度的统计数据

材 质	抗拉强度 R_m			屈服强度 R_{eL}		
	$\overline{R}_m$/MPa	S_{R_m}/MPa	V_{R_m}	$\overline{R}_{eL}$/MPa	$S_{R_{eL}}$/MPa	$V_{R_{eL}}$
钢 35 热轧,$\phi12\sim\phi180$mm,860℃空冷	603	24.5	0.041	379	19.0	0.05
钢 45 热轧,$\phi8\sim\phi250$mm,860℃空冷	676	23.5	0.035	408	15.7	0.039
钢 38CrMoAl 热轧,$\phi9\sim\phi220$mm,950℃淬火,620~640℃回火	1064	47.9	0.045	952	56.3	0.059
钢 9CrNiMo 热轧,$\phi20\sim\phi200$mm,860℃油淬,600℃空冷	1113	35.9	0.032	1012	43.8	0.043
钢 60Si2Mn 热轧,860℃油淬,470℃水冷	1510	56.5	0.037	1369	59.5	0.046
钢 18CrNiWA 热轧,$\phi12\sim\phi165$mm,950℃油淬,170~200℃空冷	1328	56.8	0.043	1034	58.8	0.057
钢 20CrNi2MoA 热轧,$\phi40\sim\phi130$mm,890℃油淬,170~200℃空冷	1264	139.2	0.110	1055	128.4	0.122
钢 30CrNi2MoA 热轧,$\phi12\sim\phi120$mm,860~890℃油淬,650~680℃空冷	1098	80.9	0.074	1027	79.7	0.078
钢 30CrMn2SiA 热轧,$\phi8\sim\phi200$mm,890℃油淬,510~540℃油回	1184	47.0	0.040	1098	51.0	0.046
钢 40CrNiMoA 热轧,$\phi20\sim\phi200$mm,850℃淬火,600℃回火	1088	41.8	0.039	989	44.6	0.045
钢 45CrNiMoVA 热轧,$\phi28\sim\phi220$mm,860℃淬火,440℃回火	1563	31.9	0.020	1496	36.2	0.024

表 37.3-8   几种国产钢铁的疲劳极限

材 质	光滑试件			缺口试件 $\alpha_\sigma = 2$		
	$\overline{\sigma}_{-1}$/MPa	$S_{\sigma_{-1}}$/MPa	$V_{\sigma_{-1}}$	$\overline{\sigma}_{-1C}$/MPa	$S_{\sigma_{-1C}}$/MPa	$V_{\sigma_{-1C}}$
钢 Q235-A 热轧 110HBW	213.1	8.105	0.038	132.4	4.386	0.033
钢 20 正火 124HBW	250.1(喇叭形)	5.085	0.02	146.8	5.098	0.035
钢 35 正火 164HBW	228.3	2.070	0.009	161.1	3.377	0.021
钢 45 正火 175HBW	249.3	5.307	0.021	161.0	7.711	0.048
钢 45 调质 216HBW	388.3(喇叭形)	9.666	0.025	211.7	9.212	0.044
钢 45 电渣熔铸 调质 319HBW	432.9	14.320	0.033	281.7	10.400	0.037
钢 16Mn 热轧 169HBW	280.8	8.443	0.030	169.9	3.854	0.023
钢 35CrMo 调质 280HBW	431.5	13.869	0.032	248.4	10.891	0.044
钢 40Cr 调质 268HBW	421.7	10.337	0.025	239.2	12.192	0.051
钢 40MnB 调质 288HBW	436.2	19.806	0.045	279.7	10.607	0.038
钢 42CrMo 调质 341HBW	503.9	12.367	0.025	313.1	7.158	0.023
钢 50CrV 淬火,中温回火 48.36HRC	746.5	32.003	0.043	477.7	16.511	0.035
钢 60Si2Mn 淬火,中温回火 397HBW	563.6	23.936	0.042	389.0	8.007	0.021
钢 65Mn 淬火,中温回火 45.76HRC	708.2	31.527	0.045	483.3	16.506	0.034
钢 12Cr13 调质 222HBW	374.2	12.993	0.035	221.6	9.664	0.044
钢 20Cr13 调质 222HBW	374.0	13.803	0.037	208.7	10.533	0.051
球铁 QT40-17 退火 149HBW 楔形试样	202.5	7.479	0.037	158.8	4.773	0.030
球铁 QT40-17 退火 156HBW 梅花试样	233.9	6.757	0.029	164.8	7.379	0.045
球铁 QT60-2 正火 273HBW 楔形试样	290.0	5.821	0.020	169.5	9.330	0.055
球铁 QT60-2 正火 243HBW 梅花试样	251.1	9.664	0.038	154.2	7.803	0.051

表 37.3-9   几种金属材料不同寿命的疲劳极限

材 质	试验条件		寿 命 N	均 值 $\overline{\sigma}_r$/MPa	标准差 S_{σ_r}/MPa	变异系数 V_{σ_r}
	r	α_σ				
钢 Q235-A 热轧 ϕ25mm 棒材	-1	2	10^5	235.3	2.662	0.01131
			5×10^5	200.2	3.588	0.01792
			10^6	171.2	4.419	0.02581
			5×10^6	147.1	5.431	0.03691
			10^7	135.4	5.551	0.04099
				200.5	10.4	0.0518
	0	1		273.2	14.8	0.0542
	0.3			336.8	20.9	0.0620
钢 35 ϕ25mm 棒材,850℃ 正火,空冷	-1	2	10^5	247.5	5.329	0.02153
			5×10^5	208.2	4.633	0.02225
			10^6	180.1	4.320	0.02399
			5×10^6	164.3	3.681	0.02240
			10^7	160.9	3.291	0.02045
		1		228.3	2.1	0.0092
钢 45 ϕ25mm 棒材,850℃ 正火,空冷	-1	1	10^5	333.1	6.452	0.01937
			5×10^5	303.1	7.822	0.02581
			10^6	289.4	7.879	0.02723
			5×10^6	285.5	7.569	0.02651
			10^7	284.1	7.535	0.02652
	0			345.9	9.2	0.0266
	0.3			346.2	23.3	0.0673
	-1	2	10^5	256.2	6.793	0.02651
			5×10^5	217.0	8.311	0.03830
			10^6	184.7	8.315	0.04502
			5×10^6	167.3	8.083	0.04831
			10^7	160.9	7.878	0.04924

（续）

材　　质	试验条件		寿　命 N	均　值 $\bar{\sigma}_r/\mathrm{MPa}$	标准差 $S_{\sigma_r}/\mathrm{MPa}$	变异系数 V_{σ_r}
	r	α_σ				
钢 45 $\phi25\mathrm{mm}$ 棒材，840℃ 水淬火，560℃回火，空冷	−1	1	10^5	439.1	6.909	0.01573
			5×10^5	409.8	7.641	0.01865
			10^6	384.0	8.767	0.02283
			5×10^6	391.3	10.100	0.02581
			10^7	390.4	10.353	0.02652
		2		211.7	9.2	0.0435
钢 16Mn 热轧，$\phi25\mathrm{mm}$ 棒材	−1	2	10^5	276.4	6.149	0.02225
			5×10^5	237.4	9.253	0.03898
			10^6	204.9	10.167	0.04962
			5×10^6	176.0	4.418	0.02510
			10^7	169.6	3.531	0.02082
				268.4	9.42	0.0351
	0	1		376.4	23.1	0.0613
	0.3			430.0	17.4	0.0405
钢 40Cr $\phi25\mathrm{mm}$ 棒材，850℃ 油淬火，460℃回火，空冷	−1	1	10^5	559.2	20.23	0.03618
			5×10^5	478.1	17.98	0.03761
			10^6	428.2	10.75	0.02511
			5×10^6	422.2	10.27	0.02432
				421.2	10.24	0.02431
		2	10^7	239.2	12.2	0.0510
	0	1		628.1	44.7	0.0712
	0.3			670.6	25.3	0.0377
钢 60Si2Mn $\phi25\mathrm{mm}$ 棒材，870℃ 油淬火，460℃回火，空冷	−1	1	10^5	660.0	38.27	0.05798
			5×10^5	590.9	26.99	0.04568
			10^6	573.5	25.05	0.04368
			5×10^6	566.9	24.39	0.04302
				564.3	24.27	0.04301
		2.2	10^7	372.7	11.5	0.0309
钢 40MnB $\phi25\mathrm{mm}$ 棒材，850℃ 油淬火，500℃ 回火，油冷	−1	1	10^5	555.3	20.70	0.03728
			5×10^5	480.3	12.06	0.02511
			10^6	445.2	13.99	0.03142
			5×10^6	440.1	19.52	0.04435
			10^7	438.1	21.74	0.04962
		2	10^5	372.9	12.49	0.03349
			5×10^5	319.5	13.10	0.04100
			10^6	286.1	10.76	0.03761
			5×10^6	280.2	10.54	0.03762
			10^7	279.0	9.921	0.03556
钢 35CrMo $\phi20\mathrm{mm}$ 棒材，850℃ 油淬火，550℃回火，油冷	−1	1	10^5	564.3	36.61	0.06488
			5×10^5	494.9	29.95	0.06052
			10^6	444.2	17.31	0.03897
			5×10^6	435.0	14.57	0.03349
				432.1	13.88	0.03212
		2	10^7	248.4	10.9	0.0439
钢 20Cr13 $\phi22\mathrm{mm}$ 棒材，1000℃ 油淬火，700℃回火，空冷	−1	1	10^7	373.9	13.8	0.0369
		2		208.7	10.5	0.0503
钢 18Cr2Ni4WA $\phi18\mathrm{mm}$ 棒材，950℃ 正火，860℃淬火，540℃回火	1	2	10^5	463.9	22.23	0.04792
			5×10^5	411.9	17.00	0.04127

（续）

材　质	试验条件		寿　命	均　值	标准差	变异系数
	r	α_σ	N	$\bar{\sigma}_r$/MPa	S_{σ_r}/MPa	V_{σ_r}
钢 18Cr2Ni4WA ϕ18mm 棒材,950℃ 正火,860℃ 淬火,540℃ 回火	1	2	10^6	384.4	15.69	0.04082
			5×10^6	368.7	13.73	0.03724
			10^7	360.9	11.77	0.03261
钢 30CrMnSiA ϕ25mm 棒材,890～ 898℃油中淬火,510~520℃ 回火	-1	1	10^5	784.6	35.96	0.04583
			5×10^5	676.7	19.61	0.02898
			10^6	655.1	17.65	0.02694
			5×10^6	639.4	17.00	0.02669
			10^7	637.5	18.63	0.02922
		2	10^5	411.3	19.61	0.04768
			5×10^5	379.5	14.71	0.03876
			10^6	359.9	10.13	0.02815
			5×10^6	356.0	10.13	0.02846
			10^7	353.1	9.807	0.02777
		3	10^5	308.9	14.71	0.04762
			5×10^5	270.7	10.13	0.03742
			10^6	250.1	9.807	0.03921
			5×10^6	243.2	9.150	0.03762
			10^7	241.3	9.150	0.03792
		4	10^5	285.4	11.11	0.03893
			5×10^5	245.2	9.807	0.03500
			10^6	221.6	9.150	0.04129
			5×10^6	210.9	8.169	0.03873
			10^7	204.0	6.865	0.03365
	0.1[①]	1	10^5	1176.8	52.30	0.04444
			5×10^5	1108.2	42.49	0.03834
			10^6	1090.5	39.23	0.03597
			5×10^6	1088.6	39.55	0.03633
			10^7	1088.6	39.89	0.03664
		3	10^5	455.0	29.42	0.06466
			5×10^5	377.6	17.00	0.04502
			10^6	347.2	14.39	0.04145
			5×10^6	335.4	15.69	0.04678
			10^7	328.5	16.35	0.04977
	0.5[①]	3	10^5	676.7	35.96	0.05314
			5×10^5	642.4	31.06	0.04835
			10^6	612.0	27.46	0.04487
			5×10^6	609.0	24.84	0.04079
			10^7	608.0	24.84	0.04086
钢 30CrMnSi2A ϕ25mm 棒材,900℃淬 火,260℃ 回火	-0.5[①]	5	10^5	343.2	13.73	0.04001
			5×10^5	272.6	10.46	0.03837
			10^6	251.1	9.150	0.03644
			5×10^6	248.1	9.150	0.03688
			10^7	245.2	9.807	0.04000
	0.1[①]	3	10^5	441.3	17.98	0.04074
			5×10^5	415.8	16.67	0.04009
			10^6	402.1	16.35	0.04066
			5×10^6	392.3	15.69	0.03999
			10^7	382.5	14.71	0.03846

（续）

材　　质	试验条件		寿　命	均　　值	标准差	变异系数
	r	α_σ	N	$\overline{\sigma}_r/\text{MPa}$	S_{σ_r}/MPa	V_{σ_r}
钢 30CrMnSi2A φ25mm 棒材,900℃ 淬火,260℃ 回火	0.1[①]	4	10^5	328.5	17.98	0.05473
			5×10^5	241.3	9.150	0.03792
			10^6	187.3	6.865	0.03665
	0.445[①]	3	10^5	686.5	27.78	0.04047
			5×10^5	583.5	20.59	0.03529
			10^6	578.6	20.27	0.03503
			5×10^6	572.7	19.29	0.03368
			10^7	571.7	18.96	0.03316
	0.5[①]	5	10^5	624.7	26.16	0.04188
			5×10^5	525.7	18.31	0.03483
			10^6	517.8	17.33	0.03347
			5×10^6	513.9	16.67	0.03244
			10^7	510.0	16.35	0.03206
钢 40CrNiMoA $r=-1$ 的试件取自 φ22mm 棒材;$r=0.1$ 的试件取自 φ180mm 的棒材,850℃ 油淬火,580℃ 回火	-1	1	10^5	666.9	37.59	0.05637
			5×10^5	590.4	26.16	0.04431
			10^6	559.0	20.92	0.03742
			5×10^6	539.4	20.92	0.03878
			10^7	523.7	19.61	0.03745
		2	10^5	392.3	25.17	0.06416
			5×10^5	333.4	14.05	0.04214
			10^6	318.7	11.44	0.03590
			5×10^6	310.9	10.46	0.03364
			10^7	307.9	9.807	0.03185
		3	10^5	294.2	15.03	0.05109
			5×10^5	245.2	9.807	0.04000
			10^6	217.7	8.169	0.03752
			5×10^6	210.9	6.865	0.03255
			10^7	208.9	6.865	0.03286
	0.1[①]	1	10^5	1211.2	45.77	0.03779
			5×10^5	1157.2	42.49	0.03672
			10^6	1110.2	39.89	0.03593
			5×10^6	1066.0	38.25	0.03588
			10^7	1029.7	32.69	0.03175
		3	10^5	384.4	17.65	0.04592
			5×10^5	326.6	11.44	0.03503
			10^6	305.0	10.79	0.03538
			5×10^6	292.2	10.79	0.03693
			10^7	284.4	9.807	0.03448
钢 42CrMnSiMoA（GC-4 电渣钢）φ42mm 棒材,920℃ 加热,300℃ 等温,空冷	-1[①]	1	10^5	874.8	49.69	0.05680
			5×10^5	799.3	38.25	0.04785
			10^6	761.0	29.42	0.03866
			5×10^6	735.5	26.80	0.03644
			10^7	717.9	24.84	0.03460
		3	10^5	373.6	18.31	0.04901
			5×10^5	323.6	13.07	0.04039
			10^6	284.4	11.44	0.04023
			5×10^6	251.1	9.807	0.03906
			10^7	239.3	9.150	0.03824

（续）

材　质	试验条件		寿　命	均　值	标准差	变异系数
	r	α_σ	N	$\overline{\sigma}_r$/MPa	S_{σ_r}/MPa	V_{σ_r}
钢　42CrMnSiMoA（GC-4 电渣钢）ϕ42mm 棒材，920℃ 加热，300℃ 等温，空冷	0.1[①]	1	10^5	1118.0	62.30	0.04678
			5×10^5	1074.8	41.19	0.03832
			10^6	1069.0	39.23	0.03670
			5×10^6	1067.0	39.23	0.03677
			10^7	1065.0	38.57	0.03622
		3	10^5	485.4	18.63	0.03838
			5×10^5	460.9	16.35	0.03547
			10^6	447.2	16.67	0.03728
			5×10^6	433.5	15.69	0.03619
			10^7	427.6	15.03	0.03515
球墨铸铁 QT500-7 楔形试块，900℃ 正火，空冷	−1	1	10^5	364.4	13.71	0.03762
			5×10^5	312.3	11.96	0.03830
			10^6	294.1	5.910	0.02010
			5×10^6	292.1	6.289	0.02153
			10^7	290.8	6.052	0.02081
		2	10^5	269.5	9.028	0.03350
			5×10^5	229.9	11.41	0.04963
			10^6	197.0	12.17	0.06178
			5×10^6	175.6	9.623	0.05480
			10^7	168.1	8.887	0.05287
球墨铸铁 QT400-18 楔形试块，900℃ 退火，炉冷	−1	1	10^5	306.6	17.20	0.05607
			5×10^5	267.0	17.65	0.06611
			10^6	233.6	13.84	0.05926
			5×10^6	210.2	8.898	0.04233
			10^7	203.0	7.912	0.03898
		2	10^5	250.9	10.63	0.04235
			5×10^5	221.6	13.82	0.06238
			10^6	194.3	13.09	0.06734
			5×10^6	171.6	8.178	0.04766
			10^7	158.9	4.937	0.03107
铝合金 2A12B 板厚 19mm（预拉伸加工硬化）	0.1[①]	1	10^5	329.5	13.41	0.04070
			5×10^5	293.2	11.77	0.04014
			10^6	264.8	9.807	0.03704
			5×10^6	243.2	9.150	0.03762
			10^7	223.6	7.522	0.03364
		3	10^5	161.8	7.522	0.04649
			5×10^5	134.4	5.227	0.03889
			10^6	114.7	4.246	0.03702
			5×10^6	106.9	3.923	0.03670
			10^7	103.0	3.599	0.03494
		5	10^5	120.6	4.904	0.04066
			5×10^5	99.05	3.923	0.03961
			10^6	87.28	3.266	0.03742
			5×10^6	84.34	3.266	0.03872
			10^7	82.38	2.941	0.03370
	0.5[①]	1	10^5	405.0	17.33	0.04279
			5×10^5	360.9	15.03	0.04165
			10^6	347.2	13.73	0.03954
			5×10^6	328.5	12.09	0.03680
			10^7	319.7	11.77	0.03682

（续）

材　质	试验条件		寿命	均值	标准差	变异系数
	r	α_σ	N	$\overline{\sigma}_r$/MPa	S_{σ_r}/MPa	V_{σ_r}
		3	10^5	211.8	8.826	0.04167
			5×10^5	169.7	6.541	0.03854
			10^6	151.0	5.227	0.03462
			5×10^6	145.1	5.227	0.03602
	$0.5^①$		10^7	143.2	4.904	0.03425
			10^5	161.8	6.541	0.04043
			5×10^5	129.4	6.227	0.04039
铝合金 2A12B 板厚 19mm（预拉伸加		5	10^6	115.7	4.246	0.03670
工硬化）			5×10^6	109.8	3.923	0.03573
			10^7	104.0	2.941	0.02828
			10^5	117.5	5.816	0.04950
	$-0.5^①$	3	5×10^5	108.5	4.776	0.04402
			10^6	100.0	3.923	0.03923
			5×10^6	92.19	3.599	0.03904
			10^7	87.77	2.942	0.03352
			10^5	202.0	9.483	0.04695
	$0.1^①$	1.16	5×10^5	146.1	6.541	0.04477
			10^6	125.5	4.580	0.03649
			5×10^6	115.7	4.246	0.03670
			10^7	110.8	3.923	0.03541
铝合金 2A12CZ 板厚 2.5mm（淬火自			10^5	277.5	14.05	0.05063
然时效）	$0.02^①$	1	5×10^5	195.2	8.826	0.04522
			10^6	144.2	5.561	0.03856
			5×10^6	132.4	4.580	0.03459
			5×10^5	331.5	15.69	0.04733
	$0.6^①$	1	10^6	309.9	12.43	0.04011
			5×10^6	274.6	9.807	0.03571
			10^5	240.5	11.44	0.04757
	$0.1^①$	1	5×10^5	176.5	7.189	0.04073
			10^6	139.3	5.227	0.03752
			5×10^6	133.4	4.904	0.03676
铝合金 2A12CS 板厚 2.5mm（淬火人			10^7	131.4	4.680	0.03562
工时效）			10^5	372.7	16.35	0.04387
			5×10^5	304.0	11.77	0.03872
	$0.5^①$	1	10^6	255.0	8.826	0.03461
			5×10^6	225.6	7.846	0.03478
			10^7	206.9	6.865	0.03318
			10^5	261.8	12.75	0.04870
			5×10^5	220.7	8.826	0.03999
		1	10^6	188.3	7.189	0.03818
			5×10^6	170.6	6.208	0.03639
铝合金 7A09 ϕ25mm 棒材	$-1^①$		10^7	161.8	5.561	0.03437
			10^5	154.0	6.541	0.04247
			5×10^5	131.4	5.227	0.03978
		2.4	10^6	113.8	4.246	0.03731
			5×10^6	98.07	3.599	0.03670
			10^7	93.17	3.266	0.03505

（续）

材　质	试验条件		寿　命 N	均　值 $\overline{\sigma}_r$/MPa	标准差 S_{σ_r}/MPa	变异系数 V_{σ_r}
	r	α_σ				
铝合金 7A09 ϕ25mm 棒材	0.1[①]	1	10^5	269.7	13.41	0.04072
			5×10^5	199.1	8.169	0.04103
			10^6	161.8	5.561	0.03437
			5×10^6	142.2	4.904	0.03449
			10^7	130.4	4.246	0.03256
		3	10^5	124.5	5.884	0.04726
			5×10^5	93.17	4.246	0.04557
			10^6	76.49	2.942	0.03846
			5×10^6	70.61	2.618	0.03708
			10^7	66.69	2.285	0.03426
		5	10^5	81.40	4.246	0.05216
			5×10^5	63.75	2.618	0.04107
			10^6	57.86	2.285	0.03949
			5×10^6	54.92	1.961	0.03571
			10^7	52.96	1.795	0.03389
	0.5[①]	1	10^5	431.5	26.16	0.06063
			5×10^5	262.8	13.41	0.05103
			10^6	228.5	10.79	0.04722
			5×10^6	204.0	7.846	0.03846
			10^7	186.3	5.884	0.03158
		3	10^5	178.5	9.807	0.05494
			5×10^5	144.2	6.208	0.04305
			10^6	127.5	4.904	0.03846
			5×10^6	116.3	4.119	0.03542
			10^7	109.8	3.599	0.03278
		5	10^5	117.7	4.904	0.04167
			5×10^5	92.19	3.599	0.03904
			10^6	82.38	3.267	0.03967
			5×10^6	78.46	2.618	0.03337
			10^7	76.49	2.618	0.03423

注：α_σ 为理论应力集中系数，r 为应力比。
① 疲劳试验为轴向加载，其余均为旋转弯曲。

表 37.3-10　钢铁的 $\left(\dfrac{\sigma_{-1}}{R_m}\right)$ 荐用值

材　质	$\left(\dfrac{\sigma_{-1}}{R_m}\right)$	材　质	$\left(\dfrac{\sigma_{-1}}{R_m}\right)$
锻钢（正火或调质）	0.45	铁素体球墨铸铁	0.48
铸钢或淬火钢	0.40	珠光体球墨铸铁	0.33
灰铸铁	0.40		

表 37.3-11　各种材质的 $\left(\dfrac{\sigma_{-1}}{R_m}\right)$ 数值

材　质	$\left(\dfrac{\sigma_{-1}}{R_m}\right)$	材　质	$\left(\dfrac{\sigma_{-1}}{R_m}\right)$
商业纯铁	0.57	中碳钢$[w(C)=0.36\%]$（退火）	0.46
铸铁	0.41	中碳钢$[w(C)=0.36\%]$（淬火，回火）	0.46
球墨铸铁	0.33	高碳钢$[w(C)=0.75\%]$（退火）	0.38
低碳钢$[w(C)=0.15\%]$（退火）	0.55	高碳钢$[w(C)=0.75\%]$（淬火，回火）	0.41

（续）

材　　　质	$\left(\dfrac{\sigma_{-1}}{R_{\mathrm{m}}}\right)$	材　　　质	$\left(\dfrac{\sigma_{-1}}{R_{\mathrm{m}}}\right)$
Ni 钢[w(Ni)= 2.5%]（淬火，回火）	0.59	纯铝（冷作）	0.34
Cr-Mo 钢（淬火，回火）	0.49	铝镁合金[w(Al)= 7%]（退火）	0.39
Ni-Cr-Mo 钢（淬火，回火）	0.40	铝镁合金[w(Al)= 7%]（冷作）	0.43
18Cr-8Ni 不锈钢（冷拔）	0.58	杜拉明铝合金（Duralumin 2034）（退火）	0.48
锰钢[w(Mn)= 12%]（淬火）	0.41	杜拉明铝合金（Duralumin 2024）（溶液处理，时效）	0.29
纯铜（退火）	0.29	铝-锌-镁合金（7075）（溶液处理，时效）	0.27
黄铜[w(Cu)= 60%，w(Zn)= 40%]（退火）	0.37	纯镁（挤压）	0.31
黄铜[w(Cu)= 70%，w(Zn)= 30%]（退火）	0.31	镁-铝-锌合金（热处理）	0.40
黄铜[w(Cu)= 90%，w(Zn)= 10%]（冷拔）	0.29	镁-锌合金（热处理）	0.36
磷青铜（退火）	0.31	商业纯钛（轧制）	0.59
铝青铜[w(Al)= 9.5%]（退火）	0.35	钛铝锡合金[w(Ti)= 4%，w(Al)= 2.5%]（热处理）	0.57
蒙乃尔合金（Monel Cu-Ni）（退火）	0.44	钛铝钒合金[w(Ti)= 6%，w(Al)= 4%]（热处理）	0.53
蒙乃尔合金（Monel Cu-Ni）（冷拔）	0.42	钛锰合金[w(Ti)= 4%，w(Mn)= 4%]（热处理）	0.58
镍合金（Nimonic 80）	0.31	纯铅（退火）	0.15
纯铝（退火）	0.30	有机玻璃（聚甲基丙烯酸甲酯）	0.35

注：应力循环次数，钢 10^7 次，非铁金属 10^8 次。

表 37.3-12　拉压 σ_{-1l}、剪切 τ_{-1} 与弯曲 σ_{-1} 的比值

项　　目	钢	铸　铁	铝合金和镁合金
σ_{-1l}/σ_{-1}	0.85	0.9	1
τ_{-1}/σ_{-1}	0.57	0.8	0.55（锻），0.85（铸）

4　零件静强度的可靠性设计

　　不随时间变化或变化缓慢的应力称为静应力。当应力循环次数小于 10^3 时也近似作为静应力处理。静强度不够而引起的失效形式主要是整体破断或过大的残余变形，前者是应力超过强度极限，后者是应力超过屈服极限所致。

　　进行零件或构件的概率设计计算时，有些随机因素尚未查明或尚难查明。例如，试验模拟的近似性、计算简化假定的近似性、数据引用的近似性、生产使用情况的估计、人的素质等所引起的随机差异等，都难以明确定量。针对这些难以定量或数据暂缺的情况，建议在计算载荷或应力时乘一个计算系数 K，其数值可参考各类机械设备的专业数据。例如，载荷系数、工况系数和经验安全系数等资料判断估计。例如，取计算系数均值 $\overline{K}=1.0 \sim 1.5$ 以上，变异系数 $V_K = 0 \sim 1.5$。当计算模型正确，但某些变异系数缺乏，可取 $\overline{K}=1.0$，$V_K > 0$；当所有数据都来自与设计条件相同的试验，或者计算中所取数据偏于保守，则可取 $\overline{K}=1.0$，$V_K = 0$。应该知道，这个系数沿袭了常规设计的处理方法。在取数据时注意已经由直接或间接试验定量考虑过的部分勿再计入，因此这个系数一般应小于常规设计时的取值。随着各随机因素统计定量的不断完善，系数 K 逐渐

趋于 1，而 V_K 逐渐趋于 0。

4.1　正态分布的设计法

　　当应力和强度的分布及分布参数已知时，就可用本章 1、2 节中的方法验算可靠度。

　　对不很复杂的情况，若应力和强度均服从正态分布或对数正态分布以及安全系数服从正态分布的情况，就可用 2.1 节中的方法，按指定的可靠度先求得可靠安全系数，再按强度条件

$$\overline{x}_l \leqslant \frac{\overline{x}_s}{n_R} \qquad (37.3\text{-}37)$$

就可进行设计计算。这和常规设计计算的形式是一致的，只需注意要用均值进行计算。关于设计式中各参数的随机性统一由可靠安全系数来考虑。

　　一般对可靠度要求不高（如 $R \leqslant 0.90$）、变异系数不大（如 $V_{x_l} \leqslant 0.05$，$V_{x_s} \leqslant 0.05$）的情况，应力和强度均服从正态分布、均服从对数正态分布以及安全系数服从正态分布这三种计算结果很近似，而安全系数服从正态分布的计算结果略趋保守。因此，当应力和强度的分布不很明确时，为了安全及计算简便，荐用安全系数服从正态分布的计算方法。

4.2　非正态分布的设计法

　　当应力和强度不全服从正态分布或对数正态分布，安全系数也不服从正态分布，对这样的设计问题推荐如下方法。

　　（1）最小可靠度近似法

　　令 x_s 表示实际制造尺寸，通常认为 x_s 服从正态

分布；x_l 表示按载荷、材料性能等因素得到的允许最小尺寸，一般 x_l 不服从正态分布。显然，可靠度

$$R = P(x_s > x_l) \qquad (37.3-38)$$

如图 37.3-3 所示。这时的 x_l 即为应力-强度模型中的应力，x_s 即为强度，是一种非正态分布和正态分布的干涉情况。干涉面积如图 37.3-3 所示。若用 x_0 表示 $f_l(x_l)$ 与 $f_s(x_s)$ 两曲线交点 a 的横坐标，则 a 点的垂线将干涉面积分为 Q_l 和 Q_s 两部分：Q_l 是 $x_l > x_0$ 的概率，Q_s 是 $x_s < x_0$ 的概率。可以导得，最小可靠度

$$R_{min} = (1 - Q_s)(1 - Q_l) \qquad (37.3-39)$$

由此情况推算得到的可靠度是最保守的，当实际可靠度不很低时（如 $R > 0.8$），则推算得到的可靠度已很接近准确值。

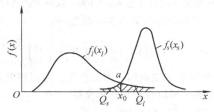

图 37.3-3　应力-强度模型干涉情况

设计时，求尺寸 $\bar{x}_s$ 和 S_{x_s}，适当选定 Q_s 和 Q_l 使最小可靠度满足指定的可靠度要求，设计步骤如下：

1）按指定的可靠度 R 选定 Q_s，并按 $Q_s = \Phi(Z_s)$ 由表 37.2-12 或表 37.1-6 查得 Z_s。

2）求 Q_l：

$$Q_l = 1 - \frac{R}{1 - Q_s} \qquad (37.3-40)$$

3）按强度条件求出允许最小尺寸 x_l 的函数式，并按统计分析或蒙特卡洛模拟法确定 x_l 的分布函数 $F_l(x_l)$ 和概率密度 $f_l(x_l)$。

4）按式（37.3-41）求 x_0：

$$F_l(x_0) = 1 - Q_l \quad 即 \quad x_0 = F_l^{-1}(1 - Q_l) \qquad (37.3-41)$$

5）按式（37.3-42）求 S_{x_s}：

$$S_{x_s} = \frac{1}{f_l(x_0)\sqrt{2\pi}} e^{\frac{z_s^2}{2}} \qquad (37.3-42)$$

如果求得的 S_{x_s} 过大，则改取较小的 Q_s 重算，反之则改取较大的 Q_s 重算。

6）按式（37.3-43）求 $\bar{x}_s$：

$$\bar{x}_s = x_0 - Z_s S_{x_s} \qquad (37.3-43)$$

（2）尺寸确定量近似法

一般的制造尺寸有较严的公差约束，可近似认为是确定量。用 x_s 表示实际制造尺寸，并近似取 $x_s = \bar{x}_s$，x_l 表示按载荷、材料性能等因素获得的允许最小

尺寸。这时的应力-强度模型的干涉情况如图 37.3-4 所示。显然，可靠度

$$R = P(x_l < \bar{x}_s) = F_l(\bar{x}_s) \qquad (37.3-44)$$

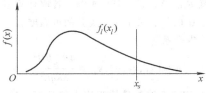

图 37.3-4　应力-强度模型干涉情况

设计步骤如下：

1）按强度条件求出允许最小尺寸 x_l 的函数式，并按统计分析或蒙特卡洛模拟法确定 x_l 的分布函数 $F_l(x_l)$。

2）按式（37.3-44）解出 $\bar{x}_s$，即

$$\bar{x}_s = F_l^{-1}(R) \qquad (37.3-45)$$

3）按精度要求给定 S_{x_s} 或公差。

（3）蒙特卡洛模拟法验算可靠度

应力-强度模型是机械零件可靠性设计的基础。当应力和强度分布的一些组合难以用解析法求可靠度或应力和强度分别是其他随机变量的函数时，特别是这些随机变量存在相关时，解析法难以求解，而模拟法可有效地求出近似解。图 37.3-5 给出了这类计算的程序框图。图中以安全系数 $n > 1$ 作为不失效的判据，一般

$$n = f(x_1, x_2, \cdots, x_n) \qquad (37.3-46)$$

$$R = P(n > 1) \approx M/N \qquad (37.3-47)$$

式中　　M——N 次抽样中 $n > 1$ 的次数；

　　　　N——模拟计算次数。

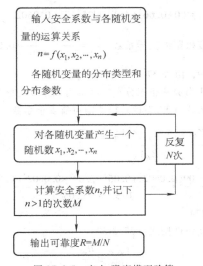

图 37.3-5　应力-强度模型验算
可靠度的程序框图

例 37.3-5 矩形截面梁的梁高 $H \sim N(190, 2^2)$ mm，梁宽 $B \sim N(95, 1^2)$ mm，跨度 $L \sim N(3500, 50^2)$ mm。受均布静载荷 $q \sim N(115, 12^2)$ N/mm。材料的屈服强度 $R_{eL} \sim N(377, 19^2)$ MPa，若取计算系数 $K \sim N(1.02, 0.05^2)$，求不屈服失效的可靠度。

解 安全系数

$$n = f(x_1, x_2, \cdots, x_n) = \frac{4 R_{eL} B H^2}{3 K q L^2}$$

按图 37.3-5 编制具体程序上机运算，输入随机变量 H、B、L、q、R_{eL}、K 的分布类型和分布参数，取模拟次数 $N = 1000$。

计算结果：

可靠度：$R = 0.9337$

4.3 零件静强度的可靠性设计应用举例

（1）拉杆的静强度可靠性设计

例 37.3-6 圆截面拉杆，受轴向力 $F \sim N(250000, 15000^2)$ N，所用材料抗拉强度 $R_m \sim N(630, 31.5^2)$ MPa，要求不拉断失效的可靠度 $R = 0.999$，求所需的截面直径 d。

解 工作应力函数

$$\sigma = \frac{4 K F}{\pi d^2}$$

计算准确，取计算系数 $\overline{K} = 1.0$，$V_K = 0$。一般制造水平，取直径变异系数 $V_d = 0.0025$。

载荷变异系数 $V_F = \frac{S_F}{\overline{F}} = \frac{15000}{250000} = 0.06$，求应力的变异系数，按式（37.3-30），式中 $\rho_{ij} = 0$，故

$$V_\sigma = (V_K^2 + V_F^2 + 2^2 V_d^2)^{\frac{1}{2}}$$
$$= (0 + 0.06^2 + 4 \times 0.0025^2)^{\frac{1}{2}} = 0.0602$$

强度极限的变异系数 $V_{R_m} = \frac{S_{R_m}}{\overline{R}_m} = \frac{31.5}{630} = 0.05$。当 $R = 0.999$，由表 37.2-12 查得 $Z_R = 3.09$。

设应力服从正态分布，则应力和强度均服从正态分布。按式（37.3-17）得所需可靠安全系数

$$n_R = \frac{1 + Z_R (V_\sigma^2 + V_{R_m}^2 - Z_R^2 V_\sigma^2 V_{R_m}^2)^{\frac{1}{2}}}{1 - Z_R^2 V_{R_m}^2}$$

$$= \frac{1 + 3.09(0.0602^2 + 0.05^2 - 3.09^2 \times 0.0602^2 \times 0.05^2)^{\frac{1}{2}}}{1 - 3.09^2 \times 0.05^2}$$

$$= 1.274$$

强度条件按式（37.3-37）

$$\frac{4 \overline{K} \overline{F}}{\pi d^2} \leqslant \frac{\overline{R}_m}{n_R}$$

解得

$$\overline{d} \geqslant \left(\frac{4 \overline{K} \overline{F} n_R}{\pi \overline{R}_m} \right)^{\frac{1}{2}}$$

$$= \left(\frac{4 \times 1 \times 250000 \times 1.274}{\pi \times 630} \right)^{\frac{1}{2}} \text{mm} = 25.37 \text{mm}$$

$$S_d = V_d \overline{d} = 0.0025 \times 25.37 \text{mm} = 0.0634 \text{mm}$$

将设计结果适当圆整，并取 $\Delta d = 3 S_d = 3 \times 0.0624 \text{mm} = 0.19 \text{mm}$，则 $d = (25.5 \pm 0.19) \text{mm}$

（2）轴的静强度可靠性设计

轴的静强度可靠性设计应以出现的尖峰载荷进行计算，并由强度理论确定工作应力。

例 37.3-7 某转轴最大弯矩 $\overline{M} = 1.5 \times 10^8$ N·mm，$V_M = 0.05$；最大转矩 $\overline{T} = 1.2 \times 10^8$ N·mm，$V_T = 0.05$。轴所用钢材的屈服强度 $\overline{R}_{eL} = 1038$ MPa，$V_{R_{eL}} = 0.0392$。要求不发生屈服失效的可靠度 $R \geqslant 0.999$，求所需的直径。

解 工作应力按第四强度理论

$$\sigma = (\sigma_M^2 + 3\tau_T^2)^{\frac{1}{2}} = \frac{1}{0.1 d^3} \left(M^2 + \frac{3}{4} T^2 \right)^{\frac{1}{2}}$$

由于 M 和 T 是由同一力源产生，为正相关 $\rho_{MT} = 1$，故 M 和 T 可以合并为一个变量

$$\frac{T}{M} = \frac{\overline{T}}{\overline{M}} = \frac{1.2 \times 10^8}{1.5 \times 10^8} = 0.8, \quad \text{即 } T = 0.8 M$$

代入上式，并考虑计算系数 K，则工作应力可简化为

$$\sigma = \frac{12.166 K M}{d^3}$$

上式即为应力函数，取计算系数 $\overline{K} = 1$，$V_K = 0$；直径的变异系数 $V_d = 0.001$。

按式（37.3-30）求应力的变异系数，各变量相互独立 $\rho_{ij} = 0$，故

$$V_\sigma = (V_K^2 + V_M^2 + 3^2 V_d^2)^{\frac{1}{2}} \approx 0.05$$

按要求的 $R = 0.999$ 查表 37.2-12 得 $Z_R = 3.09$。设安全系数服从正态分布，所需可靠安全系数由式（37.3-21）计算，式中

$$V_n = (V_\sigma^2 + V_{R_{eL}}^2)^{\frac{1}{2}} = (0.05^2 + 0.0392^2)^{\frac{1}{2}} = 0.0635$$

则

$$n_R = \frac{1}{1 - Z_R V_n} = \frac{1}{1 - 3.09 \times 0.0635} = 1.244$$

强度条件按式（37.3-37）

$$\frac{12.166 \overline{K} \overline{M}}{\overline{d}^3} \leqslant \frac{\overline{R}_{eL}}{n_R}$$

可解得

$$\overline{d} \geqslant \left(\frac{12.166 \overline{K} \overline{M} n_R}{\overline{R}_{eL}} \right)^{\frac{1}{3}}$$

$$= \left(\frac{12.166 \times 1 \times 1.5 \times 10^8 \text{N} \cdot \text{mm} \times 1.244}{1038 \text{N} \cdot \text{mm}^{-2}} \right)^{\frac{1}{3}}$$

$$= 129.8 \text{mm}$$

$$\Delta d = 3S_d = 3V_d \overline{d} = 3 \times 0.001 \times 129.8 \text{mm} = 0.389 \text{mm}$$

适当圆整，取 $d = (130 \pm 0.39)$ mm。

显然，这样求得的直径只满足静强度要求，关于疲劳强度还应另行验算。

（3）螺栓连接的静强度可靠性设计

受预紧力和轴向工作载荷的紧螺栓连接是螺栓连接中最重要的一种形式。这里仅以此种连接为例说明螺栓连接的静强度可靠性设计。

例 37.3-8 某紧螺栓连接预紧时受预紧力 $Q_p \sim N$ $(22000, 1980^2)$ N，工作时受轴向拉力 $F \sim N(52500,$ $5200^2)$ N。螺栓的相对刚度 $C \sim N(0.3, 0.024^2)$，螺栓材料的屈服强度 $R_{eL} \sim N(640, 45^2)$ MPa。要求不发生屈服失效的可靠度 $R = 0.999$，求所需的螺栓直径。

解　螺栓所受的总拉力

$$Q = Q_p + CF$$

按式（37.3-25），螺栓所受总拉力的均值

$$\overline{Q} = \overline{Q}_p + \overline{C}\,\overline{F} = 22000 \text{N} + 0.3 \times 52500 \text{N} = 37750 \text{N}$$

按式（37.3-26），各变量相互独立 $\rho_{ij} = 0$，标准差

$$S_Q = (S_{Q_p}^2 + \overline{F}^2 S_C^2 + \overline{C}^2 S_F^2)^{\frac{1}{2}}$$

$$= (1980^2 + 52500^2 + 0.024^2 + 0.3^2 \times 5200^2)^{\frac{1}{2}} \text{N}$$

$$= 2818.08 \text{N}$$

螺栓所受的工作应力（考虑计算系数 K）

$$\sigma = \frac{4 \times 1.3 KQ}{\pi d_1^2}$$

取计算系数 $K = 1.1$，$V_K = 0.05$；螺栓小径 d_1 的变异系数 $V_{d_1} = 0.001$。按式（37.3-30）求应力的变异系数，各变量相互独立 $\rho_{ij} = 0$，故

$$V_\sigma = (V_K^2 + V_Q^2 + 2^2 V_{d_1}^2)^{\frac{1}{2}}$$

$$= \left[0.05^2 + \left(\frac{2818.08}{37750} \right)^2 + 4 \times 0.001^2 \right]^{\frac{1}{2}}$$

$$= 0.09$$

按要求的 $R = 0.999$，查表 37.2-12 得 $Z_R = 3.09$。屈服极限的变异系数

$$V_{R_{eL}} = \frac{\overline{S}_{R_{eL}}}{\overline{R}_{eL}} = \frac{45}{640} = 0.07$$

设应力服从正态分布，按式（37.3-22）得所需可靠安全系数

$$n_R = \frac{1 + Z_R(V_\sigma^2 + V_{R_{eL}}^2 - Z_R^2 V_\sigma^2 V_{R_{eL}}^2)^{\frac{1}{2}}}{1 - Z_R^2 V_{R_{eL}}^2}$$

$$= \frac{1 + 3.09(0.09^2 + 0.07^2 - 3.09^2 \times 0.09^2 \times 0.07^2)^{\frac{1}{2}}}{1 - 3.09^2 \times 0.07^2}$$

$$= 1.413$$

强度条件按式（37.3-37）

$$\frac{4 \times 1.3 \overline{K}\,\overline{Q}}{\pi \, \overline{d}_1^2} \leqslant \frac{\overline{R}_{eL}}{n_R}$$

可解得

$$\overline{d}_1 \geqslant \left(\frac{4 \times 1.3 \overline{K}\,\overline{Q} n_R}{\pi \, \overline{R}_{eL}} \right)^{\frac{1}{2}}$$

$$= \left(\frac{4 \times 1.3 \times 1.1 \times 37750 \text{N} \times 1.413}{\pi \times 640 \text{N} \cdot \text{mm}^{-2}} \right)^{\frac{1}{2}}$$

$$= 12.139 \text{mm}$$

查螺栓标准得

公称直径 $d = 16$ mm，小径 $d_1 = 13.835$ mm。

5　疲劳强度的可靠性设计

零件的疲劳强度与很多因素有关，计算比较麻烦，因此疲劳强度设计常以验算为主。通常可先按静强度设计定出具体尺寸、结构和加工情况后，再验算可靠度或预计可靠寿命。

5.1　变应力和变载荷的类型

应力和载荷的变化规律基本上是类似的，广义的应力就包括载荷，故载荷不再叙述。

应力随时间变化的记录称为应力时间历程，按其变化规律可分为三种类型，如图 37.3-6 所示。其中，图 37.3-6a 为稳定变应力，每一周期的应力变化幅度均保持为常数；图 37.3-6b 为规律性不稳定变应力，其应力幅度也随时间变化，但在经过一定的时间（一个大周期）后，又重复原来的变化；图 37.3-6c 为随机不稳定变应力，其变化无明显的规律性。严格地讲，任何零件所受的变应力都属于随机性不稳定变应力。但为了研究和应用的方便，常近似假定或简化为规律性不稳定变应力和稳定变应力。这节只介绍受稳定变应力时零件疲劳强度的概率设计。

应力的随机性按其在设计中的影响可分为两种。一种是产品本身所受应力历程的随机性，它是反映产品本身所受应力随时间的随机变化；另一种是同样产品间的变异，它是反映同样产品，在同样工作条件下，由于受一些随机因素的影响而实际引起的应力并不一致。例如，同样类型的一批汽车，在相同的载荷、道路等情况下对其后轴进行应力实测，各车本身应力随机的变化记录就反映了应力随时间变化的历程；若从各个记录中找出各自的最大应力，一般这些

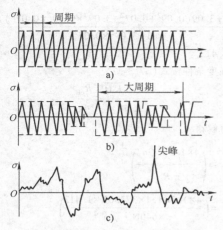

图 37.3-6 应力时间历程的类型
a）稳定变应力 b）规律性不稳定变应力
c）随机不稳定变应力

最大应力的不一致就反映了同样产品间的变异。实践表明，它们的应力历程各不相同，但经统计处理后可发现各个应力历程的分布规律是一致的，而分布参数并不一致。分布参数间的变异也可统计整理得出其

分布规律。一般应力历程常用 β 分布等来描述，而分布参数的随机性则常用正态分布来描述。这里应注意，应力历程的变异是导致产品疲劳失效的根源，而同样产品间应力的变异是疲劳强度概率设计的基础。

5.2 部分材料的 p-S-N 曲线

在利用对数正态分布或威布尔分布求出不同的应力水平下的 p-N 曲线以后，将不同存活率下的数据点分别相连，即可得出一族 S-N 曲线，其中的每条曲线，分别代表某一不同存活率下的应力-寿命关系。这种以应力为纵坐标，以存活率 p 的疲劳寿命为横坐标所绘出的一族存活率-应力-寿命曲线，称为 p-S-N 曲线。

p-S-N 曲线的通用表达式为

$$\lg N_p = a_p + b_p \lg \overline{\sigma} \qquad (37.3\text{-}48)$$

式中 N_p——存活率为 p 时的疲劳寿命；
a_p、b_p——与存活率有关的材料常数。
表 37.3-13～表 37.3-17 是 p-S-N 曲线的 a_p 和 b_p 值数据。

表 37.3-13 采用国产机械材料旋转弯曲 p-S-N 曲线的 a_p 和 b_p 值

材料	热处理	试样形式	R_m/MPa		不同存活率下的 a_p、b_p				
				$p(\%)$	50	90	95	99	99.9
Q235A	热轧	漏斗形	455	a_p	41.1782	39.1860	38.6199	37.5599	36.3713
				b_p	-14.6745	-13.8996	-13.6793	-13.2668	-12.8046
Q235AF	热轧	漏斗形	428	a_p	28.7394	24.7209	25.7500	27.3606	28.4015
				b_p	-9.8604	-8.3074	-8.7467	-9.4333	-9.8769
Q235B	热轧	漏斗形	441	a_p	41.0522	39.0712	28.0594	37.4571	36.2751
				b_p	-14.3620	-13.6045	-13.3896	-12.9873	-12.5352
20	热轧	漏斗形	463	a_p	53.6613	47.3995	45.6260	42.2997	38.5679
				b_p	-19.6687	-17.1916	-16.4920	-15.1749	-13.6989
30	调质	圆柱形	808	a_p	31.8890	32.7910	33.0460	33.5340	34.0710
				b_p	-9.9650	-10.3700	-10.4850	-10.7040	-10.9450
35	正火	圆柱形	593	a_p	52.0450	—	—	—	—
				b_p	-18.5856	—	—	—	—
35	正火	漏斗形	593	a_p	56.9006	53.2324	52.1971	50.2495	48.0622
				b_p	-20.4774	-19.0738	-18.6785	-17.9348	-17.0995
45	正火	漏斗形	624	a_p	35.4779	32.6340	31.7081	29.5794	26.3380
				b_p	-12.0804	-10.9915	-9.8094	-8.5479	-7.0415
45	调质	漏斗形	735	a_p	35.4779	32.6340	31.7081	28.5794	26.3380
				b_p	-12.0804	-10.9915	-9.8094	-8.5479	-7.0415
45	电渣熔铸	圆柱形	934	a_p	33.3671	36.4163	—	—	—
				b_p	-10.4673	-11.7514	—	—	—
55	调质	圆柱形	834	a_p	36.5930	35.2565	34.8781	34.1671	—
				b_p	-11.8010	-11.3857	-11.2681	-11.0471	—
70	淬火后中温回火	圆柱形	1138	a_p	44.3289	38.2217	36.0849	31.9029	—
				b_p	-14.1907	-12.0299	-11.2708	-9.7833	—

（续）

材　料	热处理	试样形式	R_m/MPa		不同存活率下的 a_p、b_p				
				$p(\%)$	50	90	95	99	99.9
Q345	热轧	漏斗形	586	a_p	37.7963	33.2235	31.9285	29.5020	26.7791
				b_p	−12.7395	−11.0021	−10.5100	−9.5881	−8.5536
40MnB	调质	圆柱形	970	a_p	26.1130	25.2717	25.8889	28.5391	34.0529
				b_p	−7.6879	−7.4421	−7.6893	−8.7042	−10.7820
40MnVB	调质	圆柱形	1111	a_p	31.1946	26.2481	24.8606	22.2390	19.2985
				b_p	−9.2267	−7.5146	−7.0346	−6.1273	−5.1097
45Mn2	调质	圆柱形	952	a_p	44.0622	35.6726	33.4206	28.5217	23.4502
				b_p	−14.1310	−11.1414	−10.3394	−8.5904	−6.7825
YF45MnV	热轧	圆柱形	886	a_p	45.9550	—	—	—	—
				b_p	−15.4506	—	—	—	—
18Cr2Ni4W	调质	圆柱形	1039	a_p	28.4098	22.8319	21.2529	18.2666	14.9428
				b_p	−8.3649	−6.4387	−5.8934	−4.8617	−3.7138
20Cr2Ni4A	淬火后低温回火	圆柱形	1483	a_p	39.9331	38.3800	37.9418	37.1179	36.1915
				b_p	−12.1225	−11.6373	−11.5004	−11.2431	−10.9536
20CrMnSi	调质	圆柱形	788	a_p	24.4237	23.6921	23.3243	22.6368	21.8642
				b_p	−7.4130	−6.9978	−6.8800	−6.6599	−6.4126
35CrMo	调质	圆柱形	924	a_p	29.2322	23.5444	21.9335	18.9136	15.5248
				b_p	−8.8072	−6.7974	−6.2282	−5.1612	−3.9638
40Cr	调质	圆柱形	940	a_p	23.9454	23.7437	23.6894	28.5835	23.4627
				b_p	−6.8775	−6.8610	−6.8573	−6.8490	−6.8389
40CrMnMo	调质	圆柱形	977	a_p	35.4168	28.5007	26.5396	22.8667	18.7446
				b_p	−10.9989	−8.5465	−7.8511	−6.5487	−5.0870
40CrNiMo	调质	圆柱形	972	a_p	32.6376	27.3871	25.9005	23.1116	19.9826
				b_p	−9.8424	−8.0125	−7.4946	−6.5217	−5.4319
42CrMo	调质	圆柱形	1134	a_p	32.6376	27.3871	25.9005	23.1116	19.9826
				b_p	−9.8424	−8.0125	−7.4946	−6.5219	−5.4319
50CrV	淬火后中温回火	圆柱形	1586	a_p	44.0733	33.6861	30.7457	—	—
				b_p	−13.3295	−9.7860	−8.8075	—	—
55Si2Mn	淬火后中温回火	漏斗形	1866	a_p	38.2510	34.3906	33.2957	31.2405	28.9378
				b_p	−11.2363	−9.9750	−9.6178	−8.9473	−8.1961
60Si2Mn	淬火后中温回火	圆柱形	1625	a_p	32.6269	22.6451	19.8172	14.5221	8.5745
				b_p	−9.7953	−6.3067	−5.3184	−3.4678	−1.3892
65Mn	淬火后中温回火	圆柱形	1687	a_p	51.0018	31.4859	31.4034	—	—
				b_p	−15.6356	−9.0650	−9.0501	—	—
16MnCr5	淬火后低温回火	圆柱形	1373	a_p	36.9299	35.7568	35.4242	34.8021	34.1011
				b_p	−11.0910	−10.7594	−10.6654	−10.4896	−10.2913
20MnCr5	淬火后低温回火	圆柱形	1482	a_p	34.8925	31.3347	30.3272	28.4357	26.3165
				b_p	−10.2650	−9.0800	−8.7444	−8.1144	−7.4085
25MnCr5	淬火后低温回火	圆柱形	1587	a_p	31.8315	—	—	—	—
				b_p	−9.6726	—	—	—	—
28MnCr5	淬火后低温回火	漏斗形	1307	a_p	32.1009	29.7783	—	—	—
				b_p	−9.7598	−9.0391	—	—	—
12Cr13	调质	圆柱形	721	a_p	36.5348	32.7814	31.7185	29.7247	—
				b_p	−11.7659	−10.4010	−10.0146	−9.2905	—
20Cr13	调质	圆柱形	687.5	a_p	34.5941	—	—	—	—
				b_p	−11.0939	—	—	—	—
7Cr7Mo2V2Si	调质	圆柱形	2353	a_p	51.7115	—	—	—	—
				b_p	−16.4469	—	—	—	—

（续）

材　料	热处理	试样形式	R_m/MPa	$p(\%)$	不同存活率下的 a_p、b_p				
					50	90	95	99	99.9
Cr12	淬火后低温回火	圆柱形	2272	a_p	47.1510	44.3510	43.5624	42.0713	40.4045
				b_p	−14.3456	−13.6581	−13.4650	−13.0985	−12.6894
ZG15Cr13	退火后正火	圆柱形	789	a_p	31.5038	29.3699	28.7665	27.6328	26.3601
				b_p	−9.9387	−9.2097	−9.0035	−8.6162	−8.1813
ZG20SiMn	正火	漏斗形	515	a_p	33.2386	31.3444	30.8091	29.8020	28.6738
				b_p	−11.2759	−10.6174	−10.4313	−10.0811	−9.6890
ZG230-450	正火	漏斗形	543	a_p	29.7802	28.1739	27.7191	26.8656	25.9088
				b_p	−9.9618	−9.3850	−9.2217	−8.9152	−8.5717
ZG270-500	调质	圆柱形	823	a_p	28.0098	26.9080	26.6191	25.9726	29.3958
				b_p	−8.7627	−8.4102	−8.3193	−8.1078	−7.9288
ZG40Cr	调质	圆柱形	977	a_p	23.9294	22.6104	22.0649	21.5339	20.6580
				b_p	−7.0297	−6.6576	−6.4857	−6.3536	−6.0971
ZG340-640	调质	圆柱形	1044	a_p	23.2293	25.2008	25.7354	26.8610	28.0286
				b_p	−6.7889	−7.6504	−7.8852	−8.3731	−8.8837
QT400-15	退火	圆柱形	484	a_p	35.3963	34.0203	33.6302	32.8974	32.0780
				b_p	−11.9209	−11.4576	−11.3264	−11.0800	−10.8045
QT400-18（梅花试样）	退火	圆柱形	472	a_p	27.5206	27.3979	27.3630	27.2978	27.2247
				b_p	−8.6880	−8.9148	−8.9276	−8.9530	−8.9808
QT400-18（楔形试块）	退火	圆柱形	433	a_p	25.9914	23.9378	23.3566	22.2654	21.0417
				b_p	−8.4445	−7.7063	−7.4974	−7.1051	−6.6652
QT500-7	退火	圆柱形	625	a_p	34.4756	31.6459	30.7782	29.2479	27.5186
				b_p	−11.7662	−10.7431	−10.4262	−9.8715	−9.2445
QT600-3（梅花试样）	正火	圆柱形	759	a_p	28.8515	23.5167	22.5736	21.7921	21.6921
				b_p	−9.4106	−7.3826	−7.0266	−6.7376	−6.7072
QT600-3（楔形试块）	正火	圆柱形	858	a_p	23.8971	21.2394	21.5825	22.5275	23.3589
				b_p	−7.3724	−6.4266	−6.5776	−6.9688	−7.3069
QT700-2	正火	圆柱形	754	a_p	27.9323	27.1736	26.9608	26.5604	26.1116
				b_p	−9.0415	−8.8510	−8.7979	−8.6977	−8.5855
QT800-2	正火	圆柱形	842	a_p	52.7012	45.3333	44.0561	42.9166	—
				b_p	−18.1373	−15.4472	−14.9795	−14.5589	—

表 37.3-14　常用国产机械材料轴向加载 p-S-N 曲线的 a_p 和 b_p 值

材　料	热处理	试样形式	R_m/MPa	$p(\%)$	不同存活率下的 a_p、b_p				
					50	90	95	99	99.9
20	正火	漏斗形圆试样	464	a_p	26.1556	25.5209	24.0577	—	—
				b_p	−8.4577	−7.8438	−7.6698	—	—
45	调质	漏斗形圆试样	735	a_p	26.5903	20.4066	—	—	—
				b_p	−8.1317	−5.8752	—	—	—
12CrNi3	调质	漏斗形圆试样	833	a_p	21.7148	13.5936	11.2919	—	—
				b_p	−6.1825	−3.2419	−2.4085	—	—
Q345	热轧	漏斗形圆试样	586	a_p	47.6271	32.3933	—	—	—
				b_p	−16.3996	−10.5598	—	—	—
35VB	热轧	圆锥试样	741	a_p	25.7552	20.9072	19.5206	16.9297	—
				b_p	−7.7115	−5.9401	−5.4335	−4.4868	—
40CrNiMo	调质	圆柱试样	972	a_p	39.2019	39.5536	39.6553	39.8413	40.0482
				b_p	−12.6492	−12.8964	−12.9672	−13.0983	−13.2446
45CrNiMoV	淬火后中温回火	漏斗形圆试样	1553	a_p	32.3665	27.3582	25.9253	23.2497	20.2774
				b_p	−9.5907	−7.9259	−7.4496	−6.5603	−5.5723

（续）

材料	热处理	试样形式	R_m/MPa		不同存活率下的 a_p、b_p				
				p(%)	50	90	95	99	99.9
55SiMnVB	淬火后中温回火	漏斗形板试样	1536	a_p	28.7580	22.3037	20.6135	17.5107	14.0368
				b_p	−8.3224	−6.1711	−5.6093	−4.5785	−3.4241
HT200	去应力退火	圆柱试样	250	a_p	30.3489	—	—	—	—
				b_p	−12.1962	—	—	—	—
HT300	去应力退火	圆柱试样	353	a_p	37.1141	—	—	—	—
				b_p	−14.5775	—	—	—	—
LF10MnSiTi	冷拔后时效处理	圆柱试样	861	a_p	111.2425	101.5292	97.3301	95.0013	87.8875
				b_p	−36.8498	−33.5745	−32.1415	−31.3894	−28.9750
ZG310-570	调质	圆柱试样	1012	a_p	24.9323	—	—	—	—
				b_p	−7.5094	—	—	—	—

表 37.3-15　常用国产机械材料缺口试样（缺口半径 $R=0.75\,$mm）旋转弯曲 p-S-N 曲线的 a_p 和 b_p 值

材料	热处理	R_m/MPa	α_σ		不同存活率下的 a_p、b_p				
				p(%)	50	90	95	99	99.9
Q235A	热轧	439	2.0	a_p	22.6342	21.4857	21.1602	20.5505	19.8662
				b_p	−7.4382	−6.9652	−6.8311	−6.5800	−6.2982
Q235AF	热轧	428	2.0	a_p	20.1179	19.4030	19.2005	18.8206	18.3918
				b_p	−6.3651	−6.1311	−6.0649	−5.9406	−5.8000
Q235B	热轧	441	2.0	a_p	22.0100	21.0900	20.8300	20.3600	19.7900
				b_p	−6.9970	−6.6500	−6.5590	−6.3890	−6.1770
20	正火	463	2.0	a_p	21.7179	21.1580	20.9272	20.4437	19.9285
				b_p	−6.9947	−6.7951	−6.7060	−6.5140	−6.3050
35	正火	593	2.0	a_p	21.7192	19.9807	20.0532	20.6044	21.5711
				b_p	−6.9755	−6.2757	−6.3147	−6.5635	−6.9915
45	正火	624	2.0	a_p	21.9613	19.9807	20.0532	20.6044	21.5711
				b_p	−6.9755	−6.2757	−6.3147	−6.5635	−6.9915
45	调质	735	2.0	a_p	21.9655	19.0476	18.2225	—	—
				b_p	−6.8622	−5.7259	−5.4046	—	—
45	电渣熔铸	934	2.0	a_p	22.2483	21.4464	21.2194	20.7935	20.3158
				b_p	−6.6953	−6.4245	−6.3479	−6.2042	−6.0427
50	正火	661	2.0	a_p	21.7608	19.6916	19.2883	18.5291	17.6782
				b_p	−6.7497	−5.9828	−5.8388	−5.5677	−5.2640
55	调质	834	2.0	a_p	22.9095	20.5455	20.1084	19.6624	19.5636
				b_p	−7.1262	−6.2402	−6.0760	−5.9129	−5.8812
Q345	热轧	586	2.0	a_p	24.0589	21.7070	21.0411	19.7921	18.3904
				b_p	−7.8056	−6.8701	−6.6052	−6.1084	−5.5508
40MnB	调质	970	2.0	a_p	24.2924	22.3902	21.9595	21.5391	21.3448
				b_p	−7.4986	−6.7748	−6.6433	−6.5068	−6.4678
18Cr2Ni4W	调质	1039	2.0	a_p	27.4174	25.2014	24.5739	23.3958	22.0746
				b_p	−8.5824	−7.7674	−7.5368	−7.1036	−6.6178
20Cr2Ni4A	淬火后低温回火	1483	1.89	a_p	24.9890	23.6921	23.3243	22.6368	21.8642
				b_p	−7.4130	−6.9978	−6.8800	−6.6599	−6.4126
20CrMnSi	调质	788	2.0	a_p	31.3928	30.9739	30.8540	30.6312	29.0707
				b_p	−10.2412	−10.1507	−10.1246	−10.0764	−9.4976
35CrMo	调质	924	2.0	a_p	18.8759	16.3897	14.9160	—	—
				b_p	−5.4657	−4.5378	−3.9648	—	—

（续）

材　料	热处理	R_m/MPa	α_σ	$p(\%)$	不同存活率下的 a_p、b_p				
					50	90	95	99	99.9
40Cr	调质	940	2.0	a_p	23.8399	19.9848	19.9021	20.5717	—
				b_p	−7.3301	−5.9220	−5.9238	−6.2543	—
40CrMnMo	调质	977	2.0	a_p	22.3333	18.9279	17.9639	16.1632	14.1080
				b_p	−6.7964	−5.5385	−5.1824	−4.5177	−3.7577
40CrNiMo	调质	972	2.0	a_p	24.4941	20.8809	20.3812	18.8271	17.3918
				b_p	−7.3853	−6.0584	−5.7816	−5.3022	−4.7731
42CrMo	调质	1134	2.0	a_p	25.5155	22.3251	21.9970	21.8787	22.1552
				b_p	−7.8989	−6.7029	−6.5814	−6.5417	−6.6521
50CrV	淬火后中温回火	1586	2.0	a_p	35.6905	33.9430	33.4481	32.5198	31.4781
				b_p	−11.6069	−10.9504	−10.7636	−10.4150	−10.0235
55Si2Mn	淬火后中温回火	1866	1.89	a_p	34.8106	31.7982	30.9444	29.3430	—
				b_p	−10.7339	−9.7156	−9.4269	−8.8855	—
60Si2Mn	淬火后中温回火	1625	1.89	a_p	38.3265	—			
				b_p	−12.5501				
65Mn	淬火后中温回火	1687	2.0	a_p	34.9623	31.3483	30.3250	28.4052	26.2516
				b_p	−10.9421	−9.6725	−9.3126	−8.6374	−7.8797
16MnCr5	淬火后低温回火	1373	1.89	a_p	25.2408	23.9648	23.6046	22.9274	22.1661
				b_p	−7.5962	−7.1731	−7.0537	−6.8292	−6.5767
20MnCr5	淬火后低温回火	1482	1.89	a_p	23.3315	20.8643	20.1655	18.8471	17.3829
				b_p	−6.8030	−5.9492	−5.7074	−5.2452	−4.7443
12Cr13	调质	721	2.0	a_p	21.1863	19.9575	19.6065	18.9568	18.2244
				b_p	−6.4830	−6.0205	−5.8893	−5.6437	−5.3677
20Cr13	调质	687.5	2.0	a_p	24.7427	19.3938	—		
				b_p	−7.9129	−5.8206	—		
ZG15Cr13	退火后正火	789	2.0	a_p	21.4794	19.8246	19.3550	18.4757	17.4893
				b_p	−6.5322	−5.9426	−5.7751	−5.4619	−5.1105
ZG20SiMn	正火	515	2.0	a_p	22.1144	21.6379	21.5022	21.2491	20.9661
				b_p	−7.1378	−6.9588	−6.9078	−6.8128	−6.7065
ZG230-450	正火	543	2.0	a_p	19.1400	18.3200	−18.0900	17.6600	—
				b_p	−5.8400	−5.5600	−5.4800	−5.3400	—
ZG40Cr	调质	977	2.0	a_p	33.1460	30.8377	30.1677	28.9926	27.5794
				b_p	−10.9713	−10.1611	−9.9252	−9.5152	−9.0174
QT400-18（梅花试样）	退火	472	2.0	a_p	29.1913	28.0190	27.6871	27.0644	26.3657
				b_p	−10.0481	−9.6066	−9.4817	−9.2471	−8.9841
QT400-18（楔形试块）	退火	432	2.0	a_p	26.5304	23.3493	22.4507	20.7622	18.8677
				b_p	−8.9732	−7.7067	−7.3480	−6.6754	−5.9207
QT600-3（梅花试块）	正火	760	2.0	a_p	21.7317	19.2280	19.1067	19.0527	19.0774
				b_p	−6.9693	−5.9658	−5.9252	−5.9186	−5.9420
QT600-3（楔形试块）	正火	858	2.0	a_p	22.6750	18.8598	18.2743	17.7857	17.7081
				b_p	−7.2665	−5.7648	−5.5331	−5.3413	−5.3128
QT700-2	正火	754	2.0	a_p	19.4801	19.1196	19.0170	18.8255	18.6111
				b_p	−6.1108	−6.0413	−6.0214	−5.9845	−5.9432
QT800-2	正火	842	2.0	a_p	22.5876	21.8004	21.6700	—	—
				b_p	−7.2043	−6.9513	−6.9173	—	—

表 37.3-16　不同锐度缺口试样 p-S-N 曲线中的常数的 a_p 和 b_p 值

材　料	热处理	缺口半径 R/mm	α_σ	$p(\%)$	不同存活率 p 下的 a_p 或 b_p				
					50	90	95	99	99.9
Q235A	轧态	0.25	3.26	a_p	18.4450	16.3828	15.7987	14.7033	13.4741
				b_p	−5.7455	−4.8835	−4.6393	−4.1815	−3.6676
		0.50	2.47	a_p	21.0986	20.0322	19.7307	19.1643	18.5288
				b_p	−6.7899	−6.3642	−6.2438	−6.0177	−5.7640
		0.75	2.06	a_p	23.0308	22.8013	22.7365	22.6141	22.4772
				b_p	−7.5544	−7.5030	−7.4885	−7.4610	−7.4303
		1.5	1.65	a_p	22.6949	21.2827	20.8827	20.1326	19.2908
				b_p	−7.3473	−6.8112	−6.6593	−6.3745	−6.0549
		3.0	1.38	a_p	24.4431	23.6427	23.4157	22.9901	22.5143
				b_p	−7.8904	−7.5868	−7.5007	−7.3392	−7.1588
		6.0	1.19	a_p	29.9104	27.3374	26.6091	25.2426	23.7083
				b_p	−10.0140	−9.0181	−8.7362	−8.2073	−7.6134
Q345	轧态	0.25	3.26	a_p	17.6285	17.0394	16.8725	16.5594	16.2085
				b_p	−5.2392	−5.0151	−4.9516	−4.8325	−4.6990
		0.50	2.47	a_p	20.3358	19.5571	19.3365	18.9228	18.4587
				b_p	−6.3378	−6.0373	−5.9521	−5.7924	−5.6133
		0.75	2.06	a_p	21.9033	20.4426	20.0297	19.2537	18.3833
				b_p	−6.9271	−6.3597	−6.1994	−5.8980	−5.5599
		1.5	1.65	a_p	27.5702	24.5679	23.7178	22.1237	20.3342
				b_p	−9.0742	−7.8881	−7.5522	−6.9225	−6.2155
		3.0	1.38	a_p	27.8037	24.8026	23.9525	22.3584	20.5704
				b_p	−8.9181	−7.7736	−7.4494	−6.8415	−6.1596
		6.0	1.19	a_p	33.3041	31.1584	30.5508	29.4110	28.1332
				b_p	−10.9568	−10.1930	−9.9767	−9.5710	−9.1162
35	正火	0.25	3.26	a_p	18.6809	17.7367	17.4691	16.9679	16.4050
				b_p	−5.7654	−5.3950	−5.2901	−5.0935	−4.8727
		0.50	2.47	a_p	20.9983	21.0921	21.1192	21.1692	21.2255
				b_p	−6.6716	−6.7436	−6.7642	−6.8025	−6.8456
		0.75	2.06	a_p	23.1374	22.6691	22.5371	22.2884	22.0096
				b_p	−7.5597	−7.4154	−7.3748	−7.2982	−7.2124
		1.5	1.65	a_p	25.8784	25.8152	25.7967	25.7631	25.7249
				b_p	−8.5325	−8.5569	−8.5635	−8.5764	−8.5907
		3.0	1.38	a_p	29.2033	25.8247	24.8665	23.0718	21.0581
				b_p	−9.6571	−8.3300	−7.9536	−7.2487	−6.4577
		6.0	1.19	a_p	35.7366	33.2312	32.5210	31.1911	29.6971
				b_p	−12.1018	−11.1496	−10.8797	−10.3743	−9.8065
45	正火	0.25	3.26	a_p	20.6550	19.9113	19.7006	19.3061	18.8628
				b_p	−6.5491	−6.2834	−6.2081	−6.0672	−5.9088
		0.50	2.47	a_p	21.3155	21.0160	20.9315	20.7720	20.5937
				b_p	−6.8377	−6.7399	−6.7124	−6.6604	−6.6022
		0.75	2.06	a_p	23.3672	21.8458	21.4152	20.6068	19.7001
				b_p	−7.6253	−7.0247	−6.8547	−6.5356	−6.1777
		1.5	1.65	a_p	29.2133	27.8890	27.5141	26.8113	26.0230
				b_p	−9.7232	−9.2249	−9.0838	−8.8194	−8.5229
		3.0	1.38	a_p	27.2008	24.2668	23.4349	21.8772	20.1267
				b_p	−8.8125	−7.6865	−7.3672	−6.7694	−6.0975
		6.0	1.19	a_p	36.8602	34.4737	33.7975	32.5291	31.1041
				b_p	12.5143	−11.6120	−11.3564	−10.8768	−10.3380

（续）

材 料	热处理	缺口半径 R/mm	α_σ	$p(\%)$	50	90	95	99	99.9
						不同存活率 p 下的 a_p 或 b_p				
45	调质	0.25	3.26	a_p	15.2404	14.6379	14.4673	14.1473	13.7882
				b_p	-4.1920	-3.9647	-3.9003	-3.7796	-3.6441
		0.50	2.47	a_p	22.1054	19.9646	19.3584	18.2212	16.9454
				b_p	-6.8279	-6.0275	-5.8009	-5.3757	-4.8987
		1.0	1.87	a_p	24.9599	23.4801	23.0611	22.2751	21.3932
				b_p	-7.7933	-7.2570	-7.1051	-6.8202	-6.5006
		3.0	1.38	a_p	30.2166	25.4395	24.0869	21.5492	18.7023
				b_p	-9.4872	-7.7616	-7.2730	-6.3563	-5.3279
		15	1.08	a_p	24.3964	22.7607	22.2976	21.4287	20.4539
				b_p	-7.1712	-6.6277	-6.4738	-6.1851	-5.8612
		75	1.02	a_p	29.8414	28.7410	28.4294	27.8449	27.1891
				b_p	-9.1193	-8.6770	-8.6711	-8.4856	-8.2775
		光滑试样	1	a_p	37.7109	37.4616	37.3904	37.2584	37.1088
				b_p	-12.1893	-12.1143	-12.0929	-12.0536	-12.0107
40Cr	调质	0.25	3.26	a_p	19.8748	18.6435	18.2949	17.6407	16.9072
				b_p	-5.9228	-5.4583	-5.3268	-5.0800	-4.8032
		0.50	2.47	a_p	22.1636	20.6232	20.1870	19.3683	18.4504
				b_p	-6.7872	-6.2052	-6.0404	-5.7311	-5.3843
		0.75	2.06	a_p	26.8369	24.8517	24.2896	23.2354	22.0524
				b_p	-8.4733	-7.7400	-7.5323	-7.1429	-6.7059
		1.5	1.65	a_p	24.9880	23.6906	23.3260	22.6374	21.8615
				b_p	-7.4921	-7.0539	-6.9308	-6.6981	-6.4358
		3.0	1.38	a_p	28.2218	24.4516	23.3876	21.3843	19.1384
				b_p	-8.5165	-7.1695	-6.7894	-6.0736	-5.2712
		6.0	1.19	a_p	25.9321	22.5207	21.5556	19.7426	17.7143
				b_p	-7.6021	-6.4214	-6.0874	-5.4599	-4.7580
60Si2Mn	淬火后中温回火	0.25	2.97	a_p	20.9156	16.0606	14.6840	12.1070	9.2135
				b_p	-6.2517	-4.4009	-3.8761	-2.8937	-1.7907
		0.50	2.20	a_p	27.6398	25.1304	24.4187	23.0839	21.5886
				b_p	-8.5161	-7.6431	-7.3955	-6.9311	-6.4109
		0.75	1.90	a_p	26.6219	19.9035	18.0016	14.4286	10.4231
				b_p	-8.1280	-5.6994	-5.0119	-3.7202	-2.2723
		1.50	1.55	a_p	21.4143	20.7761	20.5942	20.2587	19.8787
				b_p	-5.9064	-5.7318	-5.6819	-5.5904	-5.4865
		3.0	1.31	a_p	29.1645	18.3053	15.2365	9.4572	—
				b_p	-8.4859	-4.7570	-3.7033	-1.7187	—
		6.0	1.6	a_p	28.8797	24.1991	22.8615	20.3780	17.5801
				b_p	-8.3062	-6.7656	-6.3251	-5.5077	-4.5866
40CrNiMo	调质	0.25	2.97	a_p	16.5261	13.8366	13.0751	11.6464	10.0436
				b_p	-4.6079	-3.5944	-3.3075	-2.7691	-2.1651
		0.50	2.20	a_p	26.6880	24.7957	24.2599	23.2548	22.1271
				b_p	-8.2255	-7.5673	-7.3810	-7.0313	-6.6391
		1.0	1.75	a_p	21.6746	20.2095	19.7946	19.0164	18.1432
				b_p	-6.2370	-5.7323	-5.5895	-5.3214	-5.0207
		3.0	1.31	a_p	25.5566	24.4240	24.1033	23.5017	22.8268
				b_p	-7.4905	-7.1248	-7.0213	-6.8270	-6.6091
		15	1.07	a_p	28.9776	24.0035	22.5951	19.9528	16.9885
				b_p	-8.5589	-6.8364	-6.3486	-5.4336	-4.4070
		75	1.02	a_p	21.4516	15.8070	14.2087	11.2103	7.8465
				b_p	-5.8861	-3.9263	-3.3714	-2.3303	-1.1624
		光滑试样	1	a_p	16.7671	15.7907	15.5142	14.9955	14.4135
				b_p	-4.7507	-4.3952	-4.2945	-4.1507	-3.8986

表 37.3-17　不同终加工方法试样 p-S-N 曲线的 a_p 和 b_p 值

材料	热处理	R_m/MPa	终加工方法	$p(\%)$	50	90	95	99	99.9
Q235A	轧态	463	抛光	a_p	25.3502	23.6317	23.1451	22.2322	21.2081
				b_p	-7.9651	-7.3153	-7.1313	-6.7862	-6.3989
			磨光	a_p	24.0398	20.5410	19.5503	17.6917	15.6066
				b_p	-7.4449	-6.0926	-5.7097	-4.9913	-4.1854
			精车	a_p	27.2788	20.6063	18.7169	15.1724	11.1960
				b_p	-8.9187	-6.3051	-5.5650	-4.1767	-2.6191
			粗车	a_p	30.1992	31.1552	31.4259	31.9336	32.5033
				b_p	-10.1702	-10.6338	-10.7650	-11.0113	-11.2875
			锻造	a_p	24.9788	23.2997	22.8243	21.9323	20.9317
				b_p	-8.1255	-7.5348	-7.3675	-7.0537	-6.7016
Q345	轧态	562	锻造	a_p	20.656	22.001	22.382	23.096	23.898
				b_p	-6.277	-6.967	-7.163	-7.529	-7.940
			粗车	a_p	36.0200	28.8756	27.3733	25.1192	26.1219
				b_p	-12.5577	-9.7788	-9.2019	-8.3365	-8.8077
			精车	a_p	44.110	21.433	—	—	—
				b_p	-15.540	-6.536	—	—	—
35	正火	584	粗车	a_p	43.790	38.825			
				b_p	-15.489	-13.578			
			精车	a_p	45.359	38.432	36.472	32.792	—
				b_p	-16.018	-13.321	-12.558	-11.125	—
			磨光	a_p	53.932	—	—	—	—
				b_p	-19.347	—	—	—	—
			抛光	a_p	58.518	54.631	56.501	64.215	75.422
				b_p	-21.168	19.826	-20.643	-23.787	-28.348
45	正火	612	粗车	a_p	46.6756	41.4103	41.2942	41.2495	41.4711
				b_p	-16.7818	-14.7091	-14.6727	-14.6727	-14.7818
			精车	a_p	48.059	46.564	47.320	49.182	51.452
				b_p	-17.121	-16.593	-16.991	-17.684	-18.623
			磨光	a_p	58.8290	48.3036	46.7396	46.4238	48.2885
				b_p	-21.4389	-17.3354	-16.7371	-16.6569	-17.4501
			抛光	a_p	65.7472	49.6993	46.9868	45.4380	47.0001
				b_p	-23.9206	-17.6587	-16.6084	-16.0348	-16.6934
45	调质	783	抛光	a_p	40.6817	38.6145	38.0291	36.9310	35.6991
				b_p	-13.2884	-12.6024	-12.4082	-12.0438	-11.6351
			磨光	a_p	41.0124	34.2656	32.3553	28.7714	24.7507
				b_p	-13.4212	-10.9926	-10.3049	-9.0148	-7.5675
			精车	a_p	31.5692	28.2384	27.2953	25.5259	23.5410
				b_p	-9.9521	-8.8232	-8.5036	-7.9030	-7.2312
			粗车	a_p	31.5009	35.0310	36.0306	37.9058	40.0095
				b_p	-10.0404	-11.4305	-11.8241	-12.5626	-13.3910

（续）

材料	热处理	R_m/MPa	终加工方法		不同存活率 p 下的 a_p 或 b_p				
				$p(\%)$	50	90	95	99	99.9
45	调质	783	锻造	a_p	16.4848	14.8641	14.4052	13.5442	12.5784
				b_p	-4.5246	-3.9439	-3.7795	-3.4711	-3.1251
40CrNiMo	调质	940	抛光	a_p	32.0953	33.4544	33.8393	34.5613	35.3713
				b_p	-9.8521	-10.3973	-10.5517	-10.8413	-11.1662
			磨光	a_p	30.3863	28.7810	28.3286	27.4754	26.5185
				b_p	-9.1848	-8.6468	-8.4952	-8.2091	-7.8884
			精车	a_p	31.5114	29.4840	28.9099	27.8328	26.6246
				b_p	-9.6649	-8.9634	-8.7647	-8.3921	-7.9740
			粗车	a_p	30.9637	35.4967	36.7802	39.1879	41.8893
				b_p	-9.5743	-11.3151	-11.8080	-12.7326	-13.7700
			锻造	a_p	20.9349	18.2883	17.5389	16.1330	14.5557
				b_p	-6.0572	-5.0991	-4.8278	-4.3189	-3.7479
40Cr	调质	858	锻造	a_p	—	15.3077	15.1689	—	—
				b_p	—	-3.9880	-3.957	—	—
			粗车	a_p	—	—	26.805	29.720	32.992
				b_p	—	—	-8.287	-9.456	-10.768
			磨光	a_p	—	35.927	39.079	45.665	—
				b_p	—	-11.374	-12.575	-15.068	—
60Si2Mn	淬火后中温回火	1370	锻造	a_p	15.318	15.428	15.654	—	—
				b_p	-3.781	-3.992	-4.095	—	—
			粗车	a_p	19.872	—	—	—	—
				b_p	-5.386	—	—	—	—
			精车	a_p	26.999	25.219	24.965	24.894	25.255
				b_p	-7.816	-7.278	-7.211	-7.224	-7.390
			磨光	a_p	31.786	16.523			
				b_p	-9.295	-4.056			
			抛光	a_p	35.592	28.110	26.556	24.992	
				b_p	-10.687	-8.145	-7.620	-7.101	

5.3　零件的疲劳极限

零件或构件的疲劳极限由于结构、尺寸和表面等情况的影响，往往比标准光滑试件试验得到的材料疲劳极限低。用具体零件做相应载荷的疲劳试验，直接求得零件的疲劳极限是最符合实际情况的，然而通常难以办到。一般是利用相应的系数对材料的疲劳极限进行适当的修正作为零件的疲劳极限。下面仅介绍受对称循环变应力的情况供设计时参考。

如图 37.3-7 所示的 S-N 曲线是用常规疲劳试验方法获得的，可近似看作失效概率为 50%。如图 37.3-7 所示，疲劳极限随着应力循环次数 N 的增加而减小。零件的 σ_{-1C} 与材料的 σ_{-1} 之差值则随着应力循环次数 N 的减小而减小。当 S-N 曲线开始接近水平时，其循环次数记为 N_∞，并规定应力循环次数 $N = 10^3$ 时记为 N_0。

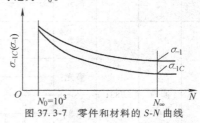

图 37.3-7　零件和材料的 S-N 曲线

当 $N \geqslant N_\infty$ 时，零件的疲劳强度记为 σ_{-1C}

$$\sigma_{-1C} = \frac{\sigma_{-1}\beta_q}{K_{\sigma C}} \tag{37.3-49}$$

式中　σ_{-1}——标准光滑试件的疲劳强度；

　　　β_q——强化系数；

　　　$K_{\sigma C}$——综合修正系数。

$$K_{\sigma C} = \frac{K_\sigma}{\varepsilon_\sigma} + \frac{1}{\beta} - 1 \qquad (37.3\text{-}50)$$

式中　K_σ——有效应力集中系数；

　　　ε_σ——尺寸系数；

　　　β——表面系数。

当 $N \geqslant N_\infty$ 时零件的疲劳强度的均值

$$\overline{\sigma}_{-1C} = \frac{\overline{\sigma}_{-1}\overline{\beta}_q}{\overline{K}_{\sigma C}} \qquad (37.3\text{-}51)$$

式中

$$\overline{K}_{\sigma C} = \frac{\overline{K}_\sigma}{\varepsilon_\sigma} + \frac{1}{\overline{\beta}} - 1 \qquad (37.3\text{-}52)$$

这里 $\overline{\sigma}_{-1}$ 的数值最好用升降法试验获得，否则可用 3.2 节推荐的方法。其他各修正系数的均值，若缺乏专门的数据可暂取常规设计的数据作为均值。

当 $N \geqslant N_\infty$ 时零件的疲劳强度的标准差

$$S_{\sigma_{-1C}} = \overline{\sigma}_{-1C} V_{\sigma_{-1C}} \qquad (37.3\text{-}53)$$

式中　$V_{\sigma_{-1C}}$——零件疲劳强度的变异系数。

$$V_{\sigma_{-1C}} = \left(V_{\sigma_{-1}}^2 + V_{\beta_q}^2 + V_{K_{\sigma C}}^2 + V_{\sigma_{-1}}V_{K_{\sigma C}} + V_{\beta_q}V_{K_{\sigma C}} \right)^{\frac{1}{2}}$$
$$(37.3\text{-}54)$$

这里的各个 V 为相应于其下标的变异系数。现分别介绍如下：

1）$V_{\sigma_{-1}}$ 为标准光滑试件疲劳强度的变异系数

$$V_{\sigma_{-1}} = \left(V_{\sigma_{-1}}^2 + V_{\overline{\sigma}_{-1}}^2 \right)^{\frac{1}{2}} \qquad (37.3\text{-}55)$$

式中　$V_{\sigma_{-1}}$——考虑同炉材质疲劳强度差异的变异系数；

　　　$V_{\overline{\sigma}_{-1}}$——考虑不同炉材质疲劳强度差异的变异系数。

$V_{\sigma_{-1}}$ 由同炉材质直接试验统计得到，例如，表 37.3-9 中的数据即由同炉材质试验得到的。

$V_{\overline{\sigma}_{-1}}$ 由同牌号不同炉材料试验统计得到。例如，$\overline{\sigma}_{-1i}$ 表示第 i 炉金属 σ_{-1} 的均值，则由 n 炉试验数据统计得

$$\overline{\overline{\sigma}}_{-1} = \frac{1}{n} \sum_{i=1}^{n} \overline{\sigma}_{-1i} \qquad (37.3\text{-}56)$$

$$S_{\overline{\sigma}_{-1}} = \left[\frac{1}{n-1} \sum_{i=1}^{n} \left(\overline{\sigma}_{-1i} - \overline{\overline{\sigma}}_{-1} \right)^2 \right]^{\frac{1}{2}}$$
$$(37.3\text{-}57)$$

$$V_{\overline{\sigma}_{-1}} = \frac{S_{\overline{\sigma}_{-1}}}{\overline{\overline{\sigma}}_{-1}} \qquad (37.3\text{-}58)$$

如果没有各炉材料 $\overline{\sigma}_{-1i}$ 的数据，考虑疲劳强度与抗

拉强度几乎成正比关系，可近似取 $V_{\overline{\sigma}_{-1}} \approx V_{R_m}$。$V_{R_m}$ 最好由不同炉试验数据统计得到，缺乏数据时也可由表 37.3-6 选取。

对常用钢制零件的体积强度，如未做专门试验，可参考表 37.3-18 选取 $V_{\sigma_{-1}}$。

表 37.3-18　钢材疲劳极限的 $V_{\sigma_{-1}}$

生产水平	单件生产	批量生产	大量生产
高	0.10	0.09	0.08
中	0.11	0.10	0.09
低	0.12	0.11	0.10

注：1. 正火、调质当硬度差范围 >40HBW，增大 10%；>80HBW，增大 25%。

　　2. 整体淬火不脱碳增大 10%，可能脱碳增大 25%。

　　3. 渗碳不脱碳增大 25%，可能脱碳增大 40%。

　　4. 高频淬火有监控增大 25%，无监控增大 40%。

　　5. 氮化增大 25%。

2）V_{β_q} 为强化系数的变异系数，当用喷丸、辊压等强化措施效果稳定，则取 $V_{\beta_q} = 0.05$，效果不稳定则取 $V_{\beta_q} = 0.12$，若未强化，则取 $V_{\beta_q} = 0$。

3）$V_{K_{\sigma C}}$ 为综合修正系数的变异系数，其可近似取

$$V_{K_{\sigma C}} \approx V_{\alpha_\sigma} \qquad (37.3\text{-}59)$$

V_{α_σ} 是理论应力集中系数 α_σ 的变异系数。理论应力集中系数仅决定于几何形状和受载类型。典型的形状及受载情况多数能用公式给出其函数关系。如图 37.3-8 所示的情况。

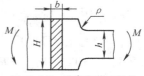

图 37.3-8　受弯变截面的板

$$\alpha_\sigma = 1 + \left[\frac{\left(\frac{H}{h} - 1 \right) h}{9.6 \left(1.12\frac{H}{h} - 1 \right)} \right]^{0.85} \frac{1}{\rho^{0.85}} \qquad (37.3\text{-}60)$$

当式中 H、h、ρ 的均值及标准差已知时，即可用泰勒展开法或蒙特卡洛模拟法求出 $\overline{\alpha}_\sigma$、S_{α_σ} 和 V_{α_σ}。各尺寸的标准差可对一批实物测量进行统计，若只有尺寸的公差或能估计其误差，则可按 "$3s$" 原则处理。各尺寸的分布类型一般可取为正态分布。

α_σ 值常用线图或数表的形式给出。因为应力集中的变异主要决定于应力集中区圆角尺寸的变异，故可假设其他尺寸为确定量或用名义尺寸代替，则按泰勒展开法得

$$S_{\alpha_\sigma} \approx \left| \left(\frac{\partial \alpha_\sigma}{\partial \rho} \right)_0 \right| S_\rho = \left| \frac{\Delta \alpha_\sigma}{\Delta \rho} \right| S_\rho = \left| \frac{\alpha_{\sigma 1} - \alpha_{\sigma 2}}{\rho_1 - \rho_2} \right| S_\rho$$
$$(37.3\text{-}61)$$

式中 α_{σ_1}、α_{σ_2}——$\bar{\rho}$ 附近的 α_σ 值；

ρ_1、ρ_2——对应 α_{σ_1}、α_{σ_2} 时的 ρ 值。

当 $N = N_0$ 时，零件的疲劳强度

$$\sigma_{-1CN_0} = \frac{\sigma_{-1N_0}}{K_{\sigma N_0}} \qquad (37.3-62)$$

式中 σ_{-1N_0}——$N = N_0$ 时材料的疲劳强度；

$K_{\sigma N_0}$——$N = N_0$ 时的有效应力集中系数。

$N = N_0$ 时，零件的疲劳强度的均值

$$\bar{\sigma}_{-1CN_0} = \frac{\bar{\sigma}_{-1N_0}}{\bar{K}_{\sigma N_0}} \qquad (37.3-63)$$

$$\bar{K}_{\sigma N_0} = (\bar{K}_\sigma - 1) q_{N_0} + 1 \qquad (37.3-64)$$

式中 $\bar{K}_\sigma$——$N \geqslant N_\infty$ 时有效应力集中系数的均值；

q_{N_0}——$N = N_0$ 时的修正系数，查图 37.3-9。

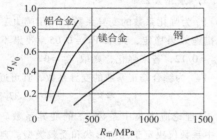

图 37.3-9 N_0 时的修正系数

$N = N_0$ 时，零件的疲劳强度的标准差和变异系数

$$S_{\sigma_{-1CN_0}} = \bar{\sigma}_{-1CN_0} V_{\sigma_{-1CN_0}} \qquad (37.3-65)$$

$$V_{\sigma_{-1CN_0}} = (V_{\sigma_{-1N_0}}^2 + V_{K_{\sigma N_0}}^2)^{\frac{1}{2}} \qquad (37.3-66)$$

也可近似取 $V_{\sigma_{-1N_0}} \approx V_{R_m}$，$V_{K_{\sigma N_0}} \approx K_{\sigma C} \approx (0.3 \sim 0.5) V_\rho$。

5.4 用疲劳曲线线图计算零件的疲劳强度可靠度

（1）按 p-S-N 线图验算疲劳强度可靠度

图 37.3-10 所示为 p-S-N 线图，图中每根曲线都表示有相同的失效概率 p。当应力为确定量或应力的变异不大而假定为确定量时，就可按 p-S-N 线图进行可靠度验算。如果工作应力为对称循环，当要求的寿命为 N 时，则由应力 σ 和寿命 N 在图上描出一点。这点与失效概率为 p 的 S-N 曲线相交，则可靠度 $R = 1 - p$。

p-S-N 线图最好通过试验绘成。一般，曲线的左支在四、五个应力水平用成组试验法进行寿命试验，然后统计处理求出每一应力水平下的寿命分布；曲线的右支在指定的 N（一般略大于 N_∞）处用升降法进行疲劳强度试验，然后求出其均值和标准差。

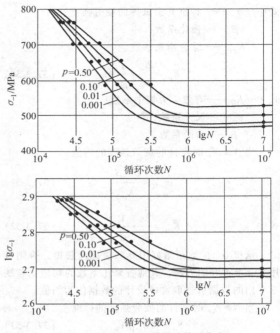

图 37.3-10 按 p-S-N 线图验算可靠度

钢 40CrNiMoA（850℃淬火，580℃回火）

$$\bar{\sigma}_{-1} = \frac{1}{n} \sum_{i=1}^{n} \sigma_{-1i} \qquad (37.3-67)$$

$$S_{\sigma_{-1}} = \left[\frac{1}{n-1} \sum_{i=1}^{n} (\sigma_{-1i} - \bar{\sigma}_{-1})^2 \right]^{\frac{1}{2}} \qquad (37.3-68)$$

若因经济等原因不做具体的试验，可按下述步骤绘制近似的 p-S-N 曲线。

1）绘制标准光滑试件的均值 S-N 曲线。根据不同的重要程度和经济条件，可用标准光滑试件按成组试验法和升降法绘制较精的 p-S-N 曲线，也可用较少试件绘制常规的 S-N 曲线，把它作为均值 S-N 曲线；对不很重要的情况或近似计算，也可参考有关文献中同样材料的数据绘制近似的均值 S-N 曲线，如图 37.3-11 中的 b-a-c 即为标准光滑试件的近似均值 S-N 曲线。对于常用的钢铁可近似取 $N_\infty = (1 \sim 10) \times 10^6$，无把握时可取 $N_\infty = 10^6$；$\bar{\sigma}_{-1}$ 可近似按表 37.3-10～表 37.3-11 由 R_m 估算。$N_0 = 10^3$ 时的疲劳强度均值 $\bar{\sigma}_{-1N_0} = (0.6 \sim 1.0) \bar{R}_m$，建议一般钢取 $\bar{\sigma}_{-1N_0} = 0.85 \bar{R}_m$，淬火钢取 $\bar{\sigma}_{-1N_0} = 0.65 \bar{R}_m$，灰铸铁、铁素体、球墨铸铁取 $\bar{\sigma}_{-1N_0} = \bar{R}_m$，珠光体球墨铸铁取 $\bar{\sigma}_{-1N_0} = 0.7 \bar{R}_m$。如图 37.3-11 那样，横坐标取为 $\lg N$，这时均值 S-N 曲线近似为一直线，故在半对数坐标纸上描得 a、b 两点，即可用直线绘得近似的均值 S-N 曲线。其实，如将纵坐标也取为对数，即 $\lg \sigma$，则在双对数坐标系中均值 S-N 曲线也近似为直

线。对一定的 $\overline{\sigma}_{-1}$ 和 $\overline{\sigma}_{-1N_0}$ 值，按双对数坐标为直线估得的 $\overline{\sigma}_{-1CN}$ 偏于保守或认为偏于安全。

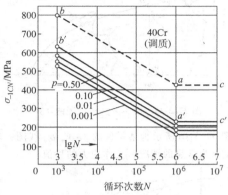

图 37.3-11　近似的 p-S-N 线图

2）绘制零件的均值 S-N 曲线。将标准光滑试件的均值 S-N 曲线针对具体的应力集中、绝对尺寸和表面情况进行适当的修正，即可绘得零件的均值 S-N 曲线。对近似的均值 S-N 曲线（图 37.3-11 中的 b-a-c），可将 $\overline{\sigma}_{-1}$ 和 $\overline{\sigma}_{-1N_0}$ 按 5.2 节的修正方法求得 $\overline{\sigma}_{-1C}$ 和 $\overline{\sigma}_{-1CN_0}$，即可用直线绘得零件的近似均值 S-N 曲线（图 37.3-11 中的 b'-a'-c'）。

3）绘零件的 p-S-N 曲线。对零件的均值 S-N 曲线按 5.2 节的方法，就 N_∞ 和 N_0 分别求出疲劳强度的标准差 $S_{\sigma_{-1C}}$ 和 $S_{\sigma_{-1CN_0}}$，则 N_∞ 和 N_0 时不同失效概率 p 的疲劳强度

$$(\sigma_{-1C})_p = \overline{\sigma}_{-1C} + Z_p S_{\sigma_{-1C}} \qquad (37.3\text{-}69)$$

$$(\sigma_{-1CN_0})_p = \overline{\sigma}_{-1CN_0} + Z_p S_{\sigma_{-1CN_0}} \qquad (37.3\text{-}70)$$

式中　Z_p——按失效概率 p 查表 37.1-6。

将求得的各 $(\sigma_{-1C})_p$ 和 $(\sigma_{-1CN_0})_p$ 在图上描点，并对相同失效概率的点用直线相连，即得零件的 p-S-N 线图。图 37.3-11 所示为零件的近似 p-S-N 曲线。

（2）按 3s-S-N 线图验算疲劳强度可靠度

图 37.3-12 所示为 3s-S-N 线图，图中实线为疲劳强度均值的 S-N 曲线，虚线为 -3s 的 S-N 曲线。3s-S-N

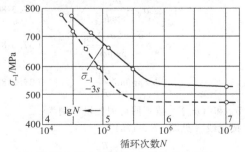

图 37.3-12　40CrNiMoA 的 3s-S-N 线图
850℃淬火，580℃回火

线图的绘制方法与 p-S-N 线图类似，-3s 线相当于失效概率 $p = 0.00135 \approx 0.001$ 线，因此，3s-S-N 线图中的 -3s 线与 p-S-N 线图中的 $p = 0.001$ 线几乎是重合的。图 37.3-12 即为由成组试验法和升降试验法统计处理后绘得的 3s-S-N 线图。图 37.3-13 所示为近似的 3s-S-N 线图。

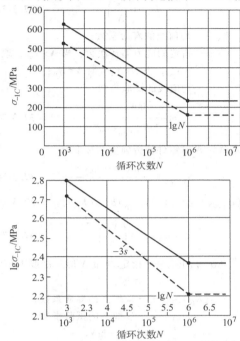

图 37.3-13　40Cr 心轴的近似 3s-S-N 线图

按 3s-S-N 线图进行疲劳强度的可靠度计算时，如图 37.3-14 所示。对有限寿命的疲劳强度可靠度计算，应在指定应力循环次数 N 处取疲劳极限的均值和标准差。例如，图中 a 点的纵坐标为 $\overline{\sigma}_{-1CN}$，a 点和 b 点纵坐标差的三分之一为 $S_{\sigma_{-1CN}}$。对无限寿命的疲劳强度可靠度计算则按 N_∞ 右边水平线部分取均值 $\overline{\sigma}_{-1C}$ 和标准差 $S_{\sigma_{-1C}}$。

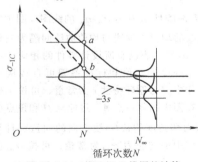

图 37.3-14　按 3s-S-N 线图的计算

应该注意，若代表疲劳强度的纵轴取为对数坐标，则应将图中读出的数值取反对数后再取疲劳强度的均值和标准差。

为使用方便，将 $3s$-S-N 线图用经验公式来表示。按双对数坐标上的 $3s$-S-N 近似直线，寿命为 N 的零件疲劳强度均值

$$\overline{\sigma}_{-1CN} = \overline{\sigma}_{-1C} K_N \qquad (37.3\text{-}71)$$

$$K_N = \left(\frac{N_\infty}{N}\right)^{\frac{1}{m}} \qquad (37.3\text{-}72)$$

式中　K_N——均值线的寿命系数；

　　　N——指定的应力循环次数，当 $N > N_\infty$，取 $N = N_\infty$，当 $N < N_0$，取 $N = N_0$；

　　　m——均值线的试验指数。

$$m = \frac{\lg N_\infty - \lg N_0}{\lg \overline{\sigma}_{-1CN_0} - \lg \overline{\sigma}_{-1C}} \qquad (37.3\text{-}73)$$

寿命为 N 时零件疲劳强度的标准差

$$S_{\sigma_{-1CN}} = \frac{\overline{\sigma}_{-1CN} - (\sigma_{-1CN})_{-3s}}{3} \qquad (37.3\text{-}74)$$

$$(\sigma_{-1CN})_{-3s} = (1 - 3V_{-1C})\overline{\sigma}_{-1C}(K_N)_{-3s} \qquad (37.3\text{-}75)$$

$$(K_N)_{-3s} = \left(\frac{N_\infty}{N}\right)^{\frac{1}{m-3s}} \qquad (37.3\text{-}76)$$

式中　$(\sigma_{-1CN})_{-3s}$——指定寿命 N 时 $-3s$ 线上疲劳强度；

　　　$(K_N)_{-3s}$——$-3s$ 线上的寿命系数；

　　　m_{-3s}——$-3s$ 线上的试验指数。

$$m_{-3s} = \frac{\lg N_\infty - \lg N_0}{\lg(1 - 3V_{\sigma_{-1CN_0}})\overline{\sigma}_{-1CN_0} - \lg(1 - 3V_{-1C})\overline{\sigma}_{-1C}}$$
$$(37.3\text{-}77)$$

当疲劳强度的均值和标准差求得后，若再按载荷和几何尺寸等求得工作应力的均值和标准差，即可用1节的方法验算零件的疲劳强度可靠度。

5.5　用疲劳极限线图计算零件的疲劳强度可靠度

图 37.3-15 所示为 $3s$-σ_m-σ_a 的线图。图中实线为 σ_m-σ_a 曲线的均值，虚线与均值曲线间隔为三倍的标准差，即 $-3s$ 线。当已有所设计零件的相应 $3s$-σ_m-σ_a 线图时，则强度的均值和标准差即可直接从图上量取。若工作中应力循环特性 r 为常量，可按工作应力 $\overline{\sigma}_{ml}$ 和 $\overline{\sigma}_{al}$ 在图中描得一点 A，过原点 O 和该点引一直线 $\overline{OA}$，应力和强度均按 $\overline{OA}$ 线方向的向量和计算。类似，若工作中平均应力 σ_{ml} 为常量，可按 σ_{ml} 在图上引垂线 $\overline{BB'}$，计算时按工作应力幅、强度数据 $\overline{\sigma}_a$ 和 S_{σ_a} 都在 $\overline{BB'}$ 线上量取。若工作中最小应力 $\sigma_{\min}$ 为常量，可按 $\sigma_{\min}$ 在图上引 45℃ 斜线 $\overline{CC'}$，应力和强度均按在 $\overline{CC'}$ 方向的向量和计算。

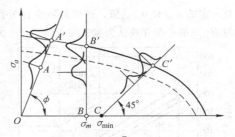

图 37.3-15　按 $3s$-σ_m-σ_a 线图的计算

图 37.3-16 所示为某零件的 $3s$-σ_m-σ_a 线图，对最常用的 r 为常量的情况，工作应力的均值

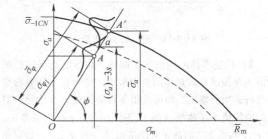

图 37.3-16　某零件的 $3s$-σ_m-σ_a 线图

$$\overline{\sigma}_{\phi l} = (\overline{\sigma}_{ml}^2 + \overline{\sigma}_{al}^2)^{\frac{1}{2}} \qquad (37.3\text{-}78)$$

式中　$\overline{\sigma}_{ml}$——工作应力的平均应力均值；

　　　$\overline{\sigma}_{al}$——工作应力的应力幅均值。

工作应力的标准差

$$S_{\sigma_{\phi l}} = (S_{\sigma_{ml}}^2 + S_{\sigma_{al}}^2)^{\frac{1}{2}} \qquad (37.3\text{-}79)$$

式中　$S_{\sigma_{ml}}$——工作应力的平均应力标准差；

　　　$S_{\sigma_{al}}$——工作应力的应力幅标准差。

疲劳强度可直接从图上量得，即 $\overline{\sigma}_\phi = \overline{OA'}$，$S_{\sigma_\phi} = \dfrac{\overline{aA'}}{3}$。

疲劳强度也可按近似的经验公式来求。这时常假设 σ_m-σ_a 曲线为直线、抛物线或折线，如图 37.3-17 所示。通常应先求出疲劳强度的 $\overline{\sigma}_a$ 和 $(\sigma_a)_{-3s}$，则

$$\overline{\sigma}_\phi = \frac{\overline{\sigma}_a}{\sin\phi} \qquad (37.3\text{-}80)$$

$$S_{\sigma_\phi} = \frac{\overline{\sigma}_a - (\sigma_a)_{-3s}}{3\sin\phi} \qquad (37.3\text{-}81)$$

$$\phi = \arctan\frac{\overline{\sigma}_{al}}{\overline{\sigma}_{ml}} \qquad (37.3\text{-}82)$$

$\overline{\sigma}_a$ 和 $(\sigma_a)_{-3s}$ 按不同近似假设分别为：

按直线（见图 37.3-17a）

$$\overline{\sigma}_a = \frac{\overline{\sigma}_{-1CN}\overline{R}_m}{\overline{\sigma}_{-1CN}\cot\phi + \overline{R}_m} \qquad (37.3\text{-}83)$$

$$(\sigma_a)_{-3s} = \frac{(1-3V_{\sigma_{-1CN}})(1-3V_{R_m})\overline{\sigma}_{-1CN}\overline{R}_m}{(1-3V_{\sigma_{-1CN}})\overline{\sigma}_{-1CN}\cot\phi+(1-3V_{R_m})\overline{R}_m} \quad (37.3-84)$$

按抛物线（见图 37.3-17b）

$$\overline{\sigma}_a = \frac{\overline{R}_m^2\tan^2\phi}{2\overline{\sigma}_{-1CN}}\left[\left(1+\frac{4\overline{\sigma}_{-1CN}^2}{\overline{R}_m^2\tan^2\phi}\right)-1\right] \quad (37.3-85)$$

$$(\sigma_a)_{-3s} = \frac{(1-3V_{R_m})^2\overline{R}_m^2\tan^2\phi}{2(1-3V_{\sigma_{-1CN}})\overline{\sigma}_{-1CN}}$$
$$\left\{\left[1+\frac{4(1-3V_{\sigma_{-1CN}})^2\overline{\sigma}_{-1CN}^2}{(1-3V_{R_m})^2\overline{R}_m^2\tan^2\phi}\right]^{\frac{1}{2}}-1\right\} \quad (37.3-86)$$

按折线（见图 37.3-17c）

$$\overline{\sigma}_a = \frac{\overline{\sigma}_{-1CN}}{1+\psi_\sigma\cot\phi} \quad (37.3-87)$$

$$\psi_\sigma = \frac{2\overline{\sigma}_{-1CN}-\overline{\sigma}_{0CN}}{\overline{\sigma}_{0CN}} \quad (37.3-88)$$

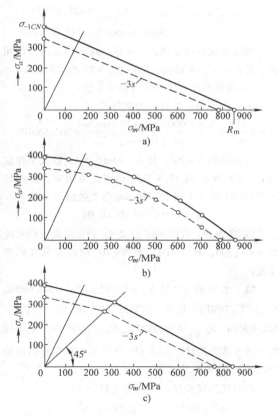

图 37.3-17 近似的 $3s\text{-}\sigma_m\text{-}\sigma_a$ 线图
a) 直线　b) 抛物线　c) 折线

$$(\sigma_a)_{-3s} = \frac{(1-3V_{\sigma_{-1CN}})\overline{\sigma}_{-1CN}}{1+(\psi_\sigma)_{-3s}\cot\phi} \quad (37.3-89)$$

$$(\psi_\sigma)_{-3s} = \frac{2(1-3V_{\sigma_{-1CN}})\overline{\sigma}_{-1CN}-(1-3V_{\sigma_{0CN}})\overline{\sigma}_{0CN}}{(1-3V_{\sigma_{0CN}})\overline{\sigma}_{0CN}} \quad (37.3-90)$$

求得 $\overline{\sigma}_\phi$ 和 S_{σ_ϕ} 后，当工作应力已知，按式（37.3-78）、式（37.3-79）就可求得 $\overline{\sigma}_{\phi l}$ 和 $S_{\sigma_{\phi l}}$，然后按 1 节的方法验算零件的疲劳强度可靠。

5.6　用等效应力计算零件的疲劳强度可靠度

当应力循环特性 r 为常量时，非对称循环的变应力可近似化为疲劳等效的对称循环变应力。这时强度的均值即为 $\overline{\sigma}_{-1CN}$，变异系数为 $V_{\sigma_{-1CN}}$。应力的均值为等效应力的均值

$$\overline{\sigma}_e = \overline{\sigma}_{al}+\psi_\sigma\overline{\sigma}_{ml} \quad (37.3-91)$$

式中　ψ_σ——折算等效系数。

按直线的近似 $3s\text{-}\sigma_m\text{-}\sigma_a$ 线图

$$\psi_\sigma = \frac{\overline{\sigma}_{-1CN}}{\overline{R}_m} = \frac{\overline{\sigma}_{-1CN}K_N}{\overline{R}_m} \quad (37.3-92)$$

按抛物线的近似 $3s\text{-}\sigma_m\text{-}\sigma_a$ 线图

$$\psi_\sigma = \frac{\overline{\sigma}_{-1CN}-\overline{\sigma}_a}{\overline{\sigma}_m} = \frac{\overline{\sigma}_{-1C}K_N-\overline{\sigma}_a}{\overline{\sigma}_a\cot\phi} \quad (37.3-93)$$

这里 $\overline{\sigma}_a$ 按式（37.3-85）求，ϕ 按式（37.3-82）求。

按折线的近似 $3s\text{-}\sigma_m\text{-}\sigma_a$ 线图，当 $\phi\geqslant 45°$ 时

$$\psi_\sigma = \frac{2\overline{\sigma}_{-1CN}-\overline{\sigma}_{0CN}}{\overline{\sigma}_{0CN}} \approx \frac{K_N(2\overline{\sigma}_{-1}-\overline{\sigma}_0)}{K_D\overline{\sigma}_0} \quad (37.3-94)$$

这里 $K_D = \dfrac{\overline{K}_{\sigma C}}{\beta_q}$ （见 5.3 节）。

应力的变异系数为等效应力的变异系数

$$V_{\sigma_e} = V_{\sigma_{al}} = V_{\sigma_r} \quad (37.3-95)$$

当应力、强度和变异系数已知时，即可用 1、2 节的方法验算零件疲劳强度可靠度。

5.7　受复合应力时零件的疲劳强度可靠度计算

受复合应力时，可根据相应的强度理论计算应力。受非对称循环交变应力时仍可用等效力的概念。例如，轴的危险截面上受有非对称循环的正应力 σ_{r_σ} 和切应力 τ_{r_τ}，则

$$\sigma_{al} = \frac{1-r_\sigma}{2}\sigma_{r_\sigma},\quad \sigma_{ml} = \frac{1+r_\sigma}{2}\sigma_{r_\sigma},\quad \sigma_e = \sigma_{al}+\psi_\sigma\sigma_{ml}$$

$$\tau_{al} = \frac{1-r_\tau}{2}\tau_{r_\tau},\quad \tau_{ml} = \frac{1+r_\tau}{2}\tau_{r_\tau},\quad \tau_e = \tau_{al}+\psi_\tau\tau_{ml}$$

若按第四强度理论，则计算应力

$$\sigma_l = (\sigma_e^2+3\tau_e^2)^{\frac{1}{2}}$$

这时，强度仍用对称循环的疲劳强度 σ_{-1CN} 计算，方法同前。

5.8　零件疲劳强度可靠度计算的应用举例

（1）轴的疲劳强度可靠度计算

例 37.3-9　某回转心轴用 40Cr 制造，调质后抗拉强度极限 $\overline{R}_m = 939.6\text{MPa}$，危险截面为变断面，圆角过渡；$D = 120\text{mm}$，$d = 100\text{mm}$，$\rho = （10\pm2）\text{mm}$，精车，受弯矩 $M = 30000\text{N}\cdot\text{m}$。验算 $N = 10^5$ 时不疲劳失效的可靠度。

解　1）绘制零件的近似 $p\text{-}S\text{-}N$ 曲线。

取 $N_\infty = 10^6$，$N_0 = 10^3$，$\overline{\sigma}_{-1} = 0.45\overline{R}_m = 422.82\text{MPa}$，$\overline{\sigma}_{-1N_0} = 0.85\overline{R}_m = 798.66\text{MPa}$。在图上描点连接成光滑试件的近似均值 $S\text{-}N$ 曲线，如图 37.3-11 中虚线 $b\text{-}a\text{-}c$。

取一般常规设计修正系数作为均值：$\overline{K}_\sigma = 1.53$，$\overline{\varepsilon}_\sigma = 0.92$，$\overline{\beta} = 0.92$，$\overline{\beta}_q = 1$。按式（37.3-52），综合修正系数均值

$$\overline{K}_{\sigma C} = \frac{\overline{K}_\sigma}{\overline{\varepsilon}_\sigma} + \frac{1}{\overline{\beta}} - 1 = \frac{1.53}{0.92} + \frac{1}{0.92} - 1 = 1.75$$

按式（37.3-51），N_∞ 时零件疲劳强度均值

$$\overline{\sigma}_{-1C} = \frac{\overline{\sigma}_{-1}\overline{\beta}_q}{\overline{K}_{\sigma C}} = \frac{422.82\text{MPa}\times1}{1.75} = 241.6\text{MPa}$$

由图 37.3-9 查得 $q_{N_0} = 0.52$，按式（37.3-64），N_0 时的有效应力集中系数均值

$$\overline{K}_{\sigma N_0} = (\overline{K}_\sigma - 1)q_{N_0} + 1 = (1.53-1)\times0.52+1$$
$$= 1.276$$

按式（37.3-63），N_0 时零件疲劳强度均值

$$\overline{\sigma}_{-1CN_0} = \frac{\overline{\sigma}_{-1N_0}}{\overline{K}_{\sigma N_0}} = \frac{798.66\text{MPa}}{1.276} = 625.91\text{MPa}$$

在图上描点连接成零件的近似均值 $S\text{-}N$ 曲线，即图 37.3-11 中 $P = 0.50$ 的曲线。

取 $V_{\sigma_{-1}} = 0.10$，$V_{\beta_q} = 0$，$V_{K_{\sigma C}} = 0.025$，按式（37.3-54），N_∞ 时零件疲劳强度的变异系数

$$V_{\sigma_{-1C}} = (V_{\sigma_{-1}}^2 + V_{\beta_q}^2 + V_{K_{\sigma C}}^2 + V_{\sigma_{-1}}V_{K_{\sigma C}} + V_{\beta_q}V_{K_{\sigma C}})^{\frac{1}{2}}$$
$$= (0.10^2 + 0 + 0.025^2 + 0.10\times0.025 + 0)^{\frac{1}{2}}$$
$$= 0.115$$

按式（37.3-53），零件疲劳强度的标准差

$$S_{\sigma_{-1C}} = \overline{\sigma}_{-1C}V_{\sigma_{-1C}} = 241.6\text{MPa}\times0.115 = 27.79\text{MPa}$$

指定 $P = 0.1$，0.01，0.001，由表 37.1-6 查得相应的 $Z_P = -1.282$，-2.326，-3.090。按式（37.3-69），N_∞ 时不同失效概率 P 时零件的疲劳强度

$$(\sigma_{-1C})_{0.10} = \overline{\sigma}_{-1C} + Z_P S_{\sigma_{-1C}} = 241.06\text{MPa} -$$

$$1.282\times27.79\text{MPa} = 205.98\text{MPa}$$
$$(\sigma_{-1C})_{0.01} = 241.06\text{MPa} - 2.326\times27.79\text{MPa}$$
$$= 176.97\text{MPa}$$
$$(\sigma_{-1C})_{0.001} = 241.06\text{MPa} - 3.090\times27.79\text{MPa}$$
$$= 155.74\text{MPa}$$

取 $V_{-1N_0} \approx V_{\sigma_b} \approx 0.05$，$V_{K_\sigma N_0} \approx V_{K_\sigma C} \approx 0.025$，按式（37.3-66），$N_0$ 时零件疲劳极限的变异系数

$$V_{\sigma_{-1CN_0}} = (V_{\sigma_{-1N_0}}^2 + V_{K_\sigma N_0}^2)^{1/2} = (0.05^2 + 0.025^2)^{1/2}$$
$$= 0.056$$

按式（37.3-65），零件疲劳强度的标准差

$$S_{\sigma_{-1CN_0}} = \overline{\sigma}_{-1CN_0}V_{\sigma_{-1CN_0}} = 625.91\text{MPa}\times0.056$$
$$= 35.05\text{MPa}$$

按式（37.3-70），N_0 时不同失效概率 P 时疲劳强度

$$(\sigma_{-1CN_0})_{0.10} = \overline{\sigma}_{-1CN_0} + Z_P S_{\sigma_{-1CN_0}} = 625.91\text{MPa} -$$
$$1.282\times35.05\text{MPa} = 580.98\text{MPa}$$
$$(\sigma_{-1CN_0})_{0.01} = \overline{\sigma}_{-1CN_0} + Z_P S_{\sigma_{-1CN_0}} = 625.91\text{MPa} -$$
$$2.326\times35.05\text{MPa} = 544.38\text{MPa}$$
$$(\sigma_{-1CN_0})_{0.001} = \overline{\sigma}_{-1CN_0} + Z_P S_{\sigma_{-1CN_0}} = 625.91\text{MPa} -$$
$$3.090\times35.05\text{MPa} = 517.61\text{MPa}$$

用这些值在图上描点，并将相同 P 的点用直线相连，得近似 $p\text{-}S\text{-}N$ 曲线，即图 37.3-11 的线图。

2）验算零件不疲劳失效的可靠度。

求工作应力，按材料力学公式

$$\sigma = \frac{32M}{\pi d^3} = \frac{32\times30000\text{N}\cdot\text{m}\times10^3\text{mm/m}}{\pi\times（100\text{mm}）^3} = 305.58\text{MPa}$$

由指定的 $N = 10^5$，即 $\lg N = \lg 10^5 = 5$，以及工作应力 $\sigma = 305.58$ 在图 37.3-11 中描点。由图知，此点约在 $P = 0.01$ 的 $S\text{-}N$ 线上，故不疲劳失效的可靠度

$$R = 1 - P = 1 - 0.01 = 0.99$$

例 37.3-10　数据同例 37.3-9。若危险截面的弯应力 $\sigma \sim N(300，21^2)\text{MPa}$，求 $N = 10^5$ 时疲劳强度的可靠度。

解　由例 37.3-9 得 $N_\infty = 10^6$ 时，$\overline{\sigma}_{-1C} = 241.6\text{MPa}$，$S_{\sigma_{-1C}} = 27.79\text{MPa}$，$V_{\sigma_{-1C}} = 0.115$；$N_0 = 10^3$ 时，$\overline{\sigma}_{-1CN_0} = 625.91\text{MPa}$，$S_{\sigma_{-1CN_0}} = 35.05\text{MPa}$，$V_{\sigma_{-1CN_0}} = 0.056$。该零件的 $3s\text{-}S\text{-}N$ 线图类似图 37.3-13。现按双对数坐标的经验公式求 $\overline{\sigma}_{-1CN}$ 和 $S_{\sigma_{-1CN}}$。

均值线的试验指数，按式（37.3-73）

$$m = \frac{\lg N_\infty - \lg N_0}{\lg\overline{\sigma}_{-1CN_0} - \lg\overline{\sigma}_{-1C}} = \frac{\lg 10^6 - \lg 10^3}{\lg 625.91 - \lg 241.6} = 7.257$$

均值线的寿命系数，按式（37.3-72）

$$K_N = \left(\frac{N_\infty}{N}\right)^{\frac{1}{m}} = \left(\frac{10^6}{10^5}\right)^{\frac{1}{7.257}} = 1.373$$

$N = 10^5$ 时疲劳强度的均值，按式（37.3-71）

$$\overline{\sigma}_{-1CN} = \overline{\sigma}_{-1C} K_N = 241.6\text{MPa} \times 1.373 = 331.72\text{MPa}$$

$-3s$ 线的试验指数，按式（37.3-77）

$$m_{-3s} = \frac{\lg N_\infty - \lg N_0}{\lg(1-3V_{\sigma_{-1CN_0}})\overline{\sigma}_{-1CN_0} - \lg(1-3V_{\sigma_{-1C}})\overline{\sigma}_{-1C}}$$

$$= \frac{\lg 10^6 - \lg 10^3}{\lg(1-3\times0.056)\times625.91 - \lg(1-3\times0.115)\times241.6}$$

$$= 5.799$$

$-3s$ 线的寿命系数，按式（37.3-76）

$$(K_N)_{-3s} = \left(\frac{N_\infty}{N}\right)^{\frac{1}{m_{-3s}}} = \left(\frac{10^6}{10^5}\right)^{\frac{1}{5.799}} = 1.487$$

$N = 10^5$ 时 $-3s$ 线上疲劳强度，按式（37.3-75）

$$(\sigma_{-1CN})_{-3s} = (1-3V_{\sigma_{-1C}})\overline{\sigma}_{-1C}(K_N)_{-3s}$$

$$= (1-3\times0.115)\times241.6\text{MPa}\times$$

$$1.487 = 235.31\text{MPa}$$

$N = 10^5$ 时疲劳强度的标准差，按式（37.3-74）

$$S_{\sigma_{-1CN}} = \frac{\overline{\sigma}_{-1CN} - (\sigma_{-1CN})_{-3s}}{3} = \frac{331.72\text{MPa} - 235.31\text{MPa}}{3}$$

$$= 32.14\text{MPa}$$

设强度也服从正态分布，按表 37.3-1

$$Z_R = \frac{\overline{\sigma}_{-1CN} - \overline{\sigma}}{(S_{\sigma_{-1CN}}^2 + S_\sigma^2)^{\frac{1}{2}}} = \frac{331.72 - 300}{(32.14^2 + 21^2)^{\frac{1}{2}}} = 0.8262$$

由 $Z_R = 0.8262$ 查表 37.1-6 得

$$R = \Phi(Z_R) = \Phi(0.8262) = 0.7955$$

例 37.3-11　45 钢制转轴，已知危险截面直径 $d = 70^{+0.062}_{-0.043}\text{mm}$，综合修正系数 $\overline{K}_{\sigma C} = \overline{K}_{\tau C} = 3.8$，$V_{K_{\sigma C}} = 0.04$，表面未强化处理，$\overline{R}_m = 600\text{MPa}$，$V_{R_m} = 0.043$，$\overline{\sigma}_{-1} = 275\text{MPa}$，$V_{\sigma_{-1}} = 0.041$，$\overline{\tau}_b = 370\text{MPa}$，$V_{\tau_b} = 0.10$，$\overline{\tau}_{-1} = 140\text{MPa}$，$V_{\tau_{-1}} = 0.035$。受扭矩 $\overline{T} = 3360000\text{N}\cdot\text{mm}$，$V_T = 0.10$，弯矩 $\overline{M} = 565000\text{N}\cdot\text{mm}$，$V_M = 0.10$。试按直线和抛物线近似的 $3s\text{-}\sigma_m\text{-}\sigma_a$ 线图验算该截面不疲劳失效的可靠度（$N > N_\infty$）。

解　1）疲劳强度，以对称循环正应力为准，按式（37.3-51）和式（37.3-54），式中 $\overline{\beta}_q = 3.8$，$V_{\beta_q} = 0$，故

$$\overline{\sigma}_{-1C} = \frac{\overline{\sigma}_{-1}\overline{\beta}_q}{\overline{K}_{\sigma C}} = \frac{275\text{MPa} \times 1}{3.8} = 72.368\text{MPa}$$

$$V_{\sigma_{-1C}} = (V_{\sigma_{-1}}^2 + V_{\beta_q}^2 + V_{K_{\sigma C}}^2 + V_{\sigma_{-1}}V_{K_{\sigma C}} + V_{\beta_q}V_{K_{\sigma C}})^{1/2}$$

$$= (0.041^2 + 0 + 0.04^2 + 0.041\times0.04 + 0)^{1/2}$$

$$= 0.0701$$

2）求正应力，正应力由弯矩产生，为对称循环，故 $\sigma_{ml} = 0$，直径 d 有较严的公差限制，可假定为确定量，故 $\overline{\sigma}_{al} = \frac{\overline{M}}{0.1d^3} = \frac{565000\text{N}\cdot\text{mm}}{0.1\times(70\text{mm})^3} = 16.472\text{MPa}$。

$$V_{al} = V_M = 0.10$$

3）求切应力，切应力由扭矩产生，假设为脉动循环，故

$$\overline{\tau}_{al} = \overline{\tau}_{ml} = \frac{\overline{\tau}_{ol}}{2} = \frac{\overline{T}}{2\times0.2d^3} = \frac{3360000\text{N}\cdot\text{mm}}{2\times0.2\times(70\text{mm})^3}$$

$$= 24.490\text{MPa}$$

4）求等效应力，因正应力 $\overline{\sigma}_{ml} = 0$，故 $\overline{\sigma}_e = \overline{\sigma}_{al} = 16.472\text{MPa}$。

按直线近似 $3s\text{-}\sigma_m\text{-}\sigma_a$ 线图求 $\overline{\tau}_e$ 时，将式（37.3-91）和式（37.3-92）中的 σ 换为 τ，并因 $N > N_\infty$，$K_N = 1$，故

$$\psi_\tau = \frac{\overline{\tau}_{-1C}}{\overline{\tau}_b} = \frac{\overline{\tau}_{-1}}{\overline{K}_{\tau C}\overline{\tau}_b} = \frac{140\text{MPa}}{3.8\times370\text{MPa}} = 0.0996$$

$$\overline{\tau}_e = \overline{\tau}_{al} + \psi_\tau\overline{\tau}_{ml} = 24.490\text{MPa} + 0.0996\times24.490\text{MPa}$$

$$= 26.929\text{MPa}$$

按抛物线近似 $3s\text{-}\sigma_m\text{-}\sigma_a$ 线图求 $\overline{\tau}_e$ 时，先按式（37.3-85）求出 $\overline{\tau}_a$，将式中的 σ 换为 τ，并因 $\tan\varphi = 1$，$N > N_\infty$，$\overline{\tau}_{-1C} = \frac{\overline{\tau}_{-1}}{\overline{K}_{\tau C}} = \frac{140\text{MPa}}{3.8} = 36.842\text{MPa}$，故

$$\overline{\tau}_a = \frac{\overline{\tau}_b^2\tan^2\phi}{2\overline{\tau}_{-1C}}\left[\left(1+\frac{4\overline{\tau}_{-1C}^2}{\overline{\tau}_b^2\tan^2\phi}\right)^{\frac{1}{2}} - 1\right]$$

$$= \frac{(370\text{MPa})^2\times1}{2\times36.842\text{MPa}}\left[\left(1+\frac{4\times(36.842\text{MPa})^2}{(370^2\text{MPa})\times1}\right)^{\frac{1}{2}} - 1\right]$$

$$= 36.484\text{MPa}$$

按式（37.3-91）和式（37.3-92）

$$\psi_\tau = \frac{\overline{\tau}_{-1C} - \overline{\tau}_a}{\overline{\tau}_a\cot\phi} = \frac{36.842 - 36.484}{36.484\times1} = 0.0098$$

$$\overline{\tau}_e = \overline{\tau}_{al} + \psi_\tau\overline{\tau}_{ml} = 24.490\text{MPa} + 0.0098\times$$

$$24.490\text{MPa} = 24.730\text{MPa}$$

5）求计算应力，按第四强度理论，直线近似线图的计算应力均值

$$\overline{\sigma}_l = (\overline{\sigma}_e^2 + 3\overline{\tau}_e^2)^{\frac{1}{2}} = [(16.472\text{MPa})^2 + 3\times$$

$$(26.929\text{MPa})^2]^{\frac{1}{2}} = 49.466\text{MPa}$$

抛物线近似线图的计算应力均值

$$\overline{\sigma}_l = (\overline{\sigma}_e^2 + 3\overline{\tau}_e^2)^{\frac{1}{2}} = [(16.472\text{MPa})^2 + 3\times$$

$$(24.730\text{MPa})^2]^{\frac{1}{2}} = 45.892\text{MPa}$$

工作应力的正应力和切应力由同一力源产生，故

$$V_{\sigma_l} = V_{\sigma_e} = V_{\sigma_a} = V_M = 0.10$$

6) 验算可靠度,设应力、强度均服从正态分布,按式 (37.3-15) 和式 (37.3-16),用直线近似线图时,

$$n_R = \frac{\overline{\sigma}_{1C}}{\overline{\sigma}_{-1}} = \frac{72.368\text{MPa}}{49.466\text{MPa}} = 1.463$$

$$Z_R = \frac{n_R - 1}{(n_R^2 V_{\sigma-1C}^2 + V_{\sigma_l}^2)^{\frac{1}{2}}} = \frac{1.463 - 1}{(1.463^2 \times 0.0701^2 + 0.10^2)^{\frac{1}{2}}}$$
$$= 3.232$$

查表 37.1-6 得

$$R = \Phi(Z_R) = \Phi(3.232) = 0.99938$$

用抛物线近似线图时,

$$n_R = \frac{\overline{\sigma}_{1C}}{\overline{\sigma}_l} = \frac{72.368\text{MPa}}{45.892\text{MPa}} = 1.577$$

$$Z_R = \frac{n_R - 1}{(n_R^2 V_{\sigma-1C}^2 + V_{\sigma_l}^2)^{\frac{1}{2}}} = \frac{1.577 - 1}{(1.577^2 \times 0.0701^2 + 0.10^2)^{\frac{1}{2}}}$$
$$= 3.871$$

查表 37.1-6 得

$$R = \Phi(Z_R) = \Phi(3.871) = 0.999946$$

(2) 齿轮的概率设计

根据 GB/T 3480—1997 和其他一些资料中绘出的有关减速器齿轮各参数的变异系数的数据,介绍齿轮的概率设计,供参考。目前齿轮的计算仅包括齿面接触强度和轮齿的弯曲强度,下面分别介绍。

1) 齿面接触强度的计算。齿面接触强度计算中以破坏性点蚀开始发生为齿面工作的极限状态,接触应力

$$\sigma_{Hl} = Z_H Z_E Z_e Z_\beta \left(\frac{K F_t K_A K_V K_{H\beta} K_{H\alpha}}{d_1 b} \cdot \frac{u \pm 1}{u} \right)^{\frac{1}{2}}$$
$$(37.3-96)$$

接触强度

$$\sigma_{Hs} = \sigma_{H\lim} Z_N Z_L Z_V Z_R Z_W Z_X \qquad (37.3-97)$$

式中,K 为计算系数,在 GB/T 3480—1997 的计算方法中没有此系数,是概率设计增加的。其他各参数的意义见 GB/T 3480—1997。

严格地讲,式 (37.3-96)、式 (37.3-97) 中各参数除齿数比 u 外都是随机变量。由于一般齿轮的几何参数误差相对来说都很小,故视为确定量;有些参数的分布情况目前尚难以考虑,也暂假定为确定量。这些因素引起的误差一并用计算系数 K 考虑。

按式 (37.3-96),用变异系数法可求得接触应力的均值、变异系数和标准差分别为

$$\overline{\sigma}_{Hl} = Z_H \overline{Z}_E Z_e Z_\beta \left(\frac{\overline{K} \overline{F}_t K_A \overline{K}_V \overline{K}_{H\beta} \overline{K}_{H\alpha}}{d_1 b} \cdot \frac{u \pm 1}{u} \right)^{\frac{1}{2}}$$
$$(37.3-98)$$

$$V_{\sigma_{Hl}} = \left[V_{Z_E}^2 + \frac{1}{4} (V_K^2 + V_{F_t}^2 + V_{K_V}^2 + V_{K_{H\beta}}^2 + V_{K_{H\alpha}}^2 + \right.$$

$$\left. V_{K_V} V_{K_{H\alpha}} + V_{K_V} V_{K_{H\beta}} + V_{K_{H\alpha}} V_{K_{H\beta}}) \right]^{\frac{1}{2}} \quad (37.3-99)$$

$$S_{\sigma_{Hl}} = \overline{\sigma}_{Hl} V_{\sigma_{Hl}} \qquad (37.3-100)$$

按式 (37.3-97),用变异系数法可求得接触强度的均值、变异系数和标准差分别为

$$\overline{\sigma}_{Hs} = \overline{\sigma}_{H\lim} \overline{Z}_N \overline{Z}_L \overline{Z}_V \overline{Z}_R \overline{Z}_W Z_X \qquad (37.3-101)$$

$$V_{\sigma_{Hs}} = (V_{\sigma_{H\lim}}^2 + V_{Z_N}^2 + V_{Z_L}^2 + V_{Z_V}^2 + V_{Z_R}^2 + V_{Z_W}^2)^{\frac{1}{2}}$$
$$(37.3-102)$$

$$S_{\sigma_{Hs}} = \overline{\sigma}_{Hs} V_{\sigma_{Hs}} \qquad (37.3-103)$$

式 (37.3-98) 中计算系数 K 的均值一般取 $\overline{K} = 1$,必须保证适当可靠性储备时取 $\overline{K} > 1$;式 (37.3-101) 中 $\overline{\sigma}_{H\lim}$ 荐用常规取值 (即已考虑失效概率为 0.01) 的 1.15 倍;其他确定量以及均值都用常规计算法取值。

尚应指出,按 GB/T 3480—1997 计算方法取使用系数 K_A 值时,则切向力 $\overline{F}_t$ 取名义切向力;若 $\overline{F}_t$ 取最大切向力,则 $K_A = 1$。

各随机变量的变异系数的数据荐用如下:

计算系数的变异系数,取 $V_K = 0.12$。

弹性系数的变异系数,取 $V_{Z_E} = 0.02$。

切向力的变异系数按不同情况选取,当载荷精确求得,取 $V_{F_t} = 0.03$;当载荷近似求得,取 $V_{F_t} = 0.08$;当载荷按原动机最大转矩求得,取 $V_{F_t} = 0.12$;用途未定的通用机械,取 $V_{F_t} = 0.16$。

动载系数的变异系数,取

$$V_{K_V} = \frac{\overline{K}_V + 1}{3 \overline{K}_V} \qquad (37.3-104)$$

齿向载荷分布系数的变异系数分两种情况。无齿向修形时,如第 III 组 (接触) 精度为 n,取

$$V_{K_{H\beta}} = \frac{n+1}{10} \cdot \frac{\overline{K}_{H\beta} - 1.05}{3 \overline{K}_{H\beta}} \qquad (37.3-105)$$

有齿向修形 (鼓形齿) 时,取

$$V_{K_{H\beta}} = \frac{\overline{K}_{H\beta} - 1.25}{6 \overline{K}_{H\beta}} \geq 0 \qquad (37.3-106)$$

当齿向载荷分布系数由精确变形求得,则由式 (37.3-105) 和式 (37.3-106) 求得的 $V_{K_{H\beta}}$ 应减至一半。

齿间载荷分布系数的变异系数，取

$$V_{K_{H\alpha}} = \frac{\overline{K}_{H\alpha} - 1}{3\overline{K}_{H\alpha}} \qquad (37.3\text{-}107)$$

接触疲劳极限的变异系数按表 37.3-19 选取。

表 37.3-19 接触疲劳极限的变异系数 $V_{\sigma_{Hlim}}$

齿轮精度等级	单件或小批生产	中批生产	大批生产
6	0.07	0.06	0.05
7	0.08	0.07	0.06
8	0.09	0.08	0.07
9	0.10	0.09	0.08

注：1. 正火、调质，当布氏硬度差范围>40HBW；增大 10%，>80HBW 增大 25%。

2. 整体淬火不脱碳增大 10%，可能脱碳增大 25%。

3. 高频淬火有监控增大 15%，无监控增大 40%。

4. 渗碳监控含碳量，增大 10%；无监控，增大 25%；可能脱碳，增大 40%。

5. 氮化，增大 10%。

寿命系数的变异系数，当 $\overline{Z}_N = 1$ 时，取 $V_{Z_N} = 0$；当 $\overline{Z}_N > 1$ 时，取 $V_{Z_N} = \dfrac{0.3}{m}$（m 为均值 $S\text{-}N$ 曲线的试验指数）。

润滑系数的变异系数，取 $V_{Z_L} = 0.025$。

速度系数的变异系数，取 $V_{Z_V} = 0.02$。

表面粗糙度系数的变异系数，取 $V_{Z_R} = 0.02$。

工作硬化系数的变异系数，取 $V_{Z_W} = 0.02$。

假定应力和强度都服从正态分布，则由表 37.3-1 中序号 1 得连接系数

$$Z_R = \frac{\overline{\sigma}_{Hs} - \overline{\sigma}_{Hl}}{(S^2_{\sigma_{Hs}} + S^2_{\sigma_{Hl}})^{\frac{1}{2}}} = \frac{n_R - 1}{(n_R^2 V^2_{\sigma_{Hs}} + V^2_{\sigma_{Hl}})^{\frac{1}{2}}}$$

$$(37.3\text{-}108)$$

若假定应力和强度都服从对数正态分布，则由表 37.3-1 中序号 2 得连接系数

$$Z_R = \frac{\ln n_R}{(V^2_{\sigma_{Hs}} + V^2_{\sigma_{Hl}})^{\frac{1}{2}}} \qquad (37.3\text{-}109)$$

相应的可靠度 R 按 Z_R 查表 37.1-6。

2）轮齿弯曲强度计算。轮齿弯曲强度计算中以齿根折断为极限状态。弯曲应力$^{\ominus}$

$$\sigma_{Fl} = \frac{KF_t}{bm_n} Y_{Fa} Y_{Sa} Y_\varepsilon Y_\beta K_A K_V K_{F\beta} K_{F\alpha}$$

$$(37.3\text{-}110)$$

抗弯强度

$$\sigma_{Fs} = \sigma_{Flim} Y_{ST} Y_{NT} Y_{\delta rel} Y_{Rrel} Y_X \quad (37.3\text{-}111)$$

$\ominus$ 弯曲应力计算公式是 GB/T 3480—1997 中方法二的计算公式。

式中，各参数的意义见 GB/T 3480—1997。与齿面接触强度处理方法相同，在式（37.3-110）中增加一个计算系数。

按式（37.3-110）求得齿根弯曲应力的均值、变异系数和标准差分别为

$$\overline{\sigma}_{Fl} = \frac{\overline{K}\,\overline{F}_t}{bm_n} Y_{Fa} Y_{Sa} Y_\varepsilon Y_\beta K_A \overline{K}_V \overline{K}_{F\beta} \overline{K}_{F\alpha}$$

$$(37.3\text{-}112)$$

$$V_{\sigma_{Fl}} = (V_K^2 + V_{F_t}^2 + V_{K_V}^2 + V_{K_{F\beta}}^2 + V_{K_{F\alpha}}^2 + V_{K_{F\alpha}} V_{K_{F\beta}} +$$
$$V_{K_{F\alpha}} V_{K_V} + V_{K_{F\beta}} V_{K_V})^{\frac{1}{2}} \qquad (37.3\text{-}113)$$

$$S_{\sigma_{Fl}} = \overline{\sigma}_{Fl} V_{\sigma_{Fl}} \qquad (37.3\text{-}114)$$

按式（37.3-111）求得齿根抗弯强度的均值、变异系数和标准差分别为

$$\overline{\sigma}_{Fs} = \overline{\sigma}_{Flim} Y_{ST} Y_{NT} Y_{\delta rel} Y_{Rrel} Y_X \quad (37.3\text{-}115)$$

$$V_{\sigma_{Fs}} = (V^2_{\sigma_{Flim}} + V^2_{Y_{NT}})^{\frac{1}{2}} \qquad (37.3\text{-}116)$$

$$S_{\sigma_{Fs}} = \overline{\sigma}_{Fs} V_{\sigma_{Fs}} \qquad (37.3\text{-}117)$$

式（37.3-112）中计算系数 K 的均值一般取 $\overline{K} = 1$，必须保证适当可靠性贮备时取 $\overline{K} > 1$，式（37.3-115）中 $\overline{\sigma}_{Flim}$ 荐用常规取值（即已考虑失效概率为 0.01 的）1.2 倍；其他确定量及均值都用常规计算法取值。也应指出，按 GB/T 3480—1997 计算方法取使用系数 K_A 时，则切向力 $\overline{F}_t$ 取名义切向力；若 $\overline{F}_t$ 取最大切向力，则 $K_A = 1$。

各随机变量的变异系数的数据荐用如下：

计算系数的变异系数，直齿轮传动取 $V_K = 0.03$，斜齿轮传动取 $V_K = 0.06$。

切向力的变异系数 V_{F_t} 和动载系数的变异系数 V_{K_V} 的取法与接触应力时的取法相同。

齿向载荷分布系数的变异系数，无齿向修形时，如第 3 组（接触）精度等级为 n，取

$$V_{K_{F\beta}} = \frac{n+1}{10} \cdot \frac{\overline{K}_{F\beta} - 1.05}{3\overline{K}_{F\beta}} \qquad (37.3\text{-}118)$$

有齿向修形（鼓形齿）时，取

$$V_{K_{F\beta}} = \frac{\overline{K}_{F\beta} - 1.2}{6\overline{K}_{F\beta}} \geqslant 0 \qquad (37.3\text{-}119)$$

齿间载荷分布系数的变异系数，取

$$V_{K_{F\alpha}} = \frac{\overline{K}_{F\alpha} - 1}{3\overline{K}_{F\alpha}} \qquad (37.3\text{-}120)$$

齿根弯曲疲劳极限的变异系数，按表 37.3-20 选取。

寿命系数的变异系数，取 $V_{Y_{NT}} = \dfrac{0.5}{m}$。$m$ 为均值

S-N 曲线的试验指数；当 $\overline{Y}_{NT}=1$，取 $V_{Y_{NT}}=0$。

表 37.3-20 弯曲疲劳极限的变异系数 $V_{\sigma_{Flim}}$

齿轮精度等级	单件或小批生产	中批生产	大批生产
6	0.09	0.08	0.07
7	0.10	0.09	0.08
8	0.11	0.10	0.09
9	0.12	0.11	0.10

注：精度等级 1~5 要求同表 37.3-19。

假定应力和强度都服从正态分布，则由表 37.3-1 中序号 1 得连接系数

$$Z_R=\frac{\overline{\sigma}_{Fs}-\overline{\sigma}_{Fl}}{(S^2_{\sigma_{Fs}}+S^2_{\sigma_{Fl}})^{\frac{1}{2}}}=\frac{n_R-1}{(V^2_{\sigma_{Fs}}+V^2_{\sigma_{Fl}})^{\frac{1}{2}}}$$

$$(37.3-121)$$

若假定应力和强度都服从对数正态分布，则由表 37.3-1 中序号 2 得连接系数

$$Z_R=\frac{\ln n_R}{(V^2_{\sigma_{Fs}}+V^2_{\sigma_{Fl}})^{\frac{1}{2}}} \qquad (37.3-122)$$

相应的可靠度 R 按 Z_R 查表 37.1-6。

例 37.3-12 已知给料机用斜齿圆柱齿减速器，电动机驱动，小齿轮传递功率 $P=9$kW。转速 $n=970$r/min，单向传动，工作平稳，每天工作 8h，每年工作 300 天，预期寿命 10 年。

齿轮的主要参数：小齿轮材料 40Cr，调质；大齿轮材料 45 钢，调质；齿轮精度等 8 级；$z_1=29$，$z_2=93$，$m_n=2$mm，$\beta=12°34'41''$，$b_1=55$mm，$b_2=50$mm。试验算该齿轮传动的可靠度。

解

（1）接触强度的可靠度

式（37.3-96）和式（37.3-97）中各参数的均值或确定按 GB/T 3480—1997 中的方法取值，变异系数按本节给出的荐用值，具体数值见表 37.3-21。

表 37.3-21 接触强度计算中各参数的均值及变异系数

变量	F_t/N	K	K_A	Z_H	Z_E/$\sqrt{\mathrm{MPa}}$	Z_ε	Z_β	d_1/mm	b/mm	u
均值	2982.14	1	1	2.45	189.8	0.78	0.99	59.426	50	3.207
变异系数	0.12	0.12	0	0	0.02	0	0	0	0	0

变量	K_V	$K_{H\beta}$	$K_{H\alpha}$	σ_{Hlim}[①]/MPa	Z_N[①]	Z_L	Z_V	Z_R	Z_W	Z_X
均值	1.06	1.12	1.2	672.75	1.04	1.06	0.94	0.87	1	1
变异系数	0.0189	0.078	0.056	0.08	0.0375	0.025	0.02	0.02	0.02	0

① σ_{Hlim} 和 Z_N 的均值均按大齿轮取值。

按式（37.3-98）~式（37.3-100）得接触应力的均值、变异系数和标准差分别为

$$\overline{\sigma}_{Hl}=Z_H\overline{Z}_E Z_\varepsilon Z_\beta\left(\frac{\overline{K}\,\overline{F}_t\overline{K}_A\overline{K}_V\overline{K}_{H\beta}\overline{K}_{H\alpha}}{d_1 b}\cdot\frac{u\pm1}{u}\right)^{\frac{1}{2}}$$

$$=2.45\times189.9\mathrm{MPa}\times0.78\times0.99\times$$

$$\left(\frac{1\times2982.14\times1\times1.06\times1.12\times1.2}{59.426\times50}\cdot\frac{3.207+1}{3.207}\right)^{\frac{1}{2}}$$

$$=491.78\mathrm{MPa}$$

$$V_{\sigma_{Hl}}=\left[V^2_{Z_E}+\frac{1}{4}\left(V^2_K+V^2_{F_t}+V^2_{K_V}+V^2_{K_{H\beta}}+V^2_{K_{H\alpha}}+\right.\right.$$

$$\left.\left. V_{K_V}V_{K_{H\alpha}}+V_{K_V}V_{K_{H\beta}}+V_{K_{H\alpha}}V_{K_{H\beta}}\right)\right]^{\frac{1}{2}}$$

$$=\left[0.02^2+\frac{1}{4}\left(0.12^2+0.12^2+0.0189^2+\right.\right.$$

$$0.078^2+0.056^2+0.0189\times0.056+$$

$$\left.\left.0.0189\times0.078+0.078\times0.056\right)\right]^{\frac{1}{2}}$$

$$=0.108$$

$$S_{\sigma_{Hl}}=\overline{\sigma}_{Hl}V_{\sigma_{Hl}}=491.78\mathrm{MPa}\times0.108=53.11\mathrm{MPa}$$

按式（37.3-101）~式（37.3-103）得接触强度的均值、变异系数和标准差分别为

$$\overline{\sigma}_{Hs}=\overline{\sigma}_{Hlim}\overline{Z}_N\overline{Z}_L\overline{Z}_V\overline{Z}_R\overline{Z}_W Z_X$$

$$=672.75\mathrm{MPa}\times1.04\times1.06\times0.94\times0.87\times1\times1$$

$$=606.51\mathrm{MPa}$$

$$V_{\sigma_{Hs}}=(V^2_{\sigma_{Hlim}}+V^2_{Z_N}+V^2_{Z_L}+V^2_{Z_V}+V^2_{Z_R}+V^2_{Z_W})^{\frac{1}{2}}$$

$$=(0.08^2+0.0375^2+0.025^2+0.02^2+0.02^2+0.02^2)^{\frac{1}{2}}$$

$$=0.098$$

$$S_{\sigma_{Hs}}=\overline{\sigma}_{Hs}V_{\sigma_{Hs}}=606.51\mathrm{MPa}\times0.098=59.44\mathrm{MPa}$$

按接触应力和接触强度都服从正态分布，由式（37.3-108）

$$Z_R=\frac{\overline{\sigma}_{Hs}-\overline{\sigma}_{Hl}}{(S^2_{\sigma_{Hs}}+S^2_{\sigma_{Hl}})^{\frac{1}{2}}}=\frac{606.51\mathrm{MPa}-491.78\mathrm{MPa}}{(59.44^2+53.11^2)^{\frac{1}{2}}\mathrm{MPa}}$$

$$=1.439$$

查表 37.1-6 得接触强度的可靠度

$$R=\Phi(Z_R)=\Phi(1.439)=0.925$$

（2）弯曲强度的可靠度

式（37.3-110）和式（37.3-111）各参数的均值或确定值按 GB/T 3480—1997 中的方法取值，变异系数按本节给出的荐用值，具体数值见表 37.3-22。

表 37.3-22　弯曲强度计算中各参数的均值及变异系数

变量	K	F_t/N	b/mm	m_n/mm	Y_{Fa}	Y_{Sa}	Y_ε	Y_β	K_A
均值	1	2982.14	50	2	2.53 2.21	1.63 1.79	0.704	0.895	1
变异系数	0.06	0.12	0	0	0	0	0	0	0
变量	K_V	$K_{F\beta}$	$K_{F\alpha}$	σ_{Flim}/MPa	Y_{ST}	Y_{NT}	$Y_{\delta rel}$	Y_{Rrel}	Y_X
均值	1.06	1.11	1.2	354 264	2	1 1	≈ 1 ≈ 1	1.01	1
变异系数	0.0189	0.0162	0.0556	0.10	0	0	0	0	0

按式（37.3-112）～式（37.3-114）得弯曲应力的均值、变异系数和标准差分别为

$$\overline{\sigma}_{Fl_1} = \frac{\overline{K}\,\overline{F}_t}{bm_n} Y_{Fa_1} Y_{Sa_1} Y_\varepsilon Y_\beta K_A \overline{K}_V \overline{K}_{F\beta} \overline{K}_{F\alpha}$$

$$= \frac{1 \times 2982.14\text{N}}{50\text{mm} \times 2\text{mm}} \times 2.53 \times 1.63 \times 0.704 \times 0.895 \times$$
$$1 \times 1.06 \times 1.11 \times 1.2$$
$$= 109.41\text{MPa}$$

$$\overline{\sigma}_{Fl_2} = \overline{\sigma}_{Fl_1} \frac{Y_{Fa_2} Y_{Sa_2}}{Y_{Fa_1} Y_{Sa_1}} = 109.41\text{MPa} \times \frac{2.21 \times 1.79}{2.53 \times 1.63}$$
$$= 104.95\text{MPa}$$

$$V_{\sigma Fl} = (V_K^2 + V_{F_t}^2 + V_{K_V}^2 + V_{K_{F\beta}}^2 + V_{K_{F\alpha}}^2 + V_{K_{F\alpha}} V_{K_{F\beta}} + V_{K_{F\alpha}} V_{K_V} +$$
$$V_{K_{F\beta}} V_{K_V})^{\frac{1}{2}}$$
$$= (0.06^2 + 0.12^2 + 0.0189^2 + 0.0162^2 +$$
$$0.0556^2 + 0.0556 \times 0.0162 + 0.0556 \times$$
$$0.0189 + 0.0162 \times 0.0189)^{\frac{1}{2}}$$
$$= 0.155$$

$$S_{\sigma Fl_1} = \overline{\sigma}_{Fl_1} V_{\sigma Fl} = 109.41\text{MPa} \times 0.155 = 16.96\text{MPa}$$
$$S_{\sigma Fl_2} = \overline{\sigma}_{Fl_2} V_{\sigma Fl} = 104.95\text{MPa} \times 0.155 = 16.27\text{MPa}$$

按式（37.3-115）～式（37.3-117）得抗弯强度的均值、变异系数和标准差分别为

$$\overline{\sigma}_{Fs_1} = \overline{\sigma}_{Flim} Y_{ST} \overline{Y}_{NT} \overline{Y}_{\delta rel} Y_{Rrel} Y_X$$
$$= 354\text{MPa} \times 2 \times 1 \times 1 \times 1.01 \times 1 = 715.08\text{MPa}$$

$$\overline{\sigma}_{Fs_2} = \overline{\sigma}_{Fs_1} \frac{\overline{\sigma}_{Flim2}}{\overline{\sigma}_{Flim1}}$$
$$= 715.08\text{MPa} \times \frac{264\text{MPa}}{354\text{MPa}} = 533.28\text{MPa}$$

$$V_{\sigma Fs} = (V_{\sigma Flim}^2 + V_{Y_{NT}}^2)^{\frac{1}{2}} = (0.10^2 + 0)^{\frac{1}{2}} = 0.10$$
$$S_{\sigma Fs_1} = \overline{\sigma}_{Fs_1} V_{\sigma Fs} = 715.08\text{MPa} \times 0.10 = 71.508\text{MPa}$$
$$S_{\sigma Fs_2} = \overline{\sigma}_{Fs_2} V_{\sigma Fs} = 533.28\text{MPa} \times 0.10 = 53.328\text{MPa}$$

按弯曲应力和抗弯强度都服从正态分布，由式（37.3-121）

$$Z_{R_1} = \frac{\overline{\sigma}_{Fs_1} - \overline{\sigma}_{Fl_1}}{(S_{\sigma Fs_1}^2 + S_{\sigma Fl_1}^2)^{\frac{1}{2}}}$$

$$= \frac{715.08\text{MPa} - 109.41\text{MPa}}{(715.08^2 + 16.96^2)^{\frac{1}{2}}\text{MPa}} = 8.24$$

$$Z_{R_2} = \frac{\overline{\sigma}_{Fs_2} - \overline{\sigma}_{Fl_2}}{(S_{\sigma Fs_2}^2 + S_{\sigma Fl_2}^2)^{\frac{1}{2}}} = \frac{533.28\text{MPa} - 104.95\text{MPa}}{(533.28^2 + 16.27^2)^{\frac{1}{2}}\text{MPa}}$$
$$= 7.68$$

按 $Z_R = 7.68$ 查表 37.2-12 得弯曲强度的可靠度
$$R = \Phi(Z_R) = \Phi(7.68) \approx 1$$

5.9　零件疲劳寿命的可靠性预计

在一定的应力水平，疲劳寿命服从某种分布。一般认为金属的疲劳寿命服从对数正态分布，也有人认为服从威布尔分布。由于对数正态分布可利用正态分布分析的各种方法，使用较为方便。下面均按寿命服从对数正态分布来预计可靠寿命。

（1）应力为确定量的可靠寿命

当应力为确定量，或应力的变异系数不大而假定为确定量时，可直接利用 p-S-N 线图或 3s-S-N 线图。

利用 p-S-N 线图时（见图 37.3-18），过该图纵轴指定的应力水平作水平线与指定失效概率 p 的 S-N 曲线相交，该交点的横坐标就是相应失效概率的寿命，或可靠度 R = 1-p 的可靠寿命。

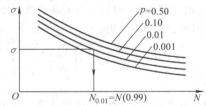

图 37.3-18　用 p-S-N 线图预计可靠寿命

利用 3s-S-N 线图时，可靠度为 R 时的可靠寿命
$$N(R) = 10^{\overline{L} - Z_R S_L} \qquad (37.3\text{-}123)$$

式中　Z_R——连接系数，按指定的 R 查表 37.2-12 或表 37.1-6；

$\overline{L}$——对数寿命的均值；

S_L——对数寿命的标准差。

求 $\overline{L}$ 和 S_L 时（见图 37.3-19），过该图纵轴指定的应力水平作水平线，可在该水平线上直接读得对数寿命的均值 $\overline{L}$ 和标准差 S_L。若没有相应的 3s-S-N 线图，可按双对数坐标为直线的经验公式求出。在应力

水平 σ 时，

$$\overline{L} = \lg N_\infty - m(\lg\sigma - \lg\overline{\sigma}_{-1C}) \quad (37.3\text{-}124)$$

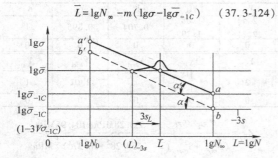

图 37.3-19　用 $3s$-S-N 线图预计可靠寿命

$$(L)_{-3s} = \lg N_\infty - m_{-3s}\left[\lg\sigma - \lg(1-3V_{\sigma_{-1C}})\overline{\sigma}_{-1C}\right]$$
$$(37.3\text{-}125)$$

$$S_L = \frac{\overline{L} - (L)_{-3s}}{3} \quad (37.3\text{-}126)$$

这里，m 和 m_{-3s} 分别用式（37.3-73）、式（37.3-77）求得。

（2）应力为随机变量的可靠寿命

应力为随机变量是更一般的情况，这时可靠寿命

$$N(R) = N_\infty\left(\frac{\overline{\sigma}_{-1C}}{n_R\overline{\sigma}_l}\right)^\infty \quad (37.3\text{-}127)$$

式中　$\overline{\sigma}_l$——工作应力幅的均值，受非对称循环变应力时，取等效应力的均值；受复合应力时，取按强度理论算得的计算应力；

n_R——可靠安全系数，由式（37.3-15）、式（37.3-17）和式（37.3-19）确定。

求 n_R 时所需的 $V_{x_s} = V_{\sigma_{-1CN}}$ 与寿命有关，按 $3s$-S-N 线图的经验公式求时，则

$$V_{\sigma_{-1CN}} = \frac{1}{3}\left[1 - (1-3V_{\sigma_{-1C}})\left(\frac{N_\infty}{N}\right)^{\frac{1}{m_{-3s}}-\frac{1}{m}}\right]$$
$$(37.3\text{-}128)$$

因此，计算可靠寿命时需迭代计算。式中的 m 和 m_{-3s} 分别由式（37.3-73）、式（37.3-117）确定。

若按式（37.3-127）求得的可靠寿命 $N(R) > N_\infty$，对于钢铁件可认为 $N(R) \to \infty$。

例 37.3-13　按例 37.3-12 的数据，求 $R = 0.95$ 时的可靠寿命。

解　当 $R = 0.95$ 时，查表 37.1-6 得 $Z_R = 1.645$。假定应力和强度均服从正态分布。$V_{\sigma_l} = V_\sigma = \dfrac{21}{300} = 0.07$，初取 $N = N_\infty$，则 $V_{\sigma_{-1CN}} = V_{\sigma_{-1C}} = 0.115$。若按式（37.3-17）

$$n_R = \frac{1+Z_R\left(V_{\sigma_{-1CN}}^2 + V_{\sigma_l}^2 - Z_R^2 V_{\sigma_{-1CN}}^2 V_{\sigma_l}^2\right)^{\frac{1}{2}}}{1 - Z_R^2 V_{\sigma_{-1CN}}^2}$$

$$= \frac{1+1.645(0.115^2+0.07^2-1.645^2\times0.115^2\times0.07^2)^{\frac{1}{2}}}{1-1.645^2\times0.115^2}$$

$$= 1.266$$

按式（37.3-127）

$$N(0.95) = N_\infty\left(\frac{\overline{\sigma}_{-1C}}{n_R\overline{\sigma}_1}\right)^\infty$$

$$= 10^6 \text{ 次} \times \left(\frac{241.6\text{MPa}}{1.266\times300\text{MPa}}\right)^{7.257}$$

$$= 37524 \text{ 次}$$

$N(0.95) < N_\infty$，故 $V_{\sigma_{-1CN}}$ 应降低，$N(0.95)$ 会增大。

再取 $N = 5\times10^4$，按式（37.3-128）

$$V_{\sigma_{-1CN}} = \frac{1}{3}\left[1 - (1-3V_{\sigma_{-1C}})\left(\frac{N_\infty}{N}\right)^{\frac{1}{m_{-3s}}-\frac{1}{m}}\right]$$

$$= \frac{1}{3}\left[1 - (1-3\times0.115)\left(\frac{10^6}{5\times10^4}\right)^{\frac{1}{5.799}-\frac{1}{7.257}}\right]$$

$$= 0.0911$$

$$n_R = \frac{1+1.645(0.0911^2+0.07^2-1.645^2\times0.0911^2\times0.07^2)^{\frac{1}{2}}}{1-1.645^2\times0.0911^2}$$

$$= 1.215$$

$$N(0.95) = 10^6 \text{ 次} \times \left(\frac{241.6\text{MPa}}{1.215\times300\text{MPa}}\right)^{7.257}$$

$$= 50570 \text{ 次}$$

与估计的 N 基本一致。

（3）滚动轴承的可靠寿命

在正常工作条件下，滚动轴承的主要失效形式为点蚀。和 p-S-N 曲线类似，滚动轴承的承载能力和寿命的关系可在不同载荷水平做成组试验得到。图 37.3-20 所示为滚动轴承的 p-P-L 线图。这里，P 是当量动载荷，L 是寿命。常规的滚动轴承可靠寿命计算公式为

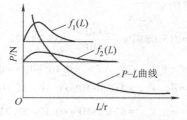

图 37.3-20　滚动轴承的 p-P-L 线图

$$L_{10} = L(R) = L(0.90) = \left(\frac{C}{P}\right)^\varepsilon \quad (37.3\text{-}129)$$

式中　C——额定动载荷；

ε——寿命指数，球轴承，$\varepsilon = 3$；滚子轴承，$\varepsilon = \dfrac{10}{3}$。

不同可靠度时可靠寿命

$$L_F = L(R) = a_1 \left(\frac{C}{P} \right)^{\varepsilon} \qquad (37.3\text{-}130)$$

式中　a_1——可靠性的寿命修正系数，查表 37.3-23。

当量动载荷为随机变量时，设 P 的概率密度为 $f(P)$，这时的可靠寿命

$$L_F = L(R) = \int_{-\infty}^{\infty} a_1 \left(\frac{C}{P} \right)^{\varepsilon} f(P)\, \mathrm{d}P$$

$$\qquad (37.3\text{-}131)$$

当 P 服从对数正态分布时，式（37.3-131）为

$$L_F = L(R) = a_1 C^{\varepsilon} \mathrm{e}^{\varepsilon \left(\frac{\varepsilon \sigma^2}{2} - \mu \right)} \qquad (37.3\text{-}132)$$

式中　μ——当量动载荷 P 的对数均值；
　　　σ——当量动载荷 P 的对数标准差。

表 37.3-23　可靠性的寿命修正系数

R	0.90	0.95	0.95	0.97	0.98	0.99	0.995	0.998	0.999	≈ 1.0
a_1	1.0	0.62	0.53	0.44	0.33	0.21	0.13	0.07	0.04	≈ 0.04

6　其他失效形式时可靠性设计

前面主要以机械强度为对象的概率设计。按广义的应力、强度概念，应力是对产品功能有影响的各种外界因素，强度是产品承受应力的能力。普通的应力和强度只是这广义概念中的一种，其他形式的应力、强度问题也可用类似的办法处理。

6.1　断裂韧度的可靠性设计

零件在制造或使用过程中形成裂纹是难以避免的。有裂纹的零件不一定就不能工作，需要用断裂力学的方法来判断。与机械强度类似，在断裂判据中的变量也都是随机变量，因此宜用概率设计。

（1）静载抗断裂的可靠度

断裂力学计算带裂纹的零件承受静载能力时用断裂判据，对于张开型：

$$K_1 \leqslant K_{1C} \qquad (37.3\text{-}133)$$

式中　K_1——应力强度因子；
　　　K_{1C}——断裂韧度。

张开型应力强度因子可用式（37.3-134）计算

$$K_1 = \alpha \sigma \sqrt{\pi a} \qquad (37.3\text{-}134)$$

式中　σ——工作应力；
　　　a——裂纹长度；
　　　α——修正系数，反映裂纹几何及受力条件，表 37.3-24 为几种简单情况的 α 值。

显然 σ、a、α 都是随机变量，为了简单，假定 α 为确定量。根据式（37.3-133），不发生断裂失效的可靠。

表 37.3-24　受拉应力的几个 α 值

类别	无限宽板斜透纹	无限宽板边透纹	无限体深埋圆片状纹
α	$\sin^2 \theta$	1.12	0.637
图形			

$$R = P(K_{1C} > K_1) \qquad (37.3\text{-}135)$$

这里 K_1 相当于应力-强度模型中的应力 x_l，K_{1C} 相当于应力-强度模型中的强度 x_s。如果了解了它们的分布和参数后，就可按本章 1 节的方法求可靠度，或与一般机械强度设计类似进行概率设计计算。

K_{1C} 的数据应由试验统计获得，也可由文献中查到参考数据，以此作为 $\overline{K}_{1C}$。K_{1C} 的变化范围颇大，一般可暂按表 37.3-6 或表 37.3-25 选取变异系数。

表 37.3-25　断裂韧度的变异系数

材料	钢	铝合金
$V_{K_{1C}}$	0.15（0.02~0.19）	0.20（0.02~0.422）
材料	钛合金	镍合金
$V_{K_{1C}}$	0.10（0.014~0.101）	0.06（0.049~0.061）

例 37.3-14　受静载荷的矩形截面拉杆，材料为 32SiMnMoV 钢，920℃ 油淬，320℃ 回火，$R_m = 1950\text{MPa}$，$R_{eL} = 1750\text{MPa}$，$K_{1C} = 1840\text{N/mm}^{3/2}$，最小截面尺寸宽 $W = (150 \pm 3)\text{mm}$，厚 $B = (5 \pm 0.15)\text{mm}$，板边透纹 $a = (0.5 \pm 0.1)\text{mm}$，受拉力 $F = (1000000 \pm 100000)\text{N}$，如果 $V_{R_{eL}} = 0.07$，$V_{K_{1C}} = 0.10$，求不屈服失效和不断裂失效的可靠度。

解　取计算系数 $\overline{K} = 1$，$V_K = 0$。

1）不屈服失效的可靠度。

工作应力　　　$\sigma = \dfrac{F}{WB}$

载荷的均值和变异系数

$$\overline{F} = 1000000\text{N}, \quad V_F = \frac{100000}{3 \times 1000000} = 0.033$$

宽度的均值和变异系数

$$\overline{W} = 150\text{mm}, \quad V_W = \frac{3}{3 \times 150} = 0.0067$$

厚度的均值和变异系数

$$\overline{B} = 5\text{mm}, \quad V_B = \frac{0.15}{3 \times 5} = 0.01$$

工作应力的均值、变异系数及标准差分别为

$$\overline{\sigma} = \frac{\overline{F}}{\overline{W}\,\overline{B}} = \frac{1000000\text{N}}{150\text{mm} \times 5\text{mm}} = 1333.33\text{MPa}$$

$$V_\sigma = (V_F^2 + V_W^2 + V_B^2)^{\frac{1}{2}} = (0.033^2 + 0.0067^2 +$$
$$0.01^2)^{\frac{1}{2}} = 0.035$$
$$S_\sigma = \bar\sigma V_\sigma = 1333.33\text{MPa} \times 0.035 = 46.67\text{MPa}$$
强度的均值和标准差分别为
$$\bar R_{eL} = 1750\text{MPa}$$
$$S_\sigma = \bar R_{ReL} V_{ReL} = 1750\text{MPa} \times 0.07 = 122.5\text{MPa}$$
假设工作应力和屈服极限都服从正态分布，则连接系数
$$Z_R = \frac{\bar R_{eL} - \bar\sigma}{(S_{R_{eL}}^2 + S_\sigma^2)^{\frac{1}{2}}}$$
$$= \frac{1750\text{MPa} - 1333.33\text{MPa}}{[(122.5\text{MPa})^2 + (46.67\text{MPa})^2]^{\frac{1}{2}}}$$
$$= 3.179$$
查表37.1-6得不屈服失效的可靠度
$$R = \Phi(Z_R) = \Phi(3.179) = 0.99925$$
2）不断裂失效的可靠度。

按式（37.3-134）求应力强度因子，因 $a \ll \bar W$，故由表37.3-24取 $\alpha = 1.12$（假定为确定量）。裂纹长度的均值和变异系数
$$a = 0.5\text{mm}, \quad V_a = \frac{0.1}{3 \times 0.5} = 0.067$$
应力强度因子的均值、变异系数和标准差分别为
$$\bar K_1 = \alpha\bar\sigma\sqrt{\pi\bar a} = 1.12 \times 1333.33\sqrt{\pi \times 0.5}$$
$$= 1871.61\text{MPa} \cdot \text{mm}^{\frac{1}{2}}$$
$$V_{K_1} = \left(V_\sigma^2 + \frac{1}{4}V_a^2\right)^{\frac{1}{2}} = \left(0.035^2 + \frac{1}{4} \times 0.067^2\right)^{\frac{1}{2}}$$
$$= 0.0484$$
$$S_{K_1} = \bar K_1 V_{K_1} = 1871.61\text{MPa} \cdot \text{mm}^{\frac{1}{2}} \times 0.0484$$
$$= 90.586\text{MPa} \cdot \text{mm}^{\frac{1}{2}}$$
断裂韧度的均值和标准差
$$\bar K_{1C} = 1840\text{MPa} \cdot \text{mm}^{\frac{1}{2}}$$
$$S_{K_{1C}} = \bar K_{1C} V_{K_{1C}} = 1840 \times 0.1 = 184\text{MPa} \cdot \text{mm}^{\frac{1}{2}}$$
假设应力强度因子和断裂韧度都服从正态分布，则连接系数
$$Z_R = \frac{\bar K_{1C} - \bar K_1}{(S_{K_{1C}}^2 + S_{K_1}^2)^{\frac{1}{2}}}$$
$$= \frac{1840\text{MPa} \cdot \text{mm}^{\frac{1}{2}} - 1871.61\text{MPa} \cdot \text{mm}^{\frac{1}{2}}}{[(184\text{MPa} \cdot \text{mm}^{\frac{1}{2}})^2 + (90.586\text{MPa} \cdot \text{mm}^{\frac{1}{2}})^2]^{\frac{1}{2}}}$$
$$= -0.154$$
查表37.1-6的不断裂失效的可靠度
$$R = \Phi(Z_R) = \Phi(-1.54) = 1 - \Phi(1.54)$$
$$= 0.43879$$

由此例可看出，虽然按屈服强度认为可靠度很高，但按断裂韧度则可靠度很低，几乎不能用。显然，断裂失效的后果比屈服失效的后果要严重得多。一般，不断裂失效的可靠度宜高于不屈服失效的可靠度。因此，上例中的拉杆应改换材料或进行热处理。

（2）变载抗断裂的可靠度

受反复变应力作用时，裂纹可能逐渐扩展而引起断裂失效。促进裂纹扩展的参数为应力强度因子幅度
$$\Delta K_1 = \alpha\Delta\sigma\sqrt{\pi a} \qquad (37.3\text{-}136)$$
式中 $\Delta\sigma$——应力变化幅度。
$$\Delta\sigma = \sigma_{max} - \sigma_{min} \qquad (37.3\text{-}137)$$
当应力强度因子幅度 ΔK_1 小于裂纹开始扩展的门槛值 ΔK_{th} 时，裂纹几乎不扩展。这时，ΔK_1 相当于应力-强度模型中的应力 x_l，ΔK_{th} 相当于应力-强度模型中的强度 x_s，故受变载裂纹不扩展的可靠度
$$R = P(\Delta K_{th} < \Delta K_1) \qquad (37.3\text{-}138)$$
ΔK_{th} 值是根据试验求得的。当受对称循环变应力时，结构碳钢、低合金钢和镍基合金 $\Delta K_{th} = 5.52 \sim 6.82\text{MPa} \times \sqrt{m}$；高强度钢和铝合金 $\Delta K_{th} = 1.09 \sim 2.18\text{MPa} \times \sqrt{m}$。也有文献介绍下面的数据：钢，$\Delta K_{th} = 6.6 \sim 8.8\text{MPa} \times \sqrt{m}$；铝合金，$\Delta K_{th} = 1.1 \sim 1.3\text{MPa} \times \sqrt{m}$；钛合金，$\Delta K_{th} = 2.2 \sim 6.6\text{MPa} \times \sqrt{m}$。概略计算时可暂假设 ΔK_{th} 服从正态分布，按"3s"原则取其均值和标准差。重要的情况宜做具体试验以确定 ΔK_{th} 的分布。

6.2 刚度的可靠性设计

机械中某些零件或构体对刚度有一定的要求，例如，弹簧、轴、梁、刀具等的挠度、角和转角等工作中不满足刚度要求就认为失效。按照应力-强度模型，这时应力是工作中产生的变形，强度是正常工作允许的变形。工作时的变形量可利用材料力学求挠度、偏角或转角的公式来计算，这些公式一般可写成
$$y_l = y(x_1, x_2, \cdots, x_n) \qquad (37.3\text{-}139)$$
式中 y_l——工作变形量，如挠度、偏角或转角；
x_i——影响变形量的各随机变量，如载荷、尺寸、弹性模量等，$i = 1, 2, \cdots, n$。

y_l 常近似假定服从正态分布或对数正态分布，允许的变形量 y_s 则按具体条件给定，常视为确定量。则可靠度
$$R = P(y_l < y_s) \qquad (37.3\text{-}140)$$
例 37.3-15 某圆截面钢梁如图37.3-21所示，已知 $F_1 = (120\pm18)\text{N}$，$F_2 = (40\pm6)\text{N}$，截面直径 $d = (20\pm0.3)\text{mm}$，跨距和受力点的尺寸误差很小，假定为确定量，$L = 500\text{mm}$，$l_1 = 200\text{mm}$，$l_2 = 100\text{mm}$，允许A点最大挠度 $y_s = 0.25\text{mm}$。分别就 F_1 和 F_2 由不

同力源产生及由同一力源产生两种情况，验算满足刚度要求的可靠度。

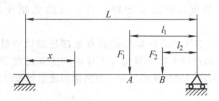

图 37.3-21　梁的受力情况

解　由材料力学知，当 $x \leq L-l$ 时，坐标 x 处梁的挠度

$$y_x = \frac{32lxF}{3\pi LEd^4}(L^2 - l^2 - x^2)$$

F_1 和 F_2 单独作用时在 A 点产生的挠度分别为

$$y_1 = \frac{32l_1xF_1}{3\pi LEd^4}(L^2 - l_1^2 - x^2) = 4.889 \times 10^7 \frac{F_1}{Ed^4}$$

$$y_2 = \frac{32l_2xF_2}{3\pi LEd^4}(L^2 - l_2^2 - x^2) = 2.716 \times 10^7 \frac{F_2}{Ed^4}$$

叠加得 A 点的总挠度

$$y_A = y_1 + y_2 = \frac{10^7}{Ed^4}(4.889F_1 + 2.716F_2)$$

各随机变量的均值和标准差分别为

$$\overline{F_1} = 120\text{N}, \quad S_{F_1} = \frac{18}{3}\text{N} = 6\text{N}$$

$$\overline{F_2} = 40\text{N}, \quad S_{F_2} = \frac{6}{3}\text{N} = 2\text{N}$$

$$\overline{d} = 20\text{mm}, \quad S_d = \frac{0.3}{3}\text{mm} = 0.1\text{mm}$$

$$\overline{E} = 2.06 \times 10^5 \text{MPa}, \quad S_E = \overline{E}V_E = 2.06 \times 10^5 \text{MPa} \times 0.03 = 6.18 \times 10^3 \text{MPa}_。$$

A 点总挠度的均值

$$\overline{y_A} = \frac{10^7}{\overline{E}\,\overline{d}^4}(4.889\overline{F_1} + 2.716\overline{F_2})$$

$$= \frac{10^7}{2.06 \times 10^5 \times 20^4}(4.889 \times 120 + 2.716 \times 40)\text{mm}$$

$$= 0.211\text{mm}$$

若 F_1 和 F_2 由不同力源产生，则标准差

$$S_{y_A} = \left[\left(\frac{\partial y_A}{\partial F_1}\right)_0^2 S_{F_1}^2 + \left(\frac{\partial y_A}{\partial F_2}\right)_0^2 S_{F_2}^2 + \right.$$

$$\left. \left(\frac{\partial y_A}{\partial E}\right)_0^2 S_E^2 + \left(\frac{\partial y_A}{\partial d}\right)_0^2 S_d^2 \right]^{\frac{1}{2}} = 0.0118\text{mm}$$

若 F_1 和 F_2 由同一力源产生，$F_1 = \dfrac{\overline{F_1}}{\overline{F_2}}F_2 = 3F_2$，故

$$y_A = 17.383 \times 10^7 \frac{F_2}{Ed^4}$$

y_A 的变异系数

$$V_{y_A} = (V_{F_2}^2 + V_E^2 + 4^2 V_d^2)^{\frac{1}{2}} = \left[\left(\frac{6}{120}\right)^2 + 0.03^2 + \right.$$

$$\left. 16 \times \left(\frac{0.1}{20}\right)^2 \right]^{\frac{1}{2}} = 0.0616$$

y_A 的标准差

$$S_{y_A} = y_A V_{y_A} = 0.211\text{mm} \times 0.0616 = 0.0123\text{mm}$$

假设挠度服从正态分布。若 F_1 和 F_2 由不同力源产生，则连接系数

$$Z_R = \frac{y_s - \overline{y_A}}{S_{y_A}} = \frac{0.25 - 0.211}{0.0118} = 3.305$$

查表 37.1-6 得

$$R = \Phi(Z_R) = \Phi(3.305) = 0.999525$$

若 F_1 和 F_2 由同一力源产生，则连接系数

$$Z_R = \frac{y_s - \overline{y_A}}{S_{y_A}} = \frac{0.25 - 0.211}{0.0123} = 3.171$$

查表 37.1-6 得

$$R = \Phi(Z_R) = \Phi(3.171) = 0.999238$$

例 37.3-16　一测量用螺旋弹簧，材料 65Mn，切变模量 $\overline{G} = 81500\text{MPa}$，$V_G = 0.02$；弹簧中径 $D_2 = (60 \pm 0.9)\text{mm}$；弹簧丝直径 $d = (6 \pm 0.04)\text{mm}$；制造时可保证弹簧的有效圈数 $n = 20 \pm 0.5$。试估计满足弹簧刚度要求 $C = (\overline{C} \pm 0.03)\text{N/mm}$ 时的可靠度。

解　弹簧刚度定义为使弹簧产生单位变形所需的载荷，即

$$C = \frac{F}{\lambda_s} = \frac{Gd^4}{8D_2^3 n}$$

式中各随机变量的均值及变异系数分别为

$$\overline{D_2} = 60\text{mm}, \quad V_{D_2} = \frac{0.9\text{mm}}{3 \times 60\text{mm}} = 0.005$$

$$\overline{d} = 6\text{mm}, \quad V_d = \frac{0.04\text{mm}}{3 \times 6\text{mm}} = 0.0022$$

$$\overline{n} = 20, \quad V_n = \frac{0.5\text{mm}}{3 \times 20\text{mm}} = 0.0083$$

弹簧刚度 C 的均值、变异系数及标准差

$$\overline{C} = \frac{\overline{G}\overline{d}^4}{8\overline{D_2}^3\overline{n}} = \frac{81500\text{N} \cdot \text{mm}^{-2} \times (20\text{mm})^4}{8 \times (60\text{mm})^3 \times 20} = 0.3056\text{N/mm}$$

$$V_C = (V_G^2 + 4^2 V_d^2 + 3^2 V_{D_2}^2 + V_n^2)^{\frac{1}{2}}$$

$$= (0.02^2 + 16 \times 0.0022^2 + 9 \times 0.005^2 + 0.0083^2)^{\frac{1}{2}} = 0.0278$$

$$S_C = \overline{C}V_C = 0.3056\text{N/mm} \times 0.0278 = 0.0085\text{N/mm}$$

假设弹簧刚度 C 服从正态分布，则可靠度

$$R = P(\overline{C} - \Delta C < C < \overline{C} + \Delta C) = \int_{\overline{C} - \Delta C}^{\overline{C} + \Delta C} f(C)\,\mathrm{d}C$$

$$= \Phi\left(\frac{\Delta C}{S_C}\right) - \Phi\left(-\frac{\Delta C}{S_C}\right) = \Phi\left(\frac{0.03\mathrm{N/mm}}{0.0085\mathrm{N/mm}}\right) -$$

$$\Phi\left(-\frac{0.03\mathrm{N/mm}}{0.0085\mathrm{N/mm}}\right) = \Phi(3.53) - \Phi(-3.53)$$

$$= 0.9995485$$

6.3　磨损和腐蚀的可靠性设计

6.3.1　磨损的可靠性设计

各种机械设备的报废零件中由磨损引起报废的比例是很大的。这样重要的失效形式，目前尚未能建立简单有效的通用计算方法。这主要是由于磨损速度不仅决定于载荷、材料，而且还与材料副的组合、表面加工、滑动速度、润滑情况、工作温度和环境清洁情况等有关，因此很难获得通用的数据。另一方面，磨损失效多具有明显的发展过程，不像强度失效那样突然，若能及时维修、调整和更换过分磨损件，则对定量计算的要求就不那样迫切了。然而，磨损量往往是决定某些力学性能、精度和效率等的关键因素，有些机械设备对磨损的检查、维修和更换也不容易，因此也就同样需要进行概率计算和耐磨寿命的可靠性预计。

（1）磨损和磨损寿命曲线

考虑各影响因素寻找磨损随时间的变化规律都是极其复杂的，目前尚属于创建阶段。在规定的条件下，图 37.3-22 所示为磨损量（磨损尺寸、体积或重量）随时间变化的典型过程。在磨合期，摩擦表面由于机械加工形成的波峰容易磨去，磨损速度 u 起初很高而迅速下降，故磨损量 w 的变化呈下凹曲线。当波峰基本磨平，磨损速度基本不变，磨损量的变化呈直线，即形成稳定磨损期。当磨损量过大，接合面间达到不能允许的间隙，引起润滑情况的恶化、动载

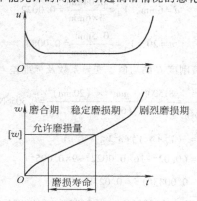

图 37.3-22　磨损量与时间的关系

的剧增等原因，磨损速度和磨损量都剧烈增大而形成剧烈磨损期。显然，正常工作不应在剧烈磨损期，往往由于精度、泄漏等限制，只允许达到很小的磨损量。

机械零件的磨损量和耐磨寿命都是随机变量，图 37.3-23 是花键连接磨损量与工作时间关系的例子，随着工作时间或磨损量的增加，其离散程度也越来越大。

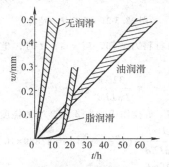

图 37.3-23　花键连接磨损量与工作时间的关系

进行磨损的概率计算或预计时，可根据具体情况观察或专门试验获得磨损数据，经统计处理绘出磨损寿命曲线，如图 37.3-24 所示。图中曲线是在不同时间测得的磨损量经统计后画出的。例如，取一组 n 个试件，在模拟实际情况下进行试验，在试验到某时间 t_1，检测各试件的磨损量 w_{11}，w_{12}，$\cdots$，w_{1n}，将这些数据统计处理。估计其均值 $\overline{w}_1$ 和标准差 S_{w_1} 再继续试验到 t_2，t_3，$\cdots$，t_m，同样处理估计其均值 $\overline{w}_i$ 和标准差 S_{w_i}（$i = 1$，2，$\cdots$，m）。将各均值在坐标纸上描点（图 37.3-24 中 $i = 1$，2，$\cdots$，m 点）。这些点若近似在一直线上，就可按这些点配一直线（有时为曲线或折线）。要求较精时，可用回归分析法求出其回归方程式。再用各 S_{w_i} 求 "$-3s$" 的点 $1'$，$2'$，$\cdots$，m'，磨损量为

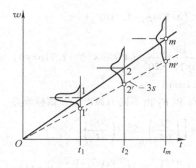

图 37.3-24　磨损寿命曲线

$$w_i' = (w_i)_{-3s} = \overline{w}_i - 3S_{w_i}, i = 1, 2, \cdots, m$$

将求得的各 w' 也在图 37.3-24 上描点，并用虚线连成 $-3s$ 线。同样也可求出回归方程式。

磨损寿命曲线也可按一组试件在不同时间 t_1，t_2，

t_3，…，t_m 记录的最大和最小磨损量作为上、下界点而画得界限线。若要求较精时也可将界限线用回归方程式表示。求均值和标准差按"$3s$"原则近似处理。

（2）抗磨损的可靠度和可靠寿命

零件在给定工作时间和容许磨损量的条件下，可靠度决定于磨损寿命的分布。最好就具体情况用试验判定磨损寿命的分布。一般常假设服从正态分布，即 $t \sim N(\bar{t}, S_s^2)$，如图 37.3-25 中的 $f_s(t)$。若工作时间也服从正态分布，即 $t_l \sim N(\bar{t}_l, S_{t_l}^2)$，如图37.3-25 中的 $f_l(t)$，则求可靠度时连接系数

$$Z_R = \frac{\bar{t} - \bar{t}_l}{(S_t^2 + S_{t_l}^2)^{\frac{1}{2}}} \qquad (37.3\text{-}141)$$

由表 37.1-6 即可查得 $R = \Phi(Z_R)$。

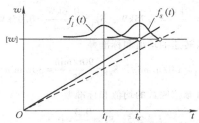

图 37.3-25　求磨损可靠度的应力-强度模型

若磨损量一定，则可靠寿命

$$t(R) = \bar{t} - Z_R S_t \qquad (37.3\text{-}142)$$

式中　$\bar{t}$——容许磨损量的磨损寿命均值；

　　　S_t——容许磨损量的磨损寿命标准差。

如果工作时间或磨损寿命不服从正态分布，可按具体分布 5.2 节给出的相应方法求可靠度。

例 37.3-17　某制动器摩擦衬片在容许磨损量 $[w] = 300\mu m$ 时，经统计得磨损寿命的上、下限分别为 $t_U = 34.32h$，$t_L = 29.17h$。若该制动器每年实际累积摩擦时间 $t_l = (25 \pm 5)h$，求一年不磨损失效的可靠度。若不磨损失效的可靠度 $R = 0.99$，则应在实际工作多长时间进行维修或更换。

解　按"$3s$"原则，取

$$\bar{t} = \frac{t_U + t_L}{2} = \frac{34.32 + 29.17}{2}h = 31.745h$$

$$S_t = \frac{t_U - t_L}{6} = \frac{34.32 - 29.17}{6}h = 0.858h$$

$$\bar{t}_l = 25h$$

$$S_{t_l} = \frac{5}{3} = 1.667h$$

按式（37.3-141），假设 t、t_l 均服从正态分布，则

$$Z_R = \frac{\bar{t} - \bar{t}_l}{(S_t^2 + S_{t_l}^2)^{\frac{1}{2}}} = \frac{31.745 - 25}{(0.858^2 + 1.667^2)^{\frac{1}{2}}} = 3.60$$

查表 37.1-6 得

$$R = \Phi(Z_R) = \Phi(3.60) = 0.9998409$$

当 $R = 0.99$ 时查表 37.2-12 得 $Z_R = 2.33$，按式（37.3-142）得可靠寿命

$$t(R) = \bar{t} - Z_R S_t = 31.745h - 2.33 \times 0.858h = 29.75h$$

即实际累积工作 29.75h 时应进行维修或更换。

6.3.2　腐蚀的可靠性设计

有些耗损失效，若作定期测量，即可绘得耗损寿命曲线。其中最简单的情况是耗损量与时间成线性关系。下面就容器腐蚀为例介绍其概率计算的应用，其概念和计算公式的形式都与 6.3.1 节相同。

例 37.3-18　某容器要求工作 1000h，其主要失效形式是容器受腐蚀变薄泄漏或破裂。已知腐蚀量与时间成正比。现对 10 台容器在工作前测量壁厚，工作 500h 时又测量壁厚，所测得的结果列于表 37.3-26 中。若容许的最小壁厚为 1.5mm，求工作到 1000h 时的可靠度。

表 37.3-26　容器壁厚的数据　　　　　　　　　　　　（mm）

序号		1	2	3	4	5	6	7	8	9	10
壁厚 x_i	最初	2.388	2.261	2.286	2.337	2.184	2.261	2.286	2.311	2.311	2.235
	500h	2.184	2.007	2.184	2.108	1.930	2.108	2.134	2.210	2.083	2.032
腐蚀量 w_i		0.204	0.254	0.102	0.229	0.254	0.153	0.152	0.101	0.228	0.203

解　容器壁厚情况如图 37.3-26 所示。

（1）最初壁厚的均值和标准差

$$\bar{x} = \frac{1}{n}\sum_{i=1}^{n} x_i = \frac{1}{10} \times (2.388 + 2.261 + \cdots + 2.235)mm = 2.286mm$$

$$S_x = \left[\frac{1}{n-1}\sum_{i=1}^{n}(x_i - \bar{x})^2\right]^{\frac{1}{2}}$$

$$= \left\{\frac{1}{10-1}[(2.388 - 2.286)^2 + (2.261 - \right.$$

$$2.286)^2 + \cdots + (2.235 - 2.286)^2]\left.\right\}^{\frac{1}{2}}mm$$

$$= 0.0563mm$$

（2）500h 时腐蚀量的均值和标准差

$$\bar{w} = \frac{1}{n}\sum_{i=1}^{n} w_i = \frac{1}{10} \times (0.204 + 0.254 + \cdots + 0.203)mm = 0.188mm$$

$$S_w = \left[\frac{1}{n-1}\sum_{i=1}^{n}(w_i - \bar{w})^2\right]^{\frac{1}{2}}$$

$$= \left\{ \frac{1}{10-1} \left[(0.204 - 0.188)^2 + (0.254 - \right. \right.$$

$$\left. \left. 0.188)^2 + \cdots + (0.203 - 0.188)^2 \right] \right\}^{\frac{1}{2}} \text{mm}$$

$$= 0.0577\text{mm}$$

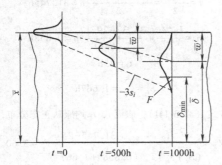

图 37.3-26   容器壁厚变化情况

（3）外推至 1000h 时腐蚀量的均值和标准差

$$\overline{w'} = \frac{1000}{500}\overline{w} = \frac{1000}{500} \times 0.188\text{mm} = 0.376\text{mm}$$

$$S'_w = \frac{1000}{500}S_w = \frac{1000}{500} \times 0.0577\text{mm} = 0.1154\text{mm}$$

（4）工作到 1000h 时壁厚的均值和标准差

$$\overline{\delta} = \overline{x} - \overline{w'} = 2.286\text{mm} - 0.376\text{mm} = 1.910\text{mm}$$

$$S_\delta = (S_x^2 + S_{w'}^2)^{\frac{1}{2}} = (0.0563^2 + 0.1154^2)^{\frac{1}{2}}\text{mm}$$
$$= 0.1284\text{mm}$$

（5）假设工作到 1000h 时壁厚 δ 服从正态分布，则连接系数

$$Z_R = \frac{\overline{\delta} - \overline{\delta}_{\min}}{S_\delta} = \frac{1.910\text{mm} - 1.50\text{mm}}{0.1284\text{mm}} = 3.193$$

查表 37.1-6 得 1000h 时腐蚀失效的可靠度

$$R = \Phi(Z_R) = \Phi(3.193) = 0.99928$$

6.4   摩擦传动的可靠性设计

摩擦传动在机械传动中应用也是比较广的，如无级变速器、带传动及摩擦离合器等。从承载能力方面分析，摩擦传动的主要失效形式是打滑。产生打滑的原因是传递的力 F 或转矩 T 大于摩擦传动所能产生的最大摩擦力 $F_{\max}$ 或最大摩擦转矩 $T_{\max}$，因此不产生打滑失效的条件为

$$F < F_{\max} \tag{37.3-143}$$

或

$$T < T_{\max} \tag{37.3-144}$$

由于预紧力（或正压力）、摩擦因数、外载荷及几何尺寸等均为随机变量，故不打滑失效的可靠度

$$R = (F < F_{\max}) \tag{37.3-145}$$

或

$$R = (T < T_{\max}) \tag{37.3-146}$$

通常假设 F、$F_{\max}$、T 和 $T_{\max}$ 均服从正态分布，按表 37.3-1 中序号 1 的公式求可靠度。

例 37.3-19   某带式运输机中的 V 带传动，已知 V 带传动的输入功率 $P_1 = (7 \pm 0.6)\text{kW}$，输入转速 $n_1 = (1400 \pm 90)\text{r/min}$，当量摩擦因数 $f_v = 2.5 \pm 0.3$。通过初步设计选择 A 型 V 带 4 根，小带轮直径 $d_1 = 112\text{mm}$，大带轮直径 $d_2 = 315\text{mm}$（由于有公差限制，故假设为确定量），中心距 $a = (455 \pm 30)\text{mm}$，单根 V 带的初拉力为 $F_0 = (150 \pm 30)\text{N}$，试确定此 V 带不打滑失效的可靠度。

解   （1）按 "$3s$" 原则，确定各变量的均值和标准差

单根 V 带输入功率的均值和标准差

$$\overline{P}_1 = \frac{7\text{kW}}{4} = 1.75\text{kW}, \quad S_{P_1} = \frac{0.6\text{kW}}{3 \times 4} = 0.05\text{kW}$$

输入转速的均值和标准差

$$\overline{n}_1 = 1400\text{r/min}, \quad S_{n_1} = \frac{90\text{r/min}}{3} = 30\text{r/min}$$

当量摩擦因数的均值和标准差

$$\overline{f}_v = 2.5, \quad S_{f_v} = \frac{0.3}{3} = 0.1$$

中心距的均值和标准差

$$\overline{a} = 455\text{mm}, \quad S_a = \frac{30\text{mm}}{3} = 10\text{mm}$$

初拉力的均值和标准差

$$\overline{F}_0 = 150\text{N}, \quad S_{F_0} = \frac{30\text{N}}{3} = 10\text{N}$$

（2）转矩的均值和标准差

$$T_1 = 9549\frac{P_1}{n_1}$$

$$\overline{T}_1 = 9549\frac{\overline{P}_1}{\overline{n}_1} = 9549 \times \frac{1.75 \times 10^3}{1400}\text{W}$$

$$= 11936.25\text{N} \cdot \text{m} \quad (1\text{W} = 1\text{N} \cdot \text{m/s})$$

$$V_{T_1} = (V_{P_1}^2 + V_{n_1}^2)^{\frac{1}{2}} = \left[\left(\frac{0.05}{1.75} \right)^2 + \left(\frac{30}{1400} \right)^2 \right]^{\frac{1}{2}}$$

$$= 0.0357$$

$$S_{T_1} = \overline{T}_1 V_{T_1} = 11936.25\text{N} \cdot \text{m} \times 0.0357 = 426.29\text{N} \cdot \text{mm}$$

（3）小带轮包角的均值和标准差

$$\alpha_1 = \pi - 2\arcsin\frac{d_2 - d_1}{2a}$$

$$\overline{\alpha}_1 = \pi - 2\arcsin\frac{d_2 - d_1}{2\overline{a}}$$

$$= \left(\pi - 2\arcsin\frac{315 - 112}{2 \times 455} \right)\text{rad} = 2.69\text{rad}$$

$$S_{\alpha_1} = \frac{2(d_2 - d_1)S_a}{\overline{a}[4\,\overline{a}^2 - (d_2 - d_1)^2]^{\frac{1}{2}}}$$

$$= \frac{2 \times (315 - 112) \times 10}{455[4 \times 455^2 - (315 - 112)^2]^{\frac{1}{2}}}\text{rad}$$

$$= 0.01\text{rad}$$

（4）不打滑失效的可靠度

带传动不打滑失效的条件为：带在工作中的有效圆周力 F_e 小于最大有效圆周力 $F_{e\max}$，即

$$F_e < F_{e\max} \tag{a}$$

由机械设计知

$$F_e = \frac{2T_1}{d_1} \tag{b}$$

$$F_{e\max} = 2F_0 \frac{e^{f v_{\alpha_1}} - 1}{e^{f v_{\alpha_1}} + 1} \tag{c}$$

将式（b）、式（c）代入式（a）整理后得

$$T_1 < F_0 d_1 \frac{e^{f v_{\alpha_1}} - 1}{e^{f v_{\alpha_1}} + 1} = T_{1P} \tag{d}$$

故不打滑失效的可靠度

$$R = P\left(T_1 < F_0 d_1 \frac{e^{f v_{\alpha_1}} - 1}{e^{f v_{\alpha_1}} + 1}\right) = P(T_1 < T_{1P}) \tag{e}$$

T_{1P} 的均值和标准差

$$\overline{T}_{1P} = \overline{F}_0 d_1 \frac{e^{\overline{f} v_{\overline{\alpha}_1}} - 1}{e^{\overline{f} v_{\overline{\alpha}_1}} + 1} = 150\text{N} \times 112\text{mm} \times \frac{e^{2.5 \times 2.69} - 1}{e^{2.5 \times 2.69} + 1} =$$

$$16759.71\text{N} \cdot \text{mm}$$

$$S_{T_{1P}} = \left[\left(\frac{\partial T_{1P}}{\partial F_0}\right)_0^2 S_{F_0}^2 + \left(\frac{\partial T_{1P}}{\partial f_V}\right)_0^2 S_{f_V}^2 + \left(\frac{\partial T_{1P}}{\partial \alpha_1}\right)_0^2 S_{\alpha_1}^2\right]^{\frac{1}{2}}$$

$$= \left[\left(\frac{\overline{T}_{1P}}{\overline{F}_0}\right)^2 S_{F_0}^2 + \left(\frac{2\overline{\alpha}_1 \overline{T}_{1P} e^{\overline{f} v_{\overline{\alpha}_1}}}{e^{\overline{f} v_{\overline{\alpha}_1}} - 1}\right)^2 S_{f_V}^2 + \right.$$

$$\left(\frac{2\overline{f}_V \overline{T}_{1P} e^{\overline{f} v_{\overline{\alpha}_1}}}{e^{\overline{f} v_{\overline{\alpha}_1}} - 1}\right)^2 S_{\alpha_1}^2\right] = \left[\left(\frac{16759.71}{150}\right)^2 \times 10^2 + \right.$$

$$\left(\frac{2 \times 2.69 \times 16759.71 \times e^{2.5 \times 2.69}}{e^{2.5 \times 2.69} - 1}\right) \times 0.1^2 +$$

$$\left.\left(\frac{2 \times 2.5 \times 16759.71 \times e^{2.5 \times 2.69}}{e^{2.5 \times 2.69} - 1}\right) \times 0.01^2\right]\text{N} \cdot \text{mm}$$

$$= 1117.37\text{N} \cdot \text{mm}$$

假设 T_1 和 T_{1P} 均服从正态分布，则连接系数

$$Z_R = \frac{\overline{T}_{1P} - \overline{T}_1}{(S_{T_{1P}}^2 + S_{T_1}^2)^{\frac{1}{2}}} = \frac{16759.71 - 11936.25}{(1117.37^2 + 426.29^2)^{\frac{1}{2}}}$$

$$= 4.03$$

查表 37.1-6 得不打滑失效的可靠度

$$R = \Phi(Z_R) = \Phi(4.03) = 0.999972$$

第4章 机械系统的可靠性分析

系统是由若干单元（零件、部件、装置和设备等）所组成并能完成某些特定功能的组合体。为便于分析研究，大型复杂的系统可分级划分为较简单的分系统。单元是系统以下各装配等级的通称。

1 不可修复系统的可靠性分析

"不可修复"是指产品失效后将不能修复或不值得修复。不可修复系统也可理解为在某一规定的任务时间内，系统中某一部分发生故障不可进行修复。这期间的可靠性分析方法也按不可修复系统处理。

1.1 系统可靠性模型

系统可靠性模型是表示系统可靠性与单元可靠性之间的关系。它由可靠性逻辑框图（简称可靠性框图）和可靠性数学模型组成。可靠性框图是单元处于正常或失效状态时，系统处于正常或失效的逻辑关系示意图。可靠性数学模型是可靠性框图的代数描述，它给出系统可靠性与单元可靠性之间的定量函数关系。

（1）串联系统

串联系统是组成系统的所有单元中任一单元失效就会导致整个系统失效的系统。图 37.4-1 所示为串联系统的可靠性框图。多数机械系统都是串联系统。

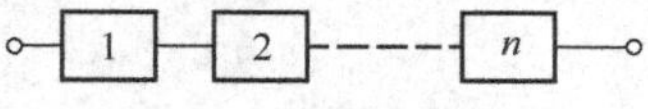

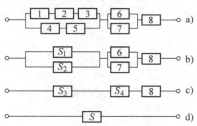

图 37.4-1　串联系统可靠性框图

若假定各单元的失效是相互独立的，则可靠性数学模型为

$$R_s = \prod_{i=1}^{n} R_i \qquad (37.4\text{-}1)$$

式中　R_s——系统的可靠度；

R_i——第 i 个单元的可靠度。

串联系统的可靠度随着单元可靠度的减小及单元数的增多而下降。为提高串联系统的可靠性，单元数宜少，而且应重视改善最薄弱单元的可靠性。

（2）并联系统

并联系统是组成系统的所有单元都失效时系统才失效的系统。图 37.4-2 所示为并联系统的可靠性框图。

若假定各单元的失效是相互独立的，则可靠性数学模型为

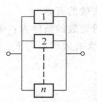

图 37.4-2　并联系统可靠性框图

$$R_s = 1 - \prod_{i=1}^{n} F_i = 1 - \prod_{i=1}^{n} (1 - R_i) \qquad (37.4\text{-}2)$$

式中　R_s——系统的可靠度；

F_i——第 i 个单元的不可靠度；

R_i——第 i 个单元的可靠度。

并联系统对提高系统的可靠度有显著的效果。但对于机械系统，由于尺寸、重量和价格等的限制，很少采用并联系统。对于非常重要的系统，并联数也不多，例如，动力装置、安全装置采用并联时，常取 $n = 2 \sim 3$。

（3）混联系统

混联系统是由串联和并联混合组成的系统。图 37.4-3a 所示为混联系统的可靠性框图，其数学模型可运用串联和并联两种基本模型将系统中一些串联及并联部分简化为等效单元。例如，图 37.4-3 的 a 可按图中 b、c、d 的次序依次简化，则

图 37.4-3　混联系统及其简化

$$R_{s1} = R_1 R_2 R_3$$
$$R_{s2} = R_4 R_5$$
$$R_{s3} = 1 - (1 - R_{s1})(1 - R_{s2})$$
$$R_{s4} = 1 - (1 - R_6)(1 - R_7)$$
$$R_s = R_{s3} R_{s4} R_8$$

（4）表决系统

表决系统是组成系统的 n 个单元中，不失效的单元不少于 k 个（$1 \le k \le n$），系统就不会失效的系统，又称为 k/n 系统。图 37.4-4 所示为表决系统的可靠性框图。

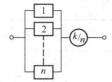

图 37.4-4　表决系统

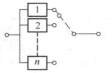

图 37.4-5　旁联系统

若 n 个单元的可靠度均相同，记为 R，并假设各单元的失效相互独立，则系统的可靠性数学模型为

$$R_s = \sum_{i=k}^{n} \binom{n}{i} R_i (1-R)^{n-i} \qquad (37.4-3)$$

式中 $\binom{n}{i} = \dfrac{n!}{i!\,(n-i)!}$。

（5）旁联系统

旁联系统是组成系统的 n 个单元中只有 k 个单元工作，当工作单元失效时，通过失效监测装置和转换装置接到另一个单元进行工作的系统。图 37.4-5 所示为旁联系统的可靠性框图。

当各单元的寿命都服从指数分布，失效率都为 λ，略去监测、转换装置不可靠的影响，假设各单元的失效相互独立，则系统的可靠性数学模型为

$$R_s = e^{-k\lambda t} \sum_{i=0}^{n-k} \frac{(k\lambda t)^i}{i!} \qquad (k \leqslant n) \quad (37.4-4)$$

通常，旁联系统常取 $k=1$。

1.2　常用系统的可靠度和平均寿命

系统的可靠性数学模型给出了系统可靠度与单元可靠度的函数关系。当组成系统的各单元的寿命分布均为指数分布时，常用系统的可靠度和平均寿命计算公式见表 37.4-1。

表 37.4-1　常用系统的可靠度和平均寿命计算公式

单元数	系统类别		单元失效率	系统可靠度 R_s	系统平均寿命 $\bar{t}_s$
n	串联		λ_i 不同	$e^{-t\sum_{i=1}^{n}\lambda_i}$	$\dfrac{1}{\sum_{i=1}^{n}\lambda_i}$
	表决 k/n		$\lambda_i = \lambda$	$\sum_{i=k}^{n} \binom{n}{i} e^{-\lambda ti}(1-e^{-\lambda t})^{n-i}$	$\dfrac{1}{\lambda}\sum_{i=k}^{n}\dfrac{1}{i}$
	旁联（转换可靠）	k/n	$\lambda_i = \lambda$	$e^{-k\lambda t}\sum_{i=0}^{n-k}\dfrac{(k\lambda t)^i}{i!}$	$\dfrac{n-k+1}{k\lambda}$
		$1/n$	λ_i 不同	$\sum_{j=1}^{n}\left(\prod_{\substack{i=1\\i\neq j}}^{n}\dfrac{\lambda_i}{\lambda_i-\lambda_j}\right)e^{-\lambda_j t}$	$\sum_{i=1}^{n}\dfrac{1}{\lambda_i}$
			$\lambda_i = \lambda$	$e^{-\lambda t}\sum_{i=0}^{n-1}\dfrac{(\lambda t)^i}{i!}$	$\dfrac{n}{\lambda}$
2	并联		$\lambda_1 \neq \lambda_2$	$e^{-\lambda_1 t}+e^{-\lambda_2 t}-e^{-(\lambda_1+\lambda_2)t}$	$\dfrac{\lambda_1+\lambda_2}{\lambda_1\lambda_2}-\dfrac{1}{\lambda_1+\lambda_2}$
			$\lambda_1 = \lambda_2 = \lambda$	$2e^{-\lambda t}-e^{-2\lambda t}$	$\dfrac{3}{2\lambda}$
	旁联	转换可靠	$\lambda_1 \neq \lambda_2$	$\dfrac{\lambda_2 e^{-\lambda_1 t}-\lambda_1 e^{-\lambda_2 t}}{\lambda_2-\lambda_1}$	$\dfrac{\lambda_1+\lambda_2}{\lambda_1\lambda_2}$
			$\lambda_1 = \lambda_2 = \lambda$	$(1+\lambda t)\,e^{-\lambda t}$	$\dfrac{2}{\lambda}$
		转换失效率 λ_0	$\lambda_1 \neq \lambda_2$	$e^{-\lambda_1 t}+\dfrac{\lambda_1}{\lambda_0+\lambda_1-\lambda_2}[e^{-\lambda_2 t}-e^{-(\lambda_0+\lambda_1)t}]$	$\dfrac{1}{\lambda_1}+\dfrac{\lambda_1}{\lambda_2(\lambda_0+\lambda_1)}$
			$\lambda_1 = \lambda_2 = \lambda$	$e^{-\lambda t}\left[1+\dfrac{\lambda}{\lambda_0}(1-e^{-\lambda_0 t})\right]$	$\dfrac{1}{\lambda}+\dfrac{1}{\lambda+\lambda_0}$
3	并联		λ_i 不同	$1-(1-e^{-\lambda_1 t})(1-e^{-\lambda_2 t})(1-e^{-\lambda_3 t})$	$\dfrac{1}{\lambda_1}+\dfrac{1}{\lambda_2}+\dfrac{1}{\lambda_3}-\dfrac{1}{\lambda_1+\lambda_2}$ $-\dfrac{1}{\lambda_1+\lambda_3}-\dfrac{1}{\lambda_2+\lambda_3}+\dfrac{1}{\lambda_1+\lambda_2+\lambda_3}$

（续）

单元数	系统类别	单元失效率	系统可靠度 R_s	系统平均寿命 $\bar{t}_s$
	并联	$\lambda_i=\lambda$	$1-(1-e^{-\lambda t})^3$	$\dfrac{11}{6\lambda}$
	表决 2/3	λ_i 不同	$e^{-(\lambda_1+\lambda_2)t}+e^{-(\lambda_2+\lambda_3)t}+e^{-(\lambda_3+\lambda_1)t}-2e^{-(\lambda_1+\lambda_2+\lambda_3)t}$	$\dfrac{1}{\lambda_1+\lambda_2}+\dfrac{1}{\lambda_2+\lambda_3}+\dfrac{1}{\lambda_3+\lambda_1}-\dfrac{2}{\lambda_1+\lambda_2+\lambda_3}$
3		$\lambda_i=\lambda$	$3e^{-2\lambda t}-2e^{-3\lambda t}$	$\dfrac{5}{6\lambda}$
	旁联（转换可靠）2/3	$\lambda_i=\lambda$	$(1+2\lambda t)\,e^{-2\lambda t}$	$\dfrac{1}{\lambda}$
	1/3	λ_i 不同	$\dfrac{\lambda_2\lambda_3 e^{-\lambda_1 t}}{(\lambda_2-\lambda_1)(\lambda_3-\lambda_1)}+\dfrac{\lambda_1\lambda_3 e^{-\lambda_2 t}}{(\lambda_1-\lambda_2)(\lambda_3-\lambda_2)}+\dfrac{\lambda_1\lambda_2 e^{-\lambda_3 t}}{(\lambda_1-\lambda_3)(\lambda_2-\lambda_3)}$	$\dfrac{1}{\lambda_1}+\dfrac{1}{\lambda_2}+\dfrac{1}{\lambda_3}$
	1/3	$\lambda_i=\lambda$	$\left[1+\lambda t+\dfrac{(\lambda t)^2}{2}\right]e^{-\lambda t}$	$\dfrac{3}{\lambda}$

2　可修复系统的可靠性

"可修复"是指产品失效后可以修复。因此，可修复系统的可靠性不仅包括狭义的可靠性，还应包括维修性，常用有效度来衡量。

系统的有效度除与系统类型有关外，还与维修情况有关。一般只配备一组维修人员，有时为能迅速修复发生的几个故障单元，配备多组维修人员，显然其有效度增高。表 37.4-2 的公式列出能工作时间和不能工作时间均服从指数分布时不同系统的有效度计算式。

图 37.4-6～图 37.4-8 分别给出并联、旁联和表决系统 ρ 与 A 的关系曲线。表 37.4-3 列出各单元相同，能工作时间和不能工作时间均服从指数分布的并联、旁联和表决系统的可靠度和比值（MTTFF）$_s$/MTBF 的关系式。

表 37.4-2　不同系统的极限有效度

系统类别	修理组数 γ	极限有效度 A_s
串联 ρ_i 不同	1	$\dfrac{1}{1+\sum\limits_{i=1}^{n}\rho_i}$
	n	$\dfrac{1}{\prod\limits_{i=1}^{n}(1+\rho_i)}$
并联 $\rho_i=\rho$	1	$1-\dfrac{1}{\sum\limits_{i=1}^{n} i!\,\rho^i}$
	n	$1-\dfrac{\rho^n}{(1+\rho)^n}$
旁联 $\rho_i=\rho$	1	$1-\dfrac{1}{\sum\limits_{i=0}^{n}\dfrac{1}{\rho^i}}$
	n	$\dfrac{1}{\sum\limits_{i=0}^{n} i!\,\rho^{n-i}}$
表决 $\rho_i=\rho$	k	$\sum\limits_{i=k}^{n}\binom{n}{i}\left(\dfrac{1}{1+\rho}\right)^i\left(\dfrac{\rho}{1+\rho}\right)^{n-i}$

$$\rho=\frac{\lambda}{\mu}=\frac{\mathrm{MTTR}}{\mathrm{MTBF}} \tag{37.4-5}$$

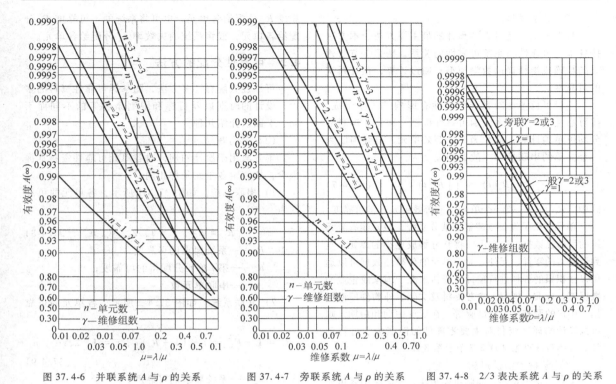

图 37.4-6　并联系统 A 与 ρ 的关系　　　图 37.4-7　旁联系统 A 与 ρ 的关系　　　图 37.4-8　2/3 表决系统 A 与 ρ 的关系

表 37.4-3　可维修系统的可靠度和比值 （MTTFF）$_s$/MTBF

系统类别	R_s	S_1 和 S_2	$\dfrac{(\text{MTTFF})_s}{\text{MTBF}}$
2 单元并联	$\dfrac{S_1 e^{S_2 t} - S_2 e^{S_1 t}}{S_1 - S_2}$	$S_2^1 = \dfrac{1}{2}\left[-(3\lambda+\mu)\pm(\mu^2+6\lambda\mu+\lambda^2)^{\frac{1}{2}}\right]$	$\dfrac{3}{2}+\dfrac{1}{2\rho}$
2 单元旁联	同上	$S_2^1 = \dfrac{1}{2}\left[-(2\lambda+\mu)\pm(\mu^2+4\lambda\mu)^{\frac{1}{2}}\right]$	$2+\dfrac{1}{\rho}$
2/3 表决	同上	$S_2^1 = \dfrac{1}{2}\left[-(5\lambda+\mu)\pm(\mu^2+10\lambda\mu+\lambda^2)^{\frac{1}{2}}\right]$	$\dfrac{5}{6}+\dfrac{1}{6\rho}$

3　可靠性预计

可靠性预计也称可靠性预测，它是根据组成系统的各单元可靠性或以往经验来推测系统的可靠性。

3.1　可靠性预计的目的

1）了解设计任务所提出的可靠性指标是否能满足，是否已满足。

2）便于进行不同方案的比较。

3）查明可靠性薄弱环节。

4）确认和验证可靠性增长。

5）作为可靠性分配的基础。

6）评价系统的固有可靠性。

3.2　可靠性预计的方法

可靠性预计有许多方法，随预计的目的、设计的时期、系统的规模、失效的类型及数据情况等的不同而用不同的方法。

（1）设计初期的概率预计法

新设计初期的预计，虽然没有足够的数据，但对可行性研究、方案的比较等均起着重要的作用。缺乏数据，可借用有数据的相类似产品，或由一批有经验的人员按该产品复杂程度与已知可靠性的产品类比评分给定。对于同类产品，有时利用经验公式的所谓快速预计法。这些经验公式是产品的可靠性指标与其有关的主要设计参数及性能参数之间的关系，通过回归分析得到的，其基本模型为

$$\ln \text{MTBF} = b_0 + \sum_{i=1}^{n} b_i x_i \qquad (37.4\text{-}6)$$

式中　x_i——第 i 种参数，如零件数、重量、功率、尺寸、温度和速度等；

　　　b_i——系数，$i=0$，1，2，…，n。

（2）数学模型法

数学模型法是可靠性预计的最主要方法。本方法按各单元可靠性与系统可靠性的关系，按第 1 节所建立的精确或半精确的数学模型，通过计算，预计系统的可靠性。

一般可仅考虑对系统可靠性有影响的主要组成，按可靠性的逻辑关系绘制可靠性框图，通常非串联部分均可单独计算，简化为一个等效单元，最终则成为一个简单的串联模型。故典型模型为

$$R_s(t) = \prod_{i=1}^{n} R_i(t) \qquad (37.4\text{-}7)$$

式中　$R_i(t)$——第 i 个单元（或等效单元）的可靠度。

单元如果是设备或装置等某分系统，最好能有分系统的可靠性数据，否则需要将其分解成更小的单元，直到最基本的零件、元件。关于单元的可靠性数据可以运用以往积累的资料进行预计。资料来源于国家或企业的数据库、标准、规范、参考资料及文献、外购件厂商数据、用户的调查、专门试验等。在设计中期和后期，则可按设计的详细资料对主要零部件的性能参数进行预计。具体算法见第 2 章 2.7 节及第 3 章。

（3）蒙特卡洛模拟法

蒙特卡洛模拟法也叫随机模拟法。当系统中各单元的可靠性特征量已知，但系统的可靠性模型过于复杂，难以建立可靠性预计的精确数学模型，则用随机模拟法就可以近似计算出系统可靠性的预计值。特别是当组成系统的各单元的失效并不独立时，这种方法就显示出独特的优越性。具体算法及应用见第 2 章。

4　可靠性分配

4.1　可靠性分配的原则

1）技术水平。对技术成熟的单元，能够保证实现较高的可靠性，或预期投入使用时可靠性可有把握地增长到较高水平，则可分配给较高的可靠度。

2）复杂程度。对较简单的单元，组成该单元的零部件数量少，组装容易保证质量，则可分配给较高的可靠度。

3）重要程度。对重要的单元，该单元失效将产生严重的后果，则应分配给较高的可靠度。

4）任务情况。对整个任务时间内均需连续工作以及工作条件恶劣，难以保证很高可靠性的单元，则应分配给较低的可靠度。

此外，还应考虑费用、重量、尺寸和时间等因素，最终以最小的代价达到系统可靠性的要求。

为了问题的简化，一般均假定各单元的故障是相互独立的。根据不同情况，可靠性分配可将系统的可靠度 R_s 分配给各单元，也可将系统的不可靠度 F_s 分配给各单元，或将系统的失效率 λ_s 分配给各单元。

4.2　可靠性分配的方法

可靠性分配有许多方法，随掌握可靠性资料的多少、设计的时期以及目标和限制条件等的不同而不同，下面仅介绍几种。

（1）等分配法

本方法用于设计初期，对各单元可靠性资料掌握很少，故假定各单元条件相同。

1）串联系统。如图 37.4-1 所示，各单元的可靠度为

$$R_i = R_s^{\frac{1}{n}}, \; i = 1, 2, \cdots, n \qquad (37.4\text{-}8)$$

式中　R_s——系统要求的可靠度；

　　　R_i——第 i 单元分配得的可靠度；

　　　n——串联单元数。

2）并联系统。如图 37.4-2 所示，各单元的可靠度为

$$R_i = 1 - F_s^{\frac{1}{n}} = 1 - (1 - R_s)^{\frac{1}{n}}, \; i = 1, 2, \cdots, n$$
$$(37.4\text{-}9)$$

式中　R_s——系统要求的可靠度；

　　　F_s——系统要求的不可靠度；

　　　R_i——第 i 单元分配得的可靠度；

　　　n——并联单元数。

3）混联系统。一般可化为等效单元，同级等效单元分配给相同的可靠度。例如，图 37.4-3 中的单元可先按图 c 分配得

$$R_8 = R_{s3} = R_{s4} = R_s^{\frac{1}{3}}$$

再由图 b 分配得

$$R_{s1} = R_{s2} = 1 - (1 - R_{s3})^{\frac{1}{2}}$$
$$R_6 = R_7 = 1 - (1 - R_{s4})^{\frac{1}{2}}$$

再由图 a 分配得

$$R_1 = R_2 = R_3 = R_{s1}^{\frac{1}{3}}$$
$$R_4 = R_5 = R_{s2}^{\frac{1}{2}}$$

（2）比例分配法

本方法用于新设计的系统与原有系统基本相同，已知原有系统各单元的 $\overset{\vee}{F}_i$ 或 $\overset{\vee}{\lambda}_i$，但对新设计的系统规定了新的可靠性要求，这时可取新系统分配给各单元的失效概率 F_i 与原系统相应单元的 $\overset{\vee}{F}_i$ 成正比，若为指数分布，则各单元分配的失效率 λ_i 与相应单元的 $\overset{\vee}{\lambda}_i$ 成正比。

1）串联系统。若系统要求的可靠度为 R_s，则各

单元的不可靠度 F_i 为

$$F_i \approx \frac{F_s \overset{\vee}{F_i}}{\sum\limits_{i=1}^{n} \overset{\vee}{F_i}} = \frac{(1-R_s) \overset{\vee}{F_i}}{\sum\limits_{i=1}^{n} \overset{\vee}{F_i}} \quad (37.4\text{-}10)$$

当各单元寿命服从指数分布时，各单元的失效率 λ_i 为

$$\lambda_i = \frac{\lambda_s \overset{\vee}{\lambda_i}}{\sum\limits_{i=1}^{n} \overset{\vee}{\lambda_i}} \quad (37.4\text{-}11)$$

式中　λ_s——新系统要求的失效率。

2）并联系统。若系统要求不可靠度为 F_s，则各单元的不可靠度 F_i 为

$$F_i \approx \left(\frac{F_s}{\prod\limits_{i=1}^{n} \overset{\vee}{F_i}} \right)^{\frac{1}{n}} \overset{\vee}{F_i} \quad (37.4\text{-}12)$$

当各单元寿命服从指数分布时，各单元的失效率 λ_i 为

$$\lambda_i \approx \left(\frac{F_s}{\prod\limits_{i=1}^{n} \overset{\vee}{\lambda_i}} \right)^{\frac{1}{n}} \frac{\overset{\vee}{\lambda_i}}{t} \quad (37.4\text{-}13)$$

3）混联系统。化为等效单元后分别运用串联和并联系统的比例分配法。

例 37.4-1　已知某系统由 3 个单元串联组成。原系统工作 500h 时各单元失效概率分别为 $\overset{\vee}{F_1} = 0.004$，$\overset{\vee}{F_2} = 0.008$，$\overset{\vee}{F_3} = 0.010$，新设计的系统要求工作 500h 时的可靠度 $R_s = 0.99$，求分配给各单元的可靠度。

解　用式（37.4-10）计算，式中

$$\sum_{i=1}^{3} \overset{\vee}{F_i} = 0.004 + 0.008 + 0.010 = 0.022$$

$$F_s = 1 - R_s = 1 - 0.99 = 0.01$$

$$F_1 = \frac{0.01}{0.022} \times 0.004 = 0.0018$$

$$R_1 = 1 - F_1 = 0.9982$$

$$F_2 = \frac{0.01}{0.022} \times 0.08 = 0.0036$$

$$R_2 = 1 - F_2 = 0.9964$$

$$F_3 = \frac{0.01}{0.022} \times 0.010 = 0.0045$$

$$R_3 = 1 - F_3 = 0.9955$$

验算：

$$R_s = R_1 R_2 R_3 = 0.9982 \times 0.9964 \times 0.9955 = 0.9901 \approx 0.99$$

（3）综合评分分配法

本方法是按经验对各单元考虑主要因素综合评分，根据各单元得分多少分配给相应的可靠性指标。关于考虑的因素及评分办法可视具体情况而定。通常按 4.1 节的分配原则各评给 1～10 分，高分分给较高的失效概率或失效率。例如，考虑的因素为：①技术水平，对技术成熟，有把握保证高可靠性评 1 分，反之评 10 分；②复杂程度，单元组成元件少，结构简单评 1 分，反之评 10 分；③重要程度，极其重要评 1 分，反之评 10 分；④任务情况，整个任务期中工作时间很短，工作条件好评 1 分，反之评 10 分。第 i 单元综合得分可取各因素得分之积，即

$$\omega_i = \prod_{j=1}^{4} \omega_{ij} \quad (37.4\text{-}14)$$

式中　j——前述四项因素。

系统总分数为

$$\omega = \sum_{i=1}^{n} \omega_i \quad (37.4\text{-}15)$$

式中　i——单元编号。

第 i 单元得分比数为

$$\varepsilon_i = \frac{\omega_i}{\omega} \quad (37.4\text{-}16)$$

一般串联系统，各单元分配得的可靠度 R_i 为

$$R_i = R_s^{\varepsilon_i} \quad (37.4\text{-}17)$$

式中　R_s——系统要求的可靠度。

例 37.4-2　某系统由 3 个单元串联组成，要求任务时间为 500h 时的可靠度 $R_s = 0.95$，按综合评分求各单元的可靠度。

解　用式（37.4-17）列表计算，结果见表 37.4-4。

表 37.4-4　例 37.4-2 的列表计算

单元号 i	评分				单元分 $\omega_i = \prod\limits_{j=1}^{3} \omega_{ij}$	单元得分比 $\varepsilon_i = \dfrac{\omega_i}{\sum\limits_{i=1}^{3} \omega_i}$	单元分得可靠度 $R_i = R_s^{\varepsilon_i}$
	技术水平 ω_{i1}	复杂程度 ω_{i2}	重要程度 ω_{i3}	任务情况 ω_{i4}			
1	2	2	5	3	60	0.0166	0.99915
2	5	5	10	3	750	0.2078	0.98940
3	8	10	5	7	2800	0.7756	0.96100
					$\sum\limits_{i=1}^{3} \omega_i = 3610$		$R_s = 0.95$

5 失效模式、效应及危害度分析

5.1 基本概念

失效模式、效应及危害度分析，简记 FMECA，它是失效模式分析（FMA）、失效效应分析（FEA）和失效危害度分析（FCA）三种分析方法组合的总称。失效模式是失效表现的状态。失效效应是指某种失效模式对本单元和整个系统的影响。失效危害度是指失效后果的危害程度。根据情况，有时只用其中的一两种分析法，例如，经常只进行失效模式和效应分析，简记为 FMEA。

FMEA 是一种归纳法的定性分析。它是从可靠性的角度对所做的设计进行详细评价，对可能发生的失效模式按其影响程度确定等级，并根据需要提出改进设计的意见，以完善设计工作。它的特征为：用表格的形式表示；从低层次开始逐步向高层次分析，原则上是全面分析。然而，全面详细分析所需工作量很大，因此对已有使用经验表明效果好的部分可免于分析或者提高分析级别；反之，对新产品或研制内容较多的部分，则应详细分析。

FMECA 是 FMEA 的扩展，运用危害度使分析定量化。危害度按因失效引起功能丧失和对人身伤害、经济损失的程度划分等级，有时也按其发生的概率来评定。

本方法既是协助设计评审的一种技术，也是一种保证及评价方法。在系统和子系统设计的最初阶段就可加以应用，并在设计过程中根据获得的新资料不断改进。它可用于各种级别的系统设计，是提高和保证产品可靠性的一种设计分析方法。

5.2 分析的过程和方法

由于产品的多样性，分析的过程和方法也不尽相同，大致可取下列内容适当增减。

（1）划分功能块

系统可逐级分解直到最基本的零件、构件。一般根据分析的目的，可仅将系统分解到某一水平。将系统按功能分解为功能块并绘出系统功能逻辑框图，如图 37.4-9 所示。

（2）列举各功能块所有失效模式、起因和效应

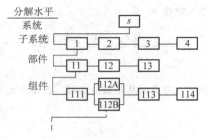

图 37.4-9　系统功能逻辑框图

失效模式应与该功能块所在级相适应。在最低的分析级上，列出该级各单元所有可能出现的各种失效模式，以及每种失效模式发生的起因、对应的失效效应。对于一个更高功能级上考虑失效效应时，前述失效效应又被解释为一个失效模式。连续迭代直至系统最高功能级上的失效效应。为避免重大遗漏，宜由熟悉该系统结构、工作原理、使用情况的设计、使用等技术人员共同分析。

（3）进行危害度分析

分析方法按情况可取不同方式，下面举几种方式供参考。

1）按系统的各种要求、目标和约束条件，对所考虑的每种失效效应，根据它对整个系统性能的危害程度加以分类。表 37.4-5 所列为基于人员伤亡、设备损失和功能下降为例编制的危害度等级的例子。

可能时也可估计该失效模式发生的概率（或频率），或将其分为很低、低、中、高四个等级。当该失效模式的危害程度和发生的概率都很大时，表明危害度也很大，首先需要采取措施改进。

2）按失效发生的频繁程度、影响的严重程度、发现的难易程度等估计危害顺序数。各项均利用数字 1~10 来判断其程度高低。发生的可能性极小用 1 表示，几乎必然发生用 10 表示；影响极轻微用 1 表示，很严重用 10 表示；极容易发现用 1 表示，很难发现用 10 表示。取各项数字的连乘积称为危害顺序数。顺序数越高，表示危害越大。根据各失效模式的危害顺序数，即可突出那些必须改进的关键方面。

不同的产品应制定出适合本产品的评定数，见表 37.4-6。同时，为了评定时有据可依，还应给出每种评定数的具体条件。

表 37.4-5　失效效应危害程度的等级举例

危害度等级	危　害　程　度
IV	可能造成主要系统丧失功能，从而导致系统或其环境的重大损失的潜在原因或造成人身伤亡的潜在原因
III	可造成主要系统丧失功能，从而导致系统或其环境的重大损失的潜在原因，而又几乎不危及人身安全
II	可能造成系统功能、性能的退化，而对系统或人员的生命或肢体无显著损害
I	可能成为系统功能、性能退化的原因，而对系统或其环境几乎无损坏，对人身安全也无损害

表 37.4-6　危害程度评定数举例

评定数	故障发生频繁程度	故障影响严重程度	故障发现难易程度
1~2	几乎不发生	几乎无影响	极易
3~4	发生的可能性很低	轻微	容易
5~6	一般	一般	一般
7~8	发生的可能性高	严重	难
9~10	发生的可能性很高	很严重	很难

3) 按具体情况拟定几项评定因素、评分标准，按下式计算危害度的分值

$$\omega = \prod_{i=1}^{n} \omega_i \qquad (37.4\text{-}18)$$

式中　ω_i——第 i 项评定因素的评分值；

　　　n——考虑评定因素的项数。

按式 (37.4-18) 求得：$\omega > 1$，表示危害严重，需改变设计；$\omega = 0.5 \sim 1$，说明有一定程度的危害，应修改设计或采取相应措施；$\omega < 0.5$，说明无显著危害，原设计可用。

表 37.4-7 为某企业评定因素和评分标准的例子。

(4) 提出改进措施

应尽量消除危害性高的失效模式，这时常需改变设计；无法消除时，应分配给高的可靠性指标；必要时，增设报警、监测和防护等措施。

(5) 填写失效模式、效应及危害度分析表

不同系统所用表格不尽相同，但对同类产品，企业内部宜取统一格式。图 37.4-10 所示为典型表格的例子。

表 37.4-7　危害度评定因素和评分标准举例

评定因素	影　响　程　度	评分值 ω_i
危害后果 ω_1	系统丧失功能，损失巨大，人员伤亡	5.0
	造成相当大的损失	3.0
	不丧失功能	1.0
对系统影响 ω_2	对系统有两个以上重大故障	2.0
	对系统有一个重大故障	1.0
	对系统无重大影响	0.5
故障发生频率 ω_3	发生频率较高	1.5
	可能发生	1.0
	发生可能性很小	0.7
预防难易 ω_4	不能预防	1.3
	能够预防	1.0
	很易预防	0.7
是否需修改设计 ω_5	需大改	1.2
	略改动	1.0
	无需改动	0.8

失效模式、效应及危害度分析							第　页
系统　　　　　　　　　　填表人　　　　　　　日期							
方块图号	失效模式	判定原因	效应 本单元（发生后果）	效应 系统（发生后果）	检测方法	危害性（评等级或评分）	改进措施　备注

失效模式、效应及危害度分析									第　页
系统　　　　　　　　　　填表人　　　　　　　日期									
零件名称 零件号	零件功用	故障模式	故障后果	故障原因	发生频繁程度 N_f	影响严重程度 N_e	发现难易程度 N_d	危害顺序 RPM	改进措施和目前情况
		(列举)			(1~10分)	(1~10分)	(1~10分)	前三项分乘积	

图 37.4-10　失效模式、效应及危害度分析表格举例

6　故障树分析

6.1　基本概念

故障树分析也叫失效树分析，简称 FTA。它是系统可靠性和安全性分析的工具之一。故障树分析包括定性分析和定量分析。定性分析的主要目的是：寻找导致与系统有关的不希望事件发生的原因和原因的组合，即寻找导致顶事件发生的所有故障模式。定量分析的主要目的是：当给定所有底事件发生的概率时，

求出顶事件发生的概率及其他定量指标。在系统设计阶段，故障树分析可帮助判明潜在故障以便改进设计。

故障树是一种特殊的倒立树状逻辑因果关系图，它用事件符号、逻辑门符号和转移符号（见表 37.4-8）描述系统中各种事件之间的因果关系。在故障树分析中各种故障状态或不正常情况皆称为故障事件，各种完好状态或正常情况皆称为成功事件。两者均可简称为事件。在故障树分析中逻辑门只描述事件间的逻辑因果关系。逻辑门的输入事件是输出事件的"因"，逻辑门的输出事件是输入事件的"果"。转移符号是为了避免画图时重复和使图形简明而设置的符号。

表 37.4-8 故障树分析中常用的符号

	符号名称	定 义		符号名称	定 义
事件符号	底事件	底事件是故障树分析中仅导致其他事件的原因事件	逻辑门符号	或门	或门表示至少一个输入事件发生时，输出事件就发生
	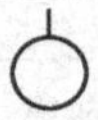 基本事件	基本事件是分析中无需探明其发生原因的底事件		非门	非门表示输出事件是输入事件的对立事件
	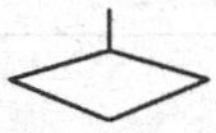 未探明事件	未探明事件原则上应进一步探明其原因，但暂时不必或暂时不能探明其原因的底事件		表决门 k/n	表决门表示仅当 n 个输入事件中有 k 个或 k 个以上的事件发生时，输出事件才发生
	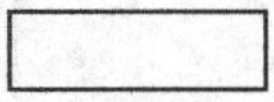 结果事件	结果事件是故障树分析中由其他事件或事件组合所导致的事件		顺序与门（顺序条件）	顺序与门表示仅当输入事件按规定的顺序发生时，输出事件才发生
	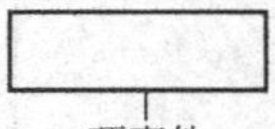 顶事件	顶事件是故障树分析中所关心的结果事件			
	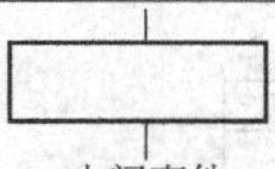 中间事件	中间事件是位于底事件和顶事件之间的结果事件		异或门（不同时发生）	异或门表示仅当单个输入事件发生时，输出事件才发生
	特殊事件	特殊事件指在故障树分析中需用特殊符号表明其特殊性或引起注意的事件		禁门（禁门打开条件）	禁门表示仅当条件事件发生时，输入事件的发生方导致输出事件的发生
	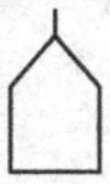 开关事件	开关事件是在正常工作条件下必然发生或必然不发生的特殊事件			
	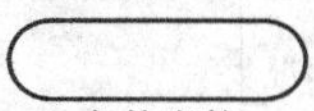 条件事件	条件事件是描述逻辑门起作用的具体限制的特殊事件	转移符号	转向符号、转此符号（子树代号字母）	相同转移符号用以指明子树的位置，转向和转此字母代号相同
逻辑门符号	与门	与门表示仅当所有输入事件发生时，输出事件才发生		相似转向、相似转此（相似的子树代号）不同的事件标号：××-×× （子树代号）	相似转移符号用以指明相似子树的位置，转向和转此字母代号相同，事件的标号不同

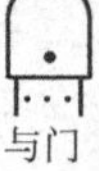

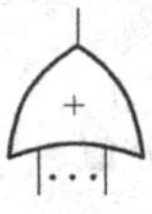

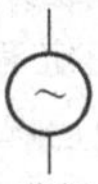

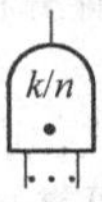

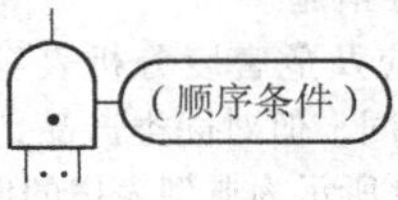

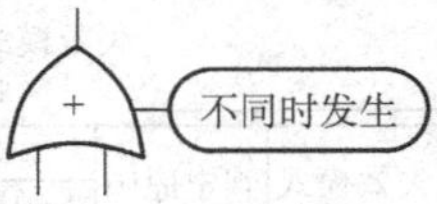

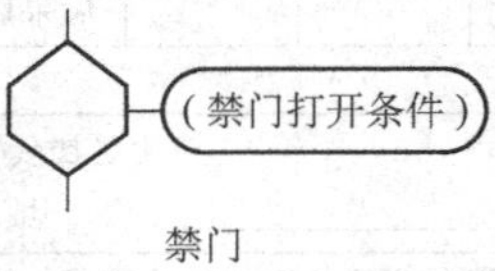

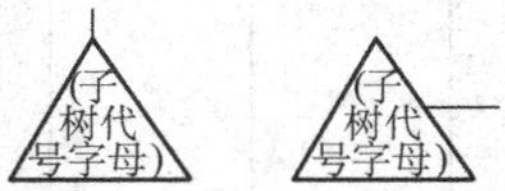

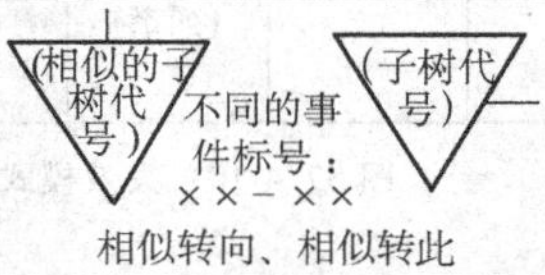

6.2 故障树的建立

建立故障树是一个反复深入、逐步完善的过程，通常应该在系统早期设计阶段开始。随着系统设计的进展和对故障模式的深入了解，故障树随之增大。建立故障树按演绎法从顶事件开始由上而下，循序渐进逐级进行，步骤如下：

1）选择和确定顶事件。顶事件是系统最不希望发生的事件，或是指定进行逻辑分析的故障事件。

　　2）分析顶事件，寻找引起顶事件发生的直接原因。将顶事件作为输出事件，将所有直接原因作为输入事件，并根据这些事件实际的逻辑关系用适当的逻辑门相联系。

　　3）分析每一个与顶事件直接相联系的输入事件。如果该事件还能进一步分解，则将其作为下一级的输出事件，如同图 37.4-11b 中对顶事件一样继续进行处理。

　　4）重复上述步骤，逐级向下分解，直到所有的输入事件不能再分解或不必要再分解为止，即建成了一棵故障树。

　　建树时应注意下列事项：

　　1）合理确定边界条件，以便明确建树范围。边界条件就是在建树前对系统、部件的某些变动参数做合理的假定。

　　2）顶事件必须是可以分解的。有时最不希望发生的故障事件不止一个，即顶事件不是一个，这时往往要建几棵树。对于复杂的系统，为使工作简化，可将其中某些中间事件移出单独建树。

　　3）为了节省分析的工作量，应对故障树进行简化和模块分解。

　　故障树简化的手段是去掉明显的逻辑多余事件和明显的逻辑多余门。往往凭直观即可进行简化，若利用布尔代数进行简化则更合适。图 37.4-11 所示为简化的例子，图下面就是布尔代数的表达式。简化的另一手段是用相同的转移符号表示相同的子树，用相似的转移符号表示相似的子树，如图 37.4-12 所示。

　　故障树的模块是故障树中若干个底事件的集合，各集合都不包含其他集合的底事件，即各集合中的底事件向上可到达同一个逻辑门，并且必须通过此门才能到达顶事件，故障树的其他底事件向上均不能到达该逻辑门。最大模块是没有其他模块包含它的模块。图 37.4-13 中的 a 和 b 均为最大模块。故障树的模块分解是找出故障树中尽可能大的模块，每个模块均构成一个模块子树，可单独进行定性和定量分析，并可用一等效的虚设底事件来代替，使原故障树的规模减小。

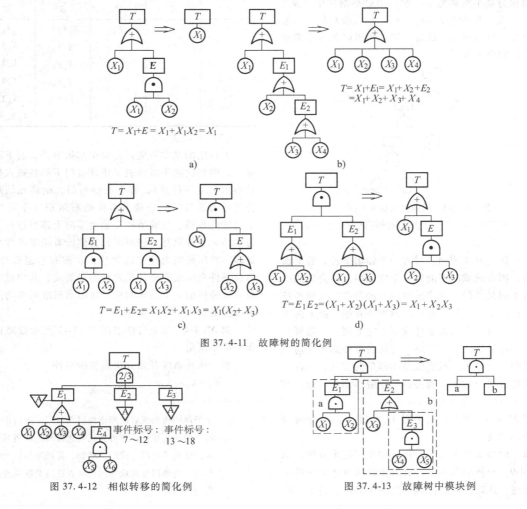

$$T = X_1 + E = X_1 + X_1 X_2 = X_1$$

a)

$$T = X_1 + E_1 = X_1 + X_2 + E_2 = X_1 + X_2 + X_3 + X_4$$

b)

$$T = E_1 + E_2 = X_1 X_2 + X_1 X_3 = X_1(X_2 + X_3)$$

c)

$$T = E_1 E_2 = (X_1 + X_2)(X_1 + X_3) = X_1 + X_2 X_3$$

d)

图 37.4-11　故障树的简化例

图 37.4-12　相似转移的简化例

图 37.4-13　故障树中模块例

建树和简化不宜完全分为两个步骤，应该边建树边简化，最后再全盘进一步简化。

4）建立故障树需对系统有深入的了解，因此，必要时应邀请运行、维修和制造等各方面有经验的技术人员参加建树工作。

6.3　故障树的定性分析

故障树的定性分析主要是通过找出故障树中所有导致顶事件发生的最小割集。割集是导致正规故障树⊖顶事件发生的若干底事件的集合。若割集中的任一底事件不发生，顶事件就不发生，则这样的割集就是最小割集。例如，图 37.4-14 中的故障树，若将各底事件分别用 X_1、X_2、X_3、X_4 表示，其割集有：$\{X_1\}$、$\{X_2\}$、$\{X_3, X_4\}$、$\{X_1, X_2, X_3\}$、$\{X_1, X_2, X_3, X_4\}$ 等。显然，最小割集只是 $\{X_1\}$、$\{X_2\}$ 和 $\{X_3, X_4\}$ 三个。这也正表明能导致该系统故障的三种可能形式。组成最小割集的底事件个数称为最小割集的阶。前面的最小割集中 $\{X_1\}$ 和 $\{X_2\}$ 是一阶割集，$\{X_3, X_4\}$ 是二阶割集。一般阶数越低，越容易发生故障，因此最低阶的最小割集常是系统的薄弱环节。

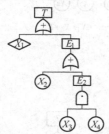

图 37.4-14　故障树定性分析例

一般常用下行法或上行法求故障树的所有最小割集。

（1）下行法

下行法的基本原则：对每一个输出事件，若下面是或门，则将该或门下的每一个输入事件各自排成一行；若下面是与门，则将该与门下的所有输入事件排在同一行。下行法的步骤：从顶事件开始，由上向下逐级进行，对每个结果事件重复上述原则，直到所有结果事件均被处理，所得每一行的底事件的集合均为故障树的一个割集。最后按最小割集的定义，对各行的割集通过两两比较，划去那些非最小割集的行，剩下的即为故障树的所有最小割集。

例 37.4-3　用下行法求图 37.4-15 所示故障树的所有最小割集。

解　由顶事件 T 开始，按上述原则逐步分析，见表 37.4-9。分析至第 4 步，故障树的所有结果事件都已被处理，这时所得的每一行均为一个割集。将得到的

所有割集进行两两比较，因此 $\{X_6\}$ 是割集，故 $\{X_4, X_6\}$ 和 $\{X_5, X_6\}$ 不是最小割集，应划去。最后得该故障树的所有最小割集为 $\{X_6\}$、$\{X_3, X_4\}$、$\{X_4, X_5\}$、$\{X_1, X_2, X_3\}$。

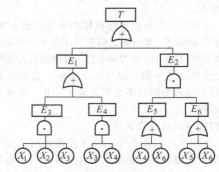

图 37.4-15　例题分析用故障树

表 37.4-9　图 37.4-15 的故障树用下行法求割集

步骤				
0	1	2	3	4
T	E_1	E_3	$X_1 X_2 X_3$	$X_1 X_2 X_3$
	E_2	E_4	$X_3 X_4$	$X_3 X_4$
		$E_5 E_6$	$X_4 E_6$	$X_4 X_5$
			$X_6 E_6$	$X_4 X_6$
				$X_6 X_5$
				$X_6 X_6 = X_6$

（2）上行法

上行法的基本原则：对每个结果事件，若下面是或门，则将此结果事件表示成该或门下的各输入事件的布尔和（事件并）；若下面是与门，则将此结果事件表示成该与门下的输入事件的布尔积（事件交）。上行法的步骤：从底事件开始由下向上逐级进行。对每个结果事件重复上述原则，直到所有结果事件均被处理。将所得的表达式逐次代入，按布尔运算规则，将顶事件表示成底事件积之和的最简式，其中每一项对应故障树的一个最小割集，从而求得故障树的所有最小割集。

例 37.4-4　用上行法求图 37.4-15 所示故障树的所有最小割集。

解　从底事件开始分析直至顶事件

$$E_3 = X_1 X_2 X_3$$

⊖　正规故障树是仅含故障事件以及与门、或门的故障树，对非正规故障树可做正规化处理，即将其他逻辑门变换成与门、或门。例如，将顺序与门变换成与门；将禁门变换成与门；将表决门变换成或门和与门的组合。

$E_4 = X_3 X_4$

$E_5 = X_4 + X_6$

$E_6 = X_5 + X_6$

$E_1 = E_3 + E_4 = X_1 X_2 X_3 + X_3 X_4$

$E_2 = E_5 E_6 = (X_4 + X_6)(X_5 + X_6) = X_4 X_5 + X_4 X_6 +$

$X_5 X_6 + X_6 X_6 = X_4 X_5 + X_6$

　　$T = E_1 + E_2 = X_1 X_2 X_3 + X_3 X_4 + X_4 X_5 + X_6$

故得故障树的所有最小割集为

$\{X_1, X_2, X_3\}, \{X_3, X_4\}, \{X_4, X_5\}, \{X_6\}$

6.4　故障树的定量分析

若有足够的数据能够估计出故障树中各底事件发生的概率，则在所有底事件相互独立的条件下，可用下述方法求出顶事件发生的概率。

（1）直接概率法

本方法根据故障树的或门相当于可靠性框图中的串联模型，与门相当于可靠性框图中的并联模型。

如图 37.4-16 所示的或门，事件 E 发生的概率为

$$P(E) = q_E = 1 - \prod_{i=1}^{n}(1 - q_i) \quad (37.4\text{-}19)$$

如图 37.4-16 所示的与门，事件 E 发生的概率

$$P(E) = q_E = \prod_{i=1}^{n} q_i \quad (37.4\text{-}20)$$

式中　q_i——故障树中底事件 X_i 发生的概率。

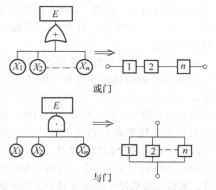

图 37.4-16　与可靠性框图相对应的或门及与门

一般由下而上求各层中间事件在内的各事件发生的概率直至求得顶事件发生的概率。应该注意用本方法时不仅要求所有底事件相互独立，而且同一底事件在故障树中只能出现一次。当同一底事件在故障树中

出现不止一次时，应按图 37.4-11 的原则进行简化。

　　例 37.4-5　求图 37.4-14 所示故障树的顶事件发生的概率，已知各底事件发生的概率 $q_1 = q_2 = q_3 = q_4 = 0.05$。

　　解　由下而上计算如下：

$q_{E_2} = q_3 q_4 = 0.05 \times 0.05 = 0.0025$

$q_{E_1} = 1 - (1 - q_2)(1 - q_{E_2})$

$\quad = 1 - (1 - 0.05)(1 - 0.0025)$

$\quad = 0.0524$

$P(T) = Q = 1 - (1 - q_1)(1 - q_{E_1})$

$\quad = 1 - (1 - 0.05)(1 - 0.0524)$

$\quad = 0.0998$

（2）不交布尔代数法

本方法可用于故障树规模比较大的情况，而且不要求底事件在故障树中只出现一次。用本方法求顶事件发生概率的步骤如下：

1）用上行法求最小割集，并将顶事件表示成各底事件积之和的最简布尔表达式。

2）将所得的最简布尔表达式化为互不相交的布尔和。

3）对求得的不交化表达式两边求概率，即得顶事件发生的概率。

　　例 37.4-6　求图 37.4-15 所示故障树顶事件发生的概率。各底事件发生的概率用 $q_i(i = 1, 2, \cdots, n)$ 表示。

　　解　由例 37.4-4 知，顶事件表示成各底事件积之和的最简布尔表达式为

$T = X_6 + X_3 X_4 + X_4 X_5 + X_1 X_2 X_3$

将上式化为互不相交的布尔和，即

$T = X_6 + X_3 X_4 \overline{X}_6 + X_4 X_5 \overline{X}_6 \overline{X}_3 + X_1 X_2 X_3 \overline{X}_6 \overline{X}_4 (\overline{X}_4 + X_4 \overline{X}_5)$

$\quad = X_6 + X_3 X_4 \overline{X}_6 + X_4 X_5 \overline{X}_6 \overline{X}_3 + X_1 X_2 X_3 \overline{X}_6 \overline{X}_4$

其中，$\overline{X}_i$ 表示底事件 X_i 的对立事件，即表示第 i 个底事件不发生。

将上面不交化表达式两边求概率，得顶事件发生的概率

$P(T) = Q = P(X_6) + P(X_3 X_4 \overline{X}_6) + P(X_4 X_5 \overline{X}_6 \overline{X}_3) +$

$\qquad P(X_1 X_2 X_3 \overline{X}_6 \overline{X}_4)$

$\quad = q_6 + q_3 q_4 p_6 + q_4 q_5 p_6 p_3 + q_1 q_2 q_3 p_6 p_4$

其中，p_i 表示底事件 X_i 不发生的概率，即 $p_i = 1 - q_i$。

第 5 章　机构运动可靠性分析

1　概述

机构运动可靠性研究的主要任务是评价机构运动可靠度及其机构动态精度，对机构运动精度做出合理的可靠性预计。由于制造和装配中存在公差、驱动装置重复位置精度误差、外部系统因素（载荷、温度和人为）随机性等，机械系统本身必然存在一定的随机性。显然，机构工作时人们更关心的是机构运动的可靠度，即机构在某一特定的工作时间点（或时间段内）运动轨迹落入许用精度范围内的概率，为改善机构的设计质量和提高机械的设计水平提供准确可靠的资料和依据。

1.1　机构可靠性的分类

根据人们对机构功能的要求，在机构学的研究中把它分为机构运动学和机构动力学两方面的问题。因此，机构可靠性问题也可分为对应的两大类。

一类是机构运动精确度可靠性，它是在给定机构主动件运动规律的条件下，研究机构中指定构件上某一点的位移、速度和加速度，以及这些构件的角位移、角速度和角加速度，在各种影响因素等随机变量作用下，达到规定值，或落在规定范围内的概率。

另一类是考虑动力源工作特性的可靠性，考虑负载、惯性和阻尼特性等随机因素，研究机构瞬态运动特性输出参数达到规定值，或在规定区间的可靠性问题。

1.2　机构可靠度的计算方法

机构可靠性分析的主要任务是建立机构性能输出参数与影响机构性能输出参数变化的主要随机变量间函数或相关关系的数学模型。

根据机构运动学可靠性的定义，对于一个给定机构，它的位置误差表达式为

$$\Delta S = \sum_{i=1}^{n} \frac{\partial D}{\partial x_i} \cdot \Delta x_i \qquad (37.5\text{-}1)$$

由此式可以看出，机构从动件的位置误差 ΔS 是各原始误差 Δx_i 引起的局部误差之和，而 $\frac{\partial D}{\partial x_i}$ 是各元件的原始误差传递到从动件时的传递系数，又称为误差传递比。

根据式（37.5-1），机构位置误差是相互独立的

各原始误差的线性函数。由概率分布组合大数定律知，尽管各原始误差的分布规律不同，但它们综合作用的结果仍服从正态分布。求出机构位置误差的均值 μ 和方差 σ^2 后，根据机构运动精度可靠度定义，即机构运动输出误差落在最大允许误差范围内的概率为

$$R = P(\varepsilon_m' < \Delta S < \varepsilon_m'') \qquad (37.5\text{-}2)$$

再由正态分布规律，可以得到可靠计算公式

$$R = P(\varepsilon_m' < \Delta S < \varepsilon_m'') = P(\Delta S < \varepsilon_m'') - P(\Delta S < \varepsilon_m')$$

$$= \Phi\left(\frac{\varepsilon_m'' - \mu}{\sigma}\right) - \Phi\left(\frac{\varepsilon_m' - \mu}{\sigma}\right) \qquad (37.5\text{-}3)$$

上述可靠度计算是在假设各构件的弹性变形和配合间隙对输出构件位置的影响可以忽略不计的情况下进行的。

2　机构运动可靠性基本模型及计算方法

2.1　机构运动可靠性的定义及影响因素

机构的运动可靠性定义：机构在规定的使用条件下，在规定的使用期内，精确、及时、协调地完成规定机械动作（运动）的能力。这种能力用概率来度量时，即为可靠度。

与一般可靠度定义略有差别的是"精确""及时""协调"。它强调了机构动作在几何空间中运动的精确度，在时间域内的精确性，以及机构间在几何空间、时间域上的协调性、同步性要求；同时，它强调的是机构动作循环周期内的精确性、及时性和协调性。它区别于"使用期"的时间条件。

从机构可靠性定义可以看出，机构可靠性不仅取决于设计、制造，还取决于使用过程中工作对象、环境条件对机构的作用，从而引起它的运动学、动力学特性参数变化。所以其主要影响因素如下：

1) 机构的工作原理。

2) 机构动力源变化，驱动元件（电动机、气液动马达）的特性变化。如电源容量、电压波动、驱动元件转矩和转速特性的随机性。

3) 机构运动构件的质量、转动惯量的变化。

4) 机构在载荷、环境应力作用下抗磨损、抗变形能力的变化。

5) 构件、零件制造的尺寸精度、形状位置精度及装配调整质量对机构运动的影响。

6）机构中运动副间隙、摩擦和润滑条件变化。

2.2 机构可靠性指标

2.2.1 可靠度 R

设机构的输出参数为 $Y(t)$，是随机变量；机构输出参数的允许值范围 $[Y_下, Y_上]$，当 $Y_下 < Y(t) < Y_上$ 时，被认为机构工作可靠，则事件 $[Y_下 < Y(t) < Y_上]$ 发生的概率 $P(Y_下 < Y(t) < Y_上)$，即为机构的功能可靠度。

$$R = P(Y_下 < Y(t) < Y_上) \qquad (37.5\text{-}4)$$

对应的机构失效概率 F

$$F = 1 - R = 1 - P(Y_下 < Y(t) < Y_上) \qquad (37.5\text{-}5)$$

2.2.2 可靠性储备系数 K

当对某机构可靠性要求很高时，可靠度 $R(t)$ 接近于 1 或几乎等于 1 时，例如，航空航天器中的某些机构及核电站中防止核泄露的关键性的安全机构，在设计时要求有较大的可靠性裕度，即要有足够的可靠性储备。

设在时刻 $t = T_0$ 时，机构的输出参数 Y 为某一任意值，是一个随机变量。Y_{max} 是按机构功能要求事先确定的允许最大值，当 $Y \geqslant Y_{max}$ 时，机构处于失效状态。而 $Y_{极限}$ 是该机构在规定时间和规定使用条件下可能达到的极限输出参数，则 $Y_{极限}$ 与 Y_{max} 间的差值 Δ_{XT} 即为该机构的可靠性储备，表示机构保持功能的潜力。所以，机构可靠性储备系数 $K_{可靠}$ 可用式 (37.5-6) 表示

$$K_{可靠} = \frac{Y_{max}}{Y_{极限}} > 1 \qquad (37.5\text{-}6)$$

而当输出参数 Y 不超出 $Y_{极限}$ 的概率为 $R = P(Y \leqslant Y_{极限})$ 时，式 (37.5-6) 可改写为含可靠度的可靠性储备系数 K_r

$$K_r = \frac{Y_{极限}}{Y_R} \qquad (37.5\text{-}7)$$

因为工作过程中，机构工作能力是变化的，所以可靠性储备系数就成为时间的函数 $K_r(t)$。随着机构的使用时间增加，$K_r(t)$ 会逐渐减少，故可靠性储备系数的变化速度 $\gamma_{可靠}$

$$\gamma_{可靠} = \frac{dK_r}{dt} \qquad (37.5\text{-}8)$$

2.3 机构可靠性通用数学模型

设某机构由使用要求确定的性能输出参数为 $Y_k(k = 1, 2, 3, \cdots, s)$，它是随机变量 $x_1, x_2, x_3, \cdots, x_m$ 的函数，故 Y_k 也是随机变量，有

$$Y_k = f_k(x_1, x_2, x_3, \cdots, x_m) \qquad (37.5\text{-}9)$$

又设，机构性能输出参数的允许极限值为 z_k($k = 1, 2, 3, \cdots, s$)。当定义事件 $(Y_k \leqslant z_k)$ 为机构可靠时，则有

$$R_k = P(Y_k \leqslant z_k) \qquad (k = 1, 2, 3, \cdots, s) \qquad (37.5\text{-}10)$$

其中 R_k 表示机构第 k 项性能输出参数达到规定要求的可靠度。

式 (37.5-10) 是机构单侧性能输出极限（上极限）下的可靠度表达式。同理，可以延伸出单侧下极限和双侧性能输出限制的可靠度表达式。

2.3.1 机构运动学数学模型

机构运动学数学模型，实际上是建立机构多元随机变量下的运动函数，即建立机构的输入运动与输出运动的函数表达式。

（1）运动方程

$$F(Y, X, q) = 0 \qquad (37.5\text{-}11)$$

式中 $Y = (y_1, y_2, y_3, \cdots, y_\lambda)^T$——机构广义输出运动；

$X = (x_1, x_2, x_3, \cdots, x_m)^T$——机构广义输入运动；

$q = (q_1, q_2, q_3, \cdots, q_n)^T$——考虑各种随机误差情况下，机构有效结构参数；

$F = (f_1, f_2, f_3, \cdots, f_\lambda)^T$——$\lambda$ 个独立运动方程，正好解出 λ 个输出运动。

（2）输出位移、速度、加速度与输入运动的关系式

位移：

$$Y = Y(X, q) \qquad (37.5\text{-}12)$$

速度：

$$\dot{Y} = -(\partial F^{-1}/\partial Y)(\partial F/\partial X)\dot{X} \qquad (37.5\text{-}13)$$

加速度：

$$\ddot{Y} = -(\partial F^{-1}/\partial Y)\left[\frac{d}{dt}(\partial F/\partial Y)\dot{Y} + (\partial F/\partial X)\ddot{X} + \frac{d}{dt}(\partial F/\partial X)\dot{X}\right] \qquad (37.5\text{-}14)$$

其中，$\dfrac{\partial F}{\partial Y} = \begin{pmatrix} \partial f_1/\partial y_1 & \partial f_1/\partial y_2 & \cdots & \partial f_1/\partial y_\lambda \\ \partial f_2/\partial y_1 & \partial f_2/\partial y_2 & \cdots & \partial f_2/\partial y_\lambda \\ \vdots & \vdots & & \vdots \\ \partial f_\lambda/\partial y_1 & \partial f_\lambda/\partial y_2 & \cdots & \partial f_\lambda/\partial y_\lambda \end{pmatrix}$;

$\dfrac{\partial F}{\partial X} = \begin{pmatrix} \partial f_1/\partial x_1 & \partial f_1/\partial x_2 & \cdots & \partial f_1/\partial x_m \\ \partial f_2/\partial x_1 & \partial f_2/\partial x_2 & \cdots & \partial f_2/\partial x_m \\ \vdots & \vdots & & \vdots \\ \partial f_\lambda/\partial x_1 & \partial f_\lambda/\partial x_2 & \cdots & \partial f_\lambda/\partial x_m \end{pmatrix}$

2.3.2   机构运动精度概率模型

（1）运动误差模型

由于各种误差的存在，可以写出

$$\begin{cases} Y = Y^* + \Delta Y = Y^* + \overline{\Delta Y} + \overset{0}{Y} \\ X = X^* + \Delta X = X^* + \overline{\Delta X} + \overset{0}{X} \\ q = q^* + \Delta q = q^* + \overline{\Delta q} + \overset{0}{q} \end{cases} \tag{37.5-15}$$

其中，"*"代表理想值或名义值；上划线"—"代表均值或期望值；"Δ"代表偏差；上符号"0"代表中心化随机过程。若不考虑随着机构运动构件弹性变形的变化，可以认为构件有效结构参数 q 是不随时间变化的，因而 $\overset{0}{q}$ 是中心化随机变量。

将式（37.5-11）在各随机变量理想值处一阶泰勒展开，化简后有

$$(\partial F/\partial Y)\Delta Y + (\partial F/\partial X)\Delta X + (\partial F/\partial q)\Delta q = 0 \tag{37.5-16}$$

$$\Delta Y = -(\partial F^{-1}/\partial Y)[(\partial F/\partial X)\Delta X + (\partial F/\partial q)\Delta q] \tag{37.5-17}$$

式中，$\dfrac{\partial F}{\partial q} = \begin{pmatrix} \partial f_1/\partial q_1 & \partial f_1/\partial q_2 & \cdots & \partial f_1/\partial q_n \\ \partial f_2/\partial q_1 & \partial f_2/\partial q_2 & \cdots & \partial f_2/\partial q_n \\ \vdots & \vdots & & \vdots \\ \partial f_\lambda/\partial q_1 & \partial f_\lambda/\partial q_2 & \cdots & \partial f_\lambda/\partial q_n \end{pmatrix}$。

令 $Z = (\partial F^{-1}/\partial Y)(\partial F/\partial X)$，$T = (\partial F^{-1}/\partial Y)(\partial F/\partial q)$，则

$$\Delta Y = -Z\Delta X - T\Delta q \tag{37.5-18}$$

此式建立了输出位移误差与输入位移误差及结构参数误差之间的关系。

将式（37.5-18）对时间微分，有

$$\dfrac{\partial F}{\partial Y}\dot{\Delta Y} + \dfrac{d}{dt}(\dfrac{\partial F}{\partial Y})\Delta Y + \dfrac{\partial F}{\partial X}\dot{\Delta X} + \dfrac{d}{dt}(\dfrac{\partial F}{\partial X})\Delta X + \dfrac{d}{dt}(\dfrac{\partial F}{\partial q})\Delta q = 0 \tag{37.5-19}$$

令 $Z_1 = \dfrac{\partial F^{-1}}{\partial Y}\left[\dfrac{d}{dt}(\dfrac{\partial F}{\partial X}) - \dfrac{d}{dt}(\dfrac{\partial F}{\partial Y})Z\right]$，$T_1 = \dfrac{\partial F^{-1}}{\partial Y} \times \left[\dfrac{d}{dt}(\dfrac{\partial F}{\partial q}) - \dfrac{d}{dt}(\dfrac{\partial F}{\partial Y})T\right]$，则

$$\dot{\Delta Y} = -Z\dot{\Delta X} - Z_1\Delta X - T_1\Delta q \tag{37.5-20}$$

式（37.5-20）建立了输出速度误差与输入速度误差，输入位移误差及结构参数误差之间的关系。

将式（37.5-20）再对时间微分，并令

$$Z_2 = \dfrac{\partial F^{-1}}{\partial Y}\left[\dfrac{d^2}{dt^2}(\dfrac{\partial F}{\partial X}) - \dfrac{d^2}{dt^2}(\dfrac{\partial F}{\partial Y})Z - 2\dfrac{d}{dt}(\dfrac{\partial F}{\partial Y})Z_1\right]$$

$$T_2 = \dfrac{\partial F^{-1}}{\partial Y}\left[\dfrac{d^2}{dt^2}(\dfrac{\partial F}{\partial q}) - \dfrac{d^2}{dt^2}(\dfrac{\partial F}{\partial Y})T - 2\dfrac{d}{dt}(\dfrac{\partial F}{\partial Y})T_1\right]$$

则

$$\ddot{\Delta Y} = -Z\ddot{\Delta X} - 2Z_1\dot{\Delta X} - Z_2\Delta X - T_2\Delta q \tag{37.5-21}$$

此式建立了输出加速度误差与输入加速度误差，输入速度误差，输入位移误差及结构参数误差之间的关系。

上述式中，Z、Z_1、Z_2 均为 $\lambda \times m$ 矩阵，T、T_1、T_2 均为 $\lambda \times n$ 矩阵。Z、Z_1、Z_2 和 T、T_1、T_2 称为误差传递系数矩阵，矩阵各元素在各随机变量理想值处取值。

（2）运动误差概率模型

机构输出运动误差均值：

$$E(\Delta Y) = E(-Z\Delta X - T\Delta q) = -ZE(\Delta X) - TE(\Delta q) \tag{37.5-22}$$

$$E(\dot{\Delta Y}) = -ZE(\dot{\Delta X}) - Z_1E(\Delta X) - T_1E(\Delta q) \tag{37.5-23}$$

$$E(\ddot{\Delta Y}) = -ZE(\ddot{\Delta X}) - 2Z_1E(\dot{\Delta X}) - Z_2E(\Delta X) - T_2E(\Delta q) \tag{37.5-24}$$

当不考虑输入误差，即 $\Delta X = \dot{\Delta X} = \ddot{\Delta X} = 0$ 时，可化简为

$$E(\Delta Y) = -TE(\Delta q) \tag{37.5-25}$$

$$E(\dot{\Delta Y}) = -T_1E(\Delta q) \tag{37.5-26}$$

$$E(\ddot{\Delta Y}) = -T_2E(\Delta q) \tag{37.5-27}$$

运动误差方差：

随机过程与其导数过程互不相关，由式（37.5-18）、式（37.5-20）、式（37.5-21）可得机构输出误差方差矩阵为

$$V_Y = ZV_XZ^T + TV_qT^T \tag{37.5-28}$$

$$V_{\dot Y} = ZV_{\dot X}Z^T + Z_1V_XZ_1^T + T_1V_qT_1^T \tag{37.5-29}$$

$$V_{\ddot Y} = ZV_{\ddot X}Z^T + Z_1V_{\dot X}Z_1^T + Z_2V_XZ_2^T + T_2V_qT_2^T \tag{37.5-30}$$

其中，$V_X = \text{diag}(\sigma_{x_1}^2, \sigma_{x_2}^2, \cdots, \sigma_{x_m}^2)$，
$V_{\dot X} = \text{diag}(\sigma_{\dot x_1}^2, \sigma_{\dot x_2}^2, \cdots, \sigma_{\dot x_m}^2)$，
$V_{\ddot X} = \text{diag}(\sigma_{\ddot x_1}^2, \sigma_{\ddot x_2}^2, \cdots, \sigma_{\ddot x_m}^2)$，
$V_q = \text{diag}(\sigma_{q_1}^2, \sigma_{q_2}^2, \cdots, \sigma_{q_m}^2)$；

$$V_Y = \begin{pmatrix} V_{Y_{11}} & V_{Y_{12}} & \cdots & V_{Y_{1\lambda}} \\ V_{Y_{21}} & V_{Y_{22}} & \cdots & V_{Y_{2\lambda}} \\ \vdots & \vdots & & \vdots \\ V_{Y_{\lambda 1}} & V_{Y_{\lambda 2}} & \cdots & V_{Y_{\lambda\lambda}} \end{pmatrix};$$

$$\boldsymbol{V}_{Y_{ij}} = \mathrm{Cov}\ (y_i,\ y_j) = \begin{cases} \sigma^2_{y_i} = \sigma^2_{y_j},\ i=j \\ \rho_{ij}\sigma_{y_i}\sigma_{y_j},\ i \neq j \end{cases}$$

为了确定 $\sigma^2_{y_i}$, $\sigma^2_{\dot{y}_i}$, $\sigma^2_{\ddot{y}_i}$ 必须考虑 y_i 的相关函数。

令 $K_{y_i}(t_1, t_2)$ 为 y_i 的相关函数，则

$$K_{\dot{y}_i}(t_1, t_2) = -[\partial^2 K_{y_i}(t_1, t_2)/\partial t_1 \partial t_2]$$

$$\sigma^2_{\dot{y}_i}(t) = K_{\dot{y}_i}(t, t)$$

$$K_{\ddot{y}_i}(t_1, t_2) = -[\partial^2 K_{\dot{y}_i}(t_1, t_2)/\partial t_1 \partial t_2]$$

$$\sigma^2_{\ddot{y}_i}(t) = K_{\ddot{y}_i}(t, t)$$

对于平稳过程则有

$$K_{\dot{y}_i}(\tau) = -\mathrm{d}^2 K_{y_i}(\tau)/\mathrm{d}\tau^2 \qquad \sigma^2_{\dot{y}_i} = K_{\dot{y}_i}(0)$$

$$K_{\ddot{y}_i}(\tau) = -\mathrm{d}^2 K_{\dot{y}_i}(\tau)/\mathrm{d}\tau^2 \qquad \sigma^2_{\ddot{y}_i} = K_{\ddot{y}_i}(0)$$

实际中可以近似地将过程假定为平稳过程，且其相关函数具有如下形式：

$$K_{y_i}(\tau) = \sigma^2_{y_i} \mathrm{e}^{-\alpha\tau^2} \qquad (37.5\text{-}31)$$

其中，$\alpha > 0$ 为常数，则

$$\sigma^2_{y_i} = K_{y_i}(0) \quad \sigma^2_{\dot{y}_i} = 2\alpha\sigma^2_{y_i} \quad \sigma^2_{\ddot{y}_i} = 12\alpha\sigma^2_{y_i}$$

若假定：

1）输入为等速运动，$\dot{X}^* = $ 常数，$\ddot{X}^* = 0$。

2）不考虑输入误差，$\Delta X = \Delta\dot{X} = \Delta\ddot{X} = 0$。

3）有效结构参数误差均值为零，$\overline{\Delta q} = 0$。

则上述关于机构输出误差统计特征的有关各式可化简为

$$\begin{cases} E(\boldsymbol{Y}) = \boldsymbol{Y}^*(\boldsymbol{X}^*, \boldsymbol{q}^*) \\ E(\dot{\boldsymbol{Y}}) = -(\partial\boldsymbol{F}^{-1}/\partial\boldsymbol{Y})(\partial\boldsymbol{F}/\partial\boldsymbol{X})\dot{\boldsymbol{X}}^* \\ E(\ddot{\boldsymbol{Y}}) = -(\partial\boldsymbol{F}^{-1}/\partial\boldsymbol{Y})[\dfrac{\mathrm{d}}{\mathrm{d}t}(\partial\boldsymbol{F}/\partial\boldsymbol{Y})E(\dot{\boldsymbol{Y}}) \\ \qquad\qquad + \dfrac{\mathrm{d}}{\mathrm{d}t}(\partial\boldsymbol{F}/\partial\boldsymbol{X})\dot{\boldsymbol{X}}^*] \\ \qquad\qquad\qquad\qquad\qquad\qquad (37.5\text{-}32) \\ E(\Delta\boldsymbol{Y}) = E(\Delta\dot{\boldsymbol{Y}}) = E(\Delta\ddot{\boldsymbol{Y}}) = 0 \\ \boldsymbol{V}_Y = \boldsymbol{T}\boldsymbol{V}_q\boldsymbol{T}^\mathrm{T} \\ \boldsymbol{V}_{\dot{Y}} = \boldsymbol{T}_1\boldsymbol{V}_q\boldsymbol{T}_1^\mathrm{T} \\ \boldsymbol{V}_{\ddot{Y}} = \boldsymbol{T}_2\boldsymbol{V}_q\boldsymbol{T}_2^\mathrm{T} \end{cases}$$

2.3.3　计算可靠度 R

与应力-强度干涉模型类似，设功能函数为

$$G(z) = \delta - \Delta Y > 0 \qquad (37.5\text{-}33)$$

其中，ΔY 表示输出误差，δ 表示允许极限误差，则此式表示输出误差要小于允许极限误差。

假设 ΔY 与 δ 均为正态分布，即

$$\Delta Y = \frac{1}{\sqrt{2\pi}\,\sigma_u} \mathrm{e}^{-\frac{1}{2}(\frac{x-\mu_u}{\sigma_u})^2} \qquad (37.5\text{-}34)$$

$$\delta = \frac{1}{\sqrt{2\pi}\,\sigma_0} \mathrm{e}^{-\frac{1}{2}(\frac{y-\mu_0}{\sigma_0})^2} \qquad (37.5\text{-}35)$$

则有

$$f(z) = \frac{1}{\sqrt{2\pi}\,\sigma_z} \mathrm{e}^{-\frac{1}{2}(\frac{z-\mu_z}{\sigma_z})^2}$$

可靠度 R 为

$$R = P(Z>0) = \int_0^\infty f(z)\mathrm{d}z = \int_0^\infty \frac{1}{\sqrt{2\pi}\,\sigma_z} \mathrm{e}^{-\frac{1}{2}(\frac{z-\mu_z}{\sigma_z})^2}\mathrm{d}z$$

化为标准正态分布，设 $u = \dfrac{z-\mu_z}{\sigma_z}$，则

$$\begin{aligned} R = P(Z>0) &= \int_0^\infty f(z)\mathrm{d}z \\ &= \int_{-\beta}^\infty \frac{1}{\sqrt{2\pi}} \mathrm{e}^{-\frac{1}{2}u^2}\mathrm{d}u = \Phi(\beta) \qquad (37.5\text{-}36) \end{aligned}$$

其中，

$$\beta = \frac{\mu_z}{\sigma_z} = \frac{\mu_0-\mu_u}{\sqrt{\sigma_0^2+\sigma_u^2}} \qquad (37.5\text{-}37)$$

当知道输出误差及允许极限误差分布特征值后，即可求出可靠度 R。

3　曲柄滑块机构运动可靠性分析

3.1　理想状态下机构运动关系式

3.1.1　对心曲柄滑块机构运动关系式

设：对心曲柄滑块机构如图 37.5-1 所示，曲柄（OA）长为 r，连杆（AB）长为 l，$\angle AOB$ 为 α，曲柄角速度为 ω，角加速度为 ε。

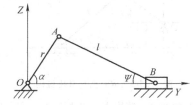

图 37.5-1　对心曲柄滑块机构

曲柄为主动件，输入转角 α，滑块是从动件，输出位移为 Y，速度为 V，加速度为 W，则有

$$\begin{aligned} Y &= r\cos\alpha + l\cos\psi = r\cos\alpha + l\sqrt{1-\left(\frac{r}{l}\right)^2\sin^2\alpha} \\ &= r\cos\alpha + \sqrt{l^2-r^2\sin^2\alpha} \qquad (37.5\text{-}38) \end{aligned}$$

$$\begin{aligned} V &= \frac{\mathrm{d}Y}{\mathrm{d}t} = \dot{Y} \\ &= -r\sin\alpha\frac{\mathrm{d}\alpha}{\mathrm{d}t} - \frac{r^2\sin\alpha\cos\alpha}{\sqrt{l^2-r^2\sin^2\alpha}}\frac{\mathrm{d}\alpha}{\mathrm{d}t} \\ &= -r\sin\alpha\left(1+\frac{r\cos\alpha}{\sqrt{l^2-r^2\sin^2\alpha}}\right)\frac{\mathrm{d}\alpha}{\mathrm{d}t} \end{aligned}$$

其中，$\dfrac{\mathrm{d}\alpha}{\mathrm{d}t} = \omega$，则有

$$V=-r\sin\alpha(1+\frac{r\cos\alpha}{\sqrt{l^2-r^2\sin^2\alpha}})\omega \qquad (37.5-39)$$

$$W=\frac{\mathrm{d}V}{\mathrm{d}t}=\ddot{Y}$$

$$=[-r\cos\alpha\frac{\mathrm{d}\alpha}{\mathrm{d}t}(1+\frac{r\cos\alpha}{\sqrt{l^2-r^2\sin^2\alpha}})-$$

$$r\sin\alpha\frac{\partial}{\partial t}(\frac{r\cos\alpha}{\sqrt{l^2-r^2\sin^2\alpha}})]\frac{\mathrm{d}\alpha}{\mathrm{d}t}$$

若将 $\dfrac{\mathrm{d}^2\alpha}{\mathrm{d}t^2}=\varepsilon$ 代入，则化简后为

$$W=[-r\cos\alpha-\frac{r^2\cos\alpha}{\sqrt{l^2-r^2\sin^2\alpha}}+\frac{r^2\sin^2\alpha(l^2-r^2)}{(l^2-r^2\sin^2\alpha)^{3/2}}]\omega^2-$$

$$[r\sin\alpha+\frac{r^2\sin\alpha\cos\alpha}{\sqrt{l^2-r^2\sin^2\alpha}}]\varepsilon \qquad (37.5-40)$$

式（37.5-38）～式（37.5-40）为对心曲柄滑块机构输出位移 Y、速度 V、加速度 W 与输入转角 α、角速度 ω、角加速度 ε 之间的关系。

3.1.2 偏心曲柄滑块机构运动关系式

与对心曲柄滑块机构相似，也可建立起输出运动与输入运动关系式。

设：偏心曲柄滑块机构如图 37.5-2 所示。曲柄 $CA=r$，连杆 $AB=l$，偏心距为 e。

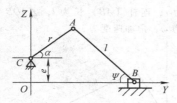

图 37.5-2 偏心曲柄滑块机构

滑块的位移 Y、速度 V、加速度 W 方程分别为

$$Y=r\cos\alpha+l\cos\psi=r\cos\alpha+\sqrt{l^2-(r\sin\alpha+e)^2} \qquad (37.5-41)$$

$$V=\frac{\mathrm{d}Y}{\mathrm{d}t}=-r\sin\alpha\frac{\mathrm{d}\alpha}{\mathrm{d}t}-\frac{r^2\sin\alpha\cos\alpha+er\cos\alpha}{\sqrt{l^2-(r\sin\alpha+e)^2}}\frac{\mathrm{d}\alpha}{\mathrm{d}t}$$

$$=-r\sin\alpha[1+\frac{r\cos\alpha}{\sqrt{l^2-(r\sin\alpha+e)^2}}]\frac{\mathrm{d}\alpha}{\mathrm{d}t}-\frac{er\cos\alpha}{\sqrt{l^2-(r\sin\alpha+e)^2}}$$

$$=\{-r\sin\alpha[1+\frac{r\cos\alpha}{\sqrt{l^2-(r\sin\alpha+e)^2}}]-\frac{er\cos\alpha}{\sqrt{l^2-(r\sin\alpha+e)^2}}\}\omega \qquad (37.5-42)$$

$$W=\{-r\cos\alpha-\frac{rl^2(r\cos2\alpha-e\sin\alpha)+er\sin\alpha(r\sin\alpha+e)^2}{[l^2-(r\sin\alpha+e)^2]^{\frac{3}{2}}}\}\omega^2-$$

$$[r\sin\alpha+\frac{r^2\sin\alpha\cos\alpha+er\cos\alpha}{\sqrt{l^2-(r\sin\alpha+e)^2}}]\varepsilon \qquad (37.5-43)$$

3.2 考虑原始误差的可靠性计算模型

原始误差主要是由制造误差和装配误差引起的。在已有的机构运动可靠性计算模型中，大多只考虑由制造引起的基本构件尺寸误差。本节先介绍这种计算方法。然后利用"有效长度理论"考虑间隙误差建立计算模型，并用算例进行对比。这是从误差横向分布角度来研究的，以一批机构中各机构的误差为研究对象，可以求出任意转角下这批机构的可靠度。

3.2.1 考虑尺寸误差的计算模型

在曲柄滑块机构中，已知输入运动是曲柄转角 α，结构参数有曲柄长 r、连杆长 l 和偏心距 e；输出参数是滑块的位移 Y、速度 V 和加速度 W。

输出与输入及结构参数关系式：$Y=f(r,l,e,\alpha)$，$V=\dot{Y}$，$W=\ddot{Y}$。用"$*$"表示理想值，用"Δ"表示误差值，经过一阶泰勒展开后的实际位移表达式为

$$Y=Y^*+\Delta Y=f(r^*+\Delta r,l^*+\Delta l,e^*+\Delta e,\alpha^*+\Delta\alpha)$$

$$=f(r^*,l^*,e^*,\alpha^*)+\frac{\partial f}{\partial r}\Delta r+\frac{\partial f}{\partial l}\Delta l+\frac{\partial f}{\partial e}\Delta e+\frac{\partial f}{\partial \alpha}\Delta\alpha$$

假设无方法错误，则 $Y^*=f(r^*,l^*,e^*,\alpha^*)$。

位移误差为

$$\Delta Y=\frac{\partial f}{\partial r}\Delta r+\frac{\partial f}{\partial l}\Delta l+\frac{\partial f}{\partial e}\Delta e+\frac{\partial f}{\partial \alpha}\Delta\alpha \qquad (37.5-44)$$

对上式求一阶导数，则得速度误差公式，其中因为

$$\frac{\mathrm{d}(\Delta r)}{\mathrm{d}t}=\frac{\mathrm{d}(\Delta l)}{\mathrm{d}t}=\frac{\mathrm{d}(\Delta e)}{\mathrm{d}t}=0$$

则 $\Delta V=\dfrac{\mathrm{d}(\Delta y)}{\mathrm{d}t}=\dfrac{\partial^2 f}{\partial r\,\partial\alpha}\dfrac{\mathrm{d}\alpha}{\mathrm{d}t}\Delta r+\dfrac{\partial^2 f}{\partial l\,\partial\alpha}\dfrac{\mathrm{d}\alpha}{\mathrm{d}t}\Delta l+\dfrac{\partial^2 f}{\partial e\,\partial\alpha}\dfrac{\mathrm{d}\alpha}{\mathrm{d}t}\Delta e+$

$$\frac{\partial^2 f}{\partial^2\alpha}\frac{\mathrm{d}\alpha}{\mathrm{d}t}\Delta\alpha+\frac{\partial f}{\partial\alpha}\frac{\mathrm{d}(\Delta\alpha)}{\mathrm{d}t}$$

设：$\dfrac{\mathrm{d}\alpha}{\mathrm{d}t}=\omega$，$\dfrac{\mathrm{d}(\Delta\alpha)}{\mathrm{d}t}=\Delta\omega$，则上式化简为

$$\Delta V=\frac{\mathrm{d}(\Delta y)}{\mathrm{d}t}=(\frac{\partial^2 f}{\partial r\,\partial\alpha}\Delta r+\frac{\partial^2 f}{\partial l\,\partial\alpha}\Delta l+\frac{\partial^2 f}{\partial e\,\partial\alpha}\Delta e+$$

$$\frac{\partial^2 f}{\partial^2\alpha}\Delta\alpha)\omega+\frac{\partial f}{\partial\alpha}\Delta\omega \qquad (37.5-45)$$

加速度误差公式为

$$\Delta W=(\frac{\partial^3 f}{\partial r\,\partial\alpha^2}\Delta r+\frac{\partial^3 f}{\partial l\,\partial\alpha^2}\Delta l+\frac{\partial^3 f}{\partial e\,\partial\alpha^2}\Delta e+$$

$$\frac{\partial^3 f}{\partial\alpha^3}\Delta\alpha)\omega^2+2\frac{\partial^2 f}{\partial\alpha^2}\omega\Delta\omega+\frac{\partial f}{\partial\alpha}\Delta\varepsilon \qquad (37.5-46)$$

其中，$\Delta\varepsilon = \dfrac{\mathrm{d}(\Delta\omega)}{\mathrm{d}t}$。

式（37.5-44）～式（37.5-46）为位移、速度、加速度误差 ΔY、ΔV、ΔW 与基本尺寸误差 Δr、Δl、Δe 及输入误差 $\Delta\alpha$、$\Delta\omega$、$\Delta\varepsilon$ 的一般关系式。也可以根据速度 V、加速度 W 公式按泰勒级数展开求 ΔV 和 ΔW，结果与式（37.5-45）、式（37.5-46）相同。

下面建立曲柄滑块机构运动输出参数误差的具体关系式。

现在以偏心曲柄滑块机构为例推导关系式，当偏心距 e 等于零时，就是对心曲柄滑块机构的关系式。

滑块位置表达式为

$$Y = r\cos\alpha + \sqrt{l^2 - (r\sin\alpha + e)^2} \tag{37.5-47}$$

$$\frac{\mathrm{d}Y}{\mathrm{d}r} = \cos\alpha - \frac{(r\sin\alpha + e)\sin\alpha}{\sqrt{l^2 - (r\sin\alpha + e)^2}}$$

$$\Delta V = \left\{ -\sin\alpha - \frac{(2r\sin\alpha\cos\alpha + e\cos\alpha)[l^2 - (r\sin\alpha + e)^2] + r(r\sin\alpha + e)^2\sin\alpha\cos\alpha}{[l^2 - (r\sin\alpha + e)^2]^{3/2}} \right\} \Delta r +$$

$$\frac{lr(r\sin\alpha + e)\cos\alpha}{[l^2 - (r\sin\alpha + e)^2]^{3/2}} \Delta l - \frac{l^2 r\cos\alpha}{[l^2 - (r\sin\alpha + e)^2]^{3/2}} \Delta e \tag{37.5-49}$$

对式（37.5-48）求二阶导数为加速度误差

$$\Delta W = \left\{ -\cos\alpha - \frac{(2r\cos^2\alpha - e\sin\alpha)[l^2 - (r\sin\alpha + e)^2]^2 - r(r^2\sin^2 2\alpha + 3re\sin 2\alpha\cos\alpha + 2e^2\cos^2\alpha)}{[l^2 - (r\sin\alpha + e)^2]^{5/2}} + \right.$$

$$\left. \frac{3r^2(r\sin\alpha + e)^3\sin\alpha\cos^2\alpha}{[l^2 - (r\sin\alpha + e)^2]^{5/2}} \right\} \Delta r + \frac{l(r^2\cos 2\alpha - er\sin\alpha)[l^2 - (r\sin\alpha + e)^2] + 3lr^2(r\sin\alpha + e)^2\cos^2\alpha}{[l^2 - (r\sin\alpha + e)^2]^{5/2}} \Delta l -$$

$$\frac{l^2 r\sin\alpha[l^2 - (r\sin\alpha + e)^2] - 3(r\sin\alpha + e)r^2 l^2\cos^2\alpha}{[l^2 - (r\sin\alpha + e)^2]^{5/2}} \Delta e \tag{37.5-50}$$

由于公式烦琐，以下只求位移的可靠度。速度、加速度可靠度计算方法与位移可靠度计算方法相同。

根据机构运动可靠度的基本理论，位移可靠度的概率模型为：

（1）位移误差的均值 μ 和方差 σ^2

已知 r，l，e 的统计特征值分别为 μ_r，μ_l，μ_e，σ_r，σ_l，σ_e

$$\mu = E(\Delta Y) = \frac{\mathrm{d}Y}{\mathrm{d}r} E(\Delta r) + \frac{\mathrm{d}Y}{\mathrm{d}l} E(\Delta l) + \frac{\mathrm{d}Y}{\mathrm{d}e} E(\Delta e)$$

$$= \left[\cos\alpha - \frac{(r\sin\alpha + e)\sin\alpha}{\sqrt{l^2 - (r\sin\alpha + e)^2}} \right] \mu_r +$$

$$\frac{l}{\sqrt{l^2 - (r\sin\alpha + e)^2}} \mu_l - \frac{r\sin\alpha + e}{\sqrt{l^2 - (r\sin\alpha + e)^2}} \mu_e \tag{37.5-51}$$

设 Δr，Δl，Δe 互不相关，则有

$$\sigma^2 = D(\Delta Y) = \left(\frac{\mathrm{d}Y}{\mathrm{d}r}\right)^2 \sigma_r^2 + \left(\frac{\mathrm{d}Y}{\mathrm{d}l}\right)^2 \sigma_l^2 + \left(\frac{\mathrm{d}Y}{\mathrm{d}e}\right)^2 \sigma_e^2$$

$$= \left[\cos\alpha - \frac{(r\sin\alpha + e)\sin\alpha}{\sqrt{l^2 - (r\sin\alpha + e)^2}} \right]^2 \sigma_r^2 +$$

$$\frac{\mathrm{d}Y}{\mathrm{d}l} = \frac{l}{\sqrt{l^2 - (r\sin\alpha + e)^2}}$$

$$\frac{\mathrm{d}Y}{\mathrm{d}e} = -\frac{r\sin\alpha + e}{\sqrt{l^2 - (r\sin\alpha + e)^2}}$$

则由 $\Delta Y = \dfrac{\mathrm{d}Y}{\mathrm{d}r}\Delta r + \dfrac{\mathrm{d}Y}{\mathrm{d}l}\Delta l + \dfrac{\mathrm{d}Y}{\mathrm{d}e}\Delta e + \dfrac{\mathrm{d}Y}{\mathrm{d}\alpha}\Delta\alpha$，假设输入转角为理想值，即 $\Delta\alpha = 0$，有

$$\Delta Y = \frac{\mathrm{d}Y}{\mathrm{d}r}\Delta r + \frac{\mathrm{d}Y}{\mathrm{d}l}\Delta l + \frac{\mathrm{d}Y}{\mathrm{d}e}\Delta e$$

$$= \left[\cos\alpha - \frac{(r\sin\alpha + e)\sin\alpha}{\sqrt{l^2 - (r\sin\alpha + e)^2}} \right] \Delta r +$$

$$\frac{l}{\sqrt{l^2 - (r\sin\alpha + e)^2}} \Delta l - \frac{r\sin\alpha + e}{\sqrt{l^2 - (r\sin\alpha + e)^2}} \Delta e \tag{37.5-48}$$

对式（37.5-48）求一阶导数为速度误差

$$\left[\frac{l}{\sqrt{l^2 - (r\sin\alpha + e)^2}} \right]^2 \sigma_l^2 - \left[\frac{r\sin\alpha + e}{\sqrt{l^2 - (r\sin\alpha + e)^2}} \right]^2 \sigma_e^2 \tag{37.5-52}$$

（2）位移可靠度 R

一般认为尺寸误差服从正态分布。正态分布的叠加仍服从正态分布，所以位移误差也服从正态分布。由式（37.5-36）得可靠度

$$R = P(Z > 0) = \int_0^\infty f(z)\,\mathrm{d}z$$

$$= \int_{-\beta}^\infty \frac{1}{\sqrt{2\pi}} e^{-\frac{1}{2}u^2}\,\mathrm{d}u = \Phi(\beta) \tag{37.5-53}$$

其中，

$$\beta = \frac{\mu_z}{\sigma_z} = \frac{\mu_0 - \mu}{\sqrt{\sigma_0^2 + \sigma^2}} \tag{37.5-54}$$

μ_0、σ_0 是允许的极限位移误差均值和标准差，μ、σ 是以上所求位移特征值。

3.2.2　考虑运动副间隙误差的计算模型

（1）有效长度模型

如图 37.5-3 所示为一对铰链式运动副的连接示意图，1 为套孔，2 为销轴，3 为误差圆，销轴在套孔中运动，销轴的中心在误差圆范围内随机分布。误差圆半径由套孔直径与销轴直径差决定。

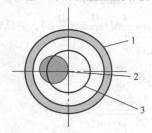

图 37.5-3　铰链式运动副连接示意图

图 37.5-4 所示为运动副有效连接的示意图，将运动副连接放大，P 为套孔中心，连杆 OP 长为 r，C 点是销轴中心。由于间隙的存在，P 与 C 不重合，因此 OC 这个实际连杆长度就包括了运动副的间隙误差，称之为有效长度，设为 R。由几何关系得出

$$R = \sqrt{(r+x)^2 + y^2} \qquad (37.5\text{-}55)$$

其中，x、y 为销轴中心的局域坐标。局域坐标以 P 为圆心，x 以 OP 方向为正方向。

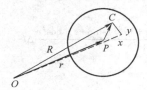

图 37.5-4　运动副有效连接模型

R_c 为运动副的径向误差，也即误差圆半径，有

$$R_c = (d_{套孔} - d_{销轴})/2 \qquad (37.5\text{-}56)$$

由于 C 点总在误差圆内运动，所以

$$x^2 + y^2 < R_c^2 \qquad (37.5\text{-}57)$$

以前在求解机构运动误差时只考虑了连杆的长度 r，现在将运动副间隙也考虑进去，用有效长度 R 代替以前的 r。

当对成批机构抽样时，销轴中心 C 的分布是在 R_c 之间随机分布的，因而 x，y 也具有随机性，它们是根据 R_c 的分布规律而定的。假设都为标准正态分布，由概率知识得，x 的标准差为：$\sigma_x = T_z/6$，其中 T_z 为径向公差，且 $T_z = 2R_c$。所以，$\sigma_x = T_z/6 = 2R_c/6 = R_c/3$，$\sigma_x^2 = R_c^2/9$。

对一批机构而言，R_c 是统计值，用 $E(R_c^2)$ 表示 R_c^2 的均值，则

$$\sigma_x^2 = E(R_c^2)/9 \qquad (37.5\text{-}58)$$

根据方差定义：$\sigma_{R_c}^2 = E(R_c^2) - E^2(R_c)$

则有 $E(R_c^2) = \sigma_{R_c}^2 + E^2(R_c)$

代入式 (37.5-58)

$$\sigma_x^2 = [\sigma_{R_c}^2 + E^2(R_c)]/9 \qquad (37.5\text{-}59)$$

同理，

$$\sigma_y^2 = [\sigma_{R_c}^2 + E^2(R_c)]/9 \qquad (37.5\text{-}60)$$

其中，σ_x^2、σ_y^2 表示销轴中心局域坐标 x、y 的方差，$\sigma_{R_c}^2$ 为径向间隙误差的方差，$E(R_c)$ 是径向间隙误差的均值。

根据标准正态分布的对称性，有 $E(x) = E(y) = 0$。所以，当知道了运动副径向间隙 R_c 的特征值后，就可求出销轴中心局域坐标 x、y 的特征值。

（2）曲柄滑块机构运动副间隙误差的影响

以对心曲柄滑块机构为例，设曲柄和连杆长度分别为 r_1、r_2，曲柄与支座之间铰链径向间隙为 R_{c1}，曲柄与连杆之间铰链径向间隙为 R_{c2}，连杆与滑块之间的铰链误差不计。已知 r_1、r_2、R_{c1}、R_{c2} 的均值和方差，利用有效长度理论，考虑间隙误差计算滑块输出位移误差。

根据以上理论，用有效长度 R 代替实际杆长 r，由位置关系式

$$y = r_1\cos\alpha + \sqrt{r_2^2 - r_1^2\sin^2\alpha} \qquad (37.5\text{-}61)$$

替换后

$$y = R_1\cos\alpha + \sqrt{R_2^2 - R_1^2\sin^2\alpha} \qquad (37.5\text{-}62)$$

则均值为

$$\mu(\Delta y) = \left(\cos\alpha - \frac{R_1\sin^2\alpha}{\sqrt{R_2^2 - R_1^2\sin^2\alpha}}\right)\mu_{\Delta R1} + \frac{R_2}{\sqrt{R_2^2 - R_1^2\sin^2\alpha}}\mu_{\Delta R2}$$

由式 $R^2 = (r+x)^2 + y^2$，其均值也满足：

$$E^2(R) = E^2(r) + 2E(r)E(x) + E^2(x) + E^2(y)$$

由于 $E(x) = E(y) = 0$，则有 $E(R) = E(r)$。所以有 $E(\Delta R) = E(\Delta r)$，即 $\mu_{\Delta R} = \mu_{\Delta r}$，代入均值公式

$$\mu(\Delta y) = \left(\cos\alpha - \frac{R_1\sin^2\alpha}{\sqrt{R_2^2 - R_1^2\sin^2\alpha}}\right)\mu_{\Delta r1} + \frac{R_2}{\sqrt{R_2^2 - R_1^2\sin^2\alpha}}\mu_{\Delta r2} \qquad (37.5\text{-}63)$$

由此看出用有效长度 R 代替杆长 r 后，对输出误差均值没有影响。

再来看对方差的影响：

将式 $R_1^2 = (r_1 + x_1)^2 + y_1^2$，$R_2^2 = (r_2 + x_2)^2 + y_2^2$ 代入式 (37.5-62) 有：$y = y(r_1, r_2, x_1, x_2, y_1, y_2)$，由式 (37.5-52) 得

$$\sigma_y^2 = \left(\frac{\partial y}{\partial r1}\right)^2\sigma_{\Delta r1}^2 + \left(\frac{\partial y}{\partial x1}\right)^2\sigma_{\Delta x1}^2 + \left(\frac{\partial y}{\partial y1}\right)^2\sigma_{\Delta y1}^2 +$$

$$\left(\frac{\partial y}{\partial r2}\right)^2\sigma^2_{\Delta r2}+\left(\frac{\partial y}{\partial x2}\right)^2\sigma^2_{\Delta x2}+\left(\frac{\partial y}{\partial y2}\right)^2\sigma^2_{\Delta y2}$$

$$(37.5\text{-}64)$$

因为 $R^2=(r+x)^2+y^2$，有 $2R\ \partial R=2(r+x)\ \partial r$。$R$、$r$、$x$ 用均值 $\bar R$、$\bar r$、$\bar x$ 代入，则

$$\frac{\partial R}{\partial r}=\frac{r+x}{R}=\frac{\bar r+\bar x}{\bar R}$$

所以

$$\frac{\partial y}{\partial r}=\frac{\partial y}{\partial R}\frac{\partial R}{\partial r}=\frac{\partial y}{\partial R}\frac{\bar r+\bar x}{\bar R}$$

因为 $\bar x=\bar y=0$，$\bar r=\bar R$，则

$$\frac{\partial y}{\partial r}=\frac{\partial y}{\partial R}\qquad(37.5\text{-}65)$$

同理可证：

$$\frac{\partial y}{\partial x}=\frac{\partial y}{\partial R}\frac{\partial R}{\partial x}=\frac{\partial y}{\partial R}\frac{\bar r+\bar x}{\bar R}=\frac{\partial y}{\partial R}\qquad(37.5\text{-}66)$$

$$\frac{\partial y}{\partial y}=\frac{\partial y}{\partial R}\frac{\partial R}{\partial y}=\frac{\partial y}{\partial R}\frac{\bar y}{\bar R}=0\qquad(37.5\text{-}67)$$

将式（37.5-65）~式（37.5-67）代入式（37.5-64），（下角标表示不同铰链的间隙）有

$$\sigma^2_y=\left(\frac{\partial y}{\partial R_1}\right)^2\sigma^2_{\Delta r1}+\left(\frac{\partial y}{\partial R_1}\right)^2\sigma^2_{\Delta x1}+\left(\frac{\partial y}{\partial R_2}\right)^2\sigma^2_{\Delta r2}+$$

$$\left(\frac{\partial y}{\partial R_2}\right)^2\sigma^2_{\Delta x2}$$

$$=\left(\frac{\partial y}{\partial R_1}\right)^2(\sigma^2_{\Delta r1}+\sigma^2_{\Delta x1})+\left(\frac{\partial y}{\partial R_2}\right)^2(\sigma^2_{\Delta r2}+\sigma^2_{\Delta x2})$$

$$=\left(\frac{\partial y}{\partial r_1}\right)^2(\sigma^2_{\Delta r1}+\sigma^2_{\Delta x1})+\left(\frac{\partial y}{\partial r_2}\right)^2(\sigma^2_{\Delta r2}+\sigma^2_{\Delta x2})$$

$$(37.5\text{-}68)$$

式中，$\sigma^2_{\Delta r1}$、$\sigma^2_{\Delta r2}$ 是两杆长误差的方差，$\sigma^2_{\Delta x1}$、$\sigma^2_{\Delta x2}$ 是铰链局域坐标 x 的方差（x 的均值为 0），由式（37.5-59）得出。

与上一节只考虑尺寸误差的方差公式比较，考虑间隙误差的方差公式就是把杆长误差的方差，再叠加铰链局域坐标 x 的方差，而铰链局域坐标 x 的方差又取决于铰链径向间隙误差 R_c。这样一来，在求解输出误差时，不仅考虑了基本尺寸的制造误差，而且又考虑了运动铰链的间隙误差。在以后的算例中可以看到，由于运动铰链的间隙误差很小，对输出运动可靠性的影响很小，常常可以忽略不计。但是，对长期工作的机构，由于磨损使运动铰链的间隙误差急增，会严重影响机构输出运动。

3.3　考虑磨损建立随时间变化的可靠性计算模型

3.3.1　对运动铰链中轴套的磨损分析

铰链轴套的磨损是由多种磨损形式综合引起的。由于磨损使间隙增大而造成输出运动精度的下降，致使机构运动的可靠性降低。这里讨论磨损量变化与输出运动参数之间的变化关系。

考虑各影响因素寻找磨损随时间的变化规律，依据磨损机理建立其理化参数的函数关系都是极其复杂的，目前尚属于创建阶段。在规定的条件下，用试验获得一定磨损形式的经验数据，也可解决不少产品的概率计算和预计的问题。图 37.5-5 所示为磨损量 U（磨损尺寸、体积或质量）随时间变化的典型过程。图 37.5-6 所示为磨损速度随时间的变化规律。在磨合期，摩擦表面由于机械加工形成的波峰容易磨去，磨损速度 q 起初很高而迅速下降，故磨损量 U 的变化呈下凹曲线。当波峰基本磨平，磨损速度基本不变，磨损量的变化呈直线即形成稳定磨损期。当磨损量过大，接合面间达到不能允许的间隙，引起润滑情况的恶化、动载的剧增等原因，磨损速度和磨损量都剧烈增大而形成剧烈磨损期。显然，正常工作不应在剧烈磨损期，往往由于精度、泄漏等限制，只允许达到很小的磨损量。

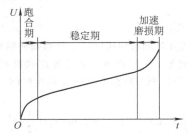

图 37.5-5　磨损量 U 与时间的关系

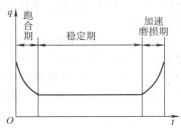

图 37.5-6　磨损速度 q 与时间的关系

磨损速度也即磨损率定义为：在单位时间（或单位行程、每一转、每摆动一次等）内材料的磨损量，记为 q。

针对磨损的三个阶段，分别对磨损量和磨损速度

做数学描述。

（1）磨合阶段

对磨损曲线做精确的描述是很困难的，所以用相近的函数曲线代替它。由于磨合阶段磨损速度由快到慢，假定磨损速度为匀减速，则磨损速度 q 与时间 t 的关系式为

$$q_1 = q_0 - \gamma t \qquad (37.5\text{-}69)$$

其中，q_1 是 t 时刻磨损速度，q_0 是磨损初始速度，γ 是速度变化率，这里假设 γ 是大于零的随机常数。对式（37.5-69）积分即得到磨损量 U 与时间 t 的关系式为

$$U_1 = \int_0^t q_1 \mathrm{d}t = \int_0^t (q_0 - \gamma t)\ \mathrm{d}t = q_0 t - \frac{1}{2}\gamma t^2$$
$$(37.5\text{-}70)$$

式（37.5~69）和式（37.5-70）建立了磨合阶段磨损与时间的函数关系。

（2）稳定阶段

平稳阶段的磨损速度基本为某一恒定值，对不同材料或不同机构而言是一个随机常量 q_c。则磨损速度为

$$q_2 = q_c \qquad (37.5\text{-}71)$$

积分得到磨损量关系式为

$$U_2 = q_c t \qquad (37.5\text{-}72)$$

（3）加速磨损阶段

在此阶段，磨损速度为加速方式，磨损速度与时间关系为

$$q_3 = q_0 + \gamma t \qquad (37.5\text{-}73)$$

其中，q_3 是 t 时刻磨损速度，q_0 是磨损初始速度，γ 是速度变化率，也假设 γ 是大于零的随机常数。对式（37.5-73）积分即得到磨损量 U 与时间 t 的关系式为

$$U_3 = \int_0^t q_3 \mathrm{d}t = \int_0^t (q_0 + \gamma t)\ \mathrm{d}t = q_0 t + \frac{1}{2}\gamma t^2$$
$$(37.5\text{-}74)$$

式（37.5-73）和式（37.5-74）建立了加速磨损阶段磨损与时间的函数关系。

图 37.5-7 是通过对磨损速度做匀减速、匀速、匀加速的处理后得到的磨损曲线图。与实际磨损曲线图（见图 37.5-5）基本吻合，故将磨损过程三个阶段的磨损速度与时间关系式、磨损量与时间关系式概括如下：

$$\begin{cases} q_1 = q_0 - \dfrac{1}{2}\gamma t \\ q_2 = q_c \\ q_3 = q_0 + \gamma t \end{cases} \qquad \begin{cases} U_1 = q_0 t - \dfrac{1}{2}\gamma t^2 \\ U_2 = q_c t \\ U_3 = q_0 t + \dfrac{1}{2}\gamma t^2 \end{cases}$$

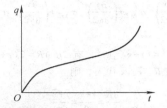

图 37.5-7　用函数关系式得到的
磨损量曲线

3.3.2　建立磨损与间隙之间的关系

曲柄滑块的运动副是由心轴与套筒组成的铰链，运动副间隙的磨损表现为心轴直径的减小和套筒直径的增加，间隙是由心轴与套筒半径差而来，即

$$\Delta = R - r = (R^* + \Delta R) - (r^* - \Delta r)$$
$$= R^* - r^* + (\Delta R + \Delta r) = \Delta^* + U \qquad (37.5\text{-}75)$$

式中　　Δ——实际间隙；

R——实际套筒内壁半径；

r——实际心轴半径；

R^*, r^*, Δ^*——不计磨损时的套筒内壁半径和心轴半径及间隙；

$\Delta R, \Delta r$——由磨损造成的套筒内壁半径和心轴半径的变化量；

U——磨损总量。

此式说明，考虑磨损的间隙等于不考虑磨损时的间隙与磨损总量之和。将式（37.5-70）、式（37.5-72）、式（37.5-74）代入式（37.5-75），则得到磨损三个阶段实际间隙与磨损之间的关系式：

磨合阶段：

$$\Delta_1 = \Delta_1^* + (q_0 t - \gamma t^2/2) \qquad (37.5\text{-}76)$$

稳定阶段：

$$\Delta_2 = \Delta_2^* + q_c t \qquad (37.5\text{-}77)$$

加速磨损阶段：

$$\Delta_3 = \Delta_3^* + (q_0 t + \gamma t^2/2) \qquad (37.5\text{-}78)$$

现在来求考虑磨损时的间隙的特征值。

由于磨损速度 q 及磨损加速度 γ 是与负载、运动速度、温度和使用条件等许多随机因素有关，是随机变量，而考虑磨损时的间隙又是这些随机变量的线性叠加，所以，此间隙是随机函数。假设 Δ^*、q 和 γ 服从正态分布，则 Δ 也服从正态分布。由数理统计知识，得到各实际间隙的期望值

$$E(\Delta_1) = E(\Delta_1^*) + E(q_0)t - E(\gamma)t^2/2$$
$$= \mu\Delta_1^* + \mu_{q_0} t - \mu_\gamma t^2/2 \qquad (37.5\text{-}79)$$

$$E(\Delta_2) = E(\Delta_2^*) + E(q_c)t = \mu\Delta_1^* + \mu_{q_c} t \qquad (37.5\text{-}80)$$

$$E(\Delta_3) = E(\Delta_3^*) + E(q_0)t + E(\gamma)t^2/2$$
$$= \mu\Delta_3^* + \mu_{q_0} t + \mu_\gamma t^2/2 \qquad (37.5\text{-}81)$$

由此可以看出，磨损不同阶段间隙函数的期望值是随着时间变化的。时间越长，间隙的均值就越大，对输出运动的影响也越大。

由于各随机变量相互独立，可以得到不同阶段的方差公式

$$\sigma_{\Delta 1}^2 = \sigma_{\Delta 1*}^2 + \sigma_{q_0}^2 t^2 + \sigma_{\gamma}^2 t^4/4 \qquad (37.5\text{-}82)$$

$$\sigma_{\Delta 2}^2 = \sigma_{\Delta 2*}^2 + \sigma_{q_c}^2 t^2 \qquad (37.5\text{-}83)$$

$$\sigma_{\Delta 3}^2 = \sigma_{\Delta 3*}^2 + \sigma_{q_0}^2 t^2 + \sigma_{\gamma}^2 t^4/4 \qquad (37.5\text{-}84)$$

至此，可以求出磨损过程三阶段间隙变化函数的特征值。

3.3.3 建立磨损与输出运动参数的关系

由"有效长度模型"已建立了间隙与输出运动位移误差之间的关系，有

$$\mu(\Delta y) = \left(\cos\alpha - \frac{R_1\sin^2\alpha}{\sqrt{R_2^2 - R_1^2\sin^2\alpha}}\right)\mu_{\Delta r1} + \frac{R_2}{\sqrt{R_2^2 - R_1^2\sin^2\alpha}}\mu_{\Delta r2}$$

$$\sigma_y^2 = \left(\frac{\partial y}{\partial r1}\right)^2(\sigma_{\Delta r1}^2 + \sigma_{\Delta x1}^2) + \left(\frac{\partial y}{\partial r2}\right)^2(\sigma_{\Delta r2}^2 + \sigma_{\Delta x2}^2)$$

其中，$\sigma_{\Delta x1}^2 = [\sigma_{Rc1}^2 + E^2(R_{c1})]/9$，$\sigma_{\Delta x2}^2 = [\sigma_{Rc2}^2 + E^2(R_{c2})]/9$ 分别表示两个不同铰链上的间隙的局域坐标方差。

$E(R_{c1})$、$E(R_{c2})$ 就是不考虑磨损时的间隙误差均值，即 $\mu_{\Delta *}$、σ_{Rc1}^2、σ_{Rc2}^2 就是不考虑磨损时的间隙误差方差，即 $\sigma_{\Delta *}^2$。

将式（37.5-79）~ 式（37.5-84）代入局域坐标方差公式，再代入考虑间隙的输出运动位移误差的均值及方差公式，则得到磨损三个阶段的输出位移误差的特征值。

磨合阶段：

$$\mu(\Delta y) = \left(\cos\alpha - \frac{R_1\sin^2\alpha}{\sqrt{R_2^2 - R_1^2\sin^2\alpha}}\right)\mu_{\Delta r1} + \frac{R_2}{\sqrt{R_2^2 - R_1^2\sin^2\alpha}}\mu_{\Delta r2} \qquad (37.5\text{-}85)$$

$$\sigma_y^2 = \left(\frac{\partial y}{\partial r1}\right)^2(\sigma_{\Delta r1}^2 + \sigma_{\Delta x1}^2) + \left(\frac{\partial y}{\partial r2}\right)^2(\sigma_{\Delta r2}^2 + \sigma_{\Delta x2}^2) \qquad (37.5\text{-}86)$$

其中假设：$\sigma_{Rc1} = \sigma_{Rc2}$，$E(R_{c1}) = E(R_{c2})$，则

$$\sigma_{\Delta x1}^2 = \sigma_{\Delta x2}^2 = [\sigma_{Rc1}^2 + E^2(R_{c1})]/9$$
$$= [\sigma_{Rc1*}^2 + \sigma_{q_0}^2 t^2 + \sigma_{\gamma}^2 t^4/4 + (\mu_{Rc1*} + \mu_{q_0}t - \mu_{\gamma}t^2/2)^2]/9 \qquad (37.5\text{-}87)$$

由于间隙误差对输出位移误差的均值没有影响，磨损三个阶段的 $\mu(\Delta y)$ 计算公式相同，以下不再重复。又由于间隙误差对输出位移误差的方差的影响都包含在 $\sigma_{\Delta x}^2$ 内，以下只给出 $\sigma_{\Delta x}^2$ 的关系式。

稳定阶段：

$$\sigma_{\Delta x1}^2 = \sigma_{\Delta x2}^2 = [\sigma_{Rc1}^2 + E^2(R_{c1})]/9$$
$$= [\sigma_{Rc1*}^2 + \sigma_{q_c}^2 t^2 + (\mu_{Rc1*} + \mu_{q_0}t)^2]/9 \qquad (37.5\text{-}88)$$

加速磨损阶段：

$$\sigma_{\Delta x1}^2 = \sigma_{\Delta x2}^2 = [\sigma_{Rc1}^2 + E^2(R_{c1})]/9$$
$$= [\sigma_{Rc1*}^2 + \sigma_{q_0}^2 t^2 + \sigma_{\gamma}^2 t^4/4 + (\mu_{Rc1*} + \mu_{q_0}t + \mu_{\gamma}t^2/2)^2]/9 \qquad (37.5\text{-}89)$$

由此可以看出，机构运行时间越长，磨损越大，对位移误差的方差影响越大。同理，可以推导出含磨损的间隙误差对速度、加速度误差的影响公式。

4 并联机构运动可靠性分析实例

4.1 并联机构的特点及应用

与传统的串联机构相比，并联机构具有如下特点：

1）并联机构属于空间闭环机构，其刚度大，承载能力强，结构稳定。

2）结构简单，运动惯性小，动力性能好。

3）位置误差无累积放大，运动精度高。

4）制造和控制成本低，易于实现模块化，但设计和研发成本高。

并联机构在结构和性能上与传统串联机构具有明显的互补性。并联机器人的出现拓展了传统串联式机器人的应用范围。目前，并联机构/机器人的主要应用领域为运动模拟器、工业机器人、并联运动机床、医用机器人、天文望远镜和绳索机器人等。

4.2 Delta 型并联机构的运动学分析

非偏置式改进 Delta 机构运动简图如图 37.5-8 所示，根据齐次坐标变换规则，在每个关节处为任意等效连杆建立当地坐标系，如图 37.5-9 所示。连杆参数和坐标系间的变换矩阵见表 37.5-1。

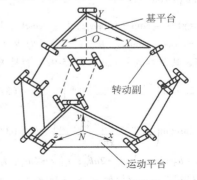

图 37.5-8 机构运动简图

表 37.5-1　改进 Delta 机构等效连杆参数和坐标系间的变换矩阵

等效连杆	本地坐标系	变量 θ_i	变换矩阵	变化范围
$i1$	$(xyz)_1$	θ_{i1}	$^0T_1 = R(y,\alpha_i)M(x,r_1)R(z,-\theta_{i1})$	$20° \sim 160°$
$i2$	$(xyz)_2$	θ_{i2}	$^1T_2 = M(x,a)R(z,\theta_{i1})R(z,-\theta_{i2})$	$20° \sim 160°$
$i3$	$(xyz)_3$	θ_{i3}	$^2T_3 = R(y,\theta_{i3})$	$\pm 40°$
4	$(xyz)_4$	无	$^3T_4 = M(x,c)R(y,-\theta_{i3})R(z,\theta_{i2})$	无
5	$(xyz)_5$	无	$^4T_5 = M(x,-r_2)R(y,-\alpha_i)$	无

注：$M(x,r_1)$ 代表沿本地坐标系 x 轴平移 r_1 个单位向量的齐次变换矩阵，$R(y,\alpha_i)$ 代表绕本地坐标系 y 轴旋转 α_i 角的齐次变换矩阵，其余类似。$i=1, 2, 3$ 分别对应三个相同分支。

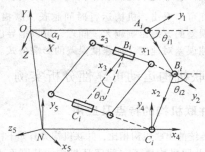

图 37.5-9　支链运动简图

由齐次变换可知，坐标系 $(xyz)_5$ 相对全局坐标系 $(XYZ)_0$ 的齐次变换矩阵 $^0T_5$ 如下：

$$^0T_5 = \prod_{i=1}^{i=5}{}^{i-1}T_i \tag{37.5-90}$$

$$^0T_5 = \begin{pmatrix} 1 & 0 & 0 & x \\ 0 & 1 & 0 & y \\ 0 & 0 & 1 & z \\ 0 & 0 & 0 & 1 \end{pmatrix} \tag{37.5-91}$$

式中，(x, y, z) 为末端执行器坐标系 $(xyz)_5$ 原点 N 在全局坐标系下的坐标值。将式（37.5-90）和式（37.5-91）做如下相同变化：$R(y,\alpha_i)^{-1} {}^0T_5 R(y,-\alpha_i)^{-1}$ 进而可以求得

$$\begin{cases} \theta_{i3} = \arcsin(-t_z/c) \\ a\cos\theta_{i1}+b_0\cos\theta_{i2}=k_0 \quad (i=1,2,3) \\ a\sin\theta_{i1}+b_0\sin\theta_{i2}=-t_y \end{cases} \tag{37.5-92}$$

其中，$t_y=y$，$t_z=\sin\alpha_i x+\cos\alpha_i z$，$b_0=c\cos\theta_{i3}$，$k_0=t_x-r_1+r_2$，$t_x=\cos\alpha_i x-\sin\alpha_i z$。$R(z,\alpha_i)^{-1}$ 为 $R(z,\alpha_i)$ 的逆矩阵，其余类似。由式（37.5-92）容易求得

$$\theta_{i1} = 2\arctan\left(\frac{-t_{i1}\pm\sqrt{t_{i1}^2-4t_{i2}t_{i0}}}{2t_{i2}}\right) \tag{37.5-93}$$

$$\theta_{i2} = 2\arctan\left(\frac{-n_{i1}\pm\sqrt{n_{i1}^2-4n_{i2}n_{i0}}}{2n_{i2}}\right) \tag{37.5-94}$$

式中，$t_{i2}=b_0^2-k_0^2-a^2-t_y^2-2ak_0$，$t_{i1}=-4at_y$，$t_{i0}=b_0^2-k_0^2-a^2-t_y^2+2ak_0$，$n_{i2}=b_0^2+k_0^2-a^2+t_y^2+2b_0k_0$，$n_{i1}=4b_0t_y$，

$n_{i0}=b_0^2+k_0^2-a^2+t_y^2-2b_0k_0$。

至此 $(\theta_{11}, \theta_{21}, \theta_{31})$ 可求，即机构位置反解求毕。同时，θ_{i2}、θ_{i3} 由式（37.5-94）和式（37.5-92）也可求得。θ_{i1}、θ_{i2} 一般对应两组解。并且当机构初始位姿给定时，根据关节变量"连续变化"规则容易确定 θ_{i1} 和 θ_{i2} 唯一的函数表达式。

4.3　Delta 型并联机构的位置误差分析

机构误差来源如下：由于制造安装原因造成的实际形位尺寸与原始设计基本尺寸的偏差；转动副间隙误差；驱动误差。在规定时刻，电动机没能驱动转动臂 A_iB_i 到达理论角度。

（1）尺寸误差

由机构运动学分析易知，理想条件下机构末端执行器输出位置与机构结构参数（a、c、r_1、r_2 等）、输入运动参数（θ_{i1}）之间的函数关系如下：

$$\begin{cases} x = -c\sin\theta_{i3}\sin\alpha_i+r_1\cos\alpha_i-r_2\cos\alpha_i+ \\ \quad a\cos\theta_{i1}\cos\alpha_i+c\cos\theta_{i2}\cos\theta_{i3}\cos\alpha_i \\ y = -a\sin\theta_{i1}-c\sin\theta_{i2}\cos\theta_{i3} \\ z = -c\sin\theta_{i3}\cos\alpha_i-r_1\sin\alpha_i+r_2\sin\alpha_i- \\ \quad a\cos\theta_{i1}\sin\alpha_i-c\cos\theta_{i2}\cos\theta_{i3}\sin\alpha_i \end{cases}$$

由于制造和装配过程中误差的存在，机构实际形位尺寸参数与理论值之间一定存在偏差，则必然导致机构实际输出运动参数偏离理论值。在每个支链上应用一阶泰勒展开，再将微小位移线性叠加，可求得尺寸误差引起的机构位置误差如下：

$$\begin{cases} \Delta x^o = \sum_{i=1}^{3}(kx_1\Delta r_{1i}+kx_2\Delta r_{2i}+ \\ \quad kx_3\Delta a_i+kx_4\Delta c_i+kx_5\Delta\alpha_i) \\ \Delta y^o = \sum_{i=1}^{3}(ky_1\Delta a_i+ky_2\Delta c_i) \quad (i=1,2,3) \\ \Delta z^o = \sum_{i=1}^{3}(kz_1\Delta r_{1i}+kz_2\Delta r_{2i}+ \\ \quad kz_3\Delta a_i+kz_4\Delta c_i+kz_5\Delta\alpha_i) \end{cases}$$

$$\tag{37.5-95}$$

式中，Δr_{1i}、Δr_{2i}、Δa_i、Δc_i 为在支链 i 上相应的形位尺寸误差。$\Delta\alpha_i$ 为相应支链 i 实际布置的方位角与

理论值的误差。$kq_i(q=x,y,z)$ 为相应尺寸误差的误差传递系数，其值由反解方程和一阶泰勒展开容易求得。

（2）转动副间隙误差

本文只考虑基平台与动力臂之间转动副的间隙误差。参照有效长度理论可得

$$\begin{cases} \Delta x^R = \sum_{i=1}^{3} \Delta e_i \cos\theta_{i1}\cos\alpha_i \\ \Delta y^R = -\sum_{i=1}^{3} \Delta e_i \sin\theta_{i1} \\ \Delta z^R = -\sum_{i=1}^{3} \Delta e_i \cos\theta_{i1}\sin\alpha_i \end{cases} \quad (37.5\text{-}96)$$

式中，Δe_i 为在支链 i 上基平台与动力臂之间转动副的间隙误差。

（3）驱动误差

任意时刻三个输入角 θ_{11}，θ_{21} 和 θ_{31} 分别是末端执行器坐标系 $(xyz)_5$ 原点 N 坐标值 (x,y,z) 的函数：$\theta_{11}=f_1(x,y,z)$，$\theta_{21}=f_2(x,y,z)$，$\theta_{31}=f_3(x,y,z)$。分别在其理想值处利用一阶泰勒展开

$$\Delta\theta_{i1}=\frac{\partial f_i}{\partial x}\Delta x+\frac{\partial f_i}{\partial y}\Delta y+\frac{\partial f_i}{\partial z}\Delta z \quad (i=1,2,3)$$
$$(37.5\text{-}97)$$

即

$$(\Delta\theta_{i1})=\left(\frac{\partial f_i}{\partial q}\right)(\Delta q) \quad (q=x,y,z) \quad (37.5\text{-}98)$$

式中，$(\partial f_i,\partial q)$ 为机器人的雅可比矩阵。$(\Delta\theta_{i1})=(\Delta\theta_{11},\Delta\theta_{21},\Delta\theta_{31})^T$ 为 3 个输入角微小误差向量；$(\Delta q)=(\Delta x,\Delta y,\Delta z)^T$ 为末端执行器位置误差向量。将式（37.5-98）左右两边同时左乘机器人的雅可比矩阵的逆矩阵得

$$(\Delta q)=\left(\frac{\partial f_i}{\partial q}\right)^{-1}(\Delta\theta_{i1}) \quad (37.5\text{-}99)$$

$$\Delta q^D=\sum_{i=1}^{3} Kq_i\Delta\theta_{i1} \quad (i=1,2,3;q=x,y,z)$$
$$(37.5\text{-}100)$$

Kq_i 代表雅可比矩阵逆矩阵中的相应元素。机器人末端执行器总误差为上述三种误差的叠加

$$\Delta q=\Delta q^O+\Delta q^R+\Delta q^D=\sum_{i=1}^{n} Kq_{si}\Delta s_i \quad (37.5\text{-}101)$$

式中，Kq_{si} 为误差 Δs_i 的误差传递系数。其值一般由机器人机构位形和机构原始形位参数（如 a，c，r_1 等）的公称尺寸共同决定。

4.4　Delta 型并联机构的运动可靠性分析

运动可靠性分析即希望在设计之初便能得到批量生产的机器人/机构中任意一台末端执行器位置误差落入许用精度范围内的概率。本研究致力于在机构设

计阶段找出某一原始误差对机构动态运动精度影响的大小，从而可以发现机构中的关键环节，明确提高机构动态运动精度的重点和方向。

1）假设各个形位尺寸误差、转动副间隙误差和驱动误差（任意时刻）相互独立且均符合正态分布，则由式（37.5-101）易知任意时刻机器人末端执行器位置误差在 x，y，z 各个方向上服从正态分布。其均值和标准差为

$$\mu_s=\sum_{i=1}^{n} Kq_{si}\mu_{si} \quad (37.5\text{-}102)$$

$$\sigma_s=\sqrt{\sum_{i=1}^{n} Kq_{si}^2\sigma_{si}^2} \quad (37.5\text{-}103)$$

式中，μ_{si}、σ_{si} 分别为各个原始输入误差的均值和标准差。参考机构运动精度可靠的定义，并联机构运动可靠度定义如下：

$$R=P(\varepsilon_1<\Delta q<\varepsilon_2)=\Phi\left(\frac{\varepsilon_2-\mu_s}{\sigma_s}\right)-\Phi\left(\frac{\varepsilon_1-\mu_s}{\sigma_s}\right)$$
$$(37.5\text{-}104)$$

式中，$\Phi(\cdot)$ 为标准正态分布函数，ε_2、ε_1 分别为允许极限误差的上下限。合方向上位置误差为

$$f(S)=\sqrt{\Delta x^2+\Delta y^2+\Delta z^2} \quad (37.5\text{-}105)$$

由矩法可以近似求得总位置误差的均值和方差如下，并可以通过 Monte Carlo 模拟法确定总位置误差的分布。

$$E(f(S))=f(\mu_{s1},\mu_{s2},\cdots,\mu_{sn})+$$
$$\frac{1}{2}\sum_{i=1}^{n}\frac{\partial^2 f(S)}{\partial s_i^2}\bigg|_{s=\mu}\cdot\sigma_{si}^2 \quad (37.5\text{-}106)$$

$$D(f(S))=\sum_{i=1}^{n}\left(\frac{\partial f(S)}{\partial s_i}\bigg|_{s=\mu}\right)^2\cdot\sigma_{si}^2 \quad (37.5\text{-}107)$$

式中，s_i 为代表各个原始输入误差的独立的随机变量。

2）若已知各个误差源真实离散的分布数据（或分布规律）。可以根据 Monte Carlo 思想，首先构造各个误差源随机变量的值，然后由式（37.5-101）或式（37.5-105）得出 Δq 或 $f(S)$ 的一个抽样值，多次抽样值作频率直方图，进而进行 Δq 或 $f(S)$ 的参数估计和分布类型假设检验，最后根据得出的分布函数计算运动可靠度。

算例：机构结构参数为（未注单位：mm）：$r_1=200$，$r_2=200$，$a=200$，$c=400$，$\alpha_1=0°$，$\alpha_2=120°$，$\alpha_3=240°$。初始姿态为：$\theta_{i1}=40.54°$，$\theta_{i2}=112.33°$，$\theta_{i3}=0°$（$i=1,2,3$）。N 点运动轨迹为：$x=30\sin(120°t)$，$y=-500-20t$，$z=-30\cos(120°t)+30$，运动时间为 3s。图 37.5-10 所示为运动过程中三个驱动臂转角随时间的变化情况。图 37.5-11 所示为假设所

有误差相互独立，均符合正态分布 $\Delta s \sim N(0,$ $0.003333^2)$，并且 $\varepsilon_2 = 0.1$、$\varepsilon_1 = -0.1$ 时，位置误差在 x、y、z 各个方向上可靠度计算结果。图 37.5-12 所示为在上述条件下任意时刻 2000 次蒙特卡罗模拟确定的位置误差在合方向上可靠度计算结果（$\varepsilon_2 = 0.1$、$\varepsilon_1 = 0$）。单独考虑除驱动误差外各个因素时，在各个方向及合方向上，可靠度计算结果都大于 0.99。由图 37.5-11 可知：对应给定坐标系布置和运动轨迹，机构在 y 方向上运动可靠度大于 x、z 方向。图 37.5-12 表明：驱动误差是决定机构运动可靠性高低的关键环节，要保证机构运动精度落入许用范围内，必须严格控制相应的驱动误差允许范围。

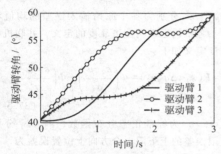

图 37.5-10　驱动臂转角变化情况

4.5　并联机构的运动可靠性仿真研究

　　并联机构末端执行器位置误差模型的建立，涉及各个支链末端误差的耦合问题。在处理该问题时往往要做一些假设，其准确性有待进一步的检验。而大型商用仿真软件 ADAMS 在处理并联机构运动学正反解问题时优势明显，进而应用仿真手段建立的并联机构位置误差模型和运动可靠性分析模型的计算结果可信，而且相比理论求解，更适合于工程应用。因此，给出一种基于虚拟样机仿真软件 ADAMS 的 Monte Carlo 仿真模拟法，用于求解并联机构运动可靠度。应用该方法：可以避开并联机构运动学正反解和静态误差模型的理论求解，不涉及复杂的数学推导，不需要研究人员具有较高的理论知识和编程基础；计算精度高，求解周期短，通用性好；适用于结构复杂的并联机构。

4.5.1　参数化建模

　　应用 Monte Carlo 仿真模拟法求解并联机构运动可靠度时，要获得可靠的计算结果，往往需要成千上万次的抽样。也就是说 Monte Carlo 仿真要求随机构造成千上万组不同模型，手动建模几乎是不可能的，因此必须建立参数化模型。ADAMS 软件提供了四种参数化方法：参数化点坐标、使用设计变量、参数化

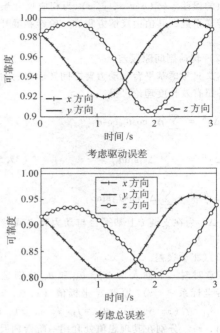

考虑驱动误差

考虑总误差

图 37.5-11　可靠度计算结果

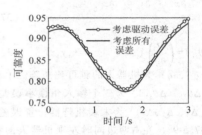

图 37.5-12　合方向上可靠度计算结果

运动方式和使用参数表达式。首先建立设计变量分别代表相应的基本结构尺寸参数，应用另外三种参数化方法建立与设计变量相关联的虚拟样机模型。这样在分析时，只需改变各个设计变量的值，模型便自动更新。于是随机抽样出不同模型后，便可进行运动可靠性的研究。

4.5.2　位置正反解的获得

　　参数化模型建立以后，即需要求解对应机构尺寸参数均为理想值（各个误差值都为 0）时的运动学正反解。其中运动学正解作为静态位置误差分析时机构输出运动的理想值；而运动学反解则作为构造驱动误差的基准值。利用 ADAMS 软件提供的 Point Motion、Measure 和 Spline 等功能，能够自动获得机器人位置正反解。

4.5.3　模拟各个原始误差的随机性

由于制造和装配中存在公差、驱动的随机性等因素，某些原始误差不是固定值，而是具有一定分布规律的随机数。对于 Monte Carlo 仿真模拟法中成千上万组的不同模型来说，上述原始误差各不相同。如果手动修改上述误差值（由相应设计变量控制）几乎是不可能的。因此，应用 C 语言编制用户自定义函数在 ADAMS 下自动生成具有一定分布规律的随机数。用户可以像对系统函数一样对它进行调用，也可以在表达式中直接引用。进而可以利用 ADAMS 命令语言自动修改控制原始误差值的设计变量为上述随机数，即实现了模拟各个原始误差随机性，任意构造考虑各个原始误差因素的不同实际模型的要求。随后运行仿真，并以记事本文件的形式记录仿真结果。将仿真结果与理想值比较，即考虑了相关误差对运动精度的影响。

4.5.4　Monte Carlo 仿真

在参数化模型被建立和用户自定义函数被生成的基础上，利用 ADAMS 软件提供的基于数字的 FOR/END 循环结构，便可以进行 Monte Carlo 仿真。例如，考虑机构尺寸误差（制造误差一般符合正态分布）时，只需修改控制尺寸参数值的设计变量的值，如 $Var\_1 = A + \sigma MYRAND(a)$。其中 Var_1 为设计变量（控制相应尺寸值），A 为上述机构尺寸的公称值，σ 为标准差，$MYRAND(a)$ 为用户自定义函数，用于产生符合正态分布的伪随机数，a 为 MYRAND（　）函数的主参数，用来标识不同的伪随机数，一般对应仿真次数。修改相应误差值后，运行仿真，然后保存相应的仿真结果（以记事本形式保存数据结果，以曲线形式保存图形结果），最后利用上述仿真结果与理想值比较完成可靠度计算。在 ADAMS 软件下 Monte Carlo 仿真模拟法的仿真流程如图 37.5-13 所示。

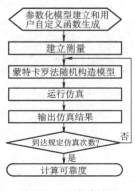

图 37.5-13　仿真流程

4.5.5　可靠度计算

误差表达式如下：

$$\Delta y_i = y^* - y_i \qquad (37.5\text{-}108)$$

式中　i——仿真次数；

　　Δy_i——第 i 次输出运动误差；

　　y^*——理想值，即当所有原始误差值都为 0 时的仿真结果；

　　y_i——第 i 次仿真的仿真测量值。

定义 δ 为允许极限误差，当 $\delta - \Delta y_i > 0$ 时，表示第 i 次输出运动误差落在允许极限误差范围内，那么令 $N_{\delta - \Delta y_i > 0}$ 为满足 $\delta - \Delta y_i > 0$ 条件时总的仿真次数，$N_{\delta - \Delta y_i < 0}$ 为满足 $\delta - \Delta y_i < 0$ 条件时总的仿真次数。于是应用 Monte Carlo 仿真模拟法计算并联机构运动可靠度 R 和失效概率 P_f 的计算公式如下：

$$R = \frac{N_{\delta - \Delta y_i > 0}}{N} \qquad (37.5\text{-}109)$$

$$P_f = \frac{N_{\delta - \Delta y_i < 0}}{N} = 1 - R \qquad (37.5\text{-}110)$$

式中　N——总的仿真次数。

通过对仿真结果的计算还可以得到机器人末端执行器输出运动误差（位移、速度、加速度）的均值和方差如下：

$$\mu = \frac{1}{n} \sum_{i=1}^{n} \Delta y_i \qquad (37.5\text{-}111)$$

$$\sigma^2 = \frac{1}{n-1} \sum_{i=1}^{n} (\Delta y_i - \mu)^2 \qquad (37.5\text{-}112)$$

算例：3-RPS 并联机构结构示意图如图 37.5-14 所示，机构结构及运动相关参数见表 37.5-2。

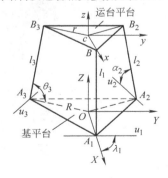

图 37.5-14　3-RPS 并联机构结构示意图

当三组驱动杆按给定运动规律变化时，末端执行器的运动轨迹为 $x = 30\cos(t) - 30$，$y = 30\sin(t)$，$z = 10t + 1750$。现考虑一批机器人：当三组驱动杆杆长误差服从 $N(0, 1^2)$ 分布，球副中心点坐标值在其理论位置

表 37.5-2　3-RPS 并联机构结构及运动相关参数

名称	值	名称	值
r	1732.050808	R	3464.101615
$l_{10} = l_{20} = l_{30}$	2309.401077	μ_s	0.8
λ_1	90°	σ_s	0.05
λ_2	210°	D_1	250
λ_3	330°	D_2	2000

注：D_1 为机器人末端执行器工作点与动平台质心距离。
D_2 为初始状态下，上下两平台间距离。μ_s、σ_s 为
位移最大允许极限误差参数（正态分布）。初始状
态下末端执行器工作点在全局坐标系下坐标值为
（0，0，1750）。

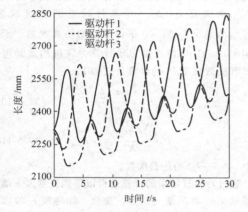

图 37.5-15　三个驱动杆的运动曲线图

x、y、z 三个方向上误差分别服从 $N(0，3^2)$ 分布时，
进行三组仿真试验分别考虑杆长误差、球副位置误差
和综合考虑上述误差。每组仿真实验各进行 100 次，
每次仿真时间为 30s。图 37.5-15 所示为三个驱动杆
长度随时间变化曲线，图 37.5-16 所示为位移可靠度
仿真计算结果（未注单位为 mm）。

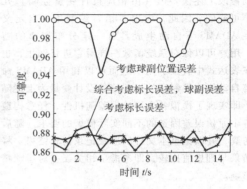

图 37.5-16　各个因素作用下位移
可靠度计算结果

第6章 可靠性灵敏度设计

1 目的及意义

目前可靠性设计技术已经渗透到机械工程的各个领域，特别是机械结构设计、强度与寿命分析、选材（成分与热处理工艺的选择等）和失效分析等领域。在机械可靠性设计时，各因素对机械产品失效的影响程度是不同的，若某些因素对机械产品失效有较大的影响，则在设计制造过程中就要对其加以严格控制，使其变化较小，以保证机械产品具有足够的安全可靠性；反之，如果某些因素的变异对机械可靠性的影响不显著，就可以把它处理为确定量，以减少分析问题的复杂程度。

机械可靠性灵敏度设计是在可靠性基础上进行灵敏度设计，得到一种评价设计参数的改变对机械产品可靠性影响的评价方法，可以充分反映各设计参数对机械产品失效的影响程度，即敏感性。机械可靠性灵敏度设计对于可靠性设计、可靠性优化设计以及可靠性维护等方面均具有重要的作用，可以为机械产品的设计、制造、使用和评估提供合理、可靠的理论依据。

2 可靠性灵敏度设计方法

2.1 基于摄动法的可靠性灵敏度分析

应用概率设计方法，在设计计算中考虑设计变量的不确定因素，规定基本设计准则，建立设计变量相互作用的模型等，是可靠性设计方法所面临的主要问题之一。可靠性设计的摄动法可以正确地反映机械产品的固有可靠性，给出可供实际计算的数学力学模型，估计或预测机械产品在规定的工作条件下的可靠性，揭示机械可靠性设计的本质。

可靠性设计的一个目标是计算可靠度：

$$R = \int_{g(X) > 0} f_X(X) \, dX \tag{37.6-1}$$

式中，$f_X(X)$ 为基本随机变量向量 $X = (X_1, X_2, \cdots, X_n)^T$ 的联合概率密度，这些随机变量代表载荷、机械结构件的特性等随机量。$g(X)$ 为状态函数，可表示机械产品的两种状态：

$$\left. \begin{array}{l} g(X) \leqslant 0 \quad \text{为失效状态} \\ g(X) > 0 \quad \text{为安全状态} \end{array} \right\} \tag{37.6-2}$$

这里极限状态方程 $g(X) = 0$ 是一个 n 维曲面，称为极限状态面或失效面。

把随机变量向量 X 和状态函数 $g(X)$ 表示为

$$X = X_d + \varepsilon X_p \tag{37.6-3}$$

$$g(X) = g_d(X) + \varepsilon g_p(X) \tag{37.6-4}$$

这里 $0 < |\varepsilon| \ll 1$ 为一小参数，下标为 d 的部分表示随机变量中的确定部分，下标为 p 的部分表示随机变量中的随机部分，且具有零均值。显然这里要求随机部分要比确定部分小得多。对上面两式取数学期望，有

$$E(X) = \overline{X} = E(X_d) + \varepsilon E(X_p) = X_d \tag{37.6-5}$$

$$\begin{aligned} \mu_g &= E[g(X)] = \overline{g}(X) = E[g_d(X)] + \varepsilon E[g_p(X)] \\ &= g_d(X) \end{aligned} \tag{37.6-6}$$

同理，对其取方差、三阶矩和四阶矩，根据 Kronecker 代数及相应的随机分析理论，有

$$\mathrm{Var}(X) = E\{[X - E(X)]^{[2]}\} = \varepsilon^2 [X_p^{[2]}] \tag{37.6-7a}$$

$$C_3(X) = E\{[X - E(X)]^{[3]}\} = \varepsilon^3 [X_p^{[3]}] \tag{37.6-7b}$$

$$C_4(X) = E\{[X - E(X)]^{[4]}\} = \varepsilon^4 [X_p^{[4]}] \tag{37.6-7c}$$

$$\mathrm{Var}[g(X)] = E\{[g(X) - E(g(X))]^{[2]}\} = \varepsilon^2 E\{[g_p(X)]^{[2]}\} \tag{37.6-8a}$$

$$C_3[g(X)] = E\{[g(X) - E(g(X))]^{[3]}\} = \varepsilon^3 E\{[g_p(X)]^{[3]}\} \tag{37.6-8b}$$

$$C_4[g(X)] = E\{[g(X) - E(g(X))]^{[4]}\} = \varepsilon^4 E\{[g_p(X)]^{[4]}\} \tag{37.6-8c}$$

式中，$(\ )^{[k]} = (\ )^{[k-1]} \otimes (\ ) = (\ ) \otimes (\ ) \otimes \cdots \otimes (\ )$ 为 $(\ )$ 的 Kronecker 幂，符号 $\otimes$ 代表 Kronecker 积，定义为 $(A)_{p \times q} \otimes (B)_{s \times t} = (a_{ij} B)_{ps \times qt}$。

根据向量值和矩阵值函数的 Taylor 展开式，当随机变量的随机部分比其确定部分小得多时，可以把 $g_p(X)$ 在 $E(X) = X_d$ 附近展到一阶为止，有

$$g_p(X) = \frac{\partial g_d(X)}{\partial X^T} X_p \tag{37.6-9}$$

矩阵导数定义为 $\partial(A)_{p \times q} / \partial(B)_{s \times t} = (\partial A / \partial B_{ij})_{pq \times qt}$。把式（37.6-9）代入式（37.6-8a）、式（37.6-8b）和式（37.6-8c）中，有

$$\sigma_g^2 = \mathrm{Var}[g(X)] = \varepsilon^2 E\left[\left(\frac{\partial g_d(X)}{\partial X^T}\right)^{[2]} X_p^{[2]}\right]$$

$$= \left(\frac{\partial g_d(X)}{\partial X^T} \right)^{[2]} \text{Var}(X) \qquad (37.6\text{-}10a)$$

$$\theta_g = C_3[g(X)] = \varepsilon^3 E\left[\left(\frac{\partial g_d(X)}{\partial X^T} \right)^{[3]} X_p^{[3]} \right]$$

$$= \left(\frac{\partial g_d(X)}{\partial X^T} \right)^{[3]} C_3(X) \qquad (37.6\text{-}10b)$$

$$\eta_g = C_4[g(X)] = \varepsilon^4 E\left[\left(\frac{\partial g_d(X)}{\partial X^T} \right)^{[4]} X_p^{[4]} \right]$$

$$= \left(\frac{\partial g_d(X)}{\partial X^T} \right)^{[4]} C_4(X) \qquad (37.6\text{-}10c)$$

式中，$\text{Var}(X)$、$C_3(X)$、$C_4(X)$ 为随机变量的方差、三阶矩和四阶矩向量；σ_g^2、θ_g、η_g 为状态函数 $g(X)$ 的方差、三阶矩和四阶矩。

把状态函数 $g(X)$ 对基本随机变量向量 X 求偏导数，有

$$\frac{\partial g}{\partial X^T} = \left(\frac{\partial g}{\partial X_1}, \frac{\partial g}{\partial X_2}, \cdots, \frac{\partial g}{\partial X_n} \right)_{1 \times n} \qquad (37.6\text{-}11)$$

把式（37.6-11）代入式（37.6-10a）、式（37.6-10b）和式（37.6-10c）中，可以得到状态函数的方差、三阶矩和四阶矩的表达式。

可靠性指标定义为

$$\beta = \frac{\mu_g}{\sigma_g} = \frac{E[g(X)]}{\sqrt{\text{Var}[g(X)]}} \qquad (37.6\text{-}12)$$

这样一方面可以利用可靠性指标直接衡量构件的可靠性，另一方面在基本随机变量向量 X 服从正态分布时，可以用失效点处状态表面的切平面近似地模拟极限状态面，可以获得可靠度的一阶估计量

$$R = \Phi(\beta) \qquad (37.6\text{-}13)$$

式中，$\Phi(\cdot)$ 为标准正态分布函数。

2.2 不完全概率信息机械可靠性设计

众所周知，要计算机械产品的可靠度或失效概率，需要知道基本随机变量向量 X 的概率密度函数或联合概率密度函数。但是由于缺少足够的试验数据，很难精确地确定设计变量的分布规律，即使能够近似地指定分布概型，在大多数情况下也很难进行积分计算而获得可靠度或失效概率，而数值积分往往是不实用的。在机械可靠性设计实践中，当没有充分的根据说明设计变量是服从何种分布时，考虑到安全和简化计算的需要，通常第一个选择就是假设它为正态分布。当无法确定随机变量的分布概型，但有足够的资料来确定设计变量的前四阶矩（即均值、方差和协方差、三阶矩、四阶矩）时，作为可供选择的实用方法，可以采用随机摄动法求得可靠性指标，然后应用 Edgeworth 级数（及经验修正公式）把未知的状态函数的概率分布展开成标准的正态分布的表达式，或者采用四阶矩法直接确定机械可靠度。

（1）Edgeworth 方法

根据 Edgeworth 级数，可以把服从任意分布的标准化了的随机变量的概率分布函数近似地展开成为标准正态分布函数，即

$$F(y) = \Phi(y) - \phi(y) \left[\frac{1}{6} \frac{\theta_g}{\sigma_g^3} H_2(y) + \frac{1}{24} \left(\frac{\eta_g}{\sigma_g^4} - 3 \right) H_3(y) + \frac{1}{72} \left(\frac{\theta_g}{\sigma_g^3} \right)^2 H_5(y) + \cdots \right] \qquad (37.6\text{-}14)$$

式中，$H_j(y)$ 为 j 阶 Hermite 多项式，其递推关系为

$$\begin{cases} H_{j+1}(y) = yH_j(y) - jH_{j-1}(y) \\ H_0(y) = 1, H_1(y) = y \end{cases} \qquad (37.6\text{-}15)$$

据此机械可靠度为

$$R_{EW}(\beta) = P[g(X) > 0] = 1 - F(-\beta) \qquad (37.6\text{-}16)$$

Edgeworth 级数可以任意精确地逼近随机变量的真实分布，但通常取级数的前四项即可得到较好的近似。用上式计算可靠度时，有时会出现 $R > 1$ 的情况。根据计算实践表明，当有 $R > 1$ 情况出现时，采用下述经验修正公式要比使用 Edgeworth 级数所获得的计算结果更接近于 Monte-Carlo 数值模拟结果；当没有 $R > 1$ 情况出现时，Edgeworth 级数可以获得足够精确的解。

$$R_{EW}^*(\beta) = R_{EW}(\beta) - \frac{R_{EW}(\beta) - \Phi(\beta)}{\{1 + [R_{EW}(\beta) - \Phi(\beta)]\beta\}^\beta} \qquad (37.6\text{-}17)$$

可以看出，在推导过程中放松了对随机变量的分布概型的限制，使之更接近于工程实际。

（2）四阶矩法

如果已知基本随机参数的前四阶矩，采用四阶矩法的可靠性指标定义为

$$\beta_{FM} = \frac{3(\alpha_{4g} - 1)\beta + \alpha_{3g}(\beta^2 - 1)}{\sqrt{(9\alpha_{4g} - 5\alpha_{3g}^2 - 9)(\alpha_{4g} - 1)}} \qquad (37.6\text{-}18)$$

式中，$\alpha_{3g} = \theta_g/\sigma_g^3$ 为状态函数 $g(X)$ 的偏态系数，$\alpha_{4g} = \eta_g/\sigma_g^4$ 为状态函数 $g(X)$ 的峰态系数。在基本随机参数矩阵 $X = (X_1, X_2, \cdots, X_n)^T$ 服从任意分布时，可以获得可靠度的估计量

$$R_{FM} = \Phi(\beta_{FM}) \qquad (37.6\text{-}19)$$

在工程实际中，在概率密度函数或联合概率密度函数未知的情况下，获得随机参数的 N（>4）阶矩是相当困难的，而前四阶矩通常可以较好地逼近随机参数的真实分布的结果。

2.3 可靠性灵敏度设计

（1）正态分布参数可靠性灵敏度设计

机械可靠度对基本随机变量向量 $\boldsymbol{X} = (X_1, X_2, \cdots, X_n)^{\mathrm{T}}$ 均值和方差的灵敏度为

$$\frac{\mathrm{D}R}{\mathrm{D}\overline{\boldsymbol{X}}^{\mathrm{T}}} = \frac{\partial R}{\partial \beta}\frac{\partial \beta}{\partial \mu_g}\frac{\partial \mu_g}{\partial \overline{\boldsymbol{X}}^{\mathrm{T}}} \quad (37.6\text{-}20)$$

$$\frac{\mathrm{D}R}{\mathrm{D}\mathrm{Var}(\boldsymbol{X})} = \frac{\partial R}{\partial \beta}\frac{\partial \beta}{\partial \sigma_g}\frac{\partial \sigma_g}{\partial \mathrm{Var}(\boldsymbol{X})} \quad (37.6\text{-}21)$$

式中

$$\frac{\partial R}{\partial \beta} = \varphi(\beta)$$

$$\frac{\partial \beta}{\partial \mu_g} = \frac{1}{\sigma_g}$$

$$\frac{\partial \mu_g}{\partial \overline{\boldsymbol{X}}^{\mathrm{T}}} = \left(\frac{\overline{\partial g}}{\partial X_1}, \frac{\overline{\partial g}}{\partial X_2}, \cdots, \frac{\overline{\partial g}}{\partial X_n}\right)$$

$$\frac{\partial \beta}{\partial \sigma_g} = -\frac{\mu_g}{\sigma_g^2}$$

$$\frac{\partial \sigma_g}{\partial \mathrm{Var}(\boldsymbol{X})} = \frac{1}{2\sigma_g}\left(\frac{\overline{\partial g}}{\partial \boldsymbol{X}}\otimes\frac{\overline{\partial g}}{\partial \boldsymbol{X}}\right)$$

把已知条件和可靠性计算结果代入式（37.6-20）和式（37.6-21），就可以获得可靠性灵敏度 $\mathrm{D}R/\mathrm{D}\overline{\boldsymbol{X}}^{\mathrm{T}}$ 和 $\mathrm{D}R/\mathrm{D}\mathrm{Var}(\boldsymbol{X})$。

（2）基于 Edgeworth 方法的任意分布参数可靠性灵敏度设计

机械可靠度对基本随机变量向量 $\boldsymbol{X} = (X_1, X_2, \cdots, X_n)^{\mathrm{T}}$ 均值和方差的灵敏度为

$$\frac{\mathrm{D}R_{\mathrm{EW}}}{\mathrm{D}\overline{\boldsymbol{X}}} = \frac{\partial R_{\mathrm{EW}}(\beta)}{\partial \beta}\frac{\partial \beta}{\partial \mu_g}\frac{\partial \mu_g}{\partial \overline{\boldsymbol{X}}} \quad (37.6\text{-}22)$$

$$\frac{\mathrm{D}R_{\mathrm{EW}}}{\mathrm{D}\mathrm{Var}(\boldsymbol{X})} = \left[\frac{\partial R_{\mathrm{EW}}(\beta)}{\partial \beta}\frac{\partial \beta}{\partial \sigma_g} + \frac{\partial R_{\mathrm{EW}}(\beta)}{\partial \sigma_g}\right]\frac{\partial \sigma_g}{\partial \mathrm{Var}(\boldsymbol{X})}$$
$$(37.6\text{-}23)$$

式中

$$\frac{\partial R_{\mathrm{EW}}(\beta)}{\partial \beta} = \phi(-\beta)\left\{1 - \beta\left[\frac{1}{6}\frac{\theta_g}{\sigma_g^3}H_2(-\beta) + \frac{1}{24}\left(\frac{\eta_g}{\sigma_g^4} - 3\right)H_3(-\beta) + \frac{1}{72}\left(\frac{\theta_g}{\sigma_g^3}\right)^2 H_5(-\beta)\right] - \left[\frac{1}{3}\frac{\theta_g}{\sigma_g^3}H_1(-\beta) + \frac{1}{8}\left(\frac{\eta_g}{\sigma_g^4} - 3\right)H_2(-\beta) + \frac{5}{72}\left(\frac{\theta_g}{\sigma_g^3}\right)^2 H_4(-\beta)\right]\right\}$$

$$\frac{\partial \beta}{\partial \mu_g} = \frac{1}{\sigma_g}$$

$$\frac{\partial \mu_g}{\partial \overline{\boldsymbol{X}}} = \left(\frac{\overline{\partial g}}{\partial X_1}, \frac{\overline{\partial g}}{\partial X_2}, \cdots, \frac{\overline{\partial g}}{\partial X_n}\right)^{\mathrm{T}}$$

$$\frac{\partial \beta}{\partial \sigma_g} = -\frac{\mu_g}{\sigma_g^2}$$

$$\frac{\partial R_{\mathrm{EW}}(\beta)}{\partial \sigma_g} = \phi(-\beta)\left[\frac{1}{2}\frac{\theta_g}{\sigma_g^4}H_2(-\beta) + \frac{1}{6}\frac{\eta_g}{\sigma_g^5}H_3(-\beta) + \frac{1}{12}\frac{\theta_g^2}{\sigma_g^7}H_5(-\beta)\right]$$

$$\frac{\partial \sigma_g}{\partial \mathrm{Var}(\boldsymbol{X})} = \frac{1}{2\sigma_g}\left(\frac{\overline{\partial g}}{\partial \boldsymbol{X}}\otimes\frac{\overline{\partial g}}{\partial \boldsymbol{X}}\right)$$

把已知条件和可靠性分析的计算结果代入式（37.6-22）和式（37.6-23），就可以获得可靠性灵敏度 $\mathrm{D}R_{\mathrm{EW}}/\mathrm{D}\overline{\boldsymbol{X}}$ 和 $\mathrm{D}R_{\mathrm{EW}}/\mathrm{D}\mathrm{Var}(\boldsymbol{X})$。

当应用 Edgeworth 级数估算机械可靠度出现 $R>1$ 的情况时，根据计算实践表明，采用经验修正公式要比使用 Edgeworth 级数所获得的计算结果更接近于 Monte-Carlo 数值模拟结果，而所得的分布函数曲线也是在 [0, 1] 范围内单调的。可见，当 $R>1$ 时，应用经验修正公式的导数来替换式（37.6-22）和式（37.6-23）中的 $\partial R_{\mathrm{EW}}(\beta)/\partial \beta$ 会比直接使用式（37.6-22）和式（37.6-23）所获得的结果更加精确 [有时式（37.6-22）和式（37.6-23）计算的结果是不正确的]。当有 $R>1$ 情况出现时，对可靠性指标 β 的灵敏度为

$$\frac{\partial R_{\mathrm{EW}}^*}{\partial \beta} = \frac{\partial R_{\mathrm{EW}}(\beta)}{\partial \beta} + \left[\frac{\partial R_{\mathrm{EW}}(\beta)}{\partial \beta} - \phi(\beta)\right]\frac{\beta(\beta-1)[R_{\mathrm{EW}}(\beta) - \Phi(\beta)] - 1}{\{1 + [R_{\mathrm{EW}}(\beta) - \Phi(\beta)]\beta\}^{\beta+1}} +$$
$$\frac{[R_{\mathrm{EW}}(\beta) - \Phi(\beta)](\{1 + [R_{\mathrm{EW}}(\beta) - \Phi(\beta)]\beta\}\ln|1 + [R_{\mathrm{EW}}(\beta) - \Phi(\beta)]\beta| + [R_{\mathrm{EW}}(\beta) - \Phi(\beta)]\beta)}{\{1 + [R_{\mathrm{EW}}(\beta) - \Phi(\beta)]\beta\}^{\beta+1}} \quad (37.6\text{-}24)$$

用式（37.6-24）替换式（37.6-22）和式（37.6-23）中的 $\partial R_{\mathrm{EW}}(\beta)/\partial \beta$，即获得可靠性灵敏度 $\mathrm{D}R_{\mathrm{EW}}/\mathrm{D}\overline{\boldsymbol{X}}$ 和 $\mathrm{D}R_{\mathrm{EW}}/\mathrm{D}\mathrm{Var}(\boldsymbol{X})$。

（3）基于四阶矩法的不完全概率信息可靠性灵敏度设计

可靠度对随机参数向量 $\boldsymbol{X}$ 均值和方差的灵敏度为

$$\frac{\mathrm{D}R_{\mathrm{FM}}(\beta_{\mathrm{FM}})}{\mathrm{D}\overline{\boldsymbol{X}}^{\mathrm{T}}} = \frac{\partial R(\beta_{\mathrm{FM}})}{\partial \beta_{\mathrm{FM}}}\frac{\partial \beta_{\mathrm{FM}}}{\partial \beta}\frac{\partial \beta}{\partial \mu_g}\frac{\partial \mu_g}{\partial \overline{\boldsymbol{X}}^{\mathrm{T}}}$$
$$(37.6\text{-}25)$$

$$\frac{\mathrm{D}R_{\mathrm{FM}}}{\mathrm{D}\mathrm{Var}(\boldsymbol{X})} = \left[\frac{\partial \beta_{\mathrm{FM}}}{\partial \beta_{\mathrm{FM}}}\left(\frac{\partial \beta_{\mathrm{FM}}}{\partial \beta}\frac{\partial \beta}{\partial \sigma_g} + \frac{\partial \beta_{\mathrm{FM}}}{\partial \sigma_g}\right)\right]\frac{\partial \sigma_g}{\partial \mathrm{Var}(\boldsymbol{X})}$$
$$(37.6\text{-}26)$$

式中

$$\frac{\partial R_{FM}}{\partial \beta_{FM}} = \phi(\beta_{FM})$$

$$\frac{\partial \beta_{FM}}{\partial \beta} = \frac{3(\alpha_{4g}-1)+2\alpha_{3g}\beta}{\sqrt{(9\alpha_{4g}-5\alpha_{3g}^2-9)(\alpha_{4g}-1)}}$$

$$\frac{\partial \beta}{\partial \mu_g} = \frac{1}{\sigma_g}$$

$$\frac{\partial \beta_{FM}}{\partial \sigma_g} = \frac{-\left[\dfrac{12\alpha_{4g}}{\sigma_g}\beta+\dfrac{3\alpha_{3g}}{\sigma_g}(\beta^2-1)\right]}{\sqrt{(9\alpha_{4g}-5\alpha_{3g}^2-9)(\alpha_{4g}-1)}} - \frac{1}{2} \frac{\left[\left(-\dfrac{36\alpha_{4g}}{\sigma_g}+\dfrac{30\alpha_{3g}^2}{\sigma_g}\right)(\alpha_{4g}-1)-(9\alpha_{4g}-5\alpha_{3g}^2-9)\dfrac{4\alpha_{4g}}{\sigma_g}\right][3(\alpha_{4g}-1)\beta+\alpha_{3g}(\beta^2-1)]}{\sqrt{(9\alpha_{4g}-5\alpha_{3g}^2-9)^3(\alpha_{4g}-1)^3}}$$

把已知条件、可靠性计算结果和基于二阶矩方法的可靠性灵敏度计算表达式代入式（37.6-25）和式（37.6-26），就可以获得可靠度对 X 的均值和方差的灵敏度 $DR_{FM}/D\overline{X}^T$ 和 $DR_{FM}/DVar(X)$，从而给出了齿轮可靠性灵敏度的变化规律和设计参数的改变对齿轮可靠度的影响。式中，$\Phi(\ )$ 为标准正态分布函数。

2.4 基于响应面方法的可靠性灵敏度分析

（1）构造响应面函数

在结构的真实响应 Y 未知的情况下，假定 Y 与影响结构的随机参数矢量 $X=(X_1, X_2, \cdots, X_{NR})$ 的关系可用某含有交叉项的二次函数描述，如式（37.6-27）所示。用某种取样方法得到随机参数矢量的 NS 个样本点，对这 NS 个样本点进行试验或数值分析得到结构响应的一组样本点 $(y_1, y_2, \cdots, y_{NS})$，回归分析得到响应面函数中待定因子的最小二乘法估计，从而得到响应面函数，在以后的分析中用响应面函数代替结构的真实响应。

$$\hat{Y}=C_0 + \sum_{i=1}^{NR} C_i X_i + \sum_{i=1}^{NR}\sum_{j=i}^{NR} C_{ij} X_i X_j$$

$$(37.6\text{-}27)$$

式中，C_0、C_i、C_{ij}（$i=1, \cdots, NR$；$j=i, \cdots, NR$）为待定系数，共 $n+1+n(n+1)/2$ 个。

采用 Box-Behnke 取样方法不仅可以减少样本点的数量，而且可以提高响应面的精度。该方法对每个随机变量取三个水平点，然后按照一定的规则组合出中心点和边中点作为样本点。图 37.6-1 所示为三变量 (X_1, X_2, X_3) 的 Box-Behnke 样本点。

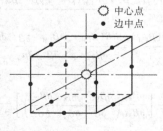

○ 中心点
● 边中点

图 37.6-1 三变量的 Box-Behnke 样本点

$$\frac{\partial \mu_g}{\partial \overline{X}^T} = \left(\overline{\frac{\partial g}{\partial X_1}} \quad \overline{\frac{\partial g}{\partial X_2}} \cdots \overline{\frac{\partial g}{\partial X_n}}\right)$$

$$\frac{\partial \beta}{\partial \sigma_g} = -\frac{\mu_g}{\sigma_g^2}$$

$$\frac{\partial \sigma_g}{\partial Var(X)} = \frac{1}{2\sigma_g}\left(\overline{\frac{\partial g}{\partial X}} \otimes \overline{\frac{\partial g}{\partial X}}\right)$$

对于任意分布的随机变量，可用式（37.6-28）确定随机变量水平点值 x_s：

$$\int_{-\infty}^{x_s} f(x)\,dx = p_n, n=1, 2, 3 \qquad (37.6\text{-}28)$$

式中 $f(x)$ ——随机变量的分布密度函数；

p_n ——表示水平，取 $p_1=0.01$、$p_2=0.5$、$p_3=0.99$。

对于正态分布的随机变量为

$$x_s = \mu + \sigma \Phi^{-1}(p_n) \qquad (37.6\text{-}29)$$

式中 μ ——平均值；

σ ——标准差；

$\Phi(\cdot)$ ——标准正态分布函数，$\Phi^{-1}(p_n)$ 的值可由标准正态分布函数表得到。

对随机参数的 NS 个样本点进行数值计算，得到 NS 个输出点 $(y_1, y_2, \cdots, y_{NS})$，对这些数据用最小二乘法进行回归分析：

$$s = \sum_{i=1}^{NS} \varepsilon^2 = \sum_{i=1}^{NS}\left[y_i - \left(C_0 + \sum_{i=1}^{NS} C_i x_i + \sum_{i=1}^{NR}\sum_{j=i}^{NR} C_{ij} x_i x_j\right)\right]^2$$

$$(37.6\text{-}30)$$

式中，ε 为误差项。使误差项为最小，则有

$$\begin{cases} \dfrac{\partial s}{\partial C_0} = 0 \\[2mm] \dfrac{\partial s}{\partial C_i} = 0 \quad i=1,2,\cdots,NR \\[2mm] \dfrac{\partial s}{\partial C_{ij}} = 0 \quad i=1,2,\cdots,NR; \ j=i, \cdots, NR \end{cases} \qquad (37.6\text{-}31)$$

对式（37.6-31）进行求解，可以得到式（37.6-30）中各系数的估计值，从而得到响应面函数。

（2）可靠度计算

假定结构响应的最小极限值为 Q_{lim}，则极限状态函数为

$$g(X) = \hat{Y} - Q_{lim} = C_0 + \sum_{i=1}^{NR} C_i X_i + \sum_{i=1}^{NR}\sum_{j=i}^{NR} C_{ij} X_i X_j - Q_{lim}$$

$$(37.6\text{-}32)$$

极限状态函数可表示结构的两种状态：$g(X) \le 0$ 是失效状态，$g(X) > 0$ 是安全状态。式（37.6-32）中各随机参数相互独立，均值矩阵和方差矩阵分别为 $\boldsymbol{\mu} = (\mu_1, \mu_2, \cdots, \mu_{NR})$，$\boldsymbol{D} = (D_1, D_2, \cdots, D_{NR})$，则

$$E(X_i^2) = E^2(X_i) + D(X_i) = \mu_i^2 + D_i \quad (37.6\text{-}33)$$

$$E(X_i X_j) = E(X_i) E(X_j) = \mu_i \mu_j \quad (37.6\text{-}34)$$

$$D(X_i^2) = 4\mu_i^2 D_i + 2D_i \quad (37.6\text{-}35)$$

$$D(X_i X_j) = \mu_i^2 D_j + \mu_j^2 D_i + D_i D_j \quad (37.6\text{-}36)$$

由此可得

$$E[g(x)] = \mu_g(\mu_1, \mu_2, \cdots, \mu_{NR}; D_1, D_2, \cdots, D_{NR})$$
$$(37.6\text{-}37)$$

$$D[g(x)] = D_g(\mu_1, \mu_2, \cdots, \mu_{NR}; D_1, D_2, \cdots, D_{NR})$$
$$(37.6\text{-}38)$$

可靠性指标定义为

$$\beta = \frac{\mu_g}{\sqrt{D_g}} \quad (37.6\text{-}39)$$

若 $g(X)$ 服从正态分布，可以得到可靠度

$$R = \Phi(\beta) \quad (37.6\text{-}40)$$

式中，$\Phi(\ )$ 为标准正态分布函数。对任意分布都可用 Monte Carlo 模拟法计算可靠度。

（3）可靠性灵敏度计算

可靠度对基本随机参数矢量的均值矩阵 $\boldsymbol{\mu}$ 和方差矩阵 $\boldsymbol{D}$ 的灵敏度为

$$\frac{\partial R}{\partial \boldsymbol{\mu}^{\mathrm{T}}} = \frac{\partial R}{\partial \beta} \left(\frac{\partial \beta}{\partial \mu_g}, \frac{\partial \mu_g}{\partial \boldsymbol{\mu}^{\mathrm{T}}} + \frac{\partial \beta}{\partial D_g}, \frac{\partial D_g}{\partial \boldsymbol{\mu}^{\mathrm{T}}} \right) \quad (37.6\text{-}41)$$

$$\frac{\partial R}{\partial \boldsymbol{D}^{\mathrm{T}}} = \frac{\partial R}{\partial \beta} \left(\frac{\partial \beta}{\partial \mu_g}, \frac{\partial \mu_g}{\partial \boldsymbol{D}^{\mathrm{T}}} + \frac{\partial \beta}{\partial D_g}, \frac{\partial D_g}{\partial \boldsymbol{D}^{\mathrm{T}}} \right) \quad (37.6\text{-}42)$$

式中

$$\begin{cases} \dfrac{\partial R}{\partial \beta} = \varphi(\beta); \ \dfrac{\partial \beta}{\partial \mu_g} = \dfrac{1}{\sqrt{D_g}} \\[2mm] \dfrac{\partial \beta}{\partial D_g} = -\dfrac{\mu_g}{2} D_g^{-\frac{3}{2}} \\[2mm] \dfrac{\partial \mu_g}{\partial \boldsymbol{\mu}^{\mathrm{T}}} = \left(\dfrac{\partial \mu_g}{\partial \mu_1}, \dfrac{\partial \mu_g}{\partial \mu_2}, \cdots, \dfrac{\partial \mu_g}{\partial \mu_{NR}} \right)^{\mathrm{T}} \\[2mm] \dfrac{\partial \mu_g}{\partial \boldsymbol{D}^{\mathrm{T}}} = \left(\dfrac{\partial \mu_g}{\partial D_1}, \dfrac{\partial \mu_g}{\partial D_2}, \cdots, \dfrac{\partial \mu_g}{\partial D_{NR}} \right)^{\mathrm{T}} \\[2mm] \dfrac{\partial D_g}{\partial \boldsymbol{\mu}^{\mathrm{T}}} = \left(\dfrac{\partial D_g}{\partial \mu_1}, \dfrac{\partial D_g}{\partial \mu_2}, \cdots, \dfrac{\partial D_g}{\partial \mu_{NR}} \right)^{\mathrm{T}} \\[2mm] \dfrac{\partial D_g}{\partial \boldsymbol{D}^{\mathrm{T}}} = \left(\dfrac{\partial D_g}{\partial D_1}, \dfrac{\partial D_g}{\partial D_2}, \cdots, \dfrac{\partial D_g}{\partial D_{NR}} \right)^{\mathrm{T}} \end{cases} \quad (37.6\text{-}43)$$

3　可靠性灵敏度设计实例

3.1　汽车前轴

国产某种汽车前轴（图 37.6-2）危险截面的几何尺寸的均值和标准差分别为 $(a) = (12, 0.06)$ mm，$(t) = (14, 0.07)$ mm，$(h) = (80, 0.4)$ mm，$(b) = (60, 0.3)$ mm；危险截面承受的弯矩和转矩的均值和标准差分别为 $(M) = (3.5 \times 10^6, 3.2 \times 10^5)$ N·mm，$(T) = (3.0 \times 10^6, 2.5 \times 10^5)$ N·mm；材料强度的均值和标准差为 $(r) = (667, 25.3)$ MPa。

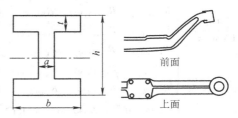

图 37.6-2　汽车前轴结构

（1）前轴的力学模型

前轴截面系数

$$W_x = \frac{a(h-2t)^3}{6h} + \frac{b}{6h} [h^3 - (h-2t)^3]$$
$$(37.6\text{-}44)$$

前轴极截面系数

$$W_\rho = 0.8bt^2 + 0.4 \frac{(h-2t)a^3}{t} \quad (37.6\text{-}45)$$

危险点的最大正应力和最大切应力分别为

$$\sigma_{max} = \frac{M}{W_x} \quad (37.6\text{-}46)$$

$$\tau_{max} = \frac{T}{W_\rho} \quad (37.6\text{-}47)$$

式中，M 和 T 分别为弯矩和转矩。根据第四强度理论，前轴的合成应力为

$$\sigma = \sqrt{\sigma_{max}^2 + 3\tau_{max}^2} \quad (37.6\text{-}48)$$

则以应力极限状态表示的状态方程为

$$g(X) = r - \sigma \quad (37.6\text{-}49)$$

式中，r 为前轴材料的强度值，基本随机变量向量 $\boldsymbol{X} = (r, M, T, a, t, h, b)^{\mathrm{T}}$。这里基本随机变量向量 $\boldsymbol{X}$ 的均值 $E(\boldsymbol{X})$ 和方差 $\mathrm{Var}(\boldsymbol{X})$ 是已知的，并且可以认为这些随机变量是服从正态分布的相互独立的随机变量。

（2）可靠性灵敏度

前轴的可靠性指标、可靠度和可靠性灵敏度分别为：$\beta = 5.18$，$R = 1.0$，

$$\frac{\mathrm{D}R}{\mathrm{D}\overline{\boldsymbol{X}}} = (R_{E(r)}, R_{E(M)}, R_{E(T)}, R_{E(a)}, R_{E(t)}, R_{E(h)}, R_{E(b)})^{\mathrm{T}}$$

$$= (1.352 \times 10^{-8}, -4.316 \times 10^{-14}, -1.930 \times 10^{-12} \ 3.112 \times 10^{-7},$$
$$5.184 \times 10^{-7}, 2.679 \times 10^{-8}, 7.816 \times 10^{-8})^{\mathrm{T}}$$

从可靠性对随机参数向量 $\boldsymbol{X}$ 均值的灵敏度矩阵 $\mathrm{D}R/\mathrm{D}\overline{\boldsymbol{X}}^{\mathrm{T}}$ 可以看出，前轴的材料强度 r 和截面几何尺

寸的均值增加，其结果将使前轴趋于更加可靠，而前轴承受的载荷 M 和 T 的均值增加，其结果将使前轴趋于更加不可靠（失效），其中变化率最大的为前轴

的几何尺寸，最小的为载荷，也就是说，使前轴趋向可靠（或失效）的速度为几何尺寸比材料强度的大，材料强度比载荷的大。

$$
\frac{\mathrm{D}R}{\mathrm{D}\mathrm{Var}(\boldsymbol{X})}=\begin{pmatrix}
R_{\mathrm{Var}(r)} & R_{\mathrm{Cov}(r,M)} & R_{\mathrm{Cov}(r,T)} & R_{\mathrm{Cov}(r,a)} & R_{\mathrm{Cov}(r,t)} & R_{\mathrm{Cov}(r,h)} & R_{\mathrm{Cov}(r,b)} \\
R_{\mathrm{Cov}(M,r)} & R_{\mathrm{Var}(M)} & R_{\mathrm{Cov}(M,T)} & R_{\mathrm{Cov}(M,a)} & R_{\mathrm{Cov}(M,t)} & R_{\mathrm{Cov}(M,h)} & R_{\mathrm{Cov}(M,b)} \\
R_{\mathrm{Cov}(T,r)} & R_{\mathrm{Cov}(T,M)} & R_{\mathrm{Var}(T)} & R_{\mathrm{Cov}(T,a)} & R_{\mathrm{Cov}(T,t)} & R_{\mathrm{Cov}(T,h)} & R_{\mathrm{Cov}(T,b)} \\
R_{\mathrm{Cov}(a,r)} & R_{\mathrm{Cov}(a,M)} & R_{\mathrm{Cov}(a,T)} & R_{\mathrm{Var}(a)} & R_{\mathrm{Cov}(a,t)} & R_{\mathrm{Cov}(a,h)} & R_{\mathrm{Cov}(a,b)} \\
R_{\mathrm{Cov}(t,r)} & R_{\mathrm{Cov}(t,M)} & R_{\mathrm{Cov}(t,T)} & R_{\mathrm{Cov}(t,a)} & R_{\mathrm{Var}(t)} & R_{\mathrm{Cov}(t,h)} & R_{\mathrm{Cov}(t,b)} \\
R_{\mathrm{Cov}(h,r)} & R_{\mathrm{Cov}(h,M)} & R_{\mathrm{Cov}(h,T)} & R_{\mathrm{Cov}(h,a)} & R_{\mathrm{Cov}(h,t)} & R_{\mathrm{Var}(h)} & R_{\mathrm{Cov}(h,b)} \\
R_{\mathrm{Cov}(b,r)} & R_{\mathrm{Cov}(b,M)} & R_{\mathrm{Cov}(b,T)} & R_{\mathrm{Cov}(b,a)} & R_{\mathrm{Cov}(b,t)} & R_{\mathrm{Cov}(b,h)} & R_{\mathrm{Var}(b)}
\end{pmatrix}
$$

$$
=\begin{pmatrix}
-7.974\times10^{-10} & 2.546\times10^{-15} & 1.139\times10^{-13} & -1.836\times10^{-8} & -3.058\times10^{-8} & -1.580\times10^{-9} & -4.610\times10^{-9} \\
2.546\times10^{-15} & -8.130\times10^{-21} & -3.635\times10^{-19} & 5.862\times10^{-14} & 9.763\times10^{-14} & 5.046\times10^{-15} & 1.472\times10^{-14} \\
1.139\times10^{-13} & -3.635\times10^{-19} & -1.626\times10^{-17} & 2.621\times10^{-12} & 4.366\times10^{-12} & 2.256\times10^{-13} & 6.583\times10^{-13} \\
-1.836\times10^{-8} & 5.862\times10^{-14} & 2.621\times10^{-12} & -4.227\times10^{-7} & -7.040\times10^{-7} & -3.639\times10^{-8} & -1.061\times10^{-7} \\
-3.058\times10^{-8} & 9.763\times10^{-14} & 4.366\times10^{-12} & -7.040\times10^{-7} & -1.173\times10^{-6} & -6.060\times10^{-8} & -1.768\times10^{-7} \\
-1.580\times10^{-9} & 5.046\times10^{-15} & 2.256\times10^{-13} & -3.639\times10^{-8} & -6.060\times10^{-8} & -3.132\times10^{-9} & -9.137\times10^{-9} \\
-4.610\times10^{-9} & 1.472\times10^{-14} & 6.583\times10^{-13} & -1.061\times10^{-7} & -1.768\times10^{-7} & -9.137\times10^{-9} & -2.666\times10^{-8}
\end{pmatrix}
$$

从可靠性对随机参数向量 $\boldsymbol{X}$ 方差的灵敏度矩阵 $\mathrm{D}R/\mathrm{D}\mathrm{Var}(\boldsymbol{X})$ 可以看出，基本随机参数方差的增加都会使前轴趋于更加不可靠（失效），当前轴的可靠度对随机参数 X_i 和 X_j 的均值灵敏度同号时，随着 X_i 和 X_j 的协方差 $\mathrm{Cov}(X_i, X_j)$ 的增加，前轴将趋于更加不可靠（失效）；当前轴的可靠度对随机参数 X_i 和 X_j 的均值灵敏度异号时，随着 X_i 和 X_j 的协方差 $\mathrm{Cov}(X_i, X_j)$ 的增加，前轴将趋于更加可靠。数值计算结果可为工程设计人员精确设计前轴提供定量的依据。而上面的计算结果与通常的定性分析结果完全一致，这进一步说明了灵敏度矩阵对前轴各因素分析的全面性和正确性。从前面的前轴分析可得到如下结论：在前轴的设计、制造、使用和评估中，要严格控制敏感参数的变化。

3.2 螺旋弹簧

某型螺旋弹簧的几何尺寸和材料特性的均值和标准差分别为 $(r)=(1714.02, 83.202)$ MPa，$(d)=(13.5, 6.75\times10^{-2})$ mm，$(D)=(93, 0.465)$ mm，$(G)=(79250, 1585)$ MPa，$(N)=(7, 0.0833)$ 圈，$(y)=(223, 4.46)$ mm。这里认为弹簧的变形量是在最大载荷（并圈时载荷）的情况下产生的变形量。

（1）力学模型

如图 37.6-3 所示，螺旋弹簧的最大应力发生在弹簧内侧，即

$$\tau_{\max}=\frac{(1+d/2D)Gd}{\pi D^2 N}y \qquad (37.6\text{-}50)$$

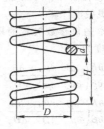

图 37.6-3　螺旋弹簧结构

式中　D——簧圈中径；

　　　d——棒料簧丝直径；

　　　y——弹簧的轴向变形量；

　　　G——材料的切变模量；

　　　N——弹簧的工作圈数。

这里忽略了载荷偏心和节距效应对最大切应力的影响。

以应力极限状态表示的状态方程为

$$g(X)=r-\tau_{\max} \qquad (37.6\text{-}51)$$

式中，r 为弹簧的材料强度。基本随机变量矢量 $\boldsymbol{X}=(r, d, D, G, N, y)^{\mathrm{T}}$ 的均值 $E(\boldsymbol{X})$、方差 $\mathrm{Var}(\boldsymbol{X})$、三阶矩 $\boldsymbol{C}_3(\boldsymbol{X})$、四阶矩 $\boldsymbol{C}_4(\boldsymbol{X})$ 是已知的，可以认为基本随机变量是相互独立的随机变量，但是无法确定一些基本随机变量的分布概型。

（2）可靠性灵敏度

采用 Edgeworh 级数方法计算得到此弹簧的可靠性指标、可靠度和可靠性灵敏度分别为

$$\beta = 3.9134,\ R_{\mathrm{EW}} = 0.999954,$$

$$\frac{\mathrm{D}R_{\mathrm{EW}}}{\mathrm{D}\overline{X}} = (R_{E(r)},\ R_{E(d)},\ R_{E(D)},\ R_{E(G)},\ R_{E(N)},\ R_{E(y)})^{\mathrm{T}}$$

$$= (2.001 \times 10^{-6},\ -2.129 \times 10^{-4},\ 5.986 \times 10^{-5},$$
$$-3.398 \times 10^{-8},\ 3.846 \times 10^{-4},\ -1.207 \times 10^{-5})^{\mathrm{T}}$$

从灵敏度矩阵 $\mathrm{D}R_{\mathrm{EW}}/\mathrm{D}\overline{X}$ 可以看出，弹簧的材料强度 r、几何尺寸 D 和弹簧的工作圈数 N 的均值增

加，其结果将使螺旋弹簧趋于更加可靠。而材料的切变模量 G、棒料簧丝直径 d 和弹簧的轴向变形量 y 均值增加，其结果将使弹簧趋于更加不可靠（失效）。其中，变化率最大的为棒料簧丝直径 d，其后依次为弹簧的工作圈数 N 和弹簧的轴向变形量 y 等。因此在工程实际中，应尽量采用降低棒料簧丝直径和增加弹簧的工作圈数的方法使螺旋弹簧趋向可靠。

$$\frac{\mathrm{D}R_{\mathrm{EW}}}{\mathrm{D}\mathrm{Var}(X)} = \begin{pmatrix} R_{\mathrm{Var}(r)} & R_{\mathrm{Cov}(r,d)} & R_{\mathrm{Cov}(r,D)} & R_{\mathrm{Cov}(r,G)} & R_{\mathrm{Cov}(r,n)} & R_{\mathrm{Cov}(r,y)} \\ R_{\mathrm{Cov}(d,r)} & R_{\mathrm{Var}(d)} & R_{\mathrm{Cov}(d,D)} & R_{\mathrm{Cov}(d,G)} & R_{\mathrm{Cov}(d,n)} & R_{\mathrm{Cov}(d,y)} \\ R_{\mathrm{Cov}(D,r)} & R_{\mathrm{Cov}(D,d)} & R_{\mathrm{Var}(D)} & R_{\mathrm{Cov}(D,G)} & R_{\mathrm{Cov}(D,n)} & R_{\mathrm{Cov}(D,y)} \\ R_{\mathrm{Cov}(G,r)} & R_{\mathrm{Cov}(G,d)} & R_{\mathrm{Cov}(G,D)} & R_{\mathrm{Var}(G)} & R_{\mathrm{Cov}(G,n)} & R_{\mathrm{Cov}(G,y)} \\ R_{\mathrm{Cov}(n,r)} & R_{\mathrm{Cov}(n,d)} & R_{\mathrm{Cov}(n,D)} & R_{\mathrm{Cov}(n,G)} & R_{\mathrm{Var}(n)} & R_{\mathrm{Cov}(n,y)} \\ R_{\mathrm{Cov}(y,r)} & R_{\mathrm{Cov}(y,d)} & R_{\mathrm{Cov}(y,D)} & R_{\mathrm{Cov}(y,G)} & R_{\mathrm{Cov}(y,n)} & R_{\mathrm{Var}(y)} \end{pmatrix}$$

$$= \begin{pmatrix} -4.157 \times 10^{-8} & 4.424 \times 10^{-6} & -1.244 \times 10^{-6} & 7.058 \times 10^{-10} & -7.991 \times 10^{-6} & 2.508 \times 10^{-7} \\ 4.424 \times 10^{-6} & -4.707 \times 10^{-4} & 1.323 \times 10^{-4} & -7.510 \times 10^{-8} & 8.502 \times 10^{-4} & -2.669 \times 10^{-5} \\ -1.244 \times 10^{-6} & 1.323 \times 10^{-4} & -3.720 \times 10^{-5} & 2.111 \times 10^{-8} & -2.390 \times 10^{-4} & 7.503 \times 10^{-6} \\ 7.058 \times 10^{-10} & -7.510 \times 10^{-8} & 2.111 \times 10^{-8} & -1.198 \times 10^{-11} & 1.357 \times 10^{-7} & -4.258 \times 10^{-9} \\ -7.991 \times 10^{-6} & 8.502 \times 10^{-4} & -2.390 \times 10^{-4} & 1.357 \times 10^{-7} & -1.536 \times 10^{-3} & 4.821 \times 10^{-5} \\ 2.508 \times 10^{-7} & -2.669 \times 10^{-5} & 7.503 \times 10^{-6} & -4.258 \times 10^{-9} & 4.821 \times 10^{-5} & -1.513 \times 10^{-6} \end{pmatrix}$$

从灵敏度矩阵 $\mathrm{D}R_{\mathrm{EW}}/\mathrm{D}\mathrm{Var}(X)$ 可以看出，基本随机参数方差的增加，都会使螺旋弹簧趋于更加不可靠（失效），当螺旋弹簧的可靠度对随机参数 X_i 和 X_j 的均值灵敏度同号时，随着 X_i 和 X_j 的协方差 $\mathrm{Cov}(X_i, X_j)$ 的增加，螺旋弹簧将趋于更加不可靠（失效）；当螺旋弹簧的可靠度对随机参数 X_i 和 X_j 的均值灵敏度异号时，随着 X_i 和 X_j 的协方差 $\mathrm{Cov}(X_i, X_j)$ 的增加，螺旋弹簧将趋于更加可靠。

3.3　法兰

一般情况下，在工程实际中构件的几何尺寸和材料的特性是服从正态分布的随机变量的。设某一法兰的几何尺寸为 $D_0 = (1200, 6)$ mm，$D_1 = (1000, 5)$ mm，$h = (50, 0.25)$ mm，材料强度为 $r = (135, 5.265)$ MPa。法兰承受的载荷为服从任意分布的随机变量，其前四阶矩为 $P = (1.3025 \times 10^6,\ 1.2021 \times 10^5,\ 1.9872 \times 10^{15},\ 1.5724 \times 10^{21})$ N。

（1）力学模型

根据巴赫（Bach）方法，采用拟梁结构模型（图 37.6-4）。对于整体法兰，可求得在 D_1 直径上，即危险截面处的弯应力为

$$\sigma = \frac{3P(D_0 - D_1)}{\pi D_1 h^2} \qquad (37.6\text{-}52)$$

式中　P——法兰受力的总和；

　　　D_0——螺钉分布圆的直径；

　　　D_1——危险截面的直径；

　　　h——法兰的厚度。

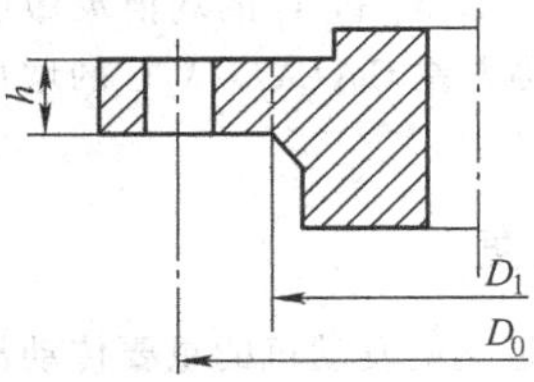

图 37.6-4　整体法兰

根据应力-强度干涉理论，以应力极限状态表示的状态方程为

$$g(X) = r - \sigma \qquad (37.6\text{-}53)$$

式中，r 为法兰的材料强度，基本随机变量向量 $X = (r,\ D_0,\ D_1,\ h,\ P)^{\mathrm{T}}$。这里基本随机变量向量 X 的均值 $E(X)$、方差 $\mathrm{Var}(X)$、三阶矩 $C_3(X)$、四阶矩 $C_4(X)$ 是已知的。

（2）可靠性灵敏度

计算得到此法兰的可靠性指标、可靠度和可靠性灵敏度分别为

$$\beta = 3.102912 \qquad \beta_{\mathrm{FM}} = 2.466713$$
$$R_{\mathrm{FM}} = 0.9931821 \qquad R_{\mathrm{MCS}} = 0.9935$$

这里 R_{FM} 为采用四阶矩方法计算的可靠度，R_{MCS} 为应用 Monte Carlo 数值技术模拟的法兰可靠度。

$$\frac{\mathrm{D}R_{\mathrm{FM}}}{\mathrm{D}\overline{X}} = (R_{E(r)},\ R_{E(D_0)},\ R_{E(D_1)},\ R_{E(h)},\ R_{E(P)})^{\mathrm{T}}$$

$$= (\ 8.096\times10^{-4},\ -4.028\times10^{-4},\ 4.834\times10^{-4},$$
$$3.222\times10^{-3},\ -6.185\times10^{-8})^{\mathrm{T}}$$

从灵敏度矩阵 $DR_{\mathrm{FM}}/D\overline{\boldsymbol{X}}^{\mathrm{T}}$ 可以看出，法兰的材料强度 r、几何尺寸 D_1 和 h 的均值增加，其结果将使法兰趋于更加可靠，而法兰承受的载荷 P 和几何尺寸 D_0 的均值增加，其结果将使法兰趋于

$$\frac{DR_{\mathrm{FM}}}{D\mathrm{Var}\ (\boldsymbol{X})} = \begin{pmatrix} R_{\mathrm{Var}(r)} & R_{\mathrm{Cov}(r,D_0)} & R_{\mathrm{Cov}(r,D_1)} & R_{\mathrm{Cov}(r,h)} & R_{\mathrm{Cov}(r,P)} \\ R_{\mathrm{Cov}(D_0,r)} & R_{\mathrm{Var}(D_0)} & R_{\mathrm{Cov}(D_0,D_1)} & R_{\mathrm{Cov}(D_0,h)} & R_{\mathrm{Cov}(D_0,P)} \\ R_{\mathrm{Cov}(D_1,r)} & R_{\mathrm{Cov}(D_1,D_0)} & R_{\mathrm{Var}(D_1)} & R_{\mathrm{Cov}(D_1,h)} & R_{\mathrm{Cov}(D_1,P)} \\ R_{\mathrm{Cov}(h,r)} & R_{\mathrm{Cov}(h,D_0)} & R_{\mathrm{Cov}(h,D_1)} & R_{\mathrm{Var}(h)} & R_{\mathrm{Cov}(h,P)} \\ R_{\mathrm{Cov}(P,r)} & R_{\mathrm{Cov}(P,D_0)} & R_{\mathrm{Cov}(P,D_1)} & R_{\mathrm{Cov}(P,h)} & R_{\mathrm{Var}(P)} \end{pmatrix} \times$$

$$\begin{pmatrix} -2.672\times10^{4} & 1.329\times10^{-4} & -1.595\times10^{-4} & -1.063\times10^{-3} & 2.041\times10^{-8} \\ 1.329\times10^{-4} & -6.613\times10^{-5} & 7.936\times10^{-5} & 5.291\times10^{-4} & -1.016\times10^{-8} \\ -1.595\times10^{-4} & 7.936\times10^{-5} & -9.523\times10^{-4} & -6.349\times10^{-4} & 1.219\times10^{-8} \\ -1.063\times10^{-3} & 5.291\times10^{-4} & -6.349\times10^{-4} & -4.233\times10^{-3} & 8.124\times10^{-8} \\ 2.041\times10^{-8} & -1.016\times10^{-8} & 1.219\times10^{-8} & 8.124\times10^{-8} & -1.559\times10^{-12} \end{pmatrix}$$

从灵敏度矩阵 $DR_{\mathrm{FM}}/D\mathrm{Var}(\boldsymbol{X})$ 可以看出，基本随机参数方差的增加都会使法兰趋于更加不可靠（失效），当法兰的可靠度对随机参数 X_i 和 X_j 的均值灵敏度同号时，随着 X_i 和 X_j 的协方差 $\mathrm{Cov}(X_i, X_j)$ 的增加，法兰将趋于更加不可靠（失效）；当法兰的可靠度对随机参数 X_i 和 X_j 的均值灵敏度异号时，随着 X_i 和 X_j 的协方差 $\mathrm{Cov}(X_i, X_j)$ 的增加，法兰将趋于更加可靠。

3.4　附件机匣

附件机匣是飞机发动机的重要传动部件，它的内部有多对高速齿轮啮合传动，采用喷油润滑。机匣壳体是重要的散热部件，研究机匣壳体随机参数对散热可靠性的灵敏度有重要意义。在机匣内部，润滑油吸收传动部件散发的热量并与机匣内壁对流换热。机匣壳体是热的良导体，热量从机匣内壁传导到外壁。机匣外壁完全暴露在高速流动的两股气流中，与两股气流

进行强烈的对流换热。在飞机的某个飞行状态，两股气流的温度 T_1、外壁与两股气流的表面传热系数 α_1、润滑油的温度 T_2、内壁与润滑油的表面传热系数 α_2 是随机变量。假定以上随机变量服从正态分布，其均值和标准差在表 37.6-1 中列出。

表 37.6-1　各变量的平均值和标准差

变量	平均值	标准差
气流温度 $T_1/℃$	$\mu_1 = 10$	$\sigma_1 = 2$
气体表面传热系数 $\alpha_1/\mathrm{W\cdot m^{-2}\cdot ℃^{-1}}$	$\mu_2 = 100$	$\sigma_2 = 4$
润滑油温度 $T_2/℃$	$\mu_3 = 160$	$\sigma_3 = 4$
润滑油表面传热系数 $\alpha_2/\mathrm{W\cdot m^{-2}\cdot ℃^{-1}}$	$\mu_4 = 300$	$\sigma_4 = 8$

根据 Box-Behnke 抽样方法和式（37.6-29）计算出样本点响应值，列入表 37.6-2 中。

表 37.6-2　Box-Behnke 取样样本点及响应值

样本点	气流温度 $T_1/℃$		润滑油温度 $T_2/℃$		气体表面传热系数 $\alpha_1/\mathrm{W\cdot m^{-2}\cdot ℃^{-1}}$		润滑油表面传热系数 $\alpha_2/\mathrm{W\cdot m^{-2}\cdot ℃^{-1}}$		类型	输出 y_i/W
	水平	取值	水平	取值	水平	取值	水平	取值		
1	p_2	10.00	p_2	160.00	p_2	100.00	p_2	300.00	中心点	2940.14
2	p_1	5.35	p_1	150.69	p_2	100.00	p_2	300.00		2848.94
3	p_3	14.65	p_1	150.69	p_2	100.00	p_2	300.00		2466.65
4	p_1	5.35	p_3	169.31	p_2	100.00	p_2	300.00		3213.73
5	p_3	14.65	p_3	169.31	p_2	100.00	p_2	300.00		3031.33
6	p_2	10.00	p_2	160.00	p_1	90.69	p_1	281.39		2693.04
7	p_2	10.00	p_2	160.00	p_3	109.31	p_1	281.39		3081.10
8	p_2	10.00	p_2	160.00	p_1	90.69	p_3	318.61		2772.15

（续）

样本点	气流温度 $T_1/℃$		润滑油温度 $T_2/℃$		气体表面传热系数 $\alpha_1/\mathrm{W \cdot m^{-2} \cdot ℃^{-1}}$		润滑油表面传热系数 $\alpha_2/\mathrm{W \cdot m^{-2} \cdot ℃^{-1}}$		类型	输出 y_i/W
	水平	取值	水平	取值	水平	取值	水平	取值		
9	p_2	10.00	p_2	160.00	p_3	109.31	p_3	318.61		3185.79
10	p_1	5.35	p_2	160.00	p_2	100.00	p_1	281.39		2981.82
11	p_3	14.65	p_2	160.00	p_2	100.00	p_1	281.39		2802.41
12	p_1	5.35	p_2	160.00	p_2	100.00	p_3	318.61		3076.44
13	p_3	14.65	p_2	160.00	p_2	100.00	p_3	318.61	边中点	2891.33
14	p_2	10.00	p_1	150.69	p_1	90.69	p_2	300.00		2564.84
15	p_2	10.00	p_3	169.31	p_1	90.69	p_2	300.00		2904.11
16	p_2	10.00	p_1	150.69	p_3	109.31	p_2	300.00		2941.29
17	p_2	10.00	p_3	169.31	p_3	109.31	p_2	300.00		3330.35
18	p_1	5.35	p_2	160.00	p_1	90.69	p_2	300.00		2819.30
19	p_3	14.65	p_2	160.00	p_1	90.69	p_2	300.00		2649.67
20	p_1	5.35	p_2	160.00	p_3	109.31	p_2	300.00		3233.09
21	p_3	14.65	p_2	160.00	p_3	109.31	p_2	300.00		3038.56
22	p_2	10.00	p_1	150.69	p_2	100.00	p_1	281.39		2712.70
23	p_2	10.00	p_3	169.31	p_2	100.00	p_1	281.39		3071.53
24	p_2	10.00	p_1	150.69	p_2	100.00	p_3	318.61		2798.78
25	p_2	10.00	p_3	169.31	p_2	100.00	p_3	318.61		3169.00

根据表 37.6-2 中的数据和式 （37.6-30）、（37.6-31） 得到壳体散热量的响应面函数

$$\hat{Y} = -17.520 - 0.278T_1 + 0.278T_2 + 0.418\alpha_1 - 0.005\alpha_2 - 0.058\alpha_1^2 - 0.006\alpha_2^2 - 0.144T_1\alpha_1 - 0.016T_1\alpha_2 + 0.144T_2\alpha_1 + 0.016T_2\alpha_2 + 0.037\alpha_1\alpha_2$$

假定机匣壳体允许的最小散热量 $Q_{\lim} = 2400$ W，根据式 （37.6-32） 得到

$$g(X) = -2417.5 - 0.278T_1 + 0.278T_2 + 0.418\alpha_1 - 0.005\alpha_2 - 0.058\alpha_1^2 - 0.006\alpha_2^2 - 0.144T_1\alpha_1 - 0.016T_1\alpha_2 + 0.144T_2\alpha_1 + 0.016T_2\alpha_2 + 0.037\alpha_1\alpha_2$$

对上式应用 Monte Carlo 模拟得到 $g(X)$ 的频率直方图 （图 37.6-5），在正态概率纸上做出 $g(X)$ 分布图 （图 37.6-6），呈直线分布，因此 $g(X)$ 服从正态分布。此外，通过对上式的 Monte Carlo 模拟还得到以下数据：

$$\mu_g = 541.125 \quad \sigma_g = 125.312$$

于是

$$\beta = 4.32 \quad R = 0.999992199$$

由式 （37.6-33）、式 （37.6-34） 和式 （37.6-37） 得到

$$\mu_g = E[g(X)] = -2417.5 - 0.278\mu_1 + 0.278\mu_2 + 0.418\mu_3 - 0.005\mu_4 - 0.058(\mu_3^2 + D_3) - 0.006(\mu_4^2 + D_4) - 0.144\mu_1\mu_3 - 0.016\mu_1\mu_4 + 0.144\mu_2\mu_3 + 0.016\mu_2\mu_4 + 0.037\mu_3\mu_4$$

由式 （37.6-35）、式 （37.6-36） 和式 （37.6-38） 得到

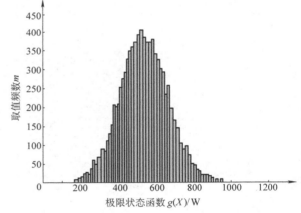

图 37.6-5　$g(X)$ 的频率直方图

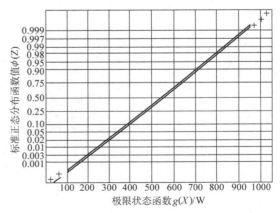

图 37.6-6　$g(X)$ 正态分布检验图

$D_g = D\,[\,g\,(X)\,] = 0.278^2 D_1 + 0.278^2 D_2 + 0.418^2 D_3 +$
$0.005^2 D_4 + 0.058^2\ (4\mu_3^2 D_3 + 2D_3)\ + 0.006^2 \times$
$(4\mu_4^2 D_4 + 2D_4)\ + 0.144^2\ (\mu_1^2 D_3 + \mu_3^2 D_1 + D_1 D_3)\ +$
$0.016^2\ (\mu_1^2 D_4 + \mu_4^2 D_1 + D_1 D_4) + 0.144^2 \times\ (\mu_2^2 D_3 +$
$\mu_3^2 D_2 + D_2 D_3)\ + 0.016^2\ (\mu_2^2 D_4 + \mu_4^2 D_2 + D_2 D_4)\ +$
$0.037^2\ (\mu_3^2 D_4 + \mu_4^2 D_3 + D_3 D_4)$

于是 $\mu_g = 541.275$，$\sigma_g = 124.892$，与 Monte Carlo
模拟所得数据相近。

μ_g 和 D_g 对均值矩阵 $\boldsymbol{\mu}$ 和方差矩阵 $\boldsymbol{D}$ 的偏导过
程略去，得到

$$\frac{\partial R}{\partial \boldsymbol{\mu}^{\mathrm{T}}} = \begin{pmatrix} \dfrac{\partial R}{\partial \mu_1} \\[4pt] \dfrac{\partial R}{\partial \mu_2} \\[4pt] \dfrac{\partial R}{\partial \mu_3} \\[4pt] \dfrac{\partial R}{\partial \mu_4} \end{pmatrix} = \begin{pmatrix} -0.556 \\ 0.498 \\ 0.539 \\ 0.059 \end{pmatrix} \times 10^{-5}$$

$$\frac{\partial R}{\partial \boldsymbol{D}^{\mathrm{T}}} = \begin{pmatrix} \dfrac{\partial R}{\partial D_1} \\[4pt] \dfrac{\partial R}{\partial D_2} \\[4pt] \dfrac{\partial R}{\partial D_3} \\[4pt] \dfrac{\partial R}{\partial D_4} \end{pmatrix} = \begin{pmatrix} -0.113 \\ -0.113 \\ -0.384 \\ -0.017 \end{pmatrix} \times 10^{-5}$$

从可靠度对随机参数矢量的均值的灵敏度矩阵
$\partial R / \partial \boldsymbol{\mu}^{\mathrm{T}}$ 可以看出，外壁与两股气流的表面传热系数
α_1、润滑油的温度 T_2、内壁与润滑油的表面传热系
数 α_2 的均值增加，机匣壳体散热的可靠度增加，两
股气流的温度 T_1 的均值增加，机匣壳体散热的可靠
度降低，机匣散热的可靠度对 T_1 的均值的灵敏性较
强，对 α_2 的均值的灵敏性较差。从可靠度对随机参
数矢量方差的灵敏度矩阵 $\partial R / \partial \boldsymbol{D}^{\mathrm{T}}$ 可以看出，基本随
机参数方差的增加都会降低壳体散热可靠度。对可靠
度敏感的参数在设计中应该严格控制。计算结果与通
常的定性分析的结果吻合，为附件机匣的设计提供了
定量的理论依据。

参 考 文 献

[1] 闻邦椿. 机械设计手册：第6卷 [M]. 5版. 北京：机械工业出版社，2010.

[2] 闻邦椿. 现代机械设计师手册：下册 [M]. 北京：机械工业出版社，2012.

[3] 王超，王金，等. 机械可靠性工程 [M]. 北京：冶金工业出版社，1992.

[4] 机械设计手册编辑委员会. 机械设计手册：第6卷 [M]. 新版. 北京：机械工业出版社，2004.

[5] 豪根 E B. 机械概率设计 [M]. 北京：机械工业出版社，1985.

[6] 第四机械工业部标准化研究所. 可靠性试验用表 [M]. 增订本. 北京：国防工业出版社，1987.

[7] 王世芳. 可靠性管理技术 [M]. 北京：机械工业出版社，1987.

[8] 什赫萨列夫 T A. 减速器的可靠性设计 [J]. 机械设计，1984（2~4）.

[9] 孙志礼，王超. 载荷为随机变量时滚动轴承的可靠性设计 [J]. 东北工学院学报，1991，12（5）.

[10] 孙志礼，赵乃素. 可靠性设计在带传动中的应用 [J]. 机械设计与制造，1991（6）.

[11] 卡帕 K C，兰伯森 L R. 工程设计中的可靠性 [M]. 张智铁，译. 北京：机械工业出版社，1984.

[12] 戴树森，费鹤良，王玲玲，等. 可靠性试验及其统计分析 [M]. 北京：国防工业出版社，1983.

[13] 中国机械工程学会. 中国机械设计大典 [M]. 南昌：江西科学技术出版社，2002.

[14] 孙志礼，陈良玉. 实用机械可靠性设计理论与方法 [M]. 北京：科学出版社，2003.

[15] 张义民. 汽车零部件可靠性设计 [M]. 北京：北京理工大学出版社，2000.

[16] 张义民. 任意分布参数的机械零件的可靠性灵敏度设计 [J]. 机械工程学报，2004，40（8）：100-105.

[17] Zhang Y M, He X D, Liu Q L, et al. Reliability sensitivity of automobile component with arbitrary distribution parameters [J]. Proceedings of the Institution of Mechanical Engineers Part D, Journal of Automobile Engineering, 2005, 219 (2): 165-182.